TURING 图灵程序设计丛书

CPU自制入门

【日】水头一寿 米泽辽 藤田裕士 著　赵谦 译

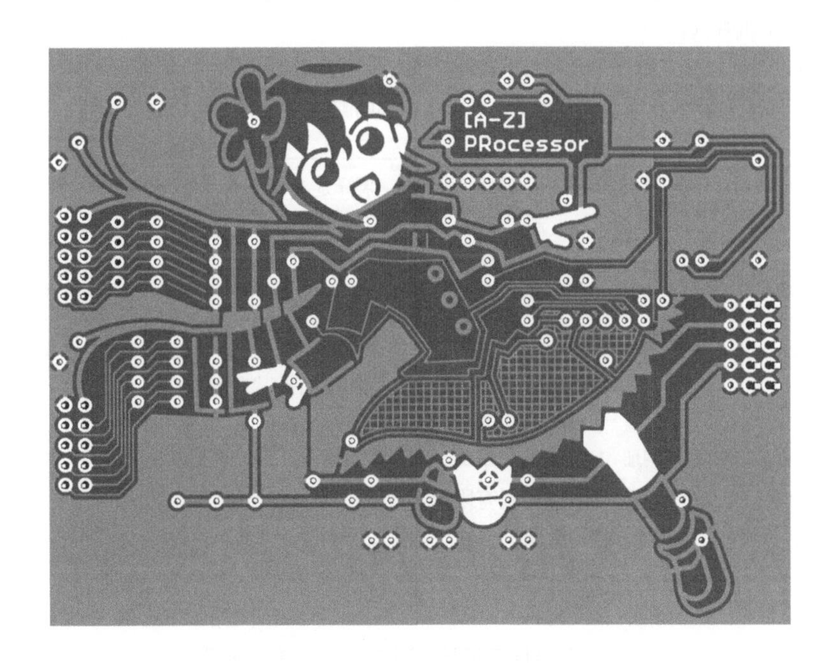

人民邮电出版社
北京

图书在版编目（CIP）数据

CPU自制入门 /（日）水头一寿，（日）米泽辽，（日）藤田裕士著；赵谦译. -- 北京：人民邮电出版社，2014.1（2024.3重印）

（图灵程序设计丛书）

ISBN 978-7-115-33818-1

Ⅰ. ①C… Ⅱ. ①水… ②米… ③藤… ④赵… Ⅲ. ①微处理器—系统设计 Ⅳ. ①TP332

中国版本图书馆CIP数据核字（2013）第279988号

内 容 提 要

本书教读者制作原创的计算机系统。第1章以介绍CPU为主，同时介绍如何制作存储程序与数据的内存、输入与输出的I/O以及将这些模块连接起来的总线，这些模块可以组合成一个简单的计算机系统。为了让这个计算机系统运转起来，第2章介绍电路板的设计和制作。第3章为这个计算机系统编写程序，并上机测试。

本书可以帮助软件工程师了解硬件与底层，开发出高效代码。硬件工程师可以在该书基础上设计定制硬件，开发高速计算机系统。相信读者可以在本书的阅读过程中，体会到自制计算机系统的乐趣。

◆ 著　　　[日] 水头一寿　米泽辽　藤田裕士

　译　　　赵　谦

　责任编辑　乐　馨

　执行编辑　徐　骞

　责任印制　焦志炜

◆ 人民邮电出版社出版发行　北京市丰台区成寿寺路11号

　邮编　100164　电子邮件　315@ptpress.com.cn

　网址　https://www.ptpress.com.cn

　固安县铭成印刷有限公司印刷

◆ 开本：800×1000　1/16

　印张：29　　　2014年1月第1版

　字数：547千字　　　2024年3月河北第20次印刷

著作权合同登记号　图字：01-2013-3126号

定价：99.00元

读者服务热线：(010)84084456-6009　印装质量热线：(010)81055316

反盗版热线：(010)81055315

广告经营许可证：京东市监广登字20170147号

译者序

接触IT行业十多年来，我的书架上始终缺少一本书。我有各种语言的经典书籍和实用手册，它们帮助我使用最合适的工具解决问题。我还有一些操作系统、编译器和软件架构方面的书籍，它们指导我写出更高效的代码。然而对于操作系统之下的CPU内部世界，我的认识依然停留在大学时80×86处理器的课堂上。那门课让我学会了如何使用CPU，而如何设计和实现CPU却始终是我知识体系中缺失的最底层的一环。

《CPU自制入门》正是我一直寻找的那本书。本书介绍了计算机系统最物理、最底层的3个部分：CPU设计制作、电路板设计制造以及汇编编程。作者们利用FPGA芯片，开启了一个崭新的自制CPU的世界。将如此广泛的技术内容以实践的方式结成一册，该书可谓首屈一指。

更让我印象深刻的是本书的阅读门槛非常低。几乎所有必要的基础知识书中都有介绍，如数字电路设计、Verilog语言，甚至还包括电路板CAD软件的使用，等等。其中任何一个内容展开讨论都需要几本书的篇幅，然而本书作者们却可以依靠丰富的经验，以最精简的文字，将最核心的知识汇集到一本书中，使各种知识背景的读者都可以方便地阅读。

近年来，随着摩尔定律接近极限，计算机系统很难再像从前那样单纯依靠芯片制程的进步获取速度提升。而为了设计更加高速的计算机系统，人们越来越多地将目光集中到了定制硬件技术上。同时，FPGA的发展和普及大大降低了定制硬件的开发难度和成本。通过在FPGA上实现定制硬件加速器，将应用性能提升几十到几百倍的案例在学术界已经屡见不鲜。而苹果、微软、谷歌等大型IT企业，目前也已纷纷开始或计划将硬件加速技术应用到电子产品和服务器当中。在可预见的未来，具备软硬结合设计能力的工程师将会更加具有竞争力。

《CPU自制入门》是为读者打开硬件设计大门的理想教材。通过阅读本书，软件工程师能够更加了解硬件与底层，开发出高效代码。硬件工程师则可以在本书基础上设计定制硬件，进而开发高性能计算机系统。相信所有读者都可以在本书的阅读过程中受益匪浅，零距离地体验自制计算机系统的乐趣。

赵谦(@JonsonXP)

2013年11月

声明

本书以提供知识为目的，请在明确判断、自负责任的基础上运用本书。使用本书信息所产生的后果，出版社与作者们概不负责。

本书内容以著作（日文版）完成时间——2012 年 9 月为准，在您阅读本书时，实际情况可能有所改变。

如果没有特别声明，本书所用软件的版本全部为 2012 年 9 月的版本。这些软件如有升级，可能会出现与本书所述功能或界面不符的情况。购买本书前，请务必确认软件的版本号。

请在接受以上声明的条件下阅读本书。如果您未阅读这些声明，就贸然向出版社或作者们咨询上述相关问题，我们不会答复。望周知，请多多包涵。

作者序

本书从零开始设计 CPU，通过这一过程，旨在让读者理解 CPU 的内部构造，并向读者传递设计 CPU 的乐趣。

虽然本书的主要目标是 CPU 设计，但除了 CPU，我们还要设计控制相关设备的 I/O、总线等，实际上是 SoC 设计。本书不但会讲解 CPU 设计，还涉及电路板设计、软件设计等计算机系统的全部要素。从硬件到软件，我们要全部从零开始设计、制作，最终上机调试。通过将 CPU 设计、电路板设计以及软件设计的知识系统地整理到一本书中，我们可以更深入地了解计算机体系的各部分以及它们的关联。

本书的自制 CPU 是在 FPGA 上实现的。近年来，高性能 FPGA 的价格越来越便宜，个人用户也可以充分体验 FPGA 的乐趣。设计过程中，我们使用免费工具软件，挑选读者方便购买的零件，极力降低制作成本。

CPU、I/O 以及总线等相关 HDL 代码和软件程序代码都可以从技术评论社（http://gihyo.jp）的本书支持页面下载。不过，主板我们不随书赠送，而是给出成品供您参考。这样读者就可以根据自己的兴趣，制作自己想做的部分。

本书的目标读者主要是志在成为工程师的学生，因此，我们尽量减少阅读时所需背景知识，降低难度，以便更多人可以阅读。本书与其他技术书籍的最大不同在于，我们更强调动手实践，激发读者动手制作的乐趣。从使用 FPGA 设计、制作 CPU 到制作电路板以及开发软件，这些全部都能亲自动手实现。这是本书的主旨所在。比起在 PC 上编一点实验小程序，简单地在杂志附送的单片机上运行，本书的实践更让人有成就感。

本书虽极力减少阅读所需的背景知识，但逻辑代数、编程语言、计算机架构等基础知识还是要必备的。关于这些知识，本书虽然会做些介绍，但因篇幅所限，无法一一系统讲解。本书主要着眼于“动手制作”，基础知识讲解不到位之处敬请谅解。我们也会在专栏部分介绍一些书籍，它们有助于理解本书的背景知识。

本书适合大学、大专院校信息、电子专业的学生阅读。将来想学习这类专业的高中生或者对计算机感兴趣的读者都可以阅读。虽然本书算不上一看就懂，但只要带着兴趣阅读就可以充分理解。

2012 年 9 月

本书的阅读方法

本书分为 3 章。第 1 章以介绍 CPU 为主，同时介绍如何制作存储程序与数据的内存、与外部进行输入输出的 I/O 以及将这些模块连接起来的总线，这些模块可以组合成一个简单的计算机系统。第 2 章进行电路板的设计和制作，好让这个计算机系统运转起来。在第 3 章中，我们为这个计算机系统编写程序，并上机测试。本书最大的特点是，可以自己制作整个计算机系统。

这 3 章彼此独立，读者可以根据自己的兴趣选择阅读。

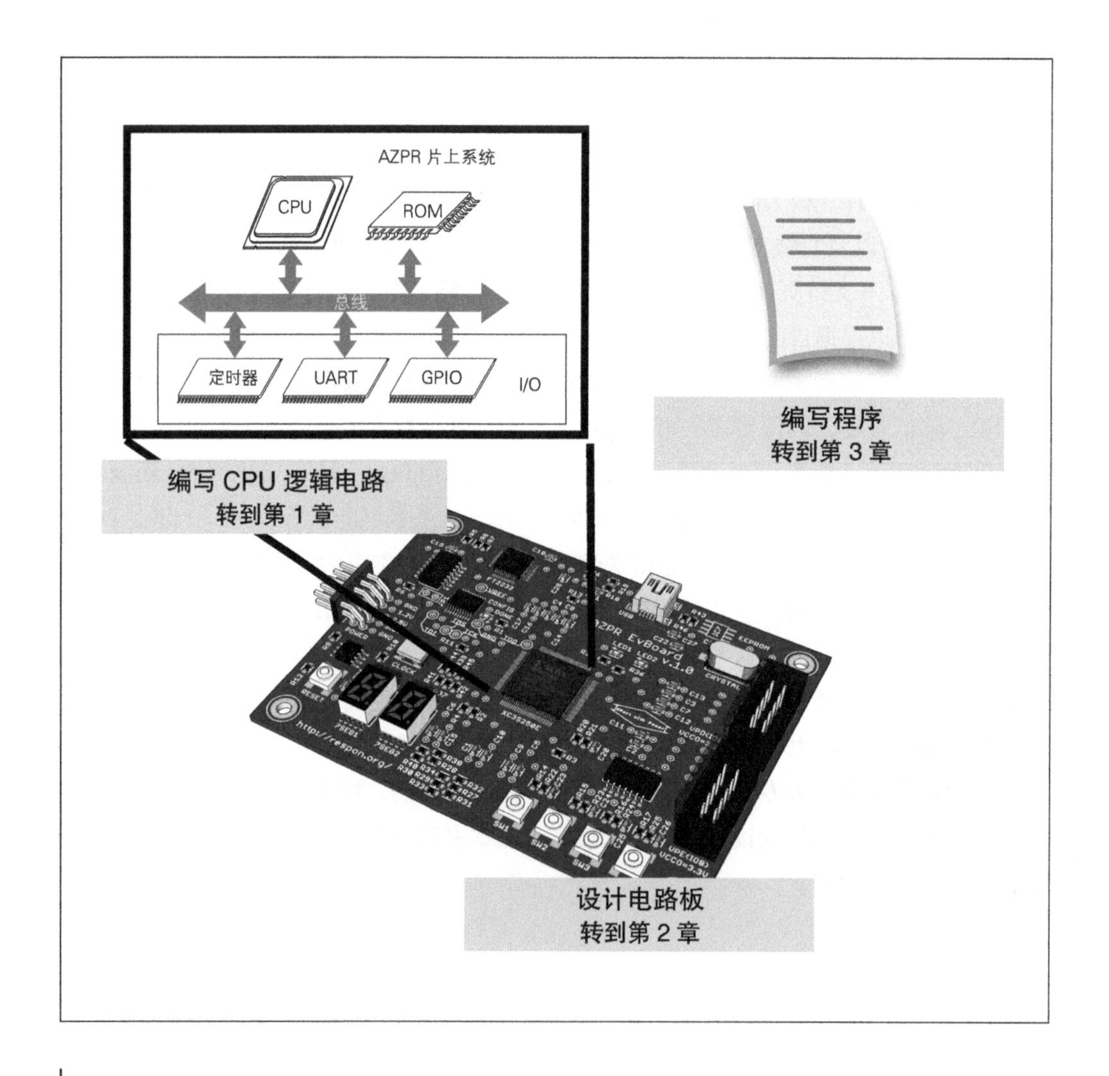

下面详细介绍本书这 3 章。第 1 章为 CPU 逻辑设计，第 2 章为电路板设计，第 3 章为软件设计。

◆◆◆

第 1 章的 CPU 设计中，要设计 CPU、内存、I/O 以及连接这些模块的总线，我们使用硬件描述语言 Verilog 实现，最终将这些模块组合形成简单的计算机系统。我们首先讲解计算机、数字电路、Verilog HDL 的基础。然后按照总线、内存、CPU、I/O 的顺序制作计算机。另外，还会介绍 Verilog HDL 的仿真环境。

第 2 章的电路板设计是为了让我们能在实际的硬件上调试制作的 CPU 与程序。我们使用一种叫 FPGA 的芯片来制作 CPU，它的特点是可以对其内部构造进行编程重构。大体制作流程为挑选必要的元件、制作电路图和布局图，然后制作印刷电路板。电路板制作部分我们会介绍感光电路板制作法和外包给制板公司制造两种方法。最后将元件组装到制作完成的电路板上，进行功能检查。

第 3 章的软件设计中，我们为所设计的 CPU 开发程序，并在做好的电路板上调试。首先对开发环境进行说明，介绍所需的开发工具以及各个工具的安装、使用方法，然后讲解编程。我们运用实例程序讲解 CPU、I/O 的使用方法，并在做好的电路板上运行程序。

◆◆◆

本书的最终成果是在实际的电路板上运行演示程序。本书的重点不是“可以做什么”，而是“亲手制作”，因此，并没有设计很复杂的演示程序。如果只是想实现复杂功能，使用市面上销售的单片机更容易一些。但是从自己动手制作计算机这方面讲，仅仅在单片机上运行程序是无法获得这种满足感的。对于正在使用单片机电路板进行电子制作的读者来说，阅读本书后一定可以更深入地理解逻辑设计、电路板设计和程序设计。我们经常会遇到使用现成通用元件无法实现的功能，届时再回顾一下本书一定会对你有所帮助。

◎目录 CONTENTS

第2章 电路板的设计与制作 203

第1章 CPU的设计与实现

本章中，我们首先着手设计 CPU、内存、I/O 以及它们之间的连接总线，随后使用硬件描述语言 Verilog HDL 进行实现。最终将这些模块组合，形成一台简单的计算机。

本章最大的特点是使用硬件描述语言实现计算机的各个基础部件，并详细讲解制作过程。通过学习本章内容，我们不仅可以理解计算机的各组成要素，还能动手制作并实现它们。

1.1 序

本章将实现一台简单的计算机系统的 SoC（System-on-a-Chip，片上系统）。它以 CPU 为核心，同时实现了负责存储程序和数据的内存、负责和外部进行输入输出的 I/O 以及它们之间的连接总线。SoC 是将一整套系统集成到单一芯片的集成电路设计方法。

开发之前，我们先来确定 CPU 的名字。我们为这次开发的 CPU 取名为 AZ Processor，因为本书旨在从头到尾亲自动手设计和实现一台计算机，这几个英文字母就含有从 A 到 Z 全部亲手制作的意思。然后，AZ Processor、内存、各种 I/O 通过总线连接形成的 SoC，我们称之为 AZPR SoC（AZ Processor 片上系统）。图 1-1 为 AZPR SoC 的概要。

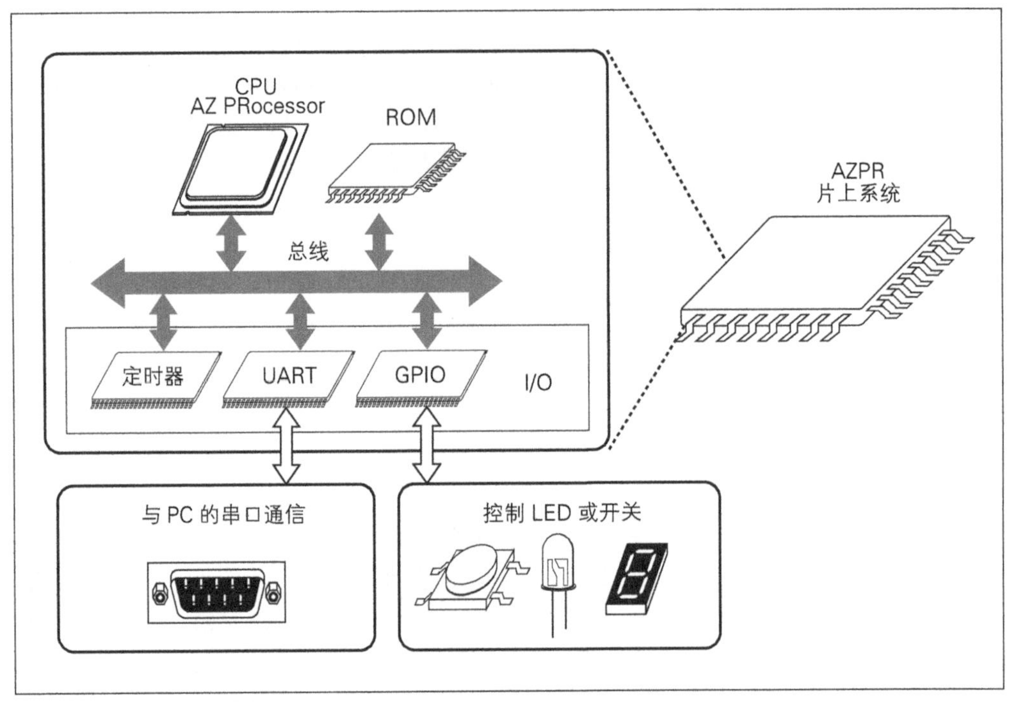

▲ 图 1-1　AZPR SoC 的概要

图 1-2 列出了本章的结构。1.2 节 ~1.4 节分别简单介绍计算机系统、数字电路基础和 Verilog HDL 语言。这 3 节的内容是制作 AZPR SoC 需要掌握的最基础的知识。已经掌握这些知识和设计经验的读者，可以跳过此部分。

1.5 节 ~1.10 节是本章主要的设计和实现部分。1.5 节将对 AZPR SoC 进行说明。1.6 节 ~1.9 节将分别对总线、内存、CPU 和 I/O 的设计和实现进行说明。1.10 节将各个模块连接，完成 AZPR SoC 的制作。1.11 节介绍 AZPR SoC 的仿真。最后的 1.12 节对本章进行总结。

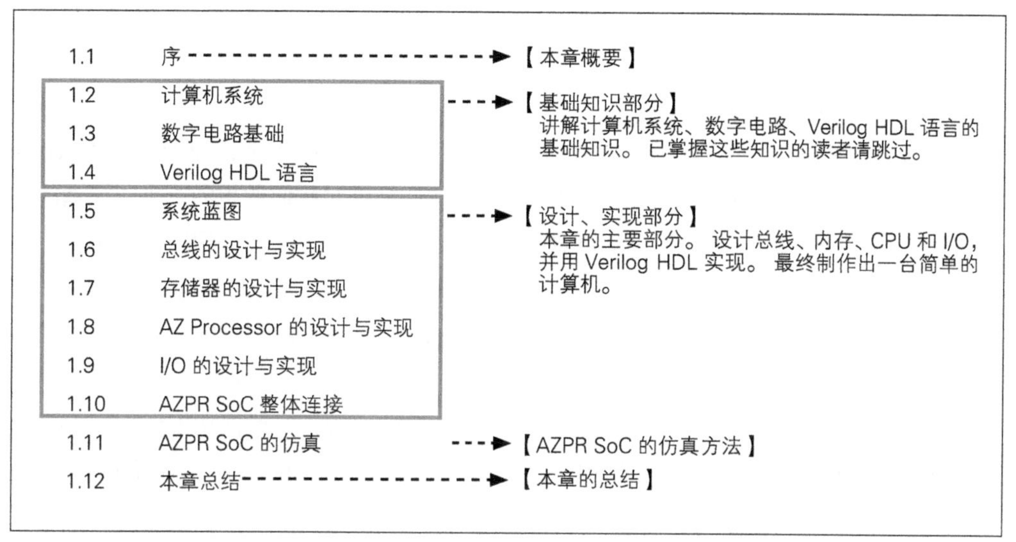

▲ 图 1-2 本章的构成

1.2 计算机系统

本节将介绍计算机系统的构成要素及其功能。

1.2.1 什么是计算机

计算机是根据程序进行运算和数据处理的计算机器。近年来，随着 PC（Personal Computer，个人电脑）在普通家庭中的广泛普及，计算机对我们的生活产生了深远的影响。如今，不仅是 PC，与我们生活息息相关的手机、家电等也广泛应用了计算机。

通常，计算机由以下几部分组成：负责计算和处理数据的 CPU、负责存储程序和数据的存储器，以及和外部进行数据交换的 I/O（Input/Output，输入输出装置）。各部分通过总线连接就构成了一台计算机。

计算机的构成要素如图 1-3 所示。以 PC 机的组成为例，一般使用 Intel 或 AMD 公司的 CPU，DDR3 SDRAM 之类的内存，另外还有键盘、鼠标、显示器等 I/O。这些 CPU、内存、I/O、总线并不局限于 PC，多数计算机都是由这四大要素组成。

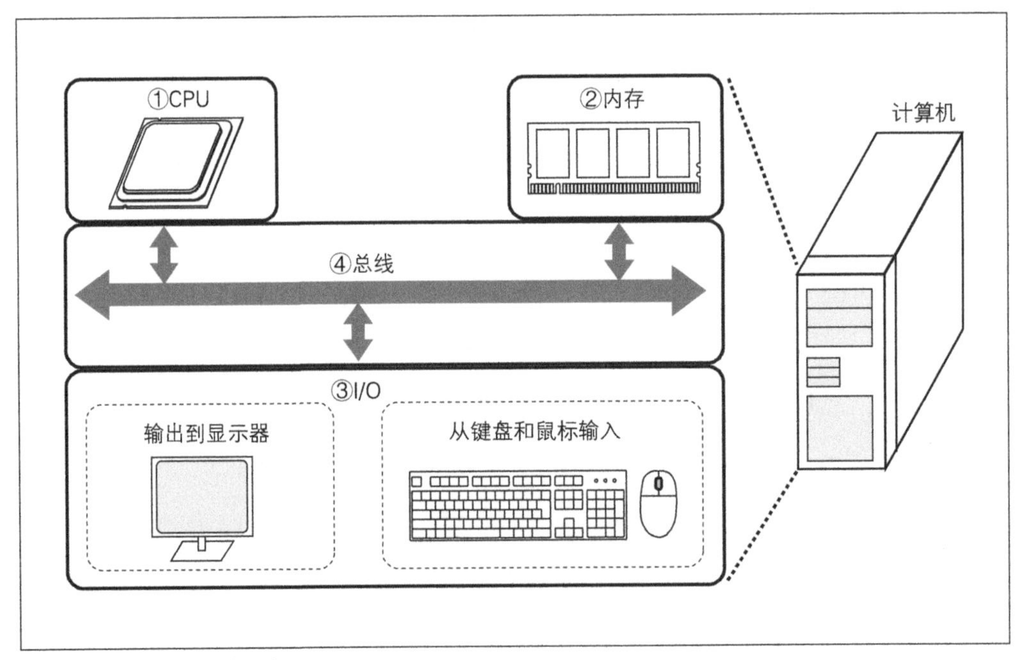

▲ 图 1-3　计算机的构成要素

1.2.2 什么是 CPU

CPU 是计算机中进行各种运算和数据处理的装置。CPU 是 Central Processing Unit（中央处理器）首字母的缩写。近年来，商用 CPU 基本都基于集成电路技术制造，然后封装到图 1-4 所示的包装后出售。

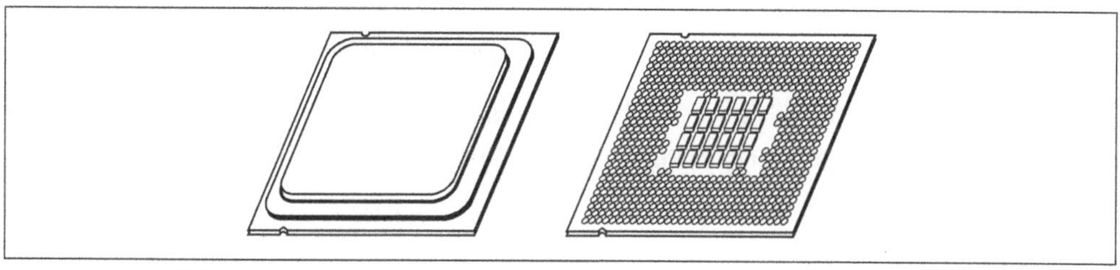

▲ 图 1-4　CPU 的外观

CPU 是一种根据指令进行各种处理的电子电路。图 1-5 展示的是 CPU 的处理流程。内存存储着可由 CPU 执行的指令集合所组成的程序。CPU ①读取（Fetch）内存中的指令，然后对其要处理的操作进行②解码（Decode），最后进行③执行。

CPU 基本上就是在这三种状态之间进行任务处理。这种将存储在内存中的程序读出再执行的架构称为存储程序式架构[①]。

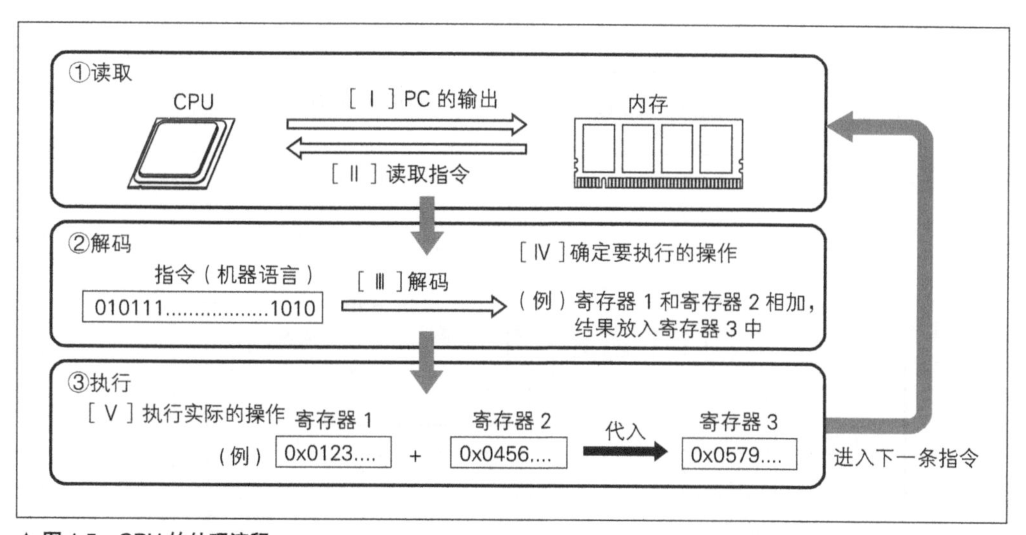

▲ 图 1-5　CPU 的处理流程

① 这种架构的计算机被称为存储程序计算机（Stored-program computer）。——译者注

■①读取

首先，CPU 要把即将执行的指令从内存中读取出来。CPU 中有个 PC（Program Counter，程序计数器）寄存器，其中保存着即将执行的指令的地址。指令的读取是通过将 PC 寄存器的值输出给内存，由内存返回该值对应地址中的指令。

■②解码

然后，CPU 对读取的指令所对应的操作进行解码。指令有很多种，有进行各种运算的指令、控制下一条命令的指令、对内存和 I/O 进行读写的指令，还有对 CPU 进行控制的指令。这些指令由 CPU 中被称为指令解码器的模块进行解码。可以用来保存地址和运算结果的寄存器称为通用寄存器（General Purpose Register）。

■③执行

最后，CPU 对解码器确定的操作进行处理。CPU 可以从内部存储装置——寄存器或外部的内存读取数据并处理，然后将结果写回寄存器或内存。

简化的 CPU 内部构造图如图 1-6 所示。读取指令时，CPU 将 PC 寄存器的值输出到内存，然后从内存中将对应的指令取回。取回的指令保存在指令寄存器中。指令解码是将储存在指令寄存器的指令解码，确定将要处理的操作。大多数情况下，在确定即将处理的操作的同时，CPU 会从通用寄存器中读取运算要使用的数据。指令执行时，从通用寄存器将操作数值取出，通过运算器处理然后将结果写回。CPU 执行的运算结果可以写回通用寄存器，也可写入内存。CPU 也可以从内存读取数据作为结果返回。

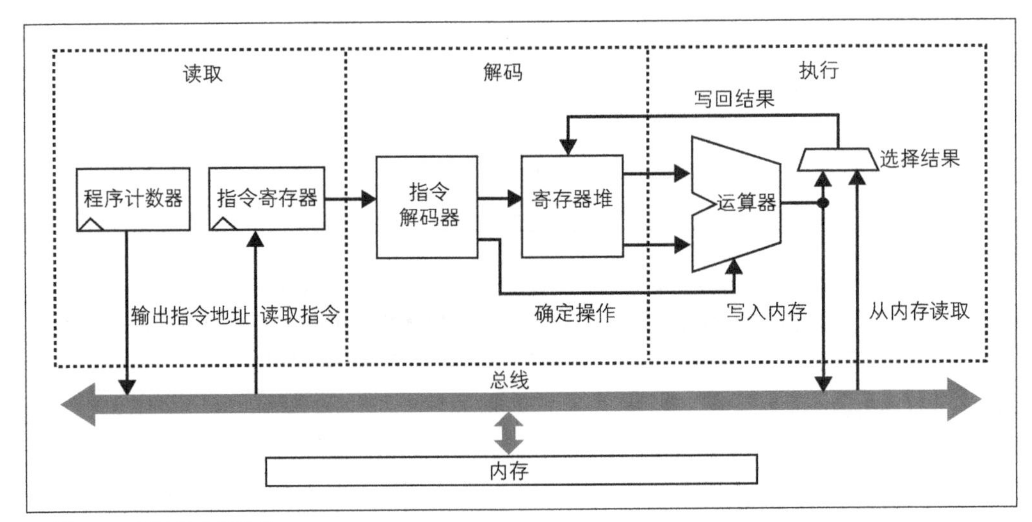

▲ 图 1-6　CPU 的内部构造

CPU 执行的指令，由代表操作种类的操作码和代表操作对象的操作数两部分组成。指令的构造如图 1-7 所示。指令本身用特定的二进制序列来表示，这种二进制序列称为机器语言。

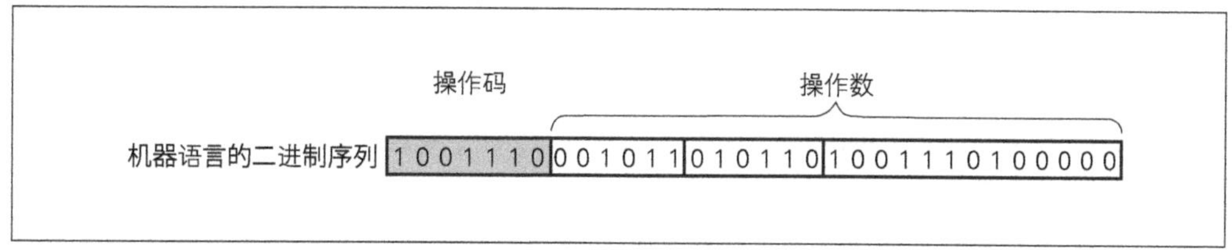

▲ 图 1-7 指令的构造

操作数是由寄存器地址、内存地址或立即数来指定的。立即数是指嵌入指令中的固定常数。操作数的数量和位宽根据 CPU 和指令的不同而不同。根据可使用的操作数的数量，指令可以分为 3 操作数形式、2 操作数形式和 1 操作数形式等。

根据执行的指令的特征，CPU 分为 RISC（Reduced Instruction Set Computer，精简指令集计算机）和 CISC（Complex Instruction Set Computer，复杂指令集计算机）两种。表 1-1 比较了 RISC 和 CISC 的特征，并给出了其代表产品。

▼ 表 1-1 RISC 和 CISC 的比较

	指令功能	指令数量	硬件	高速化	执行相同处理时的指令数	代表产品
RISC	单纯	少	简单	适合	多	IBM Power、Sun MicroSystems SPARC、MIPS、ARM 等
CISC	复杂	多	复杂	不适合	少	Intel i386、IBM System/360、DEC PDP 等

RISC 类 CPU 的指令功能单纯，种类较少。相对应地，CISC 类 CPU 的指令功能复杂，种类繁多。RISC 指令精简的好处是 CPU 内部构造可以简化，适合高速操作。但是在进行相同操作时，由于每一条指令都功能单纯，所以与 CISC 相比，它需要使用更多的指令数量。虽然 CISC 的内部构造复杂不适合高速操作，但进行相同处理时指令数比 RISC 要少。

RISC 架构最大的特点是只使用载入和存储指令访问内存，这种架构称为载入存储架构（Load/Store Architecture）。这样做的好处是可以简化指令集和流水线设计。在这种架构下，运算指令只能对寄存器中的数据进行操作。

RISC 和 CISC 两种架构各有所长，孰优孰劣不能一概而论。在追求高速运作的 CPU 的领域中，RISC 被认为更具优势。这些年，虽然 Intel 和 AMD 两家公司的 CPU 指令集依然是 CISC 的，但内部却将复杂指令分解为简单指令，使得内部可以像 RISC

一样工作。

专栏

CPU 的位宽

CPU 的位宽表现了 CPU 可以访问的地址空间或数据的大小。比如，32 位 CPU 可以处理 32 位的数据，可以访问的地址空间为 4G 字节（2 的 32 次方）。随着程序、数据的规模和内存容量的增大，32 位 CPU 有些不太够用，最近的 CPU 一般都是 64 位。CPU 的位宽并没有明确的定义。有根据寄存器或地址的宽度划分的，也有根据指令或总线宽度划分的各种标准。现在大家普遍将 CPU 可以处理的整数型数据的宽度定为位宽。实际上，根据 CPU 厂家的想法和主张，解释也不尽相同。除了位宽，CPU 可以访问的地址空间或数据的大小还用字（word）来表示。通常，CPU 的字长和位宽是一致的。

1.2.3 什么是内存

内存是用来存放运行时指令（程序）和数据的存储器。为了和计算机中长期保存数据和程序的存储器区别，内存有时也称为主存（Main memory）。

最近的计算机通常采用 DRAM（Dynamic Random Access Memory，动态随机存储器）技术的内存。DRAM 是通过在电容器中积蓄电荷来保存数据的存储元件。电容器中充电状态是 1，放电状态是 0，以此来表示数值。由于电容器中的电荷一段时间后会衰减，所以 DRAM 需要定期进行重新写入数据的刷新（Refresh）操作。根据访问方式和规格的不同，DRAM 分为 SDRAM（Synchronous DRAM，同步 DRAM）和 DDR SDRAM（Double Data Rate SDRAM，双倍数据率 SDRAM）等种类。

内存使用地址的概念来管理存储的数据。地址表示的是数据存储的位置，如同数据的住所一样。每个数据单元都有一个地址。大多情况下数据单元是一个字节（8 位）长度。这种方式称为字节编址。图 1-8 说明了内存和地址的关系。

内存等存储器的特点是速度越快成本越高。因此通常使用“高速小容量”、“中速中等容量”到“低速大容量”等多种存储器组合的混合型架构。这种构造称为存储器层级。图 1-9 是存储器层级的示例。

在存储层面，速度最快的是 CPU 中的寄存器。CPU 比内存速度快很多，由 CPU 直接访问内存效率较低。为了提高内存访问速度，在 CPU 和内存间增加了被称为缓存的高速小容量存储器。

缓存可以暂时性地缓冲存储从内存中读取的数据。CPU 在访问内存时，如果需要的数据已经保存在缓存中，则可直接从缓存中读取，以提高访问效率。根据容量和速度的不同，缓存也分为多个层级，通常为一级缓存、二级缓存等多个级别。

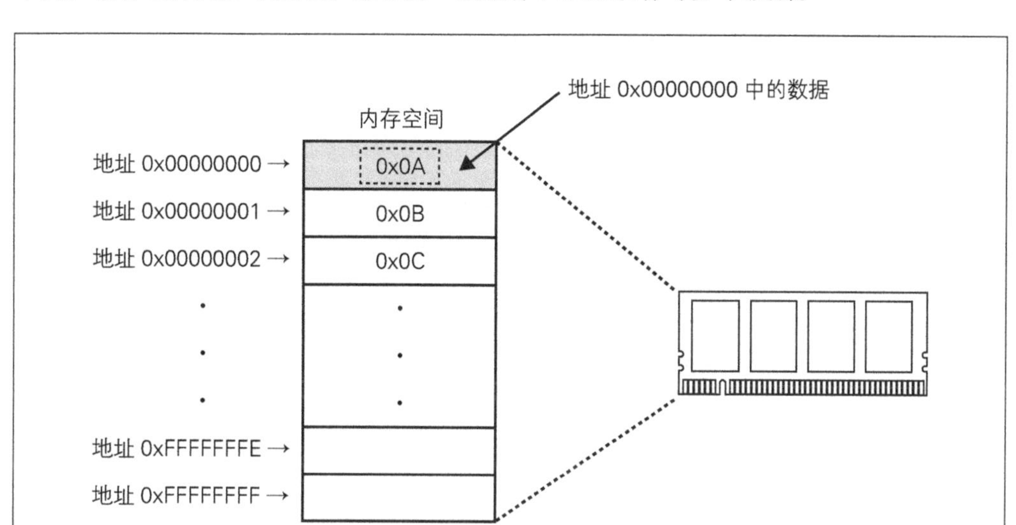

▲ 图 1-8　内存和地址

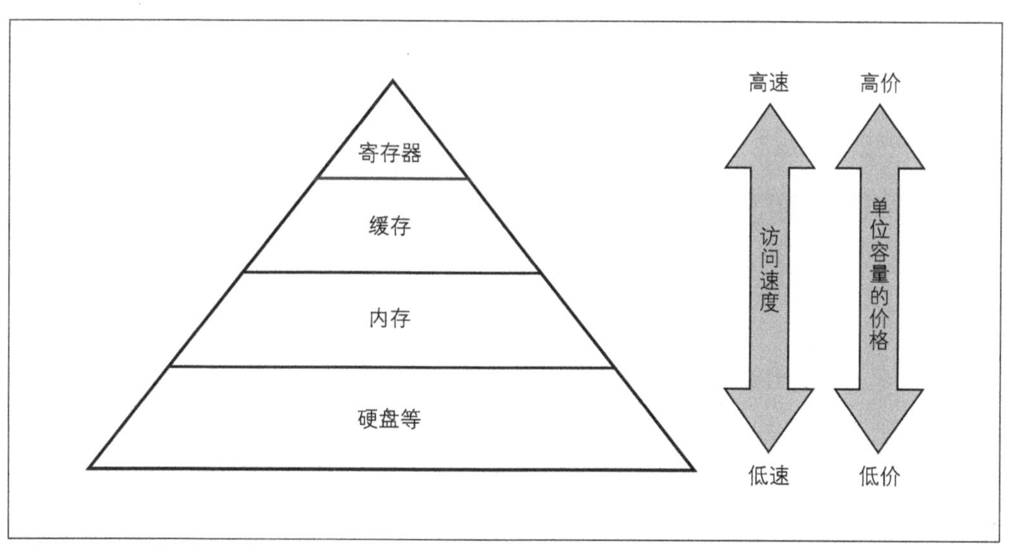

▲ 图 1-9　存储器层级示例

1.2.4　什么是 I/O

I/O（Input/Output）是进行数据输入输出的装置。计算机通过 I/O 和外部实现数据交换。计算机的处理操作按照从外部读取数据、在内部处理数据、再向外部输出结果的顺序进行。以个人电脑为例，如图 1-11 所示，它从鼠标或键盘输入数据，处理器根据程序处理数据，通过显示器等向外部输出结果。

专栏

字节序

将多字节数据存储在内存中时，各字节的存储顺序称为字节序。比如，将 4 字节数据 0x12345678 放入内存时，地址 0 中放 0x12、地址 1 中放 0x34、地址 2 中放 0x56、地址 3 中放 0x78 的方式，称为大端序。相对地，地址 0 中放 0x78、地址 1 中放 0x56、地址 2 中放 0x34、地址 3 中放 0x12 的方式，称为小端序。这两种数据存储方式请参见图 1-10。

对人类来说，大端序理解起来比较容易，然而对计算机来说，小端比较容易操作，因为不同长度数据的低位位置是相同的。

不同的 CPU 采用的字节序也不尽相同，由此产生的软件通用性和可移植性的问题也屡屡发生。Intel 公司的 x86 架构采用的是小端序，而 Sun（现属 Oracle）公司的 SPARC 处理器和 MIPS 科技公司的 MIPS 处理器等采用的是大端序。

最近，很多处理器考虑到软件的通用性和可移植性，同时支持两种字节序并可依据程序切换，这种方式称为双端序。

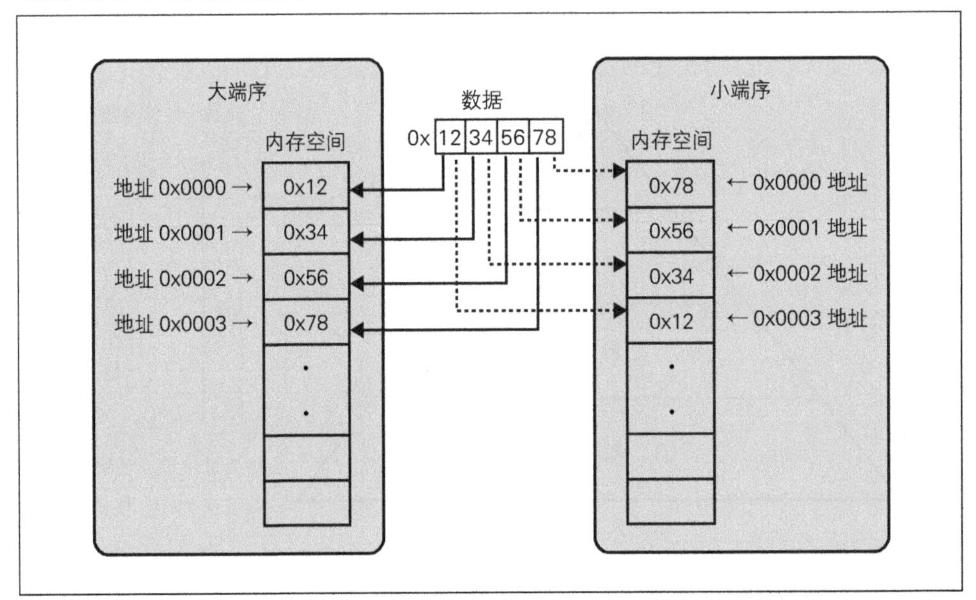

▲图 1-10　字节序

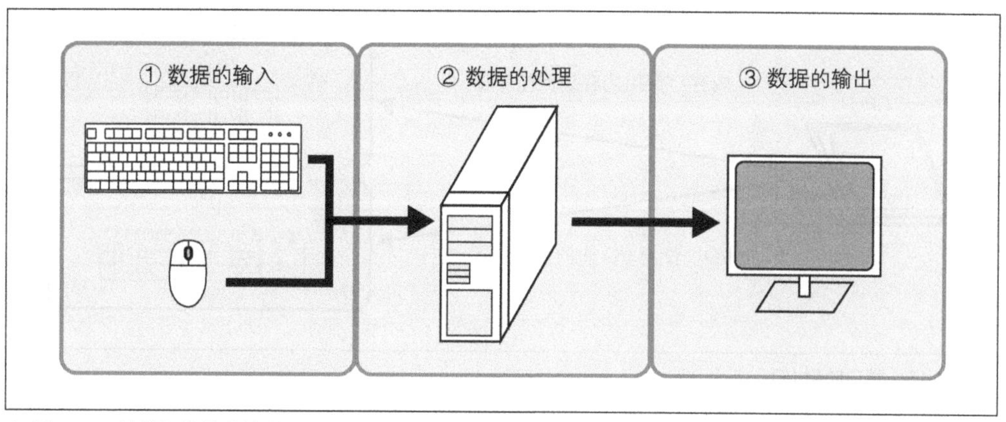

▲ 图 1-11　计算机的处理流程

访问 I/O 的方式大致分为存储器映射 I/O 和端口映射 I/O 两种。

存储器映射 I/O 方式中，I/O 也和内存一样使用地址进行管理，可以和访问内存一样的方式进行访问。存储器映射 I/O 的概要如图 1-12 所示。存储器映射 I/O 方式中，由于使用访问内存的指令进行 I/O 访问，硬件上较为简化。但缺点是，I/O 也会占用地址空间。

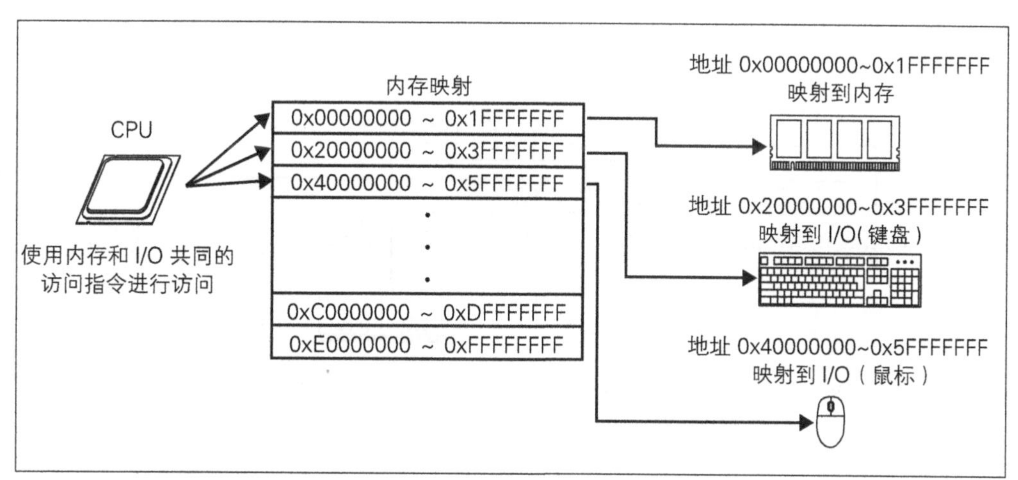

▲ 图 1-12　存储器映射 I/O

端口映射 I/O 方式中，CPU 含有支持访问 I/O 的专用指令。端口映射 I/O 的概要如图 1-13 所示。端口映射 I/O 方式的优点，一是地址空间可以全部分配到内存，二是内存和 I/O 的访问可以在指令级别区分。但是，由于需要专用指令，缺点是硬件设计变得复杂。

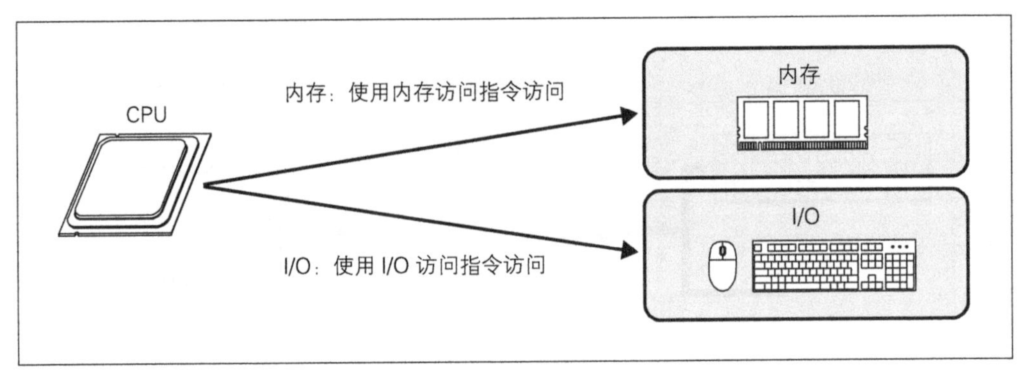

▲ 图 1-13　端口映射 I/O

1.2.5 什么是总线

总线是 CPU、内存和 I/O 之间交换数据的共同通道。总线将一根信号线在多个模块间共享进行通信。图 1-14 是总线的示例。

两个模块通过总线交换数据时，发起访问的一侧称为总线主控，接受访问的一侧称为总线从属。图 1-14 的示例中，CPU 为总线主控，内存、I/O 等为总线从属。

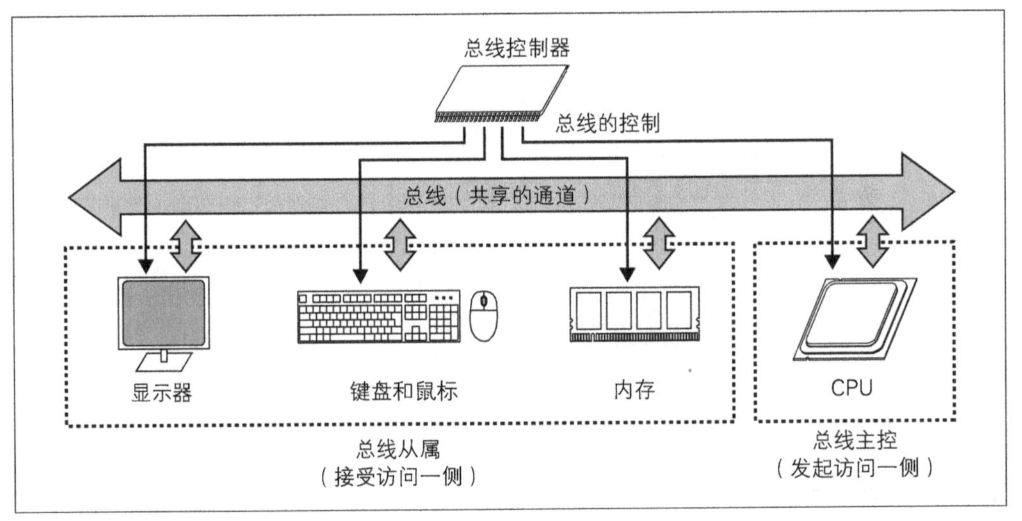

▲ 图 1-14　总线示例

总线一般由数据总线、地址总线和控制总线构成。数据总线用来传输交换的数据，地址总线用来指定访问的地址，控制总线负责总线访问的控制。各个信号的时序、进行交换的规则等称为总线协议。通过总线交换数据的整个过程称为总线传输。总线传输的示例请参见图 1-15。

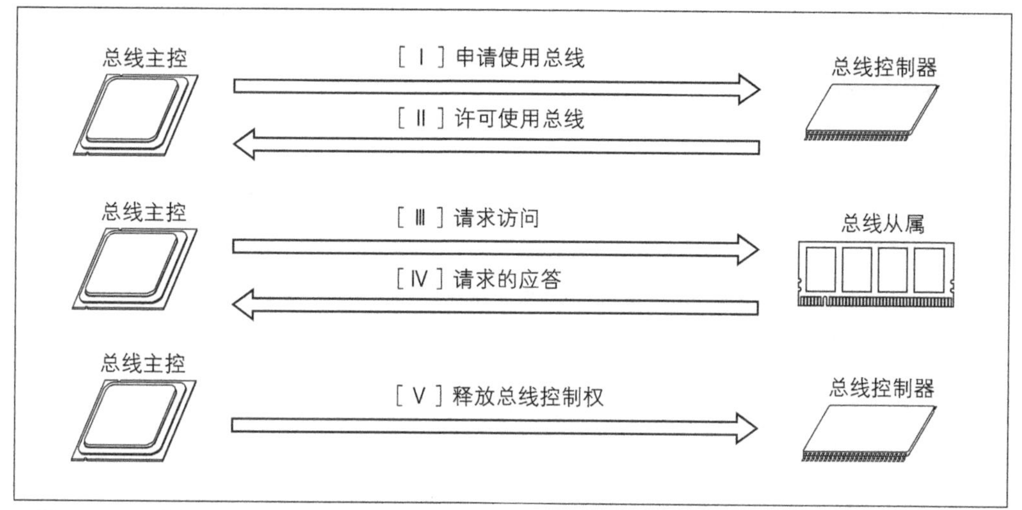

▲ 图 1-15 总线传输示例

[Ⅰ] 申请使用总线

多数情况下，总线上接有多个总线主控，由于总线是共享的通道，不能同时使用多个总线主控。因此，需要对多个总线主控的使用请求进行调停。访问总线的权力称为总线控制权，对多个访问的调停称为总线仲裁。总线仲裁由总线控制器内的仲裁器实施。总线主控在访问总线之前先向总线控制器申请总线控制权。

[Ⅱ] 许可使用总线

总线控制器对多个总线主控的请求进行调停，依据仲裁规则对总线的使用进行许可授权。

[Ⅲ] 请求访问

获取总线控制权的总线主控对总线从属发送访问请求。请求中包含“要访问哪个地址”、“是读取访问还是写入访问”和“写入时的数据”等信息。

由于总线是共享的通道，总线主控输出的信号会发送到所有总线从属。因此使用片选信号（Chip select，芯片选择信号）等控制信号来区别对哪个从属进行访问。每个总线从属都设有片选信号，可以使用片选信号选择要访问的总线从属。

一般的总线结构会为每个总线从属分配地址空间。总线控制器内的地址解码器根据要访问的地址产生片选信号。

[Ⅳ] 请求的应答

接受访问的总线从属会根据请求对总线主控进行应答。针对请求，应答时采用

Ready 等控制信号。在接受读取请求时，应答的同时输出读出的数据。

[V] **释放总线控制权**

总线使用完毕，总线主控通知总线控制器释放总线控制权。

专栏

总线的优缺点

总线的优点是只要遵循总线协议，任何设备都可以简单地进行连接。并且由于使用的是共享通道，硬件的成本也比较低。但是，数据传输的吞吐量较低。

近几年，一台计算机搭载多个 CPU 的情况比较常见。随着与总线通信的 CPU 数量的增多，总线很容易变得拥堵。因此，业内也在开发各个节点通过网络连接的技术来替代传统的通道共享的总线。

1.2.6 小结

本节介绍了计算机的基本概念。多数计算机是由 CPU、内存、I/O 以及连接它们的总线构成。计算机是通过 CPU 将存储在内存的指令读出并执行、通过 I/O 进行数据的输入输出来实现处理的。

专栏

计算机相关书籍

每节节末的专栏会介绍和该节相关的书籍。这些书籍有助于读者更全面、系统地理解该节的知识。

● **コンピュータはなぜ動くのか（矢沢久雄著、日経 BP 社）（中文译名《计算机为何能工作》）**

这本书详细介绍了计算机基本知识，涉及硬件、软件、编程、网络等各方面的内容，可以帮助读者理解计算机及其相关技术。这本书并非专业图书，非计算机专业的读者也很容易阅读。

● **構造化コンピュータ構成（Andrew S. Tanenbaum 著、長尾高弘訳）**
（原书名 *Structured Computer Organization*，中文译名《计算机组成：结构化方法》）

这本书可以作为大学、大专院校计算机科学专业学生的教材，帮助读者系统地学习计算机相关知识。原著作者 Tanenbaum 曾编写过多本优秀的教科书。笔者在此将本书推荐给想真正学好计算机的读者。

1.3 数字电路基础

本节将介绍数字电路的基础知识。数字电路是利用数字信号的电子电路。近年来，绝大多数的计算机都是基于数字电路实现的。

1.3.1 什么是数字电路

数字电路是利用两种不连续的电位来表示信息的电子电路。数字电路中的电源电压 H（High，高）电平、接地电压 L（Low，低）电平分别代表 1 和 0，以此实现信息的表达。大部分数字电路是基于叫做 MOSFET（Metal-Oxide-Semiconductor Field-Effect Transistor，金属氧化物半导体场效应管）的场效应管实现的。在数字电路中，MOSFET 通过组合可以实现各种各样的逻辑电路。

1.3.2 数值表达

数字电路中的信息由 0 和 1 两个数字表示，因此数字电路的设计基于二进制数（binary number）。二进制是指从 0 到 1 的数值在一位数字中表示，遇 2 则向上进位的数值表达方式。二进制的第 *n* 个数字位，数值上是 2 的 *n*−1 次方位。我们平时使用的数值表达方式是十进制（decimal number），十进制中，0 到 9 的数值可在一位中表示。图 1-16 说明了二进制和十进制的位值关系。

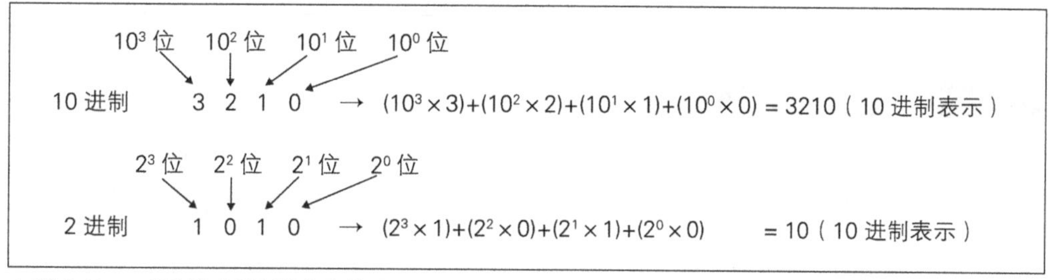

▲ 图 1-16 二进制和十进制的位值关系

十进制数的 3210 可以表示为（$10^3\times3$）+（$10^2\times2$）+（$10^1\times1$）+（$10^0\times0$）。二进制数的 1010 可以表示为（$2^3\times1$）+（$2^2\times0$）+（$2^1\times1$）+（$2^0\times0$），相当于十进制数 10。一个数字位上可以表达数值的个数称为底数，十进制的底数是 10，二进制的底数是 2。

计算机中常用的数值表现方式，除了二进制和十进制之外，还有八进制（octal number）和十六进制（hexadecimal number）等。八进制使用从 0 开始的八个数表达数值。十六进制中，从 10 到 15 使用字母 A 到 F 来表示，以 0 到 9 加上 A 到 F 表示十六个数值。

八进制数值通常以 0 开头，以区分十进制等表达方式。十六进制则通常以 0x 开头。0x 中的 x 代表 hexadecimal 中的 x。十六进制也有在末尾加 H 等其他表达方法。

表 1-2 列出了利用以上几种进制表达数值的例子。

▼ 表 1-2　数值表现的示例

10 进制数	2 进制数	8 进制数	16 进制数
0	0000	000	0x0
1	0001	001	0x1
2	0010	002	0x2
3	0011	003	0x3
4	0100	004	0x4
5	0101	005	0x5
6	0110	006	0x6
7	0111	007	0x7
8	1000	010	0x8
9	1001	011	0x9
10	1010	012	0xA
11	1011	013	0xB
12	1100	014	0xC
13	1101	015	0xD
14	1110	016	0xE
15	1111	017	0xF

1.3.3 有符号二进制数

在用二进制表示有符号数值时，我们经常使用补码表示法。补码表示法中，N 位的二进制数的最高位代表数值 $-(2^{N-1})$。图 1-17 介绍了有符号二进制数的表达方式。

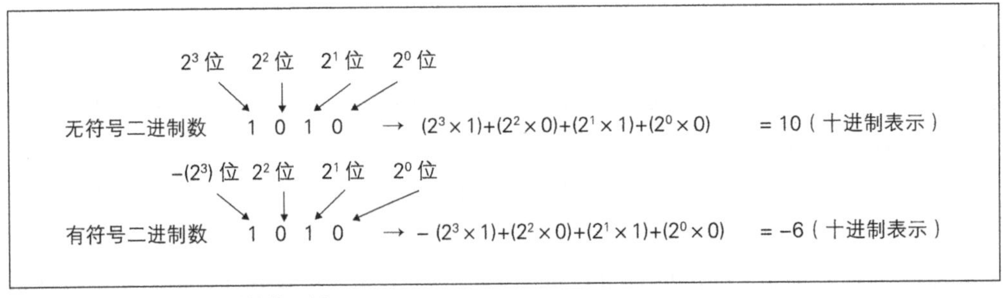

▲ 图 1-17　有符号二进制数的示例

专栏

比特和字节

二进制中的一个数字位称为 binary digit，简称比特（bit）。计算机领域中，我们使用比特作为单位来表示数据量，还会用到一种叫字节（byte）的单位。通常一个字节代表 8 比特，绝大多数 CPU 都是以字节为单位处理数据的。内存地址大多也是为每字节赋予一个地址，称为字节编址方式。由 8 比特组成一个字节是出于 2 的 8 次方表达的范围（0~255）比较适合表达文字（英文字母、符号、控制符等）的考虑。

专栏

1K 字节有多大

K、M、G、T 是表示大数据量时常用的单位。1K 的大小有 1000（10 的 3 次方）和 1024（2 的 10 次方）两种计数方法。

通常，衡量计算机内存和网络数据包大小时，1K 相当于 1024 比特。而在硬盘等存储器的标签上记述的尺寸或物理学中的 1K 相当于 1000。

表 1-3 是对单位的说明。

	1K 等于 1024 时	1K 等于 1000 时
1 [K]	1 024 (2 的 10 次方)	1 000 (10 的 3 次方)
1 [M]	1 048 576 (2 的 20 次方)	1 000 000 (10 的 6 次方)
1 [G]	1 073 741 824 (2 的 30 次方)	1 000 000 000 (10 的 9 次方)
1 [T]	1 099 511 627 776 (2 的 40 次方)	1 000 000 000 000 (10 的 12 次方)

无符号二进制数变成补码时，将所有比特反转（又称取反码）后加 1。以 4 位二进制数 0001 为例，全比特反转后为 1110，然后加 1 成为 1111。也就是说，在二进制的补码表示法中，将数字 1 表示为 0001，–1 表示为 1111。这就是说最高位的比特起到了符号位的作用。最高位为 0 时是正数，最高位为 1 时是负数。

二进制补码表示法的好处是正数和负数相加时无需考虑符号的处理。以刚才例子中的 1 和 –1 的补码相加为例，0001 加 1111 后进位得到 10000。当数据宽度为 4 位时忽略第五位的 1，结果为 0000，也就是正确答案——数值 0。如上所示，运用二进制补码表示法可以在不关心数据符号的情况下进行运算。

1.3.4 MOSFET 的结构

近年来，数字电路基本上都是由 MOSFET 场效应管构成的。MOSFET 是一种在施加电压后可以像开关一样工作的半导体器件。MOSFET 有 P 型 MOSFET 和 N 型 MOSFET

两种。P 型 MOSFET 的构造如图 1-18 所示，N 型 MOSFET 的构造如图 1-19 所示。

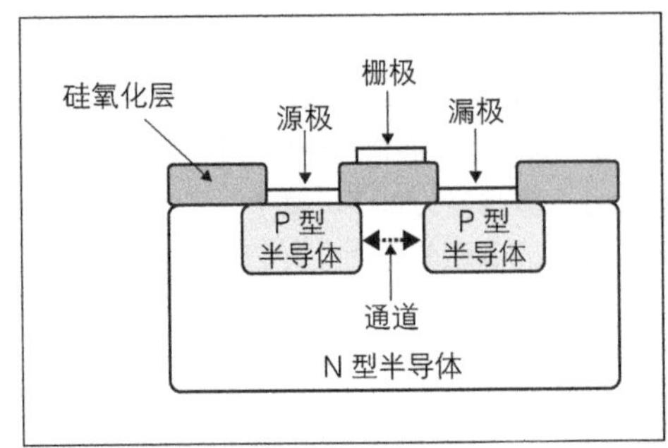

▲ 图 1-18 P 型 MOSFET 的构造

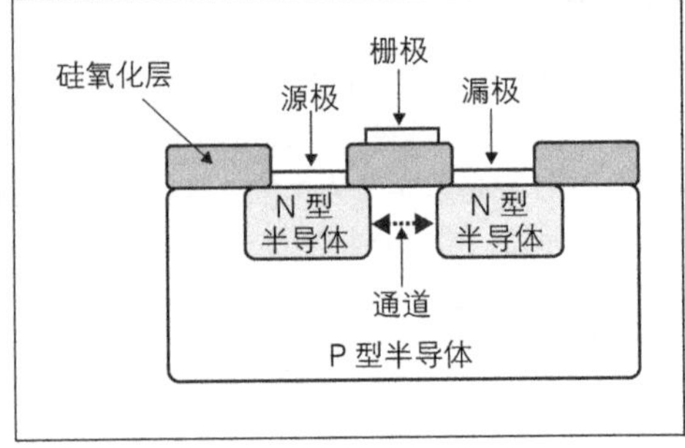

▲图 1-19 N 型 MOSFET 的构造

MOSFET 有源极、漏极和栅极 3 个电极。功能上，源极、漏极和栅极分别作为电流输入、电流输出和电流控制使用。MOSFET 的源极和漏极采用相同类型的半导体材料，而栅极下的通道则填入不同类型半导体材料。P 型 MOSFET 的源极和漏极使用 P 型半导体，栅极下的通道使用 N 型半导体。N 型 MOSFET 材料的构成与 P 型 MOSFET 相反。

下面以 N 型 MOSFET 为例说明其工作原理。在不给控制电流的栅极施加电压时，源极和漏极间填充了异种半导体材料，因此电流无法流过。当给栅极施加正电压时，源极和漏极中 N 型半导体材料里的自由电子被栅极吸引，使通道中充满电子，源极和漏极间的电流从而能够流动。

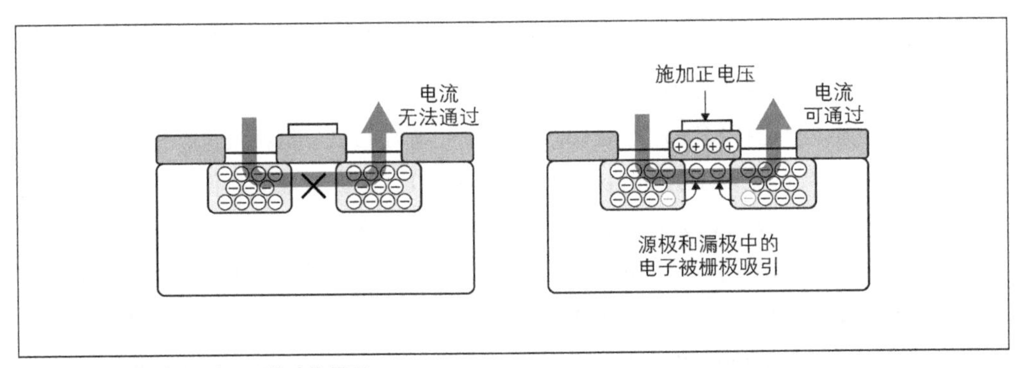

▲ 图 1-20 N 型 MOSFET 的动作原理

N 型 MOSFET 在栅极施加电源电压（H）时电流可以流通，接地（L）时电流无法流通。反之，P 型 MOSFET 的栅极接地时电流可以通过，施加电源电压时电流无法流过。这种持有相反特性的 N 型 MOSFET 和 P 型 MOSFET 互补使用形成的门电路称为 CMOS（Complementary Metal Oxide Semiconductor，互补金属氧化物半导体）。CMOS 可以用来制作各种各样的逻辑电路。

1.3.5 逻辑运算

逻辑运算是只用“真”、“假”二值进行的运算。数字电路中的 H(1) 和 L(0) 可与逻辑运算中的“真”、“假”对应，进行逻辑运算。逻辑运算使用 AND（逻辑与）、OR（逻辑或）、NOT（逻辑非）三种基本运算组合来实现各种运算。图 1-21 对基本的逻辑运算进行了说明。

<table>
<tr><th>逻辑</th><th>真值表</th><th>文氏图</th></tr>
<tr><td>AND</td><td><table><tr><th>A</th><th>B</th><th>Y</th></tr><tr><td>0</td><td>0</td><td>0</td></tr><tr><td>0</td><td>1</td><td>0</td></tr><tr><td>1</td><td>0</td><td>0</td></tr><tr><td>1</td><td>1</td><td>1</td></tr></table></td><td>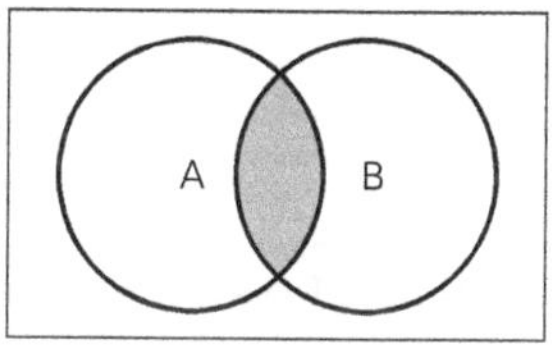</td></tr>
<tr><td>OR</td><td><table><tr><th>A</th><th>B</th><th>Y</th></tr><tr><td>0</td><td>0</td><td>0</td></tr><tr><td>0</td><td>1</td><td>1</td></tr><tr><td>1</td><td>0</td><td>1</td></tr><tr><td>1</td><td>1</td><td>1</td></tr></table></td><td>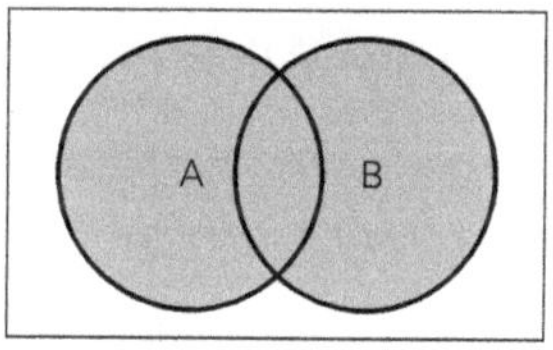</td></tr>
<tr><td>NOT</td><td><table><tr><th>A</th><th>Y</th></tr><tr><td>0</td><td>1</td></tr><tr><td>1</td><td>0</td></tr></table></td><td>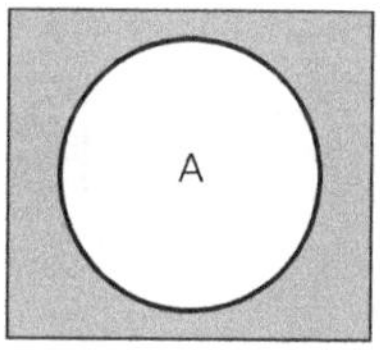</td></tr>
</table>

▲ 图 1-21 基本逻辑运算

图 1-21 中 A 和 B 为输入，Y 为运算结果。AND 运算在输入 A 和 B 双方都为真时结果 Y 为真，其他情况下 Y 为假。因此 AND 运算的结果是 A 和 B 的交集。

OR 运算在输入 A 和 B 任意一方为真时结果 Y 为真，A 和 B 双方皆为假时结果 Y 为假。因此 OR 运算的结果是 A 和 B 的并集。

NOT 运算是单输入的运算，输入为真时结果为假，输入为假时结果为真。因此 NOT 运算的结果是输入 A 的补集。

1.3.6　CMOS 基本逻辑门电路

接下来介绍 CMOS 的基本逻辑门电路。N 型 MOSFET 和 P 型 MOSFET 的电路符号如图 1-22 所示。

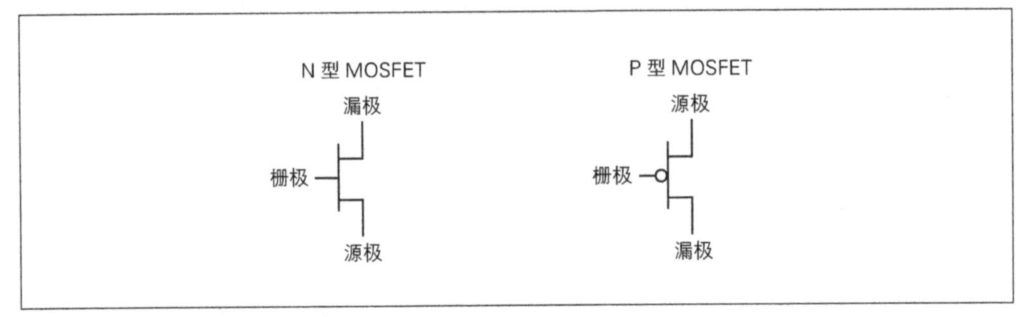

▲ 图 1-22　MOSFET 的电路符号

将 MOSFET 按照图 1-23 的方式组合即可实现 NOT 门电路。当输入 H 时，N 型 MOSFET 打开，输出为 L；当输入 L 时，P 型 MOSFET 打开，输出为 H。

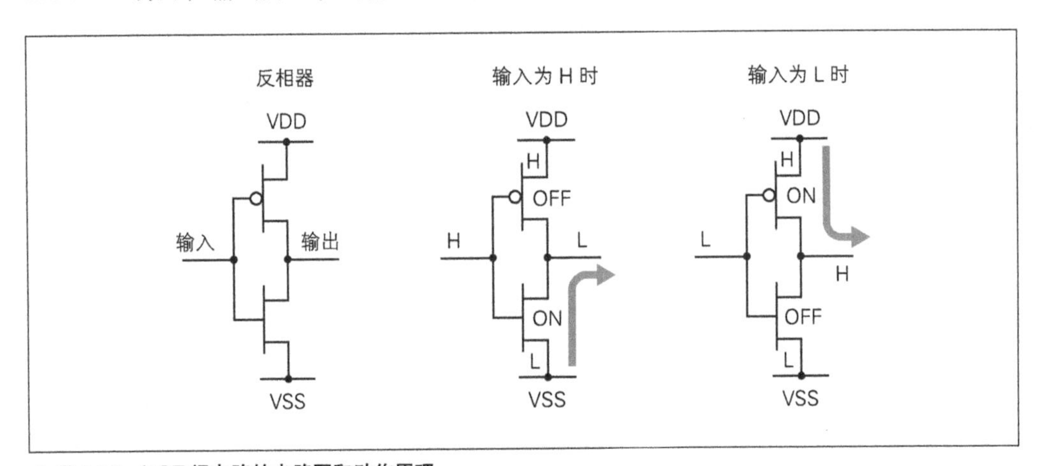

▲ 图 1-23　NOT 门电路的电路图和动作原理

从最简单的 NOT 门电路到各种逻辑门电路，都可以由 MOSFET 的组合进行实现。图 1-24 中列出的是逻辑门电路中定义的基本逻辑门电路。逻辑门电路的电路符号称为 MIL（美军标准）逻辑符号。数字电子电路通过基本逻辑电路的组合来实现各种逻辑电路功能。

逻辑	真值表	MIL 逻辑符号	逻辑	真值表	MIL 逻辑符号
与	A B Y 0 0 0 0 1 0 1 0 0 1 1 1		与非	A B Y 0 0 1 0 1 1 1 0 1 1 1 0	
或	A B Y 0 0 0 0 1 1 1 0 1 1 1 1		或非	A B Y 0 0 1 0 1 0 1 0 0 1 1 0	
异或	A B Y 0 0 0 0 1 1 1 0 1 1 1 0		异或非	A B Y 0 0 1 0 1 0 1 0 0 1 1 1	
非	A Y 0 1 1 0				

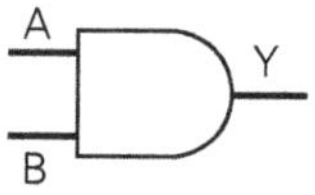

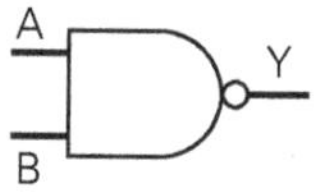

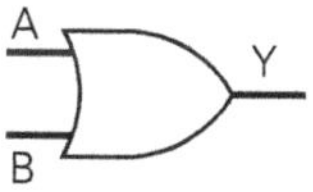

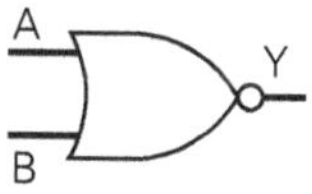

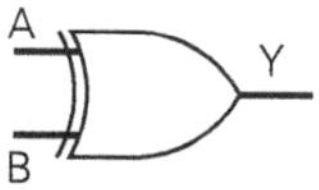

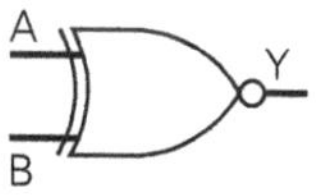

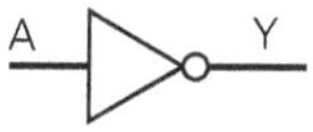

▲ 图 1-24 基本逻辑门电路

1.3.7 存储元件

通过组合基本的逻辑门，可以实现用来保存数据的存储元件。锁存器（Latch）就是其中一种存储元件。锁存器具有像闩锁一样锁住并维持数据的特性。

图 1-25 是一种最为单纯的锁存器，其电路由一个 2 输入的 AND 门构成，并将输出与其中一个输入相接形成一条循环回路。一旦这个电路的输入 A 为 0 时，循环回路中的值就一直为 0。这样就可以利用循环回路将逻辑值锁存。

还有一种锁存器叫 D 锁存器（Data Latch，D-Latch，数据锁存器）。D 锁存器的电路构造如图 1-26 所示，它由 4 个 NAND 门电路构成。D 锁存器中有 D（Data）和 E（Enable）两个输入信号，Q 和 $\overline{Q}$ 两个输出信号。D 锁存器在 E 为 0 时保持前一个数据，E 为 1 时将输入 D 的数据输出到 Q。$\overline{Q}$ 是输出信号 Q 的反相信号。D 锁存器的真值表如图 1-27 所示。由于 D 锁存器在 E 为 1 时输入的 D 直接通过 Q 输出，所以也称为通过型锁存器。

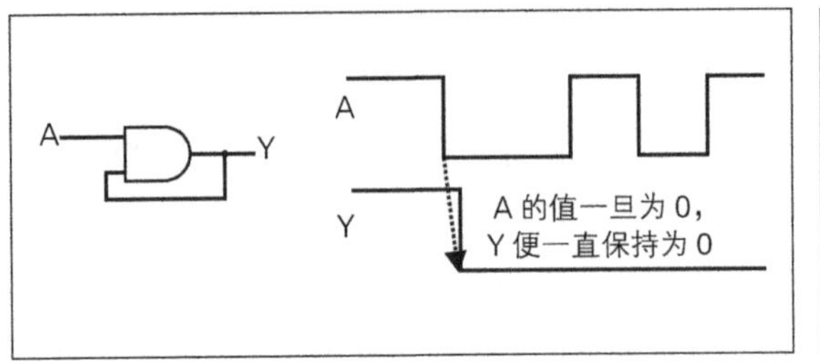

▲ 图 1-25　最简单的锁存器

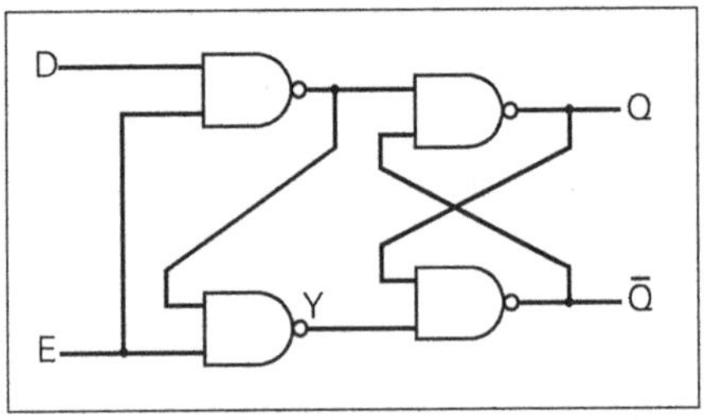

▲ 图 1-26　D 锁存器的构成及其电路符号

输入		输出		电路
E	D	Q	$\overline{Q}$	
0	0	维持前一个数据	维持前一个数据	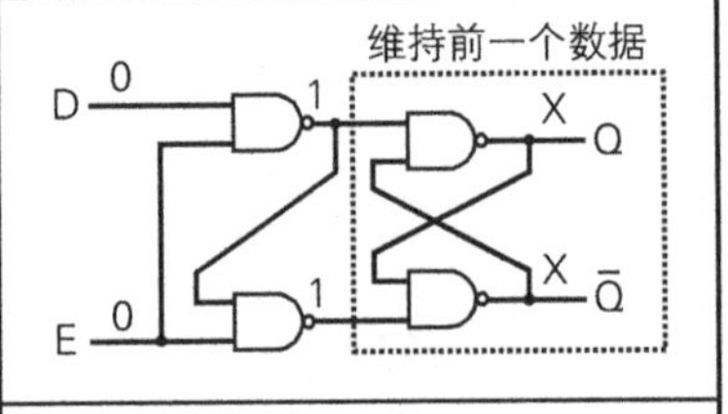 维持前一个数据
0	1	维持前一个数据	维持前一个数据	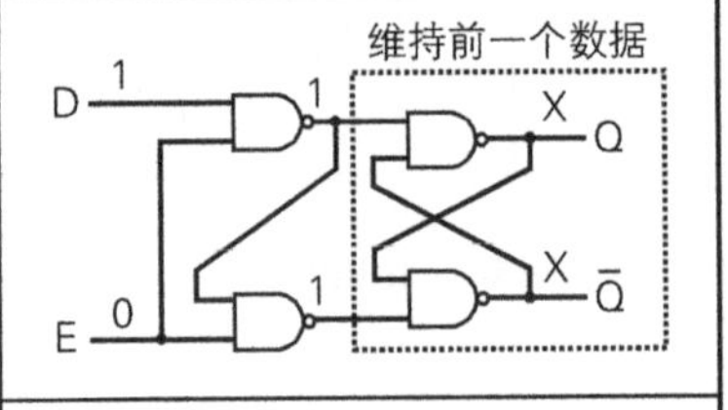 维持前一个数据
1	0	0	1	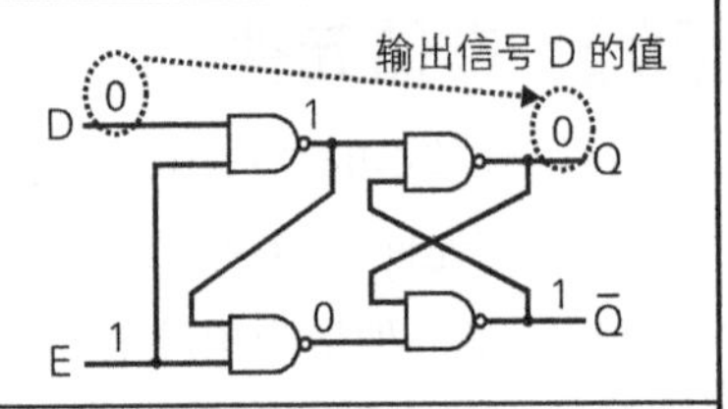 输出信号 D 的值
1	1	1	0	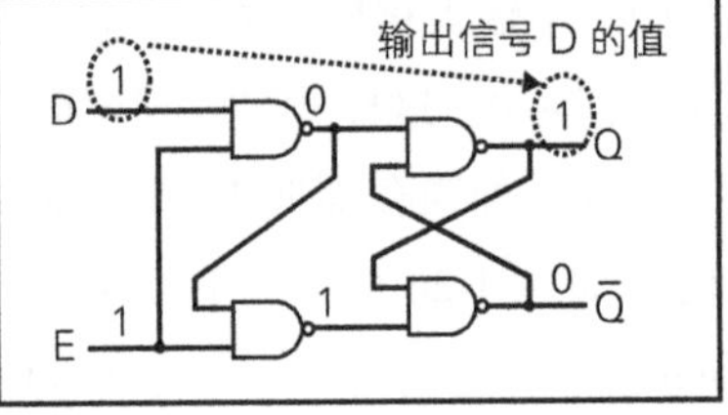 输出信号 D 的值

▲ 图 1-27　D 锁存器的真值表

D 锁存器和 NOT 门组合，可以实现依据时钟信号同步并保存数据的 D 触发器。D 触发器的电路构成和符号分别如图 1-28 和图 1-29 所示。

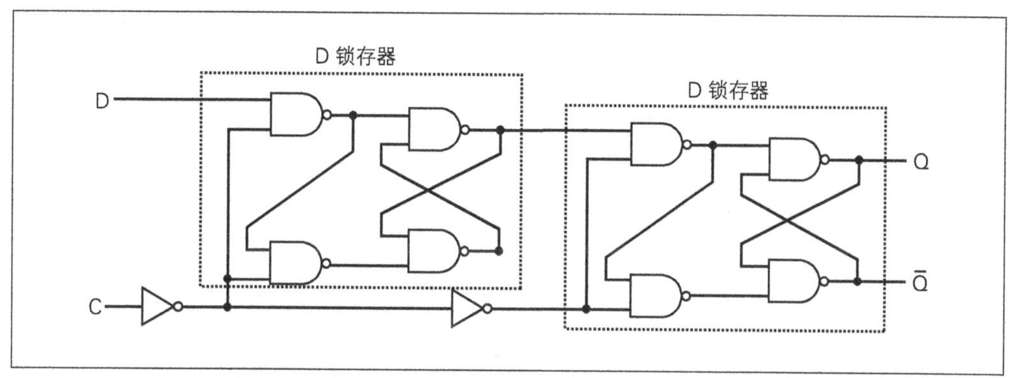

▲ 图 1-28 D 触发器的电路构成

D 触发器有 D（Data）和 C（Clock）两个输入信号，Q 和 $\overline{Q}$ 两个输出信号。当 D 触发器的 C 为 0 时，前端 D 锁存器输出信号 D 的值，后端 D 锁存器保持之前的数据。当 C 为 1 时，前端 D 锁存器保持之前的数据，后端 D 锁存器将前端 D 锁存器保持的数据直接通过 Q 输出。D 触发器的动作原理和波形图分别如图 1-30 和图 1-31 所示。

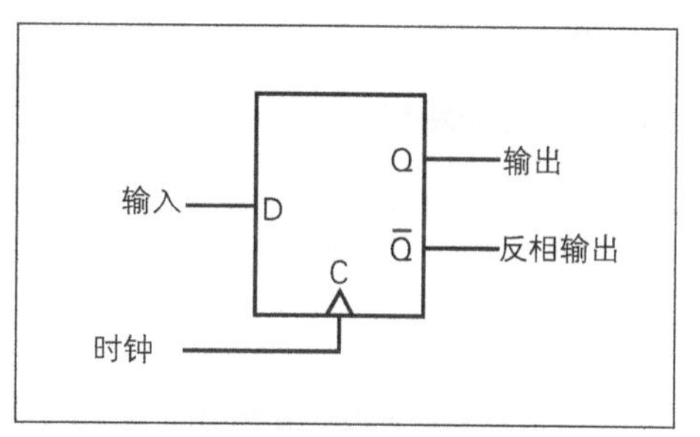

▲ 图 1-29 D 触发器的电路符号

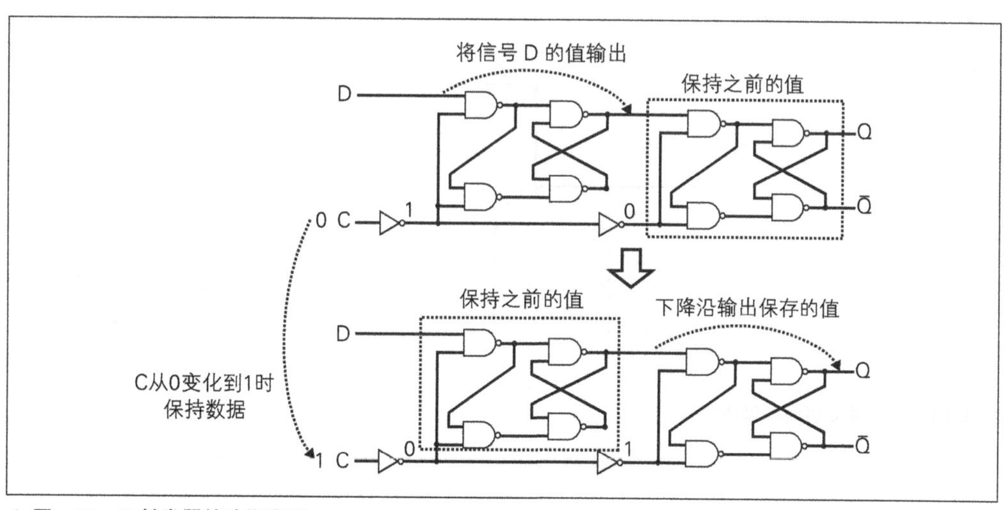

▲ 图 1-30 D 触发器的动作原理

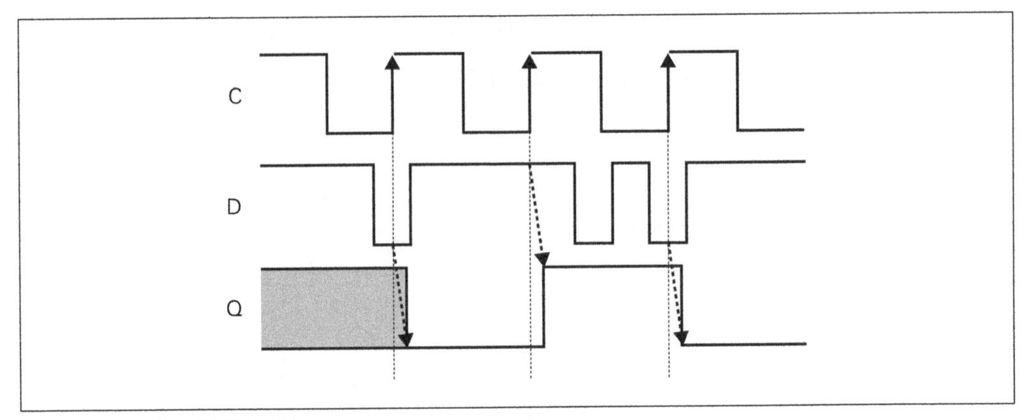

▲ 图 1-31　D 触发器的波形图

D 触发器由于原理简单，构造单纯，被广泛使用在同步电路当中。

专栏

建立时间与保持时间

D 触发器是由时钟信号的边沿来触发数据的存储动作的。因此，需要在时钟沿前后一段时间内将输入信号稳定下来。如果在时钟变化时输入信号也在变化，很可能无法正确存储数据。因此，为了让 D 触发器正确存储数据，需要有建立时间（setup time）和保持时间（hold time）两个基本条件。

建立时间是在时钟变化前必须稳定输入信号的时间，而保持时间是时钟变化后必须稳定输入信号的时间。

图 1-32 说明了建立时间和保持时间的关系。同时遵守建立时间和保持时间，就可以让 D 触发器正确的存储数据。

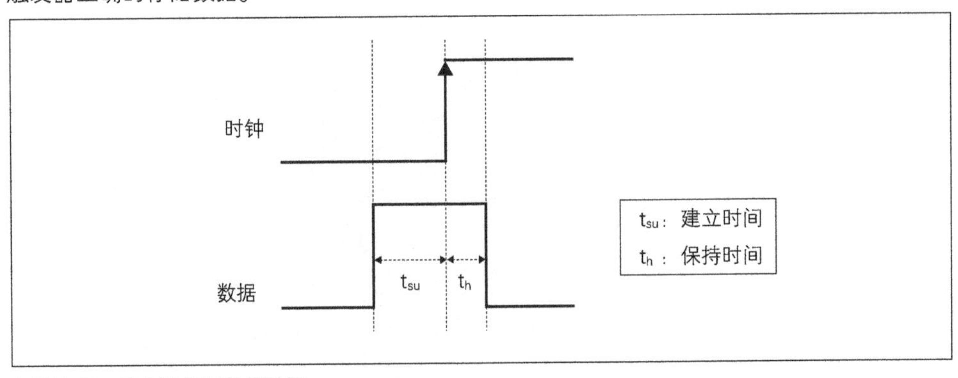

▲ 图 1-32　建立时间与保持时间

1.3.8 组合电路和时序电路

数字电路可以分为组合电路和时序电路两种。

组合逻辑电路是指输出值仅由输入信号的状态决定的电路。组合逻辑电路的输出不依赖于过去的输入。也就是说，不需要记忆维持过去的输入信号，因此不含有存储元件。

时序电路是指输出值同时依赖于现在和过去输入信号的逻辑电路。时序电路中含有用于保持输入的存储元件。

1.3.9 时钟同步设计

时钟同步设计是一种数字电路的设计技术。前文提到过，时序电路的输出同时取决于现在和过去的输入。但如何区别现在和过去呢?

在时钟同步设计中，有一种周期性地在 H 和 L 间变化的时钟信号，时钟变化边沿（上升沿或下降沿）之前被称为过去，之后被称为现在。时钟同步设计中，由时钟边沿触发同步更新电路的状态。时钟同步设计最大的优点是，设计者只需要注意时钟边沿的时序，电路的设计和验证都比较容易。因此很多数字电路都是时钟同步设计。

1.3.10 小结

本节介绍了数字电路的基础。在数字电路中使用 1 和 0 表现信息，基于用 MOSFET 组合构成的 CMOS 来实现各种逻辑电路。近年来，绝大多数的计算机都是基于数字电子电路实现的。

专栏

数字电路相关书籍

●論理回路の設計（浅川毅著、コロナ社）(中文译名《逻辑电路的设计》)

这本书详细讲解了逻辑电路的原理和设计方法。主要面向学习逻辑电路设计的学生和技术员，也可作为大学或大专院校信息专业学生的教材，非常适合初学者。

●ディジタル設計者のための電子回路（天野英晴著、コロナ社）（中文译名《面向数电设计者的电路》)

这本书讲解了数字电路中的电路相关知识和设计技术。与《逻辑电路的设计》一书相比，本书对电路和电磁方面知识的讲解更通俗易懂。本书也可以作为大学和大专院校信息专业学生的教材。

1.4 Verilog HDL 语言

本节将讲述 Verilog HDL 语言的基础知识，也会一并介绍基于 Icarus Verilog 和 GTKWave 的仿真环境。本书使用的 Verilog HDL 是基于 Verilog HDL 2001 标准的语言规范。这一节主要说明 Verilog HDL 的基础语法，读者们可以跳跃阅读，在读写代码需要的时候再翻回来查阅。

1.4.1 什么是 Verilog HDL

Verilog HDL 是一种 HDL 语言（Hardware Description Language，硬件描述性语言）。使用 Verilog HDL 语言可以进行抽象度较高的 RTL（Register Transfer Level，寄存器传输级）电路设计。RTL 是根据寄存器间的信号流动和电路逻辑来记述电路动作的一种设计模型。

很早以前，电路设计是将一个个逻辑与、逻辑或等门电路绘制在电路图纸上。但随着半导体技术的发展，这种方式很难高效地实现大规模硬件的设计。如今的电路设计通常采用 RTL 模型。

图 1-33 是一个使用 Verilog HDL 进行硬件设计的流程示例。首先，在硬件功能确定之后，使用 Verilog HDL 语言进行目标电路和测试程序的编写。同时根据硬件的设计目标设定面积、时钟周期等约束参数。然后在仿真器上使用测试程序对设计好的电路进行功能验证。最后，验证成功的 Verilog HDL 在约束参数条件下进行逻辑综合并生成电路网表。

逻辑综合是将 RTL 级别记述的抽象电路转换到门电路级别的电路网表的过程。逻辑综合时，针对 ASIC（Application Specific Integrated Circuit）、FPGA（Field Programmable Gate Array）等不同电路实现技术，需要使用这些技术厂商提供的相应的目标元件库。

图 1-33 展示的是一条自上而下的单向设计流程，当发生电路验证失败、逻辑综合结果无法满足约束条件（无法收敛）等情况时，需要更正设计或参数并返回到设计的上流重新开始。电路网表生成以后还有布局布线等过程，在此不作阐述。

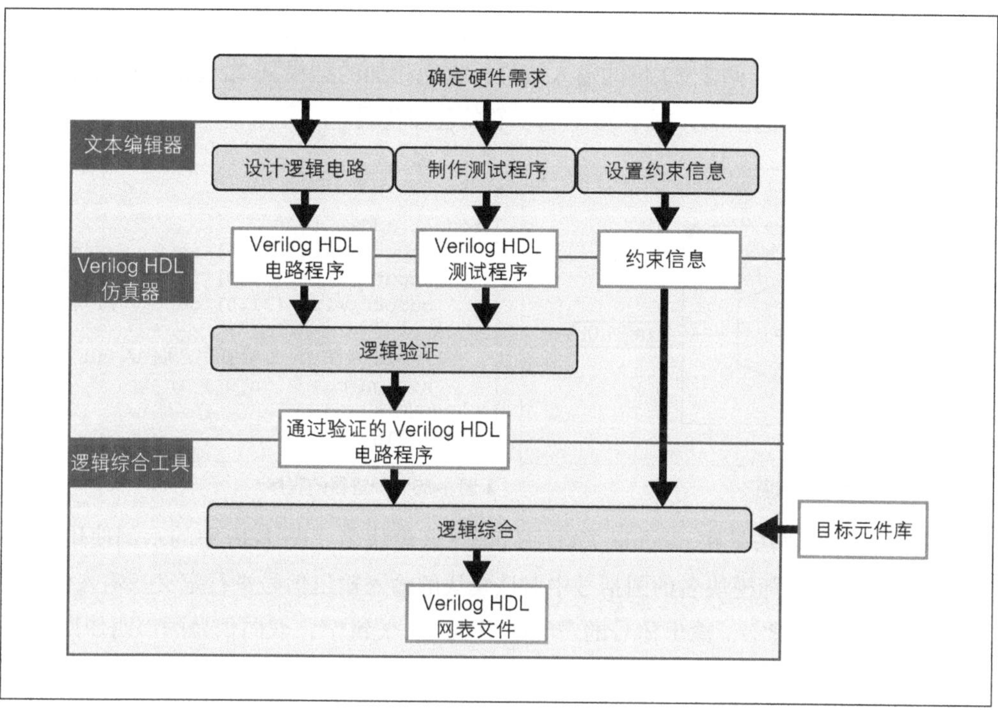

▲ 图 1-33　使用 Verilog HDL 进行硬件设计的流程例

1.4.2 电路描述

本节讲述如何使用 Verilog HDL 进行电路的描述。

■模块

Verilog HDL 中使用模块来设计一个功能单位的逻辑。模块也是 Verilog HDL 语言中最基本的构成单位。模块声明的语法如图 1-34 所示。

```
module < 模块名 > (
        < 输入输出信号的定义 >,
        < 输入输出信号的定义 >,
        …
);

        < 电路描述 >

endmodule
```

▲ 图 1-34　模块声明的语法

下面，我们一起来看一下如何使用模块来描述一个 32 位的加法器。将要实现的加法器有 in_0 和 in_1 两个 32 位的输入信号，它们相加的结果从 32 位的 out 信号输出。图 1-35 是该加法器的框图，图 1-36 展示了它的程序代码。

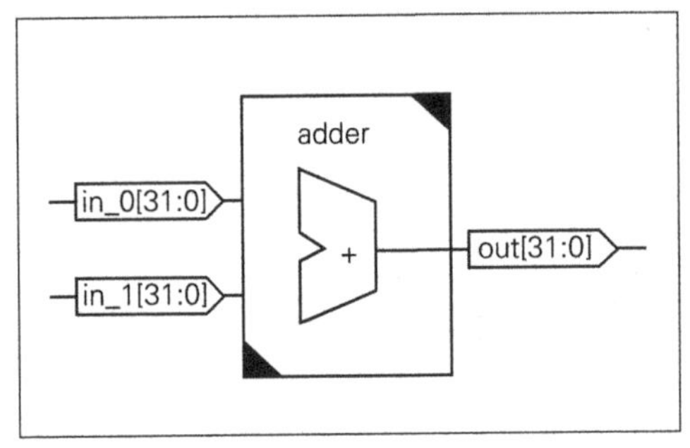

▲ 图 1-35　加法器的框图

```
module adder (
    input  wire [31:0] in_0,  // 输入 0
    input  wire [31:0] in_1,  // 输入 1
    output wire [31:0] out    // 输出
);
    // in_0 和 in_1 相加后结果代入 out
    assign out = in_0 + in_1;

endmodule
```

▲图 1-36　加法器的程序

模块声明的语法是在 module 关键字后记述该模块名。图 1-36 中的示例使用 adder 作为模块名。在紧随模块名的圆括号中对该模块的输入输出信号进行定义。输入信号的声明使用 input 关键字，输出信号的声明使用 output 关键字，双向信号的声明使用 inout 关键字进行描述。信号声明的关键字后分别要对数据类型、信号线的位宽和信号名进行描述。变量位宽的定义是在方括号中记述最高位和最低位的位置，中间用冒号隔开，如 [31:0]。比特数据的最高位被称为 MSB（Most Significant Bit），最低位称为 LSB（Least Significant Bit）。图 1-36 中声明的 in_0 和 in_1 信号是 32 位 wire 型输入信号，out 是 32 位 wire 型输出信号。输入输出信号的声明之后使用右圆括号加分号结束，如);。接下来对模块内的电路逻辑进行描述。在图 1-36 的示例中，使用 assign 语句，将 in_0 和 in_1 相加的结果输出到 out。电路逻辑记述完毕，最后使用 endmodule 关键字结束模块的定义。

Verilog HDL 是自由格式语言，可以在任意地方加入换行、空格以及 Tab 等空白符号。另外，因为 Verilog HDL 语言区分大小写，所以大小写的英文字符分别表示不同的含义。有效的标识符包括英文字母（a~z, A~Z）、数字（0~9）、下划线（_）和美元符号（$）。标识符可以用来命名变量和模块。用户自定义的标识符必须以英文字母或下划线开头。Verilog HDL 语言中，在 /* 和 */ 之间，或从 // 开始到一行末尾的文字被视为注释。begin 和 end 之间的部分称为块。

■模块的实例化

设计好的模块可以被其他模块调用。模块实例化的方法如图 1-37 所示。该示例调用了图 1-36 中实现的加法器。使用分层的设计方式可以将复杂的电路分割成多个功能单元简化设计，也有助于增强代码的可维护性和移植性。

```
【格式】
< 模块名 > < 实例名 > (
    .< 相连的端口名 > ( 相连的信号名 ),
    .< 相连的端口名 > ( 相连的信号名 ),
    ...
);

【例】
adder adder01 (
    .in_0 (adder01_in_0), // adder01_in_0 信号连接到 in_0 端口
    .in_1 (adder01_in_1), // adder01_in_1 信号连接到 in_1 端口
    .out  (adder01_out)   // adder01_out 信号连接到 out 端口
);
```

▲ 图 1-37　模块的实例化

■逻辑值与常数表达

Verilog HDL 中可以使用的逻辑值如表 1-4 所示。逻辑值可以表达为 0 和 1。当由于复位等操作后未经初始化或因设计问题无法确定是 0 还是 1 时，使用不定值 x 来表达。此外，电气概念上的绝缘状态（没有任何连接）被称为高阻状态，用 z 来表示。

▼ 表 1-4　Verilog HDL 的逻辑值

逻辑值	名称	含义
0	Low	数值 0（接地）与逻辑假
1	High	数值 1（电源电压）与逻辑真
x	不定值	无法确定值是 0 还是 1
z	高阻值	电气绝缘状态

常数的格式如图 1-38 所示。首先在位宽中指定常数的宽度，然后是单引号加表示该常数为几进制的底数符号。二进制底数符号为 b、八进制为 o、十六进制为 h。最后在数值中指定该常数的数值。图 1-38 中的示例说明了十进制数 60 的各种表达方式。

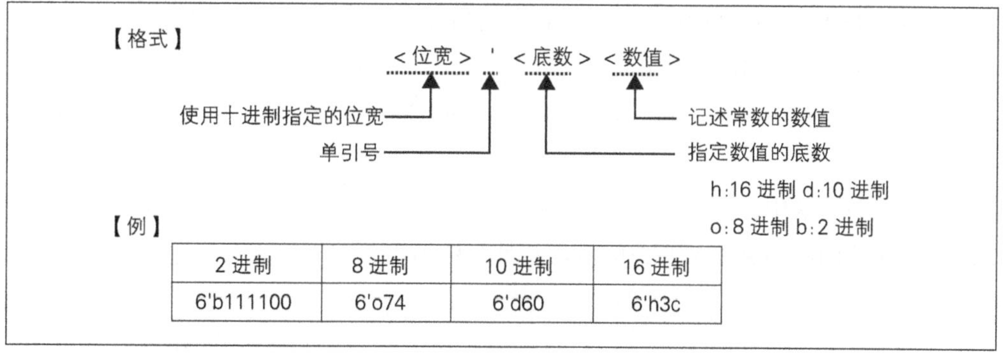

▲ 图 1-38　常数的格式与示例

■变量的声明与数据类型

变量声明的格式如图 1-39 所示。数据类型和变量名是必要项目，其他项可以省略。符号和位宽如果省略则根据数据类型设置为默认值。元素数省略默认声明元素数为 1 的变量。

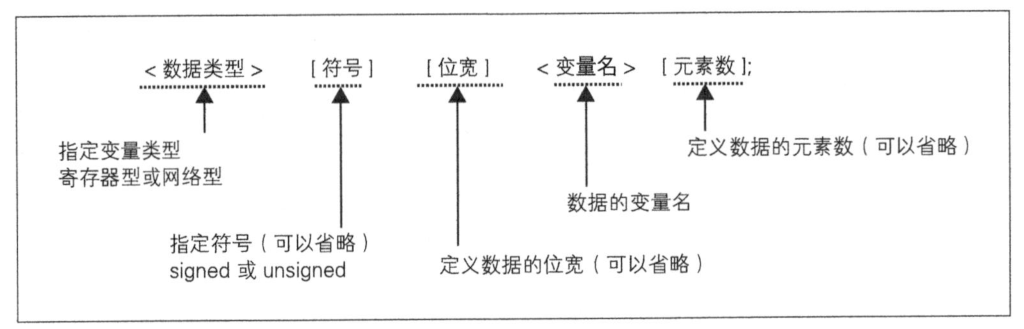

▲ 图 1-39　变量声明的格式

数据类型有寄存器型和网络型两种。寄存器型是可以保存上次写入数据的数据类型，根据程序不同可以生成锁存器、触发器等存储元件，也可能生成组合电路。寄存器型变量如表 1-5 所示。本章主要使用 reg 和 integer 两种类型。

▼ 表 1-5　寄存器型变量

名称	默认位宽	默认符号	含义
reg	1 位	无符号	比特数据
integer	32 位	有符号	整数
real	64 位	有符号	实数

寄存器型变量可以在接下来将要介绍的 always 和 initial 语句中实现过程赋值（Procedural Assignment）。这种方式称为过程赋值。过程赋值分为阻塞式和非阻塞式赋值两种。

阻塞式赋值是一种按照代码顺序进行赋值的方式。在先赋值的代码赋值完成之前阻塞后续代码的赋值，因此得名阻塞式赋值。阻塞式赋值使用 = 运算符。

非阻塞式赋值中所有代码不会互相阻塞，同时进行赋值。非阻塞式赋值使用 <= 运算符。

在一个过程块中，阻塞式赋值和非阻塞式赋值只能使用其中一种。阻塞式赋值的格式如图 1-40 所示。非阻塞式赋值的格式如图 1-41 所示。

```
【格式】
<左值> = <表达式>;

【例】
a = a + 1;     由上到下计算
b = a + 1;

赋值前 a 的值是 0 的话，赋值后 a 为 1，b 为 2。
```

▲ 图 1-40 阻塞式赋值

```
【格式】
<左值> <= <表达式>;

【例】
a <= a + 1;    所有行同时计算
b <= a + 1;

赋值前 a 的值是 0 的话，赋值后 a 和 b 都是 1。
```

▲ 图 1-41 非阻塞式赋值

网络型是用来描述模块和寄存器间连接的数据类型。网络型只描述信号的传输不持有数据。表 1-6 对网络型变量进行了说明。本章只使用 wire 型。

▼ 表 1-6 网络型变量

名称	默认位宽	默认符号	含义
wire, tri	1 位	无符号	线连接
wor, trior	1 位	无符号	线或连接
wand, triand	1 位	无符号	线与连接
tri1, tri0	1 位	无符号	有上拉或下拉的连接
supply0, supply1	1 位	无符号	接地或接电源的连接

网络型变量可以在 assign 语句或声明语句中实现连续赋值（Continuous Assignment）。连续赋值就是进行连续的赋值。图 1-42 给出了 assign 语句中连续赋值的格式和示例。图 1-43 给出了声明语句中连续赋值的格式和示例。

变量的符号用 signed 和 unsigned 关键字指定。在赋值或比较等处理时，如果需要在有符号数和无符号数间进行转换，需要使用 $signed() 和 $unsigned() 系统任务（system task）。无符号数转换为有符号数时使用 $signed()，有符号数转换为无符号数时使用 $unsigned()。变量声明的示例如图 1-44 所示。

```
【格式】
assign <网络型变量> = <表达式>;

【例】
wire [31:0] word;
wire [7:0]  byte0, byte1, byte2, byte3;

assign byte0 = word[31:24];
assign byte1 = word[23:16];
assign byte2 = word[15:8];
assign byte3 = word[7:0];
```

▲ 图 1-42 assign 语句中连续赋值

```
【格式】
< 网络类型 > ( 符号 ) ( 位宽 ) < 变量名 > = < 表达式 >;

【例】
wire [31:0] word;
wire [7:0]  byte0 = word[31:24];
wire [7:0]  byte1 = word[23:16];
wire [7:0]  byte2 = word[15:8];
wire [7:0]  byte3 = word[7:0];
```

▲ 图 1-43 声明语句中连续赋值

```
wire         [31:0] data;                  // 32 位无符号 wire 型变量
wire signed  [31:0] s_data;                // 32 位有符号 wire 型变量
wire         [31:0] fdata_array [31:0];    // 32 位 ×32 组无符号 wire 型阵列

assign s_data = $signed(data);             // 向有符号 wire 型变量持续赋值

reg          [31:0] ff;                    // 32 位无符号 reg 型变量
reg   signed [31:0] s_ff;                  // 32 位有符号 reg 型变量
reg          [31:0] ff_array [31:0];       // 32 位 ×32 组无符号 reg 型阵列
```

▲ 图 1-44 变量声明示例

专栏

默认网络类型

使用网络型变量时，如果定义默认网络类型，可以不用声明直接使用。引入这种方式，是为了可以在大量使用网络型变量的网表程序中减少代码量。但是默认网络类型也有副作用。由于失误而未声明类型的信号会被自动处理为默认网络类型，编译器无法检测错误。

默认网络类型由编译器指示词 `default_nettype 指定。图 1-45 给出了默认网络类型的格式与示例。默认网络类型为 none 时，不启用默认网络类型。RTL 设计时为了规避默认网络类型的副作用，推荐将默认网络类型设置为无效。

```
【格式】
`default_nettype < 网络类型 >

【例】
`default_nettype wire      // 默认网络类型设置为 wire 型。
                           // Verilog HDL 中 wire 型为标准网络类型。
`default_nettype none      // 默认网络类型设置为无效。
```

▲ 图 1-45 默认网络类型的指定

■运算符

Verilog HDL 中的运算符如表 1-7 所示，运算符的优先级如图 1-46 所示。运算首先根据运算符优先级的高低顺序执行，优先级相同的运算符按照从左到右的顺序执行。使用圆括号可以改变运算的优先顺序。

▼ 表 1-7　Verilog HDL 中的运算符

种类	运算符	含义	优先级
算术运算符	+	加法	3（符号 1）
	–	减法	3（符号 1）
	*	乘法	2
	/	除法	2
	%	求余	2
位运算符	~	NOT	1
	&	AND	7
	|	OR	8
	^	XOR	7
	~^	XNOR	7
缩减运算符	&	AND	1
	~&	NAND	1
	|	OR	1
	~|	NOR	1
	^	XOR	1
	~^	XNOR	1
移位运算符	<<	逻辑左移	4
	>>	逻辑右移	4
等式运算符	==	相等	6
	!=	不等	6
	===	相等(x,z 也参与比较)	6
	!==	不等（x,z 也参与比较）	6
关系运算符	>	大于	5
	<	小于	5
	>=	大于等于	5
	<=	小于等于	5
逻辑运算符	!	逻辑非	1
	||	逻辑或	9
	&&	逻辑与	10
三项运算符	? :	条件运算	11
拼接运算符	{}	拼接	–

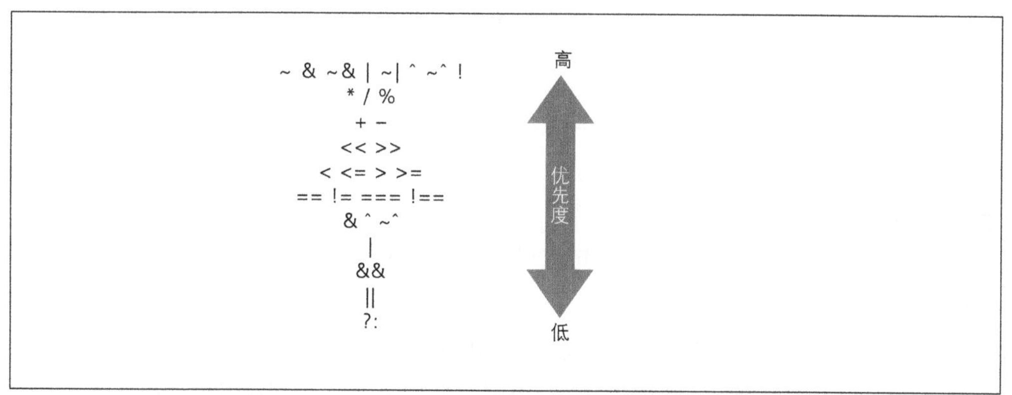

▲ 图 1-46　运算符的优先顺序

缩减运算符的特点是对信号的所有位进行位运算，最终输出 1 位的运算结果。缩减运算符的说明如图 1-47 所示。

```
wire [3:0] a;
wire b;

assign b = &a; // 与 a[3] & a[2] & a[1] & a[0] 等价
```

▲ 图 1-47　缩减运算符示例

拼接运算符可以将比特序列进行结合或者重复。使用拼接运算符组合比特序列的示例如图 1-48 所示，重复比特序列的示例如图 1-49 所示。

```
【格式】
{ 比特序列 0，比特序列 1，…，比特序列 N }

【例】
wire [7:0]  byte0, byte1, byte2, byte3;
wire [31:0] word = {byte0, byte1, byte2, byte3};

将 word[31:24] 赋值给 byte0，将 word[23:16] 赋值给 byte1，将 word[15:8]
赋值给 byte2，将 word[7:0] 赋值给 byte3
```

▲ 图 1-48　使用拼接运算符组合比特序列

```
【格式】
{ 重复次数 { 被重复数据 }}

【例】
wire [7:0]  byte;
wire [31:0] word = {4{byte}};

word[31:24]、 word[23:16]、 word[15:8]、 word[7:0]
全都赋予 byte 变量的值
```

▲ 图 1-49　使用拼接运算符重复比特序列

■条件分支语句 if 与 case

条件分支可以使用 if 或 case 语句实现。if 和 case 语句的语法格式与示例分别如图 1-50 和图 1-51 所示。

if 语句括号中的条件成立时，执行其中的语句序列。当含有 else 语句，if 条件不成立时，执行 else 中的语句。else 语句中也可以再使用 if 进一步限制条件。case 语句是执行与括号中条件相等的表达式内的语句序列。if 和 case 语句可以在 initial 或 always 语句声明的过程块中使用。

```
【格式】
if (<表达式>) <语句序列>
if (<表达式>) <语句序列> else <语句序列>

【例】
if (a > b) begin
    … // 符合 a>b 条件的语句
end else if (a == b) begin
    … // 符合 a==b 条件的语句
end else begin
    … // 其他条件（a<b）下的语句
end
```

▲ 图 1-50　if 语句的格式与示例

```
【格式】
case (<表达式>)
    <表达式>                      : <语句序列>
    <表达式>, <表达式>, …         : <语句序列>
    default                       : <语句序列>
endcase

【例】
case (data[3:0])
    4'h0                          : begin
        … // data[3:0] 为 4'h0 时的语句
    end
    4'h1, 4'h2                    : begin
        … // data[3:0] 为 4'h1 或 4'h2 时的语句
    end
    default                       : begin
        … // 默认语句
    end
endcase
```

▲ 图 1-51　case 语句的格式与示例

■循环语句 for 与 while

使用 for 和 while 语句可以实现循环操作。for 和 while 语句的语法格式与示例分别如图 1-52 和图 1-53 所示。

for 语句在圆括号中央的表达式条件成立时执行其中的语句序列。第一次进入 for 语句时，执行圆括号内左边语句并进入重复过程。第二次循环开始先执行圆括号内中央的表达式，如果为真则先执行循环体内的语句序列，随后执行圆括号内右边的语句。然后再次执行圆括号内中央的表达式，为真的话继续重复上述操作。while 语句是在圆括号中表达式为真时重复执行其中的语句序列。for 和 while 语句可以在 initial 或 always 语句声明的过程块中使用。

```
【格式】
for (< 赋值语句 >; < 表达式 >; < 赋值语句 >) < 语句序列 >

【例】
for (i = 0; i < 10; i = i + 1) begin
    … // 重复执行 10 次
end
```

▲ 图 1-52　for 语句的格式与示例

```
【格式】
while (< 表达式 >) < 语句序列 >

【例】
while (i < 10) begin
    … // i 小于 10 时重复执行
end
```

▲ 图 1-53　while 语句的格式与示例

■always 过程块

always 是为了描述过程块而存在的语句。always 的语法格式如图 1-54 所示。

```
always @(< 事件表达式 >) < 语句序列 >
always #< 常数表达式 > < 语句序列 >
```

▲ 图 1-54　always 语句的格式

当指定 always 语句中的事件表达式时，所指定的事件触发时执行其中的语句序列。事件可以是特定信号的变化、信号的上升沿（posedge）、信号的下降沿（negedge）等。always 语句中如果使用常数，则会在每经过该常数时间便执行一次 always 中的语句序列。这个功能主要是在仿真时使用。always 过程中可以使用寄存器变量赋值、if、case、for、while 等语句。

■使用 always 语句描述组合电路

使用 always 语句描述组合电路时，事件表达式描述方式如图 1-55 所示。事件表达式中写入通配符 *。这样一来，任何输入信号变化时都会执行过程块中的代码。

示例中定义了一个 adder 模块，它有两个 32 位 wire 型输入 in_0 和 in_1、一个 32 位 reg 型输出。always 中将两个输入相加后赋值给了输出。这里使用了阻塞式赋值。

```
【格式】
always @(*) begin
    … // 组合电路的描述
end

【例】
module adder (
    input  wire [31:0] in_0,
    input  wire [31:0] in_1,
    output reg  [31:0] out
);

    always @(*) begin
        out = in_0 + in_1;
    end

endmodule
```

▲ 图 1-55　使用 always 语句描述组合电路

专栏

组合电路描述中锁存器的推定与 Don't care

使用 always 语句描述组合电路时，如果信号未被赋值，有可能会引入锁存器。以图 1-56 所示的代码为例，当 in 为 2'b11 时会发生什么情况呢？这时由于没有赋值，out 的值不发生变化，也就是说会保持之前的值。而为了保持之前的值就需要存储元件。这时会生成异步的存储元件锁存器。因此虽然设计的是组合电路，但产生了本不应有的存储元件，变成了时序电路。

寄存器推定的发生原因是不完整的 case 语句或没有 else 的 if 语句。为了规避这个问题，一定要将 case 语句的条件写全，或者使用 default 来确定默认值。并且，使用 if 语句时一定要写 else 条件，或者在 if 语句前为变量值赋予默认值。

也存在这种情况：确定不存在 case 和 if 语句设定之外的条件，或者设定条件之外随便输出什么都可以。这种情况称为 Don't care（忽略），输出为逻辑综合时优化的数值。Verilog HDL 中 Don't care 的指示方法是在 default 中为输出赋予不定值。图 1-56 的示例中加入 Don't care 指示的程序如图 1-57 所示。

```
module bin_decoder (
    input  wire [1:0] in,
    output reg  [3:0] out
);

    always @(*) begin
        case (in)
                2'b00 : out = 4'b0001;
                2'b01 : out = 4'b0010;
                2'b10 : out = 4'b0100;
            // 没有 2'b11 情况的描述
        endcase
    end

endmodule
```

▲ 图 1-56　寄存器推定示例

```
module bin_decoder (
    input  wire [1:0] in,
    output reg  [3:0] out
);

    always @(*) begin
        case (in)
                2'b00    : out = 4'b0001;
                2'b01    : out = 4'b0010;
                2'b10    : out = 4'b0100;
                default  : out = 4'bxxxx;
        endcase
    end

endmodule
```

▲ 图 1-57　Don't care 指示方法

■使用 always 描述时序电路

使用 always 语句描述时序电路时，事件表达式描述方式如图 1-58 所示。时序电路含有触发器等存储元件，基本上都是按照时钟同步执行。因此事件表达式中要指定时钟的信号边沿和时钟信号名。

时钟信号边沿是指确定在时钟信号上升时触发电路动作，或者在时钟信号下降时触发电路动作。上升时动作记述为 posedge，下降时动作记述为 negedge，然后记述信号名。事件表达式还可以使用 or 列举多个条件。为存储元件设置异步复位（reset）信号时，除了时钟信号还要写上复位信号的边沿和信号名。

图 1-58 的示例中定义了一个叫做 ff 的模块，它有 clk、reset_、d_in 三个一位 wire 型输入信号，和一位 reg 型输出信号 d_out。d_out 在 clk 的上升沿同步动作，将 d_in 的值储存。并且 d_out 在 reset_ 的下降沿被异步地复位，初始化为 0。

■预处理

预处理是在代码编译前对其进行预先处理的程序。Verilog HDL 中的预处理可以实现宏定义和条件编译。预处理使用编译指示符可对编译器进行各种控制。图 1-59 介绍了本书用到的编译指示符的格式和示例。

编译指示符以后引号（`）开头。使用 `include 语句可以插入引用文件。使用 `define 语句可以进行宏的定义。在图 1-59 的示例中，定义了名为 BYTE_DATA_W、值为 8 的宏。Verilog HDL 中为了区分宏与变量名，宏的名称前也加有后引号（`）。代码中使用宏时，要像 `BYTE_DATA_W 一样记述。

```
【格式】
always @(< 边沿 > < 信号 > [or …]) begin
    … // 记述时序电路
end

【例】
module ff (
    input  wire clk,    // 时钟
    input  wire reset_, // 复位（负逻辑）
    input  wire d_in,   // 输入的数据
    output reg  d_out   // 输出的数据
);

    always @(posedge clk or negedge reset_) begin
            if (reset_ == 1'b0) begin  // 异步复位
                d_out <= 1'b0;
            end else begin             // 数据的储存
                d_out <= d_in;
            end
        end

endmodule
```

▲ 图 1-58 使用 always 语句记述时序电路

```
【格式】
`include "< 文件名 >"                    // 文件的引用
`define < 宏名 > < 值 >                  // 宏的定义
`ifdef  < 宏名 > ~ `else ~ `endif      // 条件编译 1
`ifndef < 宏名 > ~ `else ~ `endif      // 条件编译 2

【例】
`include "stddef.h"     // 引用 stddef.h 文件

`define BYTE_DATA_W 8   // 定义宏 BYTE_DATA_W

`ifdef TEST1
    …                   // 宏 TEST1 存在时执行
`else
    …                   // 宏 TEST1 不存在时执行
`endif

`ifndef TEST2
    …                   // 宏 TEST2 不存在时执行
`else
    …                   // 宏 TEST2 存在时执行
`endif
```

▲ 图 1-59 编译指示符

使用 `ifdef 和 `ifndef 可以实现条件编译。`ifdef 是在指定的宏存在的条件下，执行 `ifdef 到 `endif 的代码。`ifndef 是在指定的宏不存在的条件下，执行 `ifndef 到 `endif 的代码。两者都可以使用 `else 指定不满足条件时执行的动作。

图 1-59 的示例中，宏 TEST1 存在时执行从 `ifdef 到 `else 的代码，不存在时执行从 `else 到 `endif 的代码。宏 TEST2 不存在时执行从 `ifndef 到 `else 的代码，存在时执行从 `else 到 `endif 的代码。

■程序例

下面利用前面介绍的 Verilog HDL 语法，演示一个代码示例。本示例制作了 32 组位宽为 32 的寄存器堆。图 1-60 是寄存器堆的框图。寄存器堆中有作为存储的 32 个 32 位寄存器，以及读写寄存器序列用的接口。

读取操作时将地址信号（addr）指定的寄存器的内容，通过多路选择器选择，输出到输出信号（d_out）。对于写入操作，当写入使能信号（we_）有效时，向地址信号（addr）指定的寄存器写入输入数据（d_in）。

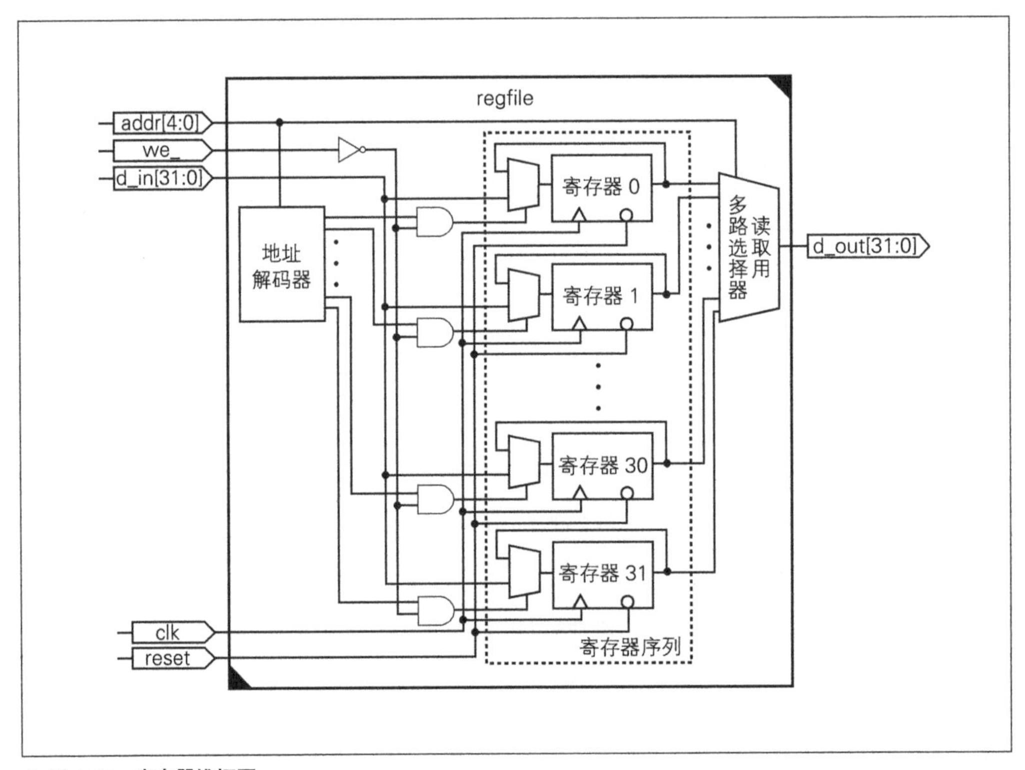

▲ 图 1-60　寄存器堆框图

寄存器堆模块在 regfile.v 文件中实现。regfile.v 引用了 regfile.h 头文件。regfile.h 的内容在代码 1-1 中列出，regfile.v 的内容在代码 1-2 中列出。

▼ 代码 1-1 头文件示例（regfile.h）

```
11  `ifndef __REGFILE_HEADER__                     // 包含文件防范
12      `define __REGFILE_HEADER__
13
14      /********** 信号电平 *********/
15      `define HIGH                 1'b1       // 高电平
16      `define LOW                  1'b0       // 低电平
17
18      /********** 逻辑值 *********/
19      `define ENABLE_              1'b0       // 有效（负逻辑）
20      `define DISABLE_             1'b1       // 无效（负逻辑）
21
22      /********** 数据 *********/
23      `define DATA_W                32        // 数据宽度
24      `define DataBus               31:0      // 数据总线
25      `define DATA_D                32        // 数据深度
26
27      /********** 地址 *********/
28      `define ADDR_W                5         // 地址宽度
29      `define AddrBus               4:0       // 地址总线
30
31  `endif
```

▼ 代码 1-2 代码示例（regfile.v）

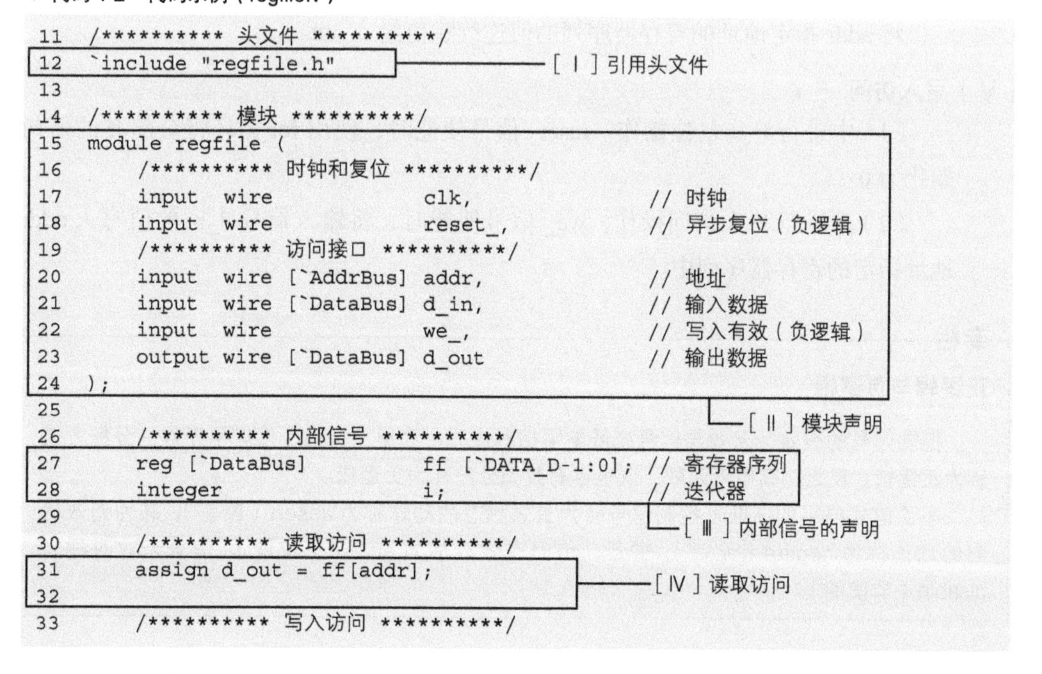

```
11  /********** 头文件 **********/
12  `include "regfile.h"
13
14  /********** 模块 **********/
15  module regfile (
16      /********** 时钟和复位 **********/
17      input  wire             clk,             // 时钟
18      input  wire             reset_,          // 异步复位（负逻辑）
19      /********** 访问接口 **********/
20      input  wire [`AddrBus] addr,             // 地址
21      input  wire [`DataBus] d_in,             // 输入数据
22      input  wire             we_,             // 写入有效（负逻辑）
23      output wire [`DataBus] d_out            // 输出数据
24  );
25
26      /********** 内部信号 **********/
27      reg [`DataBus]          ff [`DATA_D-1:0]; // 寄存器序列
28      integer                 i;                // 迭代器
29
30      /********** 读取访问 **********/
31      assign d_out = ff[addr];
32
33      /********** 写入访问 **********/
```

```
34      always @(posedge clk or negedge reset_) begin
35          if (reset_ == `ENABLE_) begin
36              /* 异步复位 */
37              for (i = 0; i < `DATA_D; i = i + 1) begin
38                  ff[i]     <= #1 {`DATA_W{1'b0}};        (1) 异步复位
39              end
40          end else begin
41              /* 写入访问 */
42              if (we_ == `ENABLE_) begin                  (2) 写入访问
43                  ff[addr] <= #1 d_in;
44              end
45          end
46      end
47                                                 [V] 写入访问
48  endmodule
```

[Ⅰ] 引用头文件

引用头文件的语句写在模块之外。

[Ⅱ] 模块声明

声明 regfile 模块并定义输入输出接口。

[Ⅲ] 内部信号的声明

定义寄存器序列 ff 和 for 语句的 i（循环的计数器）。

[Ⅳ] 读取访问

将 addr 指定地址的寄存器序列的值连续赋值给 d_out。

[Ⅴ] 写入访问

（1）中进行异步复位操作。reset_ 信号使能时，使用 for 循环将全部 ff 的值初始化为 0。

（2）中进行写入访问操作。we_ 信号使能时，将输入信号 d_in 的值写入 addr 地址指定的寄存器序列中。

专栏

正逻辑与负逻辑

控制信号的有效、无效与信号高低电平相对应时，高电平有效、低电平无效的分配方式称为正逻辑。反之，高电平无效、低电平有效的分配称为负逻辑。

不论信号电平的高低，控制信号转为有效状态的动作称为 assert（断言），转为无效状态的动作称为 negate（无效）。并且，信号有效时称为 enable（使能），信号无效时称为 disable（非使能）。

1.4.3 电路仿真

使用 Verilog HDL 不仅可以设计电路，还可以对所设计的电路进行仿真。通过仿真可以实现逻辑验证，从而测试设计好的电路是否可以正确工作。记述仿真程序的文件称为 Testbench。下面，我们来看一下 Testbench 的制作方法。

■Testbench 的构造

Testbench 是对制作的电路进行仿真、测试的模块。Testbench 的构造如图 1-61 所示。

Verilog HDL 中的 Testbench 本身就被定义为一个模块。通常，Testbench 没有输入输出信号。Testbench 调用被测模块，传递输入信号并观测输出。被测模块输入输出端口上的信号作为 Testbench 的内部信号进行定义。通常，输入端口为了将值带入使用寄存器型变量，而输出信号接网络型变量对输出值进行观测。Testbench 中，使用 initial 语句生成测试用例，然后观测模块的输出。

```
`timescale 1ns/1ps              // 设定 timescale。(单位时间: 1ns/ 时间精度: 1ps)

module test_bench;              // 定义 Testbench 模块。无输入输出端口。

    reg  adder01_in_0;          // 定义接到被测模块输入输出的信号线
    reg  adder01_in_1;          // 输入接寄存器型变量
    wire adder01_out;           // 输出接网络型变量

    adder adder01 (             // 被测模块的实例化
        .in_0 (adder01_in_0),
        .in_1 (adder01_in_1),
        .out  (adder01_out)
    );

    initial begin               // 记述测试用例
        ...
    end

endmodule
```

▲ 图 1-61 Testbench 的构造

在 Testbench 中，`timescale 用来设定仿真执行的时间单位。`timescale 的设定中使用数字和单位（fs、ps、ns、us、ms、s）指定单位时间和时间精度。图 1-62 列出了 `timescale 的使用格式。

单位时间用来指定仿真的一个单位时间相当于多少秒。时间精度用来表示仿真处理的时间精度，并根据时间精度取数值的近似值。没有必要取过小的时间精度，这会延长仿真时间。单位时间和时间精度的关系必须满足“单位时间≥时间精度”。

```
`timescale <单位时间>/<时间精度>
```

▲ 图 1-62　Testbench 的格式

■用 initial 语句生成测试用例

initial 语句是在仿真开始时只会执行一次的语句。initial 语句的格式与示例如图 1-63 所示。initial 语句和延迟描述组合，可以用来生成测试用例。

```
【格式】
initial begin
    …                       // 过程的描述
end

【例】
initial begin
    #0 begin                // 时刻 0 时执行
        …
    end
    #10 begin               // 时刻 10 时执行
        …
    end
    #10 begin               // 时刻 20 时执行
        …
    end
end
```

▲ 图 1-63　initial 的格式与示例

■延迟语句

字符用来记述延迟语句，其格式与示例如图 1-64 所示。延迟语句中指定的数值意味着 `timescale 中设定单位时间的个数。延迟语句只用在仿真程序中，用来在特定时间延迟后施加信号并生成测试用例。不会对逻辑综合的结果产生影响。

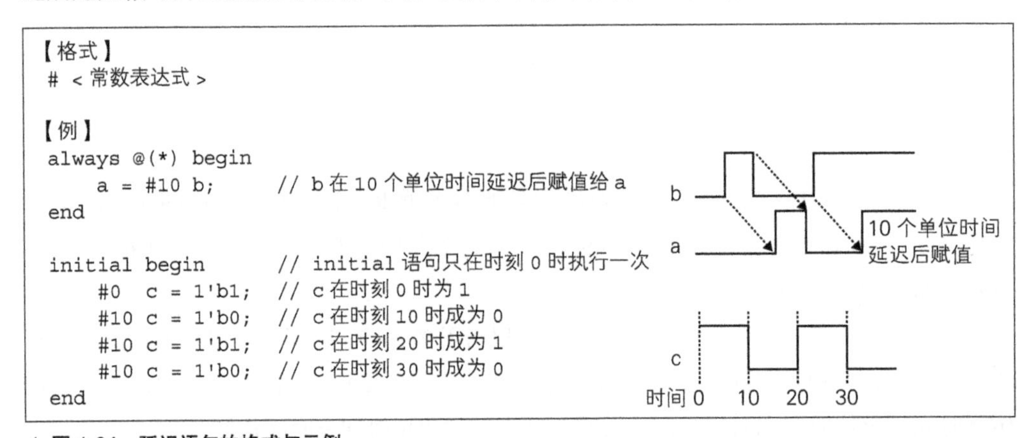

```
【格式】
# <常数表达式>

【例】
always @(*) begin
    a = #10 b;          // b 在 10 个单位时间延迟后赋值给 a
end

initial begin           // initial 语句只在时刻 0 时执行一次
    #0  c = 1'b1;       // c 在时刻 0 时为 1
    #10 c = 1'b0;       // c 在时刻 10 时成为 0
    #10 c = 1'b1;       // c 在时刻 20 时成为 1
    #10 c = 1'b0;       // c 在时刻 30 时成为 0
end
```


▲ 图 1-64　延迟语句的格式与示例

专栏

同步电路中信号变化的时序

仿真与时钟同步的电路时需要注意信号变化的时序。

图 1-65 所示的电路，时刻 10 的时候 out 信号值会变成什么呢？如果是在信号变化之前值为 L，如果是在信号变化之后则值为 H。实际上，结果是哪个值取决于仿真器。由于仿真中将信号变化的延迟作为 0 来处理，因此会引起这样的问题。在实际电路中，从时钟信号上升到信号变化之间会产生一定时间的延迟。因此时刻 10 时的值应该是 L。

仿真时为了避免这种情况，如图 1-66 所示，通常使用延迟语句将信号变化的时序向后顺延一个时间单位。由此，时刻 10 时 out 的值依然是 L。这种记述方式不会对逻辑综合的结果产生影响。

```
module osc (
    input  wire clk,
    input  wire reset_,
    output reg  out
);

    always @(posedge clk or negedge reset_) begin
        if (reset_ == 1'b0) begin
            out <= 1'b0;
        end else begin
            out <= ~out;
        end
    end

end
```

out 的值是 0 还是 1？

clk

reset_

out

时间 0　　10

▲ 图 1-65　同步电路信号时序示例

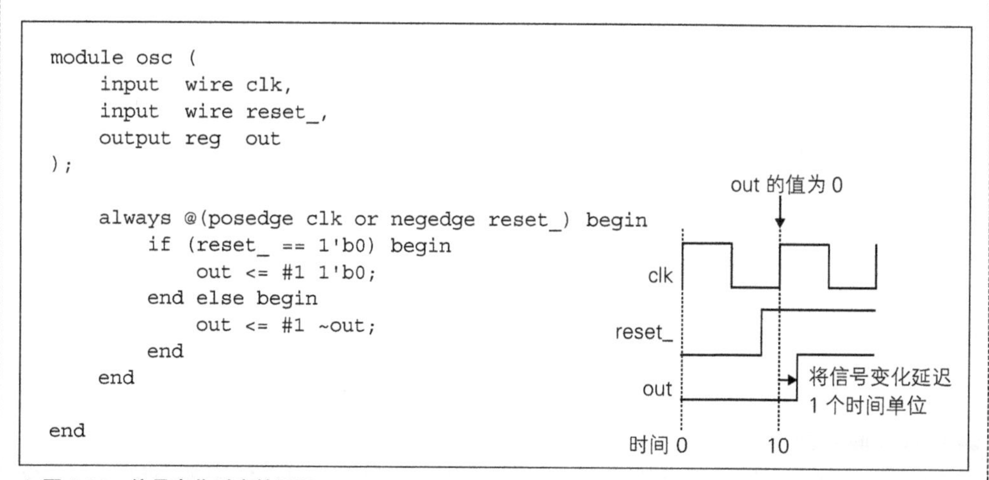

```
module osc (
    input  wire clk,
    input  wire reset_,
    output reg  out
);

    always @(posedge clk or negedge reset_) begin
        if (reset_ == 1'b0) begin
            out <= #1 1'b0;
        end else begin
            out <= #1 ~out;
        end
    end

end
```


▲ 图 1-66　信号变化时序的延迟

■ 时钟的生成

如果被测模块要用到时钟，需要在 Testbench 中生成时钟信号。图 1-67 展示了一种使用 always 语句生成时钟的方法。always 语句中指定常数作为时间间隔，每经过这个时间间隔就会执行一次 always 中的语句。也就是说，图 1-67 中的 clk 信号值每过 10 个单位时间就会翻转。用这个方式就可以生成时钟信号。需要注意的是，clk 应该在 initial 语句中的时刻 0 时被初始化。

```
always #10 begin
    clk <= ~clk;        // 每经过 10 个单位时间 clk 的值翻转一次
end

initial begin
    #0 begin
        clk <= 1'b0;    //clk 在时刻 0 时被初始化
    end
    …
end
```

▲ 图 1-67　时钟的生成

■ 系统任务

通过使用 Verilog HDL 预置的系统任务，可以达到控制仿真、输出字符串等目的。下面列出了一些经常用到的系统任务。

■ $display(" 含有格式的字符串 ", ...)

根据第 1 参数中含有格式的字符串，将第 2 参数开始的任意个数的参数格式化，最后加换行符输出。

■ $write(" 含有格式的字符串 ", …)

与 $display 功能相同，但输出后不换行。

■ $time

返回目前的仿真时间。

■ $finish

结束仿真。

■ 载入存储镜像

仿真时，有时需要向存储器等读入预先准备好的数据。可以使用 $readmemh 系统任务从文件中读入数据并设置存储器。$readmemh 格式如下所示。

■ $readmemh(" 文件名 ", 读入对象)

第 1 参数所指定文件的数据读入第 2 参数指定的存储器中。 $readmemh 使用的存储镜像文件使用十六进制文本文件记录。每一行记录一个地址的数据。图 1-68 是读入存储镜像的示例。

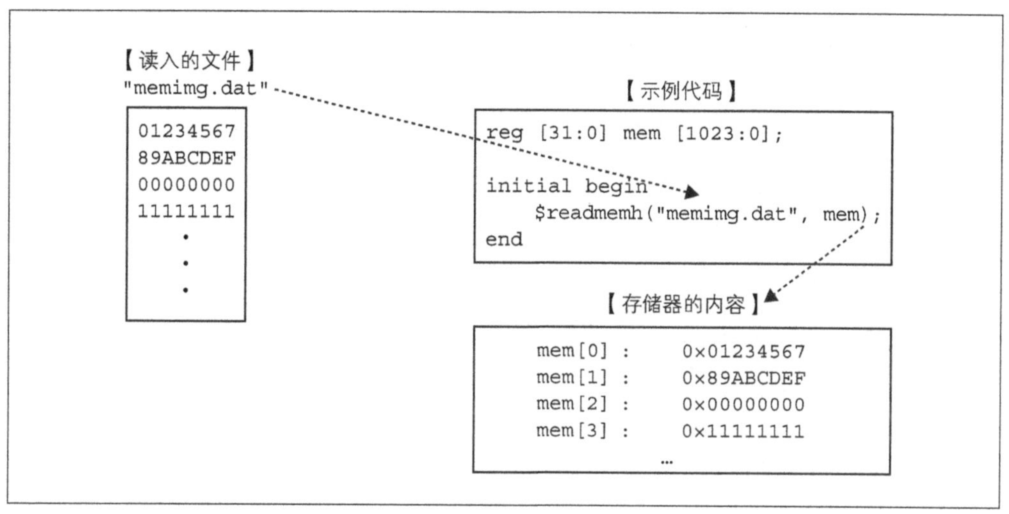

▲ 图 1-68　存储镜像读入示例

■ 波形的输出

仿真时的信号变化可以输出到波形文件中。波形文件有很多种，本书将介绍多数波形软件都支持的 VCD 格式波形文件的输出方法。

VCD 文件的输出使用 $dumpfile 和 $dumpvars 两个系统任务来实现。波形输出的格式和示例如图 1-69 所示。在 initial 中调用 $dumpfile 和 $dumpvars，可以实现波形文件的输出。

```
【格式】
$dumpfile(< 文件名 >)
$dumpvars(< 开始时刻 >, < 输出波形的模块名或信号名 >)

【例】
initial begin
    $dumpfile("test.vcd");      // 将波形输出到 test.vcd 文件
    $dumpvars(0, test);         // 从时刻 0 开始输出模块 test 的波形
end
```

▲ 图 1-69　波形文件的格式与示例

■Testbench 实例

接下来，我们为程序示例中实现的寄存器堆制作 Testbench。代码 1-3 中列出了 Testbench 的代码。

▼ 代码 1-3　Testbench 示例（regfile_test.v）

```
11  /********** Time scale **********/
12  `timescale 1ns/1ps                    // Time scale        ——[ I ] 定义 Time scale
13
14  /********** 头文件 **********/
15  `include "regfile.h"                  ——[ II ] 引用头文件
16
17  /********** 模块 **********/
18  module regfile_test;                  ——[ III ] 声明模块
19      /********** 输入输出端口信号 **********/
20      // 时钟&复位
21      reg              clk;             // 时钟
22      reg              reset_;          // 复位（负逻辑）
23      // 访问接口
24      reg  [`AddrBus] addr;            // 地址
25      reg  [`DataBus] d_in;            // 输入数据
26      reg              we_;             // 写入使能（负逻辑）
27      wire [`DataBus] d_out;           // 输出数据        [ IV ] 定义内部信号
28      /********** 内部变量 **********/
29      integer          i;               // 迭代器
30      /********** 定义仿真循环 **********/
31      parameter        STEP = 100.0000; // 10 M
32
33      /********** 生成时钟 **********/
34      always #(STEP / 2) begin
35          clk <= ~clk;                  ——[ V ] 生成时钟
36      end
37
38      /********** 实例化测试模块 **********/
39      regfile regfile (
40          /********** 时钟&复位 **********/
41          .clk     (clk),               // 时钟
42          .reset_  (reset_),            // 复位（负逻辑）
43          /********** 访问接口 **********/
44          .addr    (addr),              // 地址
45          .d_in    (d_in),              // 输入数据        [ VI ] 实例化测试模块
46          .we_     (we_),               // 写入使能（负逻辑）
47          .d_out   (d_out)              // 输出数据
48      );
49                                                         ——[ VII ] 测试用例
50      /********** 测试用例 **********/
51      initial begin
52          # 0 begin
53              clk    <= `HIGH;
54              reset_ <= `ENABLE_;           （1）初始化信号
55              addr   <= {`ADDR_W{1'b0}};
```

```
56              d_in    <= {`DATA_W{1'b0}};
57              we_     <= `DISABLE_;
58          end
59          # (STEP * 3 / 4)
60          # STEP begin
61              reset_  <= `DISABLE_;          (2) 解除复位        (3) 读写验证
62          end
63          # STEP begin
64              for (i = 0; i < `DATA_D; i = i + 1) begin
65                  # STEP begin
66                      addr    <= i;
67                      d_in    <= i;
68                      we_     <= `ENABLE_;
69                  end
70                  # STEP begin
71                      addr    <= {`ADDR_W{1'b0}};
72                      d_in    <= {`DATA_W{1'b0}};
73                      we_     <= `DISABLE_;
74                      if (d_out == i) begin
75                          $display($time, " ff[%d] Read/Write Check OK !", i);
76                      end else begin
77                          $display($time, " ff[%d] Read/Write Check NG !", i);
78                      end
79                  end
80              end
81          end
82          # STEP begin
83              $finish;                       (4) 结束仿真
84          end
85      end
86
87      /********** 输出波形 **********/
88      initial begin
89          $dumpfile("regfile.vcd");
90          $dumpvars(0, regfile);         ——[Ⅷ] 输出波形
91      end
92
93  endmodule
```

[Ⅰ] 定义 Time scale

单位时间为 1ns，时间精度为 1ps。

[Ⅱ] 引用头文件

引用 regfile.h。

[Ⅲ] 声明模块

声明 regfile_test 模块。Testbench 没有输入输出端口。

[Ⅳ] 定义内部信号

被测模块的输入端口连接 reg 型变量，输出端口连接 wire 型变量。为仿真循

环定义了名为 STEP 的参数，STEP 的值为 100ns。

[Ⅴ] **生成时钟**

这里生成了频率为 10MHz 的时钟。10MHz 的时钟每 50ns（STEP/2）在 H 与 L 间重复一次。

[Ⅵ] **实例化测试模块**

实例化 regfile。

[Ⅶ] **测试用例**

（1）处的时刻 0 时对信号线进行初始化。（2）处的语句解除复位信号。（3）处对寄存器堆的读写进行验证。最初一次 STEP 时，对寄存器地址 i 处写入数值 i，下一个 STEP 时将其读出，并用 if 语句比较、验证读出的结果是否正确。 这个过程使用 for 语句重复 32 次。（4）处结束本次仿真。

[Ⅷ] **输出波形**

在 initial 中输出仿真波形。将实例化的 regfile，从时刻 0 开始的波形输出到 regfile.vcd 文件中。

1.4.4 Verilog HDL 的仿真环境

本节对 Verilog HDL 语言的仿真环境进行说明。Verilog HDL 仿真器工具有很多，本书仅介绍 Icarus Verilog。本书还会介绍可以查看仿真生成的波形文件的工具 GTKWave。这两个工具都是自由软件，并且可以在 Windows、Linux 等各种平台运行。

■下载与安装

Icarus Verilog 与 GTKWave 官方网站 URL 如下所示：

Icarus Verilog

http://iverilog.icarus.com/

GTKWave

http://gtkwave.sourceforge.net/

从这些网站可以下载并安装上述两个软件。Icarus Verilog for Windows 页面提供了这两个软件捆绑的安装程序，本书使用这种安装方式。

Icarus Verilog for Windows

http://bleyer.org/icarus/

访问上述 URL 就会打开如图 1-70 所示的页面。从 Download 下方列出的链接下载最新版的安装程序。图 1-70 中 iverilog-0.9.5_setup.exe [6.84MB] 的链接为最新版。接着运行下载的安装文件，并根据安装向导安装程序。不需要指定特殊的参数，默认安装即可。

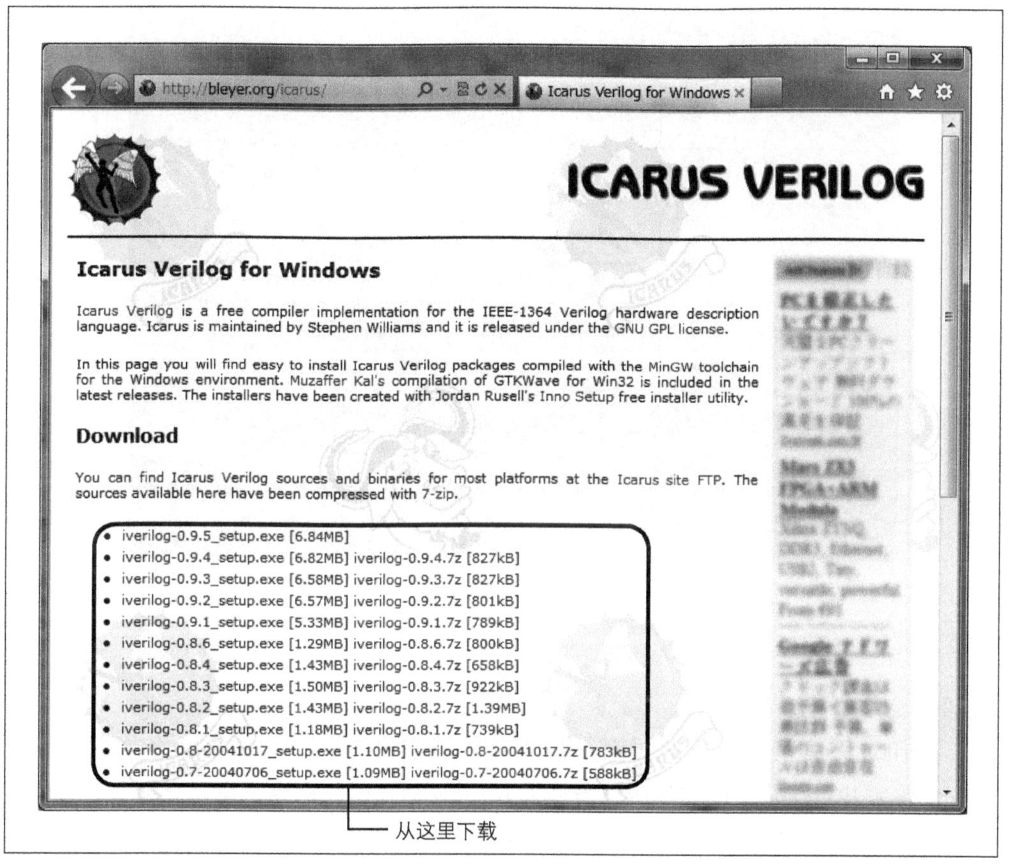

▲ 图 1-70　Icarus Verilog for Windows

Icarus Verilog 仿真功能需要从命令行执行。为了确认 Icarus Verilog 已经正确安装，我们打开命令行窗口执行一下。

要打开命令行窗口，先按 windows 键，依次点击所有程序→附件→命令提示符。之后会打开图 1-71 所示的黑色画面。画面中显示的文字“C:\Users\Kazutoshi Suito>”称为提示符，是提示用户输入命令的信息。提示符的前半部分提示的是当前目录。Windows 中的目录称为文件夹。用户可以在提示符后输入命令。

然后我们在命令行窗口中试着执行一下 iverilog 命令。如果出现“iverilog: no source files...”信息，则没有问题。如果出现“'iverilog' 不是内部或外部命令，也不是可运行的程序或批处理文件。”请按照下面的步骤设定环境变量。

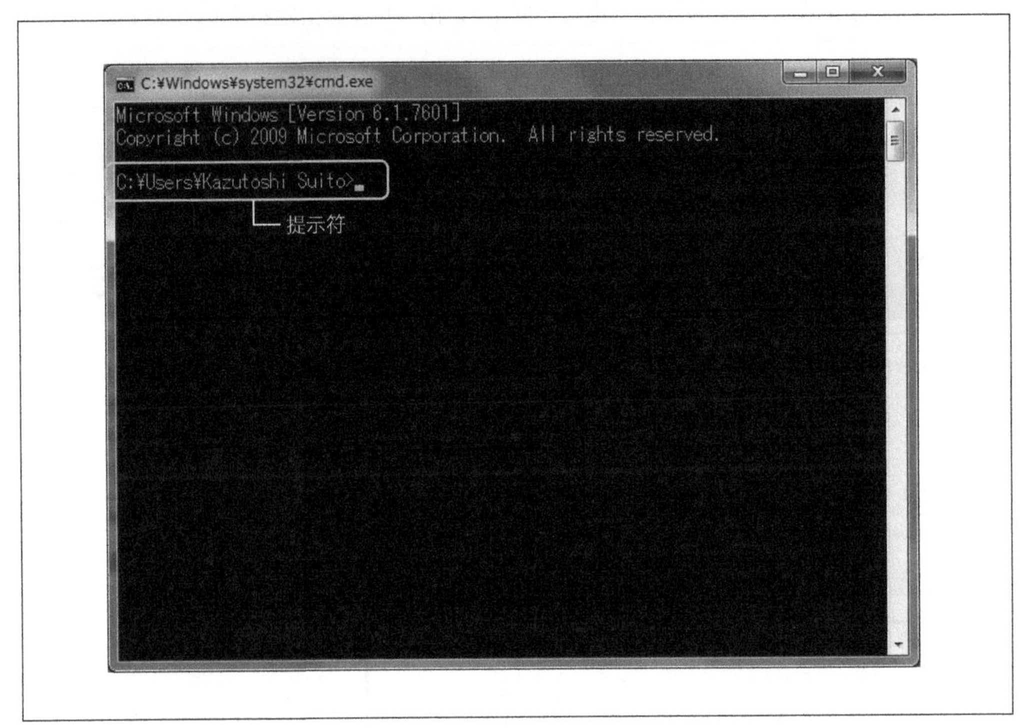

▲ 图 1-71　命令行窗口

■设定命令查找路径

iverilog 无法正确执行的原因是没有正确设定命令搜索路径。命令搜索路径是 Windows 查找可执行文件的场所。当输入 iverilog 命令时，命令行窗口会在命令搜索路径中搜索名为 iverilog 的可执行文件。iverilog 执行文件在 Icarus Verilog 安装文件夹下的 bin 目录中。但是因为这个目录并未包含在命令搜索路径中，因此命令行窗口找不到执行文件。

命令搜索路径可以在环境变量中设置。环境变量是在程序执行时操作系统向应用传递的通用参数。通过设定环境变量，可以对应用的动作进行设定。环境变量设定的步骤如图 1-72 所示。

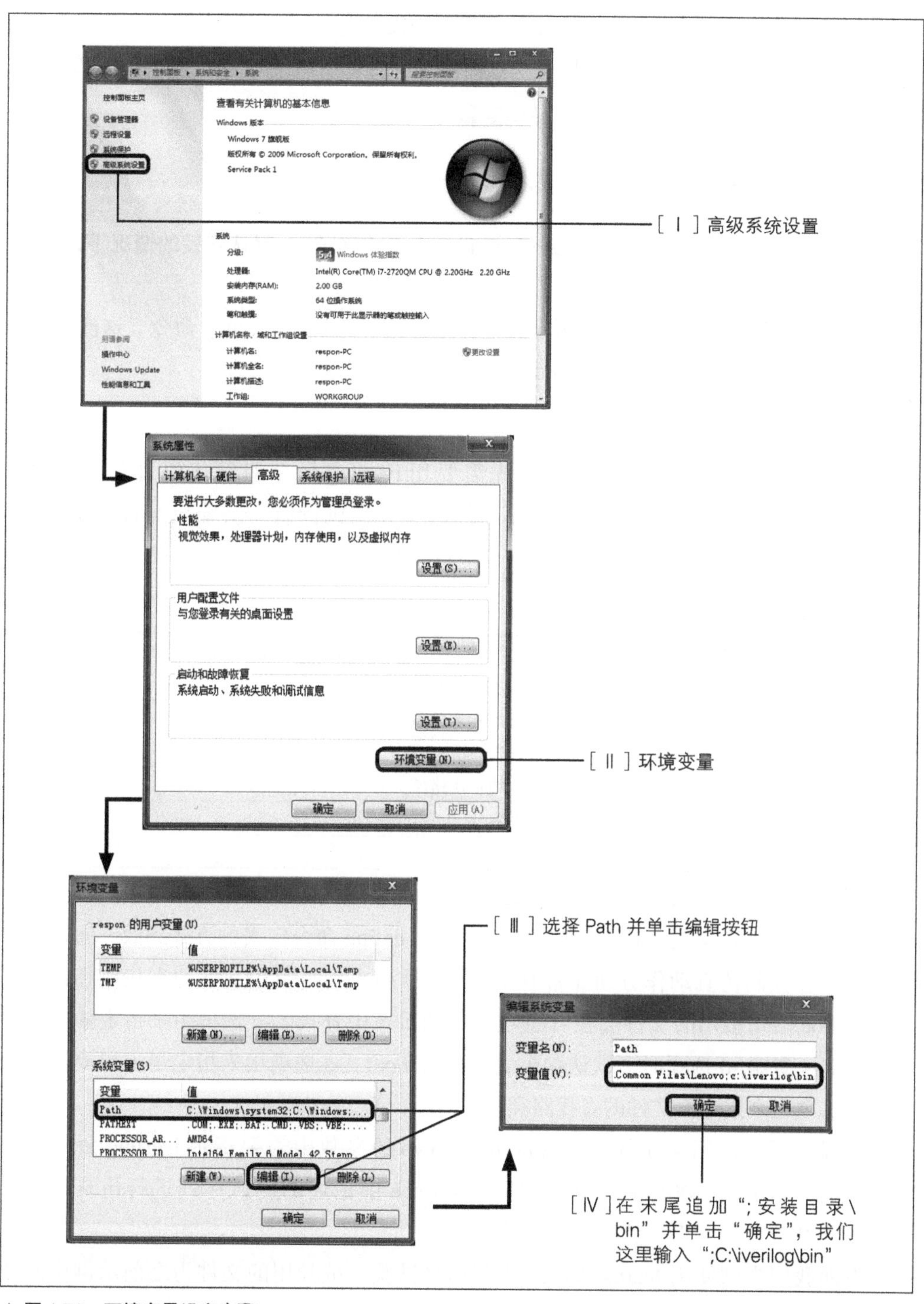

▲ 图 1-72　环境变量设定步骤

[Ⅰ] 打开“计算机属性”窗口并单击“高级系统设置”。

打开“计算机属性”窗口是在开始菜单中右键单击“计算机”，选择属性。

[Ⅱ] 点击“高级系统设置”中的“环境变量”。

[Ⅲ] 选择“系统变量”中的“Path”，并单击编辑。

[Ⅳ] 在变量值的末尾追加“; 安装路径 \bin”，点击“确定”。默认安装的情况下，设定字符串为“;C:\iverilog\bin”。

设定好环境变量之后，再次打开命令行窗口并执行 iverilog 命令。这次应该会出现正确的输出信息 iverilog: no source files... 了。

■使用 Icarus Verilog 进行仿真

使用 Icarus Verilog 进行仿真，首先需要用 iverilog 命令对源代码进行编译。为 iverilog 命令的参数指定正确的选项和源代码文件，执行后就会输出编译后的文件。iverilog 命令的选项如表 1-8 所示。

▼ 表 1-8　iverilog 的选项

选项	说明
-D macro[=defn]	定义 macro 参数指定的宏
	可用 =defn 指定该宏的值
	如果省略，则宏的值为 1
-I includedir	指定引用文件的查找路径
-o filename	指定输出文件名
-s topmodule	指定最上层模块名
-y libdir	指定库文件的查找路径

-D 选项用来定义宏。这个选项与代码中用 `define 命令定义的方式等效。通过参数设定的宏在控制仿真动作方面非常有用。-I 选项用来指定引用文件的查找路径。代码中 `include 语句引用的文件会在 -I 选项指定的目录中查找。-o 选项用来指定输出文件的文件名。省略 -o 选项时，默认输出文件名为 a.out。-s 选项用来指定最上层模块的名称。-y 选项用来指定库文件的查找路径。

编译之后，使用 vvp 命令来执行仿真。vvp 的参数中需要指定 iverilog 命令所输出的文件。vvp 命令执行后，就会按照 Testbench 中记述的测试序列进行仿真。如果 Testbench 中有波形输出，就会输出波形文件。

下面我们尝试使用 Icarus Verilog 进行仿真试验。试验用的文件为之前示例中制作的寄存器堆（regfile.v）和 Testbench（regfile_test.v）。进入代码与 Testbench 所在的目录，并在命令行中执行以下命令。

```
C:\Users\…> iverilog -s regfile_test -o regfile_test.out regfile_test.v regfile.v
C:\Users\…> vvp regfile_test.out
```

iverilog 参数中指定了代码文件与 Testbench 文件。-s 参数将最上层模块名指定为 Testbench 的模块名。-o 参数设定输出文件名为 regfile_test.out。

然后执行 vvp 进行仿真，参数设置为 iverilog 的输出文件。如果仿真正确执行，画面中会出现 Testbench 中的输出信息。我们可以看到寄存器堆模块读写测试完成的信息。最后，Testbench 执行后的波形文件输出到了 regfile.vcd 中。

```
C:\Users\…>vvp regfile.out
VCD info: dumpfile regfile.vcd opened for output.
                 475 ff[           0] Read/Write Check OK !
                 675 ff[           1] Read/Write Check OK !
                ………
                6475 ff[          30] Read/Write Check OK !
                6675 ff[          31] Read/Write Check OK !
```

■使用 GTKWave 查看波形

下面，我们使用 GTKWave 软件查看 Icarus Verilog 输出的波形文件。GTKWave 使用 gtkwave 命令进行启动。如果启动时设定波形文件参数，启动后会自动载入波形文件。GTKWave 的界面与使用方法如图 1-73 所示。

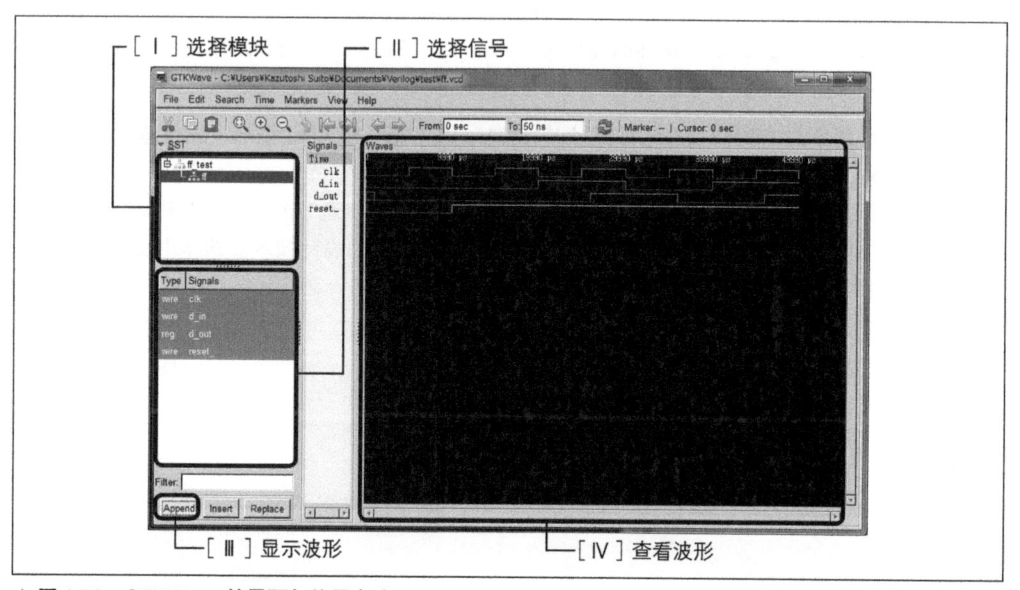

▲ 图 1-73　GTKWave 的界面与使用方法

[Ⅰ] 窗口左上方会显示模块的树状列表。单击即可选择想要查看波形的模块。

[Ⅱ] 窗口左侧中间会显示已选模块的信号。单击即可选择想要查看波形的信号。

[Ⅲ] 单击左下方的 Append 按钮，波形就会在右侧窗口中出现。

[Ⅳ] 在窗口右侧观察波形，同时可以使用滚动条或工具栏对波形的显示进行调整。

下面，我们来查看一下刚才 Icarus Verilog 输出的波形文件 regfile.vcd。进入波形文件所在的文件夹并执行以下命令，GTKWave 会启动并载入波形文件。

```
C:\Users\…> gtkwave regfile.vcd
```

1.4.5 小结

在本节中，我们介绍了 Verilog HDL 的语法、示例与仿真环境等，这是阅读接下来的章节必须掌握的基础知识。必要时，读者们可以返回查阅。

专栏

Verilog HDL 相关书籍

● **入門 Verilog HDL 記述－ハードウェア記述言語の速習&実践（小林優、CQ 出版）**
（中文译名:《入门 Verilog HDL 记述・硬件描述语言速成与实践》）

本书是以 Verilog HDL 为基础的硬件设计入门书。结合实例进行讲解，通俗易懂地介绍了如何编写代码。篇幅适中、示例简洁，推荐 Verilog HDL 初学者阅读。

● **LSI 設計の基本 RTL 設計スタイルガイド -Verilog HDL 編（STARC 監修、培修館）**
（中文译名:《LSI 设计基础 RTL 风格指南: Verilog-HDL 篇》）

本书讲解了 RTL 设计进阶的设计风格，阐述了设计时需要遵守的约定、代码风格等，旨在帮助正在使用 Verilog HDL 进行开发的读者，学习更高深的设计技术。这本书主要以具体的设计问题为中心进行讲解，难度稍高，要成为 RTL 设计达人，必备此书。

1.5　系统蓝图

本节将介绍本章即将制作的系统，同时也会对本章中代码的阅读方法、全局通用的宏进行说明。

1.5.1　目标系统整体介绍

AZPR SoC 是以 AZ Processor 为中心，结合存放程序的 ROM（Read Only Memory）、测量时间的计时器、串口通信的 UART（Universal Asynchronous Receiver Transmitter）、控制 LED 和开关的 GPIO（General Purpose Input Output），以及连接以上模块的总线构成的。

AZ Processor 拥有专用的 SPM（Scratchpad Memory，暂时存储器），可以不通过总线进行高速访问。定时器与 UART 输出的中断请求信号直接连接到 AZ Processor。AZPR SoC 还需要输入复位信号以及相位为 0 度与 180 度的两种时钟信号。基于外部输入的复位信号和基准时钟信号，时钟模块可以生成所需的复位信号与两种时钟信号。图 1-74 为本章即将制作的 AZPR SoC 的框图。

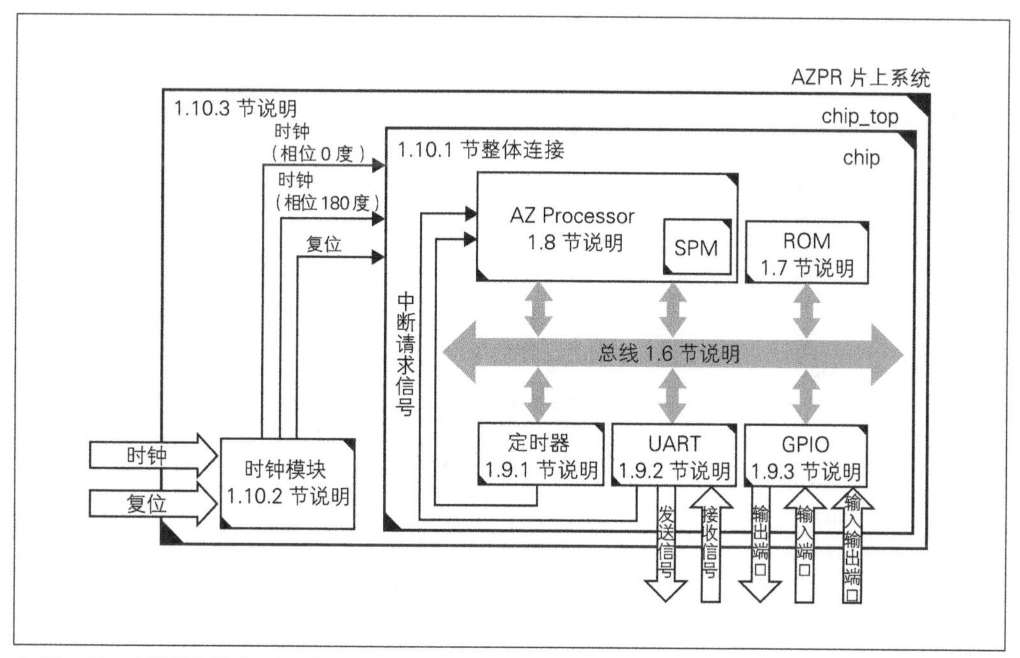

▲ 图 1-74　本章制作目标：AZPR SoC

首先，我们在 1.6 节制作用于整体通信连接的总线。其次，在 1.7 节制作 ROM。然后，在 1.8 节制作本章的主要部分——CPU。在 1.9 节制作 I/O。最后，1.10 节将各部分连接，完成 AZPR SoC。

1.5.2 关于本章中的代码

■代码的阅读方法

本章将代码归纳到表格里进行说明。本节仅选取进行某种控制的代码片段进行说明。我们一般会省略模块声明与信号线定义的部分。而各个模块的端口、信号线、头文件中定义的宏，则以列表的形式在文中给出。

本章中，Verilog HDL 程序的一个代码文件中仅包含一个模块，并且文件名与模块名一致。表 1-9 列出了模块的层次，表 1-10 给出了头文件一览。

▼ 表 1-9　模块层次

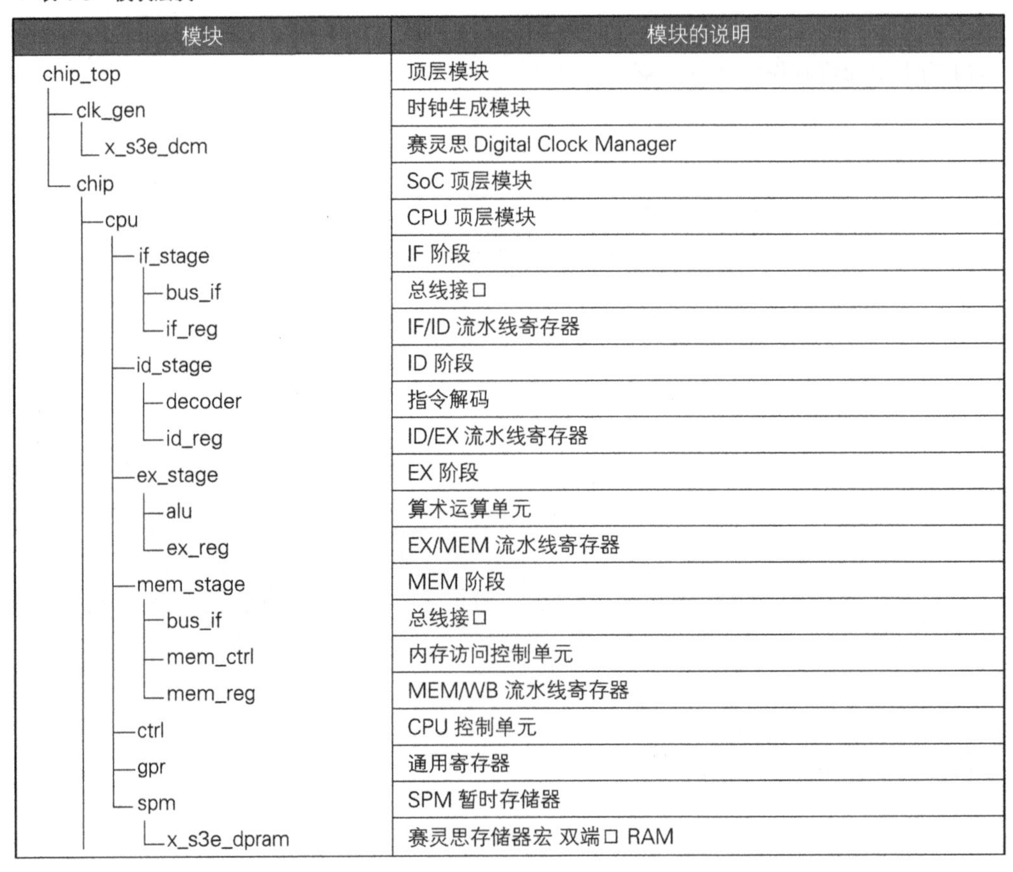

模块	模块的说明
chip_top	顶层模块
├ clk_gen	时钟生成模块
│ └ x_s3e_dcm	赛灵思 Digital Clock Manager
└ chip	SoC 顶层模块
├ cpu	CPU 顶层模块
│ ├ if_stage	IF 阶段
│ │ ├ bus_if	总线接口
│ │ └ if_reg	IF/ID 流水线寄存器
│ ├ id_stage	ID 阶段
│ │ ├ decoder	指令解码
│ │ └ id_reg	ID/EX 流水线寄存器
│ ├ ex_stage	EX 阶段
│ │ ├ alu	算术运算单元
│ │ └ ex_reg	EX/MEM 流水线寄存器
│ ├ mem_stage	MEM 阶段
│ │ ├ bus_if	总线接口
│ │ ├ mem_ctrl	内存访问控制单元
│ │ └ mem_reg	MEM/WB 流水线寄存器
│ ├ ctrl	CPU 控制单元
│ ├ gpr	通用寄存器
│ └ spm	SPM 暂时存储器
│ 　└ x_s3e_dpram	赛灵思存储器宏 双端口 RAM

（续）

模块	模块的说明
├─rom	ROM
│ └─x_s3e_sprom	赛灵思存储器宏 单端口 ROM
├─timer	定时器
├─uart	UART 顶层模块
│ ├─uart_tx	UART 发送模块
│ ├─uart_rx	UART 接收模块
│ └─uart_ctrl	UART 控制模块
├─gpio	GPIO
└─bus	总线顶层模块
├─bus_addr_dec	地址解码器
├─bus_arbiter	总线仲裁器
├─bus_master_mux	总线主控多路复用器
└─bus_slave_mux	总线从属多路复用器

▼ 表 1-10 头文件一览

文件名	说明
nettype.h	设置默认网络类型
global_config.h	全局设置
stddef.h	通用头文件
isa.h	ISA 头文件
cpu.h	CPU 头文件
spm.h	SPM 头文件

文件名	说明
bus.h	总线头文件
gpio.h	GPIO 头文件
rom.h	ROM 头文件
timer.h	计时器头文件
uart.h	UART 头文件

■代码规范

本书中的 Verilog HDL 代码，以可读性和易懂性作为第一原则进行编写。为了方便读者理解，代码中尽可能插入注释进行说明。

代码中避免使用魔术数字（Magic number），而较多采用宏。魔术数字是指嵌入代码中的常数。不使用魔术数字可以增强代码的可移植性。全部宏都在头文件中定义。

每行代码文字数量都在 80 以内，行的缩进使用制表符。代码中每一行长度都控制在终端显示设备的行宽以内，这样有助于阅读。通常终端的一行可显示 80 字，不单是 Verilog HDL 代码，各种代码多采用每行 80 字的宽度。缩进字符推荐使用制表符。制表符的优点是宽度可在文本编辑器内设定，阅读代码的人可以自由调整。笔者的环境中，一个制表符相当于 4 个空格的宽度。

■变量名与宏的命名规则

变量名使用英文小写字母、数字以及下划线（_）进行命名。为了明确控制信号的极性，负逻辑信号线的名称以下划线（_）结尾。宏使用英文大写字母、英文小写字母、数字以及下划线（_）进行命名。常数使用大写英文字母和下划线（_）进行命名。在定义比特位或总线时，使用单词首字母大写的驼峰拼写法（Upper CamelCase）。

宏的定义在头文件中进行。头文件中加入包含文件防范（Include guard）语句防止重复定义。包含文件防范是防止同一个文件被多次包含的技术。包含文件中的代码全部写在 `ifndef 之中，并在其中定义防范用的宏。当再次引用该文件时，`ifndef 中的代码就会无效。宏的命名规则如图 1-75 所示。

```
`ifndef __INC_GUARD__           // 包含文件防范
   `define __INC_GUARD__        // 包含文件防范用的宏

   `define DataBus 31:0         // 比特位或总线用驼峰拼写法
   `define DATA_W  32           // 常数使用大写英文字母和下划线

`endif                          // 包含文件防范
```

▲ 图 1-75　宏的命名规则

■全局通用宏

本章代码中，全局通用的头文件如表 1-11 所示。

▼ 表 1-11　通用头文件

文件名	作用
nettype.h	定义默认网络类型
global_config.h	定义有可能变化的参数
stddef.h	定义通用宏

nettype.h 中对 Verilog HDL 的默认网络类型进行定义。为了避免人为失误，通常将默认网络类型设置为无效。代码 1-4 为 nettype.h 的代码。

▼ 代码 1-4　定义默认网络类型（nettype.h）

```
11  `ifndef __NETTYPE_HEADER__      // 包含文件防范
12     `define __NETTYPE_HEADER__
13
14     /********** 默认网络类型：两者间选择一种 **********/
15     `default_nettype none        // none （推荐）
16  // `default_nettype wire        // wire （Verilog标准）
17
18  `endif
```

global_config.h 中定义有可能变化的参数。比如说，复位信号的极性有可能随着使用端口的更换而改变，内存控制信号的极性也有可能随着 FPGA 芯片的不同而不同。这个文件还定义选择使用的 I/O 等。表 1-12 列出了 global_config.h 中的宏一览。

▼ 表 1-12　宏一览（global_config.h）

宏名	值	含义
POSITIVE_RESET	*NaN*	【复位信号极性的选择】 使用 Active High 复位时定义 POSITIVE_RESET 使用 Active Low 复位时定义 NEGATIVE_RESET
NEGATIVE_RESET	*NaN*	
POSITIVE_MEMORY	*NaN*	【内存控制信号极性的选择】 使用 Active High 复位时定义 POSITIVE_MEMORY 使用 Active Low 复位时定义 NEGATIVE_MEMORY
NEGATIVE_MEMORY	*NaN*	
IMPLEMENT_TIMER	*NaN*	【I/O 的选择】 需要实现计时器时定义 IMPLEMENT_TIMER 需要实现 UART 时定义 IMPLEMENT_UART 需要实现通用 I/O 时定义 IMPLEMENT_GPIO
IMPLEMENT_UART	*NaN*	
IMPLEMENT_GPIO	*NaN*	
RESET_EDGE	posedge	复位信号边沿（定义 POSITIVE_RESET 时）
	negedge	复位信号边沿（定义 NEGATIVE_RESET 时）
RESET_ENABLE	1'b1	复位有效（定义 POSITIVE_RESET 时）
	1'b0	复位有效（定义 NEGATIVE_RESET 时）
RESET_DISABLE	1'b0	复位无效（定义 POSITIVE_RESET 时）
	1'b1	复位无效（定义 NEGATIVE_RESET 时）
MEM_ENABLE	1'b1	内存有效（定义 POSITIVE_MEMORY 时）
	1'b0	内存有效（定义 NEGATIVE_MEMORY 时）
MEM_DISABLE	1'b0	内存无效（定义 POSITIVE_MEMORY 时）
	1'b1	内存无效（定义 NEGATIVE_MEMORY 时）

stddef.h 中对全局通用宏进行定义。其中，定义了信号电平高低的 H、L，以及控制信号的有效、无效等通用宏。stddef.h 中的宏一览如表 1-13 所示。

▼ 表 1-13　宏一览（stddef.h）

宏名	值	含义
HIGH	1'b1	高电平信号
LOW	1'b0	低电平信号
DISABLE	1'b0	无效（正逻辑）
ENABLE	1'b1	有效（正逻辑）
DISABLE_	1'b1	无效（负逻辑）
ENABLE_	1'b0	有效（负逻辑）
READ	1'b1	读取信号
WRITE	1'b0	写入信号
LSB	0	最低位
BYTE_DATA_W	8	数据宽度（字节）
BYTE_MSB	7	最高位（字节）
ByteDataBus	7:0	数据总线（字节）

宏名	值	含义
WORD_DATA_W	32	数据宽度（字）
WORD_MSB	31	最高位（字）
WordDataBus	31:0	数据总线（字）
WORD_ADDR_W	30	地址宽度
WORD_ADDR_MSB	29	最高位
WordAddrBus	29:0	地址总线
BYTE_OFFSET_W	2	位移宽度
ByteOffsetBus	1:0	位移总线
WordAddrLoc	31:2	字地址位置
ByteOffsetLoc	1:0	字节位移位置
BYTE_OFFSET_WORD	2'b00	字边界

专栏

字编址与字节位移

CPU 有时需要一次处理宽度大于一个字节的数据。比如说，32 位（4 字节）CPU 需要处理 32 位数据，64 位（8 字节）CPU 需要处理 64 位数据。CPU 能处理的数据宽度称为字，为每一个字宽的数据赋予一个地址的方式称为字编址。CPU 内部因为以字为单位处理数据，方便起见，有时编址方式也采用字编址。

AZ Processor 是 32 位 CPU，一个字有 32 位（4 字节）。因此每 4 个字节分配 1 个地址。AZ Processor 的寻址空间为 32 位。虽然这 32 位地址为字节编址，但 CPU 内部将高位的 30 位以字编址，低位的 2 位（4 字节的地址空间）用作字节位移使用。图 1-76 说明了字编址与字节位移的关系。

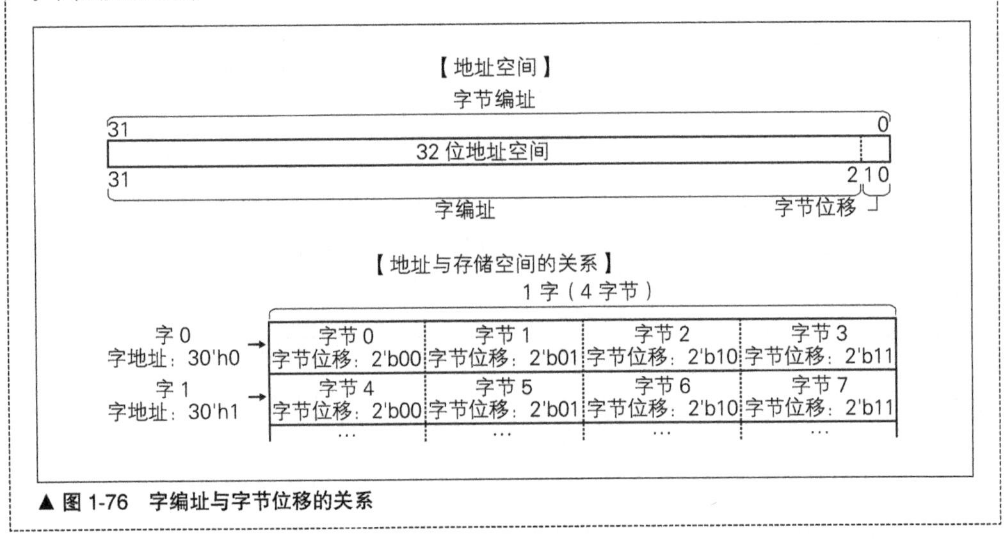

▲ 图 1-76　字编址与字节位移的关系

1.6 总线的设计与实现

本节介绍总线的设计与实现。总线是将 CPU、内存和 I/O 相互连接的共享通道。因为总线和本章所有电路都有关连，所以我们先来制作。

1.6.1 总线的设计

本书设计的总线主控为 4 通道，总线从属为 8 通道。总线的信号线如表 1-14 所示。

▼ 表 1-14 总线信号线

信号名	名称	信号方向		位宽	含义
		信号源	信号目的地		
clk	Clock	主控、从属共用		1	同步信号
req_	Request	主控	总线仲裁器	1	请求总线使用权
grnt_	Grant	总线仲裁器	主控	1	总线使用许可信号
addr	Address	主控	从属	30	访问地址
cs_	Chip Select	地址解码器	从属	1	从属访问选择信号
as_	Address Strobe	主控	从属	1	访问有效表示信号
rw	Read/Write	主控	从属	1	访问方式（读 / 写）表示信号
wr_data	Write Data	主控	从属	32	写入数据
rd_data	Read Data	从属	主控	32	读取数据
rdy_	Ready	从属	主控	1	访问结束表示信号

通过总线访问时，需要预先确定总线主控与总线从属之间的通信规则。这种使用信号线的通信规则称为总线协议。本书使用的总线为使用时钟信号同步数据传输的同步总线。图 1-77 展示了读取访问时的总线波形。

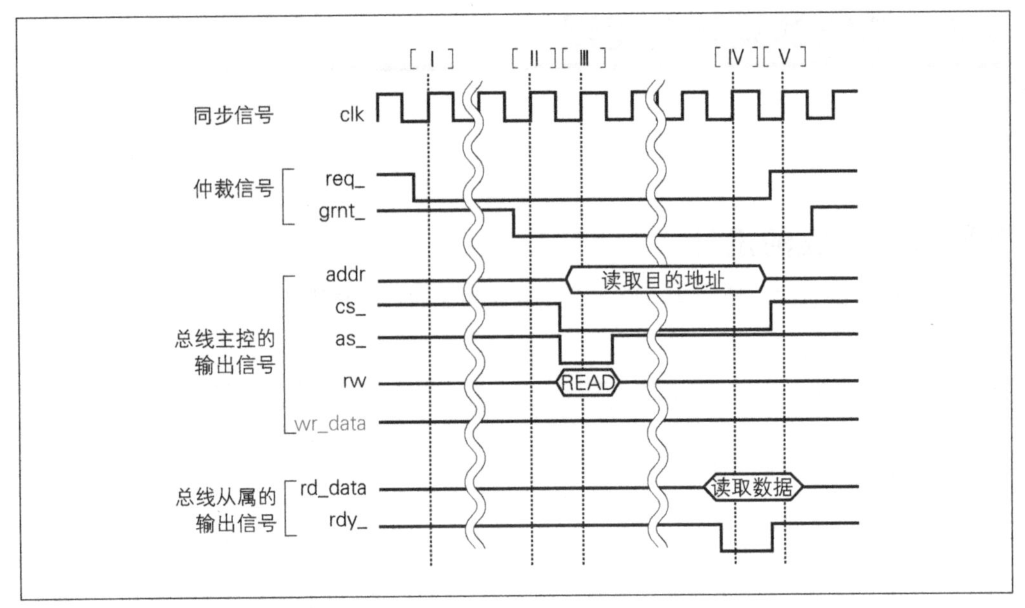

▲ 图 1-77　读取访问时的总线波形

[Ⅰ] 请求总线使用权

总线主控在获得总线的使用权后方可使用总线。主控发出总线使用权请求信号（req_）请求总线使用权。

[Ⅱ] 取得总线使用权

总线仲裁器对总线主控发来的总线使用权请求进行调停，并发出总线使用许可信号（grnt_）。总线主控在接收到总线使用许可信号（grnt_）后，即可开始总线访问。

[Ⅲ] 总线访问开始

总线主控输出地址（addr）信号，并发出地址选通（as_）信号。片选信号（cs_）由地址解码器基于地址信号生成。由于是读取访问，向读 / 写信号（rw）输出读取（READ）信号。读 / 写信号（rw）和地址选通（as_）保持 1 个时钟周期，地址（addr）信号需要保持到总线访问结束。

[Ⅳ] 来自总线从属的应答

总线从属同时输出就绪（rdy_）信号与读取的数据（rd_data）。

[Ⅴ] 总线访问结束并释放总线使用权

地址（addr）信号输出停止并结束总线访问，总线使用权信号（req_）反相，释放总线使用权。

图 1-78 展示了写入访问时的总线波形。

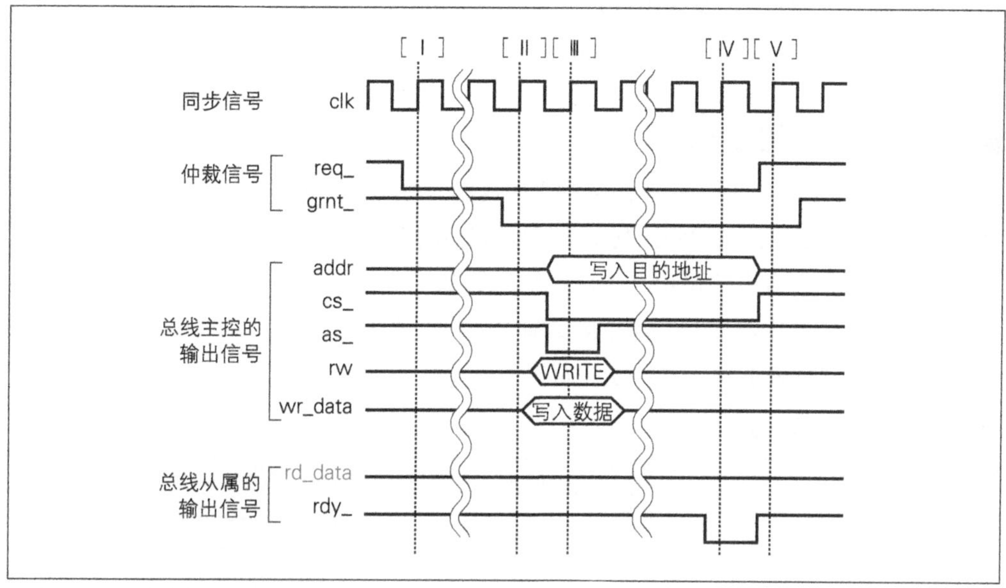

▲ 图 1-78 写入访问时的总线波形

[Ⅰ] 请求总线使用权

总线主控在获得总线的使用权后方可使用总线。主控发出总线使用权请求信号（req_）请求总线使用权。

[Ⅱ] 取得总线使用权

总线仲裁器对总线主控发来的总线使用权请求进行调停，并发出总线使用许可信号（grnt_）。总线主控在接收到总线使用许可信号（grnt_）后，即可开始总线访问。

[Ⅲ] 总线访问开始

总线主控输出地址（addr）信号，并发出地址选通（as_）信号。片选信号（cs_）由地址解码器基于地址信号生成。由于是写入访问，向读 / 写信号（rw）输出写入（WRITE）信号，并同时输出将要写入的数据（wr_data）。读 / 写信号（rw）、写入数据（wr_data）以及地址选通（as_）保持 1 个时钟周期，地址（addr）信号需要保持到总线访问结束。

[Ⅳ] 来自总线从属的应答

总线从属输出就绪（rdy_）信号。

［ V ］总线访问结束并释放总线使用权

地址（addr）信号输出停止并结束总线访问，总线使用权信号（req_）设为无效，释放总线使用权。

1.6.2 总线的实现

下面讲述总线的实现。总线是由总线仲裁器、总线主控多路复用器、地址解码器以及总线从属多路复用器组成的，其中总线仲裁器调停总线使用权，总线主控多路复用器选择总线使用权所有者输出信号，地址解码器基于地址生成片选信号，总线从属多路复用器基于地址（片选信号）选择从属输出信号。表 1-15 列出了总线模块一览表，图 1-79 展示了框图，表 1-16 列出了宏一览表。

▼ 表 1-15　总线模块一览表

模块名	文件名	说明
bus	bus.v	总线顶层模块
bus_arbiter	bus_arbiter.v	总线仲裁器
bus_addr_dec	bus_addr_dec.v	地址解码器
bus_master_mux	bus_master_mux.v	总线主控用多路复用器
bus_slave_mux	bus_slave_mux.v	总线从属用多路复用器

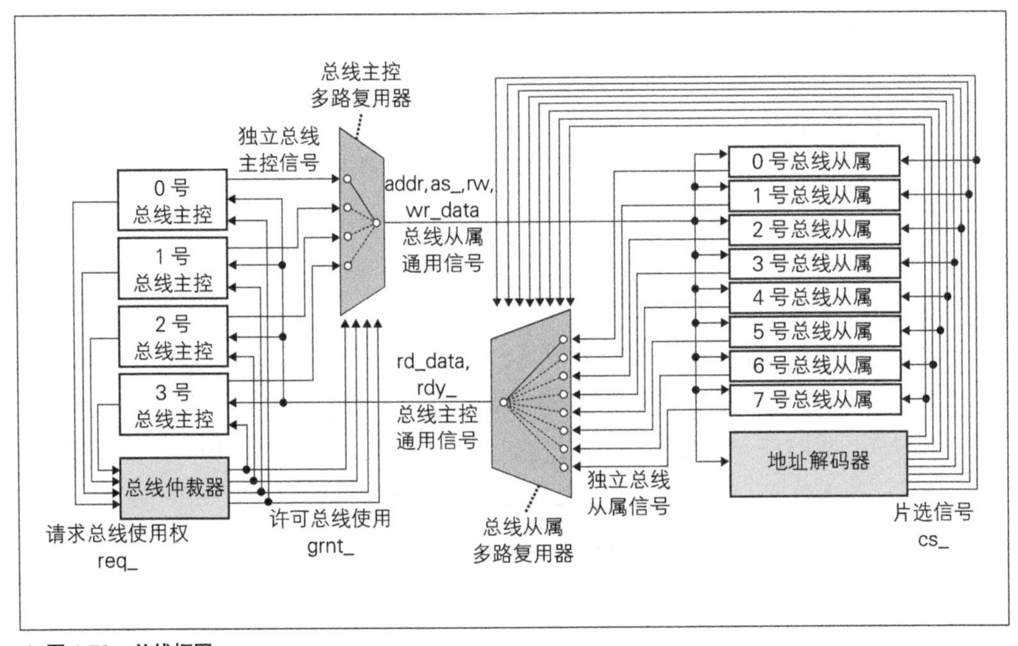

▲ 图 1-79　总线框图

▼表 1-16 宏一览表（bus.h）

宏名	值	含义
BUS_MASTER_CH	4	总线主控通道数
BUS_MASTER_INDEX_W	2	总线主控索引宽度
BusOwnerBus	1:0	总线所有权状态总线
BUS_OWNER_MASTER_0	2'h0	总线使用权所有者：0 号总线主控
BUS_OWNER_MASTER_1	2'h1	总线使用权所有者：1 号总线主控
BUS_OWNER_MASTER_2	2'h2	总线使用权所有者：2 号总线主控
BUS_OWNER_MASTER_3	2'h3	总线使用权所有者：3 号总线主控
BUS_SLAVE_CH	8	总线从属通道数
BUS_SLAVE_INDEX_W	3	总线从属索引宽度
BusSlaveIndexBus	2:0	总线从属索引总线
BusSlaveIndexLoc	29:27	总线从属索引的位置
BUS_SLAVE_0	0	0 号总线从属
BUS_SLAVE_1	1	1 号总线从属
BUS_SLAVE_2	2	2 号总线从属
BUS_SLAVE_3	3	3 号总线从属
BUS_SLAVE_4	4	4 号总线从属
BUS_SLAVE_5	5	5 号总线从属
BUS_SLAVE_6	6	6 号总线从属
BUS_SLAVE_7	7	7 号总线从属

图 1-79 中，各个总线主控在访问总线时，都需要向总线仲裁器发送请求信号（req_）。总线仲裁器则向被许可访问的总线主控与总线主控多路复用器输出总线使用许可信号（grnt_）。

一旦总线主控被许可使用总线，即可开始总线访问。总线主控多路复用器基于总线许可信号（grnt_），选择被许可访问总线的总线主控信号并输出。总线主控多路复用器输出的信号，输入到所有总线从属和地址解码器中。

地址解码器根据输入的地址（addr）输出片选信号（cs_）。片选信号（cs_）发送到与之对应的总线从属与总线从属多路复用器中。

总线从属多路复用器根据输入的片选信号（cs_），选择被访问的总线从属的输出信号，并发送到总线主控。

■总线仲裁器的实现

总线仲裁器对总线使用权进行调停。总线仲裁器接受总线主控发来的总线使用请求，并将使用权赋予合适的总线主控。我们制作的总线仲裁器针对 4 个总线主控发来的请求进行调停。总线仲裁器根据目前所有者的状态，按照有限状态机方式进行控制。总线仲裁器有 4 个状态，分别是“0 号总线主控持有总线使用权”、“1 号总线主控持有总线使用权”、“2 号总线主控持有总线使用权”，以及“3 号总线主控持有总线使用权”。

针对总线使用权请求的调停，使用轮询（round robin）机制。轮询是一种按照请求顺序进行使用权分配，且平等对待所有总线主控的机制。

0 号总线主控拥有总线使用权时，总线请求优先级顺序为“0 号总线主控 >1 号总线主控 >2 号总线主控 >3 号总线主控”。也就是说，0 号总线主控如果要求继续使用总线，就会得到许可。

0 号总线主控释放总线，1 号总线主控请求使用总线时，无论 2 号和 3 号总线主控是否有请求，都会将总线使用权赋予 1 号。如果 0 号总线主控释放总线，1 号总线主控没有请求使用总线，而 2 号总线主控请求使用总线时，则无论 3 号总线主控是否有请求，都会将总线使用权赋予 2 号。如果 0 号总线主控释放总线，1 号与 2 号总线主控都没有请求使用总线，而 3 号总线主控请求使用总线时，3 号总线主控就会获得总线使用权。最后，如果所有总线主控都没有请求使用总线，则会保持当前状态。

同样，当 1 号总线主控持有总线使用权时，优先级顺序为“1 号总线主控 >2 号总线主控 >3 号总线主控 >0 号总线主控”；当 2 号总线主控持有总线使用权时，优先级顺序为“2 号总线主控 >3 号总线主控 >0 号总线主控 >1 号总线主控”；当 3 号总线主控持有总线使用权时，优先级顺序为“3 号总线主控 >0 号总线主控 >1 号总线主控 >2 号总线主控”。由于每当总线主控变化时总线使用权优先级按环状变化，所有总线主控都会平等获取总线使用权。总线仲裁器的状态转移图如图 1-80 所示。

bus_arbiter 的信号线一览如表 1-17 所示。总线使用权请求信号称为 Bus request，总线使用权许可信号称为 Bus grant。代码 1-5 是生成 Bus grant 信号的部分代码。

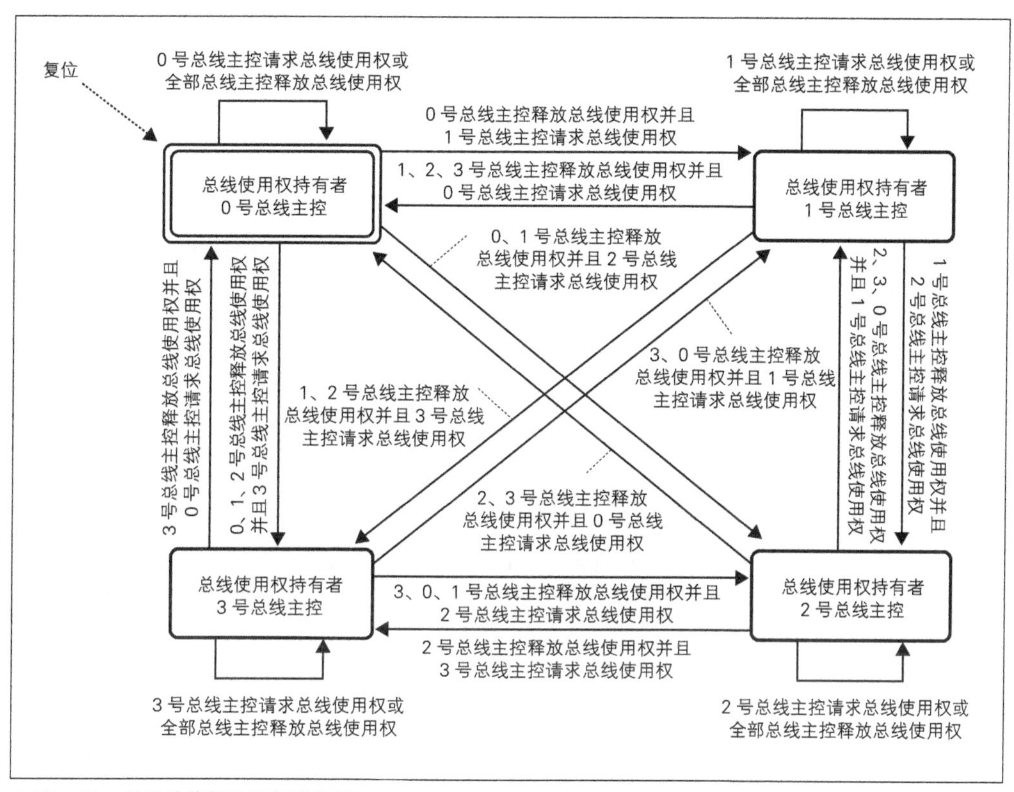

▲ 图 1-80 总线仲裁器的状态转移图

▼ 表 1-17 信号线一览（bus_arbiter.v）

分组	信号名	信号类型	数据类型	位宽	含义
时钟 复位	clk	输入端口	wire	1	时钟
	reset	输入端口	wire	1	异步复位
0 号总线主控	m0_req_	输入端口	wire	1	请求总线
	m0_grnt_	输出端口	reg	1	赋予总线
1 号总线主控	m1_req_	输入端口	wire	1	请求总线
	m1_grnt_	输出端口	reg	1	赋予总线
2 号总线主控	m2_req_	输入端口	wire	1	请求总线
	m2_grnt_	输出端口	reg	1	赋予总线
3 号总线主控	m3_req_	输入端口	wire	1	请求总线
	m3_grnt_	输出端口	reg	1	赋予总线
内部信号	owner	内部信号	reg	2	总线使用权所有者

▼ 代码 1-5　总线仲裁器的赋予总线使用权部分（bus_arbiter.v）

```
42      /********** 赋予总线使用权 **********/
43      always @(*) begin
44          /* 赋予总线使用权的初始化 */
45          m0_grnt_ = `DISABLE_;
46          m1_grnt_ = `DISABLE_;                ——[ I ] 赋予总线使用权的初始化
47          m2_grnt_ = `DISABLE_;
48          m3_grnt_ = `DISABLE_;                ——[ II ] 赋予总线使用权
49          /* 赋予总线使用权 */
50          case (owner)
51              `BUS_OWNER_MASTER_0 : begin // 0号总线主控
52                  m0_grnt_ = `ENABLE_;             (1) 0 号总线主控
53              end
54              `BUS_OWNER_MASTER_1 : begin // 1号总线主控
55                  m1_grnt_ = `ENABLE_;             (2) 1 号总线主控
56              end
57              `BUS_OWNER_MASTER_2 : begin // 2号总线主控
58                  m2_grnt_ = `ENABLE_;             (3) 2 号总线主控
59              end
60              `BUS_OWNER_MASTER_3 : begin // 3号总线主控
61                  m3_grnt_ = `ENABLE_;             (4) 3 号总线主控
62              end
63          endcase
64      end
```

[I] 赋予总线使用权的初始化

首先初始化，将所有总线主控的总线赋予信号设为无效。

[II] 赋予总线使用权

基于总线使用权持有者（owner），设置当前总线持有者信号。（1）为 0 号总线主控持有总线使用权的情况；（2）为 1 号总线主控持有总线使用权的情况；（3）为 2 号总线主控持有总线使用权的情况；（4）为 3 号总线主控持有总线使用权的情况。

总线仲裁部分的程序如代码 1-6 所示。

▼ 代码 1-6　总线仲裁器的仲裁部分（bus_arbiter.v）

```
66      /********** 总线使用权的仲裁 **********/
67      always @(posedge clk or `RESET_EDGE reset) begin
68          if (reset == `RESET_ENABLE) begin
69              /* 异步复位 */
70              owner <= #1 `BUS_OWNER_MASTER_0;      ——[ I ] 异步复位
71          end else begin
72              /* 仲裁 */
73              case (owner)
```

```
74                 `BUS_OWNER_MASTER_0 : begin // 总线使用权所有者：0号总线主控
75                     /* 下一个获得总线使用权的主控 */
76                     if (m0_req_ == `ENABLE_) begin            // 0号总线主控
77                         owner <= #1 `BUS_OWNER_MASTER_0;
78                     end else if (m1_req_ == `ENABLE_) begin // 1号总线主控
79                         owner <= #1 `BUS_OWNER_MASTER_1;
80                     end else if (m2_req_ == `ENABLE_) begin // 2号总线主控
81                         owner <= #1 `BUS_OWNER_MASTER_2;
82                     end else if (m3_req_ == `ENABLE_) begin // 3号总线主控
83                         owner <= #1 `BUS_OWNER_MASTER_3;
84                     end
85                 end
86                 `BUS_OWNER_MASTER_1 : begin // 总线使用权所有者：1号总线主控
87                     /* 下一个获得总线使用权的主控 */
88                     if (m1_req_ == `ENABLE_) begin            // 1号总线主控
89                         owner <= #1 `BUS_OWNER_MASTER_1;
90                     end else if (m2_req_ == `ENABLE_) begin // 2号总线主控
91                         owner <= #1 `BUS_OWNER_MASTER_2;
92                     end else if (m3_req_ == `ENABLE_) begin // 3号总线主控
93                         owner <= #1 `BUS_OWNER_MASTER_3;
94                     end else if (m0_req_ == `ENABLE_) begin // 0号总线主控
95                         owner <= #1 `BUS_OWNER_MASTER_0;
96                     end
97                 end
98                 `BUS_OWNER_MASTER_2 : begin // 总线使用权所有者：2号总线主控
99                     /* 下一个获得总线使用权的主控 */
100                    if (m2_req_ == `ENABLE_) begin            // 2号总线主控
101                        owner <= #1 `BUS_OWNER_MASTER_2;
102                    end else if (m3_req_ == `ENABLE_) begin // 3号总线主控
103                        owner <= #1 `BUS_OWNER_MASTER_3;
104                    end else if (m0_req_ == `ENABLE_) begin // 0号总线主控
105                        owner <= #1 `BUS_OWNER_MASTER_0;
106                    end else if (m1_req_ == `ENABLE_) begin // 1号总线主控
107                        owner <= #1 `BUS_OWNER_MASTER_1;
108                    end
109                end
110                `BUS_OWNER_MASTER_3 : begin // 总线使用权所有者：3号总线主控
111                    /* 下一个获得总线使用权的主控 */
112                    if (m3_req_ == `ENABLE_) begin            // 3号总线主控
113                        owner <= #1 `BUS_OWNER_MASTER_3;
114                    end else if (m0_req_ == `ENABLE_) begin // 0号总线主控
115                        owner <= #1 `BUS_OWNER_MASTER_0;
116                    end else if (m1_req_ == `ENABLE_) begin // 1号总线主控
117                        owner <= #1 `BUS_OWNER_MASTER_1;
118                    end else if (m2_req_ == `ENABLE_) begin // 2号总线主控
119                        owner <= #1 `BUS_OWNER_MASTER_2;
120                    end
121                end
122            endcase
123        end
124    end
```

（1）下一个总线使用权持有者的优先级顺序：0号>1号>2号>3号

[Ⅱ] 0号总线主控持有总线使用权时的仲裁

（2）下一个总线使用权持有者的优先级顺序：1号>2号>3号>0号

[Ⅲ] 1号总线主控持有总线使用权时的仲裁

（3）下一个总线使用权持有者的优先级顺序：2号>3号>0号>1号

[Ⅳ] 2号总线主控持有总线使用权时的仲裁

（4）下一个总线使用权持有者的优先级顺序：3号>0号>1号>2号

[Ⅴ] 3号总线主控持有总线使用权时的仲裁

[Ⅰ] 异步复位

将总线使用权的持有者复位。复位后 0 号总线主控持有总线使用权。

[Ⅱ] 0 号总线主控持有总线使用权时的仲裁

（1）处决定下一个获取总线使用权的主控。当前主控为 0 号总线主控时，总线使用权分配优先级顺序为“0 号总线主控 >1 号总线主控 >2 号总线主控 >3 号总线主控”。没有总线使用权请求时维持当前状态。

[Ⅲ] 1 号总线主控持有总线使用权时的仲裁

（2）处决定下一个获取总线使用权的主控。当前主控为 1 号总线主控时，总线使用权分配优先级顺序为“1 号总线主控 >2 号总线主控 >3 号总线主控 >0 号总线主控”。

[Ⅳ] 2 号总线主控持有总线使用权时的仲裁

（3）处决定下一个获取总线使用权的主控。当前主控为 2 号总线主控时，总线使用权分配优先级顺序为“2 号总线主控 >3 号总线主控 >0 号总线主控 >1 号总线主控”。

[Ⅴ] 3 号总线主控持有总线使用权时的仲裁

（4）处决定下一个获取总线使用权的主控。当前主控为 3 号总线主控时，总线使用权分配优先级顺序为“3 号总线主控 >0 号总线主控 >1 号总线主控 >2 号总线主控”。

■总线主控多路复用器的实现

总线主控多路复用器基于总线仲裁器输出的总线赋予信号，选择总线使用权所有者的信号，并将其输出到总线。bus_master_mux 的信号一览如表 1-18 所示，示例程序如代码 1-7 所示。

▼ 表 1-18　信号一览表（bus_master_mux.v）

分组	信号名	信号类型	数据类型	位宽	含义
0 号总线主控	m0_addr	输入端口	wire	30	地址
	m0_as_	输入端口	wire	1	地址选通
	m0_rw	输入端口	wire	1	读 / 写
	m0_wr_data	输入端口	wire	32	写入的数据
	m0_grnt_	输入端口	wire	1	赋予总线
1 号总线主控	m1_addr	输入端口	wire	30	地址
	m1_as_	输入端口	wire	1	地址选通
	m1_rw	输入端口	wire	1	读 / 写
	m1_wr_data	输入端口	wire	32	写入的数据
	m1_grnt_	输入端口	wire	1	赋予总线

（续）

分组	信号名	信号类型	数据类型	位宽	含义
2 号总线主控	m2_addr	输入端口	wire	30	地址
	m2_as_	输入端口	wire	1	地址选通
	m2_rw	输入端口	wire	1	读 / 写
	m2_wr_data	输入端口	wire	32	写入的数据
	m2_grnt_	输入端口	wire	1	赋予总线
3 号总线主控	m3_addr	输入端口	wire	30	地址
	m3_as_	输入端口	wire	1	地址选通
	m3_rw	输入端口	wire	1	读 / 写
	m3_wr_data	输入端口	wire	32	写入的数据
	m3_grnt_	输入端口	wire	1	赋予总线
共享信号 总线从属	s_addr	输出端口	reg	30	地址
	s_as_	输出端口	reg	1	地址选通
	s_rw	输出端口	reg	1	读 / 写
	s_wr_data	输出端口	reg	32	写入的数据

▼ 代码 1-7　总线主控多路复用器（bus_master_mux.v）

```
53      /********** 总线主控多路复用器 **********/
54      always @(*) begin
55          /* 选择持有总线使用权的主控 */                 [ I ] 选择持有总线使用权的主控
56          if (m0_grnt_ == `ENABLE_) begin          // 0号总线主控
57              s_addr    = m0_addr;
58              s_as_     = m0_as_;                  (1) 选择 0 号总线主控的信号
59              s_rw      = m0_rw;
60              s_wr_data = m0_wr_data;
61          end else if (m1_grnt_ == `ENABLE_) begin // 1号总线主控
62              s_addr    = m1_addr;
63              s_as_     = m1_as_;                  (2) 选择 1 号总线主控的信号
64              s_rw      = m1_rw;
65              s_wr_data = m1_wr_data;
66          end else if (m2_grnt_ == `ENABLE_) begin // 2号总线主控
67              s_addr    = m2_addr;
68              s_as_     = m2_as_;                  (3) 选择 2 号总线主控的信号
69              s_rw      = m2_rw;
70              s_wr_data = m2_wr_data;
71          end else if (m3_grnt_ == `ENABLE_) begin // 3号总线主控
72              s_addr    = m3_addr;
73              s_as_     = m3_as_;                  (4) 选择 3 号总线主控的信号
74              s_rw      = m3_rw;
75              s_wr_data = m3_wr_data;
76          end else begin                           // 默认值
77              s_addr    = `WORD_ADDR_W'h0;
78              s_as_     = `DISABLE_;               (5) 默认值
79              s_rw      = `READ;
80              s_wr_data = `WORD_DATA_W'h0;
81          end
82      end
```

[Ⅰ] 选择持有总线使用权的主控

（1）处为当 0 号总线主控持有总线使用权时，将 0 号总线主控的信号输出到总线；同样地，（2）处为当 1 号总线主控持有总线使用权的情况；（3）处为当 2 号总线主控持有总线使用权的情况；（4）处为当 3 号总线主控持有总线使用权的情况；（5）处设定默认值并输出到总线。

■地址解码器的实现

地址解码器基于总线主控输出的地址信号，判断将要访问哪个总线从属，并生成片选信号。访问的地址与总线从属的对应关系称为地址映射（address map）。

因为本书设计的总线连接到 8 个总线从属通道，所以单纯地将地址空间 8 等分，并分配给 0 号总线从属到 7 号总线从属。表 1-19 列出了地址映射关系。

▼ 表 1-19　总线的地址映射

总线从属	地址	地址最高 3 位	分配
0 号	0x0000_0000 ~ 0x1FFF_FFFF	3'b000	只读存储器 ROM
1 号	0x2000_0000 ~ 0x3FFF_FFFF	3'b001	暂时存储器 SPM
2 号	0x4000_0000 ~ 0x5FFF_FFFF	3'b010	计时器
3 号	0x6000_0000 ~ 0x7FFF_FFFF	3'b011	UART
4 号	0x8000_0000 ~ 0x9FFF_FFFF	3'b100	GPIO
5 号	0xA000_0000 ~ 0xBFFF_FFFF	3'b101	未分配
6 号	0xC000_0000 ~ 0xDFFF_FFFF	3'b110	未分配
7 号	0xE000_0000 ~ 0xFFFF_FFFF	3'b111	未分配

bus_addr_dec 的信号一览如表 1-20 所示，程序如代码 1-8 所示。

▼ 表 1-20　信号一览表（bus_addr_dec）

分组	信号名	信号类型	数据类型	位宽	含义
总线从属共享信号	s_addr	输入端口	wire	30	地址
0 号总线从属	s0_cs_	输出端口	reg	1	片选
1 号总线从属	s1_cs_	输出端口	reg	1	片选
2 号总线从属	s2_cs_	输出端口	reg	1	片选
3 号总线从属	s3_cs_	输出端口	reg	1	片选
4 号总线从属	s4_cs_	输出端口	reg	1	片选
5 号总线从属	s5_cs_	输出端口	reg	1	片选
6 号总线从属	s6_cs_	输出端口	reg	1	片选
7 号总线从属	s7_cs_	输出端口	reg	1	片选
内部信号	s_index	内部信号	wire	3	总线从属的索引

▼ 代码 1-8 地址解码器（bus_addr_dec.v）

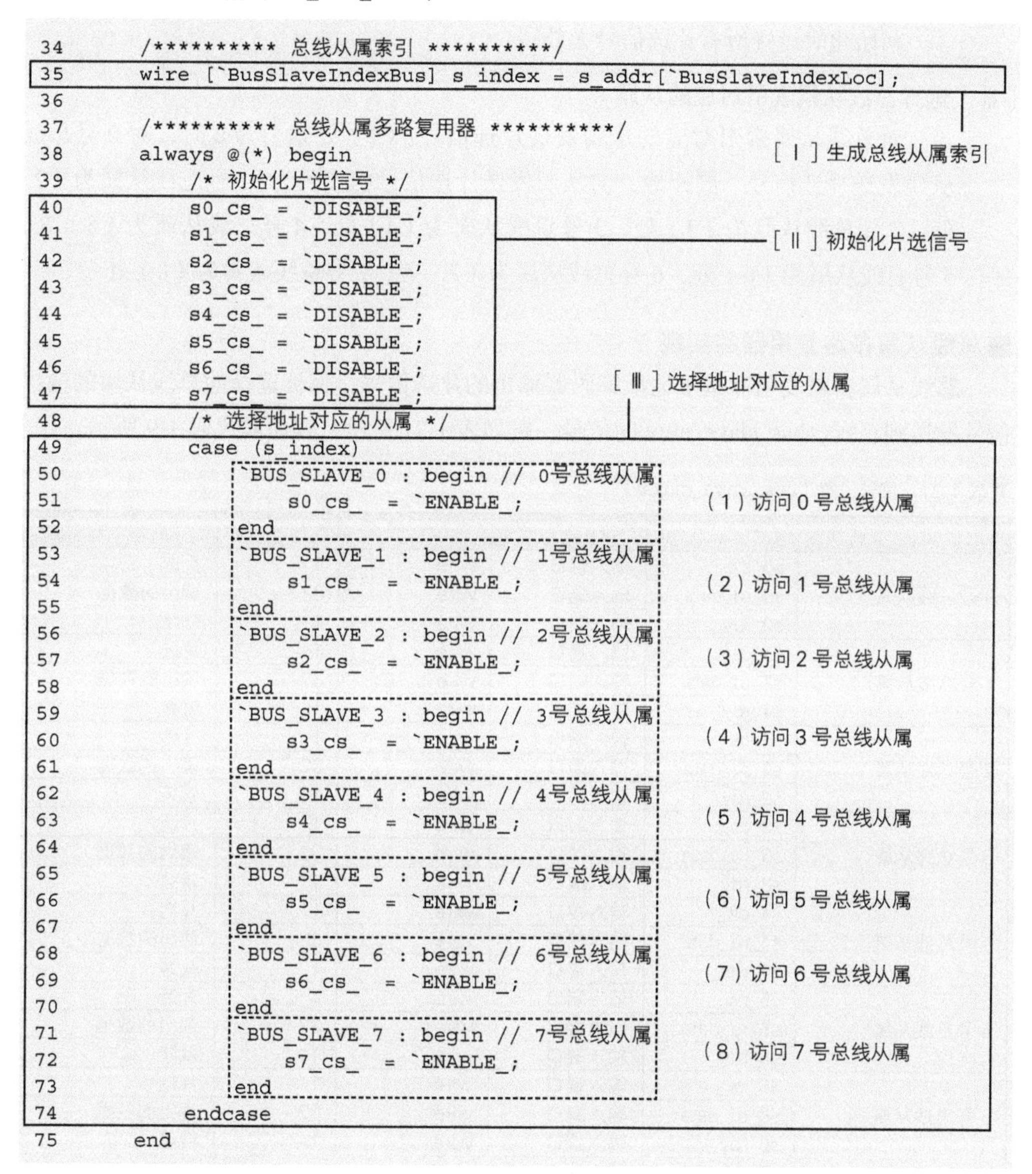
```
34      /********** 总线从属索引 **********/
35      wire [`BusSlaveIndexBus] s_index = s_addr[`BusSlaveIndexLoc];
36
37      /********** 总线从属多路复用器 **********/
38      always @(*) begin
39          /* 初始化片选信号 */
40          s0_cs_ = `DISABLE_;
41          s1_cs_ = `DISABLE_;
42          s2_cs_ = `DISABLE_;
43          s3_cs_ = `DISABLE_;
44          s4_cs_ = `DISABLE_;
45          s5_cs_ = `DISABLE_;
46          s6_cs_ = `DISABLE_;
47          s7_cs_ = `DISABLE_;
48          /* 选择地址对应的从属 */
49          case (s_index)
50              `BUS_SLAVE_0 : begin // 0号总线从属
51                  s0_cs_  = `ENABLE_;
52              end
53              `BUS_SLAVE_1 : begin // 1号总线从属
54                  s1_cs_  = `ENABLE_;
55              end
56              `BUS_SLAVE_2 : begin // 2号总线从属
57                  s2_cs_  = `ENABLE_;
58              end
59              `BUS_SLAVE_3 : begin // 3号总线从属
60                  s3_cs_  = `ENABLE_;
61              end
62              `BUS_SLAVE_4 : begin // 4号总线从属
63                  s4_cs_  = `ENABLE_;
64              end
65              `BUS_SLAVE_5 : begin // 5号总线从属
66                  s5_cs_  = `ENABLE_;
67              end
68              `BUS_SLAVE_6 : begin // 6号总线从属
69                  s6_cs_  = `ENABLE_;
70              end
71              `BUS_SLAVE_7 : begin // 7号总线从属
72                  s7_cs_  = `ENABLE_;
73              end
74          endcase
75      end
```


[Ⅰ] 生成总线从属索引

因为需要 3 个比特位（2 的 3 次方为 8）来区分 8 个总线从属通道，所以地址的最高 3 位用来识别总线从属。并且基于地址（s_addr）的最高 3 位生成总线从属索引（s_index）。

[Ⅱ] 初始化片选信号

初始化时设置所有片选信号无效。

[Ⅲ] 选择总线从属索引对应的从属

对总线从属索引对应的从属发送片选信号。(1)处索引为 0 时，对 0 号总线从属发送片选信号。同样地，向从属发送片选信号的代码为：1 号总线从属为(2)处，2 号总线从属为(3)处，3 号总线从属为(4)处，4 号总线从属为(5)处，5 号总线从属为(6)处，6 号总线从属为(7)处，7 号总线从属为(8)处。

■总线从属多路复用器的实现

总线从属多路复用器基于地址解码器输出的片选信号，将被选择的总线从属的输出信号发送到总线。bus_slave_mux 的信号一览如表 1-21 所示，程序如代码 1-9 所示。

▼ 表 1-21　信号一览（bus_slave_mux.v）

分组	信号名	信号类型	数据类型	位宽	含义
0 号总线从属	s0_cs_	输入端口	wire	1	片选
	s0_rd_data	输入端口	wire	32	读出的数据
	s0_rdy_	输入端口	wire	1	就绪
1 号总线从属	s1_cs_	输入端口	wire	1	片选
	s1_rd_data	输入端口	wire	32	读出的数据
	s1_rdy_	输入端口	wire	1	就绪
2 号总线从属	s2_cs_	输入端口	wire	1	片选
	s2_rd_data	输入端口	wire	32	读出的数据
	s2_rdy_	输入端口	wire	1	就绪
3 号总线从属	s3_cs_	输入端口	wire	1	片选
	s3_rd_data	输入端口	wire	32	读出的数据
	s3_rdy_	输入端口	wire	1	就绪
4 号总线从属	s4_cs_	输入端口	wire	1	片选
	s4_rd_data	输入端口	wire	32	读出的数据
	s4_rdy_	输入端口	wire	1	就绪
5 号总线从属	s5_cs_	输入端口	wire	1	片选
	s5_rd_data	输入端口	wire	32	读出的数据
	s5_rdy_	输入端口	wire	1	就绪
6 号总线从属	s6_cs_	输入端口	wire	1	片选
	s6_rd_data	输入端口	wire	32	读出的数据
	s6_rdy_	输入端口	wire	1	就绪
7 号总线从属	s7_cs_	输入端口	wire	1	片选
	s7_rd_data	输入端口	wire	32	读出的数据
	s7_rdy_	输入端口	wire	1	就绪
总线主控共享信号	m_rd_data	输出端口	reg	32	读出的数据
	m_rdy_	输出端口	reg	1	就绪

▼ 代码 1-9 总线从属多路复用器（bus_slave_mux.v）

```
60      /********** 总线从属多路复用器 **********/
61      always @(*) begin
62          /* 选择片选信号对应的从属 */                    [Ⅰ]选择片选信号对应的从属
63          if (s0_cs_ == `ENABLE_) begin           // 0号总线从属
64              m_rd_data = s0_rd_data;                 (1) 访问0号总线从属
65              m_rdy_    = s0_rdy_;
66          end else if (s1_cs_ == `ENABLE_) begin // 1号总线从属
67              m_rd_data = s1_rd_data;                 (2) 访问1号总线从属
68              m_rdy_    = s1_rdy_;
69          end else if (s2_cs_ == `ENABLE_) begin // 2号总线从属
70              m_rd_data = s2_rd_data;                 (3) 访问2号总线从属
71              m_rdy_    = s2_rdy_;
72          end else if (s3_cs_ == `ENABLE_) begin // 3号总线从属
73              m_rd_data = s3_rd_data;                 (4) 访问3号总线从属
74              m_rdy_    = s3_rdy_;
75          end else if (s4_cs_ == `ENABLE_) begin // 4号总线从属
76              m_rd_data = s4_rd_data;                 (5) 访问4号总线从属
77              m_rdy_    = s4_rdy_;
78          end else if (s5_cs_ == `ENABLE_) begin // 5号总线从属
79              m_rd_data = s5_rd_data;                 (6) 访问5号总线从属
80              m_rdy_    = s5_rdy_;
81          end else if (s6_cs_ == `ENABLE_) begin // 6号总线从属
82              m_rd_data = s6_rd_data;                 (7) 访问6号总线从属
83              m_rdy_    = s6_rdy_;
84          end else if (s7_cs_ == `ENABLE_) begin // 7号总线从属
85              m_rd_data = s7_rd_data;                 (8) 访问7号总线从属
86              m_rdy_    = s7_rdy_;
87          end else begin                          // 默认值
88              m_rd_data = `WORD_DATA_W'h0;            (9) 默认值
89              m_rdy_    = `DISABLE_;
90          end
91      end
```

[Ⅰ] 选择片选信号对应的从属

总线从属的选择是通过片选信号实现的。(1) 处访问 0 号总线从属时，将来自 0 号总线从属输出的 s0_rd_data 与 s0_rdy_ 发送到总线；同样地，(2) 处为 1 号总线从属的访问；(3) 处为 2 号总线从属的访问；(4) 处为 3 号总线从属的访问；(5) 处为 4 号总线从属的访问；(6) 处为 5 号总线从属的访问；(7) 处为 6 号总线从属的访问；(8) 处为 7 号总线从属的访问；(9) 处为默认值的设定。

■总线的顶层模块

最后对总线的顶层模块进行说明。总线的顶层模块是将总线仲裁器、总线主控多路复用器、地址解码器以及总线从属多路复用器 4 个模块进行连接的模块。

图 1-81 展示了各个模块与信号线的连接图。总线主控独立信号为 4 通道，总线从

属独立信号为 8 通道。为了避免图示变得繁杂，图 1-81 中这两个通道以 [0..3][0..7] 的方式书写表示。

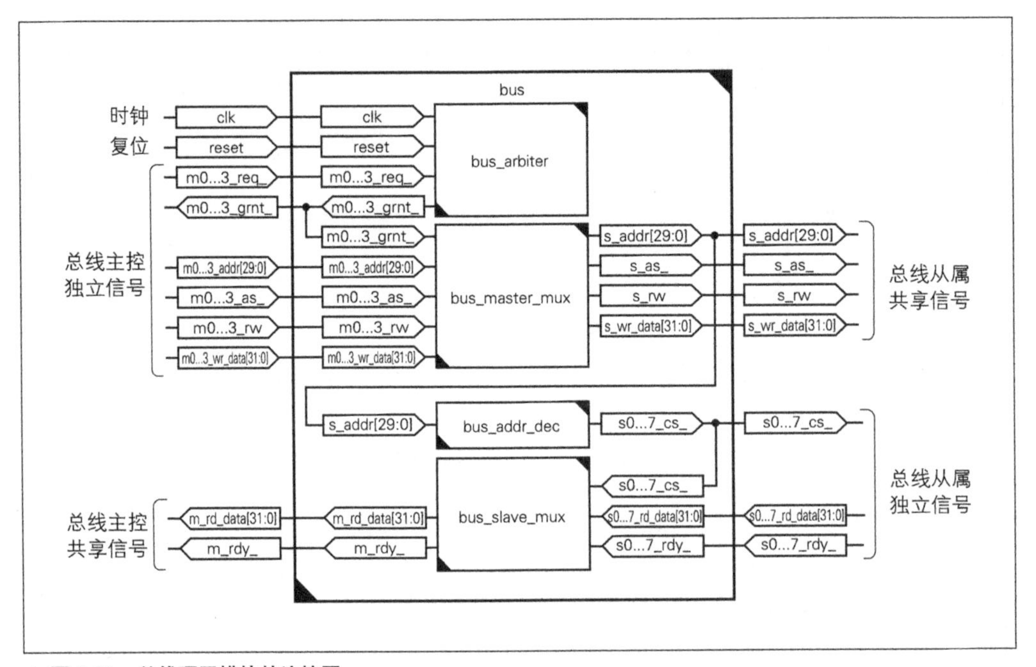

▲ 图 1-81　总线顶层模块的连接图

1.6.3　小结

本节对总线的设计与实现进行了说明。这里介绍的是经典的总线结构，经过我们实际动手设计与实现，大家应该已经对总线上数据交换的过程有了更深入的理解。

1.7 存储器的设计与实现

本节将介绍存放数据和程序的存储器的设计与实现。制作存储器用到了 FPGA 的 RAM 区域。

1.7.1 FPGA 的 RAM 区域

许多 FPGA 都有可供用户自由使用的 RAM 区域。赛灵思生产的 FPGA 称之为块 RAM，大小从几千字节到几兆字节不等。在第 2 章将要设计的电路板上搭载的 Spartan-3E XC3S250E，有 27KB 可以利用的块 RAM。

块 RAM 可以作为子模块，以实例化的方式使用。块 RAM 提供的功能如表 1-22 所示。本书使用 Single Port ROM 和 True Dual Port RAM 两种类型。

▼ 表 1-22 块 RAM 的种类

种类	说明
Single Port RAM	读写使用同一端口的单端口 RAM
Simple Dual Port RAM	一个写入端口，一个读取端口的双端口 RAM
True Dual Port RAM	两个读写端口的双端口 RAM
Single Port ROM	一个读取端口的单端口 ROM
Dual Port ROM	两个读取端口的双端口 ROM

更多关于赛灵思的块 RAM 的资料请参阅下面的连接。这里，我们仅对本书使用的功能进行说明。

Using Block RAM in Spartan-3 Generation FPGAs

http://www.xilinx.com/support/documentation/application_notes/xapp463.pdf

■ Single Port ROM

Single Port ROM 是单一端口读取专用的存储器。Single Port ROM 的输入输出端口如表 1-23 所示，访问时序图如图 1-82 所示。模块名、存储区域宽度和深度等参数在实例化时再决定。

▼ 表 1-23 Single Port ROM 的输入输出端口

分组	信号名	信号类型	位宽	含义
A 端口	clka	输入	1	时钟
	addra	输入	实例化时决定	地址
	douta	输出	实例化时决定	读取的数据

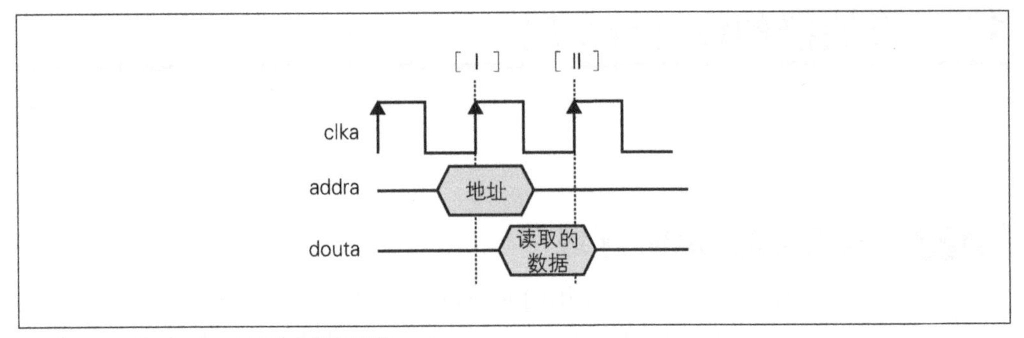

▲ 图 1-82　Single Port ROM 的访问时序

[I] 锁存输入的地址

时钟信号（clka）上升沿时将地址（addra）锁存。地址（addra）锁存后输出读取的数据（douta）。

[II] 锁存输出的数据

地址（addra）锁存后的下一个时钟周期，即可将读取的数据（douta）锁存。

■True Dual Port RAM

True Dual Port RAM 是双端口读写存储器。True Dual Port RAM 的两个端口可以同时访问。各个端口可以有独立的时钟。True Dual Port RAM 的输入输出端口如表 1-24 所示，访问时序图如图 1-83 所示。模块名、存储区域宽度和深度等参数在实例化时再决定。

▼ 表 1-24　True Dual Port RAM 的输入输出端口

分组	信号名	信号类型	位宽	含义
A 端口	clka	输入	1	时钟
	wea	输入	实例化时决定	写入使能
	addra	输入	实例化时决定	地址
	dina	输入	实例化时决定	写入的数据
	douta	输出	实例化时决定	读取的数据
B 端口	clkb	输入	1	时钟
	web	输入	实例化时决定	写入使能
	addrb	输入	实例化时决定	地址
	dinb	输入	实例化时决定	写入的数据
	doutb	输出	实例化时决定	读取的数据

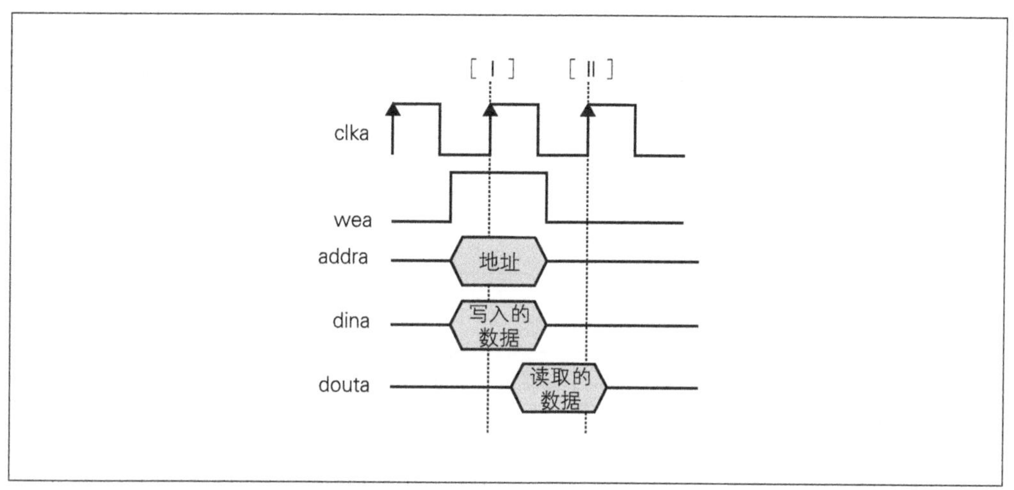

▲ 图 1-83 Dual Port RAM 的访问时序图

[I] 锁存输入的地址

时钟信号（clka）上升沿时将地址（addra）锁存。此时，如果写入使能信号（wea）有效，则将写入的数据（dina）写入存储器。地址（addra）锁存后输出读取的数据（douta）。

[II] 锁存输出的数据

地址（addra）锁存后的下一个时钟周期，即可将读取的数据（douta）锁存。

由于 True Dual Port RAM 可以同时在两个端口进行读写操作，因此在两个端口同时对相同地址进行读写访问时应加以注意。此时的操作可以在块 RAM 实例化时加以设置。在此不多做介绍，详情请参阅前文提到的块 RAM 文档。

1.7.2 ROM 的设计与实现

本节设计的 ROM 将用来存放引导程序。ROM 地址映射到地址 0 处，AZ Processor 启动后从 0 号地址开始执行程序。ROM 由单个名为 rom 的模块构成。存储器使用 Single Port ROM。表 1-25 列出了 rom 模块使用的宏一览，表 1-26 列出了 rom 模块信号线一览，代码 1-10 列出了 rom 模块的程序。

▼ 表 1-25　宏一览（rom.h）

宏名	值	含义
ROM_SIZE	8192	ROM 的大小
ROM_DEPTH	2048	ROM 的深度
ROM_ADDR_W	11	地址宽度
RomAddrBus	10:0	地址总线
RomAddrLoc	10:0	地址的位置

▼ 表 1-26　信号线一览（rom.v）

分组	信号名	信号类型	数据类型	位宽	含义
时钟 / 复位	clk	输入端口	wire	1	时钟
	reset	输入端口	wire	1	异步复位
总线接口	cs_	输入端口	wire	1	片选信号
	as_	输入端口	wire	1	地址选通
	addr	输入端口	wire	11	地址
	rd_data	输出端口	wire	32	读取的数据
	rdy_	输出端口	reg	1	就绪信号

▼ 代码 1-10　Read Only Memory（rom.v）

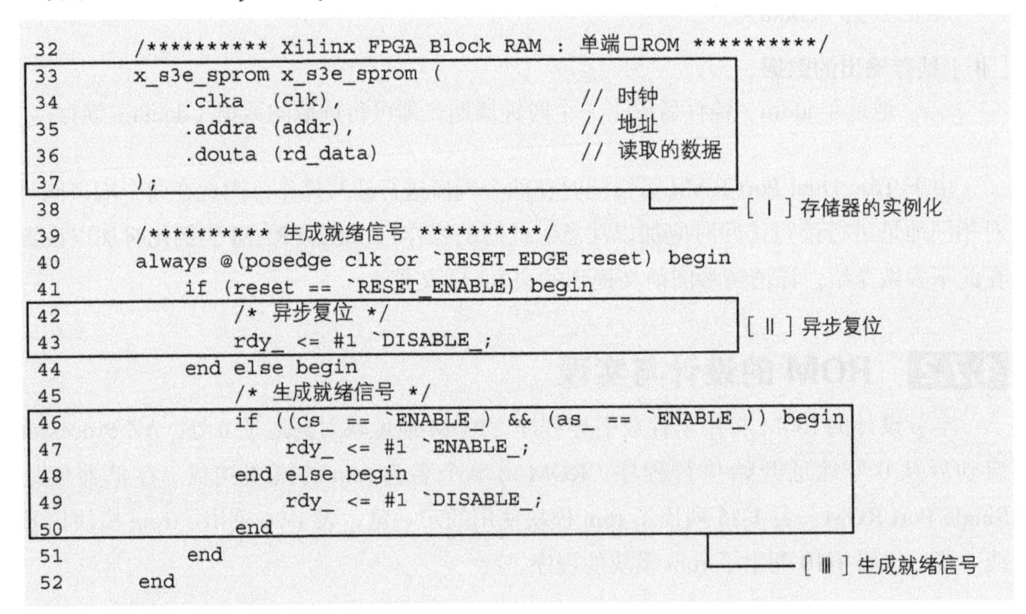

```
32      /********** Xilinx FPGA Block RAM : 单端口ROM **********/
33      x_s3e_sprom x_s3e_sprom (
34          .clka  (clk),                     // 时钟
35          .addra (addr),                    // 地址
36          .douta (rd_data)                  // 读取的数据
37      );
38
39      /********** 生成就绪信号 **********/
40      always @(posedge clk or `RESET_EDGE reset) begin
41          if (reset == `RESET_ENABLE) begin
42              /* 异步复位 */
43              rdy_ <= #1 `DISABLE_;
44          end else begin
45              /* 生成就绪信号 */
46              if ((cs_ == `ENABLE_) && (as_ == `ENABLE_)) begin
47                  rdy_ <= #1 `ENABLE_;
48              end else begin
49                  rdy_ <= #1 `DISABLE_;
50              end
51          end
52      end
```


[Ⅰ] 存储器的实例化

块 RAM 的实例化。

[Ⅱ] **异步复位**

复位信号有效时，将就绪信号初始化。

[Ⅲ] **生成就绪信号**

片选信号与地址选通信号同时有效时，因为即将访问总线，就绪信号变为有效。其他情况时，就绪信号设置为无效。

1.7.3 小结

本节讲解了存储器的设计与实现。主要描述了 FPGA 的块 RAM 的使用方法。

专栏

存储器相关书籍

●**メモリ IC の実践活用法（桑野雅彦著、CQ 出版）**
（中文译名:《存储器 IC 的实践与活用方法》）

本书通俗易懂地讲述了各种存储器的构造、原理以及使用方法。通过阅读本书，读者们除了可以掌握存储器的基础知识，还可以了解从事电路设计所必需的存储器知识。

1.8　AZ Processor 的设计与实现

本节将对 CPU 的设计与实现进行说明。首先讲述流水线处理技术的概要和实现方法，然后设计并实现 AZ Processor。

1.8.1　关于 CPU

■流水线处理

流水线处理是一种提高 CPU 的处理性能的技术。所谓流水线处理，是将处理操作分为多个阶段，然后像流水线作业一样执行。图 1-84 展示了流水线处理的示意图。

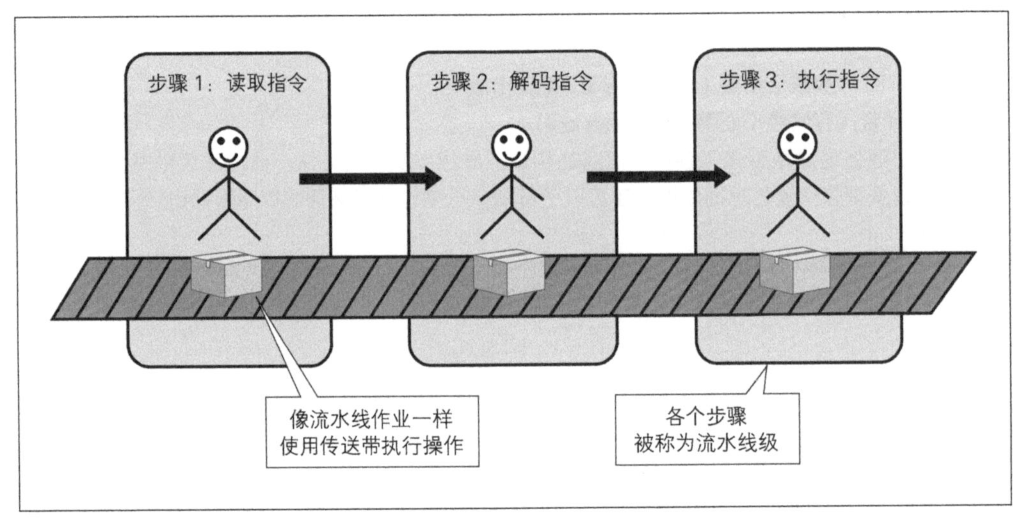

▲ 图 1-84　流水线处理示意图

CPU 中的各种硬件资源，只在处理的相应阶段使用，其他时间大多处于空闲状态。比如，运算器在指令执行时使用，在指令读取、解码时空闲。因此，为了高效使用这些硬件资源，引入了流水线处理技术。

在流水线处理的情况下，读取某条指令之后，在该指令解码的同时读取下一条指令。通过使各个阶段的动作重叠，可以让硬件资源有效使用，同时提高处理速度。流水线处理就像是将之前一个人完成的操作，分成 N 个相连的步骤进行处理，以此将处理效率提高 N 倍。

流水线处理中，处理的各个阶段被称为流水线级。各个流水线级的处理时间应该尽量相等。因为如果各个流水线级的处理时间不均等的话，最慢的流水线级的处理时间将成为系统的时钟周期。因此，多数 CPU 会进一步细化读取、解码和执行这 3 个步骤，以实现高效的流水线。

最为典型的流水线分为 5 个阶段，请参见图 1-85。使用了流水线技术的 CPU，通常在各个流水线级之间设置流水线寄存器，用来保存状态并传递给下一个操作阶段。

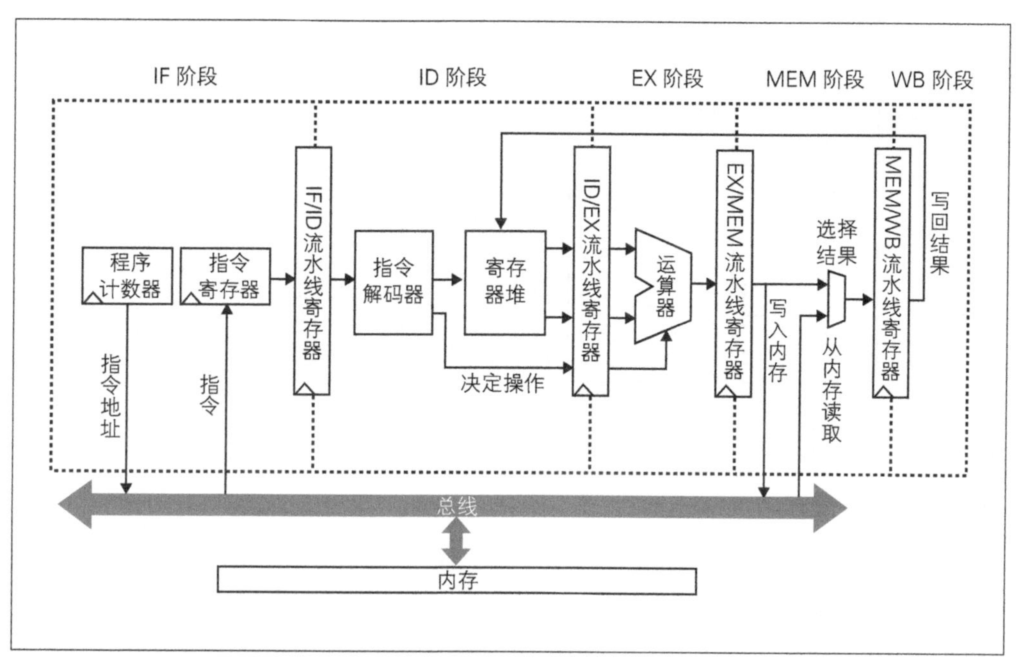

▲ 图 1-85　CPU 的流水线化

IF（Instruction Fetch）阶段

将 PC 的值发送到内存，读取指令。

ID（Instruction Decode）阶段

将读取的指令解码并决定将要进行的操作，从寄存器堆读取数据。

EX（Execution）阶段

使用运算器执行操作。可以执行算术运算和逻辑运算的运算器称为 ALU（Arithmetic and Logic Unit）。

MEM（Memory Access）阶段

进行内存访问。

WB（Write Back）阶段

将结果写回寄存器堆。

实现了流水线化的 CPU，将这 5 个流水线级的操作重叠使用，按照图 1-86 所示的方式执行。

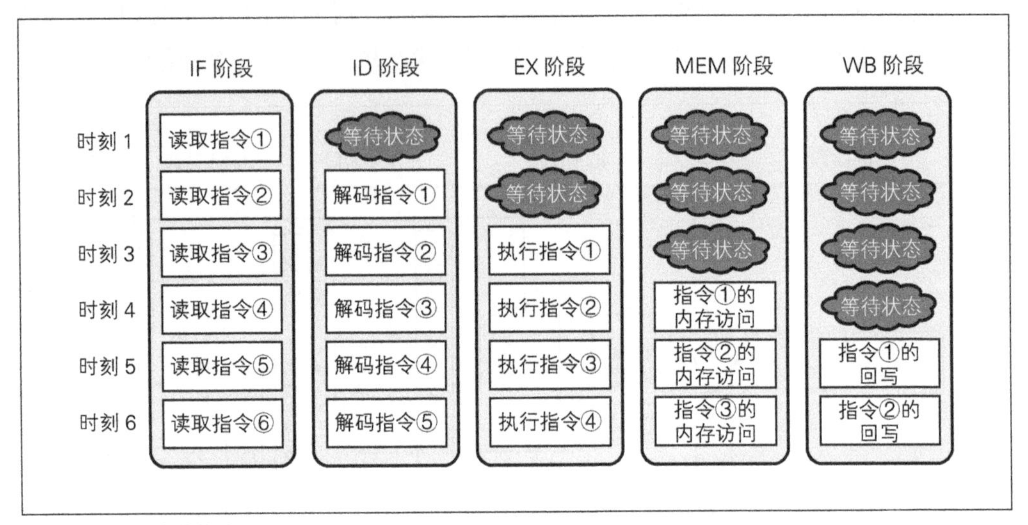

▲ 图 1-86　流水线的流程

■流水线冒险

流水线处理中，由于各个阶段的依赖关系、硬件资源的竞争等原因，会出现操作无法执行的情况。造成流水线故障的原因称为冒险，冒险分为构造、数据冒险和控制冒险 3 种类型。

■构造冒险

构造冒险是指由于硬件资源的竞争，操作无法同时执行的情况。图 1-85 所示的流水线结构中，内存访问会造成构造冒险。IF 阶段和 MEM 阶段都要涉及内存访问。由于访问内存使用的总线是共享资源，无法同时进行操作。因此，如果发生 IF 阶段和 MEM 阶段同时访问内存的情况，一方需要等待另一方访问完成。这种指令和数据使用同一通道的构造称为诺依曼架构。

如果导致冒险产生的硬件资源数量足够多，也可以避免冒险问题的发生。因此，指令用的内存和数据用的内存分别设置，即可解决构造冒险的问题。这种物理上将指令用和数据用的内存与访问通道分开的构造称为哈佛架构。图 1-87 分别展示了诺依曼架构和哈佛架构。

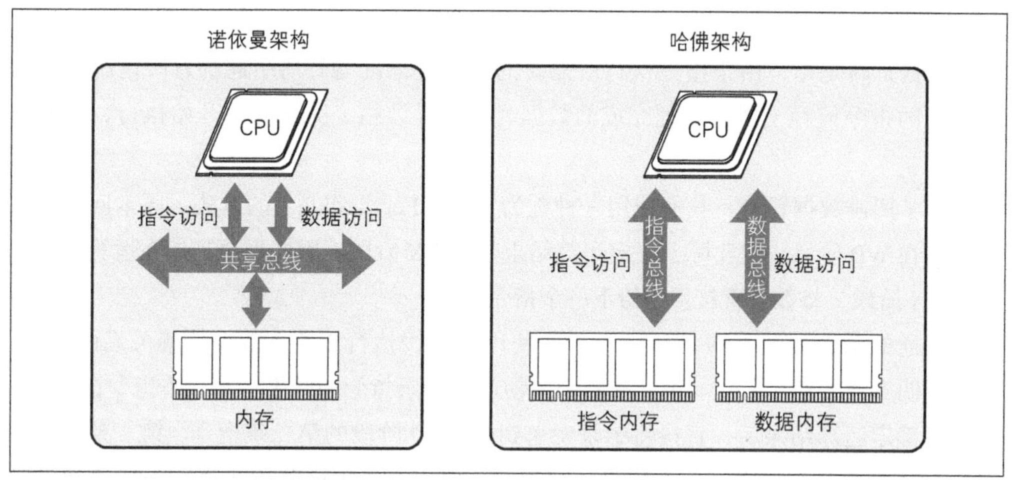

▲ 图 1-87　诺依曼架构与哈佛架构

哈佛架构的优点是，就算指令访问和数据访问同时发生，也不会发生冒险的情况。但是，也有指令和数据地址空间不同的缺点。在哈佛架构中，指令的 0 号地址和数据的 0 号地址指向不同的内容。这会引起软件设计上的问题。

近年来，大部分 CPU 的指令和数据都放在同一内存中。但是，CPU 直接访问的缓存基本上都分为指令用和数据用两种，称为指令缓存和数据缓存。图 1-88 展示了带有缓存的 CPU 构造。通过两种缓存的使用，解决了指令访问和数据访问之间发生的构造冒险问题。

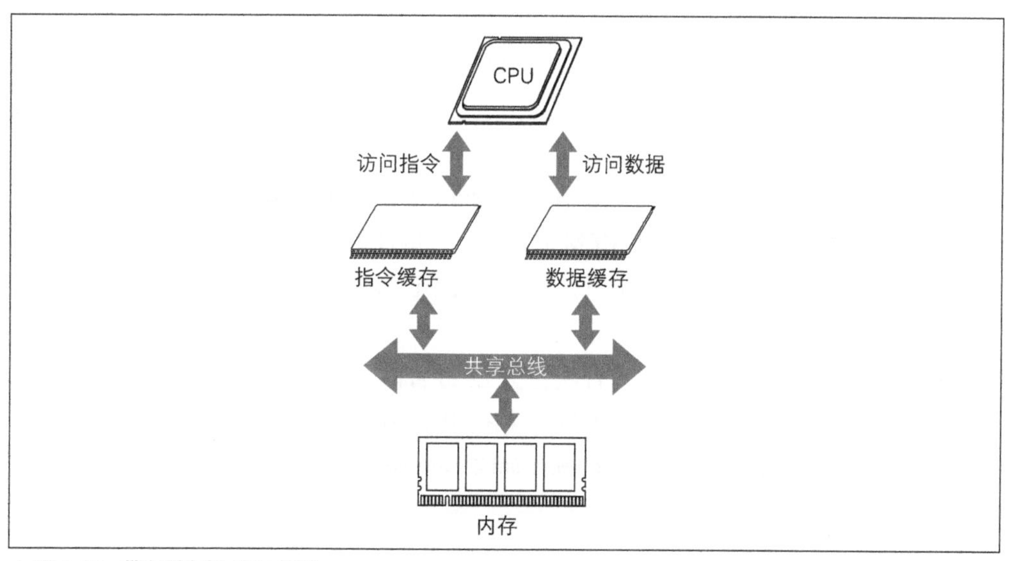

▲ 图 1-88　带有缓存的 CPU 构造

■数据冒险

数据冒险是指，由于指令执行所需要的数据还未准备好所引起的冒险情况。当即将执行的指令依赖于还未处理完成的数据时，会导致指令无法立刻开始执行，引发数据冒险。

为了回避数据冒险，我们使用一种称为直通（Forwarding）的方法。原本回写运算结果是在 WB 阶段，但实际上决定运算结果是在 EX 阶段。因此直通是指在运算结果确定的 EX 阶段，将数据直接传递给下一个指令。

直通的示例如图 1-89 所示。示例中使用流水线执行 3 条有数据依赖关系的指令，以此说明直通的动作原理。第二条指令要使用第一条指令的结果。第一条指令在 EX 阶段可以确定运算结果后，直接将结果发送到处于 ID 阶段的第二条指令。第三条指令同时依赖于第一和第二条指令。因此，可以直接从处于 MEM 阶段的第一条指令和处于 EX 阶段的第二条指令获取数据。以这种将运算结果直通的方式，可以消除原本需要等待 WB 阶段完成的依赖关系。

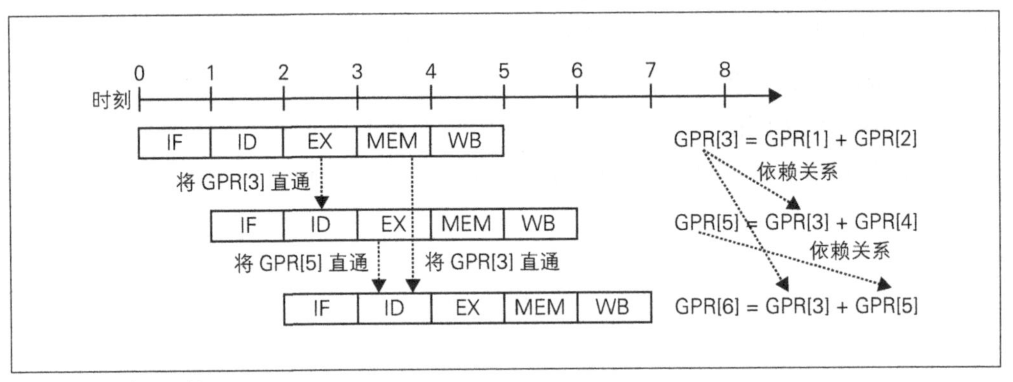

▲ 图 1-89　直通示例

使用直通解决依赖关系的方法仅有一个例外，就是数据需要使用 Load 指令从内存调取的情况。由于内存的访问在 MEM 阶段执行，因此处理结果要在 MEM 阶段才能确定。而当前指令执行到 MEM 结束时，下一条指令已经到达 EX 阶段执行了。这与直通的机制不吻合。

这种依赖 Load 指令而发生的冒险称为 Load 冒险。Load 冒险不能从根本上避免，因此要将有依赖关系的指令进行阻塞以解决该问题。阻塞是指让流水线的特定阶段停止一段时间。Load 冒险发生时的流水线动作如图 1-90 所示。

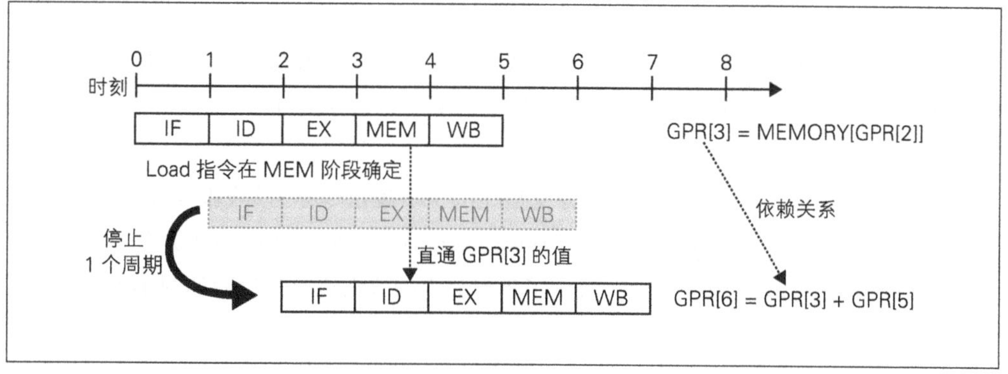

▲ 图 1-90　Load 冒险发生时的流水线的动作

如果有 Load 冒险发生，则将有依赖关系的指令延迟一个周期执行。如果将指令阻塞一个周期，前一条指令在 MEM 阶段得到的数据就可以直通正在 ID 阶段的下一条指令。这时候，流水线会浪费一个周期，这一周期让其传递无效的数据即可。这个操作称为流水线冒泡。如果 Load 指令与和其有依赖关系的指令相差一条以上指令的距离，则不会发生 Load 冒险。作为有效的处理操作的方法，在编译器中使用适当的调度算法也可以有效避免 Load 冒险。

■控制冒险

控制冒险是指无法确定下一条指令而引发的冒险情况。在执行可能会改变下一条指令的分支指令时，在这一条指令执行结果确定之前下一条指令无法开始执行，从而引起控制冒险。

控制冒险也无法从根本上避免，但是可以尽量将分支指令安排到流水线前段，从而减少因为控制冒险而引起的无效指令数量。比如在 ID 阶段判定分支后，延迟一个周期就可以开始执行分支指向的下一条指令。控制冒险发生时的流水线动作如图 1-91 所示。

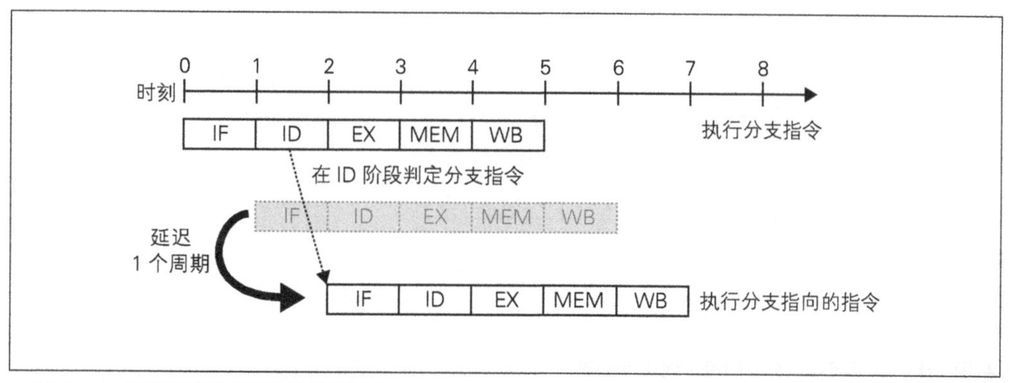

▲ 图 1-91　控制冒险发生时的流水线动作

因为在读取下一条指令前需要确定 PC 寄存器的值，即使在 ID 阶段判定分支也会产生一个周期的延迟。延迟期间会让流水线传送无效数据。流水线冒泡会浪费硬件资源，因此可以采用延迟分支的方法，许可分支指令的下一条指令执行。

延迟分支是指分支指令执行后并不立刻跳转到分支结果指向的指令，在分支指令的下一条指令执行完毕后再进行跳转。分支指令的下一条指令称为延迟间隙，不论分支是否成立都会被执行。使用延迟分支可以避免流水线冒泡，使操作的处理更有效率。一般的分支与延迟分支如图 1-92 所示，采用了延迟分支的流水线执行过程如图 1-93 所示。

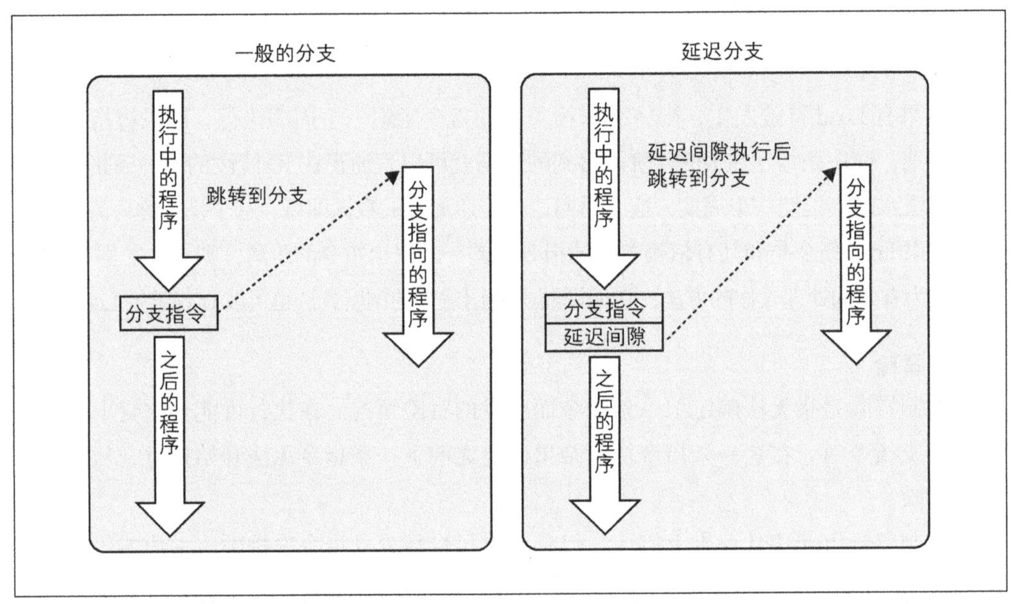

▲ 图 1-92　一般的分支与延迟分支

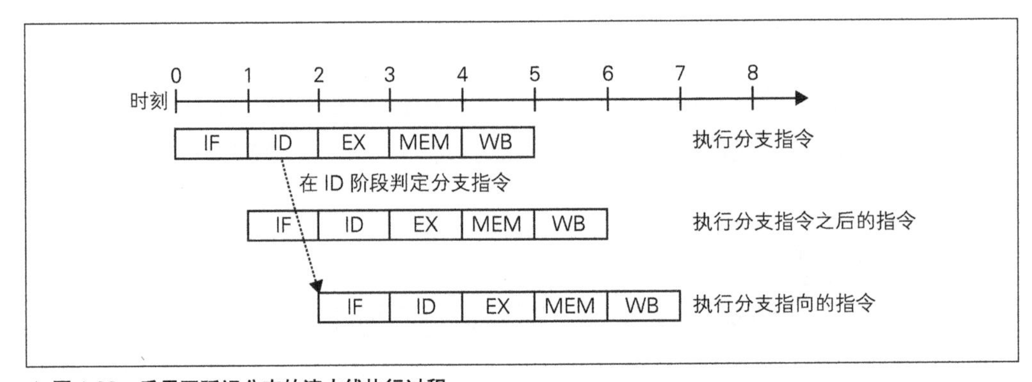

▲ 图 1-93　采用了延迟分支的流水线执行过程

■CPU 模式

大部分 CPU 至少都有两种 CPU 模式。CPU 模式也称为特权级，它会根据 CPU 的工作模式限制可以执行的操作。CPU 模式中，全部指令可以无限制执行的模式称为内核模式（Kernel Mode）或管理者模式（Supervisor Mode），操作系统等系统软件需要在内核模式下工作。反之，可执行的指令被限制的模式称为用户模式（User Mode），应用软件通常在用户模式下工作。用户模式中被限制的操作包括 CPU 控制寄存器的访问、改变 CPU 状态的指令等。如果应用程序擅自更改 CPU 的状态，最坏会导致操作系统崩溃。因此，需要根据 CPU 模式管理各种软件的权限。

大多情况下，CPU 的控制寄存器内都有可以设置 CPU 模式的区域。在从高权限的内核模式转换到低权限的用户模式时，可以通过操作控制寄存器来实现。反之，如果要从低权限的用户模式转换到高权限的内核模式，需要使用专用的指令。

■中断和异常

中断是指让 CPU 暂停正在执行的操作，执行其他操作的功能。中断经常用在通知来自 I/O 的事件、处理程序执行中的异步事件等情况。发生中断时，CPU 暂停当前操作，并跳转到中断处理程序。这时，CPU 模式会变更到内核模式。中断处理完成后返回到中断处继续执行。中断处理的流程如图 1-94 所示。

异常是指 CPU 的执行产生了预期之外的结果。例如，遇到无法解码的指令、运算结果溢出以及操作违反权限等情况。遇到异常发生的情况时，CPU 将暂时中断当前程序，跳转到异常处理程序。这时，CPU 模式会变更到内核模式。异常处理完成后，原则上将返回异常中断处，但如果发生致命错误会强制中止执行的程序。异常处理的流程如图 1-95 所示。

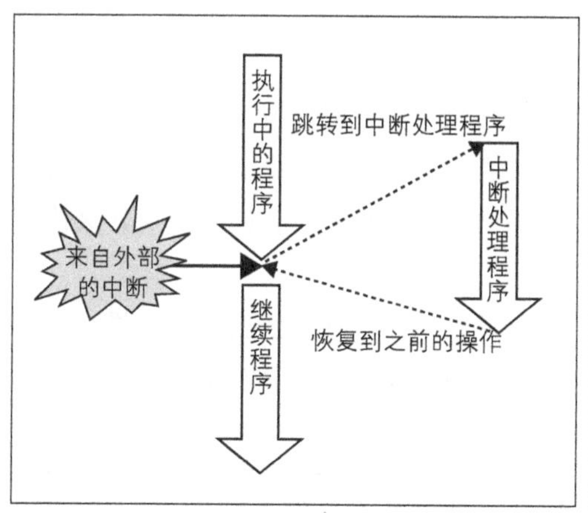

▲图 1-94　中断处理的流程

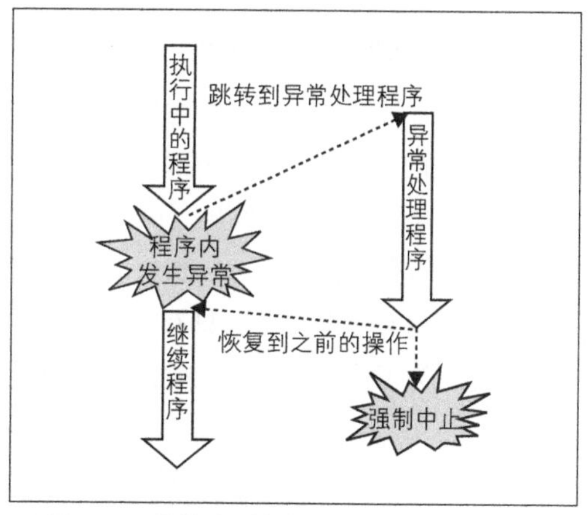

▲图 1-95　异常处理的流程

中断和异常最大的区别在于发生的原因。中断是由外部因素引起的与正在执行的操作的异步情况，而异常是在正在执行的操作的内部发生的。由于都是暂停正在进行的操作并跳转到处理程序，有着相同的动作特征，中断和异常的处理本质上是一致的。因此，中断和异常使用相同机制不加区分的 CPU 也很多。

■异常发生时的流水线动作

流水线化的 CPU 在异常发生时的处理稍微有些复杂。异常发生后，导致异常发生的指令以及其后的指令暂停执行，并跳转到异常处理程序。由于流水线化的 CPU 中的后续指令也在执行中，需要先将流水线内所有数据缓存后，再将 PC 寄存器设置为异常处理程序地址，最后重新启动流水线。有异常发生时的流水线动作如图 1-96 所示。

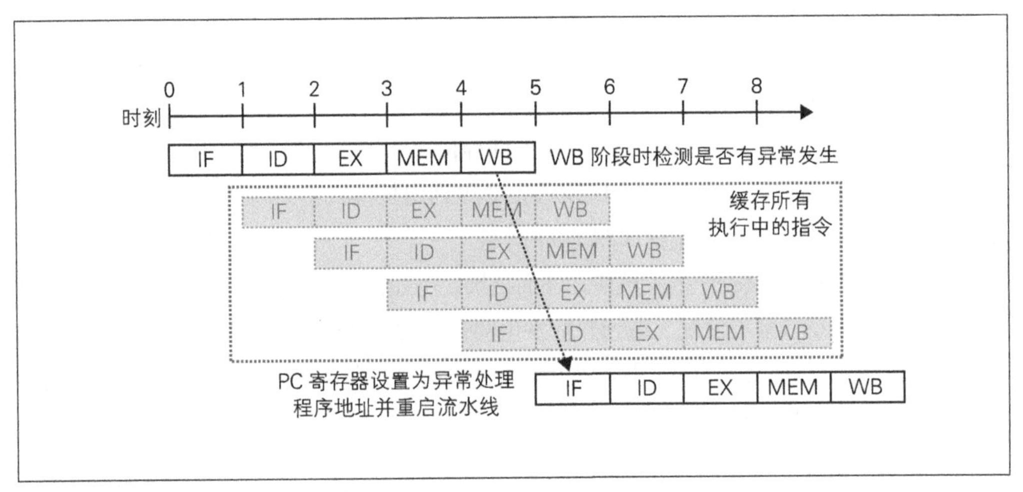

▲ 图 1-96　异常发生时的流水线动作

根据异常种类的不同，发生异常的流水线级也不同。因此异常发生时的动作较为复杂。最简便的方式是在流水线寄存器设置专用寄存器以标示异常发生的位置，最后在 WB 阶段检查是否有异常发生。因为操作结果的写回是在 WB 阶段，如果在 WB 级执行前将其内容缓存，指令就可以和从未执行过一样。

但是，也有一个例外。只有写入内存的存储指令，在 MEM 阶段就会将结果写入内存。因此，为了使存储指令无效，需要判断内存写入前的指令是否发生异常。

专栏

CPI 和 MIPS 值

为了表示 CPU 运行一条指令所需的时钟周期，有一个称为 CPI（Clock cycle Per Instruction）的指标。CPI 表示平均一条指令所需的时钟周期，知道了指令数和 CPI，即可计算出程序执行所需要的时钟周期数。

1.8.1 节介绍的 CPU，一条指令的执行需要 5 个时钟周期。由于使用了流水线技术，看起来可以同时执行 5 条指令。但是，由于延迟或缓存会引发流水线冒泡，实际程序的不同，CPI 会有所变化。

MIPS（Million Instructions Per Second）是衡量 CPU 性能的指标。MIPS 是表示每秒可以执行几百万条指令的数值，是用 CPU 的动作频率除以平均 CPI 计算得到的。

1.8.2 AZ Processor 的设计

■AZ Processor 的流水线结构

本章基于 RISC 架构的 32 位 CPU，使用 1.8.1 节讲解的典型的 5 级流水线技术制作 AZ Processor。AZ Processor 的框图如图 1-97 所示。

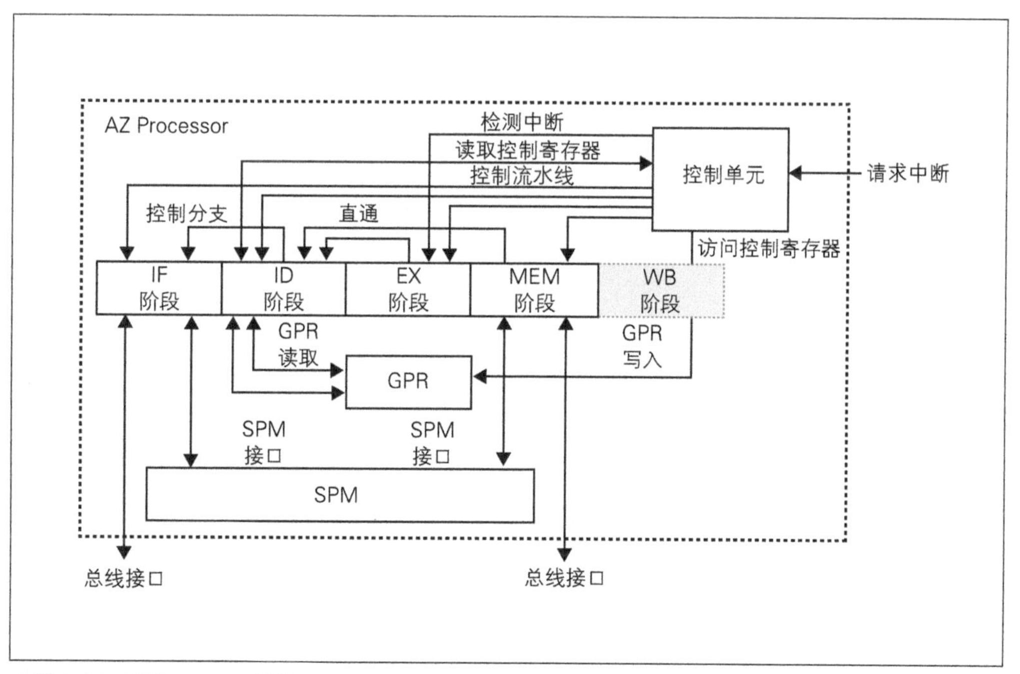

▲图 1-97 AZ Processor 框图

AZ Processor 由以下部分组成：流水线中的 IF 阶段、ID 阶段、EX 阶段、MEM 阶段、CPU 中的存储器通用寄存器、控制 CPU 的 CPU 控制单元，以及 CPU 可以直接访问的专用存储器 SPM（Scratch Pad Memory）。虚线中的 WB 阶段，实际上在结果写回的通用寄存器或 CPU 控制单元中实现，这个模块本身并不存在。

IF 阶段和 MEM 阶段通过总线与内存和 I/O 相连。为了使流水线高效工作，需要每个周期都向流水线提供指令或数据。因此，我们为 AZ Processor 设置可以高速访问的 CPU 专用 SPM。虽然 SPM 和其他内存、I/O 同样分配有地址空间，但 CPU 可以直接访问而不用通过总线。SPM 也有点像缓存，但却是本身分配有地址空间的存储器。

分支的判定在 ID 阶段进行。我们采用了延迟分支机制，也就是说，分支指令的下一条指令被作为延迟间隙执行，以此规避控制冒险。EX 阶段和 MEM 阶段的处理结果可以直通到 ID 阶段，以此规避数据冒险。

流水线寄存器的停滞与刷新和流水线的控制等操作由控制单元负责。控制单元还可以接受来自外部的中断请求，并根据 CPU 的设置输出中断检测信号。中断的检测是在 EX 阶段进行的。

AZ Processor 流水线的细节如图 1-98 所示。

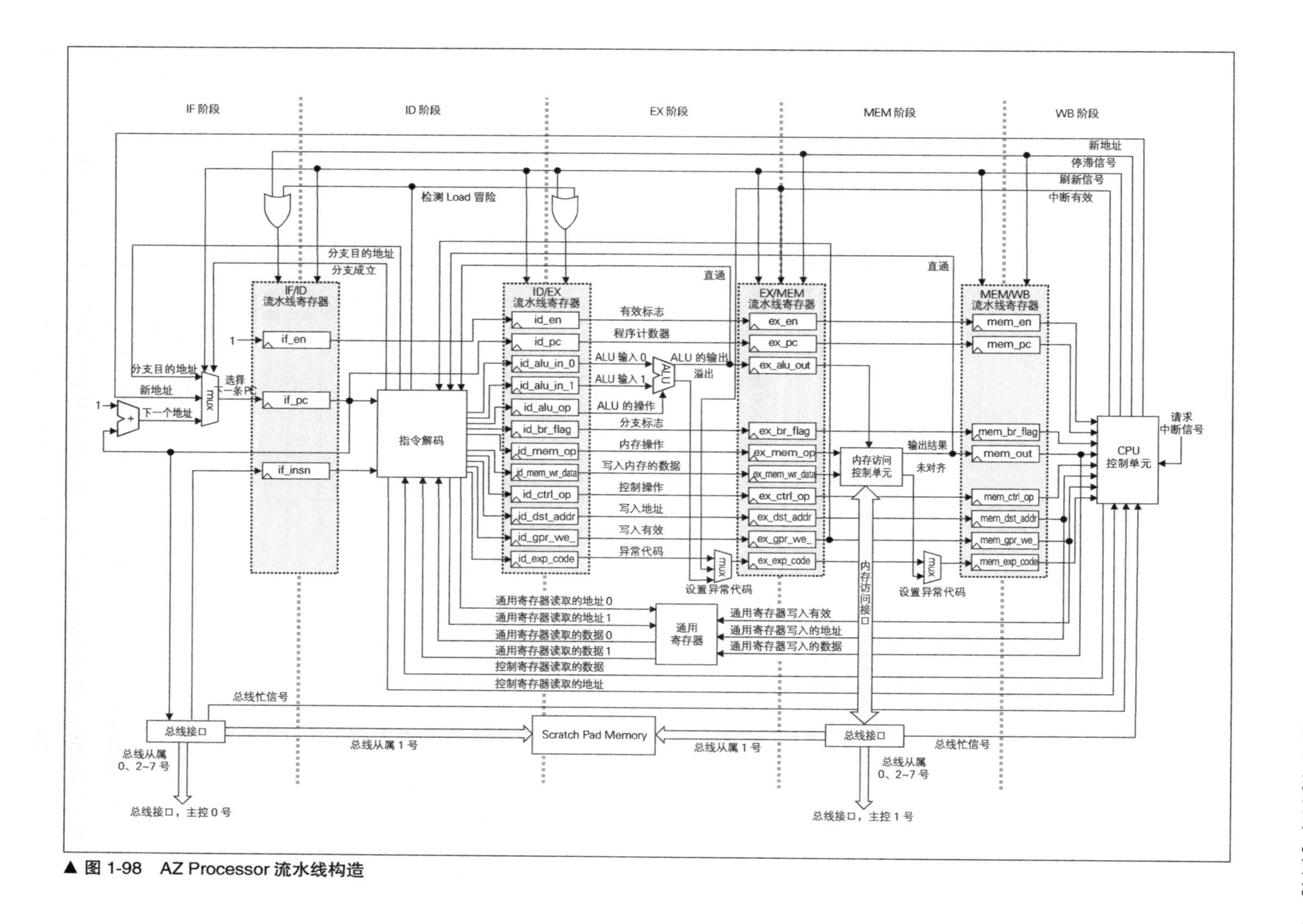

▲ 图 1-98　AZ Processor 流水线构造

■ AZ Processor 的指令集架构

■ 指令格式一览

AZ Processor 的指令，根据指令二进制代码内信息格式的不同分为 5 类。指令的格式如图 1-99 所示，指令代码中各字段的说明请参见表 1-27。指令的最高 6 位用来定义操作码（operation code），指示指令进行的操作。剩余的位称为操作数（operand），用来表示指令使用的寄存器的地址和立即数等。

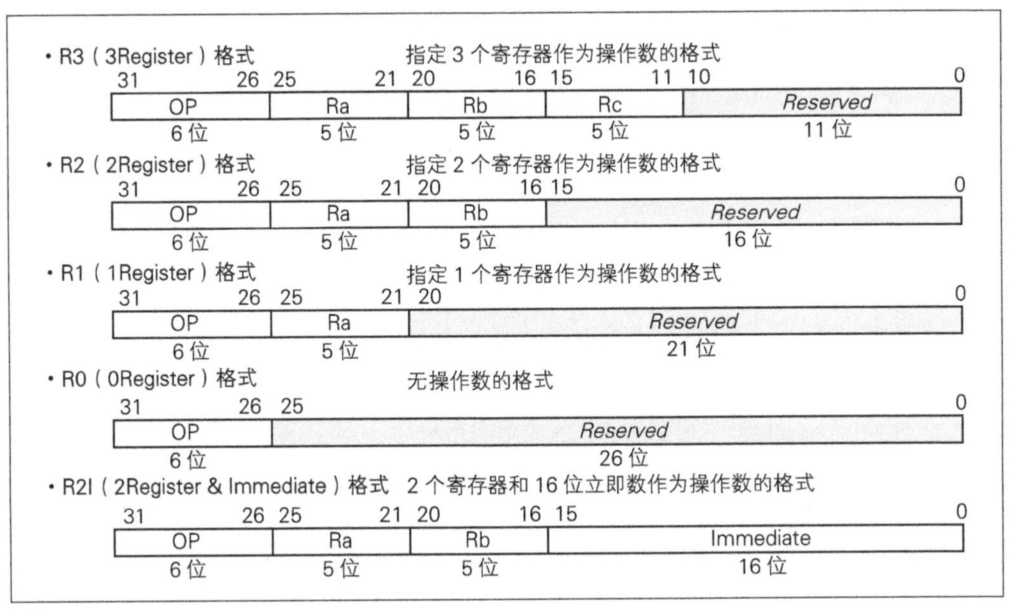

▲ 图 1-99　指令的格式

▼ 表 1-27　指令字段

字段名	位置	位宽	含义
OP (Opecode)	31:26	6	操作码
Ra (Register A)	25:21	5	寄存器 A 的地址
Rb (Register B)	20:16	5	寄存器 B 的地址
Rc (Register C)	15:11	5	寄存器 C 的地址
Immediate	15:0	16	立即数

AZ Processor 指令格式最大可以有 3 个操作数。指令根据操作数的不同，可以分为 5 类：R3(3 Registers) 格式、R2(2 Registers) 格式、R1(1 Register) 格式、R0(0 Register) 格式和 R2I(2 Registers & Immediate) 格式。Reserved 区域为保留（未使用）字段。

立即数是指嵌入到指令字段中的常数。程序中经常出现使用常数的运算。例如循环的递增、变量的初始化等众多场合。如果 CPU 的指令只能使用寄存器，则需要将常数存储在内存并在每次使用时加载。这种做法复杂且效率低下，因此指令中嵌入立即数这种做法非常有效。

AZ Processor 指令一览如表 1-28 所示。AZ Processor 有 7 种类型的指令：逻辑运算指令、算术运算指令、移位指令、分支指令、内存访问指令、特殊指令，以及特权指令。

▼表 1-28 指令一览

类别	指令	名称	操作码	格式	含义
逻辑运算指令	ANDR	AND Register	000000 (0x00)	R3	寄存器间的逻辑与
	ANDI	AND Immediate	000001 (0x01)	R2I	寄存器与常数的逻辑与
	ORR	OR Register	000010 (0x02)	R3	寄存器间的逻辑或
	ORI	OR Immediate	000011 (0x03)	R2I	寄存器与常数的逻辑或
	XORR	XOR Register	000100 (0x04)	R3	寄存器间的逻辑异或
	XORI	XOR Immediate	000101 (0x05)	R2I	寄存器与常数的逻辑异或
算术运算指令	ADDSR	Add Signed Register	000110 (0x06)	R3	寄存器间的有符号加法
	ADDSI	Add Signed Immediate	000111 (0x07)	R2I	寄存器与常数的有符号加法
	ADDUR	Add Unsigned Register	001000 (0x08)	R3	寄存器间的无符号加法
	ADDUI	Add Unsigned Immediate	001001 (0x09)	R2I	寄存器与常数的无符号加法
	SUBSR	Subtract Signed Register	001010 (0x0A)	R3	寄存器间的有符号加法
	SUBUR	Subtract Unsigned Register	001011 (0x0B)	R3	寄存器间的无符号加法
移位指令	SHRLR	SHift Right Logical Register	001100 (0x0C)	R3	寄存器间的逻辑右移
	SHRLI	SHift Right Logical Immediate	001101 (0x0D)	R2I	寄存器与常数的逻辑右移
	SHLLR	SHift Left Logical Register	001110 (0x0E)	R3	寄存器间的逻辑左移
	SHLLI	SHift Left Logical Immediate	001111 (0x0F)	R2I	寄存器与常数的逻辑左移
分支指令	BE	Branch Equal	010000 (0x10)	R2I	根据寄存器间的比较决定分支
	BNE	Branch Not Equal	010001 (0x11)	R2I	根据寄存器间的比较决定分支
	BSGT	Branch Signed Greater Than	010010 (0x12)	R2I	根据寄存器间的有符号比较决定分支
	BUGT	Branch Unsigned Greater Than	010011 (0x13)	R2I	根据寄存器间的无符号比较决定分支
分支指令	JMP	JuMP	010100 (0x14)	R1	跳转到寄存器指定的地址
	CALL	CALL	010101 (0x15)	R1	调用寄存器指定地址的子程序
内存访问指令	LDW	LoaD Word	010110 (0x16)	R2I	字读取
	STW	STore Word	010111 (0x17)	R2I	字写入
特殊指令	TRAP	TRAP	011000 (0x18)	R0	陷阱指令
特权指令	RDCR	ReaD Control Register	011001 (0x19)	R2	读取控制寄存器
	WRCR	WRite Control Register	011010 (0x1A)	R2	写入控制寄存器
	EXRT	EXception ReTurn	011011 (0x1B)	R0	从异常恢复

■逻辑运算指令

逻辑运算指令对作为操作数的寄存器之间，或者寄存器与立即数之间进行逻辑运算，并将结果存入寄存器。逻辑运算指令有针对寄存器间逻辑运算的 R3 型，也有针对寄存器与立即数间逻辑运算的 R2I 型。表 1-29 列出了逻辑运算指令。

▼ 表 1-29　逻辑运算指令

指令	格式
ANDR (AND 寄存器)	31-26: 000000(0x00) ANDR / 25-21: Ra 寄存器 A / 20-16: Rb 寄存器 B / 15-11: Rc 寄存器 C / 10-0: *000_0000_0000* *保留* GPR[Ra] 和 GPR[Rb] 逻辑与，结果写入 GPR[Rc]。
ANDI (AND 立即数)	31-26: 000001(0x01) ANDI / 25-21: Ra 寄存器 A / 20-16: Rb 寄存器 B / 15-0: XXXX_XXXX_XXXX_XXXX 立即数 GPR[Ra] 和 0 扩充后的立即数逻辑与，结果写入 GPR[Rb]。
ORR (OR 寄存器)	31-26: 000010(0x02) ORR / 25-21: Ra 寄存器 A / 20-16: Rb 寄存器 B / 15-11: Rc 寄存器 C / 10-0: *000_0000_0000* *保留* GPR[Ra] 和 GPR[Rb] 逻辑或，结果写入 GPR[Rc]。
ORI (OR 立即数)	31-26: 000011(0x03) ORI / 25-21: Ra 寄存器 A / 20-16: Rb 寄存器 B / 15-0: XXXX_XXXX_XXXX_XXXX 立即数 GPR[Ra] 和 0 扩充后的立即数逻辑或，结果写入 GPR[Rb]。
XORR (XOR 寄存器)	31-26: 000100(0x04) XORR / 25-21: Ra 寄存器 A / 20-16: Rb 寄存器 B / 15-11: Rc 寄存器 C / 10-0: *000_0000_0000* *保留* GPR[Ra] 和 GPR[Rb] 逻辑异或，结果写入 GPR[Rc]。
XORI (XOR 立即数)	31-26: 000101(0x05) XORI / 25-21: Ra 寄存器 A / 20-16: Rb 寄存器 B / 15-0: XXXX_XXXX_XXXX_XXXX 立即数 GPR[Ra] 和 0 扩充后的立即数逻辑异或，结果写入 GPR[Rb]。

含有立即数的指令需要将 16 位的立即数扩充到 32 位后参与运算。扩充的方法有两种，一种是高 16 位全部用 0 填充的 0 扩充，一种是高 16 位用 MSB（符号位）填充的符号扩充。0 扩充和符号扩充的示意图请参见图 1-100。逻辑运算指令中对立即数使用 0 扩充。

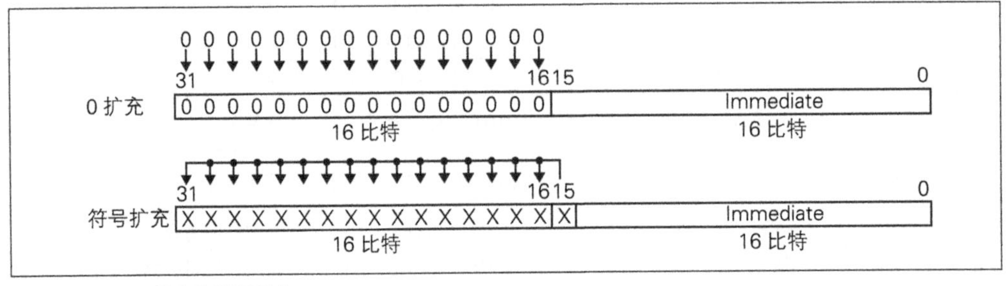

▲ 图 1-100　0 扩充和符号扩充

■算术运算指令

算术运算指令对作为操作数的寄存器之间，或者寄存器与立即数之间进行算术运算，并将结果存入寄存器。算术运算指令有针对寄存器间算术运算的 R3 型，也有针对寄存器与立即数间算术运算的 R2I 型。表 1-30 列出了算术运算指令。

▼ 表 1-30 算术运算指令

指令	格式与说明
ADDSR (ADD Signed 寄存器)	31-26: 000110 (0x06) ADDSR; 25-21: Ra 寄存器 A; 20-16: Rb 寄存器 B; 15-11: Rc 寄存器 C; 10-0: 000_0000_0000 保留 GPR[Ra] 与 GPR[Rb] 相加，结果写入 GPR[Rc]。 如果发生溢出，产生溢出异常。
ADDSI (ADD Signed 立即数)	31-26: 000111 (0x07) ADDSI; 25-21: Ra 寄存器 A; 20-16: Rb 寄存器 B; 15-0: XXXX_XXXX_XXXX_XXXX 立即数 GPR[Ra] 与符号扩充后的立即数相加，结果写入 GPR[Rb]。 如果发生溢出，产生溢出异常。
ADDUR (ADD Unsigned 寄存器)	31-26: 001000 (0x08) ADDUR; 25-21: Ra 寄存器 A; 20-16: Rb 寄存器 B; 15-11: Rc 寄存器 C; 10-0: 000_0000_0000 保留 GPR[Ra] 与 GPR[Rb] 相加，结果写入 GPR[Rc]。
ADDUI (ADD Unsigned 立即数)	31-26: 001001 (0x09) ADDUI; 25-21: Ra 寄存器 A; 20-16: Rb 寄存器 B; 15-0: XXXX_XXXX_XXXX_XXXX 立即数 GPR[Ra] 与符号扩充后的立即数相加，结果写入 GPR[Rb]。
SUBSR (SUBtract Signed 寄存器)	31-26: 001010 (0x0A) SUBSR; 25-21: Ra 寄存器 A; 20-16: Rb 寄存器 B; 15-11: Rc 寄存器 C; 10-0: 000_0000_0000 保留 GPR[Ra] 与 GPR[Rb] 相减，结果写入 GPR[Rc]。 如果发生溢出，产生溢出异常。
SUBUR (SUBtract Unsigned 寄存器)	31-26: 001011 (0x0B) SUBUR; 25-21: Ra 寄存器 A; 20-16: Rb 寄存器 B; 15-11: Rc 寄存器 C; 10-0: 000_0000_0000 保留 GPR[Ra] 与 GPR[Rb] 相减，结果写入 GPR[Rc]。

加法指令和减法指令分为有符号与无符号两类。这两种指令的区别在于是否检测溢出。溢出是指运算结果超出寄存器或内存可以表示的范围。

下面以 8 位数据间的加法运算为例进行说明。Verilog HDL 中以 8'b01100100 的形式描述常数。例如，100（8'b01100100）加 64（8'b01000000）结果为 164（8'b10100100）。观察结果的二进制序列 8'b10100100 可以发现，发生了向 MSB（符号位）的进位。补码的 8'b10100100 十进制值为 –92，不是正确答案。因为有符号 8 位整数的表现范围为 –128~127，正确答案 164 不在此范围内。

加法运算发生溢出有两种情况，"正数加正数得到负数"或"负数加负数得到正数"。减法运算发生溢出的情况有"负数减正数得到正数"或"正数减负数得到负数"。也就是说，如果运算结果的符号发生错误就会产生溢出。有符号指令需要检测溢出。如果运算结果有溢出，则产生溢出异常。

寄存器与立即数间的算术运算指令，立即数采用符号扩充。因此寄存器与立即数的算术运算指令中没有减法指令。立即数与负数相加和减法运算是等效的。

■移位指令

移位指令对作为操作数的寄存器之间，或者寄存器与立即数之间进行移位，并将结果存入寄存器。移位是将二进制序列整体向左或向右移动的操作。序列向左移动称为左移，向右移动称为右移。图 1-101 为移位的示例。移出的比特被废弃，移动产生的空位重新插入 0 或 1。空位插入 0 的移位称为逻辑移位。

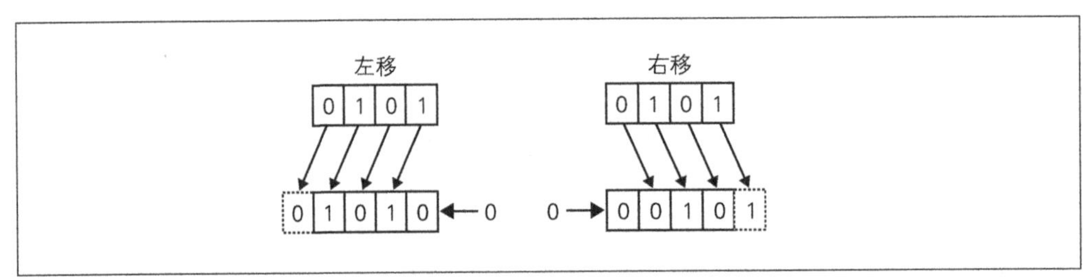

▲ 图 1-101　移位操作

AZ Processor 的移位指令有针对寄存器间移位的 R3 型，也有针对寄存器与立即数间移位的 R2I 型。表 1-31 列出了移位指令。32 位的二进制序列最大可以移动 32 位。因此位移量用寄存器或立即数的最低 5 位（2 的 5 次方为 32）表示。

▼ 表 1-31　移位指令

指令	31–26	25–21	20–16	15–11	10–0
SHRLR (SHift Right Logical 寄存器)	001100（0x0C）	Ra	Rb	Rc	000_0000_0000
	SHRLR	寄存器 A	寄存器 B	寄存器 C	保留
	对 GPR[Ra] 右移，结果写入 GPR[Rc]。位移量由 GPR[Rb] 的低 5 位指定。				
SHRLI (SHift Right Logical 立即数)	001101（0x0D）	Ra	Rb	XXXX_XXXX_XXXX_XXXX（15–0）	
	SHRLI	寄存器 A	寄存器 B	立即数	
	对 GPR[Ra] 右移，结果写入 GPR[Rb]。位移量由立即数的低 5 位指定。				
SHLLR (SHift Left Logical 寄存器)	001110（0x0E）	Ra	Rb	Rc	000_0000_0000
	SHLLR	寄存器 A	寄存器 B	寄存器 C	保留
	对 GPR[Ra] 左移，结果写入 GPR[Rc]。位移量由 GPR[Rb] 的低 5 位指定。				
SHLLI (SHift Left Logical 立即数)	001111（0x0F）	Ra	Rb	XXXX_XXXX_XXXX_XXXX（15–0）	
	SHLLI	寄存器 A	寄存器 B	立即数	
	对 GPR[Ra] 左移，结果写入 GPR[Rb]。位移量由立即数的低 5 位指定。				

■分支指令

分支指令是改变程序流程的指令。如果分支成立，那么下一条将要执行的指令就会被改变。因为 AZ Processor 采用了延迟分支处理，如果分支成立，要等到分支指令的下一条指令执行后再跳转到分支指向的指令。分支指令有 R2I 型条件分支指令和 R1 型无条件分支指令两种。分支指令如表 1-32 所示。

▼表 1-32 分支指令

指令	31–26	25–21	20–16	15–0	说明
BE (Branch Equal)	010000 (0x10) BE	Ra 寄存器 A	Rb 寄存器 B	XXXX_XXXX_XXXX_XXXX 立即数	GPR[Ra] 等于 GPR[Rb] 时，跳转到目标地址。
BNE (Branch Not Equal)	010001 (0x11) BNE	Ra 寄存器 A	Rb 寄存器 B	XXXX_XXXX_XXXX_XXXX 立即数	GPR[Ra] 与 GPR[Rb] 不相等时，跳转到目标地址。
BSGT (Branch Signed Greater Than)	010010 (0x12) BSGT	Ra 寄存器 A	Rb 寄存器 B	XXXX_XXXX_XXXX_XXXX 立即数	GPR[Rb] 比 GPR[Ra] 大时，跳转到目标地址。 进行有符号比较。
BUGT (Branch Unsigned Greater Than)	010011 (0x13) BUGT	Ra 寄存器 A	Rb 寄存器 B	XXXX_XXXX_XXXX_XXXX 立即数	GPR[Rb] 比 GPR[Ra] 大时，跳转到目标地址。 进行无符号比较。
JMP (JuMP)	010100 (0x14) JMP	Ra 寄存器 A	20–0: *0_0000_0000_0000_0000_0000* *保留*		无条件跳转到 GPR[Ra] 指定的地址。
CALL (CALL)	010101 (0x15) CALL	Ra 寄存器 A	20–0: *0_0000_0000_0000_0000_0000* *保留*		无条件跳转到 GPR[Ra] 指定的地址。 返回地址写入 GPR[31]。

条件指令对寄存器进行比较，如果条件成立则跳转到目标地址。目标地址由 PC 寄存器与符号扩充后的立即数相加得到。立即数字段中指定的地址基于字（32 位）编址方式进行计算，每个字分配一个地址。

目标地址要利用流水线寄存器中 PC 的值进行计算。因为 PC 中存放的是下一条指令的地址，所以目标地址为“下一条指令的地址 + 立即数”。使用 PC 值分支跳转到相对位置的方法称为 PC 相对分支。

BE 指令在寄存器间的值相等和 BNE 指令在寄存器间的值不等时分支成立。BSGT 指令与 BUGT 指令对通用寄存器（GPR）间的值进行比较，当条件 GPR[Ra]<GPR[Rb]

成立时分支成立。只是 BSGT 指令将寄存器的值作为有符号数值进行比较，而 BUGT 指令将寄存器的值作为无符号数值进行比较。

无条件分支指令会强制跳转程序。分支目标地址在寄存器中指定，这种分支称为寄存器间接分支。JMP 指令用来强制跳转到寄存器指定的地址。CALL 指令用来调用寄存器指定地址处的子程序。子程序的调用是指先执行子程序，处理完成后返回到调用处的操作。

JMP 指令与 CALL 指令都是无条件跳转语句，在这一点上两者效果是相同的。不同之处在于 CALL 指令在 GPR31 寄存器中存放两条之后指令的地址。由于 CALL 的下一条指令会被当作延迟间隙执行，所以 GPR31 中存放的地址为“CALL 指令地址 +8”。因为存放了子程序调用处的地址，可以在子程序执行完成后返回。在返回时，使用通用寄存器 31 作为操作数并执行 JMP 指令。图 1-102 为子程序调用流程。

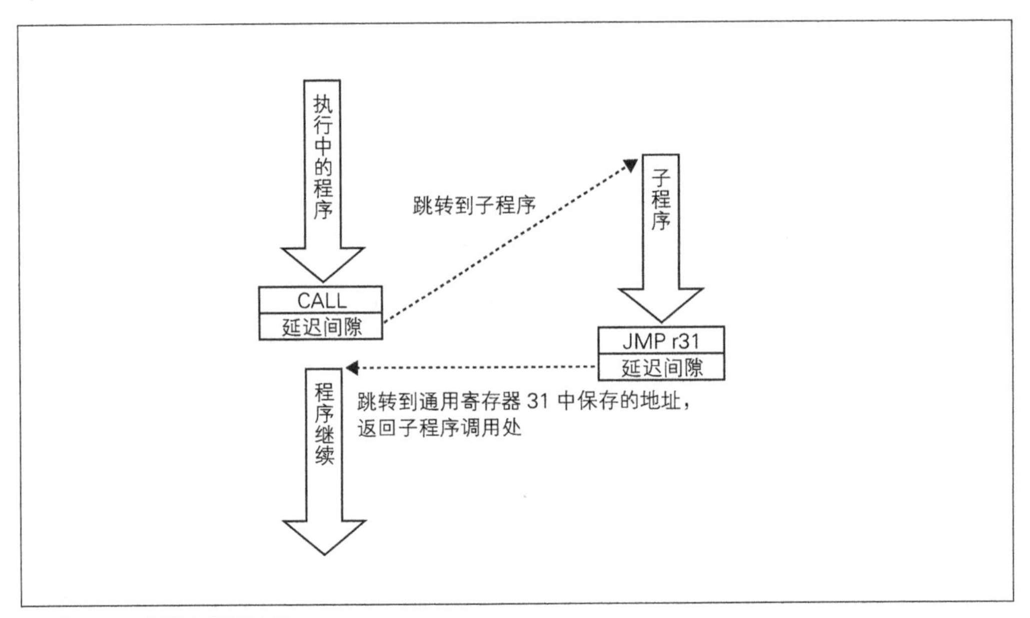

▲ 图 1-102　子程序调用流程

■ 内存访问指令

内存访问指令用来从内存读取数据或向内存写入数据。内存访问指令格式为 R2I 型。表 1-33 列出了内存访问指令。

▼ 表 1-33 内存访问指令

指令	格式与说明
LDW (LoaD Word)	31 26 25 21 20 16 15 0 010110（0x16） | Ra | Rb | XXXX_XXXX_XXXX_XXXX LDW 寄存器 A 寄存器 B 立即数 GPR[Ra] 和符号扩充后的立即数相加得到地址。 从地址指定的内存中读取 1 个字的数据并存入 GPR[Rb] 如果地址没有按字边界对齐，产生未对齐异常。
STW (STore Word)	31 26 25 21 20 16 15 0 010111（0x17） | Ra | Rb | XXXX_XXXX_XXXX_XXXX STW 寄存器 A 寄存器 B 立即数 GPR[Ra] 和符号扩充后的立即数相加得到地址。 向地址指定的内存中写入 GPR[Rb] 中的一个字的数据 如果地址没有按字边界对齐，产生未对齐异常。

LDW 指令用来从内存中读取 1 个字的数据并存入寄存器中，读取地址由寄存器与符号扩充后的立即数相加得到。STW 指令用来将寄存器中 1 个字的数值写入内存中，写入地址由寄存器与符号扩充后的立即数相加得到。这种地址指定的方式称为有偏移量的寄存器间接寻址。

执行内存访问指令时要对地址进行对齐检测。如果访问未对齐的地址，则会产生未对齐异常。对齐是指要访问数据的位置在单位数据的边界上。如果访问的地址跨过单位数据的边界线则称为未对齐。

图 1-103 为对齐的示例。在按照字节对齐的地址空间中访问 1 个字（4 字节）的数据时，如果起始地址为 0x00，所访问的数据位于 0x00 到 0x03。这时数据起始于字的边界，是对齐的。字边界是从 0 开始 1 个字长的区间。假如从 0x01 开始访问 1 个字的数据，所访问的数据位于 0x01 到 0x04。这时，由于 0x04 属于下一个字的空间，数据跨越了字的边界。这种访问的地址就是未对齐的。同样，从 0x02 开始的 1 个字，从 0x03 开始的 1 个字都是未对齐的。

未对齐会引起多次内存访问的问题。比如要访问从 0x01 开始访问 1 个字的数据，而 0x01 至 0x03 与 0x04 存放在不同的内存地址中。因此需要访问内存两次然后将数据进行组合。如果允许这种操作，硬件设计会变得复杂。因此在内存访问指令中进行对齐的检查，如果发生访问未对齐地址的情况，则产生未对齐异常。

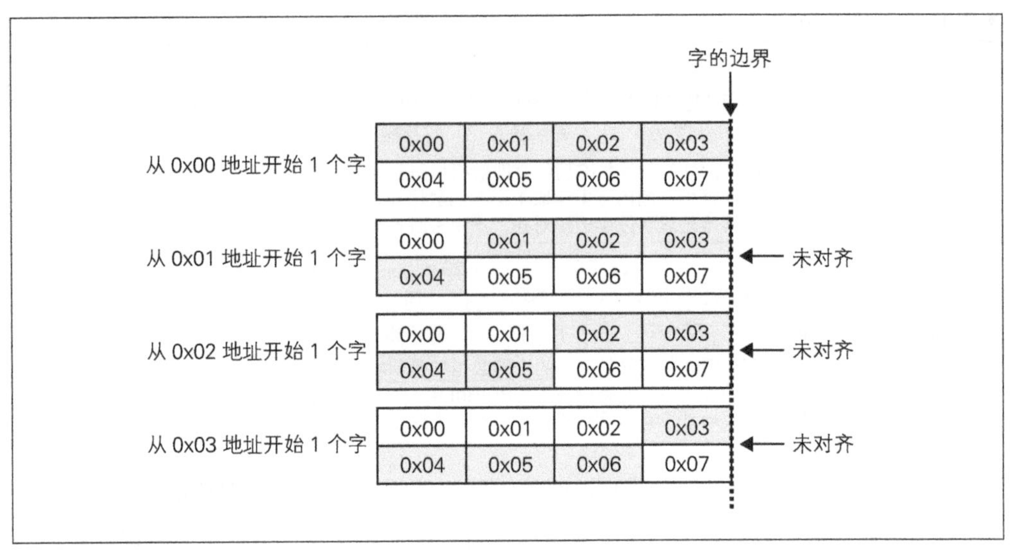

▲ 图 1-103　对齐

■特殊指令

特殊指令是用来故意引发异常的指令，它的主要用途是变更 CPU 模式。故意引发异常会转移到内核模式。AZ Processor 支持的特殊指令是称为 TRAP 的指令，执行 TRAP 指令的话会引发陷阱异常。由于 TRAP 指令只用来引发异常，属于没有操作数的 R0 型指令。系统调用指令如表 1-34 所示。

▼ 表 1-34　特殊命令

指令	格式
TRAP (TRAP)	31–26: 011000（0x18）TRAP；25–0: 00_0000_0000_0000_0000_0000_0000 保留 引发陷阱异常。

■特权指令

特权指令是只能在内核模式执行的特殊指令。通过特权指令可以实现 CPU 控制寄存器访问、从异常恢复等控制 CPU 状态的操作。特权指令如表 1-35 所示。

RDCR 指令用来读取控制寄存器的值并写入通用寄存器；WRCR 指令用来将通用寄存器的值写入控制寄存器；EXRT 指令用来从异常恢复。由于特权指令只能在内核模式执行，如果在用户模式执行会引发特权违反异常。

▼ 表 1-35 特权指令

指令	格式
RDCR (ReaD Control 寄存器)	31-26: 011001 (0x19) RDCR；25-21: Ra 寄存器 A；20-16: Rb 寄存器 B；15-0: *0000_0000_0000_0000* *保留* 将 CTRL[Ra] 的数据写入 GPR[Rb]。
WRCR (WRite Control 寄存器)	31-26: 011010 (0x1a) WRCR；25-21: Ra 寄存器 A；20-16: Rb 寄存器 B；15-0: *0000_0000_0000_0000* *保留* 将 GPR[Ra] 的数据写入 CTRL[Rb]。
EXRT (EXception ReTurn)	31-26: 011011 (0x1b) EXRT；25-0: *00_0000_0000_0000_0000_0000_0000* *保留* 从异常恢复。

■异常

AZ Processor 的异常一览如表 1-36 所示。AZ Processor 的中断也与异常一样处理。CPU 中发生异常时，先将异常发生处指令的地址写入 PC 寄存器，再将 CPU 模式变更到内核模式，最后跳转到异常向量的地址。异常向量是指异常处理程序的起始地址。

▼ 表 1-36 异常一览

异常	说明	可能引发该异常的指令	异常代码
无异常	没有异常发生的状态	–	0x0
外部中断	发生外部中断时发生	–	0x1
未定义指令	解码未定义指令时发生	–	0x2
算术溢出	发生算术溢出时	ADDSR, ADDSI, SUBSR	0x3
地址未对齐	访问未对齐地址时发生	LDW, STW	0x4
陷阱	执行 TRAP 指令时	TRAP	0x5
特权违反	在 User Mode 执行特权指令时发生	RDCR, WRCR, EXRT	0x6

专栏

指令集架构与微架构

CPU 架构（Architecture）大概分为指令集架构（Instruction Set Architecture）与微架构（Micro Architecture）两种。指令集架构是从 CPU 所支持的指令集合、寄存器、异常以及中断等程序员的角度着眼的架构。反之，微架构是较指令集架构更底层，从实际硬件角度着眼的架构。

1.8.3 AZ Processor 的实现

■CPU 全局使用的宏

CPU 代码全局使用的宏记述在 isa.h 和 cpu.h 两个文件中。isa.h 中记载的是与指令集架构有关的宏，cpu.h 中记载的是与微架构有关的宏。表 1-37 与表 1-38 分别列出了 isa.h 与 cpu.h 的内容。

▼表 1-37　宏一览（cpu.h）

宏名	值	含义
REG_NUM	32	寄存器数
REG_ADDR_W	5	寄存器地址宽度
RegAddrBus	4:0	寄存器地址总线
CPU_IRQ_CH	8	IRQ 宽
ALU_OP_W	4	ALU 操作码宽
AluOpBus	3:0	ALU 操作码总线
ALU_OP_NOP	4'h0	No OPeration
ALU_OP_AND	4'h1	AND
ALU_OP_OR	4'h2	OR
ALU_OP_XOR	4'h3	XOR
ALU_OP_ADDS	4'h4	有符号加法
ALU_OP_ADDU	4'h5	无符号加法
ALU_OP_SUBS	4'h6	有符号减法
ALU_OP_SUBU	4'h7	无符号减法
ALU_OP_SHRL	4'h8	逻辑右移
ALU_OP_SHLL	4'h9	逻辑左移
MEM_OP_W	2	内存操作码宽
MemOpBus	1:0	内存操作码总线
MEM_OP_NOP	2'h0	No OPeration
MEM_OP_LDW	2'h1	字读取
MEM_OP_STW	2'h2	字写入
CTRL_OP_W	2	控制操作码宽
CtrlOpBus	1:0	控制操作码总线
CTRL_OP_NOP	2'h0	No OPeration
CTRL_OP_WRCR	2'h1	写入控制寄存器
CTRL_OP_EXRT	2'h2	从异常恢复
CPU_EXE_MODE_W	1	执行模式宽
CpuExeModeBus	0:0	执行模式总线
CPU_KERNEL_MODE	1'b0	内核模式

宏名	值	含义
CPU_USER_MODE	1'b1	用户模式
CREG_ADDR_STATUS	5'h0	状态
CREG_ADDR_PRE_STATUS	5'h1	前一个状态
CREG_ADDR_PC	5'h2	程序计数器
CREG_ADDR_EPC	5'h3	异常程序计数器
CREG_ADDR_EXP_VECTOR	5'h4	异常向量
CREG_ADDR_CAUSE	5'h5	异常原因寄存器
CREG_ADDR_INT_MASK	5'h6	中断掩字
CREG_ADDR_IRQ	5'h7	中断请求
CREG_ADDR_ROM_SIZE	5'h1d	ROM 容量
CREG_ADDR_SPM_SIZE	5'h1e	SPM 容量
CREG_ADDR_CPU_INFO	5'h1f	CPU 参数
CregExeModeLoc	0	执行模式的位置
CregIntEnableLoc	1	中断有效的位置
CregExpCodeLoc	2:0	异常代码的位置
CregDlyFlagLoc	3	延迟间隙标志位的位置
BusIfStateBus	1:0	状态总线
BUS_IF_STATE_IDLE	2'h0	空闲
BUS_IF_STATE_REQ	2'h1	请求总线
BUS_IF_STATE_ACCESS	2'h2	访问总线
BUS_IF_STATE_STALL	2'h3	停滞
RESET_VECTOR	30'h0	复位向量
ShAmountBus	4:0	移位量总线
ShAmountLoc	4:0	移位量的位置
RELEASE_YEAR	8'd41	制作年度 (YYYY-1970)
RELEASE_MONTH	8'd7	制作月份
RELEASE_VERSION	8'd1	版本号
RELEASE_REVISION	8'd0	修订号

▼ 表 1-38 宏一览（isa.h）

宏名	值	含义
ISA_NOP	32'h0	NoOPeration
ISA_OP_W	6	操作码宽
IsaOpBus	5:0	操作码总线
IsaOpLoc	31:26	操作码位置
ISA_OP_ANDR	6'h00	寄存器间的逻辑与
ISA_OP_ANDI	6'h01	寄存器与常数间的逻辑与
ISA_OP_ORR	6'h02	寄存器间的逻辑或
ISA_OP_ORI	6'h03	寄存器与常数间的逻辑或
ISA_OP_XORR	6'h04	寄存器间的逻辑异或
ISA_OP_XORI	6'h05	寄存器与常数间的逻辑异或
ISA_OP_ADDSR	6'h06	寄存器间的有符号加法
ISA_OP_ADDSI	6'h07	寄存器与常数间的有符号加法
ISA_OP_ADDUR	6'h08	寄存器间的无符号加法
ISA_OP_ADDUI	6'h09	寄存器与常数间的无符号加法
ISA_OP_SUBSR	6'h0a	寄存器间的有符号减法
ISA_OP_SUBUR	6'h0b	寄存器间的无符号减法
ISA_OP_SHRLR	6'h0c	寄存器间的逻辑右移
ISA_OP_SHRLI	6'h0d	寄存器与常数间的逻辑右移
ISA_OP_SHLLR	6'h0e	寄存器间的逻辑左移
ISA_OP_SHLLI	6'h0f	寄存器与常数间的逻辑左移
ISA_OP_BE	6'h10	寄存器间的比较（==）
ISA_OP_BNE	6'h11	寄存器间的比较（!=）
ISA_OP_BSGT	6'h12	寄存器间的有符号比较（<）
ISA_OP_BUGT	6'h13	寄存器间的无符号比较（<）
ISA_OP_JMP	6'h14	寄存器指定的绝对分支
ISA_OP_CALL	6'h15	寄存器指定的子程序调用
ISA_OP_LDW	6'h16	字读取
ISA_OP_STW	6'h17	字写入
ISA_OP_TRAP	6'h18	陷阱
ISA_OP_RDCR	6'h19	读取控制寄存器
ISA_OP_WRCR	6'h1a	写入控制寄存器
ISA_OP_EXRT	6'h1b	从异常恢复
ISA_REG_ADDR_W	5	寄存器地址宽
IsaRegAddrBus	4:0	寄存器地址总线
IsaRaAddrLoc	25:21	寄存器 Ra 的位置
IsaRbAddrLoc	20:16	寄存器 Rb 的位置
IsaRcAddrLoc	15:11	寄存器 Rc 的位置
ISA_IMM_W	16	立即数宽
ISA_EXT_W	16	符号扩展后的立即数宽
ISA_IMM_MSB	15	立即数最高位
IsaImmBus	15:0	立即数总线
IsaImmLoc	15:0	立即数位置
ISA_EXP_W	3	异常代码宽
IsaExpBus	2:0	异常代码总线
ISA_EXP_NO_EXP	3'h0	无异常
ISA_EXP_EXT_INT	3'h1	外部中断
ISA_EXP_UNDEF_INSN	3'h2	未定义指令
ISA_EXP_OVERFLOW	3'h3	溢出
ISA_EXP_MISS_ALIGN	3'h4	地址未对齐
ISA_EXP_TRAP	3'h5	陷阱
ISA_EXP_PRV_VIO	3'h6	违反权限

■通用寄存器

我们首先制作作为 CPU 存储区域的通用寄存器。AZ Processor 的指令最大可以指定三个寄存器作为操作数，从其中两个寄存器读取值，然后向另一个寄存器写入值。因此寄存器堆需要有两个读取端口和一个写入端口。通用寄存器的信号线一览如表 1-39 所示，源程序如代码 1-11 所示。

▼ 表 1-39　信号一览（gpr.v）

组	信号名	信号类型	数据类型	位宽	含义
时钟与复位	clk	输入端口	wire	1	时钟
	reset	输入端口	wire	1	异步复位
读取端口 0	rd_addr_0	输入端口	wire	5	读取的地址
	rd_data_0	输出端口	wire	32	读取的数据
读取端口 1	rd_addr_1	输入端口	wire	5	读取的地址
	rd_data_1	输出端口	wire	32	读取的数据
写入端口	we_	输入端口	wire	1	写入有效信号
	wr_addr	输入端口	wire	5	写入的地址
	wr_data	输入端口	wire	32	写入的数据
内部信号	gpr	内部信号	reg	32x32	寄存器序列
	i	内部信号	integer	32	初始化用迭代器

▼ 代码 1-11　通用寄存器（gpr.v）

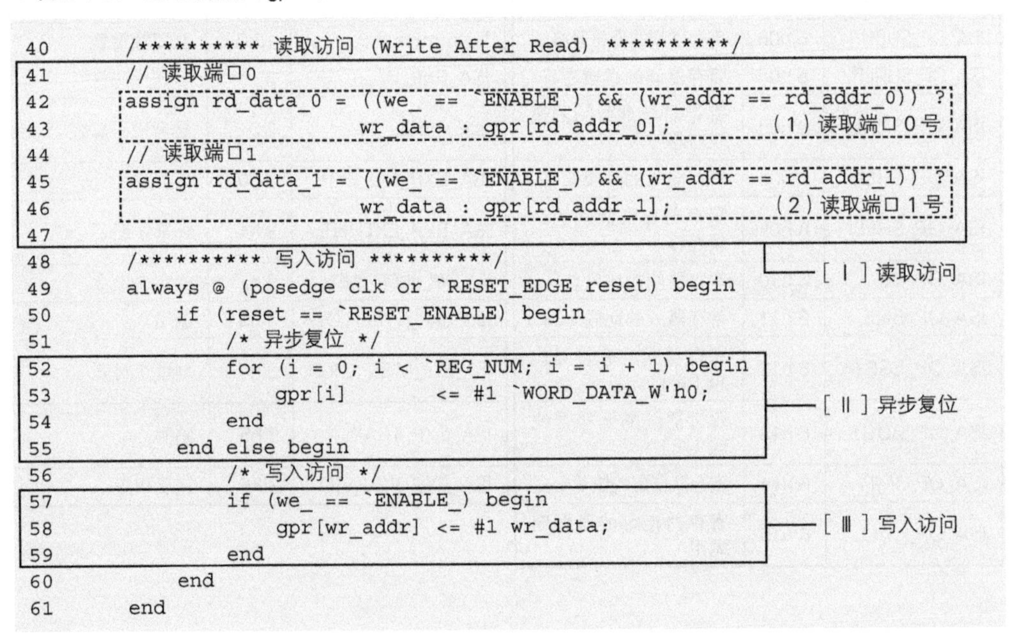

```
40      /********** 读取访问 (Write After Read) **********/
41      // 读取端口0
42      assign rd_data_0 = ((we_ == `ENABLE_) && (wr_addr == rd_addr_0)) ?
43                         wr_data : gpr[rd_addr_0];          （1）读取端口 0 号
44      // 读取端口1
45      assign rd_data_1 = ((we_ == `ENABLE_) && (wr_addr == rd_addr_1)) ?
46                         wr_data : gpr[rd_addr_1];          （2）读取端口 1 号
47
48      /********** 写入访问 **********/                        [ I ] 读取访问
49      always @ (posedge clk or `RESET_EDGE reset) begin
50          if (reset == `RESET_ENABLE) begin
51              /* 异步复位 */
52              for (i = 0; i < `REG_NUM; i = i + 1) begin
53                  gpr[i]       <= #1 `WORD_DATA_W'h0;            [ II ] 异步复位
54              end
55          end else begin
56              /* 写入访问 */
57              if (we_ == `ENABLE_) begin
58                  gpr[wr_addr] <= #1 wr_data;                    [ III ] 写入访问
59              end
60          end
61      end
```

[Ⅰ] 读取访问

（1）处对读取端口 0 号、（2）处对读取端口 1 号进行读取访问。如果在读取的同时对相同地址进行写入操作，则直接将写入的数据输出。当写入有效信号（we_）有效，并且写入地址（wr_addr）和读取地址（rd_addr_0 或 rd_addr_1）一致时，写入的数据（wr_data）输出到输出数据（rd_data_0 或 rd_data_1）。

[Ⅱ] 异步复位

全部寄存器的值初始化为 0。使用 for 语句遍历所有寄存器进行初始化操作。

[Ⅲ] 写入访问

当写入有效信号（we_）有效时，向指定的写入地址（wr_addr）写入数据（wr_data）。

■SPM

SPM（Scratch Pad Memory）是 CPU 可以不经过总线直接访问的专用内存。SPM 使用一个名为 spm 的模块构成。存储器使用 FPGA 的 Dual Port RAM 实现。表 1-40 为 spm 使用的宏一览，表 1-41 为信号一览，代码 1-12 为源程序。

▼表 1-40　宏一览（spm.h）

宏名	值	含义
SPM_SIZE	16384	SPM 的容量
SPM_DEPTH	4096	SPM 的深度
SPM_ADDR_W	12	地址宽
SpmAddrBus	11:0	地址总线
SpmAddrLoc	11:0	地址的位置

▼表 1-41　信号线一览（spm.v）

组	信号名	信号类型	数据类型	位宽	含义
时钟	clk	输入端口	wire	1	时钟
A 端口 IF 阶段	if_spm_addr	输入端口	wire	12	地址
	if_spm_as_	输入端口	wire	1	地址选通
	if_spm_rw	输入端口	wire	1	读 / 写
	if_spm_wr_data	输入端口	wire	32	写入的数据
	if_spm_rd_data	输出端口	wire	32	读取的数据
B 端口 MEM 阶段	mem_spm_addr	输入端口	wire	12	地址
	mem_spm_as_	输入端口	wire	1	地址选通
	mem_spm_rw	输入端口	wire	1	读 / 写
	mem_spm_wr_data	输入端口	wire	32	写入的数据
	mem_spm_rd_data	输出端口	wire	32	读取的数据
A 端口	wea	内部信号	reg	1	写入有效
B 端口	web	内部信号	reg	1	写入有效

▼ 代码 1-12　Scratch Pad Memory（spm.v）

```
41      /********** 写入有效信号的生成 **********/
42      always @(*) begin
43          /* A端口 */
44          if ((if_spm_as_ == `ENABLE_) && (if_spm_rw == `WRITE)) begin
45              wea = `MEM_ENABLE;  // 写入有效
46          end else begin
47              wea = `MEM_DISABLE; // 写入无效
48          end
49          /* B端口 */
50          if ((mem_spm_as_ == `ENABLE_) && (mem_spm_rw == `WRITE)) begin
51              web = `MEM_ENABLE;  // 写入有效
52          end else begin
53              web = `MEM_DISABLE; // 写入无效
54          end
55      end
56
57      /********** Xilinx FPGA Block RAM : 双端口RAM **********/
58      x_s3e_dpram x_s3e_dpram (
59          /********** A端口：IF阶段 **********/
60          .clka  (clk),             // 时钟
61          .addra (if_spm_addr),     // 地址
62          .dina  (if_spm_wr_data),  // 写入的数据（未连接）
63          .wea   (wea),             // 写入有效（无效）
64          .douta (if_spm_rd_data),  // 读取的数据
65          /**********  B端口：MEM阶段 **********/
66          .clkb  (clk),             // 时钟
67          .addrb (mem_spm_addr),    // 地址
68          .dinb  (mem_spm_wr_data), // 写入的数据
69          .web   (web),             // 写入有效
70          .doutb (mem_spm_rd_data)  // 读取的数据
71      );
```

[Ⅰ]A 端口写入有效信号的生成（第 44～48 行）
[Ⅱ]B 端口写入有效信号的生成（第 50～54 行）
[Ⅲ]存储器的实例化（第 58～71 行）

[Ⅰ] A 端口写入有效信号的生成

当来自 IF 阶段的地址有效信号（if_spm_as_）有效、读 / 写信号（if_spm_rw）为写入（WRITE）时，写入有效信号（wea）为有效。基本上 IF 阶段只进行指令的读取，因此只有存储器读取操作。

[Ⅱ] B 端口写入有效信号的生成

当来自 MEM 阶段的地址有效信号（mem_spm_as_）有效、读 / 写信号（mem_spm_rw）为写入（WRITE）时，写入有效信号（web）为有效。

[Ⅲ] 存储器的实例化

实例化赛灵思 FPGA 的块 RAM 模块。

■总线接口

总线接口用来对总线的访问进行控制。CPU 在 IF 阶段和 MEM 阶段访问内存。总线接口接受来自 CPU 的内存访问请求，并控制其对总线的访问。

因为 AZ Processor 内置了 SPM，总线接口要根据访问的地址选择总线和 SPM 的访问。因为 CPU 与 SPM 直接连接，CPU 对 SPM 进行读写只需要一个周期。访问总线时需要遵循总线协议进行访问控制。

在总线空闲状态的前提下，当未在执行刷新流水线操作、地址选通有效以及对 1 号之外的总线从属进行访问时，可以进行总线访问。当正在执行刷新操作时流水线寄存器无效，无法进行访问。CPU 要访问总线时总线接口转移到总线请求状态，对总线控制权进行请求。如果总线许可信号有效，则表明总线控制权申请成功，总线接口转移到总线访问状态进行总线访问。最后，总线访问完成后使能就绪信号。这时，如果流水线在延迟状态，则总线接口转移到延迟状态等待延迟的解除。如果未发生延迟，则返回空闲状态。

总线接口的状态迁移图如图 1-104 所示，信号一览如表 1-42 所示。

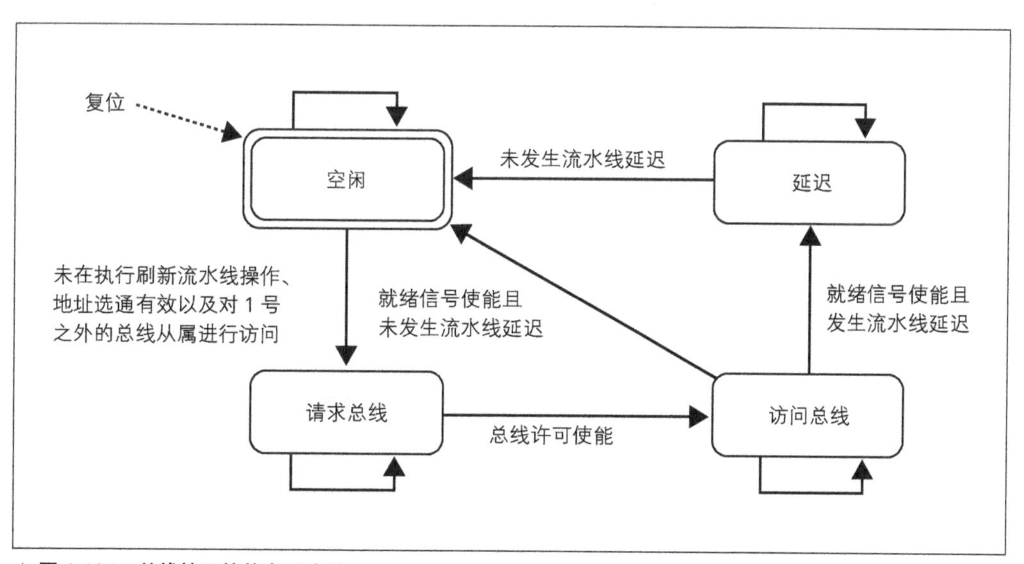

▲ 图 1-104　总线接口的状态迁移图

▼ 表 1-42　信号线一览（bus_if.v）

分组	信号名	信号类型	数据类型	位宽	含义
时钟 复位	clk	输入端口	wire	1	时钟
	reset	输入端口	wire	1	异步复位
流水线控制信号	stall	输入端口	wire	1	延迟信号
	flush	输入端口	wire	1	刷新信号
	busy	输出端口	reg	1	总线忙信号
CPU 接口	addr	输入端口	wire	30	CPU：地址
	as_	输入端口	wire	1	CPU：地址有效
	rw	输入端口	wire	1	CPU：读 / 写
	wr_data	输入端口	wire	32	CPU：写入的数据
	rd_data	输出端口	reg	32	CPU：读取的数据
SPM 接口	spm_rd_data	输入端口	wire	32	SPM：读取的数据
	spm_addr	输出端口	wire	30	SPM：地址
	spm_as_	输出端口	reg	1	SPM：地址选通
	spm_rw	输出端口	wire	1	SPM：读 / 写
	spm_wr_data	输出端口	wire	32	SPM：写入的数据
总线接口	bus_rd_data	输入端口	wire	32	总线：读取的数据
	bus_rdy_	输入端口	wire	1	总线：就绪
	bus_grnt_	输入端口	wire	1	总线：许可
	bus_req_	输出端口	reg	1	总线：请求
	bus_addr	输出端口	wire	30	总线：地址
	bus_as_	输出端口	reg	1	总线：地址选通
	bus_rw	输出端口	wire	1	总线：读 / 写
	bus_wr_data	输出端口	wire	32	总线：写入的数据
	state	内部信号	reg	2	总线接口状态
内部信号	rd_buf	内部信号	reg	32	读取缓冲
	s_index	内部信号	wire	3	总线从属索引

总线接口由两部分组成，一部分是控制内存访问的组合电路，另一部分是控制总线接口状态的时序电路。内存访问控制部分的程序如代码 1-13 所示。

▼ 代码 1-13　内存访问控制（bus_if.v）

```
58      assign s_index      = addr[`BusSlaveIndexLoc];    [ I ] 生成总线从属索引
59
60      /********** 输出的赋值 **********/
61      assign spm_addr     = addr;
62      assign spm_rw       = rw;                          [ II ] 输出的赋值
63      assign spm_wr_data  = wr_data;
64
65      /********** 内存访问的控制 **********/
```

```
66      always @(*) begin
67          /* 默认值 */
68          rd_data    = `WORD_DATA_W'h0;
69          spm_as_    = `DISABLE_;                    [Ⅲ] 代入默认值
70          busy       = `DISABLE;
71          /* 总线接口的状态 */
72          case (state)
73              `BUS_IF_STATE_IDLE   : begin // 空闲    [Ⅳ] 空闲状态
74                  /* 内存访问 */
75                  if ((flush == `DISABLE) && (as_ == `ENABLE_)) begin
76                      /* 选择访问的目标 */
77                      if (s_index == `BUS_SLAVE_1) begin // 访问SPM
78                          if (stall == `DISABLE) begin // 检测延迟的发生
79                              spm_as_   = `ENABLE_;
80                              if (rw == `READ) begin // 读取访问
81                                  rd_data  = spm_rd_data;
82                              end
83                          end                        (2) 检测延迟的发生
84                      end else begin                 // 访问总线
85                          busy       = `ENABLE;
86                      end
87                  end                                (1) 选择访问的目标
88              end
89              `BUS_IF_STATE_REQ    : begin // 请求总线
90                  busy       = `ENABLE;
91              end                                    [Ⅴ] 请求总线
92              `BUS_IF_STATE_ACCESS : begin // 访问总线
93                  /* 等待就绪信号 */
94                  if (bus_rdy_ == `ENABLE_) begin // 就绪信号到达
95                      if (rw == `READ) begin // 读取访问
96                          rd_data  = bus_rd_data;    [Ⅵ] 访问总线
97                      end
98                  end else begin                 // 就绪信号未到达
99                      busy       = `ENABLE;
100                 end
101             end
102             `BUS_IF_STATE_STALL  : begin // 延迟
103                 if (rw == `READ) begin // 读取访问
104                     rd_data  = rd_buf;             [Ⅶ] 延迟
105                 end
106             end
107         endcase
108     end
```

[Ⅰ] 生成总线从属索引

使用 PC 寄存器最高 3 位生成总线从属索引。

[Ⅱ] 输出的赋值

将输入的地址（addr）、读 / 写（rw）和写入的数据（wr_data）信号输出到 SPM。

[Ⅲ] 代入默认值

读取的数据（rd_data）初始化为 0，SPM 的地址选通信号（spm_as_）和总线忙信号（busy）设置为无效。

[Ⅳ] 空闲状态

空闲状态下，如果刷新信号（flush）无效且地址选通信号（as_）有效时，发生内存访问操作。

（1）处对即将访问的总线从属进行选择。当选中 1 号总线从属时为访问 SPM。SPM 需要在流水线非延迟的状态下访问。由于延迟状态中的流水线寄存器无法更新，如果这时允许总线的访问，CPU 会不断访问同一地址。因此 CPU 需要等待延迟状态解除，在流水线寄存器可以更新时访问总线。

（2）处对是否有延迟的发生进行检测。如果是读取访问，则将从 SPM 读取的数据（spm_rd_data）输出到数据输出端口（rd_data）。由于 SPM 访问在一个周期即可完成，不需要使能总线忙信号（busy）。如果不是访问 1 号总线从属，则需要访问总线，并使能总线忙信号（busy）。

[Ⅴ] 请求总线

总线访问正在进行时，总线忙信号（busy）有效。

[Ⅵ] 访问总线

就绪信号（bus_rdy_）使能时，总线访问结束。读 / 写信号（rw）为读取（READ）时，总线上的读取数据（bus_rd_data）的值输出到读取端口（rd_data）。就绪信号（bus_rdy_）无效时，说明总线访问正在进行，使能总线忙信号（busy）。

[Ⅶ] 延迟

在等待延迟解除时，如果读 / 写信号（rw）为读取（READ），因为总线访问已经结束，直接将缓冲（rd_buf）中的数据输出到读取端口（rd_data），并使总线忙信号无效。

总线接口控制部分的程序如代码 1-14 所示。

▼代码 1-14　总线接口控制（bus_if.v）

```
110    /********** 总线接口的状态控制 **********/
111    always @(posedge clk or `RESET_EDGE reset) begin
112        if (reset == `RESET_ENABLE) begin
113            /* 异步复位 */
114            state       <= #1 `BUS_IF_STATE_IDLE;
115            bus_req_    <= #1 `DISABLE_;
116            bus_addr    <= #1 `WORD_ADDR_W'h0;
117            bus_as_     <= #1 `DISABLE_;
```

[Ⅰ] 异步复位

```
118             bus_rw       <= #1 `READ;
119             bus_wr_data <= #1 `WORD_DATA_W'h0;
120             rd_buf       <= #1 `WORD_DATA_W'h0;
121         end else begin
122             /* 总线接口的状态 */
123             case (state)
124                 `BUS_IF_STATE_IDLE   : begin // 空闲
125                     /* 内存访问 */
126                     if ((flush == `DISABLE) && (as_ == `ENABLE_)) begin
127                         /* 选择访问目标 */
128                         if (s_index != `BUS_SLAVE_1) begin // 访问总线
129                             state       <= #1 `BUS_IF_STATE_REQ;
130  [Ⅱ] 空闲状态               bus_req_    <= #1 `ENABLE_;
131                             bus_addr    <= #1 addr;
132                             bus_rw      <= #1 rw;
133                             bus_wr_data <= #1 wr_data;
134                         end                               (1) 选择访问目标
135                     end
136                 end
137                 `BUS_IF_STATE_REQ    : begin // 请求总线
138                     /* 等待总线许可 */
139                     if (bus_grnt_ == `ENABLE_) begin // 获得总线使用权
140  [Ⅲ] 请求总线           state       <= #1 `BUS_IF_STATE_ACCESS;
141                         bus_as_     <= #1 `ENABLE_;
142                     end                                  (2) 等待总线许可
143                 end
144                 `BUS_IF_STATE_ACCESS : begin // 访问总线
145                     /* 使地址选通无效 */
146                     bus_as_     <= #1 `DISABLE_;
147                     /* 等待就绪信号 */
148                     if (bus_rdy_ == `ENABLE_) begin // 就绪信号到达
149                         bus_req_    <= #1 `DISABLE_;
150                         bus_addr    <= #1 `WORD_ADDR_W'h0;
151                         bus_rw      <= #1 `READ;          (3) 等待就绪信号
152                         bus_wr_data <= #1 `WORD_DATA_W'h0;
153                         /* 保存读取到的数据 */
154  [Ⅳ] 访问总线           if (bus_rw == `READ) begin // 读取访问
155                             rd_buf      <= #1 bus_rd_data;
156                         end                         (4) 保存读取到的数据
157                         /* 检测是否发生延迟 */
158                         if (stall == `ENABLE) begin // 发生延迟
159                             state       <= #1 `BUS_IF_STATE_STALL;
160                         end else begin                  // 未发生延迟
161                             state       <= #1 `BUS_IF_STATE_IDLE;
162                         end
163                     end                             (5) 检测是否发生延迟
164                 end
165                 `BUS_IF_STATE_STALL  : begin // 延迟
166  [Ⅴ] 延迟           /* 检测是否发生延迟 */
167                     if (stall == `DISABLE) begin // 解除延迟
168                         state       <= #1 `BUS_IF_STATE_IDLE;
169                     end
```

```
170                     end
171                 endcase
172             end
173         end
```

[Ⅰ] **异步复位**

复位信号（reset）有效时，寄存器将被初始化。该初始化操作会将总线接口状态（state）设置为空闲状态（BUS_IF_STATE_IDLE），将总线请求信号（bus_req_）与地址选通信号（bus_as_）设置为无效，读 / 写信号（bus_rw）设置为读取（READ），将地址（bus_addr）、写入的数据（bus_wr_data）、读取缓冲（rd_buf）清空为 0。

[Ⅱ] **空闲状态**

在空闲状态下，如果刷新信号（flush）无效、地址选通信号有效，则会发生内存访问操作。（1）处选择要访问的总线从属。当访问目标是 1 号之外的总线从属时，则会访问总线。访问总线时使能总线请求信号（bus_req_），状态转移到总线请求（BUS_IF_STATE_REQ）状态。同时，将 CPU 的输出代入地址信号（bus_addr）、读写信号（bus_rw）和写入数据信号（bus_wr_data）。

[Ⅲ] **请求总线**

（2）处如果总线许可（bus_grnt_）有效，状态则会转移到总线访问状态（BUS_IF_STATE_ACCESS），且总线地址选通信号转为（bus_as_）有效。

[Ⅳ] **访问总线**

接下来将总线地址选通信号（bus_as_）设为无效，在（3）处等待就绪信号（bus_rdy_）。一旦就绪信号（bus_rdy_）有效，总线请求信号（bus_req_）则会无效，并释放总线。然后对地址（bus_addr）、读写信号（bus_rw）和写入数据信号（bus_wr_data）初始化。如果是读取访问的话，在（4）处将读取的数据（bus_rd_data）保存到读取缓存（rd_buf）中。

总线访问完成时，如果流水线处于延迟状态，则等待延迟的解除。这样是为了避免延迟中对同一地址反复访问。（5）处对是否发生延迟进行检测。延迟信号（stall）有效时，状态迁移到延迟状态（BUS_IF_STATE_STALL）；如果延迟信号（stall）转为无效，则状态转移到空闲状态（BUS_IF_STATE_IDLE）。

[Ⅴ] **延迟**

等待延迟状态的解除。如果延迟信号（stall）转为无效，则状态转移到空闲状态（BUS_IF_STATE_IDLE）。

■Instruction Fetch（IF）阶段

IF 阶段的操作有取指令，并决定下一条 PC 寄存器的内容。IF 阶段由流水线寄存器与总线接口组成。表 1-43 列出了 IF 阶段的模块一览。

▼ 表 1-43　IF 阶段模块一览

模块名	文件名	说明
if_stage	if_stage.v	IF 阶段顶层模块
if_reg	if_reg.v	IF 阶段流水线寄存器
bus_if	bus_if.v	总线接口

IF 阶段是根据 PC 寄存器的值进行指令读取的。因为要先确定 PC 的值才可以进行指令读取，因此，指令存储到指令寄存器中的操作发生在 PC 值确定后的下一个时钟周期。这样，指令和 PC 寄存器对应的内容错开一个周期。图 1-105 说明了 PC 和指令寄存器的时序关系。

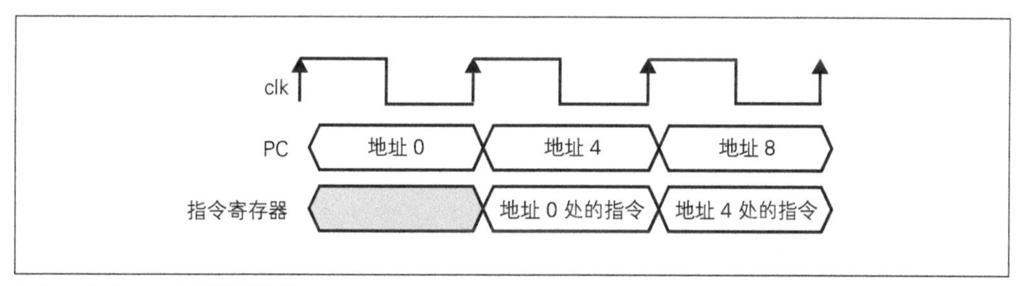

▲ 图 1-105　PC 与指令寄存器

由于 SPM 也按照时钟上升沿同步读取动作，因此从 SPM 读取指令时还要延迟一个周期。这样，指令与 PC 寄存器的对应内容会错开两个周期。图 1-106 展示了 SPM 读取操作时的时序。

使用多个时钟的数字电路设计称为多相时钟电路。由于多相时钟设计会导致电路动作复杂、难以验证，所以不应过多使用。AZ Processor 只在 SPM 读取时使用 180 度相位的时钟。使用 180 度相位时钟的话，SPM 访问的时序会变得紧张。由于在 180 度相位时钟上升沿读取的数据，要在相位 0 度时钟上升沿进行锁存，实质上要求 SPM 数据读取速度为之前的两倍。

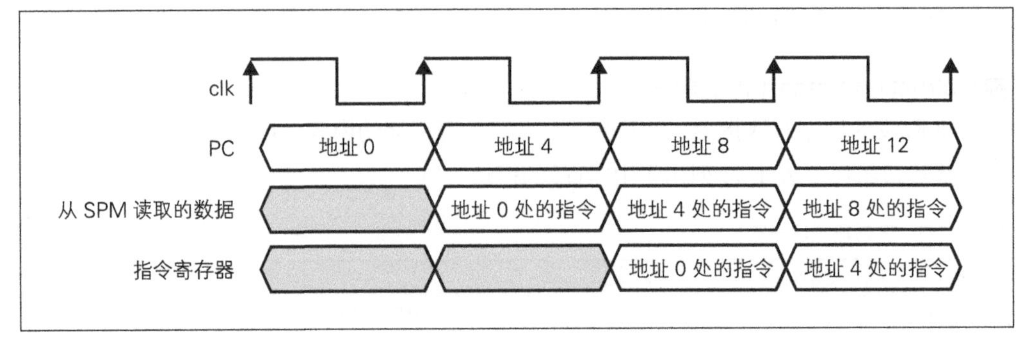

▲ 图 1-106　SPM 的读取

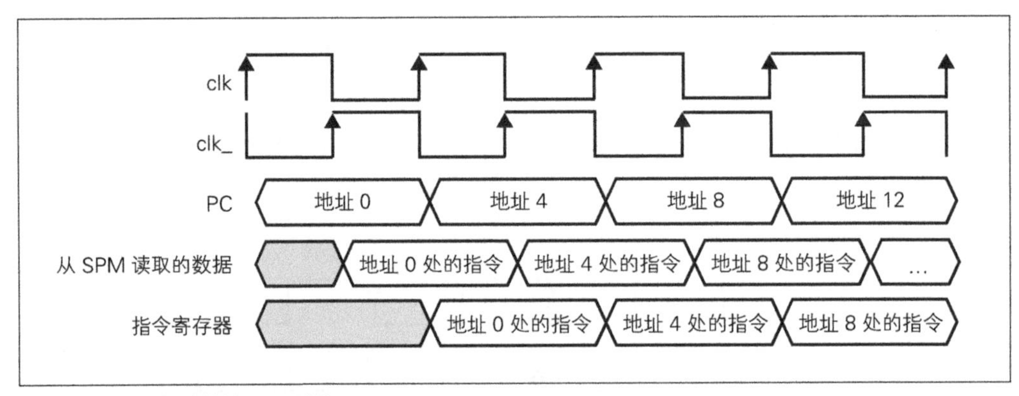

▲ 图 1-107　2 相时钟的 SPM 读取

■IF 阶段的流水线寄存器

IF 阶段的流水线寄存器（if_reg）的信号线一览如表 1-44 所示，程序如代码 1-15 所示。

▼ 表 1-44　信号线一览（if_reg.v）

分组	信号名	信号类型	数据类型	位宽	含义
时钟 复位	clk	输入端口	wire	1	时钟
	reset	输入端口	wire	1	异步复位
读取数据	insn	输入端口	wire	32	读取的指令
流水线控制信号	stall	输入端口	wire	1	延迟
	flush	输入端口	wire	1	刷新
	new_pc	输入端口	wire	30	新程序计数器值
	br_taken	输入端口	wire	1	分支成立
	br_addr	输入端口	wire	30	分支目标地址
IF/ID 流水线寄存器	if_pc	输出端口	reg	30	程序计数器
	if_insn	输出端口	reg	32	指令
	if_en	输入端口	reg	1	流水线数据有效标志位

▼ 代码 1-15 IF 阶段的流水线寄存器（if_reg.v）

```
39      /********** 流水线寄存器 **********/
40      always @(posedge clk or `RESET_EDGE reset) begin          ┌[ I ] 异步复位
41          if (reset == `RESET_ENABLE) begin
42              /* 异步复位 */
43              if_pc   <= #1 `RESET_VECTOR;
44              if_insn <= #1 `ISA_NOP;
45              if_en   <= #1 `DISABLE;
46          end else begin
47              /* 更新流水线寄存器 */
48              if (stall == `DISABLE) begin
49                  if (flush == `ENABLE) begin                  // 刷新
50                      if_pc   <= #1 new_pc;           (1) 刷新流水线并将 PC 值
51                      if_insn <= #1 `ISA_NOP;             更新为新地址
52                      if_en   <= #1 `DISABLE;
53                  end else if (br_taken == `ENABLE) begin // 分支成立
54                      if_pc   <= #1 br_addr;
55                      if_insn <= #1 insn;                 (2) PC 值更新为分支目标
56                      if_en   <= #1 `ENABLE;                  地址
57                  end else begin                               // 下一条地址
58                      if_pc   <= #1 if_pc + 1'd1;
59                      if_insn <= #1 insn;                 (3) PC 值更新为下一条地址
60                      if_en   <= #1 `ENABLE;
61                  end
62              end
63          end                                             └[ II ] 流水线寄存器的更新
64      end
```

[I] 异步复位

复位信号（reset）有效时寄存器将被初始化。PC（if_pc）设置为复位向量（地址 0），指令寄存器（if_insn）设置为 NOP，流水线数据有效标志位（if_en）设置为无效。

[II] 流水线寄存器的更新

流水线寄存器在延迟信号（stall）无效时才能更新。

（1）处对流水线寄存器进行刷新操作。刷新信号（flush）有效时，PC（if_PC）设置为新地址（new_pc），指令寄存器（if_insn）设置为 NOP，流水线数据有效标志位（if_en）设置为无效。

（2）处对分支进行处理。分支信号（br_taken）有效时，PC（if_pc）被设置为分支目的地址（br_addr）。指令寄存器（if_insn）设置为读取的指令（insn）、流水线数据有效标志位（if_en）设置为有效。

（3）处对 PC 的步进进行处理。在既没发生延迟也没发生分支的情况下，PC（if_pc）更新为下一条指令的地址（if_pc + 1'd1）。指令寄存器（if_insn）设置为读取的指令（insn）、流水线数据有效标志位（if_en）设置为有效。

■IF 阶段的顶层模块

IF 阶段的顶层模块用于连接总线接口与 IF 阶段的流水线寄存器。IF 阶段的顶层模块的连接图如图 1-108 所示。由于 IF 阶段只进行指令的读取，总线接口的读 / 写信号（rw）设置为读取（READ），写入的数据（wr_data）设置为 0。由于每个时钟周期都会进行指令的读取，持续将地址有效信号（as_）设置为有效（ENABLE_）。

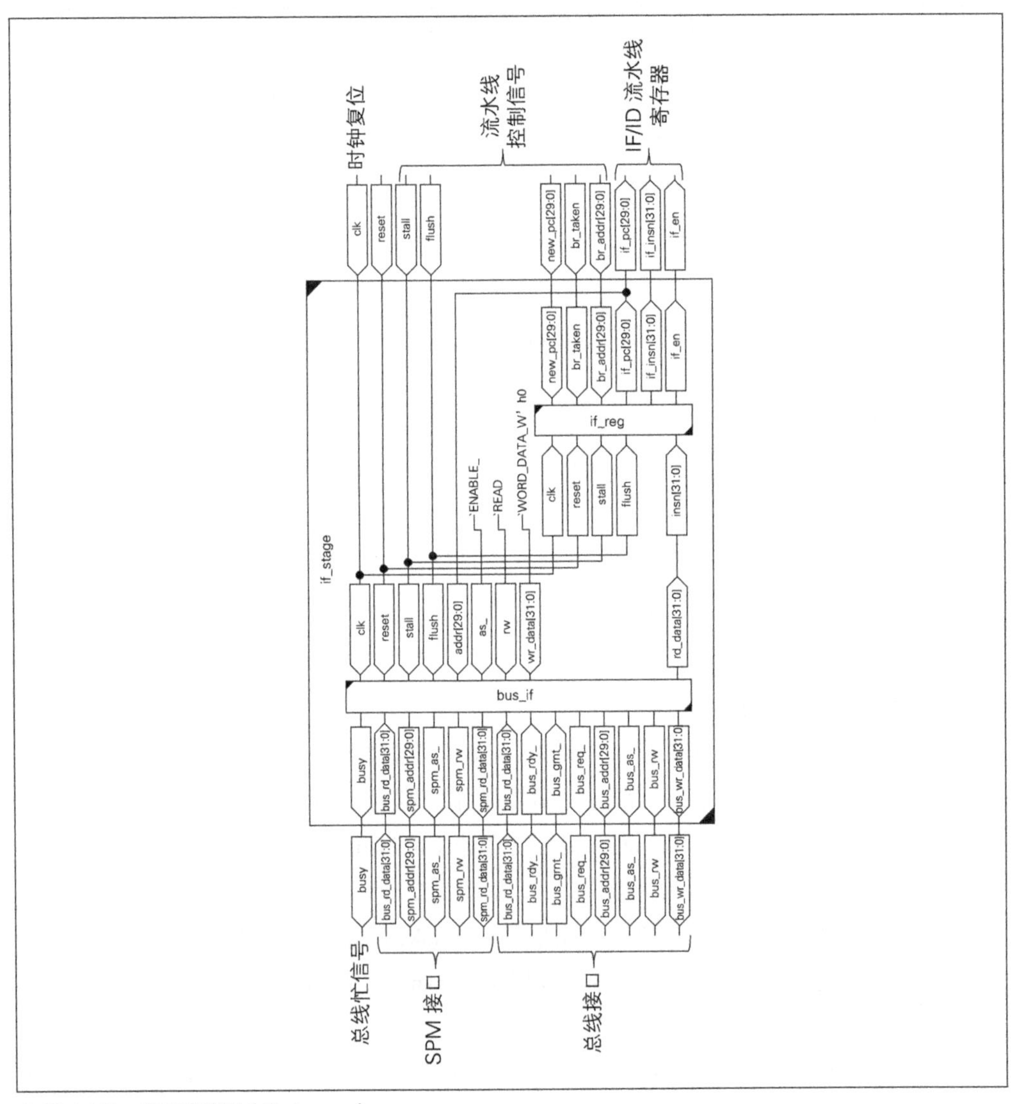

▲ 图 1-108 端口连接图（if_stage.v）

■Instruction Decode（ID）阶段

ID 阶段对指令进行解码并生成必要的信号。数据的直通、Load 冒险的检测、分支的判定都在这一阶段进行。ID 阶段由指令解码器和流水线寄存器构成。表 1-45 列出了 ID 阶段的模块一览。

▼ 表 1-45　ID 阶段模块一览

模块名	文件名	说明
id_stage	id_stage.v	ID 阶段顶层模块
decoder	decoder.v	指令解码器
id_reg	id_reg.v	ID 阶段流水线寄存器

■指令解码器

指令解码器从输入的指令码中分解出各个指令字段，生成地址、数据和控制等信号。数据的直通、Load 冒险的检测、分支的判定也在这个指令解码器中进行。表 1-46 为指令解码器的信号线一览。

▼ 表 1-46　信号线一览（decoder.v）

分组	信号名	信号类型	数据类型	位宽	含义
IF/ID 流水线寄存器	if_pc	输出端口	reg	30	程序计数器
	if_insn	输出端口	reg	32	指令
	if_en	输入端口	reg	1	流水线数据的有效标志位
GPR 接口	gpr_rd_data_0	输入端口	wire	32	读取数据 0
	gpr_rd_data_1	输入端口	wire	32	读取数据 1
	gpr_rd_addr_0	输出端口	wire	5	读取地址 0
	gpr_rd_addr_1	输出端口	wire	5	读取地址 1
来自 ID 阶段的数据直通	id_en	输入端口	wire	1	流水线数据有效
	id_dst_addr	输入端口	wire	5	写入地址
	id_gpr_we_	输入端口	wire	1	写入有效
	id_mem_op	输入端口	wire	2	内存操作
来自 EX 阶段的数据直通	ex_en	输入端口	wire	1	流水线数据的有效
	ex_dst_addr	输入端口	wire	5	写入地址
	ex_gpr_we_	输入端口	wire	1	写入有效
	ex_fwd_data	输入端口	wire	32	数据直通
来自 MEM 阶段的数据直通	mem_fwd_data	输入端口	wire	32	数据直通
控制寄存器接口	exe_mode	输入端口	wire	1	执行模式
	creg_rd_data	输入端口	wire	32	读取的数据
	creg_rd_addr	输出端口	wire	5	读取的地址

（续）

分组	信号名	信号类型	数据类型	位宽	含义
解码结果	alu_op	输出端口	reg	4	ALU 操作
	alu_in_0	输出端口	reg	32	ALU 输入 0
	alu_in_1	输出端口	reg	32	ALU 输入 1
	br_addr	输出端口	reg	30	分支地址
	br_taken	输出端口	reg	1	分支成立
	br_flag	输出端口	reg	1	分支标志位
	mem_op	输出端口	reg	2	内存操作
	mem_wr_data	输出端口	wire	32	内存写入数据
	ctrl_op	输出端口	reg	2	控制操作
	dst_addr	输出端口	reg	5	通用寄存器写入地址
	gpr_we_	输出端口	reg	1	通用寄存器写入有效
	exp_code	输出端口	reg	3	异常代码
	ld_hazard	输出端口	reg	1	Load 冒险
指令字段	op	内部信号	wire	6	操作码
	ra_addr	内部信号	wire	5	Ra 地址
	rb_addr	内部信号	wire	5	Rb 地址
	rc_addr	内部信号	wire	5	Rc 地址
	imm	内部信号	wire	16	立即数
立即数	imm_s	内部信号	wire	32	符号扩充后的立即数
	imm_u	内部信号	wire	32	0 扩充后的立即数
从通用寄存器读取的数据	ra_data	内部信号	reg	32	Ra 寄存器读取的数据（无符号）
	s_ra_data	内部信号	wire signed	32	Ra 寄存器读取的数据（有符号）
	rb_data	内部信号	reg	32	Rb 寄存器读取的数据（无符号）
	s_rb_data	内部信号	wire signed	32	Rb 寄存器读取的数据（有符号）
地址	ret_addr	内部信号	wire	30	返回地址
	br_target	内部信号	wire	30	分支目标地址
	jr_target	内部信号	wire	30	跳转目标地址

首先，指令字段的分解和必要信号的生成部分程序如代码 1-16 所示。

▼ 代码 1-16　内部信号生成与输出赋值（decoder.v）

```
64      /********** 指令字段 **********/                    ——[ I ] 指令字段的分解
65      wire [`IsaOpBus]      op      = if_insn[`IsaOpLoc];      // 操作码
66      wire [`RegAddrBus]    ra_addr = if_insn[`IsaRaAddrLoc]; // Ra地址
67      wire [`RegAddrBus]    rb_addr = if_insn[`IsaRbAddrLoc]; // Rb地址
68      wire [`RegAddrBus]    rc_addr = if_insn[`IsaRcAddrLoc]; // Rc地址
69      wire [`IsaImmBus]     imm     = if_insn[`IsaImmLoc];     // 立即数
```

```
70      /********** 立即数 **********/                              ┌─[ Ⅱ ] 立即数字段的扩充
71      // 符号扩充
72      wire [`WordDataBus] imm_s = {{`ISA_EXT_W{imm[`ISA_IMM_MSB]}}, imm};
73      // 0扩充
74      wire [`WordDataBus] imm_u = {{`ISA_EXT_W{1'b0}}, imm};
75      /********** 寄存器读取地址 **********/                        ┌─[ Ⅲ ] 寄存器读取地址
76      assign gpr_rd_addr_0 = ra_addr; // 通用寄存器读取地址0
77      assign gpr_rd_addr_1 = rb_addr; // 通用寄存器读取地址1
78      assign creg_rd_addr  = ra_addr; // 控制寄存器读取地址
79      /********** 通用寄存器的读取数据 **********/                  ┌─[ Ⅳ ] 通用寄存器的读取数据
80      reg          [`WordDataBus]  ra_data;                           // 无符号Ra
81      wire signed [`WordDataBus]  s_ra_data = $signed(ra_data);      // 有符号Ra
82      reg          [`WordDataBus]  rb_data;                           // 无符号Rb
83      wire signed [`WordDataBus]  s_rb_data = $signed(rb_data);      // 有符号Rb
84      assign mem_wr_data = rb_data; // 内存写入数据
85      /********** 地址 **********/                                  ┌─[ Ⅴ ] 地址的生成
86      wire [`WordAddrBus] ret_addr  = if_pc + 1'b1;                   // 返回地址
87      wire [`WordAddrBus] br_target = if_pc + imm_s[`WORD_ADDR_MSB:0]; // 分支目标地址
88      wire [`WordAddrBus] jr_target = ra_data[`WordAddrLoc];          // 跳转目标地址
```

[Ⅰ] 指令字段的分解

此处从输入的指令码中分解出各个指令字段。

[Ⅱ] 立即数字段的扩充

此处将 16 位立即数扩充到 32 位。符号扩充的立即数赋给 imm_s，0 扩充的立即数赋给 imm_u。符号扩充的立即数用该立即数字段的 MSB 填充高 16 位。0 扩充则用 0 填充高 16 位。

[Ⅲ] 寄存器读取地址

此处对寄存器读取地址进行赋值。通用寄存器读取地址使用指令的 Ra 字段（ra_addr）和 Rb 字段（rb_addr）。控制寄存器读取地址使用 Ra 字段（ra_addr）。

[Ⅳ] 通用寄存器的读取数据

此处定义通用寄存器的读取数据的信号。信号定义分为无符号（ra_data、rb_data）与有符号（s_ra_data、s_rb_data）两种。有符号信号是通过用 $signed() 处理无符号信号得到的。

[Ⅴ] 地址的生成

此处生成指令解码器中使用的地址。由于延迟间隙的存在，CALL 指令的返回地址为两条指令之后的地址。因为 PC（if_pc）中已经存放了下一条指令的地址，返回地址（ret_addr）为 PC（if_pc）中的地址加 1。

分支目标地址（br_target）代入 PC 值加符号扩充后的立即数（imm_s）。因为地址为 30 位，32 位立即数只取低位的 30 位参与加法运算。

跳转目标地址（jr_target）代入 Ra 寄存器（ra_data）的值。由于跳转目的地址（jr_target）为字编址，而 Ra 寄存器（ra_data）保存的地址为字节编址，因此只使用 Ra 寄存器（ra_data）高位的 30 位。

下面，与数据直通相关的程序如代码 1-17 所示。

▼ 代码 1-17　数据直通（decoder.v）

```
 90      /********** 数据直通 **********/
 91      always @(*) begin
 92          /* Ra寄存器 */                              ┌─[ Ⅰ ]Ra 寄存器的数据直通
 93          if ((id_en == `ENABLE) && (id_gpr_we_ == `ENABLE_) &&
 94              (id_dst_addr == ra_addr)) begin
 95              ra_data = ex_fwd_data;    // 来自EX阶段的数据直通
 96          end else if ((ex_en == `ENABLE) && (ex_gpr_we_ == `ENABLE_) &&
 97                       (ex_dst_addr == ra_addr)) begin
 98              ra_data = mem_fwd_data;   // 来自MEM阶段的数据直通
 99          end else begin
100              ra_data = gpr_rd_data_0; // 从寄存器堆读取
101          end
102          /* Rb寄存器 */                              ┌─[ Ⅱ ]Rb 寄存器的直通
103          if ((id_en == `ENABLE) && (id_gpr_we_ == `ENABLE_) &&
104              (id_dst_addr == rb_addr)) begin
105              rb_data = ex_fwd_data;    // 来自EX阶段的数据直通
106          end else if ((ex_en == `ENABLE) && (ex_gpr_we_ == `ENABLE_) &&
107                       (ex_dst_addr == rb_addr)) begin
108              rb_data = mem_fwd_data;   // 来自MEM阶段的数据直通
109          end else begin
110              rb_data = gpr_rd_data_1; // 从寄存器堆读取
111          end
112      end
```

[Ⅰ] Ra 寄存器的数据直通

因为流水线前的结果会成为最新值，直通的比较按 EX 阶段、MEM 阶段的顺序进行。

来自 EX 阶段的数据直通的产生条件为：ID/EX 流水线寄存器有效、Ra 寄存器的读取地址（ra_addr）与寄存器写入地址（id_dst_addr）相等，且寄存器的写入有效信号（id_gpr_we_）为有效。

来自 MEM 阶段的数据直通的产生条件为：EX/MEM 流水线寄存器有效、Ra 寄存器的读取地址（ra_addr）与寄存器写入地址（ex_dst_addr）相等，且寄存器的写入有效信号（ex_gpr_we_）为有效。无法进行直通时，直接使用寄存器堆读取值。

[Ⅱ] Rb 寄存器的数据直通

来自 EX 阶段的数据直通的产生条件为：ID/EX 流水线寄存器有效、Rb 寄存器的读取地址（rb_addr）与寄存器写入地址（id_dst_addr）相等，且寄存器的写入有效信号（id_gpr_we_）为有效。来自 MEM 阶段的数据直通的产生条件为：EX/MEM 流水线寄存器有效、Rb 寄存器的读取地址（rb_addr）与寄存器写入地址（ex_dst_addr）相等，且寄存器的写入有效信号（ex_gpr_we_）为有效。无法进行数据直通时，直接使用寄存器堆读取值。

Load 冒险检测程序如代码 1-18 所示。

▼ 代码 1-18 Load 冒险检测（decoder.v）

```
114     /********** Load冒险检测 **********/
115     always @(*) begin                                      ——[ Ⅰ ]Load 冒险检测
116         if ((id_en == `ENABLE) && (id_mem_op == `MEM_OP_LDW) &&
117             ((id_dst_addr == ra_addr) || (id_dst_addr == rb_addr))) begin
118             ld_hazard = `ENABLE;  // Load冒险
119         end else begin
120             ld_hazard = `DISABLE; // 冒险未发生
121         end
122     end
```

[Ⅰ] Load 冒险检测

Load 冒险产生的条件为：ID/EX 流水线寄存器中存放的之前的指令为 Load 指令，通用寄存器的写入地址与当前指令的读取地址相等。ID/EX 流水线寄存器有效、内存操作（id_mem_op）为 Load 指令（MEM_OP_LDW），且之前指令的写入地址（id_dst_addr）与 Ra 寄存器的地址（ra_addr）或 Rb 寄存器的地址（rb_addr）相等时使能 Load 冒险信号（ld_hazard）。

下面对指令解码器的主要部分——指令解码程序进行说明。各指令与相应的信号线解码结果如表 1-47 所示。表 1-47 中最上方的灰色行表示的是各信号的默认值。各指令相应信号线的值如果等于默认值，则标记为灰色。指令解码器的程序中，首先将各个信号初始化为默认值，然后根据解码结果，只将与默认值不同的信号赋予新值。代码 1-19 列出的是信号初始化部分程序。

▼ 代码 1-19 内部信号初始化（decoder.v）

```
124     /********** 指令解码 **********/
125     always @(*) begin
```

```
126         /* 默认值 */
127         alu_op    = `ALU_OP_NOP;
128         alu_in_0 = ra_data;
129         alu_in_1 = rb_data;
130         br_taken = `DISABLE;
131         br_flag   = `DISABLE;
132         br_addr   = {`WORD_ADDR_W{1'b0}};
133         mem_op    = `MEM_OP_NOP;
134         ctrl_op   = `CTRL_OP_NOP;
135         dst_addr = rb_addr;
136         gpr_we_   = `DISABLE_;
137         exp_code = `ISA_EXP_NO_EXP;
```

[Ⅰ] 默认信号的默认值

[Ⅰ] 默认信号的默认值

此处依据表 1-47 所示的默认值进行初始化。

下面，代码 1-20 展示了逻辑运算指令解码部分程序。

▼ 代码 1-20　逻辑运算指令解码（decoder.v）

```
141                 /* 逻辑运算指令 */
142                 `ISA_OP_ANDR   : begin // 寄存器间的逻辑与
143                     alu_op    = `ALU_OP_AND;
144                     dst_addr = rc_addr;
145                     gpr_we_   = `ENABLE_;
146                 end
147                 `ISA_OP_ANDI   : begin // 寄存器与立即数的逻辑与
148                     alu_op    = `ALU_OP_AND;
149                     alu_in_1 = imm_u;
150                     gpr_we_   = `ENABLE_;
151                 end
152                 `ISA_OP_ORR    : begin // 寄存器间的逻辑或
153                     alu_op    = `ALU_OP_OR;
154                     dst_addr = rc_addr;
155                     gpr_we_   = `ENABLE_;
156                 end
157                 `ISA_OP_ORI    : begin // 寄存器与立即数的逻辑或
158                     alu_op    = `ALU_OP_OR;
159                     alu_in_1 = imm_u;
160                     gpr_we_   = `ENABLE_;
161                 end
162                 `ISA_OP_XORR   : begin // 寄存器间的逻辑异或
163                     alu_op    = `ALU_OP_XOR;
164                     dst_addr = rc_addr;
165                     gpr_we_   = `ENABLE_;
166                 end
167                 `ISA_OP_XORI   : begin // 寄存器与立即数间的逻辑或
168                     alu_op    = `ALU_OP_XOR;
169                     alu_in_1 = imm_u;
170                     gpr_we_   = `ENABLE_;
171                 end
```

[Ⅰ]ANDR 指令解码
[Ⅱ]ANDI 指令解码
[Ⅲ]ORR 指令解码
[Ⅳ]ORI 指令解码
[Ⅴ]XORR 指令解码
[Ⅵ]XORI 指令解码

▼ 表 1-47 解码结果

指令	操作码	信号线									
		alu_op	alu_in_0	alu_in_1	dst_addr	br_taken_	br_flag	br_addr	mem_op	ctrl_op	gpr_we_
–	–	ALU_OP_NOP	GPR[Ra]	GPR[Rb]	Rb	DISABLE_	DISABLE	0	MEM_OP_NOP	CTRL_OP_NOP	DISABLE_
ANDR	ISA_OP_ANDR	ALU_OP_AND	GPR[Ra]	GPR[Rb]	Rc	DISABLE_	DISABLE	N/A	MEM_OP_NOP	CTRL_OP_NOP	ENABLE_
ANDI	ISA_OP_ANDI	ALU_OP_AND	GPR[Ra]	imm_u	Rb	DISABLE_	DISABLE	N/A	MEM_OP_NOP	CTRL_OP_NOP	ENABLE_
ORR	ISA_OP_ORR	ALU_OP_OR	GPR[Ra]	GPR[Rb]	Rc	DISABLE_	DISABLE	N/A	MEM_OP_NOP	CTRL_OP_NOP	ENABLE_
ORI	ISA_OP_ORI	ALU_OP_OR	GPR[Ra]	imm_u	Rb	DISABLE_	DISABLE	N/A	MEM_OP_NOP	CTRL_OP_NOP	ENABLE_
XORR	ISA_OP_XORR	ALU_OP_XOR	GPR[Ra]	GPR[Rb]	Rc	DISABLE_	DISABLE	N/A	MEM_OP_NOP	CTRL_OP_NOP	ENABLE_
XORI	ISA_OP_XORI	ALU_OP_XOR	GPR[Ra]	imm_u	Rb	DISABLE_	DISABLE	N/A	MEM_OP_NOP	CTRL_OP_NOP	ENABLE_
ADDSR	ISA_OP_ADDSR	ALU_OP_ADDS	GPR[Ra]	GPR[Rb]	Rc	DISABLE_	DISABLE	N/A	MEM_OP_NOP	CTRL_OP_NOP	ENABLE_
ADDSI	ISA_OP_ADDSI	ALU_OP_ADDS	GPR[Ra]	imm_s	Rb	DISABLE_	DISABLE	N/A	MEM_OP_NOP	CTRL_OP_NOP	ENABLE_
ADDUR	ISA_OP_ADDUR	ALU_OP_ADDU	GPR[Ra]	GPR[Rb]	Rc	DISABLE_	DISABLE	N/A	MEM_OP_NOP	CTRL_OP_NOP	ENABLE_
ADDUI	ISA_OP_ADDUI	ALU_OP_ADDU	GPR[Ra]	imm_s	Rb	DISABLE_	DISABLE	N/A	MEM_OP_NOP	CTRL_OP_NOP	ENABLE_
SUBSR	ISA_OP_SUBSR	ALU_OP_SUBS	GPR[Ra]	GPR[Rb]	Rc	DISABLE_	DISABLE	N/A	MEM_OP_NOP	CTRL_OP_NOP	ENABLE_
SUBUR	ISA_OP_SUBUR	ALU_OP_SUBU	GPR[Ra]	GPR[Rb]	Rc	DISABLE_	DISABLE	N/A	MEM_OP_NOP	CTRL_OP_NOP	ENABLE_
SHRLR	ISA_OP_SHRLR	ALU_OP_SHRL	GPR[Ra]	GPR[Rb]	Rc	DISABLE_	DISABLE	N/A	MEM_OP_NOP	CTRL_OP_NOP	ENABLE_
SHRLI	ISA_OP_SHRLI	ALU_OP_SHRL	GPR[Ra]	imm_u	Rb	DISABLE_	DISABLE	N/A	MEM_OP_NOP	CTRL_OP_NOP	ENABLE_
SHLLR	ISA_OP_SHLLR	ALU_OP_SHLL	GPR[Ra]	GPR[Rb]	Rc	DISABLE_	DISABLE	N/A	MEM_OP_NOP	CTRL_OP_NOP	ENABLE_
SHLLI	ISA_OP_SHLLI	ALU_OP_SHLL	GPR[Ra]	imm_u	GPR[Rb]	DISABLE_	DISABLE	N/A	MEM_OP_NOP	CTRL_OP_NOP	ENABLE_
BE	ISA_OP_BE	ALU_OP_NOP	N/A	N/A	N/A	条件判定	ENABLE	br_target	MEM_OP_NOP	CTRL_OP_NOP	DISABLE_
BNE	ISA_OP_BNE	ALU_OP_NOP	N/A	N/A	N/A	条件判定	ENABLE	br_target	MEM_OP_NOP	CTRL_OP_NOP	DISABLE_
BSGT	ISA_OP_BSGT	ALU_OP_NOP	N/A	N/A	N/A	条件判定	ENABLE	br_target	MEM_OP_NOP	CTRL_OP_NOP	DISABLE_
BUGT	ISA_OP_BUGT	ALU_OP_NOP	N/A	N/A	N/A	条件判定	ENABLE	br_target	MEM_OP_NOP	CTRL_OP_NOP	DISABLE_
JMP	ISA_OP_JMP	ALU_OP_NOP	N/A	N/A	N/A	ENABLE_	ENABLE	GPR[Rc]	MEM_OP_NOP	CTRL_OP_NOP	DISABLE_
CALL	ISA_OP_CALL	ALU_OP_NOP	pc	N/A	31	ENABLE_	ENABLE	GPR[Rc]	MEM_OP_NOP	CTRL_OP_NOP	ENABLE_
LDW	ISA_OP_LDW	ALU_OP_ADDU	GPR[Ra]	imm_s	Rb	DISABLE_	DISABLE	N/A	MEM_OP_LDW	CTRL_OP_NOP	ENABLE_
STW	ISA_OP_STW	ALU_OP_ADDU	GPR[Ra]	imm_s	N/A	DISABLE_	DISABLE	N/A	MEM_OP_STW	CTRL_OP_NOP	DISABLE_
TRAP	ISA_OP_TRAP	ALU_OP_NOP	N/A	N/A	N/A	DISABLE_	DISABLE	N/A	MEM_OP_NOP	CTRL_OP_NOP	DISABLE_
RDCR	ISA_OP_RDCR	ALU_OP_NOP	CREG[Ra]	N/A	Rb	DISABLE_	DISABLE	N/A	MEM_OP_NOP	CTRL_OP_NOP	ENABLE_
WRCR	ISA_OP_WRCR	ALU_OP_NOP	GPR[Ra]	N/A	Rb	DISABLE_	DISABLE	N/A	MEM_OP_NOP	CTRL_OP_WRCR	DISABLE_
EXRT	ISA_OP_EXRT	ALU_OP_NOP	N/A	N/A	N/A	DISABLE_	DISABLE	N/A	MEM_OP_NOP	CTRL_OP_EXRT	DISABLE_

[Ⅰ] ANDR 指令解码

此处将 ALU 操作（alu_op）设置为 AND（ALU_OP_AND），通用寄存器写入地址（dst_addr）中记入 Rc 寄存器（rc_addr），通用寄存器写入有效信号（gpr_we_）设置为有效。

[Ⅱ] ANDI 指令解码

此处将 ALU 操作（alu_op）设置为 AND（ALU_OP_AND），ALU 的 1 号输入（alu_in_1）代入 0 扩充后的立即数（imm_u），通用寄存器写入有效信号（gpr_we_）设置为有效。

[Ⅲ] ORR 指令解码

此处将 ALU 操作（alu_op）设置为 OR（ALU_OP_OR），通用寄存器写入地址（dst_addr）中记入 Rc 寄存器（rc_addr），通用寄存器写入有效信号（gpr_we_）设置为有效。

[Ⅳ] ORI 指令解码

此处将 ALU 操作（alu_op）设置为 OR（ALU_OP_OR），ALU 的 1 号输入（alu_in_1）代入 0 扩充后的立即数（imm_u），通用寄存器写入有效信号（gpr_we_）设置为有效。

[Ⅴ] XORR 指令解码

此处将 ALU 操作（alu_op）设置为 XOR（ALU_OP_XOR），通用寄存器写入地址（dst_addr）中记入 Rc 寄存器（rc_addr），通用寄存器写入有效信号（gpr_we_）设置为有效。

[Ⅵ] XORI 指令解码

此处将 ALU 操作（alu_op）设置为 XOR（ALU_OP_XOR），ALU 的 1 号输入（alu_in_1）代入 0 扩充后的立即数（imm_u），通用寄存器写入有效信号（gpr_we_）设置为有效。

接下来，我们对算术运算指令的解码程序进行说明，如代码 1-21 所示。

▼ 代码 1-21　算术运算指令解码（decoder.v）

```
172                 /* 算术运算指令 */
173                 `ISA_OP_ADDSR : begin // 寄存器间的有符号加法
174                     alu_op    = `ALU_OP_ADDS;
175                     dst_addr = rc_addr;                    [ Ⅰ ]ADDSR 指令解码
176                     gpr_we_   = `ENABLE_;
177                 end
```

```
178            `ISA_OP_ADDSI : begin // 寄存器与立即数间的有符号加法
179                alu_op    = `ALU_OP_ADDS;
180                alu_in_1 = imm_s;                       [ II ]ADDSI 指令解码
181                gpr_we_   = `ENABLE_;
182            end
183            `ISA_OP_ADDUR : begin // 寄存器间的无符号加法
184                alu_op    = `ALU_OP_ADDU;
185                dst_addr = rc_addr;                     [ III ]ADDUR 指令解码
186                gpr_we_   = `ENABLE_;
187            end
188            `ISA_OP_ADDUI : begin // 寄存器与立即数间的无符号加法
189                alu_op    = `ALU_OP_ADDU;
190                alu_in_1 = imm_s;                       [ IV ]ADDUI 指令解码
191                gpr_we_   = `ENABLE_;
192            end
193            `ISA_OP_SUBSR : begin // 寄存器间的有符号减法
194                alu_op    = `ALU_OP_SUBS;
195                dst_addr = rc_addr;                     [ V ]SUBSR 指令解码
196                gpr_we_   = `ENABLE_;
197            end
198            `ISA_OP_SUBUR : begin // 寄存器间的无符号减法
199                alu_op    = `ALU_OP_SUBU;
200                dst_addr = rc_addr;                     [ VI ]SUBUR 指令解码
201                gpr_we_   = `ENABLE_;
202            end
```

[I] ADDSR 指令解码

此处将 ALU 操作（alu_op）设置为有符号加法（ALU_OP_ADDS），通用寄存器写入地址（dst_addr）中记入 Rc 寄存器（rc_addr），通用寄存器写入有效信号（gpr_we_）设置为有效。

[II] ADDSI 指令解码

此处将 ALU 操作（alu_op）设置为有符号加法（ALU_OP_ADDS），ALU 的 1 号输入（alu_in_1）代入符号扩充后的立即数（imm_s），通用寄存器写入有效信号（gpr_we_）设置为有效。

[III] ADDUR 指令解码

此处将 ALU 操作（alu_op）设置为无符号加法（ALU_OP_ADDU），通用寄存器写入地址（dst_addr）中记入 Rc 寄存器（rc_addr），通用寄存器写入有效信号（gpr_we_）设置为有效。

[IV] ADDUI 指令解码

此处将 ALU 操作（alu_op）设置为无符号加法（ALU_OP_ADDU），ALU 的 1 号输入（alu_in_1）代入符号扩充后的立即数（imm_s），通用寄存器写入有效信号

（gpr_we_）设置为有效。

[Ⅴ] SUBSR 指令解码

此处将 ALU 操作（alu_op）设置为有符号减法（ALU_OP_SUBS），通用寄存器写入地址（dst_addr）中记入 Rc 寄存器（rc_addr），通用寄存器写入有效信号（gpr_we_）设置为有效。

[Ⅵ] SUBUR 指令解码

此处将 ALU 操作（alu_op）设置为无符号减法（ALU_OP_SUBU），通用寄存器写入地址（dst_addr）中记入 Rc 寄存器（rc_addr），通用寄存器写入有效信号（gpr_we_）设置为有效。

接下来，我们对移位指令的解码程序进行说明，如代码 1-22 所示。

▼ 代码 1-22　移位指令解码（decoder.v）

```
203                 /* 移位指令 */
204                 `ISA_OP_SHRLR : begin // 寄存器间的逻辑右移
205                     alu_op    = `ALU_OP_SHRL;
206                     dst_addr = rc_addr;                    [ Ⅰ ]SHRLR 指令解码
207                     gpr_we_   = `ENABLE_;
208                 end
209                 `ISA_OP_SHRLI : begin // 寄存器与立即数间的逻辑右移
210                     alu_op    = `ALU_OP_SHRL;
211                     alu_in_1 = imm_u;                      [ Ⅱ ]SHRLI 指令解码
212                     gpr_we_   = `ENABLE_;
213                 end
214                 `ISA_OP_SHLLR : begin // 寄存器间的逻辑左移
215                     alu_op    = `ALU_OP_SHLL;
216                     dst_addr = rc_addr;                    [ Ⅲ ]SHLLR 指令解码
217                     gpr_we_   = `ENABLE_;
218                 end
219                 `ISA_OP_SHLLI : begin // 寄存器与立即数间的逻辑左移
220                     alu_op    = `ALU_OP_SHLL;
221                     alu_in_1 = imm_u;                      [ Ⅳ ]SHLLI 指令解码
222                     gpr_we_   = `ENABLE_;
223                 end
```

[Ⅰ] SHRLR 指令解码

此处将 ALU 操作（alu_op）设置为逻辑右移（ALU_OP_SHRL）、通用寄存器写入地址（dst_addr）中记入 Rc 寄存器（rc_addr）、通用寄存器写入有效信号（gpr_we_）设置为有效。

[Ⅱ] SHRLI 指令解码

此处将 ALU 操作（alu_op）设置为逻辑右移（ALU_OP_SHRL），ALU 的 1 号输入（alu_in_1）代入 0 扩充后的立即数（imm_u），通用寄存器写入有效信号（gpr_we_）设置为有效。

[Ⅲ] SHLLR 指令解码

此处将 ALU 操作（alu_op）设置为逻辑左移（ALU_OP_SHLL），通用寄存器写入地址（dst_addr）中记入 Rc 寄存器（rc_addr），通用寄存器写入有效信号（gpr_we_）设置为有效。

[Ⅳ] SHLLI 指令解码

此处将 ALU 操作（alu_op）设置为逻辑左移（ALU_OP_SHLL），ALU 的 1 号输入（alu_in_1）代入 0 扩充后的立即数（imm_u），通用寄存器写入有效信号（gpr_we_）设置为有效。

接下来，我们对分支指令的解码程序进行说明，如代码 1-23 所示。

▼ 代码 1-23　分支指令解码（decoder.v）

```
224                 /* 分支指令 */
225                 `ISA_OP_BE    : begin // 寄存器间的有符号比较（Ra == Rb）
226                     br_addr  = br_target;
227                     br_taken = (ra_data == rb_data) ? `ENABLE : `DISABLE;
228                     br_flag  = `ENABLE;
229                 end                                          [ Ⅰ ]BE 指令解码
230                 `ISA_OP_BNE   : begin // 寄存器间的有符号比较（Ra != Rb）
231                     br_addr  = br_target;
232                     br_taken = (ra_data != rb_data) ? `ENABLE : `DISABLE;
233                     br_flag  = `ENABLE;
234                 end                                          [ Ⅱ ]BNE 指令解码
235                 `ISA_OP_BSGT  : begin // 寄存器间的有符号比较（Ra < Rb）
236                     br_addr  = br_target;
237                     br_taken = (s_ra_data < s_rb_data) ? `ENABLE : `DISABLE;
238                     br_flag  = `ENABLE;
239                 end                                          [ Ⅲ ]BSGT 指令解码
240                 `ISA_OP_BUGT  : begin // 寄存器间无符号比较（Ra < Rb）
241                     br_addr  = br_target;
242                     br_taken = (ra_data < rb_data) ? `ENABLE : `DISABLE;
243                     br_flag  = `ENABLE;
244                 end                                          [ Ⅳ ]BUGT 指令解码
245                 `ISA_OP_JMP   : begin // 无条件分支
246                     br_addr  = jr_target;
247                     br_taken = `ENABLE;
248                     br_flag  = `ENABLE;
249                 end                                          [ Ⅴ ]JMP 指令解码
```

```
250                 `ISA_OP_CALL  : begin // 调用
251                     alu_in_0 = {ret_addr, {`BYTE_OFFSET_W{1'b0}}};
252                     br_addr  = jr_target;
253                     br_taken = `ENABLE;
254                       br_flag  = `ENABLE;
255                     dst_addr = `REG_ADDR_W'd31;
256                     gpr_we_  = `ENABLE_;
257                 end
```

[Ⅵ] CALL 指令解码

[Ⅰ] BE 指令解码

此处将分支目标地址（br_target）输出给分支地址（br_addr），并设置分支符号位（br_flag）为有效。Ra 寄存器（ra_data）与 Rb 寄存器（rb_data）相等时，分支成立信号（br_taken）有效。

[Ⅱ] BNE 指令解码

此处将分支目标地址（br_target）输出给分支地址（br_addr），并设置分支符号位（br_flag）为有效。Ra 寄存器（ra_data）与 Rb 寄存器（rb_data）不等时，分支成立信号（br_taken）有效。

[Ⅲ] BSGT 指令解码

此处将分支目标地址（br_target）输出给分支地址（br_addr），并设置分支符号位（br_flag）为有效。Rb 寄存器（s_rb_data）比 Ra 寄存器（s_ra_data）大时，分支成立信号（br_taken）有效。因为 BSGT 指令为有符号比较，对寄存器进行比较时，使用有符号信号。

[Ⅳ] BUGT 指令解码

此处将分支目标地址（br_target）输出给分支地址（br_addr），并设置分支符号位（br_flag）为有效。Rb 寄存器（rb_data）比 Ra 寄存器（ra_data）大时，分支成立信号（br_taken）有效。

[Ⅴ] JMP 指令解码

此处将分支目标地址（jr_target）输出给分支地址（br_addr），并设置分支符号位（br_flag）为有效。由于 JMP 指令为无条件跳转，分支成立信号（br_taken）总是有效。

[Ⅵ] CALL 指令解码

此处将分支目标地址（jr_target）输出给分支地址（br_addr），并设置分支符号位（br_flag）为有效。由于 CALL 指令为无条件跳转，分支成立信号（br_taken）总是有效。因为要将 CALL 指令的返回地址（ret_addr）写入 31 号通用寄存器，返回地址（ret_addr）要代入 ALU 的 0 号输入（alu_in_0）。然后将通用寄存器写入地址（dst_addr）指定为 31 号通用寄存器的地址，并使能通用寄存器写入有效信号（gpr_we_）。由于返回地址（ret_addr）为 30 位的字编址格式，最低两位用 0 扩充，然后代入 ALU 的 0 号输入（alu_in_0）。

接下来，我们对内存访问指令的解码程序进行说明，如代码 1-24 所示。

▼ 代码 1-24 内存访问指令解码（decoder.v）

```
258                    /* 内存访问指令 */
259                    `ISA_OP_LDW    : begin // 字读取
260                        alu_op     = `ALU_OP_ADDU;
261                        alu_in_1 = imm_s;
262                        mem_op     = `MEM_OP_LDW;
263                        gpr_we_    = `ENABLE_;
264                    end
265                    `ISA_OP_STW    : begin // 字写入
266                        alu_op     = `ALU_OP_ADDU;
267                        alu_in_1 = imm_s;
268                        mem_op     = `MEM_OP_STW;
269                    end
```

[Ⅰ]LDW 指令解码

[Ⅱ]STW 指令解码

[Ⅰ] LDW 指令解码

为了进行地址计算，需要将 ALU 操作（alu_op）设置为无符号加法（ALU_OP_ADDU），并将符号扩充后的立即数（imm_s）代入 ALU 的 1 号输入（alu_in_1）。内存操作（mem_op）设置为字读取（MEM_OP_LDW），并使能通用寄存器写入有效信号（gpr_we_）。

[Ⅱ] STW 指令解码

为了进行地址计算，需要将 ALU 操作（alu_op）设置为无符号加法（ALU_OP_ADDU），并将符号扩充后的立即数（imm_s）代入 ALU 的 1 号输入（alu_in_1）。内存操作（mem_op）设置为字写入（MEM_OP_STW）。

接下来，我们对特殊指令的解码程序进行说明，如代码 1-25 所示。

▼ 代码 1-25 特殊指令解码（decoder.v）

```
270                    /* 系统调用指令 */
271                    `ISA_OP_TRAP   : begin // 陷阱
272                        exp_code = `ISA_EXP_TRAP;
273                    end
```

[Ⅰ]TRAP 指令解码

[Ⅰ] TRAP 指令解码

TRAP 指令是引发陷阱异常的指令，因此将陷阱异常的异常代码（ISA_EXP_TRAP）代入异常代码信号（exp_code）中。

接下来，我们对特权指令的解码程序进行说明，如代码 1-26 所示。

▼ 代码 1-26　特权指令解码（decoder.v）

```
274                 /* 特权指令 */
275                 `ISA_OP_RDCR  : begin // 读取控制寄存器
276                     if (exe_mode == `CPU_KERNEL_MODE) begin
277                         alu_in_0 = creg_rd_data;
278                         gpr_we_  = `ENABLE_;                 [ Ⅰ ]RDCR 指令解码
279                     end else begin
280                         exp_code = `ISA_EXP_PRV_VIO;
281                     end
282                 end
283                 `ISA_OP_WRCR  : begin // 写入控制寄存器
284                     if (exe_mode == `CPU_KERNEL_MODE) begin
285                         ctrl_op  = `CTRL_OP_WRCR;
286                     end else begin                           [ Ⅱ ]WRCR 指令解码
287                         exp_code = `ISA_EXP_PRV_VIO;
288                     end
289                 end
290                 `ISA_OP_EXRT  : begin // 从异常恢复
291                     if (exe_mode == `CPU_KERNEL_MODE) begin
292                         ctrl_op  = `CTRL_OP_EXRT;
293                     end else begin                           [ Ⅲ ]EXRT 指令解码
294                         exp_code = `ISA_EXP_PRV_VIO;
295                     end
296                 end
```

[Ⅰ] RDCR 指令解码

此处将从控制寄存器读取的值（creg_rd_data）代入 ALU 的 1 号输入，并使能通用寄存器写入有效信号（gpr_we_）。特权指令在内核模式之外模式执行时会引发特权异常。异常代码信号（exp_code）代入特权违反异常的异常代码（ISA_EXP_PRV_VIO）。

[Ⅱ] WRCR 指令解码

此处将控制操作（ctrl_op）设置为写入（CTRL_OP_WRCR）。

[Ⅲ] EXRT 指令解码

此处将控制操作（ctrl_op）设置为异常恢复操作（CTRL_OP_EXRT）。

最后，当读入未定义指令时的处理程序如代码 1-27 所示。

▼ 代码 1-27 未定义指令的处理（decoder.v）

```
297            /* 其他指令 */
298            default       : begin // 未定义指令
299                exp_code = `ISA_EXP_UNDEF_INSN;        [ I ]未定义指令的处理
300            end
```

[I] 未定义指令的处理

当读入未定义的指令时，在此处引发未定义指令异常。异常代码信号（exp_code）代入未定义指令的异常代码（ISA_EXP_UNDEF_INSN）。

■ID 阶段流水线寄存器

ID 阶段流水线寄存器（id_reg）的信号线一览如表 1-48 所示，程序如代码 1-28 所示。

▼ 表 1-48 信号线一览（id_reg.v）

分组	信号名	信号类型	数据类型	位宽	含义
时钟复位	clk	输入端口	wire	1	时钟
	reset	输入端口	wire	1	异步复位
解码结果	alu_op	输入端口	wire	4	ALU 操作
	alu_in_0	输入端口	wire	32	ALU 输入 0
	alu_in_1	输入端口	wire	32	ALU 输入 1
	br_flag	输入端口	wire	1	分支符号位
	mem_op	输入端口	wire	2	内存操作
	mem_wr_data	输入端口	wire	32	内存写入数据
	ctrl_op	输入端口	wire	2	控制操作
	dst_addr	输入端口	wire	5	通用寄存器写入地址
	gpr_we_	输入端口	wire	1	通用寄存器写入有效
	exp_code	输入端口	wire	3	异常代码
流水线控制信号	stall	输入端口	wire	1	延迟
	flush	输入端口	wire	1	刷新
IF/ID 流水线寄存器	if_pc	输入端口	wire	30	程序计数器
	if_en	输入端口	wire	1	流水线数据是否有效
ID/EX 流水线寄存器	id_pc	输出端口	reg	30	程序计数器
	id_en	输出端口	reg	1	流水线数据是否有效
	id_alu_op	输出端口	reg	4	ALU 操作
	id_alu_in_0	输出端口	reg	32	ALU 输入 0
	id_alu_in_1	输出端口	reg	32	ALU 输入 1
	id_br_flag	输出端口	reg	1	分支符号位
	id_mem_op	输出端口	reg	2	内存操作
	id_mem_wr_data	输出端口	reg	32	内存写入数据
	id_ctrl_op	输出端口	reg	2	控制操作
	id_dst_addr	输出端口	reg	5	通用寄存器写入地址
	id_gpr_we_	输出端口	reg	1	通用寄存器写入有效
	id_exp_code	输出端口	reg	3	异常代码

▼ 代码 1-28　ID 阶段流水线寄存器（id_reg.v）

```
57      /********** 流水线寄存器 **********/
58      always @(posedge clk or `RESET_EDGE reset) begin          ——[ I ] 异步复位
59          if (reset == `RESET_ENABLE) begin
60              /* 异步复位 */
61              id_pc          <= #1 `WORD_ADDR_W'h0;
62              id_en          <= #1 `DISABLE;
63              id_alu_op      <= #1 `ALU_OP_NOP;
64              id_alu_in_0    <= #1 `WORD_DATA_W'h0;
65              id_alu_in_1    <= #1 `WORD_DATA_W'h0;
66              id_br_flag     <= #1 `DISABLE;
67              id_mem_op      <= #1 `MEM_OP_NOP;
68              id_mem_wr_data <= #1 `WORD_DATA_W'h0;
69              id_ctrl_op     <= #1 `CTRL_OP_NOP;
70              id_dst_addr    <= #1 `REG_ADDR_W'd0;
71              id_gpr_we_     <= #1 `DISABLE_;
72              id_exp_code    <= #1 `ISA_EXP_NO_EXP;
73          end else begin
74              /* 流水线寄存器的更新 */                        ——[ II ] 流水线寄存器的更新
75              if (stall == `DISABLE) begin
76                  if (flush == `ENABLE) begin // 刷新
77                      id_pc          <= #1 `WORD_ADDR_W'h0;
78                      id_en          <= #1 `DISABLE;
79                      id_alu_op      <= #1 `ALU_OP_NOP;
80                      id_alu_in_0    <= #1 `WORD_DATA_W'h0;
81                      id_alu_in_1    <= #1 `WORD_DATA_W'h0;
82                      id_br_flag     <= #1 `DISABLE;      （1）刷新流水线
83                      id_mem_op      <= #1 `MEM_OP_NOP;
84                      id_mem_wr_data <= #1 `WORD_DATA_W'h0;
85                      id_ctrl_op     <= #1 `CTRL_OP_NOP;
86                      id_dst_addr    <= #1 `REG_ADDR_W'd0;
87                      id_gpr_we_     <= #1 `DISABLE_;
88                      id_exp_code    <= #1 `ISA_EXP_NO_EXP;
89                  end else begin                     // 下一个数据
90                      id_pc          <= #1 if_pc;
91                      id_en          <= #1 if_en;
92                      id_alu_op      <= #1 alu_op;
93                      id_alu_in_0    <= #1 alu_in_0;
94                      id_alu_in_1    <= #1 alu_in_1;
95                      id_br_flag     <= #1 br_flag;  （2）流水线更新到下一个数据
96                      id_mem_op      <= #1 mem_op;
97                      id_mem_wr_data <= #1 mem_wr_data;
98                      id_ctrl_op     <= #1 ctrl_op;
99                      id_dst_addr    <= #1 dst_addr;
100                     id_gpr_we_     <= #1 gpr_we_;
101                     id_exp_code    <= #1 exp_code;
102                 end
103             end
104         end
105     end
```

[Ⅰ] 异步复位

复位信号（reset）有效时寄存器会被初始化。因为复位时流水线内的数据无效，初始化时，此处将全部控制信号设为无效，数据信号设为 0。

[Ⅱ] 流水线寄存器的更新

流水线寄存器在延迟信号（stall）无效时才可更新。（1）处执行流水线寄存器的刷新操作。刷新信号（flush）有效时，所有流水线寄存器都会被初始化。（2）处执行流水线寄存器的更新操作。将指令解码的结果存入流水线寄存器。

■ID 阶段顶层模块

ID 阶段顶层模块用来连接指令解码器与 ID 阶段流水线寄存器。图 1-109 展示了 ID 阶段顶层模块的连接图。

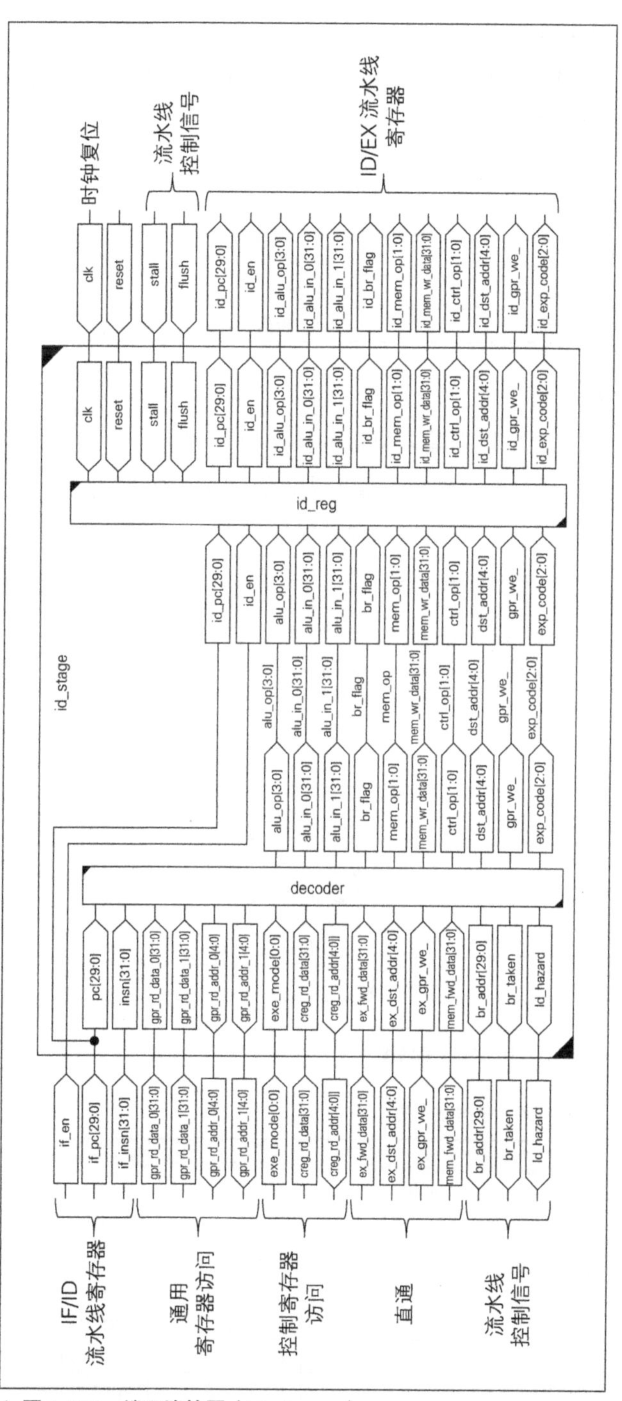

▲ 图 1-109　端口连接图（id_stage.v）

■Execution（EX）阶段

EX 阶段主要进行运算和中断检测操作。EX 阶段由算术逻辑运算单元和流水线寄存器构成。表 1-49 为 EX 阶段模块一览。

▼ 表 1-49　EX 阶段模块一览

模块名	文件名	说明
ex_stage	ex_stage.v	EX 阶段顶层模块
alu	alu.v	算术逻辑运算单元
ex_reg	ex_reg.v	EX 阶段流水线寄存器

■ALU

ALU 根据输入指定的操作对数据进行处理，并输出处理结果。ALU 的输入为一个操作码和两个数据，输出为运算结果和溢出信号。ALU 的框图如图 1-110 所示，信号线一览如表 1-50 所示，源程序如代码 1-29 所示。

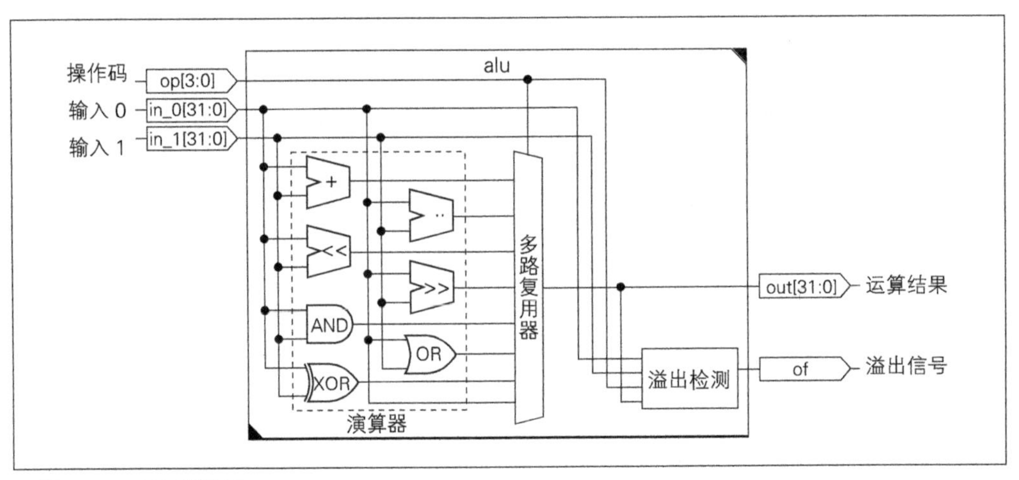

▲ 图 1-110　ALU 模块图

▼ 表 1-50　信号线一览（alu.v）

分组	信号名	信号类型	数据类型	位宽	含义
输入	in_0	输入端口	wire	32	输入 0
	in_1	输入端口	wire	32	输入 1
	op	输入端口	wire	4	操作
运算结果	out	输出端口	reg	32	输出
	of	输出端口	reg	1	溢出
内部信号	s_in_0	内部信号	wire signed	32	有符号输入 0
	s_in_1	内部信号	wire signed	32	有符号输入 1
	s_out	内部信号	wire signed	32	有符号输出

▼ 代码 1-29 ALU (alu.v)

```
28      /********** 有符号输入输出信号 **********/
29      wire signed [`WordDataBus] s_in_0 = $signed(in_0); // 有符号输入0
30      wire signed [`WordDataBus] s_in_1 = $signed(in_1); // 有符号输入1
31      wire signed [`WordDataBus] s_out  = $signed(out);  // 有符号输出
32
33      /********** 算术逻辑运算 **********/
34      always @(*) begin
35          case (op)
36              `ALU_OP_AND  : begin // 逻辑与 ( AND )
37                  out   = in_0 & in_1;
38              end
39              `ALU_OP_OR   : begin // 逻辑或 ( OR )
40                  out   = in_0 | in_1;
41              end
42              `ALU_OP_XOR  : begin // 逻辑异或 ( XOR )
43                  out   = in_0 ^ in_1;
44              end
45              `ALU_OP_ADDS : begin // 有符号加法
46                  out   = in_0 + in_1;
47              end
48              `ALU_OP_ADDU : begin // 无符号加法
49                  out   = in_0 + in_1;
50              end
51              `ALU_OP_SUBS : begin // 有符号减法
52                  out   = in_0 - in_1;
53              end
54              `ALU_OP_SUBU : begin // 无符号减法
55                  out   = in_0 - in_1;
56              end
57              `ALU_OP_SHRL : begin // 逻辑右移
58                  out   = in_0 >> in_1[`ShAmountLoc];
59              end
60              `ALU_OP_SHLL : begin // 逻辑左移
61                  out   = in_0 << in_1[`ShAmountLoc];
62              end
63              default      : begin // 默认值 (No Operation)
64                  out   = in_0;
65              end
66          endcase
67      end
68
69      /********** 溢出检测 **********/
70      always @(*) begin
71          case (op)
72              `ALU_OP_ADDS : begin // 加法溢出检测
73                  if (((s_in_0 > 0) && (s_in_1 > 0) && (s_out < 0)) ||
74                      ((s_in_0 < 0) && (s_in_1 < 0) && (s_out > 0))) begin
75                      of = `ENABLE;
76                  end else begin
77                      of = `DISABLE;
78                  end
79              end
```

[Ⅰ] 有符号信号的生成

[Ⅱ] 算术逻辑运算

(1) 逻辑与 (AND)

(2) 逻辑或 (OR)

(3) 逻辑异或 (XOR)

(4) 有符号加法

(5) 无符号加法

(6) 有符号减法

(7) 无符号减法

(8) 逻辑右移

(9) 逻辑左移

(10) 默认值 (No Operation)

[Ⅲ] 溢出检测

(11) 加法溢出检测

```
80              `ALU_OP_SUBS : begin // 减法溢出检测
81                  if (((s_in_0 < 0) && (s_in_1 > 0) && (s_out > 0)) ||
82                      ((s_in_0 > 0) && (s_in_1 < 0) && (s_out < 0))) begin
83                      of = `ENABLE;
84                  end else begin
85                      of = `DISABLE;
86                  end                                          (12) 减法溢出检测
87              end
88              default      : begin // 默认值
89                  of = `DISABLE;                               (13) 默认值
90              end
91          endcase
92      end
```

[Ⅰ] **有符号信号的生成**

此处将输入信号（in_0, in_1）与输出信号（out）生成为有符号信号。有符号信号将被用在有符号加法和减法的溢出检测中。

[Ⅱ] **算术逻辑运算**

此处进行以下 9 种运算操作:（1）逻辑与（AND）、（2）逻辑或（OR）、（3）逻辑异或（XOR）、（4）有符号加法、（5）无符号加法、（6）有符号减法、（6）无符号减法、（8）逻辑右移、（9）逻辑左移。

32 位的移位运算，最大位移量为 32 位。因此（8）和（9）的移位运算中，右边第二项输入使用 5 位（in_1[`ShAmountLoc]）。5 位可以表达的最大值为 2 的 5 次方，即 32。不进行任何运算（No Operation）时，在（10）处直接输出输入 0 的值。

ALU 的 NOP 在 CALL、WRCR、RDCR 等指令执行时，为了将 ID 阶段读取的寄存器的值按原样写回时使用。

[Ⅲ] **溢出检测**

在进行有符号加法和减法运算时，需要检测溢出。因此，（11）、（12）处分别对加法和减法的溢出进行检测。

加法溢出发生的条件为：正数加正数结果为负数，或负数加负数结果为正数。在处理有符号加法后，在（11）处检测该条件，如果条件满足则使能溢出信号（of）。

减法溢出发生的条件为：负数减去正数结果为正数，或正数减去负数结果为负数。在处理有符号减法后，在（12）处检测该条件，如果条件满足则使能溢出信号（of）。在处理有符号加法、减法以外的运算时，在（13）处设置溢出信号（of）为无效。

■EX 阶段流水线寄存器

EX 阶段流水线寄存器的信号线一览如表 1-51 所示，源程序如代码 1-30 所示。

▼ 表 1-51 信号线一览（ex_reg.v）

分组	信号名	信号类型	数据类型	位宽	含义
时钟复位	clk	输入端口	wire	1	时钟
	reset	输入端口	wire	1	异步复位
ALU 的输出	alu_out	输入端口	wire	32	运算结果
	alu_of	输入端口	wire	1	溢出
流水线控制信号	stall	输入端口	wire	1	延迟
	flush	输入端口	wire	1	刷新
	int_detect	输入端口	wire	1	中断检测
ID/EX 流水线寄存器	id_pc	输入端口	wire	30	程序计数器
	id_en	输入端口	wire	1	流水线数据是否有效
	id_br_flag	输入端口	wire	1	分支标志位
	id_mem_op	输入端口	wire	2	内存操作
	id_mem_wr_data	输入端口	wire	32	内存写入数据
	id_ctrl_op	输入端口	wire	2	控制寄存器操作
	id_dst_addr	输入端口	wire	5	通用寄存器写入地址
	id_gpr_we_	输入端口	wire	1	通用寄存器写入有效
	id_exp_code	输入端口	wire	3	异常代码
EX/MEM 流水线寄存器	ex_pc	输出端口	reg	30	程序计数器
	ex_en	输出端口	reg	1	流水线数据是否有效
	ex_br_flag	输出端口	reg	1	分支标志位
	ex_mem_op	输出端口	reg	2	内存操作
	ex_mem_wr_data	输出端口	reg	32	内存写入数据
	ex_ctrl_op	输出端口	reg	2	控制寄存器操作
	ex_dst_addr	输出端口	reg	5	通用寄存器写入地址
	ex_gpr_we_	输出端口	reg	1	通用寄存器写入有效
	ex_exp_code	输出端口	reg	3	异常代码
	ex_out	输出端口	reg	32	处理结果

▼ 代码 1-30 EX 阶段流水线寄存器（ex_reg.v）

```
55      /********** 流水线寄存器 **********/
56      always @(posedge clk or `RESET_EDGE reset) begin
57          /* 异步复位 */
58          if (reset == `RESET_ENABLE) begin
59              ex_pc          <= #1 `WORD_ADDR_W'h0;
60              ex_en          <= #1 `DISABLE;
61              ex_br_flag     <= #1 `DISABLE;
62              ex_mem_op      <= #1 `MEM_OP_NOP;
63              ex_mem_wr_data <= #1 `WORD_DATA_W'h0;
64              ex_ctrl_op     <= #1 `CTRL_OP_NOP;
65              ex_dst_addr    <= #1 `REG_ADDR_W'd0;
66              ex_gpr_we_     <= #1 `DISABLE_;
```

[I] 异步复位

```
67              ex_exp_code     <= #1 `ISA_EXP_NO_EXP;
68              ex_out          <= #1 `WORD_DATA_W'h0;
69          end else begin
70              /* 流水线寄存器的更新 */                          ——[ Ⅱ ] 流水线寄存器的更新
71              if (stall == `DISABLE) begin
72                  if (flush == `ENABLE) begin                  // 刷新
73                      ex_pc           <= #1 `WORD_ADDR_W'h0;
74                      ex_en           <= #1 `DISABLE;
75                      ex_br_flag      <= #1 `DISABLE;
76                      ex_mem_op       <= #1 `MEM_OP_NOP;
77                      ex_mem_wr_data  <= #1 `WORD_DATA_W'h0;   （1）刷新流水线
78                      ex_ctrl_op      <= #1 `CTRL_OP_NOP;
79                      ex_dst_addr     <= #1 `REG_ADDR_W'd0;
80                      ex_gpr_we_      <= #1 `DISABLE_;
81                      ex_exp_code     <= #1 `ISA_EXP_NO_EXP;
82                      ex_out          <= #1 `WORD_DATA_W'h0;
83                  end else if (int_detect == `ENABLE) begin // 中断检测
84                      ex_pc           <= #1 id_pc;
85                      ex_en           <= #1 id_en;
86                      ex_br_flag      <= #1 id_br_flag;
87                      ex_mem_op       <= #1 `MEM_OP_NOP;
88                      ex_mem_wr_data  <= #1 `WORD_DATA_W'h0;   （2）中断检测
89                      ex_ctrl_op      <= #1 `CTRL_OP_NOP;
90                      ex_dst_addr     <= #1 `REG_ADDR_W'd0;
91                      ex_gpr_we_      <= #1 `DISABLE_;
92                      ex_exp_code     <= #1 `ISA_EXP_EXT_INT;
93                      ex_out          <= #1 `WORD_DATA_W'h0;
94                  end else if (alu_of == `ENABLE) begin     // 算术溢出
95                      ex_pc           <= #1 id_pc;
96                      ex_en           <= #1 id_en;
97                      ex_br_flag      <= #1 id_br_flag;
98                      ex_mem_op       <= #1 `MEM_OP_NOP;
99                      ex_mem_wr_data  <= #1 `WORD_DATA_W'h0;   （3）算术溢出
100                     ex_ctrl_op      <= #1 `CTRL_OP_NOP;
101                     ex_dst_addr     <= #1 `REG_ADDR_W'd0;
102                     ex_gpr_we_      <= #1 `DISABLE_;
103                     ex_exp_code     <= #1 `ISA_EXP_OVERFLOW;
104                     ex_out          <= #1 `WORD_DATA_W'h0;
105                 end else begin                            // 下一个数据
106                     ex_pc           <= #1 id_pc;
107                     ex_en           <= #1 id_en;
108                     ex_br_flag      <= #1 id_br_flag;
109                     ex_mem_op       <= #1 id_mem_op;         （4）流水线更新到
110                     ex_mem_wr_data  <= #1 id_mem_wr_data;         下一个数据
111                     ex_ctrl_op      <= #1 id_ctrl_op;
112                     ex_dst_addr     <= #1 id_dst_addr;
113                     ex_gpr_we_      <= #1 id_gpr_we_;
114                     ex_exp_code     <= #1 id_exp_code;
115                     ex_out          <= #1 alu_out;
116                 end
117             end
118         end
119     end
```

[Ⅰ] 异步复位

复位信号（reset）有效时寄存器会被初始化。因为复位时流水线内的数据无效，初始化时，此处将全部控制信号设为无效，数据信号设为 0。

[Ⅱ] 流水线寄存器的更新

流水线寄存器在延迟信号（stall）无效时才可更新。

（1）处对流水线寄存器进行刷新操作。当刷新信号（flush）有效时，所有流水线寄存器将被初始化。

（2）处对中断进行检测。如果中断检测信号（int_detect）有效，则中止正在执行的指令，并将异常代码（ex_exp_code）设置为外部中断异常（ISA_EXP_EXT_INT）。中止指令操作时，将内存操作信号（ex_mem_op）、控制寄存器操作信号（ex_ctrl_op）和通用寄存器写入有效信号（ex_gpr_we_）设置为无效。同时，将内存写入数据（ex_mem_wr_data）、通用寄存器写入地址（mem_dst_addr）和处理结果（ex_out）设置为 0。

（3）处对溢出异常进行检测。如果溢出信号（alu_of）有效，则中止正在执行的指令操作，并将异常代码（ex_exp_code）设置为溢出异常（ISA_EXP_OVERFLOW）。

（4）处对流水线寄存器进行更新。运算处理的结果在此处被存储到流水线寄存器。

■EX 阶段顶层模块

EX 阶段顶层模块用来连接 ALU 与 EX 阶段流水线寄存器。图 1-111 展示了 EX 阶段顶层模块的连接图。

■Memory（MEM）阶段

MEM 阶段主要负责内存的访问。在执行 LDW 和 STW 等指令时，内存访问操作是在 MEM 阶段进行的。MEM 阶段由内存访问控制模块、流水线寄存器、以及总线接口构成。表 1-52 为 MEM 阶段的模块一览。

▼ 表 1-52 MEM 阶段模块一览

模块名	文件名	说明
mem_stage	mem_stage.v	MEM 阶段顶层模块
mem_ctrl	mem_ctrl.v	内存访问控制模块
mem_reg	mem_reg.v	MEM 阶段流水线寄存器
bus_if	bus_if.v	总线接口

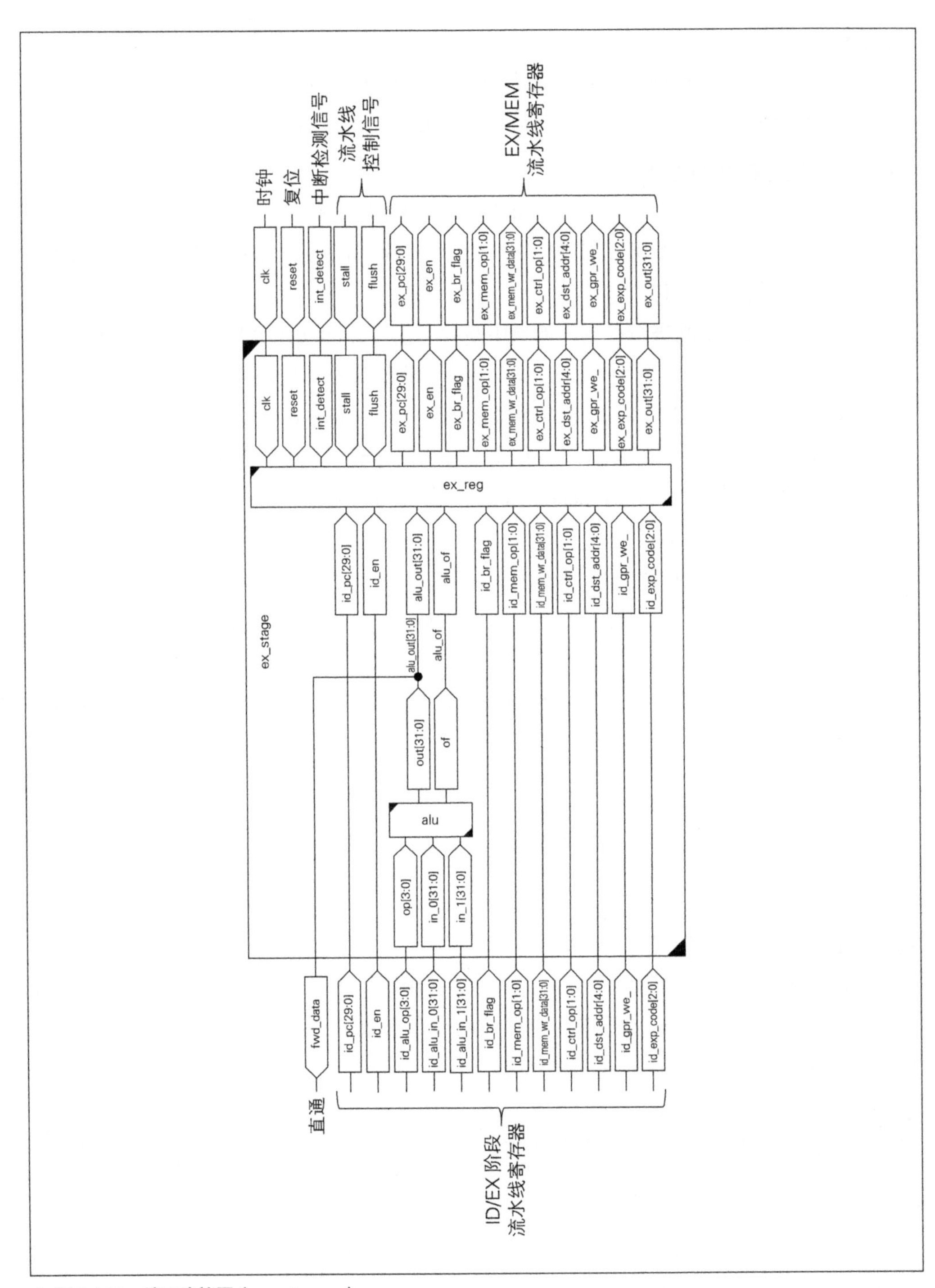

▲ 图 1-111　端口连接图（ex_stage.v）

■内存访问控制模块

内存访问控制模块基于从 EX 阶段流水线寄存器输入的内存操作（ex_mem_op），实施内存访问操作。内存访问控制模块的信号线一览如表 1-53 所示，源程序如代码 1-31 所示。

▼ 表 1-53　信号线一览（mem_ctrl.v）

分组	信号名	信号类型	数据类型	位宽	含义
EX/MEM 流水线寄存器	ex_en	输入端口	wire	1	流水线数据是否有效
	ex_mem_op	输入端口	wire	2	内存操作
	ex_mem_wr_data	输入端口	wire	32	内存写入数据
	ex_out	输入端口	wire	32	处理结果
内存访问接口	rd_data	输入端口	wire	32	读取的数据
	addr	输出端口	wire	30	地址
	as_	输出端口	reg	1	地址选通
	rw	输出端口	reg	1	读 / 写
	wr_data	输出端口	wire	32	写入的数据
内存访问结果	out	输出端口	reg	32	内存访问结果
	miss_align	输出端口	reg	1	未对齐
	offset	内部信号	wire	2	字节偏移

▼ 代码 1-31　内存访问控制模块（mem_ctrl.v）

```
42        /********** 输出的赋值 **********/                    [ I ] 输出的赋值
43        assign wr_data = ex_mem_wr_data;                  // 写入数据
44        assign addr    = ex_out[`WordAddrLoc];            // 地址
45        assign offset  = ex_out[`ByteOffsetLoc];          // 偏移
46
47        /********** 内存访问的控制 **********/
48        always @(*) begin
49            /* 默认值 */                                     [ II ] 默认值
50            miss_align = `DISABLE;
51            out        = `WORD_DATA_W'h0;
52            as_        = `DISABLE_;
53            rw         = `READ;
54            /* 内存访问 */
55            if (ex_en == `ENABLE) begin
56                case (ex_mem_op)                             [ III ] LDW 指令
57                    `MEM_OP_LDW : begin // 字读取
58                        /* 字节偏移的检测 */
59                        if (offset == `BYTE_OFFSET_WORD) begin // 对齐
60                            out        = rd_data;
61                            as_        = `ENABLE_;
62                        end else begin                        // 未对齐
63                            miss_align = `ENABLE;
64                        end
65                    end
```

```
                                                        ┌─[Ⅳ] STW 指令
66              `MEM_OP_STW : begin // 字写入
67                  /* 字节偏移的检测 */
68                  if (offset == `BYTE_OFFSET_WORD) begin // 对齐
69                      rw          = `WRITE;
70                      as_         = `ENABLE_;
71                  end else begin                          // 未对齐
72                      miss_align  = `ENABLE;
73                  end
74              end                                     ┌─[Ⅴ] 无内存访问
75              default     : begin // 无内存访问
76                  out         = ex_out;
77              end
78          endcase
79      end
80  end
```

[Ⅰ] **输出的赋值**

此处进行一系列输出的赋值：EX 阶段的写入数据（ex_mem_wr_data）代入写入数据（wr_data），EX 阶段输出（ex_out）的高 30 位代入地址（addr），EX 阶段输出（ex_out）的低 2 位代入字节偏移（offset）。

[Ⅱ] **默认值**

地址选通信号（as_）默认设置为无效，读 / 写信号默认设置为读取（READ），输出信号（out）默认设置为 0。

[Ⅲ] **LDW 指令**

LDW 指令执行时，需要对地址是否按字对齐进行检测。字节偏移（offset）为 0（BYTE_OFFSET_WORD）时，地址是对齐的，因此直接使能地址选通信号。LDW 为读取访问指令，要将读取数据（rd_data）赋值到输出（out）。字节偏移（offset）不为 0（BYTE_OFFSET_WORD）时，地址未对齐，使能未对齐信号（miss_align）。

[Ⅳ] **STW 指令**

STW 指令执行时，需要对地址是否按字对齐进行检测。字节偏移（offset）为 0（BYTE_OFFSET_WORD）时，地址是对齐的，因此直接使能地址选通信号。字节偏移（offset）不为 0（BYTE_OFFSET_WORD）时，地址未对齐，使能未对齐信号（miss_align）。

[Ⅴ] **无内存访问**

在没有内存访问操作发生时，直接将 EX 阶段的输出（ex_out）赋值给输出（out）。

■MEM 阶段流水线寄存器

MEM 阶段流水线寄存器的信号线一览如表 1-54 所示，源程序如代码 1-32 所示。

▼ 表 1-54 信号线一览（mem_reg.v）

分组	信号名	信号类型	数据类型	位宽	含义
时钟复位	clk	输入端口	wire	1	时钟
	reset	输入端口	wire	1	异步复位
内存访问结果	out	输入端口	wire	32	结果
	miss_align	输入端口	wire	1	未对齐
流水线控制信号	stall	输入端口	wire	1	延迟
	flush	输入端口	wire	1	刷新
EX/MEM 流水线寄存器	ex_pc	输入端口	wire	30	程序计数器
	ex_en	输入端口	wire	1	流水线数据是否有效
	ex_br_flag	输入端口	wire	1	分支标志位
	ex_ctrl_op	输入端口	wire	2	控制寄存器操作
	ex_dst_addr	输入端口	wire	5	通用寄存器写入地址
	ex_gpr_we_	输入端口	wire	1	通用寄存器写入有效
	ex_exp_code	输入端口	wire	3	异常代码
MEM/WB 流水线寄存器	mem_pc	输出端口	reg	30	程序计数器
	mem_en	输出端口	reg	1	流水线数据是否有效
	mem_br_flag	输出端口	reg	1	分支标志位
	mem_ctrl_op	输出端口	reg	2	控制寄存器操作
	mem_dst_addr	输出端口	reg	5	通用寄存器写入地址
	mem_gpr_we_	输出端口	reg	1	通用寄存器写入有效
	mem_exp_code	输出端口	reg	3	异常代码
	mem_out	输出端口	reg	32	处理结果

▼ 代码 1-32 MEM 阶段流水线寄存器（mem_reg.v）

```
50      /********** 流水线寄存器 **********/
51      always @(posedge clk or `RESET_EDGE reset) begin        ─[ I ]异步复位
52          if (reset == `RESET_ENABLE) begin
53              /* 异步复位 */
54              mem_pc       <= #1 `WORD_ADDR_W'h0;
55              mem_en       <= #1 `DISABLE;
56              mem_br_flag  <= #1 `DISABLE;
57              mem_ctrl_op  <= #1 `CTRL_OP_NOP;
58              mem_dst_addr <= #1 `REG_ADDR_W'h0;
59              mem_gpr_we_  <= #1 `DISABLE_;
60              mem_exp_code <= #1 `ISA_EXP_NO_EXP;
61              mem_out      <= #1 `WORD_DATA_W'h0;
```

```
62          end else begin                                [Ⅱ]流水线寄存器的更新
63              if (stall == `DISABLE) begin
64              /* 流水线寄存器的更新 */
65              if (flush == `ENABLE) begin                      // 刷新
66                  mem_pc          <= #1 `WORD_ADDR_W'h0;
67                  mem_en          <= #1 `DISABLE;
68                  mem_br_flag     <= #1 `DISABLE;
69                  mem_ctrl_op     <= #1 `CTRL_OP_NOP;
70                  mem_dst_addr    <= #1 `REG_ADDR_W'h0;        (1)刷新流水线
71                  mem_gpr_we_     <= #1 `DISABLE_;
72                  mem_exp_code    <= #1 `ISA_EXP_NO_EXP;
73                  mem_out         <= #1 `WORD_DATA_W'h0;
74              end else if (miss_align == `ENABLE) begin // 未对齐异常
75                  mem_pc          <= #1 ex_pc;
76                  mem_en          <= #1 ex_en;
77                  mem_br_flag     <= #1 ex_br_flag;
78                  mem_ctrl_op     <= #1 `CTRL_OP_NOP;      (2)未对齐异常的检测
79                  mem_dst_addr    <= #1 `REG_ADDR_W'h0;
80                  mem_gpr_we_     <= #1 `DISABLE_;
81                  mem_exp_code    <= #1 `ISA_EXP_MISS_ALIGN;
82                  mem_out         <= #1 `WORD_DATA_W'h0;
83              end else begin                                   // 下一个数据
84                  mem_pc          <= #1 ex_pc;
85                  mem_en          <= #1 ex_en;
86                  mem_br_flag     <= #1 ex_br_flag;
87                  mem_ctrl_op     <= #1 ex_ctrl_op;            (3)更新流水线到
88                  mem_dst_addr    <= #1 ex_dst_addr;              下一个数据
89                  mem_gpr_we_     <= #1 ex_gpr_we_;
90                  mem_exp_code    <= #1 ex_exp_code;
91                  mem_out         <= #1 out;
92              end
93              end
94          end
95      end
```

[Ⅰ] 异步复位

复位信号（reset）有效时寄存器会被初始化。因为复位时流水线内的数据无效，初始化时，此处将全部控制信号设为无效，数据信号设为 0。

[Ⅱ] 流水线寄存器的更新

流水线寄存器在延迟信号（stall）无效时才可更新。

（1）处对流水线寄存器进行刷新操作。当刷新信号（flush）有效时，所有流水线寄存器将被初始化。

（2）处对未对齐异常进行检测。未对齐信号（miss_align）有效时，中止正在进行的操作，将异常代码（mem_exp_code）设置为未对齐异常（ISA_EXP_MISS_ALIGN）。中止指令操作时，控制寄存器操作信号（ex_ctrl_op）、通用寄存器写入有效信号（ex_gpr_we_）设置为无效。同时，将通用寄存器写入地址（mem_dst_ addr）、处理结果（mem_out）设置为 0。

（3）处对流水线寄存器进行更新。内存操作的结果在此处被存储到流水线寄存器。

■MEM 阶段顶层模块

MEM 阶段顶层模块用来连内存访问控制模块、MEM 阶段流水线寄存器、与总线接口。图 1-112 展示了 MEM 阶段顶层模块的端口连接图。

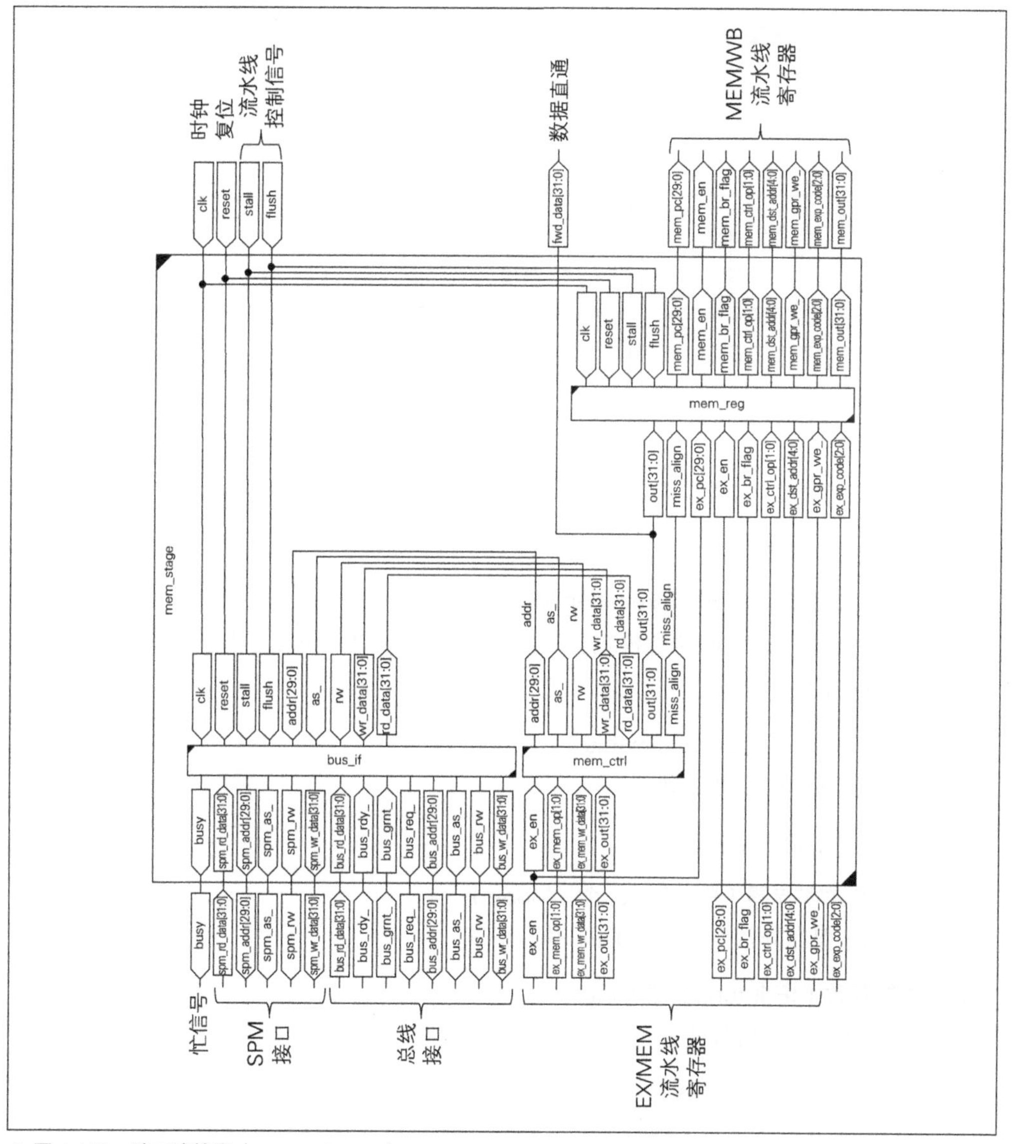

▲ 图 1-112　端口连接图（mem_stage.v）

■CPU 控制模块

CPU 控制模块进行对保存 CPU 状态的控制寄存器进行管理，并对流水线进行控制。CPU 控制模块由一个被称为 ctrl 的模块构成。CPU 控制模块中设有设置和保存 CPU 状态的控制寄存器。表 1-55 为 CPU 控制寄存器的一览。

▼ 表 1-55　CPU 控制寄存器

寄存器编号	说明	访问类型	格式 (31 … 0)
0	状态	R/W	*Reserved* / IE / EM
1	前一个状态	R/W	*Reserved* / IE / EM
2	程序计数器	R	PC / 0 / 0
3	异常程序计数器	R/W	EPC / 0 / 0
4	异常向量	R/W	EXP_VECTOR / 0 / 0
5	异常原因寄存器	R/W	*Reserved* / D / CODE
6	中断屏蔽	R/W	*Reserved* / MASK
7	中断请求	R	*Reserved* / IRQ
8 ~ 28	保留	–	*Reserved*
29	ROM 容量	R	ROM_SIZE
30	SPM 容量	R	SPM_SIZE
31	CPU 信息	R	YEAR / MONTH / VER / REV

•控制寄存器 0：状态

[0]：执行模式寄存器（EM:Execution Mode）

用于设定 CPU 的执行模式。该位为 0 时表示 CPU 处于内核模式，为 1 时表示 CPU 处于用户模式。

[1]：中断有效（IE:Interrupt Enable）

设置该位时中断有效。

•控制寄存器 1：前一个状态

[0]：执行模式寄存器（EM:Execution Mode）

用于保存异常发生前的 CPU 执行模式。

[1]：中断有效（IE:Interrupt Enable）

用于保存异常发生前的中断有效位。

- 控制寄存器 2：程序计数器

  [31:2]：程序计数器（PC:Program Counter）

  用于读取当前程序计数器。

- 控制寄存器 3：异常程序计数器

  [31:2]：异常程序计数器（EPC:Exception Program Counter）

  用于保存异常发生时的程序计数器。

- 控制寄存器 4：异常向量

  [31:2]：异常向量（EXP_VECTOR:Exception Vector）

  用于设定异常处理程序地址。异常发生时跳转到异常向量所存储的地址。

- 控制寄存器 5：异常原因寄存器

  [2:0]：异常代码（CODE:Exception Code）

  用于存储所发生异常的异常代码。

  [3]：延迟间隙标志位（D:Delay Slot Flag）

  发生延迟间隙异常时，该标志位有效。

- 控制寄存器 6：中断屏蔽

  [7:0]：中断屏蔽（MASK:Interrupt Mask）

  用于设定中断屏蔽（也称为中断掩字）。通过设置该寄存器，可以屏蔽指定中断。

- 控制寄存器 7：中断请求

  [7:0]：中断请求（IRQ:Interrupt Request）

  用于读取中断请求。

- 控制寄存器 29：ROM 容量

  [31:0]：ROM 容量（ROM_SIZE:ROM Size）

  用于读取所用 ROM 的容量。

- 控制寄存器 30：SPM 容量

  [31:0]：SPM 容量（SPM_SIZE:SPM Size）

  用于读取所用 SPM 的容量。

- 控制寄存器 31：CPU 信息

  [31:24]：制作年份（YEAR:Year）

  用于读取制作年份。制作年份为 1970 加该寄存器中的值。

[23:16]：制作月份（MONTH:Month）

用于读取制作月份。

[15:8]：版本号（VER:Version）

用于读取 CPU 的版本号。

[7:0]：修订号（REV:Revision）

用于读取 CPU 的修订号。

控制寄存器 0~7 用来控制 CPU 操作或读取 CPU 状态。控制寄存器 29~31 用来读取内存容量、CPU 版本等 CPU 相关信息。

表 1-56 为 CPU 控制模块的信号线一览。

▼ 表 1-56　信号线一览（ctrl.v）

分组	信号名	信号类型	数据类型	位宽	含义
时钟 复位	clk	输入端口	wire	1	时钟
	reset	输入端口	wire	1	异步复位
控制寄存器接口	creg_rd_addr	输入端口	wire	5	读取地址
	creg_rd_data	输出端口	reg	32	读取数据
	exe_mode	输出端口	reg	1	执行模式
中断	irq	输入端口	wire	8	中断请求
	int_detect	输出端口	reg	1	中断检测
ID/EX 流水线寄存器	id_pc	输入端口	wire	30	ID 阶段的程序计数器
MEM/WB 流水线寄存器	mem_pc	输入端口	wire	30	MEM 阶段的程序计数器
	mem_en	输入端口	wire	1	流水线数据是否有效
	mem_br_flag	输入端口	wire	1	分支标志位
	mem_ctrl_op	输入端口	wire	2	控制寄存器操作
	mem_dst_addr	输入端口	wire	5	通用寄存器写入地址
	mem_gpr_we_	输入端口	wire	1	通用寄存器写入有效
	mem_exp_code	输入端口	wire	3	异常代码
	mem_out	输出端口	wire	32	处理结果
流水线的状态	if_busy	输入端口	wire	32	IF 阶段忙信号
	ld_hazard	输入端口	wire	1	Load 冒险
	mem_busy	输入端口	wire	1	MEM 阶段忙信号
延迟信号	if_stall	输出端口	wire	1	IF 阶段延迟
	id_stall	输出端口	wire	1	ID 阶段延迟
	ex_stall	输出端口	wire	1	EX 阶段延迟
	mem_stall	输出端口	wire	1	MEM 阶段延迟
刷新信号	if_flush	输出端口	wire	1	IF 阶段刷新
	id_flush	输出端口	wire	1	ID 阶段刷新
	ex_flush	输出端口	wire	1	EX 阶段刷新
	mem_flush	输出端口	wire	1	MEM 阶段刷新
	new_pc	输出端口	reg	30	新程序计数器

（续）

分组	信号名	信号类型	数据类型	位宽	含义
控制寄存器	int_en	内部信号	reg	1	0 号控制寄存器：中断有效
	pre_exe_mode	内部信号	reg	1	1 号控制寄存器：执行模式
	pre_int_en	内部信号	reg	1	1 号控制寄存器：中断有效
	epc	内部信号	reg	30	3 号控制寄存器：异常程序计数器
	exp_vector	内部信号	reg	30	4 号控制寄存器：异常向量
	exp_code	内部信号	reg	3	5 号控制寄存器：异常代码
	dly_flag	内部信号	reg	1	6 号控制寄存器：延迟间隙标志位
	mask	内部信号	reg	8	7 号控制寄存器：中断屏蔽
内部信号	pre_pc	内部信号	reg	30	前一个程序计数器
	br_flag	内部信号	reg	1	分支标志位

CPU 控制单元针对各个流水线阶段的延迟和刷新操作进行控制。代码 1-33 展示了生成 CPU 控制信号的部分代码。

▼ 代码 1-33　CPU 控制信号的生成（ctrl.v）

```
 76     /********** 流水线控制信号 **********/
 77     // 延迟信号                                            [Ⅰ] 延迟信号的赋值
 78     wire   stall      = if_busy | mem_busy;
 79     assign if_stall   = stall | ld_hazard;
 80     assign id_stall   = stall;
 81     assign ex_stall   = stall;
 82     assign mem_stall  = stall;
 83     // 刷新信号                                            [Ⅱ] 刷新信号的赋值
 84     reg    flush;
 85     assign if_flush   = flush;
 86     assign id_flush   = flush | ld_hazard;
 87     assign ex_flush   = flush;
 88     assign mem_flush  = flush;
 89
 90     /********** 流水线刷新控制 **********/                 [Ⅲ] 刷新信号的生成
 91     always @(*) begin
 92         /* 默认值 */
 93         new_pc = `WORD_ADDR_W'h0;
 94         flush  = `DISABLE;                                  (1) 默认值
 95         /* 流水线刷新 */
 96         if (mem_en == `ENABLE) begin // 流水线数据有效
 97             if (mem_exp_code != `ISA_EXP_NO_EXP) begin       // 发生异常
 98                 new_pc = exp_vector;
 99                 flush  = `ENABLE;                           (2) 异常发生时
100             end else if (mem_ctrl_op == `CTRL_OP_EXRT) begin // EXRT指令
101                 new_pc = epc;
102                 flush  = `ENABLE;                           (3) EXRT 指令
103             end else if (mem_ctrl_op == `CTRL_OP_WRCR) begin // WRCR指令
104                 new_pc = mem_pc;                            (4) WRCR 指令
```

```
105                 flush   = `ENABLE;
106             end
107         end
108     end
```

[Ⅰ] 延迟信号的赋值

延迟信号（stall）在 IF 阶段的忙信号（if_busy）或 MEM 阶段的忙信号（mem_busy）任何一个有效时有效。由于 IF 阶段发生 Load 冒险时也需要延迟，最终延迟信号（stall）与 Load 冒险信号（ld_hazard）进行 OR 运算。

[Ⅱ] 刷新信号的赋值

由于 ID 阶段发生 Load 冒险时也需要刷新流水线，最终刷新信号（flush）与 Load 冒险信号（ld_hazard）进行 OR 运算。

[Ⅲ] 流水线刷新的控制

此处生成刷新信号（flush）与刷新时的新的 PC 寄存器（new_pc）值。（1）处指定默认值。初始化刷新信号（flush）为无效、新 PC 寄存器（new_pc）值为 0。在有异常发生时，刷新流水线并将 CPU 的执行引入异常处理程序。（2）处使能刷新信号（flush）并将异常向量（exp_vector）写入新 PC 寄存器（new_pc）。

通过执行 EXRT 指令从异常恢复时，刷新流水线，并从异常程序计数器重启程序。（3）处使能刷新信号（flush）并将异常程序计数器（epc）写入新 PC 寄存器（new_pc）。

执行 WRCR 指令对控制寄存器进行写入操作后，之后的指令需要反映出 CPU 状态变化。因此要将流水线刷新一次再执行下面的指令。由于 MEM 阶段的 PC（mem_pc）指向 WRCR 指令的下一个地址，因此从 MEM 阶段的 PC（mem_pc）的地址开始执行。（4）处使能刷新信号（flush）并将 MEM 阶段的 PC（mem_pc）写入新 PC 寄存器（new_pc）。

接下来，我们通过代码 1-34 对中断检测部分程序进行说明。

▼ 代码 1-34　中断检测（ctrl.v）

```
110     /********** 中断检测 **********/                    ┌─[ Ⅰ ] 中断检测
111     always @(*) begin
112         if ((int_en == `ENABLE) && ((|((~mask) & irq)) == `ENABLE)) begin
113             int_detect = `ENABLE;
114         end else begin
115             int_detect = `DISABLE;
116         end
117     end
```

[I] 中断检测

中断有效信号（int_en）有效，并且有任何中断请求发生的情况下，中断检测信号（int_detect）有效。中断请求信号（irq）会在中断屏蔽（mask）对应位为 1 时被屏蔽。

应用屏蔽时，将中断屏蔽（mask）所有位翻转，并与中断请求信号（irq）进行 AND 运算。然后取所有位的 OR 运算结果，如果存在运算结果为 1 的中断请求信号，则检测出有中断产生。

图 1-113 展示了中断检测的逻辑。中断屏蔽（mask）可以针对各个中断请求（irq）设置有效或无效。而中断有效信号则可以设置全体中断是否有效。

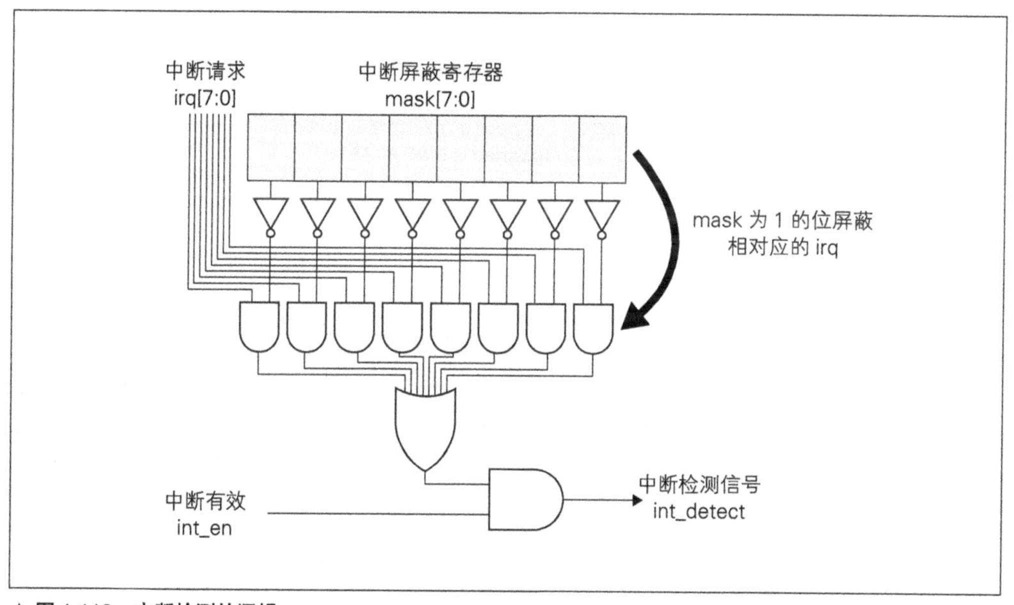

▲ 图 1-113　中断检测的逻辑

接下来，通过代码 1-35 对读取控制寄存器部分的源程序进行说明。

▼ 代码 1-35　控制寄存器的读取（ctrl.v）

```
119     /********** 读取访问 **********/
120     always @(*) begin                                   ──[ I ] 读取控制寄存器
121         case (creg_rd_addr)
122             `CREG_ADDR_STATUS     : begin // 0号：状态     (1) 0号控制寄存器
123                 creg_rd_data = {{`WORD_DATA_W-2{1'b0}}, int_en, exe_mode};
124             end
125             `CREG_ADDR_PRE_STATUS : begin // 1号：异常发生前的状态
126                 creg_rd_data = {{`WORD_DATA_W-2{1'b0}},     (2) 1号控制寄存器
```

```
127                              pre_int_en, pre_exe_mode};
128                    end
129                    `CREG_ADDR_PC         : begin // 2号：程序计数器
130                       creg_rd_data = {id_pc, `BYTE_OFFSET_W'h0};   (3) 2 号控制寄存器
131                    end
132                    `CREG_ADDR_EPC         : begin // 3号：异常程序计数器
133                       creg_rd_data = {epc, `BYTE_OFFSET_W'h0};
134                    end                                          (4) 3 号控制寄存器
135                    `CREG_ADDR_EXP_VECTOR : begin // 4号：异常向量       (5) 4 号控制寄存器
136                       creg_rd_data = {exp_vector, `BYTE_OFFSET_W'h0};
137                    end
138                    `CREG_ADDR_CAUSE       : begin // 5号：异常原因
139                       creg_rd_data = {{`WORD_DATA_W-1-`ISA_EXP_W{1'b0}},
140                                       dly_flag, exp_code};
141                    end                                          (6) 5 号控制寄存器
142                    `CREG_ADDR_INT_MASK    : begin // 6号：中断屏蔽
143                       creg_rd_data = {{`WORD_DATA_W-`CPU_IRQ_CH{1'b0}}, mask};
144                    end                                          (7) 6 号控制寄存器
145                    `CREG_ADDR_IRQ         : begin // 7号：中断原因
146                       creg_rd_data = {{`WORD_DATA_W-`CPU_IRQ_CH{1'b0}}, irq};
147                    end                                          (8) 7 号控制寄存器
148                    `CREG_ADDR_ROM_SIZE    : begin // 29号：ROM容量
149                       creg_rd_data = $unsigned(`ROM_SIZE);
150                    end                                          (9) 29 号控制寄存器
151                    `CREG_ADDR_SPM_SIZE    : begin // 30号：SPM容量
152                       creg_rd_data = $unsigned(`SPM_SIZE);
153                    end                                          (10) 30 号控制寄存器
154                    `CREG_ADDR_CPU_INFO    : begin // 31号：CPU信息
155                       creg_rd_data = {`RELEASE_YEAR, `RELEASE_MONTH,
156                                       `RELEASE_VERSION, `RELEASE_REVISION};
157                    end                                          (11) 31 号控制寄存器
158                    default                : begin // 默认值
159                       creg_rd_data = `WORD_DATA_W'h0;
160                    end                                          (12) 默认值
161                 endcase
162             end
```

[Ⅰ] **读取控制寄存器**

控制寄存器的读取基本上只是根据输入的读取地址（creg_rd_addr）将对应控制寄存器的值输出到数据读取信号（creg_rd_data）。各控制寄存器位宽不同，未使用的位用 0 填充，然后输出到数据读取信号（creg_rd_data）。（1）处 ~（11）处分别对控制寄存器 0~7、29~31 进行读取。（12）处将 0 作为默认值代入。

对 CPU 进行控制部分的源程序如代码 1-36 所示。这部分进行控制寄存器的写入、异常的发生和恢复等控制操作。

▼ 代码 1-36 CPU 的控制（ctrl.v）

```
164     /********** CPU的控制 **********/
165     always @(posedge clk or `RESET_EDGE reset) begin            ┌─[ Ⅰ ] 异步复位
166         if (reset == `RESET_ENABLE) begin
167             /* 异步复位 */
168             exe_mode     <= #1 `CPU_KERNEL_MODE;
169             int_en       <= #1 `DISABLE;
170             pre_exe_mode <= #1 `CPU_KERNEL_MODE;
171             pre_int_en   <= #1 `DISABLE;
172             exp_code     <= #1 `ISA_EXP_NO_EXP;
173             mask         <= #1 {`CPU_IRQ_CH{`ENABLE}};
174             dly_flag     <= #1 `DISABLE;
175             epc          <= #1 `WORD_ADDR_W'h0;
176             exp_vector   <= #1 `WORD_ADDR_W'h0;
177             pre_pc       <= #1 `WORD_ADDR_W'h0;
178             br_flag      <= #1 `DISABLE;
179         end else begin
180             /* 更新CPU状态 */                                  ┌─[ Ⅱ ] PC和分支标志位的保存
181             if ((mem_en == `ENABLE) && (stall == `DISABLE)) begin
182                 /* PC和分支标志位的保存 */
183                 pre_pc       <= #1 mem_pc;
184                 br_flag      <= #1 mem_br_flag;
185                 /* CPU状态控制 */                              ┌─[ Ⅲ ] 发生异常
186                 if (mem_exp_code != `ISA_EXP_NO_EXP) begin         // 发生异常
187                     exe_mode     <= #1 `CPU_KERNEL_MODE;
188                     int_en       <= #1 `DISABLE;
189                     pre_exe_mode <= #1 exe_mode;
190                     pre_int_en   <= #1 int_en;
191                     exp_code     <= #1 mem_exp_code;
192                     dly_flag     <= #1 br_flag;
193                     epc          <= #1 pre_pc;                 ┌─[ Ⅳ ] EXRT 命令
194                 end else if (mem_ctrl_op == `CTRL_OP_EXRT) begin // EXRT命令
195                     exe_mode     <= #1 pre_exe_mode;
196                     int_en       <= #1 pre_int_en;             ┌─[ Ⅴ ] WRCR 命令
197                 end else if (mem_ctrl_op == `CTRL_OP_WRCR) begin // WRCR命令
198                     /* 写入控制寄存器 */
199                     case (mem_dst_addr)
200                         `CREG_ADDR_STATUS     : begin // 状态
201 (1) 0号控制寄存器           exe_mode     <= #1 mem_out[`CregExeModeLoc];
202                             int_en       <= #1 mem_out[`CregIntEnableLoc];
203                         end
204                         `CREG_ADDR_PRE_STATUS : begin // 异常发生前的状态
205 (2) 1号控制寄存器           pre_exe_mode <= #1 mem_out[`CregExeModeLoc];
206                             pre_int_en   <= #1 mem_out[`CregIntEnableLoc];
207                         end
208                         `CREG_ADDR_EPC        : begin // 异常程序计数器
209 (3) 3号控制寄存器           epc          <= #1 mem_out[`WordAddrLoc];
210                         end
211                         `CREG_ADDR_EXP_VECTOR : begin // 异常向量
212 (4) 4号控制寄存器           exp_vector   <= #1 mem_out[`WordAddrLoc];
213                         end
```

```
214                         `CREG_ADDR_CAUSE        : begin // 异常原因
215  (5) 5号控制寄存器              dly_flag      <= #1 mem_out[`CregDlyFlagLoc];
216                             exp_code      <= #1 mem_out[`CregExpCodeLoc];
217                         end
218                         `CREG_ADDR_INT_MASK     : begin // 中断屏蔽
219  (6) 6号控制寄存器              mask          <= #1 mem_out[`CPU_IRQ_CH-1:0];
220                         end
221                     endcase
222                 end
223             end
224         end
225     end
```

[Ⅰ] **异步复位**

复位信号（reset）有效时，全部寄存器将被初始化。复位时，执行模式（exe_mode）被设为内核模式（CPU_KERNEL_MODE），中断有效信号（int_en）被设为无效，中断屏蔽（mask）被设置为全屏蔽状态。其他控制寄存器被设为无效、数据初始化为 0。

[Ⅱ] **PC 和分支标志位的保存**

在 MEM 阶段的流水线寄存器的数据有效，且没有延迟发生的情况下，在此处更新 CPU 的状态。之前 PC（pre_pc）保存 MEM 阶段的 PC（mem_pc）、分支标志位（br_flag）保存 MEM 阶段的分支标志位（mem_br_flag）。这些信息在异常发生时使用。

[Ⅲ] **发生异常**

MEM 阶段异常代码（mem_exp_code）被设置时说明有异常发生。异常发生时，将当前执行模式（exe_mode）保存到之前执行模式（pre_exe_mode）中，并将当前中断有效信号（int_en）保存到之前中断有效信号（pre_int_en）中。然后，将执行模式（exe_mode）设置为内核模式（CPU_KERNEL_MODE）、中断有效信号（int_en）设置为无效。将 MEM 阶段异常代码（mem_exp_code）保存到异常代码（exp_code）中。分支标志位（br_flag）有效时，因为前一条指令为分支指令，需要再此插入延迟间隙标志位（dly_flag）。最后，由于流水线寄存器中保存的 PC 指向下一条指令的地址，需要将之前的 PC（pre_pc）值代入 EPC（epc）。

[Ⅳ] **EXRT 指令**

从异常恢复时执行 EXRT 指令。从异常恢复时，将异常发生时备份的之前执行模式（pre_exe_mode）恢复到当前执行模式（exe_mode），之前中断有效信号（pre_int_en）恢复到当前中断有效信号（int_en），将 CPU 恢复到异常发生前的状态。

[V] WRCR 指令

执行 WRCR 指令可将 MEM 阶段输出信号（mem_out）存入写入地址（mem_dst_addr）指定的控制寄存器中。（1）~（6）处对相应的控制寄存器执行写入操作。

■CPU 顶层模块

最后将流水线的各个阶段模块及其通用寄存器、CPU 控制模块以及 SPM 相连接，就完成了整个 CPU 的设计部分。CPU 的顶层模块由名为 cpu 的顶层模块构成。CPU 的顶层模块端口连接图如图 1-114 所示。

1.8.4 小结

本节讲解了 CPU 的设计与实现。虽然 AZ Processor 指令不多，流水线结构也相对简单，但我们实现了中断和异常的支持，并搭载了总线接口，是一个单纯但完整的 CPU。通过制作 AZ Processor，读者们可以深入理解 CPU 的构造和动作原理。

专栏

计算机架构相关书籍

●作りながら学ぶコンピュータアーキテクチャ（天野英晴、西村克信著、培風館）
（中文译名:《边做边学计算机架构》）

本书使用 Verilog HDL 制作 16 位的 CPU，对计算机架构进行了系统、通俗易懂的讲解。本书难度属于大学和大专教材水平，适合初学者学习。阅读本书虽然需要一定的编程和电路基础，但作者对基础知识的讲解简单易懂，可以作为读者们的第一本计算机架构入门书。

●コンピュータの構成と設計　第 4 版（デイビッド・A・パターソン、ジュン・L・ヘネシー著、成田光彰翻訳、日経 BP 社）
（中文版:《计算机组成与设计：硬件、软件接口（原书第 4 版）》，康继昌 、樊晓桠、安建峰等译，机械工业出版社，2012.1）

本书是系统讲解计算机架构的世界名著。作者 David A. Patterson 与 John L. Hennessy 是计算机架构的世界级权威，他们写的教科书被作为计算机基础教育的标准用书。本书是计算机架构专业人员必备的一本著作。

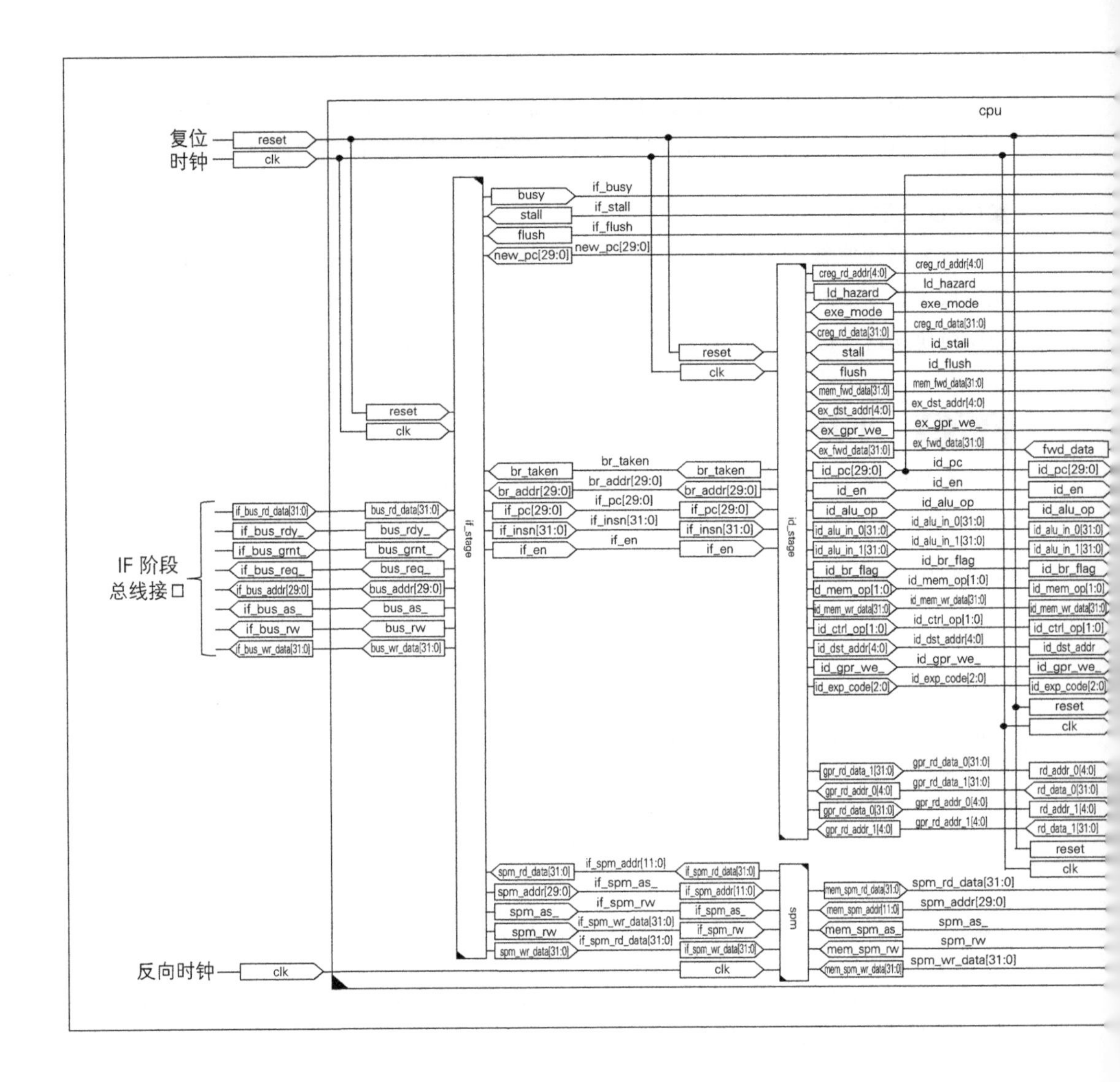
cpu
复位
时钟
reset
clk
busy
stall
flush
new_pc[29:0]
if_busy
if_stall
if_flush
new_pc[29:0]
creg_rd_addr[4:0]
ld_hazard
exe_mode
creg_rd_data[31:0]
id_stall
id_flush
mem_fwd_data[31:0]
ex_dst_addr[4:0]
ex_gpr_we_
ex_fwd_data[31:0]
fwd_data
br_taken
br_addr[29:0]
if_pc[29:0]
if_insn[31:0]
if_en
id_pc[29:0]
id_pc
id_en
id_alu_op
id_alu_in_0[31:0]
id_alu_in_1[31:0]
id_br_flag
id_mem_op[1:0]
id_mem_wr_data[31:0]
id_ctrl_op[1:0]
id_dst_addr[4:0]
id_dst_addr
id_gpr_we_
id_exp_code[2:0]
IF 阶段
总线接口
if_bus_rd_data[31:0]
if_bus_rdy_
if_bus_grnt_
if_bus_req_
if_bus_addr[29:0]
if_bus_as_
if_bus_rw
if_bus_wr_data[31:0]
bus_rd_data[31:0]
bus_rdy_
bus_grnt_
bus_req_
bus_addr[29:0]
bus_as_
bus_rw
bus_wr_data[31:0]
if_stage
id_stage
gpr_rd_data_0[31:0]
gpr_rd_data_1[31:0]
gpr_rd_addr_0[4:0]
gpr_rd_addr_1[4:0]
rd_addr_0[4:0]
rd_data_0[31:0]
rd_addr_1[4:0]
rd_data_1[31:0]
spm_rd_data[31:0]
spm_addr[29:0]
spm_as_
spm_rw
spm_wr_data[31:0]
if_spm_addr[11:0]
if_spm_as_
if_spm_rw
if_spm_wr_data[31:0]
if_spm_rd_data[31:0]
spm
mem_spm_rd_data[31:0]
mem_spm_addr[11:0]
mem_spm_as_
mem_spm_rw
mem_spm_wr_data[31:0]
反向时钟

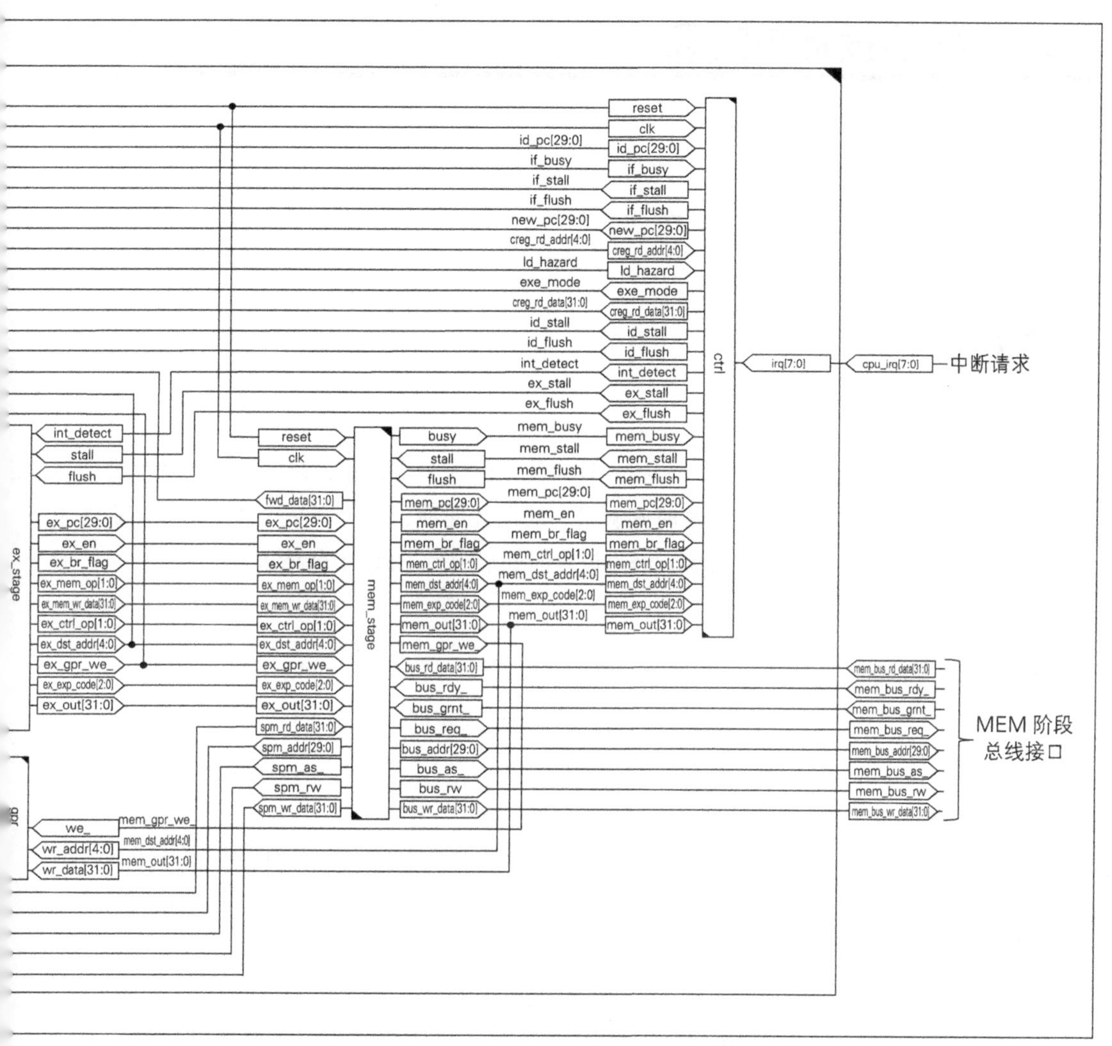

▲ 图 1-114 CPU 顶层模块连接图

1.9　I/O 的设计与实现

本节讲解 I/O 的设计与实现。本节要设计的 I/O 有三种，分别是测量时间用的定时器、串口通信规范 UART（Universal Asynchronous Receiver Transmitter），以及控制 LED、开关用的 GPIO（General Purpose Input Output）。它们都是最基本的 I/O，几乎所有计算机都配有全部三种或其中一部分 I/O 接口。

1.9.1　定时器

■什么是定时器

定时器是用来测量时间的装置。和我们日常使用的厨房定时器、起床闹钟的功能完全相同。计算机可以利用定时器实现时间测量、周期性处理、超时判断等许多用途。定时器通过软件设置定时的时长并启动，经过设定时间后引发 CPU 中断请求。

■定时器的设计

我们将要设计的定时器具有两种动作模式：一种是经过设定时间后向 CPU 请求一次中断即完成操作的单次定时模式，另一种是每经过设定时间就向 CPU 请求一次中断的循环定时模式。单次定时器在只进行一次时间测量时使用，循环定时器在需要执行周期性操作时使用。

通常，I/O 都带有功能多样的控制寄存器，有内存映射的 I/O 的控制寄存器还分配有访问地址。CPU 通过访问 I/O 的控制寄存器对 I/O 进行控制。我们这里设计的定时器的控制寄存器的规格如表 1-57 所示。

▼ 表 1-57　定时器控制寄存器

<table>
<tr><th rowspan="2">寄存器编号</th><th rowspan="2">说明</th><th rowspan="2">偏移地址</th><th rowspan="2">访问类型</th><th colspan="32">寄存器结构</th></tr>
<tr><th>31</th><th>30</th><th>29</th><th>28</th><th>27</th><th>26</th><th>25</th><th>24</th><th>23</th><th>22</th><th>21</th><th>20</th><th>19</th><th>18</th><th>17</th><th>16</th><th>15</th><th>14</th><th>13</th><th>12</th><th>11</th><th>10</th><th>9</th><th>8</th><th>7</th><th>6</th><th>5</th><th>4</th><th>3</th><th>2</th><th>1</th><th>0</th></tr>
<tr><td>0</td><td>控制</td><td>0x0</td><td>读 / 写</td><td colspan="30">Reserved</td><td>M</td><td>S</td></tr>
<tr><td>1</td><td>中断</td><td>0x4</td><td>读 / 写</td><td colspan="31">Reserved</td><td>I</td></tr>
<tr><td>2</td><td>最大值</td><td>0x8</td><td>读 / 写</td><td colspan="32">EXPR_VAL</td></tr>
<tr><td>3</td><td>计数器</td><td>0xC</td><td>读 / 写</td><td colspan="32">COUNTER</td></tr>
</table>

•控制寄存器 0：控制寄存器

[0]：起始位（S）

该位用来控制定时器的开 / 关。该位为 1 时定时器开始计数。

[1]：模式位（M）

该位用来设置定时器的动作模式。该位为 1 时定时器为循环定时模式。

•控制寄存器 1：中断寄存器

[0]：中断位（I）

当定时器计数达到设定的最大值时该位变为 1。该位为 1 时向 CPU 发送中断请求。

•控制寄存器 2：最大值寄存器

[31:0]：最大值（EXPR_VAL）

该寄存器用来设置计数的最大值。如果计数器累计到与该寄存器的值相等时，表示定时时间到。

•控制寄存器 3：计数器寄存器

[31:0]：计数器（COUNTER）

该寄存器为定时器的计数器。计时开始后该寄存器的值开始增长。

■定时器的实现

我们设计的定时器由一个被称为 timer 的模块构成。定时器的框图如图 1-115 所示。该模块由记录经过时间计数器（COUNTER）、表示定时时间的计数最大值寄存器（EXPR_VAL）、控制定时器启动和动作模式的起始位（S）与模式位（M）以及通知计时完成的中断位（I）构成。

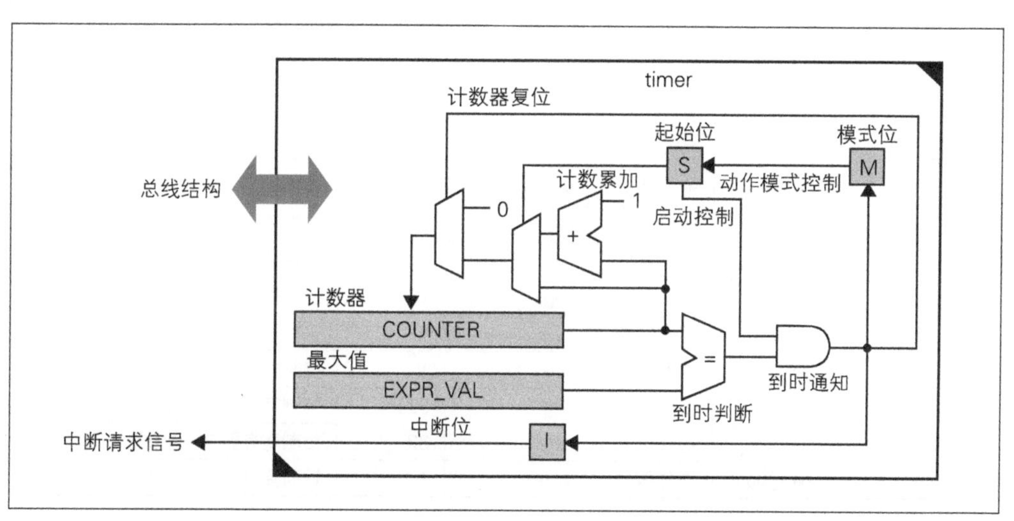

▲ 图 1-115　定时器框图

起始位设为 1 时计数开始，计数到达最大值后计数器被初始化，并设置中断位为 1。此时如果模式位为单次定时模式，则会将起始位清零。如果模式位为循环定时模式，则自动进入下一个计数周期。定时器的宏一览如表 1-58 所示，信号线一览如表 1-59 所示，源程序如代码 1-37 所示。

▼ 表 1-58　宏一览（timer.h）

宏名称	值	含义
TIMER_ADDR_W	2	地址宽度
TimerAddrBus	1:0	地址总线
TimerAddrLoc	1:0	地址的位置
TIMER_ADDR_CTRL	2'h0	控制寄存器 0：控制
TIMER_ADDR_INTR	2'h1	控制寄存器 1：中断
TIMER_ADDR_EXPR	2'h2	控制寄存器 2：最大值
TIMER_ADDR_COUNTER	2'h3	控制寄存器 3：计数器
TimerStartLoc	0	起始位的位置
TimerModeLoc	1	模式位的位置
TIMER_MODE_ONE_SHOT	1'b0	模式：单次定时器
TIMER_MODE_PERIODIC	1'b1	模式：循环定时器
TimerIrqLoc	0	中断位的位置

▼ 表 1-59　信号线一览（timer.v）

分组	信号名	信号类型	数据类型	位宽	含义
时钟复位	clk	输入端口	wire	1	时钟
	reset	输入端口	wire	1	异步复位
总线接口	cs_	输入端口	wire	1	片选
	as_	输入端口	wire	1	地址选通
	rw	输入端口	wire	1	读 / 写
	addr	输入端口	wire	2	地址
	wr_data	输入端口	wire	32	数据写入
	rd_data	输出端口	reg	32	数据读取
	rdy_	输出端口	reg	1	就绪信号
控制寄存器 1	irq	输出端口	reg	1	控制寄存器 1：中断请求信号
控制寄存器 0	mode	内部信号	reg	1	控制寄存器 0：模式位
	start	内部信号	reg	1	控制寄存器 0：起始位
控制寄存器 2	expr_val	内部信号	reg	32	控制寄存器 2：最大值
控制寄存器 3	counter	内部信号	reg	32	控制寄存器 3：计数器
内部信号	expr_flag	内部信号	wire	1	计时完成标志位

▼ 代码 1-37　定时器控制逻辑（timer.v）

```
45      /********** 计时完成标志位 **********/          ─[ Ⅰ ] 计时完成标志位的生成
46      wire expr_flag = ((start == `ENABLE) && (counter == expr_val)) ?
47                       `ENABLE : `DISABLE;
48
49      /********** 定时器控制 **********/
50      always @(posedge clk or `RESET_EDGE reset) begin  ─[ Ⅱ ] 异步复位
51          if (reset == `RESET_ENABLE) begin
52              /* 异步复位 */
53              rd_data  <= #1 `WORD_DATA_W'h0;
54              rdy_     <= #1 `DISABLE_;
55              start    <= #1 `DISABLE;
56              mode     <= #1 `TIMER_MODE_ONE_SHOT;
57              irq      <= #1 `DISABLE;
58              expr_val <= #1 `WORD_DATA_W'h0;
59              counter  <= #1 `WORD_DATA_W'h0;
60          end else begin
61              /* 就绪信号的生成 */                        ─[ Ⅲ ] 就绪信号的生成
62              if ((cs_ == `ENABLE_) && (as_ == `ENABLE_)) begin
63                  rdy_     <= #1 `ENABLE_;
64              end else begin
65                  rdy_     <= #1 `DISABLE_;
66              end
67              /* 读取访问 */                              ─[ Ⅳ ] 读取访问
68              if ((cs_ == `ENABLE_) && (as_ == `ENABLE_) && (rw == `READ)) begin
69                  case (addr)
70                      `TIMER_ADDR_CTRL     : begin // 控制寄存器0
71                          rd_data  <= #1 {{`WORD_DATA_W-2{1'b0}}, mode, start};
72                      end
73                      `TIMER_ADDR_INTR     : begin // 控制寄存器1
74                          rd_data  <= #1 {{`WORD_DATA_W-1{1'b0}}, irq};
75                      end
76                      `TIMER_ADDR_EXPR     : begin // 控制寄存器2
77                          rd_data  <= #1 expr_val;
78                      end
79                      `TIMER_ADDR_COUNTER : begin // 控制寄存器3
80                          rd_data  <= #1 counter;
81                      end                                 (1) 地址解码
82                  endcase
83              end else begin
84                  rd_data  <= #1 `WORD_DATA_W'h0;          (2) 无访问时输出 0
85              end
86              /* 写入访问 */                              ─[ Ⅴ ] 写入访问
87              // 控制寄存器0
88              if ((cs_ == `ENABLE_) && (as_ == `ENABLE_) &&
89                  (rw == `WRITE) && (addr == `TIMER_ADDR_CTRL)) begin
90                  start    <= #1 wr_data[`TimerStartLoc];
91                  mode     <= #1 wr_data[`TimerModeLoc];   (3) 写入控制寄存器 0
92              end else if ((expr_flag == `ENABLE)  &&
93                           (mode == `TIMER_MODE_ONE_SHOT)) begin
94                  start    <= #1 `DISABLE;
95              end                                         (4) 计时完成时起始位的控制
```

```
 96            // 控制寄存器1
 97            if (expr_flag == `ENABLE) begin
 98                irq         <= #1 `ENABLE;                        (5) 中断请求
 99            end else if ((cs_ == `ENABLE_) && (as_ == `ENABLE_) &&
100                         (rw == `WRITE) && (addr ==  `TIMER_ADDR_INTR)) begin
101                irq         <= #1 wr_data[`TimerIrqLoc];
102            end                                                   (6) 写入控制寄存器 1
103            // 控制寄存器2
104            if ((cs_ == `ENABLE_) && (as_ == `ENABLE_) &&
105                (rw == `WRITE) && (addr == `TIMER_ADDR_EXPR)) begin
106                expr_val <= #1 wr_data;
107            end                                                   (7) 写入控制寄存器 2
108            // 控制寄存器3
109            if ((cs_ == `ENABLE_) && (as_ == `ENABLE_) &&
110                (rw == `WRITE) && (addr == `TIMER_ADDR_COUNTER)) begin
111                counter  <= #1 wr_data;                           (8) 写入控制寄存器 3
112            end else if (expr_flag == `ENABLE) begin
113                counter  <= #1 `WORD_DATA_W'h0;                   (9) 计时完成时计数器的初始化
114            end else if (start == `ENABLE) begin
115                counter  <= #1 counter + 1'd1;
116            end                                                   (10) 计数
117        end
118    end
```

[Ⅰ] **计时完成标志位的生成**

起始位（start）为有效，且计数器（counter）值等于计数最大值（expr_val）时，计时完成标志位（expr_flag）为高电平。

[Ⅱ] **异步复位**

复位信号（reset）有效时对寄存器进行初始化。初始化时全部控制信号设为无效，数据信号设为 0。

[Ⅲ] **就绪信号的生成**

由于片选信号（cs_）与地址选通信号（as_）同时有效时进行总线访问操作，就绪信号（rdy_）设为有效。其他情况时就绪信号（rdy_）为无效。

[Ⅳ] **读取访问**

片选信号（cs_）与地址选通信号（as_）同时有效、且读 / 写信号（rw）为读取（READ）时，发生读取访问操作。（1）处对地址信号（rd_data）进行解码，并将对应控制寄存器的值输出到数据读取信号（rd_data）。（2）处针对无访问情况下，向数据读取信号输出 0。

[Ⅴ] **写入访问**

片选信号（cs_）与地址选通信号（as_）同时有效，且读 / 写信号（rw）为写入（WRITE）时，向地址信号（addr）对应的寄存器写入数据。（3）、（6）、（7）、（8）处对控制寄存器进行写入操作。

（4）处对起始位（start）进行控制。定时器动作模式（mode）为单次定时模式（TIMER_MODE_ONE_SHOT）时，计时完成后将起始位（start）清零。

（5）处对中断请求（irq）进行控制。中断请求（irq）比写入控制寄存器 1 操作优先级高。这样设计是为了防止在写入同时计时结束的情况发生时，无法获取来自定时器的中断请求。

（9）处在计时完成时将计数器（counter）初始化为 0。（10）处对计数器（counter）进行累加。计数器在定时器启动，且未达计数最大值时进行累加操作。

1.9.2 UART

■什么是 UART

UART 是起止式同步接收、发送串口通信装置。UART 是一种使用收、发两根信号线进行串口通信的标准。数据一位接一位地传输的方式称为串口通信。图 1-116 所示的是 UART 通信的波形图。

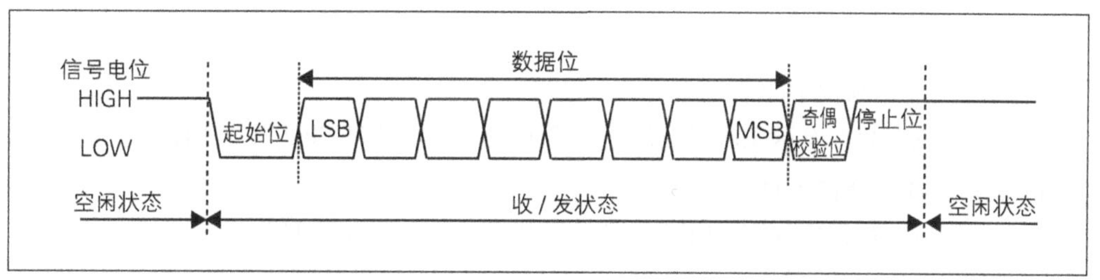

▲ 图 1-116　UART 通信波形图

起止式同步通信是指在发送的数据前添加表示通信开始的起始位（L）、在数据末尾添加表示通信结束的停止位（H）的通信方式。空闲时总是输出停止位。数据从 LSB 一端开始按顺序输出，并可以选择添加奇偶校验位，最后输出停止位。数据传输单位为 7 位或 8 位。

UART 的通信速率用波特率（baud rate）来表示。波特率指的是信号被调制以后的变化率，即单位时间内载波变化的次数。用于波特率计算的信号除了数据位，也包含起始位、停止位、奇偶校验位，因此波特率与单纯的数据传输速率是不同的。UART 常用的波特率有 9 600 baud、19 200 baud、38 400 baud 等。

专栏

UART 实例

计算机背面面板通常有一个与 VGA 端口相似的 9 针接口（DE-9 接头），如图 1-117 所示。这个端口被称为 RS-232（Recommended Standard 232）或串口，是一种 UART 标准的实现。RS-232 是可以用来连接调制解调器等计算机周边设备，或者作为控制台接口[①]。

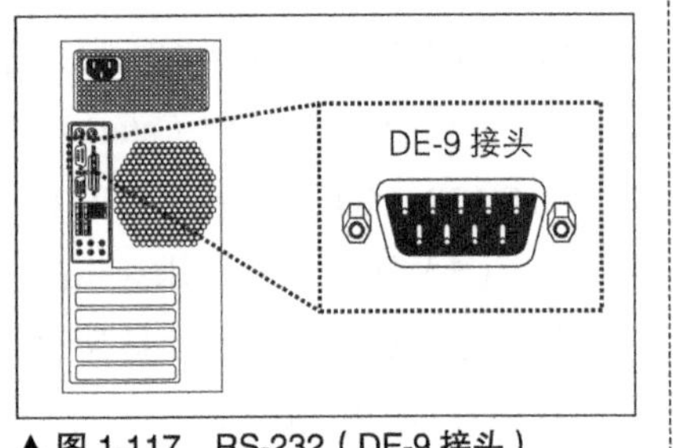

▲ 图 1-117　RS-232（DE-9 接头）

■UART 的设计

以下为我们将要设计的 UART 规格：波特率为 38 400 baud、数据为 8 比特、无奇偶校验、停止位为 1 比特。UART 的控制寄存器如表 1-60 所示。

▼ 表 1-60　UART 控制寄存器

寄存器编号	说明	偏移地址	访问	格式
0	控制	0x0	读 / 写	[31:4] Reserved, [3] TB, [2] RB, [1] TI, [0] RI
1	收发的数据	0x4	读 / 写	[31:8] Reserved, [7:0] DATA

•控制寄存器 0：状态寄存器

[0]：接收完成中断位（RI）

该位在数据发送完成时被设置为高电平，并同时向 CPU 发送中断请求。

[1]：发送完成中断位（TI）

该位在数据接收完成时被设置为高电平，并同时向 CPU 发送中断请求。

[2]：接收中标志位（RB）

该位在数据接收时为高电平。

[3]：发送中标志位（TB）

该位在数据发送时为高电平。

•控制寄存器 1：收发数据寄存器

[7:0]：收发的数据（DATA）

当向该寄存器写入的数据时，数据会通过 UART 发送。当读取该寄存器时，会将接收到的数据读取出来。

---

① Console 接口是网络设备用来与计算机或终端设备进行连接的常用接口。——译者注

■UART 的实现

我们设计的 UART 由表 1-61 所示的模块构成。UART 的框图如图 1-118 所示。UART 由发送模块、接收模块、控制模块，以及进行整体连接的顶层模块构成。UART 使用的宏一览如表 1-62 所示。

▼ 表 1-61　UART 的模块

模块名	文件名	说明
uart	uart.v	UART 顶层模块
uart_tx	uart_tx.v	UART 发送模块
uart_rx	uart_rx.v	UART 接收模块
uart_ctrl	uart_ctrl.v	UART 控制模块

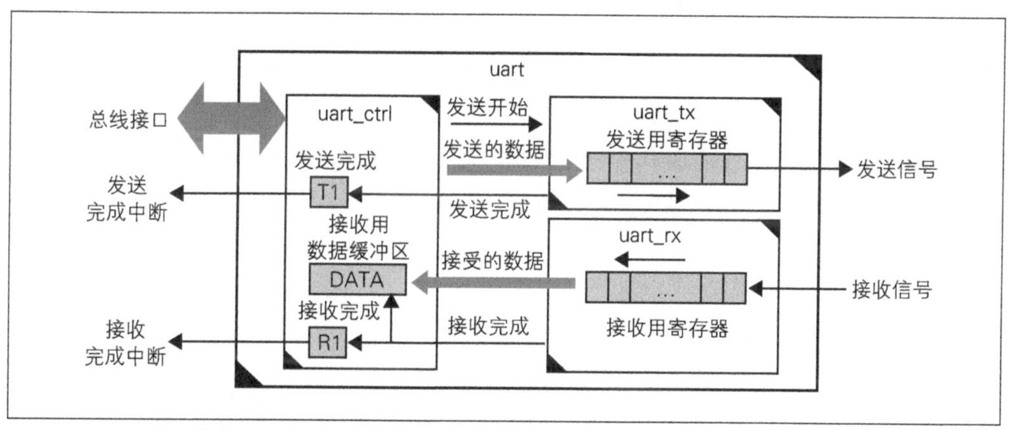

▲ 图 1-118　UART 的框图

▼ 表 1-62　宏一览（uart.h）

宏名	值	含义
UART_DIV_RATE	260	分频比率
UART_DIV_CNT_W	9	分频计数器位宽
UartDivCntBus	8:0	分频计数器总线
UartAddrBus	0:0	地址总线
UART_ADDR_W	1	地址宽
UartAddrLoc	0:0	地址位置
UART_ADDR_STATUS	1'h0	控制寄存器 0：状态
UART_ADDR_DATA	1'h1	控制寄存器 1：收发的数据
UartCtrlIrqRx	0	接收完成中断
UartCtrlIrqTx	1	发送完成中断
UartCtrlBusyRx	2	接收中标志位

（续）

宏名	值	含义
UartCtrlBusyTx	3	发送中标志位
UartStateBus	0:0	状态总线
UART_STATE_IDLE	1'b0	状态：空闲状态
UART_STATE_TX	1'b1	状态：发送中
UART_STATE_RX	1'b1	状态：接收中
UartBitCntBus	3:0	比特计数器总线
UART_BIT_CNT_W	4	比特计数器位宽
UART_BIT_CNT_START	4'h0	计数器值：起始位
UART_BIT_CNT_MSB	4'h8	计数器值：数据的 MSB
UART_BIT_CNT_STOP	4'h9	计时器值：停止位
UART_START_BIT	1'b0	起始位
UART_STOP_BIT	1'b1	停止位

■发送模块

发送模块设计为一个有限状态机。发送模块的状态迁移图如图 1-119 所示。该模块的状态有“空闲状态”和“发送状态”两种。处于发送状态时，依据比特计数器对下一个发送的数据进行控制。

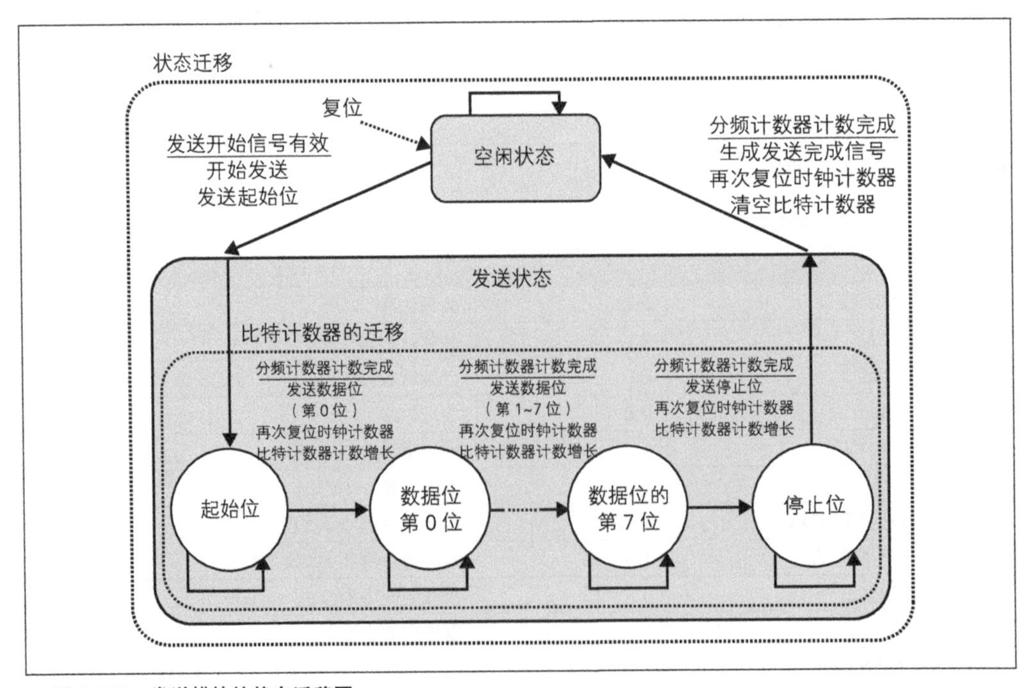

▲ 图 1-119　发送模块的状态迁移图

发送模块在空闲状态时，如果发送开始信号到来，则保存发送的数据并开始发送。发送模块基于输入的时钟生成需要的波特率。相对于 UART 常用的波特率，例如 38 400 baud，向电路输入的时钟高达数十 MHz，因此需要对输入的时钟进行分频来生成波特率。时钟的分频比率计算公式为“输入时钟频率 ÷ 波特率”。分频使用计数器来得到需要的频率。

发送状态时，每当分频计数器计满预定次数时、发送下一个比特数据。发送状态中，依次发送起始位、数据 0~7 位、停止位，最后将比特计数器清零并返回空闲状态。发送完毕后输出发送完成信号。发送信号时模块输出忙信号。

发送模块的信号线如表 1-63 所示，源程序如代码 1-38 所示。

▼ 表 1-63 信号线一览（uart_tx.v）

分组	信号名	信号类型	数据类型	位宽	含义
时钟复位	clk	输入端口	wire	1	时钟
	reset	输入端口	wire	1	异步复位
控制信号	tx_start	输入端口	wire	1	发送开始信号
	tx_data	输入端口	wire	8	发送的数据
	tx_busy	输出端口	wire	1	发送中标志信号
	tx_end	输出端口	reg	1	发送完成信号
UART 发送信号	tx	输出端口	reg	1	UART 发送信号
内部信号	state	内部信号	reg	1	发送模块的状态
	div_cnt	内部信号	reg	9	分频计数器
	bit_cnt	内部信号	reg	4	比特计数器
	sh_reg	内部信号	reg	8	发送用移位寄存器

▼ 代码 1-38 UART 发送模块（uart_tx.v）

```
39      /********** 发送中标志信号的生成 **********/          ┌[ I ] 发送中标志信号的生成
40      assign tx_busy = (state == `UART_STATE_TX) ? `ENABLE : `DISABLE;
41
42      /********** 发送逻辑电路 **********/
43      always @(posedge clk or `RESET_EDGE reset) begin
44          if (reset == `RESET_ENABLE) begin                 ┌[ II ] 异步复位
45              /* 异步复位 */
46              state   <= #1 `UART_STATE_IDLE;
47              div_cnt <= #1 `UART_DIV_RATE;
48              bit_cnt <= #1 `UART_BIT_CNT_START;
49              sh_reg  <= #1 `BYTE_DATA_W'h0;
50              tx_end  <= #1 `DISABLE;
51              tx      <= #1 `UART_STOP_BIT;
52          end else begin
53              /* 发送状态 */
54              case (state)
```

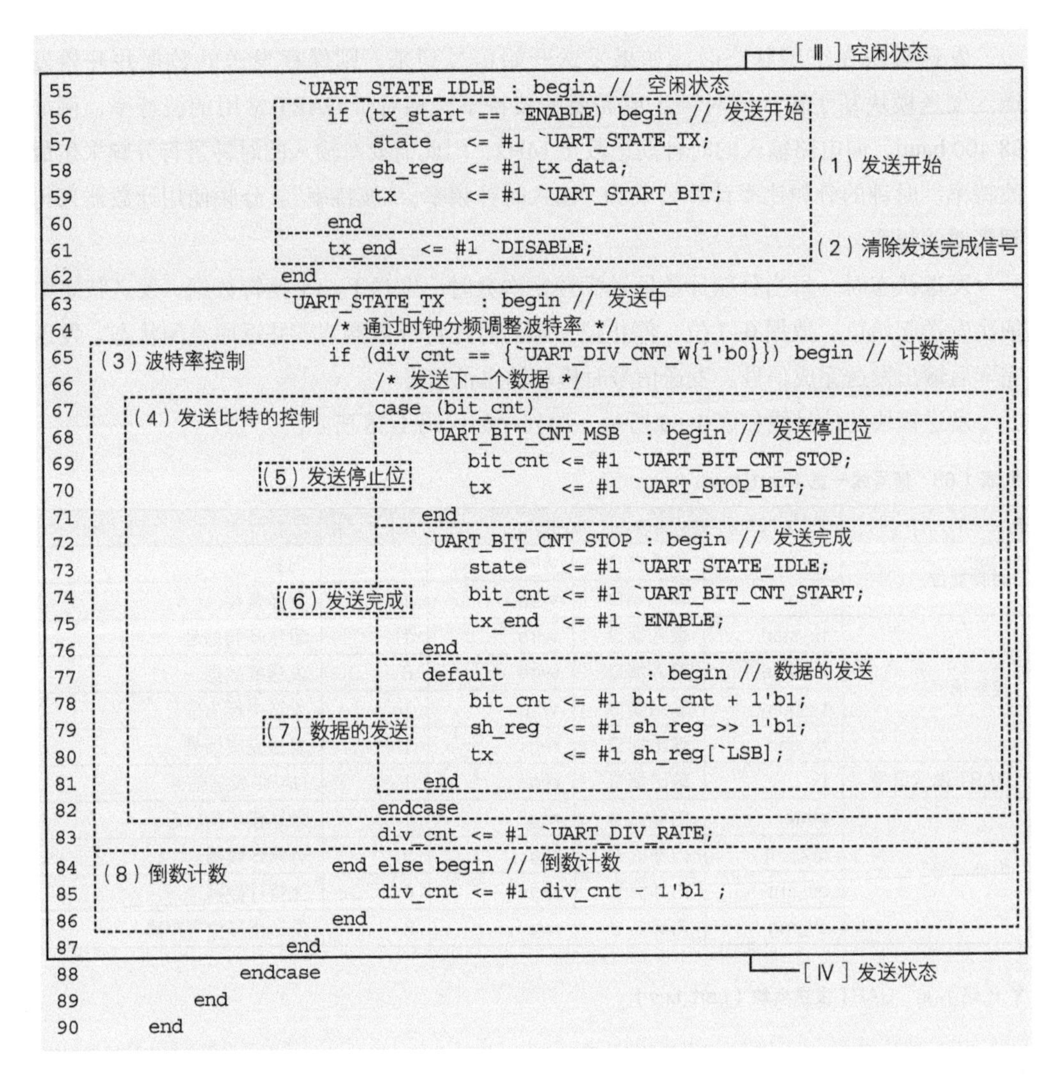
```
55                  `UART_STATE_IDLE : begin // 空闲状态
56                      if (tx_start == `ENABLE) begin // 发送开始
57                          state   <= #1 `UART_STATE_TX;
58                          sh_reg  <= #1 tx_data;
59                          tx      <= #1 `UART_START_BIT;
60                      end
61                      tx_end  <= #1 `DISABLE;
62                  end
63                  `UART_STATE_TX   : begin // 发送中
64                      /* 通过时钟分频调整波特率 */
65                      if (div_cnt == {`UART_DIV_CNT_W{1'b0}}) begin // 计数满
66                          /* 发送下一个数据 */
67                          case (bit_cnt)
68                              `UART_BIT_CNT_MSB  : begin // 发送停止位
69                                  bit_cnt <= #1 `UART_BIT_CNT_STOP;
70                                  tx      <= #1 `UART_STOP_BIT;
71                              end
72                              `UART_BIT_CNT_STOP : begin // 发送完成
73                                  state   <= #1 `UART_STATE_IDLE;
74                                  bit_cnt <= #1 `UART_BIT_CNT_START;
75                                  tx_end  <= #1 `ENABLE;
76                              end
77                              default            : begin // 数据的发送
78                                  bit_cnt <= #1 bit_cnt + 1'b1;
79                                  sh_reg  <= #1 sh_reg >> 1'b1;
80                                  tx      <= #1 sh_reg[`LSB];
81                              end
82                          endcase
83                          div_cnt <= #1 `UART_DIV_RATE;
84                      end else begin // 倒数计数
85                          div_cnt <= #1 div_cnt - 1'b1 ;
86                      end
87                  end
88              endcase
89          end
90      end
```


[Ⅰ] 发送中标志信号的生成

当 UART 模块状态为发送（UART_STATE_TX）时，发送中标志信号（tx_busy）有效。

[Ⅱ] 异步复位

复位信号（reset）有效时，进行寄存器初始化操作。

[Ⅲ] 空闲状态

（1）处在空闲状态时，如果开始信号（tx_start）到来，则将发送的数据（tx_data）保存到移位寄存器（sh_reg）、输出开始位、状态迁移到发送状态（UART_STATE_TX）。

[Ⅳ] 发送状态

（3）和（8）处对波特率进行控制。分频用计数器（div_cnt）使用倒数方式（8），当值倒数到 0 时发送下一比特数据（3）。（4）处对发送的比特数据进行控制。因为在迁移到发送状态（UART_STATE_TX）时开始发送起始位，所以此处发送剩下的数据位和停止位。

（5）处在发送完数据的 MSB（第七位）后，发送停止位并递增比特计数器（bit_cnt）。（6）处当停止位发送完毕，比特计数器（bit_cnt）归零初始化，使能发送完成信号（tx_end），并将状态迁移到空闲状态（UART_STATE_IDLE）。最后剩下的一种情况为数据的发送，（7）处发送数据比特，并递增比特计数器（bit_cnt）。因为数据从 LSB 开始发送，所以在发送的同时移位寄存器（sh_reg）向右移动一位。

■ 接收模块

UART 的接收部分使用比波特率高的采样频率实现。图 1-120 展示了 UART 接收时的示例。

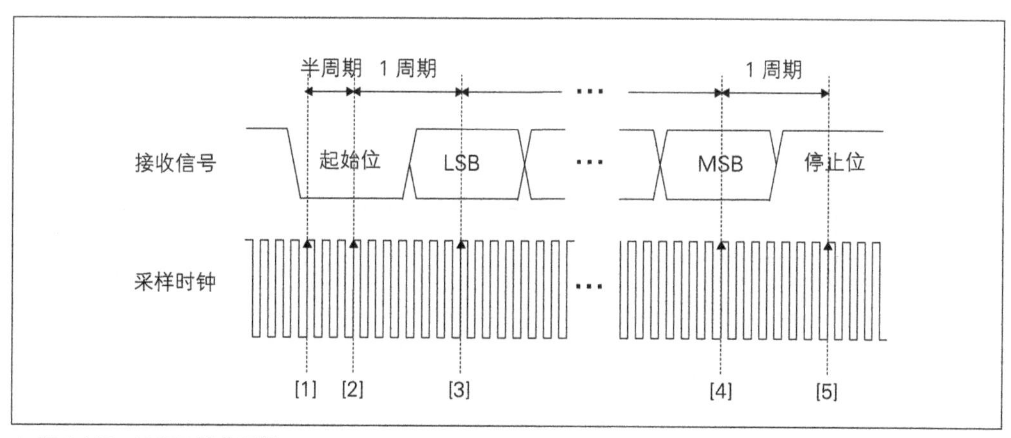

▲ 图 1-120　UART 接收示例

[1] 起始位的检测

接收信号转为 L 时视为检测到起始位。

[2] 起始位的中心

在检测出起始位时开始测量波特率的半周期，以确定起始位的中心。

[3] 数据接收开始

从起始位的中心来计算波特率的 1 个周期位置，然后从 LSB 开始接收数据。

[4] **数据接收完成**

数据接收到 MSB 后，则表示数据接收完成。

[5] **停止位的接收**

数据接收完成后，最后接收停止位。

检测接收信号时，使用比波特率更高的频率进行采样，由于检测到起始位的同时开始同步（起止式同步）传输，因此没有专门的同步信号也可以传输数据。为了准确接收数据，采样时钟必须具有比波特率充分高的频率。一般使用比波特率高 16 倍的时钟进行采样。采用这个频率是因为最早开发的 UART 测量芯片使用了 16 倍的采样时钟。

接收模块和发送模块一样，也是基于有限状态机制作的。接收模块的状态迁移图如图 1-121 所示。该模块有空闲和接收两个状态，接收状态下依据比特计数器控制数据的接收。

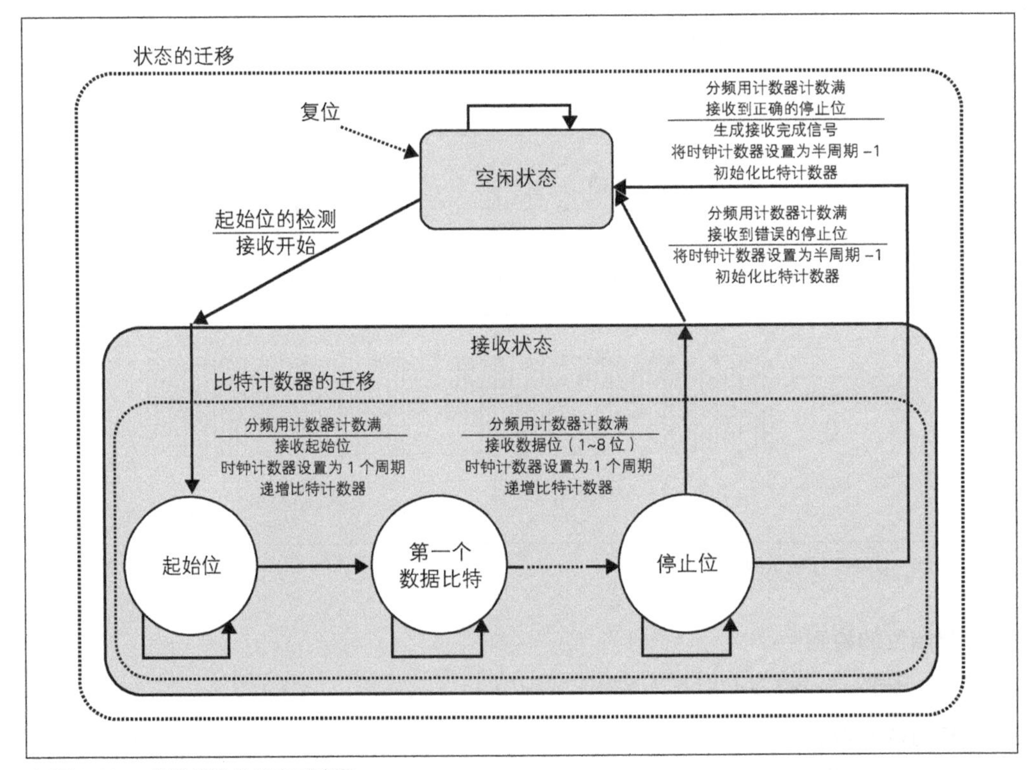

▲ 图 1-121　接收模块的状态迁移图

接收模块在空闲状态下检测到起始位后，开始接收信号。此时，分频计数器中记入波特率的半周期。第一次分频计数器计数满时的位置为起始位的中心。此后每过一个周期接收一个数据位。

接收状态下，依次接收起始位、数据 1~8 位、停止位。当正确接收到停止位（H）后使能接收完成信号、将接收到的数据输出、为下次接收数据将分频计数器设置为半周期，并返回空闲状态。

接收到的停止位为错误的值（L）时称为帧错误（Framing Error），此时将接收到的数据废弃并返回空闲状态。帧错误是指帧的同步不成功的状态。接收信号时模块输出忙信号。

接收模块的信号线一览如表 1-64 所示，源程序如代码 1-39 所示。

▼ 表 1-64 信号线一览（uart_rx.v）

分组	信号名	信号类型	数据类型	位宽	含义
时钟复位	clk	输入端口	wire	1	时钟
	reset	输入端口	wire	1	异步复位
控制信号	rx_busy	输出端口	wire	1	接收中标志信号
	rx_end	输出端口	reg	1	接收完成信号
	rx_data	输出端口	reg	8	接收数据兼移位寄存器
UART 接收信号	rx	输入端口	wire	1	UART 接收信号
内部信号	state	内部信号	reg	1	接收模块的状态
	div_cnt	内部信号	reg	9	分频计数器
	bit_cnt	内部信号	reg	4	比特计数器

▼ 代码 1-39 UART 接收模块（uart_rx.v）

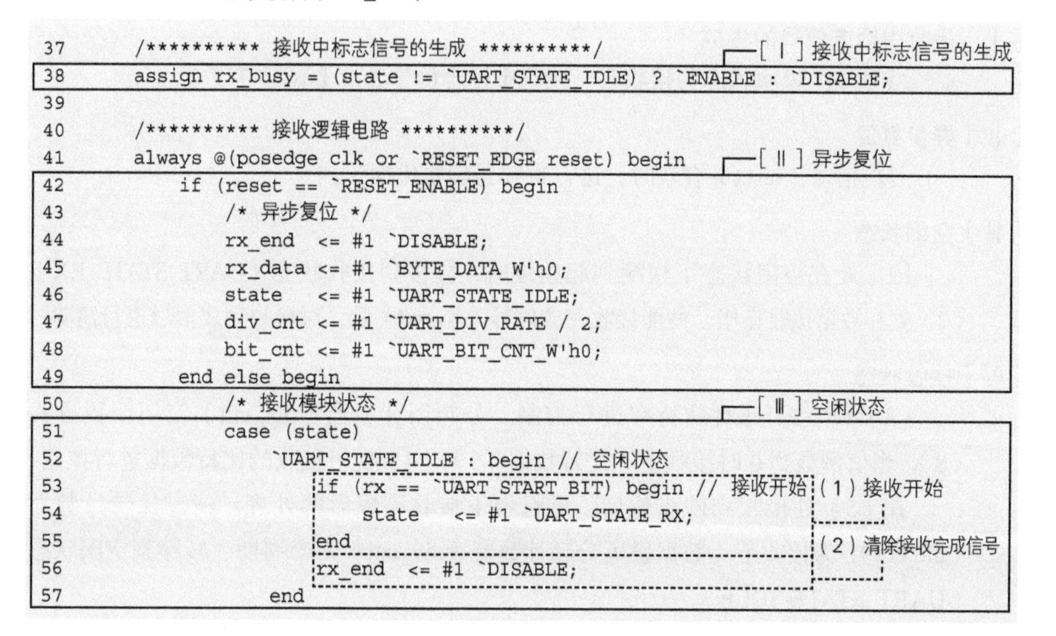
```
37      /********** 接收中标志信号的生成 **********/
38      assign rx_busy = (state != `UART_STATE_IDLE) ? `ENABLE : `DISABLE;
39
40      /********** 接收逻辑电路 **********/
41      always @(posedge clk or `RESET_EDGE reset) begin
42          if (reset == `RESET_ENABLE) begin
43              /* 异步复位 */
44              rx_end  <= #1 `DISABLE;
45              rx_data <= #1 `BYTE_DATA_W'h0;
46              state   <= #1 `UART_STATE_IDLE;
47              div_cnt <= #1 `UART_DIV_RATE / 2;
48              bit_cnt <= #1 `UART_BIT_CNT_W'h0;
49          end else begin
50              /* 接收模块状态 */
51              case (state)
52                  `UART_STATE_IDLE : begin // 空闲状态
53                      if (rx == `UART_START_BIT) begin // 接收开始
54                          state   <= #1 `UART_STATE_RX;
55                      end
56                      rx_end  <= #1 `DISABLE;
57                  end
```

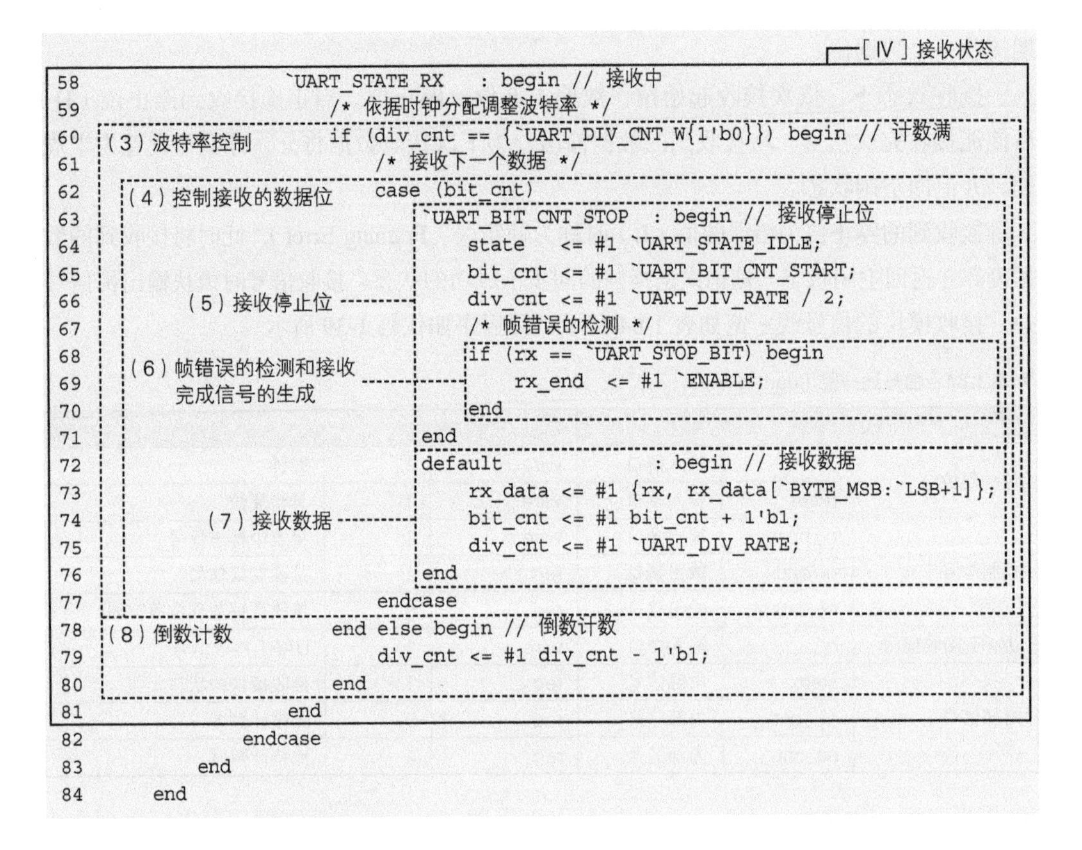

```
58                 `UART_STATE_RX    : begin // 接收中
59                     /* 依据时钟分配调整波特率 */
60                     if (div_cnt == {`UART_DIV_CNT_W{1'b0}}) begin // 计数满
61                         /* 接收下一个数据 */
62                         case (bit_cnt)
63                             `UART_BIT_CNT_STOP  : begin // 接收停止位
64                                 state   <= #1 `UART_STATE_IDLE;
65                                 bit_cnt <= #1 `UART_BIT_CNT_START;
66                                 div_cnt <= #1 `UART_DIV_RATE / 2;
67                                 /* 帧错误的检测 */
68                                 if (rx == `UART_STOP_BIT) begin
69                                     rx_end  <= #1 `ENABLE;
70                                 end
71                             end
72                             default             : begin // 接收数据
73                                 rx_data <= #1 {rx, rx_data[`BYTE_MSB:`LSB+1]};
74                                 bit_cnt <= #1 bit_cnt + 1'b1;
75                                 div_cnt <= #1 `UART_DIV_RATE;
76                             end
77                         endcase
78                     end else begin // 倒数计数
79                         div_cnt <= #1 div_cnt - 1'b1;
80                     end
81                 end
82             endcase
83         end
84     end
```


[Ⅰ] 接收中标志信号的生成

当 UART 模块状态为接收时，接收中标志信号（rx_busy）有效。

[Ⅱ] 异步复位

复位信号（reset）有效时，进行寄存器初始化操作。

[Ⅲ] 空闲状态

（1）处在空闲状态下检测到起始位时，转移到接收状态（UART_STATE_RX）。

（2）处在数据接收完毕、使能接收完成信号（rx_end）后，对接收完成信号进行清除。

[Ⅳ] 接收状态

（3）和（8）处对波特率进行控制。分频用计数器（div_cnt）使用倒数方式（8），当值倒数到 0 时接收下一比特数据（3）。（4）处对接收的比特数据进行控制。

在（5）处接收到停止位后，进行以下接收完成后的处理：清零比特计数器（bit_cnt）、为接收下一数据设置分频计数器（div_cnt）为半周期、转移到空闲状态（UART_STATE_IDLE）。

（6）处在接收完成时对帧错误进行检测。当停止位为 H 之外的错误值时，视为发生帧错误。当停止位为 H 时，生成接收完成信号（rx_end）。

（7）处接收数据比特并递增比特计数器（bit_cnt）。移位寄存器（sh_reg）向右移位 1 比特、将接收到的数据插入 MSB。因为从 LSB 端开始依次接收数据，最初接收的数据经过不断移位，最终将移位到 LSB 的位置。

■控制模块

UART 的控制模块用来控制 UART 的信号收发和控制寄存器的访问。UART 控制模块的信号线一览如表 1-65 所示，源程序如代码 1-40 所示。

▼ 表 1-65　信号线一览（uart_ctrl.v）

分组	信号名	信号类型	数据类型	位宽	含义
时钟复位	clk	输入端口	wire	1	时钟
	reset	输入端口	wire	1	异步复位
总线接口	cs_	输入端口	wire	1	片选信号
	as_	输入端口	wire	1	地址选通信号
	rw	输入端口	wire	1	读 / 写
	addr	输入端口	wire	1	地址
	wr_data	输入端口	wire	32	写入的数据
	rd_data	输出端口	reg	32	读取的数据
	rdy_	输出端口	reg	1	就绪信号
中断	irq_rx	输出端口	reg	1	接收中断请求信号（控制寄存器 0）
	irq_tx	输出端口	reg	1	发送中断请求信号（控制寄存器 0）
控制信号	rx_busy	输入端口	wire	1	接收中标志信号（控制寄存器 0）
	rx_end	输入端口	wire	1	接收完成信号
	rx_data	输入端口	wire	8	接收的数据
	tx_busy	输入端口	wire	1	发送中标志信号（控制寄存器 0）
	tx_end	输入端口	wire	1	发送完成信号
	tx_start	输出端口	reg	1	发送开始信号
	tx_data	输出端口	reg	8	发送的数据
控制寄存器 1	rx_buf	内部信号	reg	8	接收用数据缓冲区

▼ 代码 1-40　UART 控制模块（uart_ctrl.v）

```
51      /********** UART控制逻辑电路 **********/
52      always @(posedge clk or `RESET_EDGE reset) begin          [ I ] 异步复位
53          if (reset == `RESET_ENABLE) begin
54              /* 异步复位 */
55              rd_data  <= #1 `WORD_DATA_W'h0;
56              rdy_     <= #1 `DISABLE_;
57              irq_rx   <= #1 `DISABLE;
58              irq_tx   <= #1 `DISABLE;
59              rx_buf   <= #1 `BYTE_DATA_W'h0;
60              tx_start <= #1 `DISABLE;
61              tx_data  <= #1 `BYTE_DATA_W'h0;
62          end else begin
```

```
63              /* 就绪信号的生成 */                                          ─[ Ⅱ ] 就绪信号的生成
64              if ((cs_ == `ENABLE_) && (as_ == `ENABLE_)) begin
65                  rdy_     <= #1 `ENABLE_;
66              end else begin
67                  rdy_     <= #1 `DISABLE_;
68              end
69              /* 读取访问 */                                                  ─[ Ⅲ ] 读取访问
70              if ((cs_ == `ENABLE_) && (as_ == `ENABLE_) && (rw == `READ)) begin
71  (1)控制寄存器      case (addr)
72     的读取              `UART_ADDR_STATUS     : begin // 控制寄存器0
73                            rd_data  <= #1 {{`WORD_DATA_W-4{1'b0}},
74  (2)控制寄存器 0                           tx_busy, rx_busy, irq_tx, irq_rx};
75                         end
76                         `UART_ADDR_DATA       : begin // 控制寄存器1
77  (3)控制寄存器 1            rd_data  <= #1 {{`BYTE_DATA_W*2{1'b0}}, rx_buf};
78                         end
79                  endcase
80              end else begin
81  (4)无访问时         rd_data  <= #1 `WORD_DATA_W'h0;
82     输出 0    end                                                             ─[ Ⅳ ] 写入访问
83              /* 写入访问 */
84              // 控制寄存器0: 发送完成中断
85              if (tx_end == `ENABLE) begin                                    (5)发送完成中断请求
86                  irq_tx<= #1 `ENABLE;
87              end else if ((cs_ == `ENABLE_) && (as_ == `ENABLE_) &&
88                           (rw == `WRITE) && (addr == `UART_ADDR_STATUS)) begin
89                  irq_tx<= #1 wr_data[`UartCtrlIrqTx];                         (6)写入控制寄存器 0 的
90              end                                                                 发送完成中断位
91              // 写入控制寄存器0的发送完成中断位
92              if (rx_end == `ENABLE) begin                                    (7)接收完成中断请求
93                  irq_rx<= #1 `ENABLE;
94              end else if ((cs_ == `ENABLE_) && (as_ == `ENABLE_) &&
95                           (rw == `WRITE) && (addr == `UART_ADDR_STATUS)) begin
96                  irq_rx<= #1 wr_data[`UartCtrlIrqRx];                         (8)写入控制寄存器 0 的
97              end                                                                 接收完成中断位
98  (9)写入控制  // 控制寄存器1
99     寄存器 1  if ((cs_ == `ENABLE_) && (as_ == `ENABLE_) &&
100                 (rw == `WRITE) && (addr == `UART_ADDR_DATA)) begin // 发送开始
101                 tx_start <= #1 `ENABLE;                                     (10)输出发送开始信号
102                 tx_data  <= #1 wr_data[`BYTE_MSB:`LSB];                          和发送的数据
103             end else begin
104                 tx_start <= #1 `DISABLE;                                    (11)清除发送开始信号
105                 tx_data  <= #1 `BYTE_DATA_W'h0;                                  和发送的数据
106             end
107             /* 接收数据 */
108             if (rx_end == `ENABLE) begin
109                 rx_buf   <= #1 rx_data;                                     (12)缓冲接收的数据
110             end
111         end
112     end
```

[Ⅰ] **异步复位**

复位信号（reset）有效时，进行寄存器初始化操作。

[Ⅱ] **就绪信号的生成**

当片选信号（cs_）和地址选通信号（as_）同时到来时开始总线访问，使能就绪信号（rdy_）。其他情况下就绪信号（rdy_）无效。

[Ⅲ] **读取访问**

当片选信号（cs_）和地址选通信号（as_）同时到来，且读 / 写信号（rw）为读取（READ）时开始读取访问。（1）处的 case 语句对地址进行解码，地址（addr）对应的控制寄存器的值会作为读出的数据（rd_data）被输出。（2）处读取控制寄存器 0，（3）处读取控制寄存器 1。控制寄存器 1 的收发数据从接收缓冲区（rx_buf）读取。（4）处在无访问时向读取的数据信号（rd_data）输出 0。

[Ⅳ] **写入访问**

当片选信号（cs_）和地址选通信号（as_）同时到来，且读 / 写信号（rw）为写入（WRITE）时，对地址信号（addr）指向的控制寄存器写入数据。（6）和（8）处对寄存器 0 进行写入操作。

（5）处对发送完成中断进行控制。发送完成时的处理比写入控制寄存器 0 的操作优先级高。（7）处对接收完成中断进行控制。接收完成时的处理比写入控制寄存器 0 的操作优先级高。（5）和（7）处的中断比来自总线的写入访问优先处理，是为了在防止写入的同时发送完成的情况下丢失中断。

（9）处对控制寄存器 1 进行写入操作。当有数据写入控制寄存器 1 时，写入的数据作为发送的数据（tx_data）输出，同时输出发送开始信号（tx_start）（10）。无写入时在（11）处清除发送的数据（tx_data）与发送开始信号（tx_start）。当接收完成信号（rx_end）有效时，在（12）处将接收的数据（rx_data）放入接收用数据缓冲区（rx_buf）。

■顶层模块

顶层模块用来连接发送模块、接收模块和控制模块。顶层模块的端口连接图如图 1-122 所示。控制模块与总线接口、中断请求信号相连接。控制模块与发送模块、控制模块与接收模块间通过控制信号相连接。发送模块与 UART 的发送信号相连、接收模块与 UART 接收信号相连。

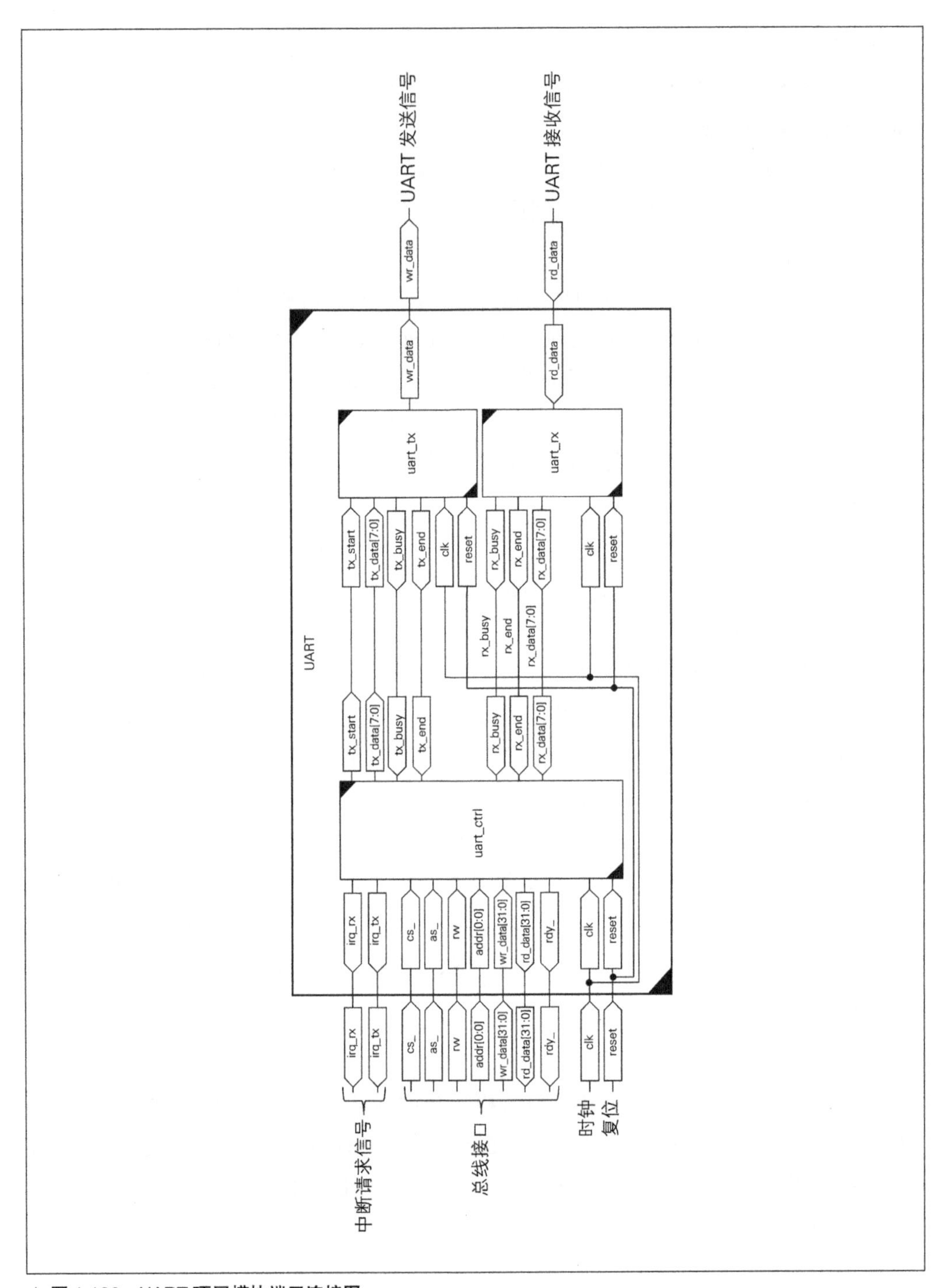

▲ 图 1-122　UART 顶层模块端口连接图

1.9.3 GPIO

■什么是 GPIO

GPIO（General Purpose Input Output）是以位为单位进行数字输入输出的 I/O 接口。作为单纯的通用输入输出 I/O，输入时从外部读取输入信号、输出时将写入的值输入到外部。GPIO 可以与各种设备相连接。例如可以连接图 1-123 中的 LED、开关等。

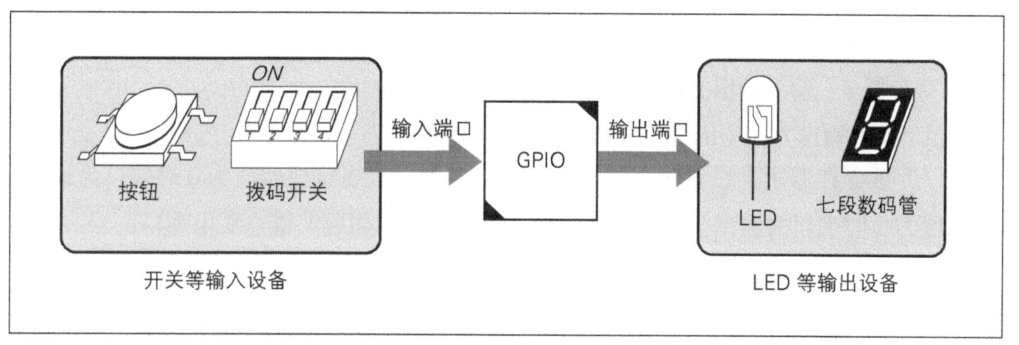

▲ 图 1-123 GPIO 连接示意图

■GPIO 的设计

我们设计的 GPIO 有输入专用端口、输出专用端口，以及可以输入输出的双向端口三种。输入输出端口可以作为输入或输出端口使用，输入输出的方向通过控制寄存器设置。

GPIO 控制寄存器如表 1-66 所示。

▼ 表 1-66 GPIO 的控制寄存器

寄存器编号	说明	偏移地址	访问	格式
				31 30 29 28 27 26 25 24 23 22 21 20 19 18 17 16 15 14 13 12 11 10 9 8 7 6 5 4 3 2 1 0
0	输入端口	0x0	R	INPUT_DATA
1	输出端口	0x4	R/W	OUTPUT_DATA
2	输入输出端口	0x8	R/W	INOUT_DATA
3	输入输出方向	0xC	R/W	INOUT_DIR

•控制寄存器 0：输入端口

[31:0]：输入数据（INPUT_DATA）

通过对该寄存器的读取，可以读取输入端口的信号值。

•控制寄存器 1：输出端口

[31:0]：输出数据（OUTPUT_DATA）

将数据写入该寄存器，会直接输出到输出端口。

•控制寄存器 2：输入输出端口

[31:0]：输入输出数据（INOUT_DATA）

当输入输出方向为输入时，读取该寄存器即可获取外部输入的信号值。当输入输出方向为输出时，对该寄存器写入数据即可输出到外部。

•控制寄存器 3：输入输出方向

[31:0]：输入输出方向（INOUT_DIR）

该寄存器用来设置输入输出端口的信号方向。当寄存器值为 0 时端口为输入、值为 1 时端口为输出。该寄存器各个比特对应控制相应的输入输出端口。

■GPIO 的实现

我们设计的 GPIO 由名为 gpio 的模块构成。GPIO 框图如图 1-124 所示。

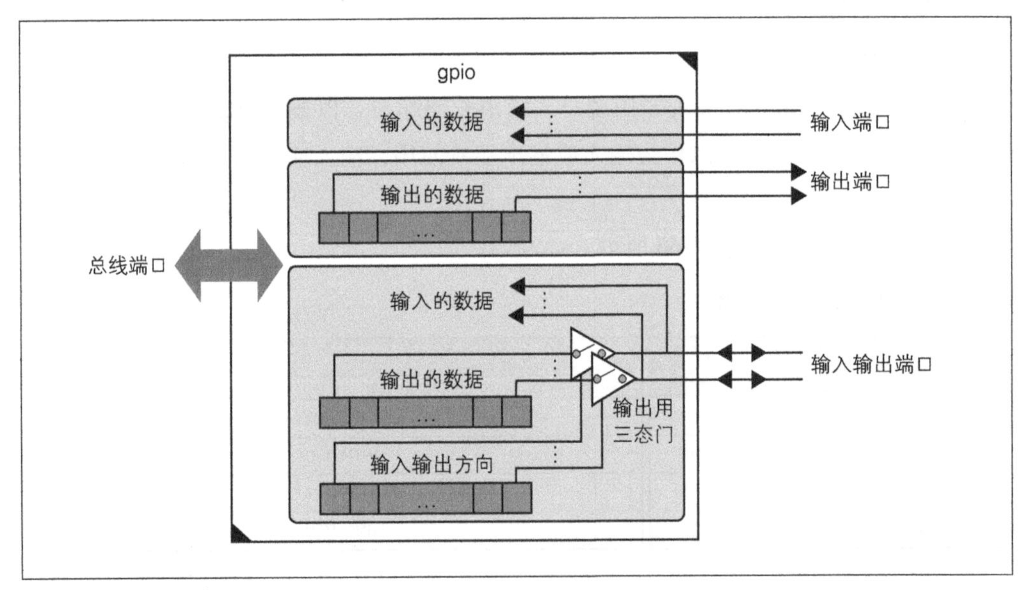

▲ 图 1-124　GPIO 框图

GPIO 由输入端口、输出端口和输入输出端口三个部分构成。各个端口在设计上是独立的，每个端口是否实现，以及每个端口的通道数都使用宏来定义。GPIO 的宏一览如表 1-67 所示、信号线如表 1-68 所示。

▼ 表 1-67　宏一览（gpio.h）

宏名	值	含义
GPIO_IN_CH	4	输入端口
GPIO_OUT_CH	18	输出端口
GPIO_IO_CH	16	输入输出端口
GpioAddrBus	1:0	地址总线
GPIO_ADDR_W	2	地址宽度
GpioAddrLoc	1:0	地址的位置
GPIO_ADDR_IN_DATA	2'h0	控制寄存器 0：输入端口
GPIO_ADDR_OUT_DATA	2'h1	控制寄存器 1：输出端口
GPIO_ADDR_IO_DATA	2'h2	控制寄存器 2：输入输出端口
GPIO_ADDR_IO_DIR	2'h3	控制寄存器 3：输入输出方向
GPIO_DIR_IN	1'b0	输入输出方向：输入
GPIO_DIR_OUT	1'b1	输入输出方向：输出

▼ 表 1-68　信号线一览（gpio.v）

分组	信号名	信号类型	数据类型	位宽	含义
时钟复位	clk	输入端口	wire	1	时钟
	reset	输入端口	wire	1	异步复位
总线接口	cs_	输入端口	wire	1	片选信号
	as_	输入端口	wire	1	地址选通信号
	rw	输入端口	wire	1	读 / 写
	addr	输入端口	wire	2	地址
	wr_data	输入端口	wire	32	写入的数据
	rd_data	输出端口	reg	32	读取的数据
	rdy_	输出端口	reg	1	就绪信号
通用输入输出端口	gpio_in	输入端口	wire	4	GPIO 输入端口
	gpio_out	输出端口	reg	18	GPIO 输出端口
	gpio_io	输入输出端口	wire	16	GPIO 输入输出端口
输入输出信号	io_in	内部信号	wire	16	GPIO 输入输出端口的输入数据
	io_out	内部信号	reg	16	GPIO 输入输出端口的输出数据
	io_dir	内部信号	reg	16	GPIO 输入输出端口的方向

输入输出端口使用三态门实现。三态门（也称为三态缓冲器）是一种可以输出 H、L 以及高阻状态的电路结构。高阻状态是指电气上绝缘（断路）的状态。

三态门除了有输入、输出信号之外，还有决定是否驱动输出的输出使能信号。输出使能信号有效时，三态门的输出由输入信号驱动。输出使能信号无效时，三态门的输出为高阻状态。

图 1-125 为三态门的真值表。输出使能信号为正逻辑。

输出使能	输入	输出	门电路状态
L	L	高阻	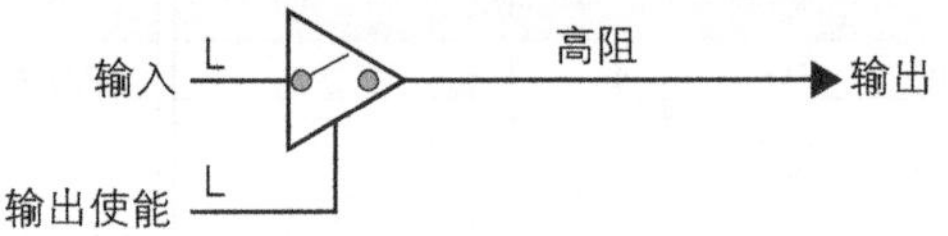 输入 L　高阻　输出 输出使能 L
L	H	高阻	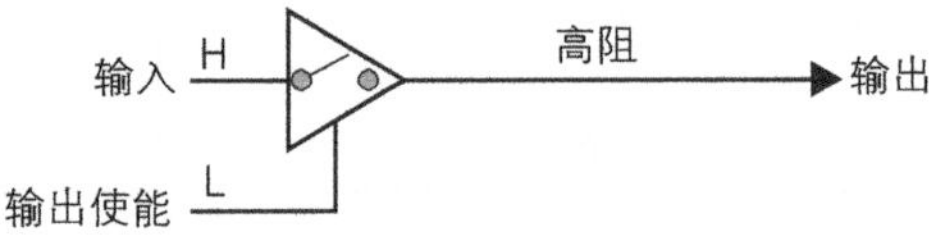 输入 H　高阻　输出 输出使能 L
H	L	L	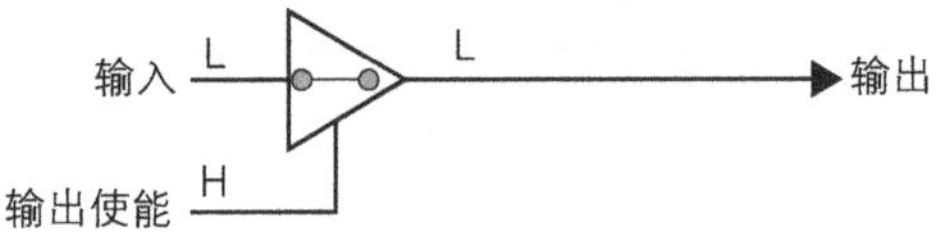 输入 L　L　输出 输出使能 H
H	H	H	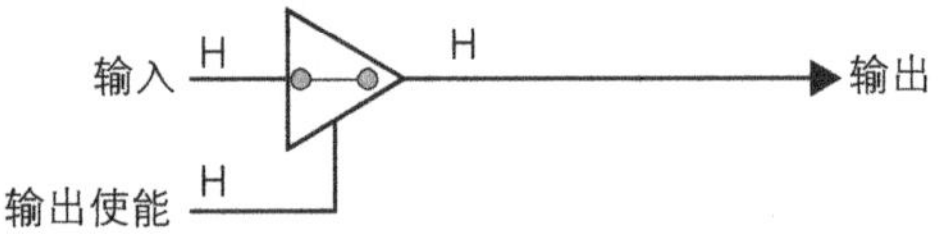 输入 H　H　输出 输出使能 H

▲ 图 1-125　三态门的真值表

方向为输出的输入输出端口如图 1-126 所示、方向为输入的输入输出端口如图 1-127 所示。

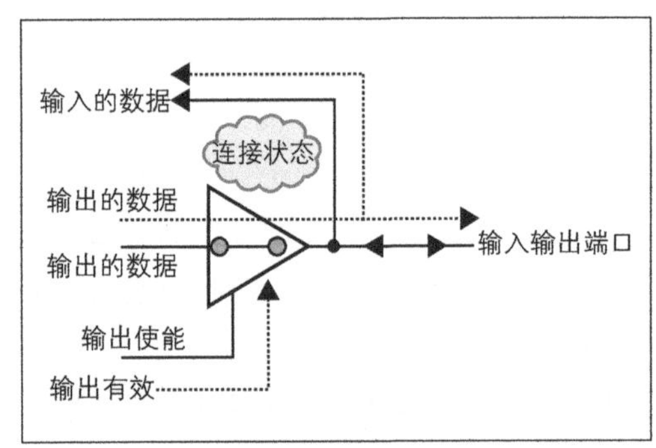

▲ 图 1-126　方向为输出的输入输出端口

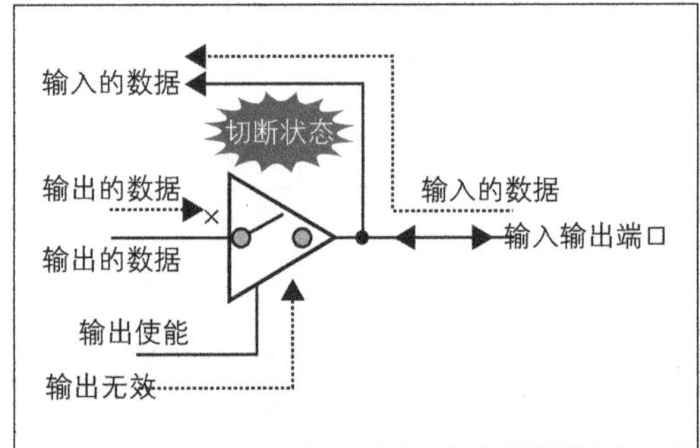

▲图 1-127　方向为输入的输入输出端口

输入输出端口的内部由输入的数据、输出的数据和输出使能 3 个信号构成。用作输出时将输出使能信号设为有效、并向输入输出端口发送输出的数据。此时从输入的数据可以读取到和输出的数据相同的值；用作输入时将输出使能信号设为无效、输出用三态门变为高阻状态。由于此时端口被外部设备驱动，来自外部的输入值可以作为输入的数据读取。控制输入输出端口的源程序如代码 1-41 所示、信号线的对应参见图 1-128。

▼ 代码 1-41 GPIO 的输入输出端口（gpio.v）

```
44  `ifdef GPIO_IO_CH     // 输入输出端口的控制
45      /********** 输入输出信号 **********/                [ I ] 输入输出信号的定义
46      wire [`GPIO_IO_CH-1:0]           io_in;    // 输入的数据
47      reg  [`GPIO_IO_CH-1:0]           io_out;   // 输出的数据
48      reg  [`GPIO_IO_CH-1:0]           io_dir;   // 输入输出方向（控制寄存器3）
49      reg  [`GPIO_IO_CH-1:0]           io;       // 输入输出
50      integer                          i;        // 迭代器
51
52      /********** 输入输出信号的连续赋值 **********/        [ II ] 输入的数据的赋值
53      assign io_in       = gpio_io;                  // 输入的数据
54      assign gpio_io     = io;                       // 输入输出
55
56      /********** 输入输出方向的控制 **********/            [ III ] 输入输出方向的控制
57      always @(*) begin
58          for (i = 0; i < `GPIO_IO_CH; i = i + 1) begin : IO_DIR
59              io[i] = (io_dir[i] == `GPIO_DIR_IN) ? 1'bz : io_out[i];
60          end
61      end
62                  (1) 遍历所有输入输出端口                 (2) 切换输入方向
63  `endif
```

[I] 输入输出信号的定义

此处定义输入输出端口所用的信号。输入输出端口信号的对应如图 1-128 所示。由于 inout 类型端口有只能使用网络类型的限制，因此我们定义名为 io 的 reg 型变量，并连续赋值给输入输出端口（gpio_io）。

[II] 输入输出信号的连续赋值

当前端口（gpio_io）的值连续赋值给输入的数据（io_in）。用作输出时值为来自内部的输出数据，用作输入时值为来自外部的输入数据。输入输出端口（gpio_io）的值由输入输出信号（io）连续赋值得到。

[III] 输入输出方向的控制

此处切换输出与高阻状态。（1）处的 for 循环遍历所有输入输出端口并执行 assign 语句。用作输入时（2）处为高阻状态，用作输出时（2）处代入输出的数据。Verilog HDL 中高阻状态用 z 表示。

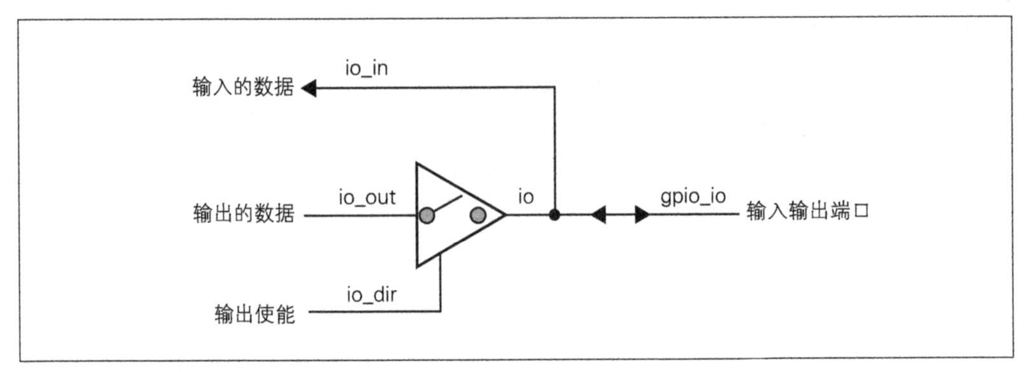

▲ 图 1-128　输入输出端口的信号

接下来，我们来说明总线访问的控制部分。GPIO 的总线访问控制部分的源程序如代码 1-42 所示。

▼ 代码 1-42　GPIO 的总线访问控制（gpio.v）

```
65      /********** GPIO的控制 **********/
66      always @(posedge clk or `RESET_EDGE reset) begin        [ I ] 异步复位
67          if (reset == `RESET_ENABLE) begin
68              /* 异步复位 */
69              rd_data  <= #1 `WORD_DATA_W'h0;
70              rdy_     <= #1 `DISABLE_;
71 `ifdef GPIO_OUT_CH      // 输出端口复位
72              gpio_out <= #1 {`GPIO_OUT_CH{`LOW}};
73 `endif
74 `ifdef GPIO_IO_CH       // 输入输出端口复位
75              io_out   <= #1 {`GPIO_IO_CH{`LOW}};
76              io_dir   <= #1 {`GPIO_IO_CH{`GPIO_DIR_IN}};
77 `endif
78          end else begin
79              /* 就绪信号的生成 */                                [ II ] 就绪信号的生成
80              if ((cs_ == `ENABLE_) && (as_ == `ENABLE_)) begin
81                  rdy_     <= #1 `ENABLE_;
82              end else begin
83                  rdy_     <= #1 `DISABLE_;
84              end
85              /* 读取访问 */                                      [ III ] 读取访问
86              if ((cs_ == `ENABLE_) && (as_ == `ENABLE_) && (rw == `READ)) begin
87                  case (addr)
88 `ifdef GPIO_IN_CH   // 输入端口的读取                           (1) 地址解码
89                      `GPIO_ADDR_IN_DATA  : begin // 控制寄存器0
90                          rd_data  <= #1 {{`WORD_DATA_W-`GPIO_IN_CH{1'b0}},
91                                          gpio_in};
92                      end
93 `endif                                                          (2) 输入端口的读取
94 `ifdef GPIO_OUT_CH  // 输出端口的读取
95                      `GPIO_ADDR_OUT_DATA : begin // 控制寄存器1
96                          rd_data  <= #1 {{`WORD_DATA_W-`GPIO_OUT_CH{1'b0}},
```

```
 97                                   gpio_out};
 98                         end
 99 `endif                                                 (3) 输出端口的读取
100 `ifdef GPIO_IO_CH    // 输入输出端口的读取
101                     `GPIO_ADDR_IO_DATA   : begin // 控制寄存器2
102                         rd_data   <= #1 {{`WORD_DATA_W-`GPIO_IO_CH{1'b0}},
103                                    io_in};
104                      end
105                     `GPIO_ADDR_IO_DIR    : begin // 控制寄存器3
106                         rd_data   <= #1 {{`WORD_DATA_W-`GPIO_IO_CH{1'b0}},
107                                    io_dir};
108                     end                                (4) 输入输出端口的读取
109 `endif
110                 endcase
111             end else begin
112                 rd_data   <= #1 `WORD_DATA_W'h0;          (5) 无访问时输出 0
113             end
114             /* 写入访问 */                                [Ⅳ] 写入访问
115             if ((cs_ == `ENABLE_) && (as_ == `ENABLE_) && (rw == `WRITE)) begin
116                 case (addr)
117 `ifdef GPIO_OUT_CH   // 向输出端口写入                     (6) 地址解码
118                     `GPIO_ADDR_OUT_DATA : begin // 控制寄存器1
119                         gpio_out <= #1 wr_data[`GPIO_OUT_CH-1:0];
120                     end
121 `endif                                              (7) 向输出端口写入
122 `ifdef GPIO_IO_CH    // 向输入输出端口写入
123                     `GPIO_ADDR_IO_DATA   : begin // 控制寄存器2
124                         io_out    <= #1 wr_data[`GPIO_IO_CH-1:0];
125                      end
126                     `GPIO_ADDR_IO_DIR    : begin // 控制寄存器3
127                         io_dir    <= #1 wr_data[`GPIO_IO_CH-1:0];
128                     end
129 `endif                                              (8) 向输入输出端口写入
130                 endcase
131             end
132         end
133     end
```

[Ⅰ] 异步复位

复位信号（reset）有效时，进行寄存器初始化操作。初始化时，全部控制信号设为无效、数据信号输出 0。

[Ⅱ] 就绪信号的生成

当片选信号（cs_）和地址选通信号（as_）同时到来时，表示有来自总线的访问，使能就绪信号（rdy_）。其他情况下就绪信号（rdy_）无效。

[Ⅲ] 读取访问

当片选信号（cs_）和地址选通信号（as_）同时到来，且读 / 写信号（rw）为读取（READ）时，表示即将进行读取访问。（1）处的 case 对地址信号（addr）解码，将地址指向的控制寄存器的值输出到读取的数据（rd_data）。（2）处读取输入端口（gpio_in）。（3）处读取输出端口（gpio_out）。（4）处读取输入输出端口（gpio_io）和输入输出方向（io_dir）。（5）处在无访问情况时向输出的数据（rd_data）输出 0。

[Ⅳ] 写入访问

当片选信号（cs_）和地址选通信号（as_）同时到来，且读 / 写信号（rw）为写入（WRITE）时，向地址信号（addr）所指向的控制寄存器写入数据。（6）处的 case 语句对地址信号（addr）解码，对地址所指向的控制寄存器进行写入操作。（7）处向输出端口（gpio_out）写入。（8）处向输入输出端口的输出（io_out）和输入输出方向（io_dir）写入。

1.9.4　小结

本节对定时器、UART 和 GPIO 的设计与实现进行了说明。每个都是基本的输入输出模块，大多数计算机都搭载了这些功能。通过制作基本的输入输出模块，读者们可以深入理解输入输出模块的动作、原理、控制方法以及使用方法。

专栏

I/O 相关书籍

●組み込み I/O インタフェース（宇野俊夫、翔泳社）（中文译名:《I/O 接口结构》）

本书深入浅出地讲解了 I/O 的接口、功能、用途、结构等内容。还讲解了 I/O 接口的访问时序、数据手册的阅读等实践内容，涉及范围广泛。推荐设计 I/O 的硬件技术者，以及使用 I/O 的软件工程师们阅读学习。

1.10 AZPR SoC 整体连接

本节中，我们将做好的 CPU、内存，以及各种 I/O 使用总线连接，完成 AZPR SoC 的制作。首先，我们要制作名为 chip 的模块，该模块中使用总线连接 CPU、内存与 I/O。然后，我们制作为 chip 提供时钟与复位功能的时钟模块。最后，制作将 chip 与时钟模块相连的顶层模块。

1.10.1 各模块的连接

本节我们将做好的 CPU、ROM、定时器、UART、GPIO，以及连接这些模块的总线进行组装。整体组装的模块名为 chip。chip 的连接框图如图 1-129 所示。

总线主控与总线从属的连接关系如表 1-69 所示。未连接的总线主控和总线从属的控制信号设为无效，数据信号设为 0。这些信号留给将来追加新模块时使用。

中断请求信号的对照表如表 1-70 所示。

▼ 表 1-69 总线连接关系

总线主控		总线从属			
通道	模块	通道	模块	通道	模块
0	CPU（IF 阶段）	0	ROM	4	GPIO
1	CPU（MEM 阶段）	1	SPM(不连接到总线）	5	未连接
2	未连接	2	定时器	6	未连接
3	未连接	3	UART	7	未连接

▼ 表 1-70 中断请求信号对照表

CPU 中断请求信号	功能	CPU 中断请求信号	功能
IRQ0	定时器中断	IRQ4	未分配
IRQ1	UART 发送完成中断	IRQ5	未分配
IRQ2	UART 接收完成中断	IRQ6	未分配
IRQ3	未分配	IRQ7	未分配

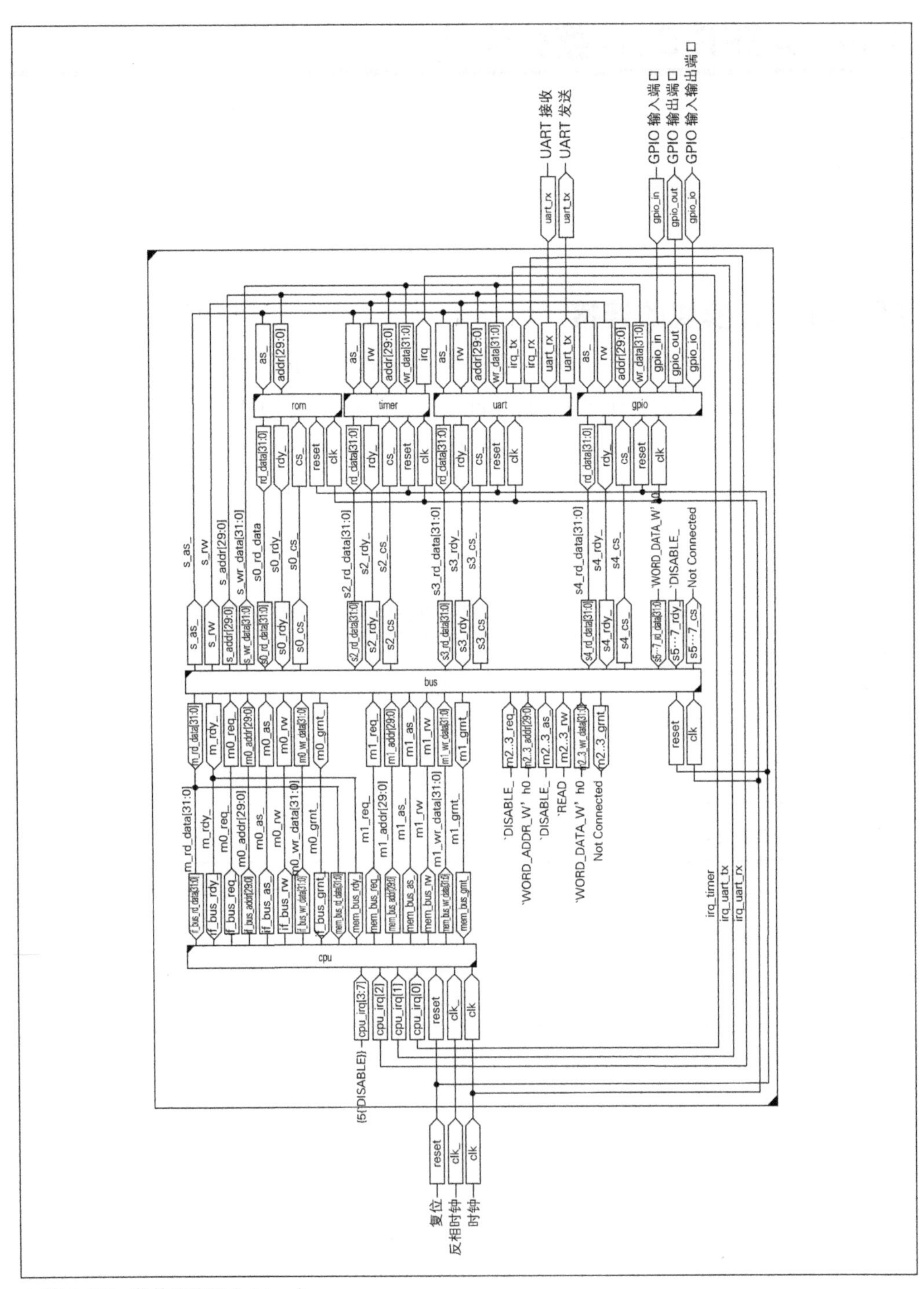

▲ 图 1-129 整体连接图（chip.v）

1.10.2 时钟模块的实现

本节对时钟模块的实现进行说明。时钟模块用来为整个芯片提供时钟与复位信号。我们需要为之前设计的模块提供 3 种信号：时钟信号（clk）、反相时钟信号（clk_）、与异步复位信号（reset）。我们将在时钟模块中生成这些信号。

通常 FPGA 都含有获取时钟信号的功能。赛灵思的 FPGA 有 DCM（Digital Clock Manager）模块，可以对主时钟信号分频、倍频、移相，从而提供用户电路所需要的时钟信号。表 1-71 列出了我们使用的 DCM 的输入输出信号。

▼ 表 1-71　DCM 信号线

信号名	信号类型	位宽	含义
CLKIN_IN	输入端口	1	主时钟
RST_IN	输入端口	1	异步复位（正逻辑）
CLK0_OUT	输出端口	1	与 CLKIN_IN 相同频率的输出（0 度相位）
CLK180_OUT	输出端口	1	与 CLKIN_IN 相同频率的输出（180 度相位）
LOCKED_OUT	输出端口	1	锁频（正逻辑）

DCM 的输入为时钟信号（CLKIN_IN）和异步复位信号（RST_IN），输出为生成的时钟信号（CLK0_OUT, CLK180_OUT）和锁频信号（LOCKED_OUT）。在复位无效时，DCM 将输入时钟信号进行处理，生成用户需要的时钟信号。生成的时钟稳定后将锁频信号变为有效。

我们设计的时钟模块将 DCM 与电路板上的晶振产生的主时钟信号、来自复位按钮的复位信号相连，来生成芯片内所需要的时钟信号。芯片内部复位信号解除后才可以向芯片内部提供时钟信号。为了提供正确的时钟信号，内部复位信号需要在 DCM 的锁存信号有效时解除，而不是在复位按钮松开的时刻。DCM 锁存与复位信号的关系如图 1-130 所示。

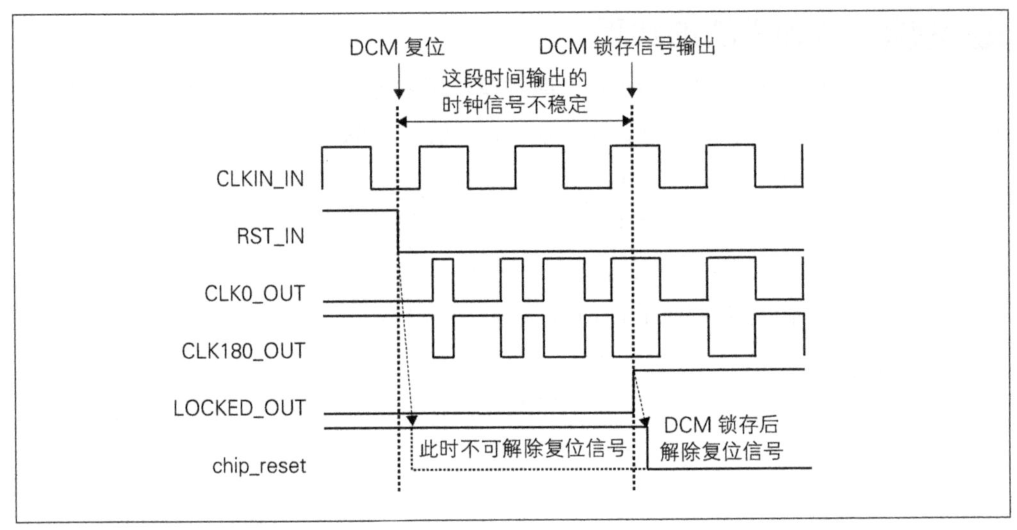

▲ 图 1-130　DCM 锁存与复位的关系

时钟模块只含有一个模块，名为 **clk_gen**。表 **1-72** 列出了时钟模块的信号线一览、源程序如代码 **1-43** 所示。

▼ 表 1-72　信号线一览（clk_gen.v）

信号名	信号类型	数据类型	位宽	含义
clk_ref	输入端口	wire	1	主时钟
reset_sw	输入端口	wire	1	复位按钮
clk	输出端口	wire	1	时钟
clk_	输出端口	wire	1	反相时钟
chip_reset	输出端口	wire	1	芯片复位

▼ 代码 1-43　时钟模块（clk_gen.v）

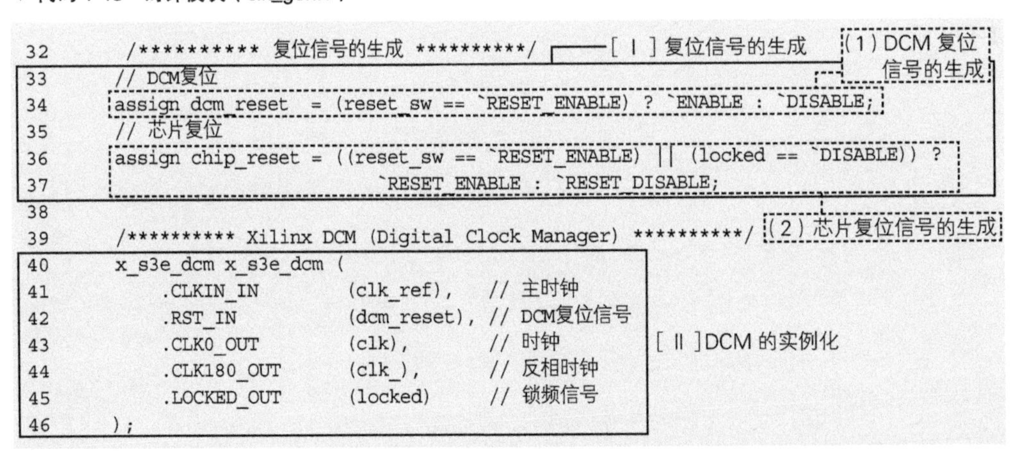

```
32        /********** 复位信号的生成 **********/
33        // DCM复位
34        assign dcm_reset  = (reset_sw == `RESET_ENABLE) ? `ENABLE : `DISABLE;
35        // 芯片复位
36        assign chip_reset = ((reset_sw == `RESET_ENABLE) || (locked == `DISABLE)) ?
37                            `RESET_ENABLE : `RESET_DISABLE;
38
39        /********** Xilinx DCM (Digital Clock Manager) **********/
40        x_s3e_dcm x_s3e_dcm (
41            .CLKIN_IN        (clk_ref),    // 主时钟
42            .RST_IN          (dcm_reset),  // DCM复位信号
43            .CLK0_OUT        (clk),        // 时钟
44            .CLK180_OUT      (clk_),       // 反相时钟
45            .LOCKED_OUT      (locked)      // 锁频信号
46        );
```

[Ⅰ] 复位信号的生成

（1）处生成 DCM 的复位信号（dcm_reset）。因为 DCM 复位为正逻辑，所以根据复位开关（reset_sw）的极性生成 DCM 复位信号（dcm_reset）。（2）处生成芯片内部的复位信号（chip_reset）。片内的复位信号（chip_reset）需要在 DCM 锁频信号有效后解除。因此在复位按钮（reset_sw）按下或锁频信号无效时，片内复位信号（chip_reset）有效。

[Ⅱ] DCM 的实例化

此处实例化 DCM 模块并进行信号连接。

1.10.3 顶层模块的实现

本节将制作完成的芯片与时钟模块连接，生成顶层模块。顶层模块只含有一个模块，名为 chip_top。图 1-131 为顶层模块的连接框图。

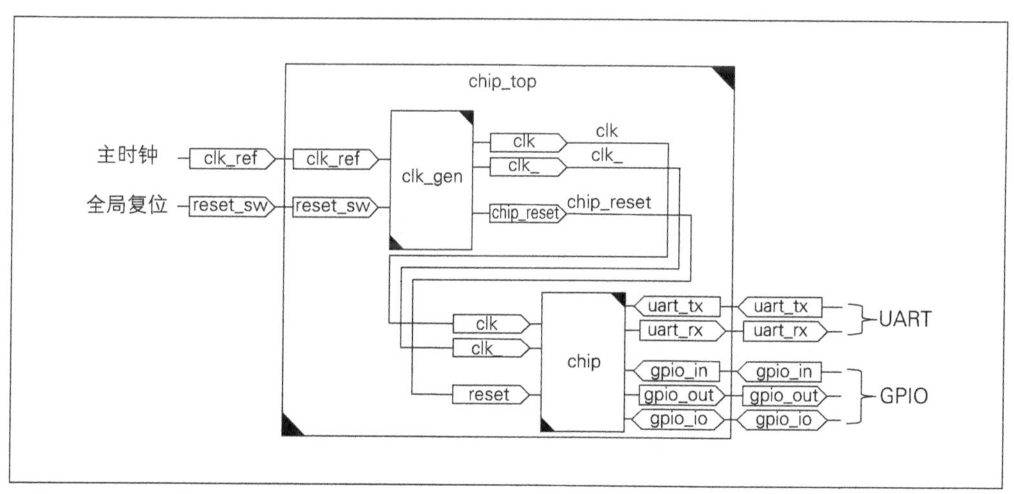

▲ 图 1-131 顶层模块连接框图

1.10.4 小结

本节对 AZPR SoC 的整体连接进行了说明。至此，AZPR SoC 的制作全部完成。

1.11　AZPR SoC 的仿真

本节对制作完成的 AZPR SoC 的仿真进行讲解。我们首先要为仿真编写仿真模型和 Testbench，然后讲解使用 Icarus Verilog 进行仿真的方法。

1.11.1　仿真模型的编写

对整个系统进行仿真时，需要准备 FPGA 中使用的 DCM 和内存模型。虽然可以使用 FPGA 厂商发布的官方模型，但我们选择自行设计仿真模型。

■DCM 模型

我们配置的 DCM 将依据输入的时钟，输出频率相同但相位为 0 度和 180 度的两种时钟。DCM 模型的信号线一览如表 1-73 所示、源程序如代码 1-44 所示。

▼ 表 1-73　信号线一览（x_s3e_dcm.v）

分组	信号名	信号类型	位宽	含义
时钟复位	CLKIN_IN	输入端口	1	主时钟
	RST_IN	输入端口	1	异步复位（高电平有效）
输出	CLK0_OUT	输出端口	1	与 CLKIN_IN 相同频率的输出（0 度相位）
	CLK180_OUT	输出端口	1	与 CLKIN_IN 相同频率的输出（180 度相位）
	LOCKED_OUT	输出端口	1	锁频信号（高电平有效）

▼ 代码 1-44　DCM 模型（x_s3e_dcm.v）

```
21      /********** 输出时钟 **********/
22      assign CLK0_OUT   = CLKIN_IN;
23      assign CLK180_OUT = ~CLKIN_IN;        [ I ] 输出时钟
24      assign LOCKED_OUT = ~RST_IN;
```

[I] 时钟的输出

因为 CLK0_OUT 与 CLKIN_IN 频率相同，所以直接将 CLKIN_IN 代入 CLK0_OUT 输出。因为 CLK180_OUT 与 CLKIN_IN 频率相同但相位差为 180 度，所以将 CLKIN_IN 信号反转后代入 CLK180_OUT 输出。RST_IN 反转后代入 LOCKED_OUT。复位信号接触的同时使能 LOCKED_OUT。本来复位信号接触到锁频信号使能之间需要一段时间，但作为仿真模型我们进行了简化。

■Single Port ROM 模型

Single Port ROM 是只有一个读取端口的专用存储器。表 1-74 列出了 Single Port

ROM 模型的信号线一览，源程序如代码 1-45 所示。

▼ 表 1-74 信号线一览（x_s3e_sprom.v）

分组	信号名	信号类型	数据类型	位宽	含义
端口 A	clka	输入	wire	1	时钟
	addra	输入	wire	11	读取地址
	douta	输出	reg	32	读取的数据
内部信号	gpr	内部信号	reg	32x2048	存储单元序列

▼ 代码 1-45 Single Port ROM 模型（x_s3e_sprom.v）

```
29      /********** 读取访问 **********/
30      always @(posedge clka) begin
31          douta <= #1 mem[addra];           [ I ] 读取访问
32      end
```

[I] 读取访问

此处将地址（addra）指定的存储单元的数据输出到输出数据（douta）端口。

■Dual Port RAM 模型

Dual Port RAM 是具有两个可以同时读写端口的存储器。表 1-75 列出了 Dual Port RAM 模型的信号线一览、源程序如代码 1-46 所示。

▼ 表 1-75 信号线一览（x_s3e_dpram.v）

分组	信号名	信号类型	数据类型	位宽	含义
端口 A	clka	输入	wire	1	端口 A：时钟
	wea	输入	wire	1	端口 A：写入有效
	addra	输入	wire	12	端口 A：写入有效
	dina	输入	wire	32	端口 A：写入的数据
	douta	输出	reg	32	端口 A：读取的数据
端口 B	clkb	输入	wire	1	端口 B：时钟
	web	输入	wire	1	端口 B：写入有效
	addrb	输入	wire	12	端口 B：读写地址
	dinb	输入	wire	32	端口 B：写入的数据
	doutb	输出	reg	32	端口 B：读取的数据
内部信号	gpr	内部信号	reg	32x4096	存储单元序列

▼ 代码 1-46 Dual Port RAM 模型（x_s3e_dpram.v）

```
38      /********** 内存访问（端口A） **********/
39      always @(posedge clka) begin
```

```
40          // 读取访问                                    ┌─[ I ]端口 A 的读取访问
41          if ((web == `ENABLE) && (addra == addrb)) begin
42              douta     <= #1 dinb;
43          end else begin
44              douta     <= #1 mem[addra];
45          end
46          // 写入访问                                    ┌─[ II ]端口 A 的写入访问
47          if (wea == `ENABLE) begin
48              mem[addra]<= #1 dina;
49          end
50      end
51
52      /********** 内存访问(端口B) **********/
53      always @(posedge clkb) begin
54          // 读取访问                                    ┌─[ III ]端口 B 的读取访问
55          if ((wea == `ENABLE) && (addrb == addra)) begin
56              doutb     <= #1 dina;
57          end else begin
58              doutb     <= #1 mem[addrb];
59          end
60          // 写入访问                                    ┌─[ IV ]端口 B 的写入访问
61          if (wea == `ENABLE) begin
62              mem[addrb]<= #1 dinb;
63          end
64      end
```

[I] 端口 A 的读取访问

此处将地址（addra）指定的存储单元的数据输出到输出数据（douta）端口。当端口 B 同时对同一地址进行写入操作时，将写入的值直通到输出。当端口 B 写入有效信号（web）为有效、两个端口地址（addra 和 addrb）相同时，读取的数据（douta）端口直接输出端口的 B 写入的数据（dinb）。

[II] 端口 A 的写入访问

此处将写入的数据（dina）存入地址（addra）指定的存储单元。

[III] 端口 B 的读取访问

此处将地址（addrb）指定的存储单元的数据输出到输出数据（doutb）端口。当端口 A 同时对同一地址进行写入操作时，将写入的值直通到输出。当端口 A 写入有效信号（wea）为有效、两个端口地址（addrb 和 addra）相同时，读取的数据（doutb）端口直接输出端口的 A 写入的数据（dina）。

[IV] 端口 B 的写入访问

此处将写入的数据（dinb）存入地址（addrb）指定的存储单元。

1.11.2 Testbench 的编写

本节编写用以测试 AZPR SoC 的 Testbench。Testbench 使用的宏一览如表 1-76 所示，信号线一览如表 1-77 所示。

▼ 表 1-76 宏一览（chip_top_test.v）

宏名称	值	含义
ROM_PRG	仿真时赋值	ROM 镜像文件名
SPM_PRG	仿真时赋值	SPM 镜像文件名
SIM_CYCLE	仿真时赋值	仿真周期数

▼ 表 1-77 信号线一览（chip_top_test.v）

分组	信号名	信号类型	数据类型	位宽	含义
时钟复位	clk_ref	内部信号	reg	1	主时钟
	reset_sw	内部信号	reg	1	全局复位
UART	uart_rx	内部信号	wire	1	UART 接收信号
	uart_tx	内部信号	wire	1	UART 发送信号
GPIO	gpio_in	内部信号	wire	4	输入端口
	gpio_out	内部信号	wire	18	输出端口
	gpio_io	内部信号	wire	16	输入输出端口
UART 模型	rx_busy	内部信号	wire	1	接收中标志
	rx_end	内部信号	wire	1	接收完成信号
	rx_data	内部信号	wire	8	接收的数据
参数	STEP	参数	parameter	32	仿真周期数

Testbench 的基本功能是向被测电路输入时钟和复位信号，推进仿真周期。除此之外，我们还实现了几个便于仿真的功能。代码 1-47 为监测 GPIO 的源程序。当 GPIO 端口值变化时，监测程序向画面打印输出仿真时刻与变化后端口值。

▼ 代码 1-47 GPIO 监测（chip_top_test.v）

```
87     /********** GPIO的监测 **********/
88 `ifdef IMPLEMENT_GPIO // 搭载GPIO
89 `ifdef GPIO_IN_CH     // 搭载输入端口                 ─[ I ] 输入端口的监测
90     always @(gpio_in) begin // gpio_in值变化后打印输出
91         $display($time, " gpio_in changed  : %b", gpio_in);
92     end
93 `endif
94 `ifdef GPIO_OUT_CH    // 搭载输出端口                 ─[ II ] 输出端口的监测
95     always @(gpio_out) begin // gpio_out值变化后打印输出
96         $display($time, " gpio_out changed : %b", gpio_out);
97     end
98 `endif
```

```
 99 `ifdef GPIO_IO_CH      // 搭载输入输出端口                    ┌[ Ⅲ ] 输入输出端口的监测
100     always @(gpio_io) begin // gpio_io值变化后打印输出
101         $display($time, " gpio_io changed  : %b", gpio_io);
102     end
103 `endif
104 `endif
```

[Ⅰ] **输入端口的监测**

当输入端口值变化时，此处打印输出仿真时刻与输入端口值。

[Ⅱ] **输出端口的监测**

当输出端口值变化时，此处打印输出仿真时刻与输出端口值。

[Ⅲ] **输入输出端口的监测**

当输入输出端口值变化时，此处打印输出仿真时刻与输入输出端口值。

代码 1-48 为 UART 模型的源程序。UART 模型用于将 UART 输出的数据打印输出到画面上。

▼ **代码 1-48**　UART 模型（chip_top_test.v）

```
106     /********** UART模型的实例化 **********/
107 `ifdef IMPLEMENT_UART // 搭载UART
108     /********** 接收信号 **********/                         ┌[ Ⅰ ] 接收信号的连线
109     assign uart_rx = `HIGH;      // 空闲
110 //    assign uart_rx = uart_tx; // 回送
111
112     /********** UART模型 **********/                         ┌[ Ⅱ ]UART 模型的实例化
113     uart_rx uart_model (
114         /********** 时钟 & 复位 **********/
115         .clk      (chip_top.clk),         // 时钟
116         .reset    (chip_top.chip_reset), // 异步复位
117         /********** 制御信号 **********/
118         .rx_busy  (rx_busy),              // 接收中标志信号
119         .rx_end   (rx_end),               // 接收完成信号
120         .rx_data  (rx_data),              // 接收的数据
121         /********** Receive Signal **********/
122         .rx       (uart_tx)               // UART接收信号
123     );
124
125     /********** 发送信号的监测 **********/                     ┌[ Ⅲ ]发送信号的监测
126     always @(posedge chip_top.clk) begin
127         if (rx_end == `ENABLE) begin // 输出接收到的文字
128             $write("%c", rx_data);                            （1）输出文字
129         end
130     end
131 `endif
```

[Ⅰ] 接收信号的连写

此处一直向 UART 接收信号（uart_rx）发送停止位 H。被注释掉的部分代码是将发送信号（uart_tx）与接收信号（uart_rx）相连，实现循环数据回送。

[Ⅱ] UART 模型的实例化

此处将 UART 接收模块实例化，作为 UART 模型使用。由于 UART 模型的时钟与复位信号需要与 AZPR SoC 内部的相同，在这里直接使用实例化后的时钟（chip_top.clk）与复位（chip_top.chip_reset）信号。Verilog HDL 中使用英文句点“.”符号可以访问模块的下属模块。

[Ⅲ] 发送信号的监测

当（1）处的 if 语句判断到接收完成信号（rx_end）有效，则向显示器打印输出接收的数据（rx_data）。为了与程序输出的字符串显示效果一致，这里使用了不自动换行的 $write 语句打印输出。

代码 1-49 列出了测试用例和波形输出的程序部分。测试用例部分先对信号进行初始化，然后读取载入内存镜像。

▼ 代码 1-49　测试用例与波形输出（chip_top_test.v）

```
133     /********** 测试用例 **********/                  [ Ⅰ ] 测试用例
134     initial begin
135         # 0 begin
136             clk_ref   <= `HIGH;
137             reset_sw <= `RESET_ENABLE;                  (1) 初始化信号
138         end
139         # (STEP/2)                                       (2) 载入内存镜像
140         # (STEP/4) begin          // 载入内存镜像
141             $readmemh(`ROM_PRG, chip_top.chip.rom.x_s3e_sprom.mem);
142             $readmemh(`SPM_PRG, chip_top.chip.cpu.spm.x_s3e_dpram.mem);
143         end
144         # (STEP*20) begin         // 解除复位
145             reset_sw <= `RESET_DISABLE;                 (3) 解除复位
146         end
147         # (STEP*`SIM_CYCLE) begin // 执行仿真
148             $finish;
149         end
150     end                                                  (4) 执行仿真
151
152     /********** 输出波形 **********/                   [ Ⅱ ] 输出波形
153     initial begin
154       $dumpfile("chip_top.vcd");
155       $dumpvars(0, chip_top);
156     end
```

[Ⅰ] **测试用例**

（1）处对信号线进行初始化。输入时钟（clk_ref）设置为 H、复位（reset_sw）设置为有效。（2）处载入内存镜像文件。将宏 ROM_PRG 指定的文件载入 ROM、将宏 SPM_PRG 指定的文件载入 SPM。（3）处解除复位信号。（4）处执行仿真，仿真循环 SIM_CYCLE 次，然后结束。

[Ⅱ] **波形输出**

此处代码进行波形的输出。

1.11.3 执行仿真

我们使用 Icarus Verilog 软件和做好的 Testbench 对系统进行仿真。仿真时，先进入仿真目录（chip/top/test），然后执行图 1-132 所示的命令。

```
iverilog ^
    ^
    -D ROM_PRG=\"ROM镜像文件名\" ^
    -D SPM_PRG=\"SPM镜像文件名\" ^
    -D SIM_CYCLE=仿真循环数 ^
    ^
    -o chip_top.out ^
    -s chip_top_test ^
    ^
    -I ..\..\top\include ^
    -I ..\..\cpu\include ^
    -I ..\..\bus\include ^
    -I ..\..\io\rom\include ^
    -I ..\..\io\timer\include ^
    -I ..\..\io\uart\include ^
    -I ..\..\io\gpio\include ^
    ^
    -y ..\..\top\lib ^
    ^
    ..\..\top\test\chip_top_test.v ^
    ..\..\top\rtl\*.v ^
    ..\..\io\rom\rtl\*.v ^
    ..\..\io\uart\rtl\*.v ^
    ..\..\io\timer\rtl\*.v ^
    ..\..\io\gpio\rtl\*.v ^
    ..\..\cpu\rtl\*.v ^
    ..\..\bus\rtl\*.v
```

▲ 图 1-132　执行仿真

命令中定义了内存镜像宏与仿真循环数宏的值，指定了输出文件名与顶层模块名，指定了引用文件的目录，指定了仿真模型的目录，还指定了源程序文件。

使用 iverilog 命令生成编译文件后，如图 1-133 所示，使用 vvp 命令进行仿真。

```
C:\Users\…> vvp chip_top.out
```

▲ 图 1-133　执行 vvp 命令

接下来，我们就尝试执行一下仿真。作为将要执行的程序的镜像，将代码 1-50 所示的内容写入名为 test.dat 的文件中。

▼ 代码 1-50　test.dat

```
0c008000  // ORI   r0, r0, 0x8000
0c21ffff  // ORI   r1, r1, 0xFFFF
3c000010  // SHLLI r0, r0, 16
5c010004  // STW   r0, r1, 0x0004
```

$readmemh 指令读取的文件中，“//” 符号后的文字视为注释。这一段镜像的功能是向作为 GPIO 输出端口的地址——0x8000_0004 写入 0xFFFF。将 test.dat 作为镜像载入 ROM，执行仿真后，会得到如图 1-134 所示的输出。由于所有程序都存储在 ROM，不需要向 SPM 载入镜像。此处我们将仿真循环数设为 10 000 个循环。

```
VCD info: dumpfile chip_top.vcd opened for output.
                   0 gpio_in changed  : 0000
                   1 gpio_out changed : 000000000000000000
                   1 gpio_io changed  : zzzzzzzzzzzzzzzz
                5101 gpio_out changed : 001111111111111111
```

▲ 图 1-134　执行仿真

通过仿真结果我们可以看出，GPIO 的输出端口（gpio_out）的低 16 位变为 0xFFFF。仿真中使用的镜像，可以使用我们即将在第 3 章介绍的汇编语言输出得到。

1.11.4　小结

本节对本章制作的 AZPR SoC 的仿真环境进行了说明。仿真对硬件设计开发非常重要。在实际的硬件设备进行测试之前使用仿真程序进行动作测试，可以显著提高开发效率。

1.12　本章总结

本章中，我们设计了 CPU、内存、I/O，以及它们的连接总线，制作了一个简单的计算机系统 SoC。全章的讲解都围绕着一个中心——到底如何去实现。

本章涉及的计算机系统背景知识非常丰富，讲解时一语带过的部分也比较多。但是，我们认为在探索学术知识的本质时，实际“动手制作”是非常重要的一环。希望本章的内容可以对读者深入理解计算机系统有所帮助。同时，我们也希望能将“动手制作”的乐趣传递给读者们。

第2章

电路板的设计与制作

本章中，我们将设计和制作电路板来运行第 1 章完成的 AZPR SoC，我们将在 FPGA 上实现 AZPR SoC。电路板的构成除了 FPGA 之外，还包括开关、LED 等输入输出使用的外围电路，以及提供各种芯片所需电压的电源电路。

本章的前半部分讨论 FPGA 等元件的选定、电路图和布线设计的制作。后半部分将具体说明制作电路板的步骤。电路板制作部分中，我们将介绍使用感光板自行制作和委托制板生产公司制作两种方法。最后，我们将元件安装到电路板，并对系统测试的过程进行说明。

2.1 序

在第 2 章中，我们将设计和制作电路板来运行第 1 章中完成的 AZPR SoC。本章所制作电路板的样板如照片 2-1 所示。电路板由 FPGA 电路板和电源电路板构成。在 FPGA 电路板的中央，搭载了构成 AZPR SoC 的逻辑电路的 FPGA ①。外围电路包括 FPGA 配置电路②、LED ③、七段 LED ④、按键开关⑤、复位电路⑥、晶体振荡器⑦，并且搭载了由箱头插座构成的通用输入输出电路⑧。电源电路板搭载提供各种芯片所需电压的电源电路。我们将会对这个电路板的设计和制作步骤进行说明。

另外，如果不打算制作电路板，建议购买本书的参考电路板。本书的支持页里有详细介绍。

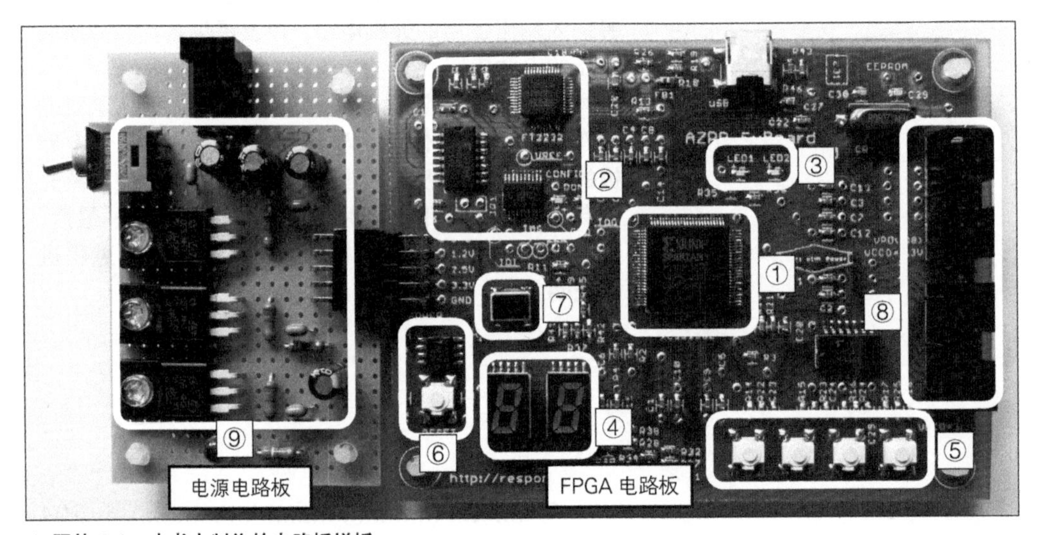

▲ 照片 2-1　本书中制作的电路板样板

制作流程如图 2-1 所示。

我们先就电路板的设计流程进行说明。①确定规格，首先要确定将要设计的电路板的规格。在本阶段制作电路板元件的构成表。

②对元件的采购进行说明。由于尽量选用了比较容易购买得到的元件，绝大部分元件可以在秋叶原的店铺里购买。但是其中一部分元件需要通过网购获得，我们也将对如何网购这些元件进行说明。

然后，使用电路板 CAD 软件 Eagle 进行电路板设计。在完成③电路图制作之后，将要进行④实际的布线样式设计。而且还将就制作电路图和设计布线样式中所需要的⑤库的制作进行说明。另外，虽然不是必需的，但我们还将对⑥电路板的 3D 显示进行说明。

接下来，我们将就电路板的制作流程进行说明。可以选择⑦使用感光板自行制作、⑧委托电路板生产公司制作两种方式。使用感光板自行制作时，需要使用感光板进行蚀刻、清除光膜、钻孔等步骤。需要的工具比较多，读者可以尽量选择降低成本的单面板进行制作，也可以选择多投入些成本做出更好的双层电路板。关于委托电路板生产公司制作，本书介绍委托 P 板 .com 公司和 OLIMEX 公司的方法。

在电路板制造的最后，将进行⑨元件的安装。元件的安装是第 2 章中制作难度最高的部分。要制作本书介绍的电路板，要求具有中级以上能力的电焊技术。

在完成元件安装之后，需要进行⑩电路板动作测试。使用基于 AZPR SoC 的诊断程序进行动作测试。直到所有功能全部正常运行，电路板的制作才算完成。

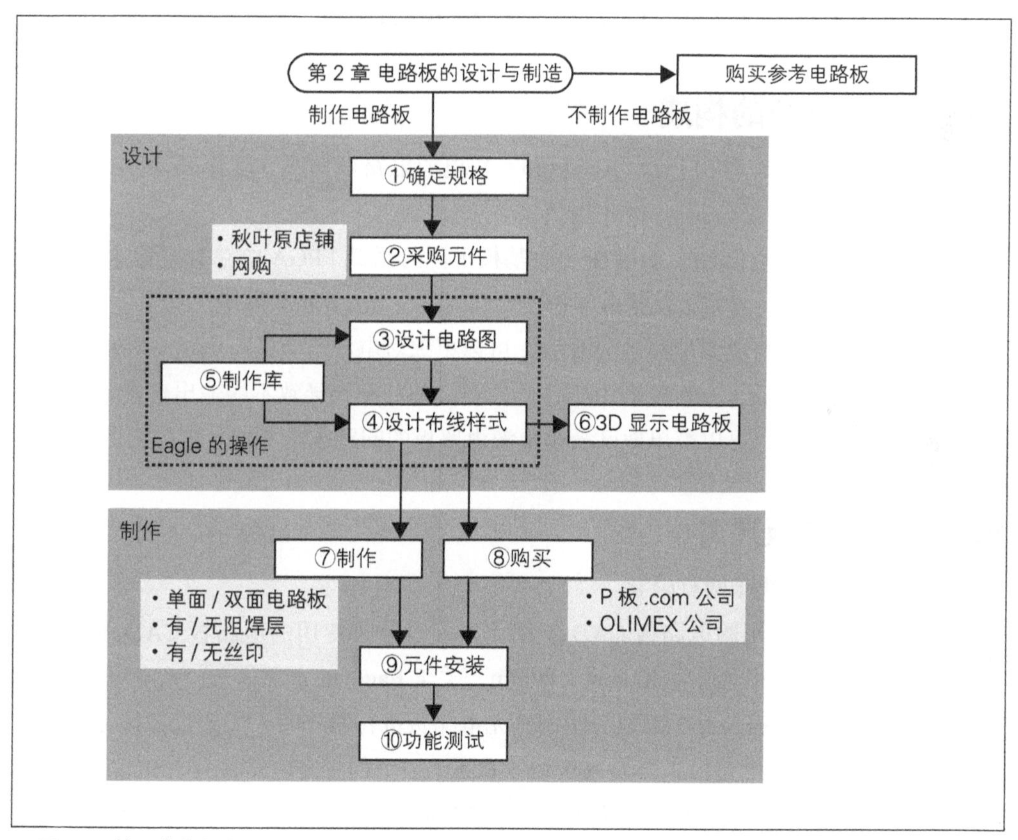

▲ 图 2-1　第 2 章的阅读方法

2.2 电路板规格

本节将确定电路板的规格。制定 AZPR EvBoard 的规格时，在实现必要功能的前提下，尽量考虑降低制作上的难度。

2.2.1 电路板名称

因为这块电路板是用于测试本书制作的 AZPR SoC，所以命名为 AZPR EvBoard。Ev 是取自评价、测试的英文单词 Evaluation。如果基板名称太长了，有可能没法进行丝网印刷，所以尽量选用简短的名称。

AZPR EvBoard 的电路板名称中虽然含有 AZPR 的字样，但却是作为通用的 FPGA 学习电路板而设计的。所以，也可以用于实现 AZPR SoC 以外的电路。

2.2.2 电路板的构成

AZPR EvBoard 由一块 FPGA 电路板和一块电源电路板构成。这种设计方式有以下两个理由。

一是电路板尺寸有限制。如果在一块基板上同时搭载 FPGA 电路和电源电路，I/O 部分的面积将会缩小，导致无法搭载足够的 I/O。

另外一个理由是将电源电路区分开后，可以单独对电源电路进行测试。在电源电路上连接 FPGA 等负载后，有可能会由于一些预料之外的原因导致不能输出正常电压。将电路板分成两部分后，可以简单地区分是电源电路板的问题还是 FPGA 电路板的问题。

2.2.3 电路板尺寸

FPGA 的尺寸取决于两点限制。

一个是设计时使用的电路板 CAD 软件。本书设计时使用的电路板 CAD 是 Eagle，可以设计的电路板尺寸上限为 100mm × 80mm。关于 Eagle 的详细信息，请参见 2.4.5 节。另外一个是感光电路板的大小限制。使用感光电路板进行制作时，需要选择尺寸最接近 CAD 软件限制的感光电路板。因为 100mm × 80mm 以下的感光电路板有 100mm × 75mm 的，所以 FPGA 的电路板大小选定为 100mm × 75mm。

除了 FPGA 电路板，还需要设计制作电源电路板。较之 FPGA 电路板，电源电路板的规模比较小，所以选用的尺寸为 47.5mm × 72mm。这个尺寸是日本 Sunhayato 公司生产的开孔感光电路板的一半大小。关于开孔感光电路板，将在 2.5.3 节进行详细说明。

2.2.4 电路板层数

印刷电路板是将走线样式对齐后，各层间通过垂直通孔连接制作起来的。例如，计算机的主板一般使用的是4层电路板。除了我们可以直接看到的两面的表层之外，内侧还夹有两层。IC的信号线和电源之间的连接比较多，所以为了使得设计更加容易，4层基板的内层一般集中布置电源、GND等。

由于使用感光电路板可以制作双层双面电路板，AZPR EvBoard使用双层电路板来进行设计。但是双层电路板的制作难度比较大，对新手来说门槛比较高。所以我们将电路设计为也可使用单层电路板制作的布局。布局时，基本上正面走信号线，反面配电源线。元件也仅安装在单面。另外，电源电路板使用单面板就足够了，所以使用单层设计。电路板的尺寸、层数如图2-2所示。

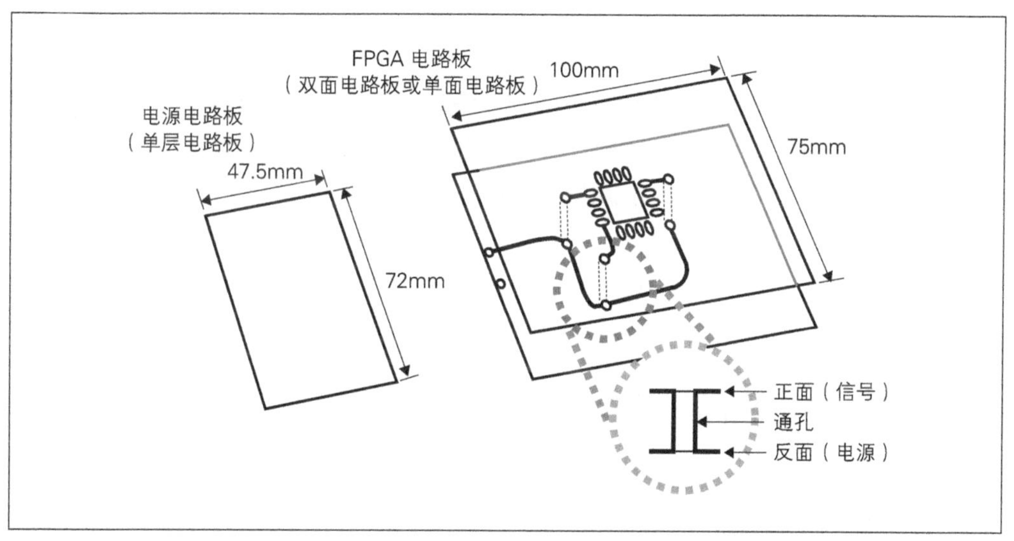

▲ 图 2-2 电路板的尺寸、层数

2.2.5 FPGA 选型

我们需要对搭载在AZPR EvBoard上的元件进行选型。首先是FPGA，著名的FPGA厂商有赛灵思、Altera等公司。根据FPGA厂家不同，配置电路也不一样，所以需要首先确定使用哪个厂家的FPGA。

这次根据笔者的使用经验选择赛灵思公司的产品。打开赛灵思公司的网页，会发现他们有Artix、Kintex、Virtex和Spartan等产品系列。在这些产品中，仅Spartan采用了可以使用烙铁焊接的QFP封装。考虑到焊接的难易度，AZPR EvBoard选用采用了

VQG100 的 Spartan-3E。

驱动 Spartan-3E 需要的电源有 1.2V、2.5V、3.3V 三种。其中 1.2V 是用作 FPGA 内部核心电压。2.5V 用作配置（Configuration）电路。FPGA 与配置 ROM、缓存 IC 相连接。3.3V 用作与外围电路连接的 I/O 的电压。

2.2.6 外围电路的选定

板上的外围电路与 FPGA 的用户 I/O 相连接。用户 I/O 是指用户可以自由使用的 FPGA 引脚。VQG100 封装有 66 个用户 I/O 引脚。由于电路板的尺寸以及布线密度等限制，本书不能用上全部引脚，但是会尽量多地使用。

AZPR EvBoard 上搭载的外围电路，要可以充分发挥利用 AZPR SoC 的全部功能。表 2-1 列出了外围电路一览。

首先要为 AZPR SoC 提供时钟电路和复位电路。时钟使用 10MHz 的晶体振荡器。

接下来是连接 UART 和 GPIO 的外围电路。将 UART 的信号电压转换到 ±9V 之后，就可以和计算机的串口相连。但是由于近年来搭载串口的计算机越来越少，所以我们使用 UART 转 USB 芯片。GPIO 部分，使用按键开关作为输入，使用 LED 和七段数码管作为输出。接入按键开关时需要进行防抖处理。关于按键开关抖动问题的详细说明请参见 2.4.3 节。

有了以上部件就可以测试 AZPR SoC 最基本的功能了。未使用的用户 I/O 则与排线插座连接，作为扩展口安装在电路板的边缘部分。排线插座的引脚顺序遵循 VPort 标准。关于 VPort 的详细说明请参见 2.4.3 节。

外围电路的信号电压统一为 3.3V。这样在进行电路板布局布线时，比较容易安排外围电路的电源线。

▼ 表 2-1　搭载的外围电路

外围电路	备注
USB-串口转换电路	通过 USB 口配置 FPGA UART 通信
晶体振荡器	用于时钟输入
复位电路	用于输入复位信号，监视电压
LED	用于显示 1 位数据 搭载两个
七段数码管	用于显示数字 搭载两个
按键开关	用于用户输入 搭载 4 个
排线插座（VPort 兼容端口）	用于通用 I/O 搭载两个

专栏

关于 FPGA

实现逻辑电路的方法有很多种。可以使用通用逻辑芯片的组合来实现；也可以通过 LSI 技术设计专用集成电路（ASIC，Application Specific Integrated Circuit）来实现；还可以使用像 FPGA（Field-Programmable Gate Array）这样可以通过配置更改内部逻辑的 IC 来实现。如果使用通用逻辑芯片的组合来实现 AZPR SoC 这样规模的电路，将需要大量 IC，所以不太现实。如果要个人制作 ASIC，则需要花费上百万元，也很不现实。所以我们使用 FPGA 来实现 AZPR SoC。

FPGA 是可以根据使用目的、要求规格而更改内部构成的 IC。FPGA 大体由 6 个模块构成。FPGA 内部构造如图 2-3 所示。各个模块的名称根据生产厂家不同会有所差异。因为 AZPR EvBoard 使用的是 Xilinx 的 FPGA，在这里使用 Xilinx 公司使用的名称进行说明。

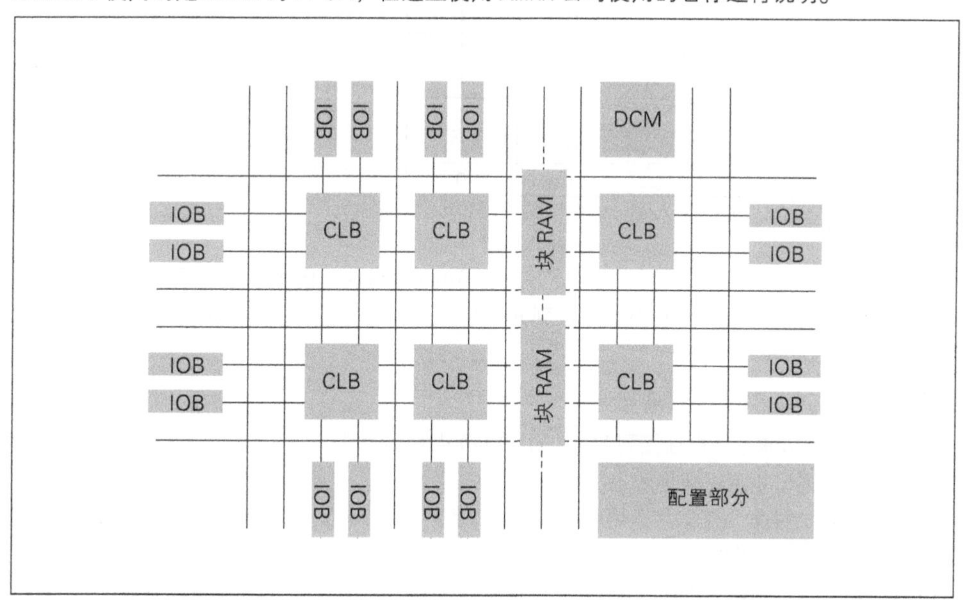

▲图 2-3　FPGA 内部构造

■ CLB

CLB（Configurable Logic Block）是由 LUT（LookUp Table）和寄存器组成的模块。逻辑电路由组合逻辑电路和时序逻辑电路组成。而 CLB 则用于组成这些电路，是 FPGA 的中心元素。LUT 用于实现组合逻辑电路，寄存器用于实现时序逻辑电路。

组合逻辑电路是仅依据当前输入值决定唯一输出值的电路，可以用真值表来表示。LUT 内部有像真值表一样的表格，根据输入的信号确定输出信号。例如 4 输入 1 输出的 NAND 的真值表，如表 2-2 所示，4 个输入信号全为 1 时，输出为 0，其余情况输出全部为 1。

▼表 2-2　4 输入 NAND 真值表

输入				输出
A	B	C	D	X
0	0	0	0	1
0	0	0	1	1
0	0	1	0	1
0	0	1	1	1
0	1	0	0	1
0	1	0	1	1
0	1	1	0	1
0	1	1	1	1
1	0	0	0	1
1	0	0	1	1
1	0	1	0	1
1	0	1	1	1
1	1	0	0	1
1	1	0	1	1
1	1	1	0	1
1	1	1	1	0

■内部接线

我们下面要介绍 CLB、IOB、DCM 以及块 RAM 等模块，内部接线是用来将这些模块输入输出相连的内部布线。所有模块连接到开关矩阵，通过配置切换开关矩阵可以实现任意模块之间的布线。

■ IOB

IOB（I/O Bank）是指连接到 FPGA 用户 I/O 引脚的模块。IOB 可以用于切换 FPGA 引脚的输入输出方向、指定逻辑电压电平高低等。

IOB 有多个种类。有作为通用输入输出 I/O 的用户 I/O、仅作为输入的 INPUT、与配置电路共用的 DUAL、参考电压的 VREF，以及时钟的 CLK。CLK 又分几种。AZPR EvBoard 上我们使用连接到 DCM 的全局时钟 GCLK。另外 INPUT 是输入专用用户 I/O，不可以作为输出使用。

■块 RAM

块 RAM 是可以作为内存使用的区域。块 RAM 根据 FPGA 的等级或尺寸不同容量有数千比特到数兆比特不等。

■ DCM

DCM（Digital Clock Manager）是用作调整时钟的电路。DCM 将输入的时钟信号进行变相、分频输出。分频是指将频率进行 n 倍变换。DCM 的设定在 ISE 软件上进行。详细使用方法请参照第 3 章。

■配置电路

配置电路是存储 FPGA 内部配置信息的模块。CLB、IOB、块 RAM、DCM 等模块内的电路功能可以根据配置电路的数据内容重写，以实现任意电路。

FPGA 的配置电路由静态随机存储器 SRAM 组成，切断电源后存储内容会丢失。因此一般会在外部使用可编程只读存储器 PROM（Programmable ROM）存储配置信息，在接通电源时将电路配置信息从 PROM 传送到 FPGA。存储配置数据的 PROM 称为配置 ROM。

专栏

关于 JTAG

FPGA 内部的配置电路使用 JTAG（Joint Test Action Group）接口与外部进行通信。JTAG 的控制信号由 TCK、TMS、TDI、TDO 组成。JTAG 的信号线接线图如图 2-4 所示。

TCK 是时钟输入，TMS 用于模式选择，TDI 是数据输入，TDO 是数据输出。因为通过 TDI 输入的数据经由 TDO 输出，所以电路板上可以串联多个使用了 JTAG 的 IC。多个 JTAG IC 组成的配置电路称为 JTAG 链。在 AZPR EvBoard 上，配置 ROM 和 FPGA 通过 JTAG 链相连接。

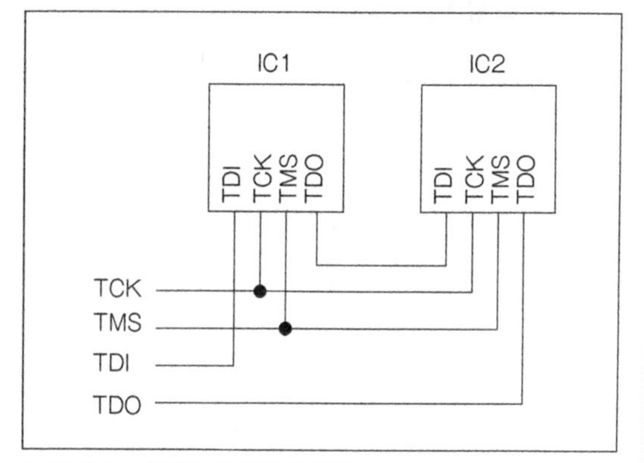

▲ 图 2-4 JTAG 信号线接线图

由于 TCK 和 TMS 与 JTAG 链上所有芯片相连接，布线时需要考虑保证这两个信号的输出电流和反应速度。要减少电路分支，使用最短距离来连接 TCK 和 TMS。

JTAG 的信号电平根据 FPGA 而定。Spartan-3E 的配置电路信号电平为 2.5V。

2.3　元件选型

本节将对 AZPR EvBoard 所使用的元件进行选型，并制作一览表。需要进行选型的有 FPGA、配置电路、USB 串口转换电路、晶体振荡器、复位电路、LED、按键开关、排线插座以及电源电路。

2.3.1　元件选型标准

元件的选型标准有如下两个条件。

■FPGA 电路板选用贴片式元件，电源电路板选用插入式元件

电子元件分为插入式和贴片式两种。插入式元件是指带引脚的元件。例如碳阻就属于这一类。将引脚弯曲后插入通孔，从反面用焊锡焊接进行安装。贴片式元件是指安装在电路板表面的元件。在电路板表面铜膜上使用焊锡焊接组装。

FPGA 电路板基本上使用贴片元件。贴片式元件面积较小，因此可以安装更多元件。而使用贴片元件的缺点在于焊接难度比较高。由于我们选定的 FPGA 为贴片式，因此其他元件也都同样选用贴片式。

贴片式电阻、电容根据尺寸不同存在多种封装，封装名使用 4 位数来表示。例如 2012 表示 2.0mm × 1.2mm 的封装、1608 表示 1.6mm × 0.8mm 的封装、1005 表示 1.0mm × 0.5mm 的封装。我们设计的 AZPR EvBoard 主要使用 1608 或 2012 贴片元件。

电源电路板使用单面板进行设计。由于仅在电路板的反面制作布线样式，在表面安装元件，从背面用烙铁焊接。因此选用插入式元件。

■可以在秋叶原店铺购买到

我们尽量选择能够直接在秋叶原店铺里购买的元件。但是 FPGA 和配置 ROM 无法在秋叶原店铺购买到，所以选择了网购。

2.3.2　元件选型

下面详细介绍各个元件的选型。

■FPGA 的选型

VQG100 封装的 Spartan-3E 有 XC3S100E、XC3S250E、XC3S500E 这 3 种。型号数值越大，电路规模也就越大。

为了决定 FPGA 的规模，我们先要估算 AZPR SoC 的电路规模。以 XC3S250E

作为目标 FPGA 进行逻辑综合后的结果如图 2-5 所示。结果显示所有资源的使用率（Utilization）都在 100% 以下，所以我们选用 XC3S250E。

配置 ROM 则根据使用 FPGA 的规模，选用了 XCF02S。Spartan-3E 的规格书的第 77 页对此有详细说明。关于规格书的下载，我们将在 2.4 节中说明。XC3S250E 外观如照片 2-2 所示。

Device Utilization Summary				[-]
Logic Utilization	**Used**	**Available**	**Utilization**	**Note(s)**
Number of Slice Flip Flops	1,964	4,896	40%	
Number of 4 input LUTs	3,516	4,896	71%	
Number of occupied Slices	2,431	2,448	99%	
Number of Slices containing only related logic	2,431	2,431	100%	
Number of Slices containing unrelated logic	0	2,431	0%	
Total Number of 4 input LUTs	3,607	4,896	73%	
Number used as logic	3,516			
Number used as a route-thru	91			
Number of bonded IOBs	42	66	63%	
Number of RAMB16s	12	12	100%	
Number of BUFGMUXs	2	24	8%	
Number of DCMs	1	4	25%	
Average Fanout of Non-Clock Nets	4.08			

▲ 图 2-5　FPGA 使用率报告

▲ 照片 2-2　XC3S250E

■配置电路、USB 接口电路的选型

虽然赛灵思公司公开了 Spartan-3E 系列 FPGA 用的并口电路，但是近年搭载并口的计算机非常稀少。

因此我们使用了可以通过 USB 连接配置的 IC。使用的 IC 为 FTDI 公司生产的 FT2232D 或者 FT2232L（以下为 FT2232）。该芯片内部包含两个串口接口，其中一个可以作为配置用的 JTAG 使用。在 AZPR EvBoard 上，将 A 通道作为 JTAG、将 B 通道作为 UART 使用。

另外，使用了 FT2232 的配置电路无法使用赛灵思公司的 iMPACT 工具进行配置。使用 iMPACT 进行配置时需要专用的下载线。但是专用下载线的价格从 1 万到数万日元不等，会增加我们的成本。因此我们设计的 AZPR EvBoard，如果将 USB 配置电路关闭，也可以使用下载线进行连接。FT2232D 的外观如照片 2-3 所示。

▲ 照片 2-3　FT2232D

■时钟、复位 IC 的选型

时钟我们使用京瓷公司生产的 KC7050B，振荡频率为 10MHz。

复位 IC 选用 Renesas 公司生产的 M51957 或者 RNA51957BFP。这些 IC 通过连接外部按键，可以作为复位开关使用，还具有当电压值降低到一定值以下时自动复位的电压监视功能。

KC7050B 的外观如照片 2-4 所示，M51957 的外观如照片 2-5 所示。

▲ 照片 2-4　KC7050B

▲ 照片 2-5　M51957

■按键和 LED 的选型

我们要安装 4 个按键开关。按键开关一般使用插入式元件，但是 AZPR EvBoard 使用贴片式按键开关。另外我们还安装了开关的去抖电路。我们将在 2.4.3 节详细说明开关的抖动问题。按键开关的外观如照片 2-6 所示。

关于 LED，我们要安装七段数码管和独立的 LED 灯。七段数码管也以带有引脚、在电路板反面用烙铁焊接的类型为主流，但是在 AZPR EvBoard 上我们使用贴片类型产品。由于电路板面积以及 FPGA 的 I/O 引脚数有限，我们只安装两个七段数码管。贴片类型的七段数码管的外观如照片 2-7 所示。另外再安装两个独立 LED。同样也是使用贴片类型。贴片类型 LED 的外观如照片 2-8 所示。

▲ 照片 2-6　按键开关

▲ 照片 2-7　LF-301VA

▲ 照片 2-8　贴片 LED

■电源电路的选型

电源电路使用线性变压器。线性变压器是指可以将高电压转换为低电压的元件。在 AZPR EvBoard 上，通过 AC 适配器输入 5V 电压，然后再通过线性变压器产生 1.2V、2.5V、3.3V 电压。

在对线性变压器选型之前，首先需要预估各个电压所需要的电流大小。我们使用赛灵思公司提供的 XPower Estimator(XPE) 对功耗进行估算。XPower Estimator 可以通过下面的链接获得。

XPower Estimator

http://japan.xilinx.com/products/technology/power.htm

XPower Estimator 可以在逻辑综合时通过读取 Map Report 来估算功耗。Map Report 是在 ISE 逻辑综合时，以 MRP 形式输出的。AZPR SoC 的功耗报告如图 2-6 所示。通过图 2-6 可以知道各个电压只需提供 500mA 左右的电流便足够了。考虑到外围电路的能耗，请选用输出电流为 1A 以上的 AC 适配器。

通过估算功耗，我们选用 LM317 作为线性变压器。市面上有多个厂家制造的 LM317，AZPR EvBoard 选用了 ST Micro Electronics 公司制造的产品。只要引脚排列一致，选用任何一家的产品均可。LM317 的外观如照片 2-9 所示。

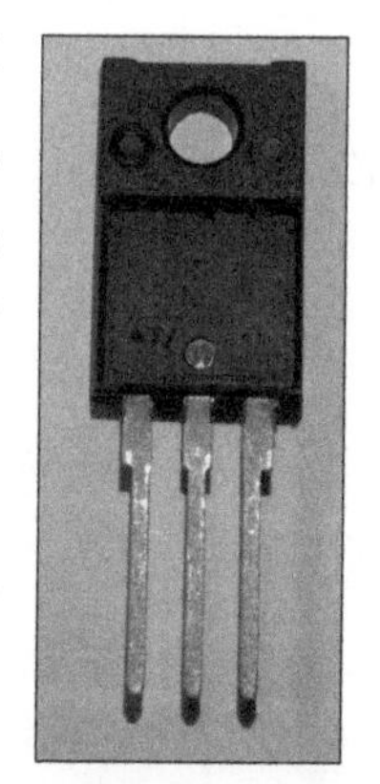

▲ 照片 2-9　LM317

SPARTAN-3E

XPower Estimator (XPE) - 11.1　XILINX

Device

Part	XC3S250E
Package	VQ100
Grade	Commercial
Process	Maximum

Block Summary

Block	Power (W)
CLOCK	0.008
LOGIC	0.126
IO	1.078
BRAM	0.058
DCM	0.019
MULT	0.000

Voltage Source Information

Source	Voltage	Power (W)	I_{CC} (A)	I_{CCQ} (A)
V_{CCINT}	1.25	0.282	0.157	0.068
V_{CCAUX}	2.5	0.080	0.010	0.022
V_{CCO} 3.3	3.3	1.071	0.324	0.001
V_{CCO} 2.5	2.5	0.000	0.000	0.000
V_{CCO} 1.8	1.8	0.000	0.000	0.000
V_{CCO} 1.5	1.5	0.000	0.000	0.000
V_{CCO} 1.2	1.2	0.000	0.000	0.000

▲ 图 2-6　AZPR SoC 功耗报告

■排线插座的选型

为了连接余下的用户 I/O，我们使用符合 VPort 规格的双排 10 针排线插座。VPort 是 VPort Lab 所提倡的单片机接口规格，其中包含标准化的 10 针排线插座引脚排列。排线插座的外观如照片 2-10 所示。

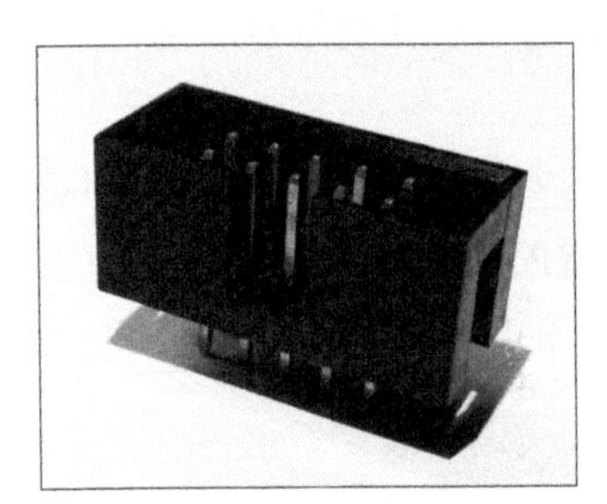

▲ 照片 2-10　排线插座

至此，主要元件的选型就结束了。选定的元件一览如表 2-3 所示。其中也标注了 IC 必要的外设电阻、电容的大小，我们将会在 2.4 节进行详细说明。

▼ 表 2-3 元件一览表

电路板	分类	元件	型号（值）	数量
FPGA 电路板	FPGA	FPGA	Spartan-3E XC3S250E-VQG100	1
		电容（单面电路板：插入式零件；双面电路板：贴片式零件）	0.1[μF]	16
	配置电路	配置 ROM	XCF02S	1
		缓冲 IC	74VHC125 或 74VHCV125	1
		贴片电阻	4.7[kΩ]	3
			330[Ω]	1
			100[Ω]	3
		贴片电容	0.1[μF]	1
		贴片 LED	绿	1
	USB– 串口转换电路	USB– 串口转换芯片	FT2232D 或 FT2232L	1
		EEPROM（可选）	93C46	1
		USB 接头	UX60A-MB-5ST	1
		晶体振荡器	6[MHz]	1
		磁珠	1.5[A]	1
		贴片电阻	33[Ω]	2
			470[Ω]	1
			1.5[kΩ]	1
			2.2[kΩ]	1
			10[kΩ]	1
		贴片电容	33[pF]	2
			0.01[μF]	1
			0.033[μF]	1
			0.1[μF]	2
	时钟电路	晶体振荡器	10[MHz]	1
		贴片电阻	100[Ω]	1
	复位电路	复位芯片	M51957B 或 RNA51957BFP	1
		按钮	LS6J2M-T 或 PTS525SM 或 SKQGAB	1
		贴片电阻	1[kΩ]	1
			7.5[kΩ]	1
			10[kΩ]	1
		贴片电容	1[μF]	1
	LED	贴片 LED	红	2
		贴片电阻	330[Ω]	2
	七段数码管	七段数码管	LF-301VA	2
		贴片电阻	150[Ω]	16
	开关	按钮	LS6J2M-T 或 PTS525SM 或 SKQGAB	4
		IC	74VHC14 或 74AC14 或 74HC14	1
		贴片电阻	100[Ω]	4
			2.2[kΩ]	6
		贴片电容	0.1[μF]	1
			1[μF]	4
	VPort 兼容接口	排线插座	5 针脚 ×2 列	2
	与电源板的连接	针形插座	5 针脚 ×2 列	1

（续）

电路板	分类	元件	型号（值）	数量
电源电路板	电源电路	线性变压器	LM317	3
		插入式电阻	240[Ω]	5
			330[Ω]	2
		插入式 LED	绿	1
		插入式陶瓷电容	0.1[μF]	4
		插入式电解电容	100[μF]	4
		电源接头	内径 2.1[mm]	1
		电源开关	拨动开关	1
其他		AC 适配器	5[V] 1[A] 以上	1
		USB 线	A 公头、迷你 B 公头	1
		电路板支脚	MPS-08	2

※ 贴片元件封装为 1608 或 2012。

2.3.3 元件的选购

下面就元件的选购方法进行说明。我们选定的外围元件，都可以在秋叶原的店铺内购得。在此介绍几个秋叶原有代表性的电子元件店铺。

而 FPGA 和配置 ROM，需要在网上购买。关于出售电子元件的网站以及网购方法，下面也会详细介绍。

■秋叶原元件店铺

在秋叶原有很多家元件店铺，但不同店铺擅长的电子部品系列却不相同。具有代表性的店铺位置如图 2-7 所示。

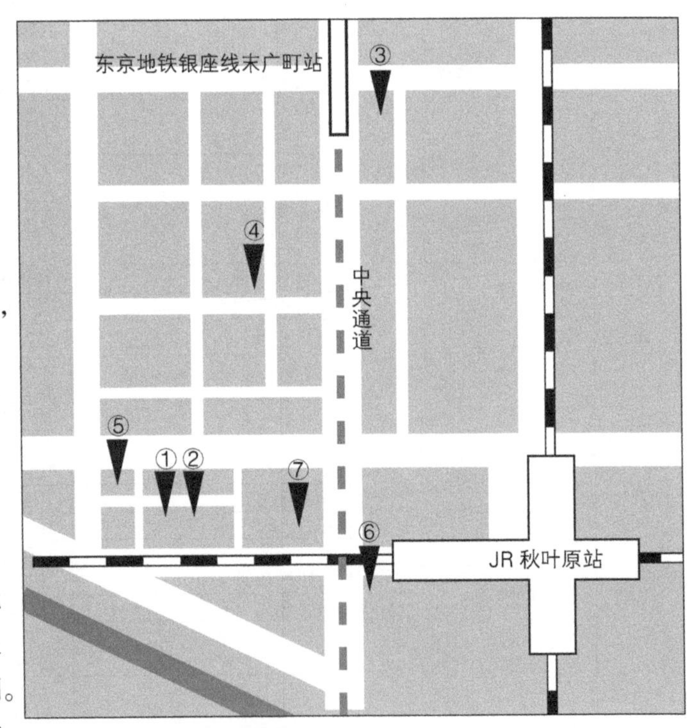

▲ 图 2-7　秋叶原元件店铺地图

■①秋月电子通商

秋月电子通商经营的贴片式元件较多。例如 USB- 串口转换芯片 FT2232 和复位芯片 M51957B 都可以在此购得。另外，虽然该店不能制作 AZPR EvBoard 电路板，但是这里的原创套件非常丰富。

■②千石电商

千石电商主要经营电阻、电容芯片等各种无源器件。另外工具产品也很多。

■③若松通商

若松通商是经营 PC 元件等部件的综合性元件商。电子元件产品主要在三楼，从套件到各种通用逻辑 IC 都有销售，该店的经营范围很广。

■④⑤ MARUTSU

和千石电商一样，在该店也可以买到很多无源器件。另外该店也经营贴片元件。

■⑥ Radio Center、⑦ Radio Depart

Radio Center 和 Radio Depart 都是在一座建筑内集中了多家元件店铺，各家店铺分别结账。各个店铺分别经营特定系列的商品，这里有一些比较难以买到的接头等产品。

■网上元件店铺

下面介绍两家在网络上销售电子元件的企业。

■Digi-Key

Digi-Key 是一家位于美国的网络电子元件销售企业，有大量库存和丰富的品种。Digi-Key 的 URL 为：

Digi-Key

http://www.digikey.jp/

Digi-Key 直接从美国向日本销售商品，因此属于出口，所以需要填写购买方的经营内容、用途、目的等信息。在购买过程中会出现要求填写出口相关信息的画面，如图 2-8 所示。笔者在这里的经营内容填写“个人 / 个人使用”，用途填写“教育相关”、使用目的填写“制作基于 FPGA 的教学电路板”。请注意使用目的需要填写得详细一些。如果此处填写比较含糊，Digi-Key 的客服会发来邮件进行确认，也许会导致发货延迟。

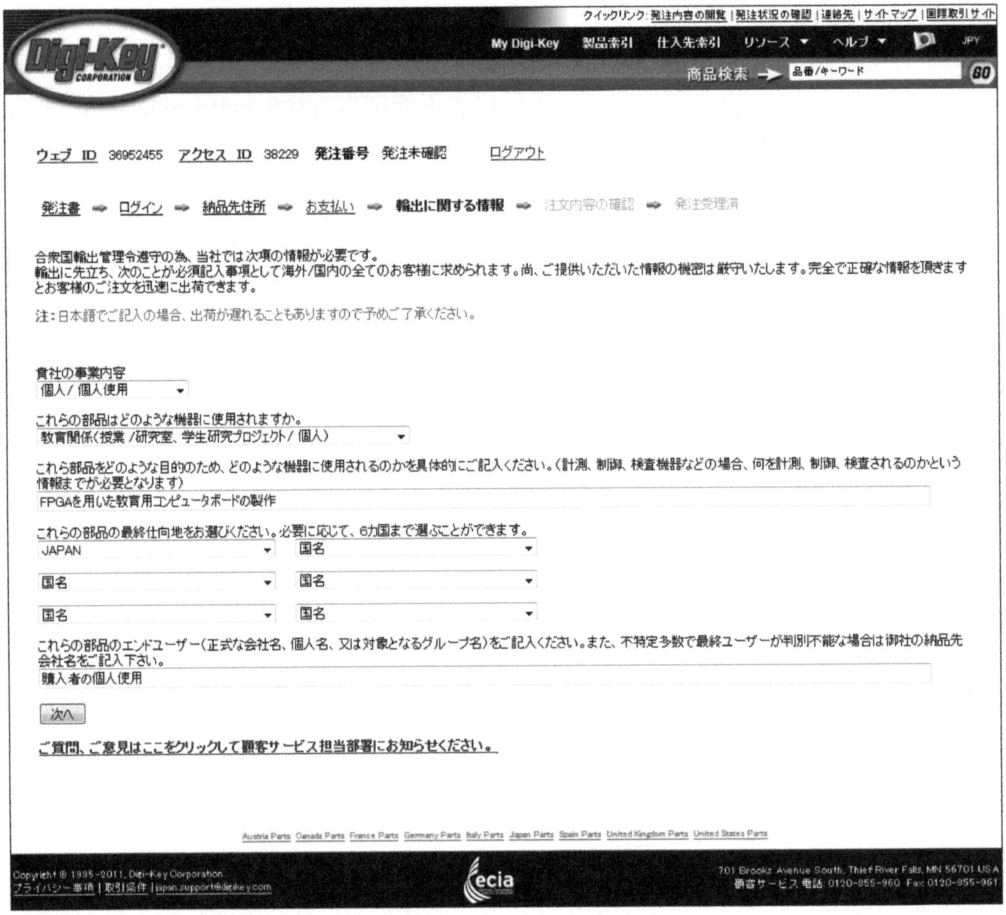

▲ 图 2-8　出口相关信息填写画面

另外在 Digi-Key 购买商品满 7500 日元（约 450 元）免运费。通常运费需要 2000 日元（约 120 元），因此将需要的元件集中起来、一次性购买 7500 日元以上比较划算。还有，订单总额在 10000 日元（约 600 元）以下时，不需要付 5% 的消费税。

■ RS-Online

RS-Online 是一家英国企业，但在日本有库房，基本上订单可以翌日到货。而且不需要填写出口信息。购买 8000 日元（约 500 元）以下商品时，运费为 460 日元（约 28 元）。购买满 8000 日元免运费。消费税一律按 5% 计算。网站 URL 如下所示。

RS-Online

http://jp.rs-online.com/web/

2.4 电路设计

在本节中，我们将进行电路的设计。电路设计包括各个元件与其工作所需的外围电路的连接，以及各个元件之间的连接。FPGA 正常工作所需的外围电路，我们参照规格书设计制作。我们需要用电路板 CAD 软件进行电路图设计。关于电路板 CAD 软件 Eagle 的使用方法，我们将对制作 AZPR EvBoard 时需要用到的功能进行逐一说明。

电路设计的最终目标是电路图。电路图是指描述 FPGA 以及其他 IC、电阻、电容等元件之间的连线的图纸，是电路板的逻辑设计图。与此相对应的是物理设计图——布局（Layout）图。布局是指描述印刷电路板上的元件摆放位置以及走线的图纸。电路图与布局图必须在逻辑上等价。

本书中，电路图和布局图的设计使用电路板 CAD 软件 Eagle。Eagle 可以自动整合电路图与布局图的映射关系。因此要先设计电路图，然后制作布局图。如果在制作布局图的阶段更改电路图，更改的部分将会自动反映到布局图里。此功能称为反标和前标（Forward & Back Annotation）。Eagle 的使用方法将在本节后半部分集中介绍。

设计电路图时先参照规格书分别设计各个模块，然后将各个模块相连，形成完整的电路图。电路设计的概要如图 2-9 所示。

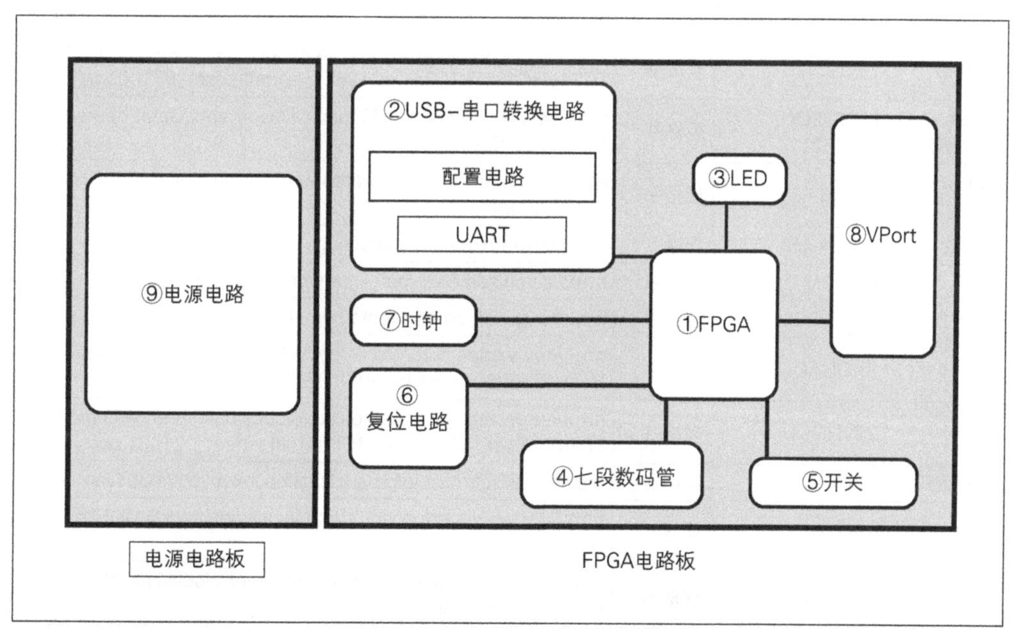

▲ 图 2-9 电路设计概要

首先设计 FPGA 电路板。最先设计② USB-串口转换电路。在此需要参考 FPGA 和 USB-串口转换 IC 的规格书。外围电路的设计分为② UART、③ LED、④七段数码管、⑤开关、⑥复位电路、⑦时钟、⑧ VPort 几部分进行设计。

接着设计电源电路。电源电路的设计包括① FPGA 的电源部分和⑨电源电路。

2.4.1 下载规格书

设计电路时所需要的规格书，可以从各个厂商的网站下载。制作 AZPR EvBoard 所需要的规格书下载网址如表 2-4 所示。

▼ 表 2-4　规格书下载网址

元件	型号（值）	资料	URL
FPGA	XC3S250E-VQG100	规格书	http://japan.xilinx.com/support/documentation/data_sheets/j_ds312.pdf
		引脚布局	http://japan.xilinx.com/support/documentation/data_sheets/s3e_pin.zip
		封装	http://japan.xilinx.com/support/documentation/package_specs/VQG100.pdf
配置 ROM	XCF02S	规格书	http://japan.xilinx.com/support/documentation/user_guides/j_ug332.pdf
		封装	http://www.xilinx.com/support/documentation/package_specs/vo20.pdf
缓冲 IC	74VHC125	规格书	http://www.semicon.toshiba.co.jp/docs/datasheet/ja/LogicIC/TC74VHC125F_TC74VHC126FT_ja_datasheet_071001.pdf
USB- 串口转换芯片	FT2232D/FT2232L	规格书	http://www.ftdichip.com/Support/Documents/DataSheets/ICs/DS_FT2232D.pdf
EEPROM（可选）	93C46	规格书	http://www.atmel.com/dyn/resources/prod_documents/doc0172.pdf
USB 接头	UX60A-MB-5ST	规格书	http://www.hirose.co.jp/catalogj_hp/j24000019.pdf
按键（任选一个）	LS6J2M-T	规格书	http://ce.citizen.co.jp/pdf_library/ca_2011/LS6.pdf
	PTS525SM	规格书	http://www.ck-components.com/14407/pts525_31aug10.pdf/
	SKQGAD	规格书	http://www.alps.com/products/WebObjects/catalog.woa/J/HTML/Tact/SurfaceMount/SKQG/SKQGADE010.html
IC	74VHC14	规格书	http://www.semicon.toshiba.co.jp/docs/datasheet/ja/LogicIC/TC74VHC14F_TC74VHC14FT_ja_datasheet_071001.pdf
七段数码管	LF-301VA	规格书	http://www.rohm.co.jp/products/databook/dp/pdf/lf-301vama-j.pdf
晶振	10MHz	规格书	http://www.kyocera.co.jp/prdct/electro/pdf/clock/kc7050b_fxo_31f_j.pdf
复位 IC	M51957B	规格书	http://documentation.renesas.com/jpn/products/linear/rjj03d0768_m51957ads.pdf

2.4.2 配置电路

下面对 FPGA 的配置电路进行说明。配置电路使用的 IC 是 FT2232。规格书中“3 Device Pin Out and Signal Description”节记载的电路模块图如图 2-10 所示。

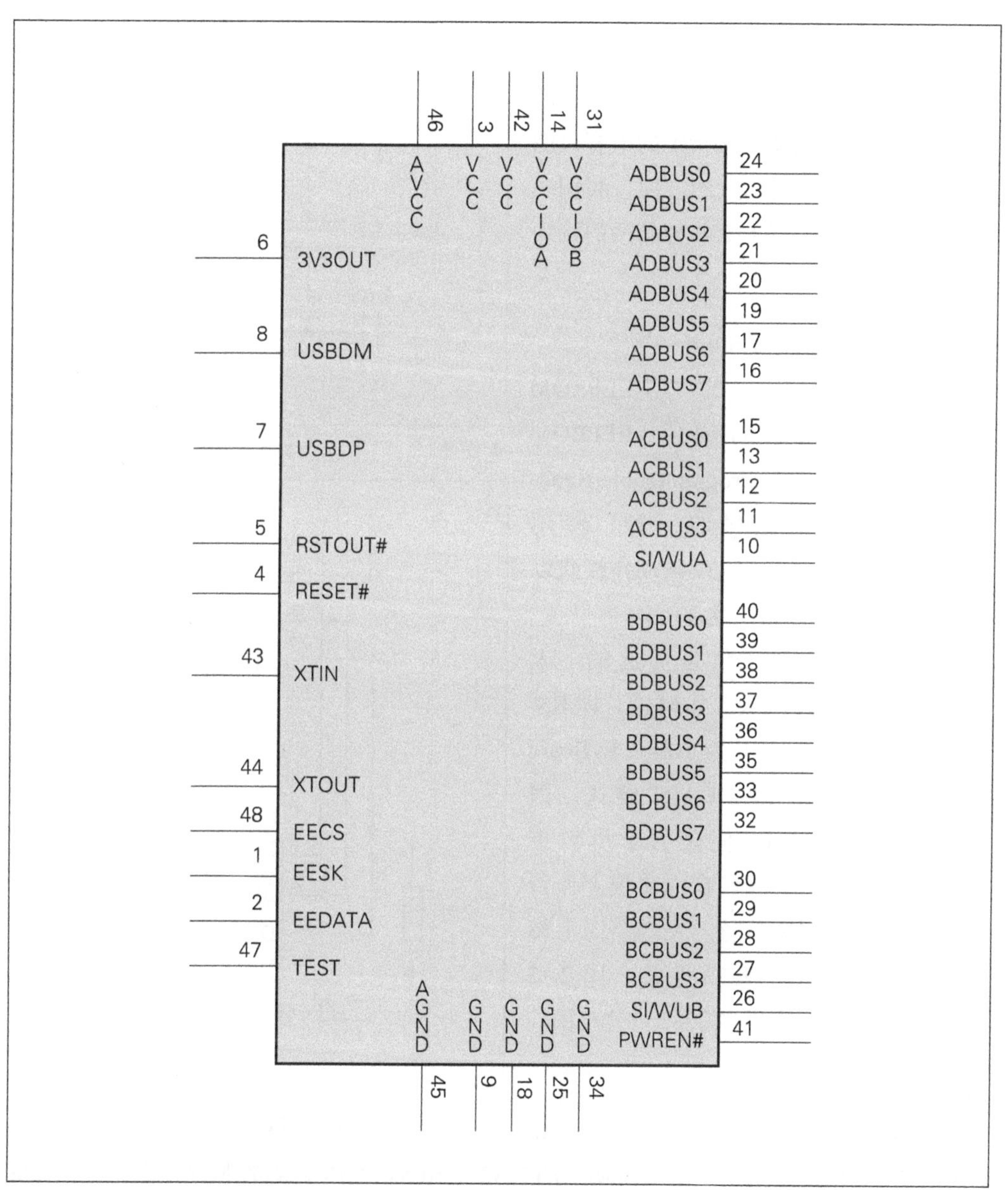

▲ 图 2-10　FT2232 电路模块图

■Oscillator Configurations

这里就规格书的“7.0 Oscillator Configurations”节进行说明。FT2232 芯片需要外部振荡器。可以使用 3 针的陶瓷振荡器或者 2 针的晶体震荡器（晶振）。我们在 AZPR EvBoard 上使用 2 针的晶振。

另外，晶振需要外加起振电容。FT2232 的规格书里虽然指定使用 27pF 的电容，但是晶振的规格书指定的电容范围为 10~32pF。考虑到购置的方便，我们决定选用 22pF 电容。FT2232 与晶振的接线图如图 2-11 所示。

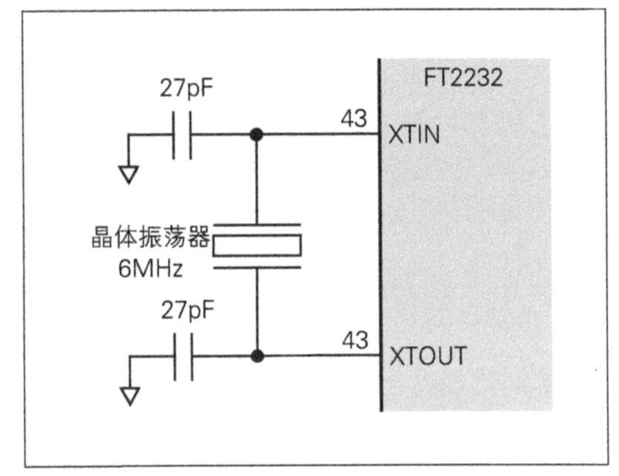

▲ 图 2-11　FT2232 与晶振的接线图

■EEPROM Configuration

这里就规格书的“7.1 EEPROM Configuration”节进行说明。EEPROM（Electrically Erasable Programmable Read-Only Memory）是 ROM 的一种。使用 EEPROM 可以配置 FT2232 的动作模式以及向 PC 端发送的 USB 设备信息。

是否使用 EEPROM 是可选的。未安装时 FT2232 为默认工作模式，即 RS-232 UART 模式。因为 AZPR EvBoard 中使用的正是 R-S232 UART 模式，因此未安装 EEPROM。但是为了可以更改 USB 设备信息，我们在电路板上预留了 EEPROM 的安装位置。在电路图上将 EEPROM 符号与 FT2232 连接。图 2-12 为将 EEPROM 连接到 FT2232 的连接图。

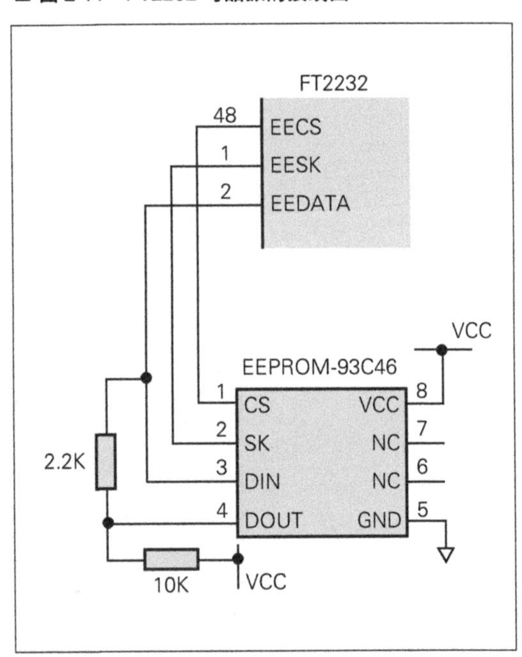

▲ 图 2-12　FT2232 与 EEPROM 的连接图

■电源电路

这里就规格书的“6.0 USB Bus Powered Configuration”节进行说明。FT2232 是用 5V 电压驱动的芯片。由于在 AZPR EvBoard 上只有 FT2232 使用 5V 电压，所以使用 USB 总线为其供电。FT2232 的电源电路图如图 2-13 所示。Ferrite Bead 是一种叫做磁珠的部件，用于过滤电源线上的噪声，稳定电压。磁珠的外形与贴片电容一样。

下面对规格书中电路图的几点更改进行说明。考虑到购买方便，我们将 27Ω 电阻更换为 33Ω。10μF 电容换为无极性的贴片陶瓷电容。

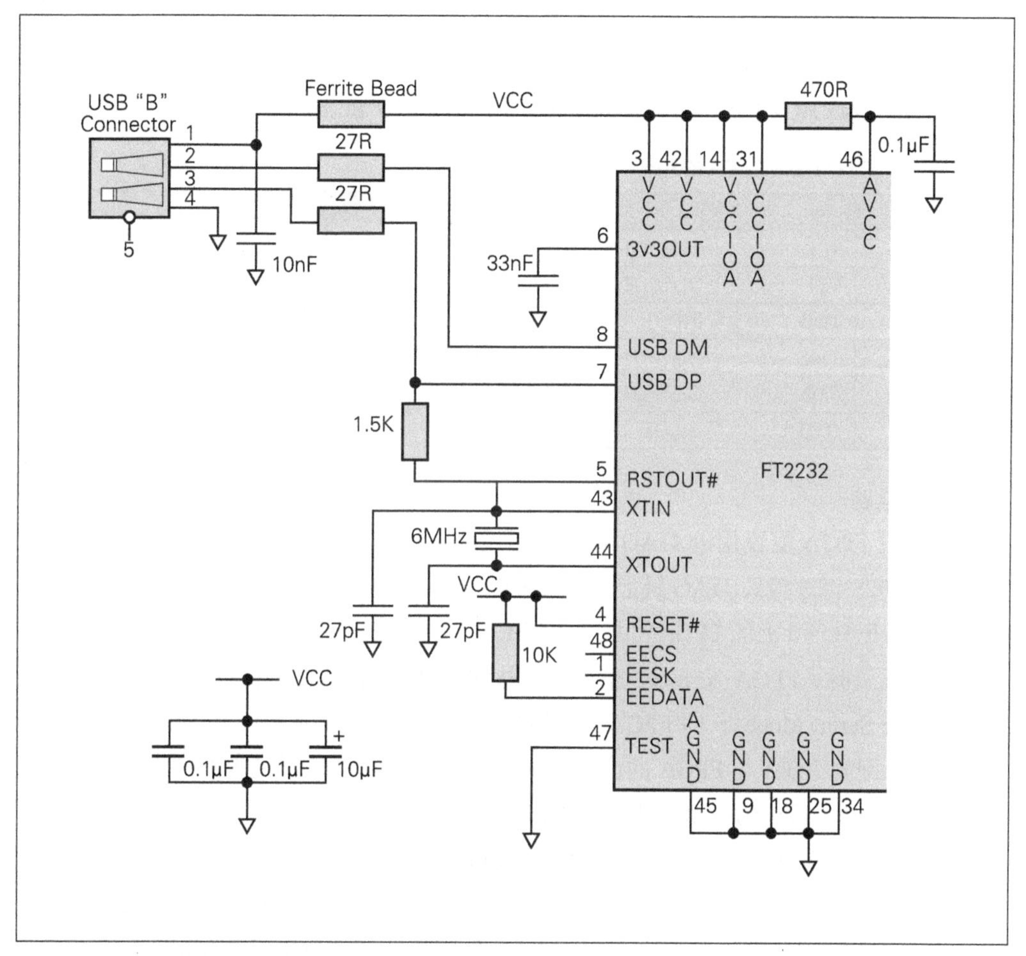

▲ 图 2-13　FT2232 的电源电路图

■与 FPGA 的连接

这里就与 FPGA 连接的部分进行说明。通道 A 作为 FPGA 的配置电路使用。关于这点在规格书的第 40 页有说明。FT2232 的 I/O 电压为 3.3V，但 Spartan-3E 的配置电路工作电压为 2.5V。因此必须使用通用逻辑芯片进行电压转换。FT2232 连接到 FPGA 的引脚如表 2-5 所示。

在这些信号里，TDI、TCK、TMS 是从 FT2232 引脚输出的 3.3V 信号，需要通过通用逻辑芯片将电压转换成 2.5V。而 TDO 则是将通用逻辑芯片的 2.5V 输出信号直接连接到 FT2232 的 3.3V 的 I/O 引脚。由于 FT2232 的输入电压阈值为 1.2V，所以不需要转换逻辑电压电平。

进行逻辑电压电平转换的通用逻辑芯片需要具备输入容限功能。输入容限是指允许芯片端口输入电压超过电源电压。具有输入容限功能的通用逻辑芯片的型号有 74VHC125、74VHCV125 等。请注意不能使用 74HC125 和 74AC125。

▼ 表 2-5　FT2232 连接到 FPGA 的引脚

FT2232 引脚	信号	输入输出	功能	备注
24	TCK	OUTPUT	JTAG 配置	输出时钟信号
23	TDI	OUTPUT	JTAG 配置	输出串行数据
22	TDO	INPUT	JTAG 配置	输入串行数据
21	TMS	OUTPUT	JTAG 配置	输出选择信号
40	TXD	OUTPUT	UART	UART 发送端
39	RXD	INPUT	UART	UART 接收端

■JTAG 电路

这里就 FPGA 配置用的 JTAG 电路进行说明。在 AZPR EvBoard 中，FPGA 和配置 ROM XCF02S 都连接到 JTAG 链上。请参考配置指南的第 78 页。

AZPR EvBoard 上的 FPGA 和配置 ROM 以 Master Serial Mode 进行连接。这种方式是在进行配置时，FPGA 发出时钟信号，并从配置 ROM 读取配置信息。

Master Serial Mode 下的 FPGA 与配置 ROM 的连接图如图 2-14 所示。在 AZPR EvBoard 上配置 ROM 与 FPGA 的位置是相反的。与图 2-14 所示的电路的不同之处仅仅是 TDI 和 TDO。最终的电路图请参考 2.4.7 节。

为了连接下载线，需要能够切换 AZPR EvBoard 内置配置电路的开、关。我们使用逻辑电压电平转换芯片实现切换功能。逻辑电压电平转换电路的电路图如图 2-15 所示。默认为跳线未连接状态，缓冲的 EN 引脚通过电阻连接到低电平。跳线接通后缓冲输入为高电平，变为无效状态。在此状态下，AZPR EvBoard 的内置配置电路无效，从而可以使用下载线。

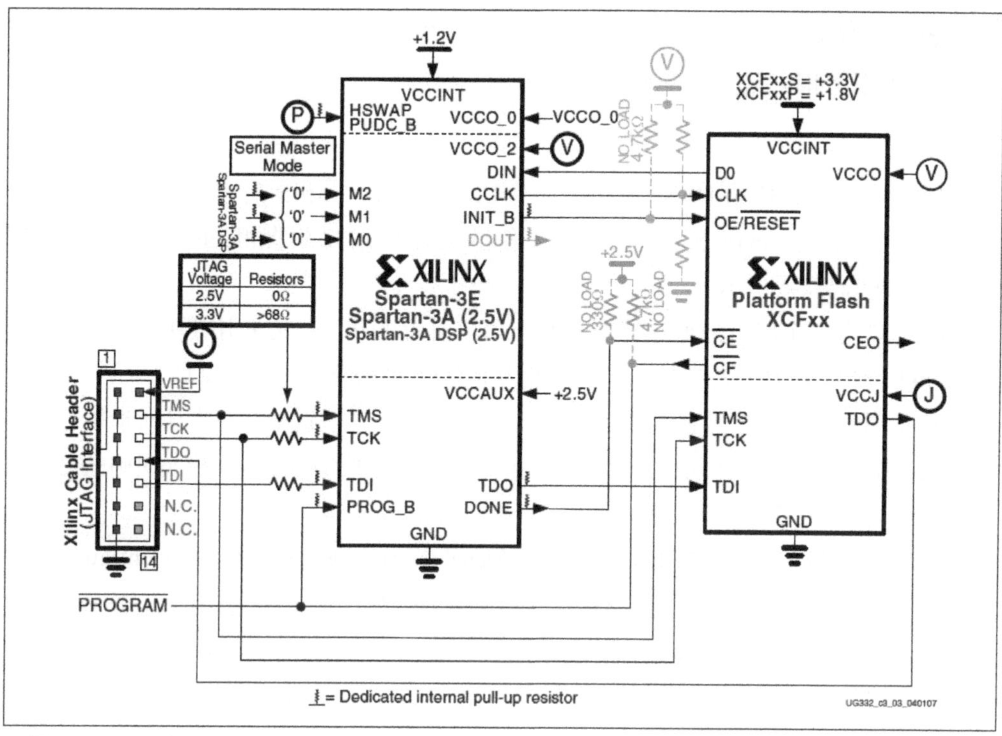

▲ 图 2-14 FPGA 与配置 ROM 的连接（配置指南第 78 页）

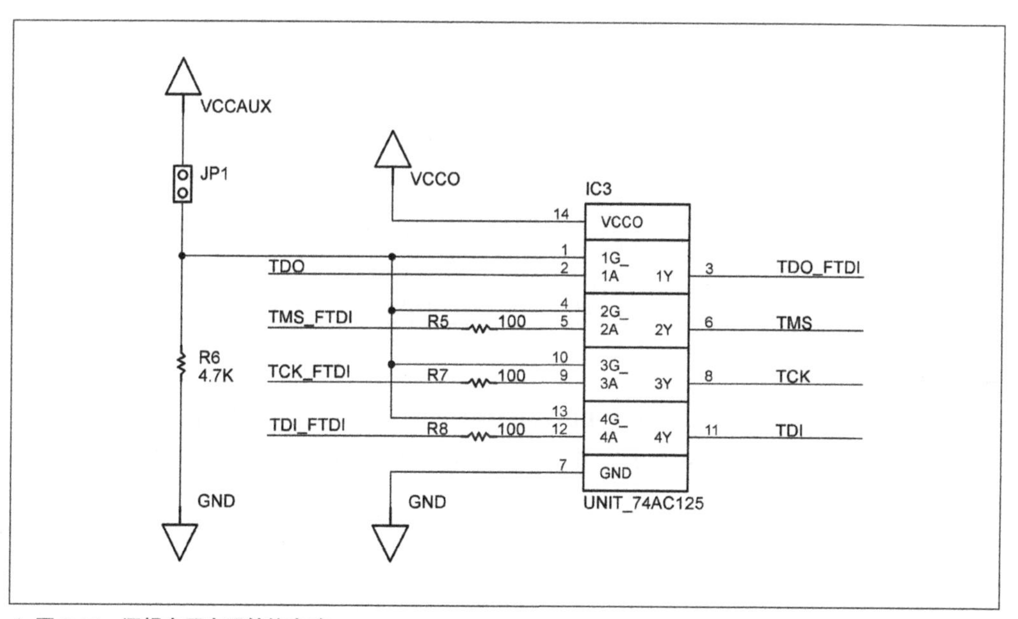

▲ 图 2-15 逻辑电压电平转换电路

2.4.3 外围电路

在这里就外围电路的设计进行说明。

■UART

我们利用 FT2232 将 UART 端口转换为 USB，再与计算机进行连接。UART 必要的发送、接收引脚与 FPGA 相连。规格书的第 13 页有 FT2232 引脚相关的定义。与 URAT 连接的引脚如表 2-6 所示。

FT2232 有两个串行通道。其中通道 A 用于配置电路，通道 B 用于 UART。通道 B 的第 40 引脚为 TXD（发送端）、39 引脚为 RXD（接收端）。FT2232 的 URAT 是兼容 RS-232 的引脚分布，也具有 TXD、RXD 之外的信号。这些信号，在启动时根据芯片内部电阻值而定，所以不接线也没有问题。但是我们对流控信号 CTS# 输入明确的值。因此将 RTS# 信号与 CTS# 直接连接。

规格书的“8.0 232 UART Interface Mode Signal Descriptions and Interface Configurations”节记述了电压电平转换电路。这是在与计算机串口进行连接时需要的电路，而在 AZPR EvBoard 上 FT2232 与 FPGA 的 3.3V I/O 相连，所以不需要电压转换电路。另外，规格书“8.1 232 UART Mode LED Interface”内记载的收发指示 LED 也被省略了。

▼ 表 2-6　UART 连接引脚

引脚编号	引脚名称	URAT 信号	连接对象
40	BDBUS0	TXD	与 FPGA 的 TXD 连接
39	BDBUS1	RXD	与 FPGA 的 RXD 连接
38	BDBUS2	RTS#	与 CTS# 连接
37	BDBUS3	CTS#	与 RTS# 连接
36	BDBUS4	DTR#	无连接
35	BDBUS5	DSR#	无连接
33	BDBUS6	DCD#	无连接
32	BDBUS7	RI#	无连接

■LED、七段数码管

LED 需要串联限流电阻。由于 LED 的阻值很小，直接连接电源时，会因为电流过大而损坏。LED 会分压 1.2V 左右。连接 330Ω 电阻时，流经 LED 的电流值计算方法如图 2-16 所示。

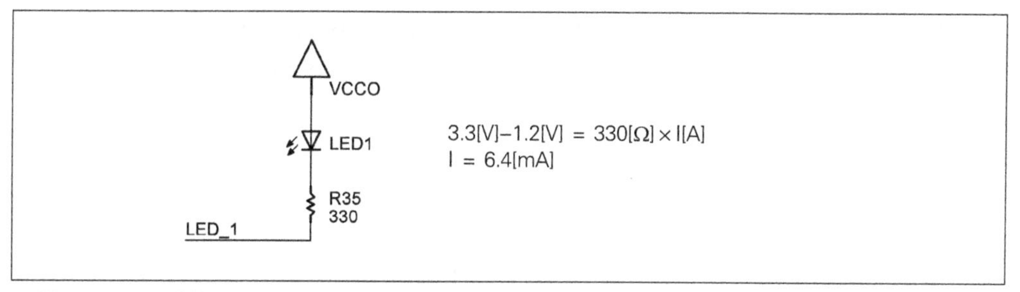

▲ 图 2-16　LED 连接图

七段数码管也同样需要串联电阻。七段数码管使用的是共阳极类型。将共用的阳极连接到电源，其他引脚通过电阻与 FPGA 相连。考虑到布线方便，七段数码管的引脚与 FPGA 的引脚连接设计不要产生交叉。七段数码管的引脚分布如图 2-17 所示。

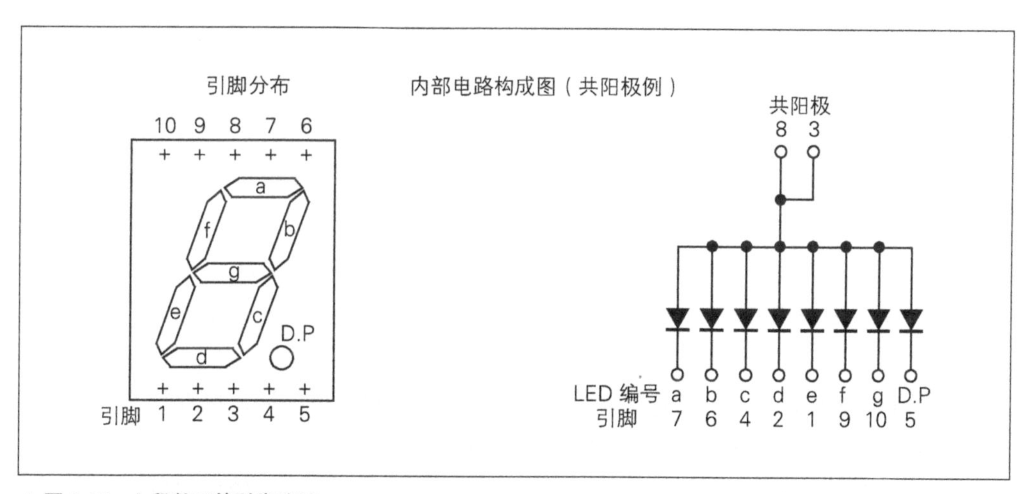

▲ 图 2-17　七段数码管引脚分配

■开关

我们要在电路板上安装 5 个开关。1 个是复位开关，剩余的 4 个与 FPGA 相连接。AZPR EvBoard 的开关为正逻辑。开关 ON 时为高电平，OFF 时为低电平。

我们需要对开关输入信号进行防抖处理。机械接点的开关在接点接触瞬间会出现反复接、断的现象。因此，在一次开关按下操作中，却得到多次按下的结果，从而造成误操作。

一种防抖方法是在信号值稳定前一直保持输入。我们可以通过电路或者 FPGA 内部逻辑两种方法来实现。AZPR EvBoard 是使用电路来实现的。利用 RC 时间常数延迟开关输入信号，并利用施密特触发器的 NOT 电路对波形进行整形。NOT 电路使用

74VHC14，或者 74VHCV14、74AC14、74HC14。此处，不需要我们曾在逻辑电压转换芯片的电路设计一节中介绍过的容限功能。防抖电路如图 2-18 所示。

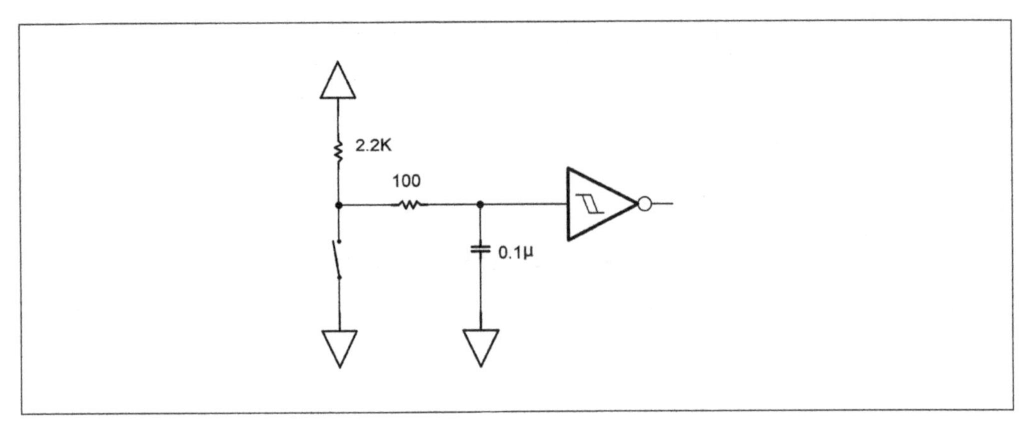

▲ 图 2-18　防抖电路

■复位电路

我们使用复位芯片设计复位电路。复位电路有以下 3 个功能。第 1 个功能是上电复位。上电复位是指接通电源时输出复位信号，一定时间后解除复位信号的电路。但是，这次使用的复位芯片最多只能等待 100 毫秒，在 FPGA 的配置结束之前就会解除复位。所以无法使用复位芯片的上电复位功能。FPGA 的上电复位使用 DCM 的锁定信号。

第 2 个功能是开关复位。它是通过按键开关，滤除抖动信号后，按键开关被按下的期间输出复位信号的电路。另外复位输入信号为负逻辑。

第 3 个功能是电源电压监视功能。输入电压低于某个阈值后，输出复位信号。通过电源电压监视功能，可以有效防止电压下降导致的误操作。复位电路的电路图和阈值电压计算式如图 2-19 所示。根据复位芯片的规格书第 8 页，输入引脚的电压 VCC ≤ 7V 时，推荐 Vin 的电压范围大约为：0.8V ＜ Vin ＜ Vcc−0.3V。另一方面、根据 FPGA 规格书的第 126 页，3.3V 的 LVTTL 的最小电压值为 3.0V。因此阈值设定在 3.0V 附近。选定 R_1 为 10kΩ、R_2 为 7.5kΩ，计算得阈值电压为 2.92V。

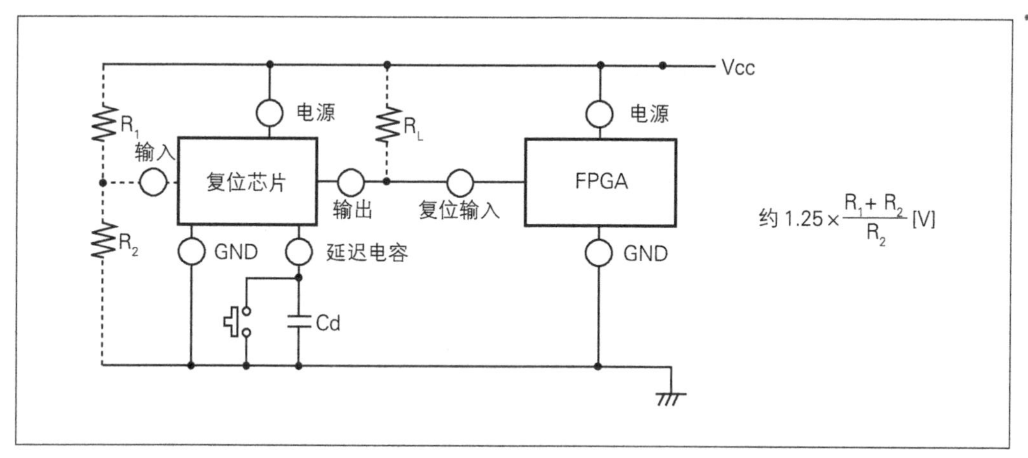

▲ 图 2-19 复位电路的电路图与阈值电压计算式

■时钟

我们使用晶体振荡器产生时钟。晶体振荡器是 4 针封装元件，连接电源和 GND 后输出端会输出时钟信号。在 AZPR EvBoard 上使用 100MHz 的晶体振荡器。为了防止噪声干扰，我们在时钟线上串联一个电阻。时钟信号需要连接到 FPGA 的 GCLK 输入引脚。我们使用的 FPGA 上有 16 个 GCLK 输入引脚，我们只连接其中的一个。晶体振荡器电路如图 2-20 所示。

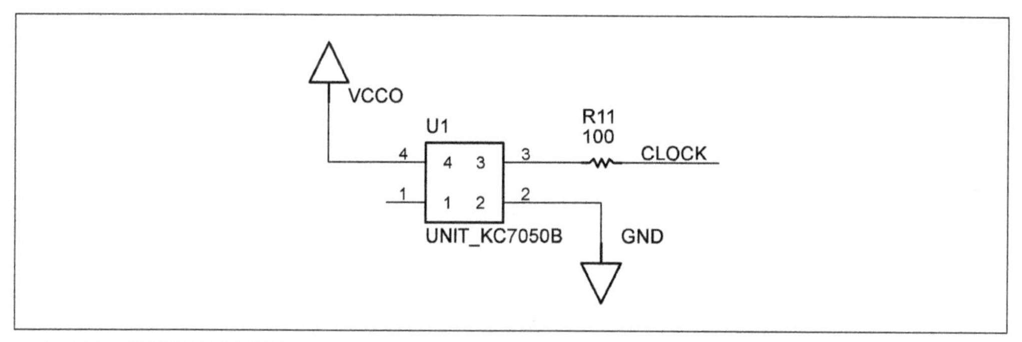

▲ 图 2-20 晶体振荡器电路图

■VPort with Power

VPort 根据有无 A/D 转换、时钟输入等功能分为很多种。功能和 VPort 名需要遵守 VPort with Power 的规格。

在 AZPR EvBoard 上所有的引脚都是通用引脚，称为 VPD、VPE 等。VPort 的接头规格如图 2-21 所示，连接通用引脚的 VPort（VPD、VPE）的引脚分配如表 2-7 所示。

另外，请注意连接 VPort 的 I/O 电路板是从 Sunhayato 公司购入的，大部分电路板需要 5V 电源。所以，AZPR EvBoard 不能直接连接。关于 VPort，请参考以下链接。

Vport Lab.

http://vportlab.com

VPort with Power 规格

http://vportlab.com/stnd.pdf

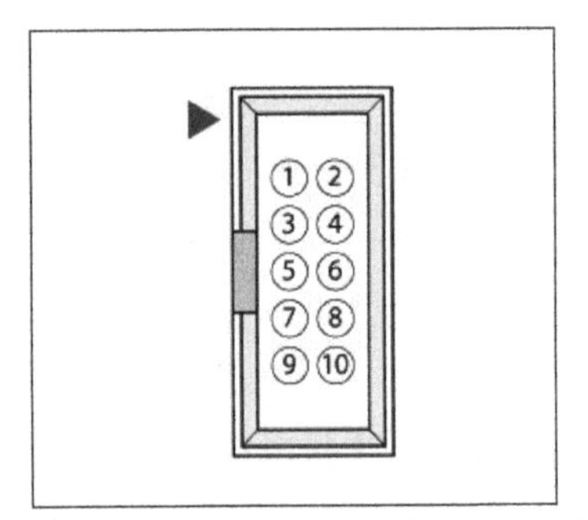

▲ 图 2-21　VPort 接头规格

▼ 表 2-7　通用输入输出 VPort 引脚分配

VPort 名	引脚编号	信号名	功能	备注
VPD, VPE, ~	1～8	VPD0 ～ VPD7	通用输入输出	VPort 名根据需要可以以英文字母顺序命名（但是要避免重复）
	9	GND	GND	
	10	Vcc	Vcc(3.3V 或 5V)	

2.4.4　电源电路

■FPGA 的旁路电容

在 FPGA 的电源线上需要安置旁路电容。旁路电容是接在电源线上的小容量电容，用以防止电源电压变低。

旁路电容一个接一个地连接在各个电源引脚处。旁路电容值为 0.1 μF。旁路电容电路图如图 2-22 所示。

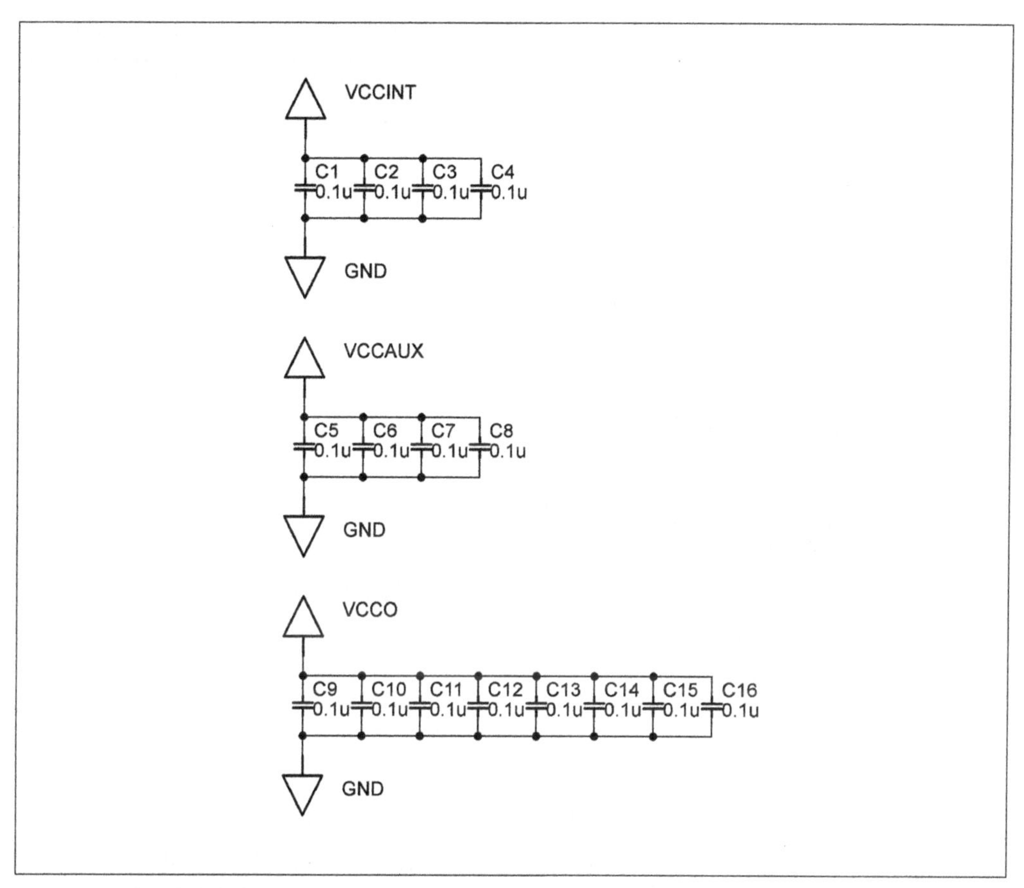

▲ 图 2-22 旁路电容电路图

■电源电路板

AZPR EvBoard 需要的电源有：1.2V、2.5V、3.3V 和 5V。其中 5V 电源由 USB 接口提供，其余电源需要另外准备。电源使用 AC 适配器和线性变压器。线性变压器一般由输出端、输入端和 GND 三个引脚构成。向输入端输入一个高电压，输出端就会输出设定的电压。输入输出端连接电容后使用。

LM317 根据 ADJ 端加载电压不同，输出电压也随之变化。LM317 的电路图如图 2-23 所示，LM317 的电阻和输出电压对应表如表 2-8 所示。

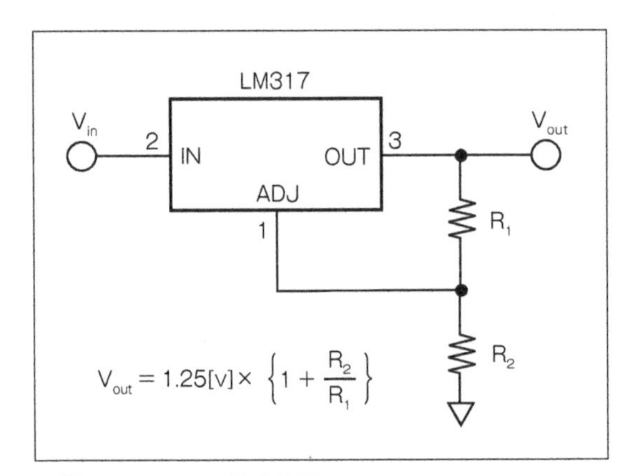

▲ 图 2-23　LM317 的电路图

▼ 表 2-8　LM317 的电阻和输出电压

R_1	R_2	V_{out}
240[Ω]	390[Ω]	3.28[V]
240[Ω]	240[Ω]	2.50[V]
240[Ω]	0[Ω]	1.25[V]

2.4.5　电路板设计环境

本节将介绍设计制作电路图、布线所需要的电路板 CAD 软件——Eagle。因为 Eagle 可以免费使用，且可以保证电路图与布线的一致性，所以在业余爱好者中是一款人气很高的电路板 CAD 软件。

但是，免费使用的授权有一些限制。具体有哪些限制请参见表 2-9。限制包括电路板的尺寸、层数、可以制作的电路图数量、可否进行商业应用等。

授权可以通过代理店 Circuit Boards Service 公司购买。Circuit Boards Service 公司还发行 Eagle 的 PDF 版教程。Eagle 的安装等请参照该教程。Eagle 的相关 URL 如下。

CadSoft

http://www.cadsoftusa.com/

Circuit Boards Service

http://homepage3.nifty.com/circuitboards/

EAGLE6 日语版教程（PDF 版）

http://homepage3.nifty.com/circuitboards/v2_software/EAGLE/price_list.html

▼ 表 2-9　Eagle 的授权

版本	电路图数量	层数	尺寸	商业应用
Light Edition	1	2 层	100[mm] × 80[mm]	非商业应用
Non-profit version	99	6 层	160[mm] × 100[mm]	非商业应用
Standard Edition	99	6 层	160[mm] × 100[mm]	可以作商业应用
Professional Edition	999	16 层	1600[mm] × 1600[mm]	可以作商业应用

启动 Eagle 后会显示如图 2-24 所示的控制面板。从这个画面可以进入电路图、布线、元件库。电路图、布线、元件库必须是控制面板可以识别的。所以，全部文件要放置在 Eagle 所设定的工作目录下。

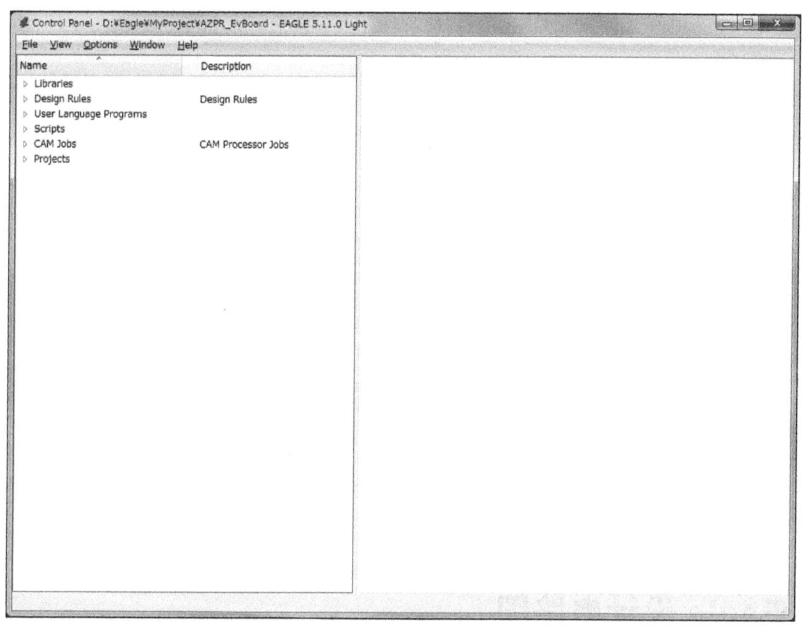

▲ 图 2-24 Eagle 的控制面板

■工作目录的设定

选中工具栏的 Options → Directories，将显示图 2-25 所示的工作目录设定对话框。将多个目录通过分号（ ; ）连接可以设定多个目录。默认显示的 $EAGLEDIR 是指 Eagle 的安装文件夹。通常设定为 C:\Program Files(x86)\EAGLE-6.0.0。

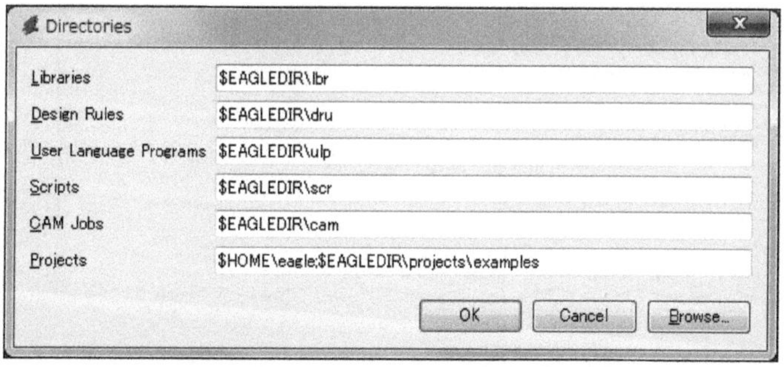

▲ 图 2-25 工作目录设定

■用户界面的设定

选中工具栏的 Options → User Interface，将显示如图 2-26 所示的用户界面对话框。在此可以设置工具栏的显示 / 隐藏、选择电路图、布线的背景色以及帮助信息的显示 / 隐藏等状态。

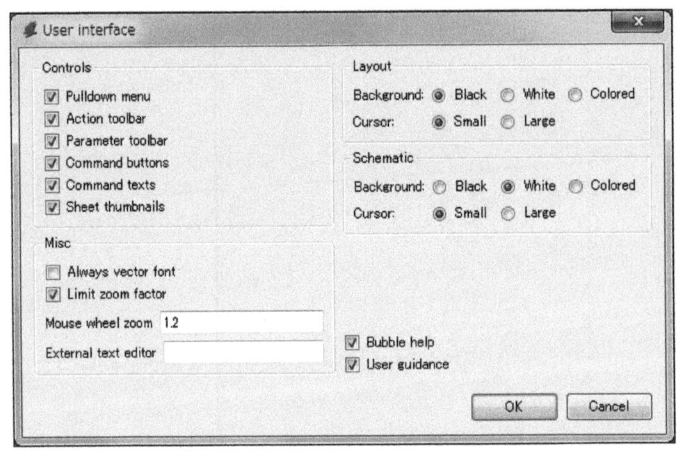

▲ 图 2-26　用户界面的设置

2.4.6 使用 Eagle 设计电路图

使用 Eagle 设计电路图需要先建立一个新的工程。右键单击控制面板上的 Projects → MyProject，然后选择 NewProject。至此的操作如图 2-27 所示。

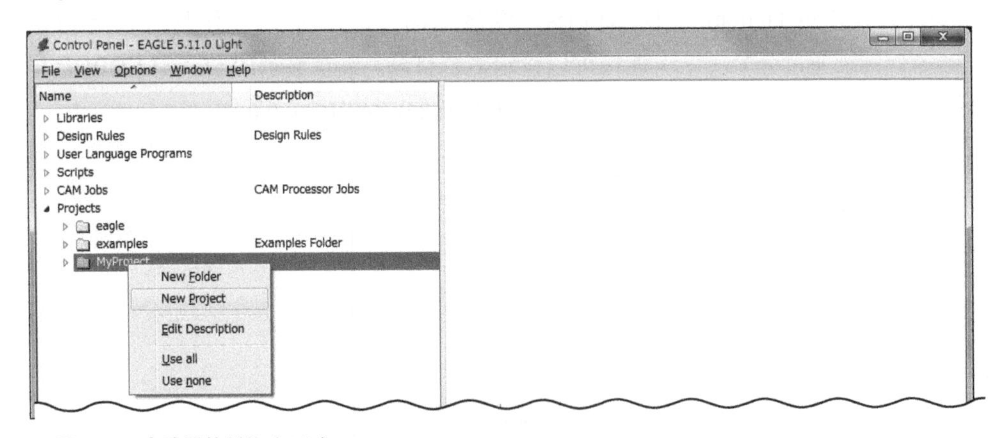

▲ 图 2-27　电路图的制作（1/3）

工程文件夹显示为红色。将生成的工程重命名为 AZPR_EvBoard。然后右键单击工程，选择 New → Schematic。至此的操作如图 2-28 所示。

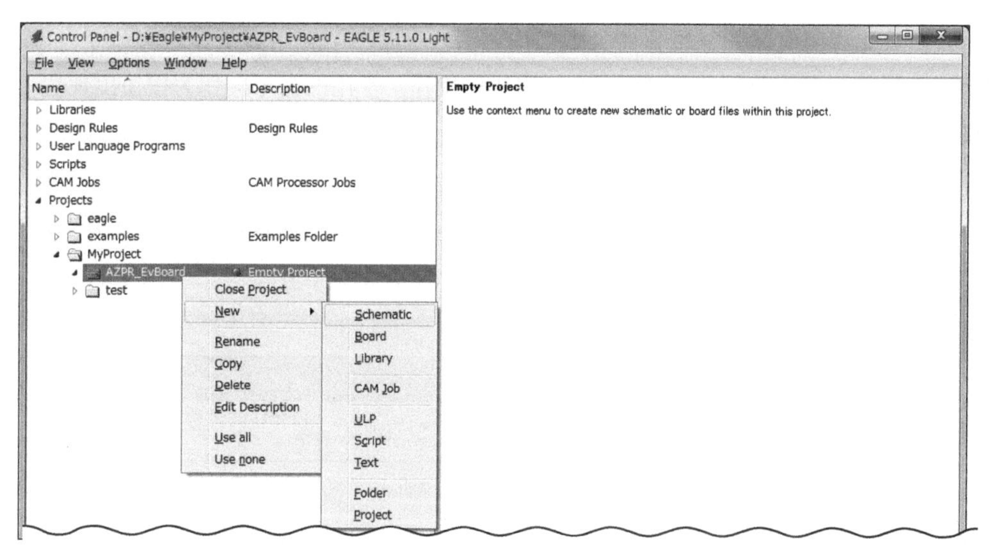

▲ 图 2-28　电路图的制作（2/3）

在选中工程的状态下、从菜单栏选择 File → New → Schematic，就会显示图 2-29 所示的电路图编辑器。

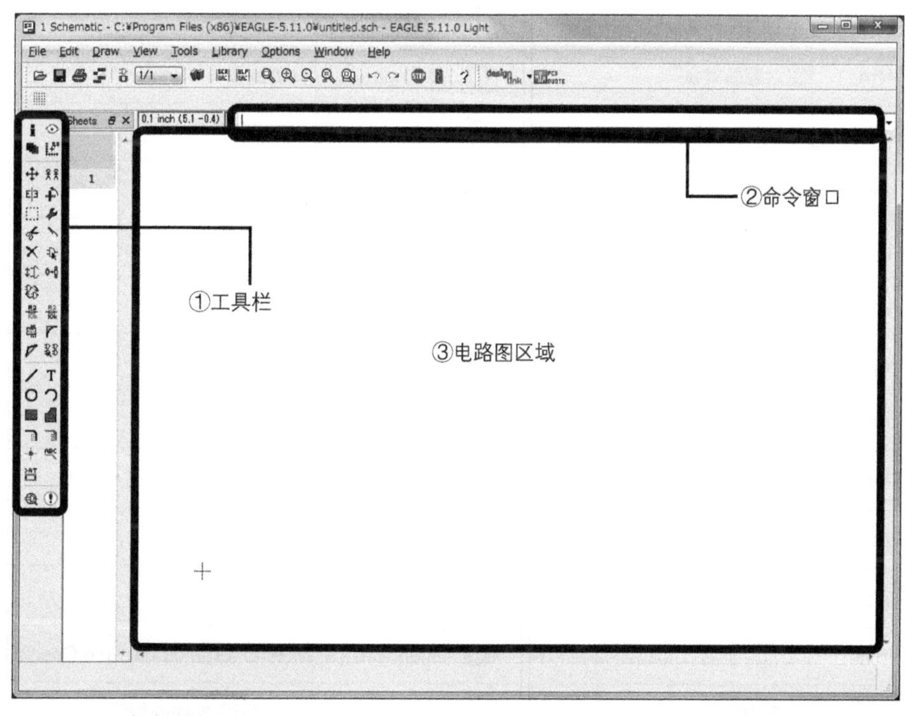

▲ 图 2-29　电路图的制作（3/3）

我们首先说明电路图编辑器的大致使用方法。电路图编辑器有工具栏和命令窗口。基本上，我们会通过在命令窗口输入命令来进行操作。常用的命令会作为按钮出现在工具栏上，通过点击也可以执行相应功能。

制作电路图就是放置元件，将各个元件连接，然后输入元件的参数。因此，只要记住了 Add、Net、Value 等命令的基本用法即可。我们首先就工具栏各个按钮的功能进行说明。电路图编辑器的命令一览如表 2-10 所示。

▼ 表 2-10　电路编辑器的命令一览表

图标	命令	说明	图标	命令	说明
	Info	显示对象属性		Smash	将元件的名称 / 值在画面上分离显示
	Show	高亮显示对象		Miter	圆滑连线拐角
	Display	弹出层的显示 / 隐藏设置对话框		Split	分割连线 / 网络
	Mark	标记并显示相对坐标		Invoke	调整对象和其他 gate 的放置顺序
	Move	移动对象		Wire	连线
	Copy	复制对象		Text	放置文本
	Mirror	左右翻转对象		Circle	放置圆圈
	Rotate	旋转对象		Arc	放置圆弧
	Group	定义组		Rect	放置长方形
	Change	更改对象属性		Polygon	放置多边形
	Paste	插入剪贴板内容		Bus	放置总线
	Delete	删除对象		Net	放置网络
	Add	添加对象		Junction	连接网络
	Pinswap	互换连接在元件等价引脚上的网络		Label	放置网络 / 总线的名称标签
	Replace	将对象替换为库内其他元件		Attribute	定义组件属性
	Gateswap	互换连接在元件等价引脚上的 gate		Dimension	放置尺寸显示
	Name	设置对象名		Erc	执行 ERC(Electrical Rule Check)
	Value	设置对象值		Errors	显示 ERC 发现的错误

■Add

Add 为放置元件的按钮。点击 Add 后，会显示图 2-30 所示的元件选择对话框。选中元件后，点击 OK 便可往电路图内添加元件。

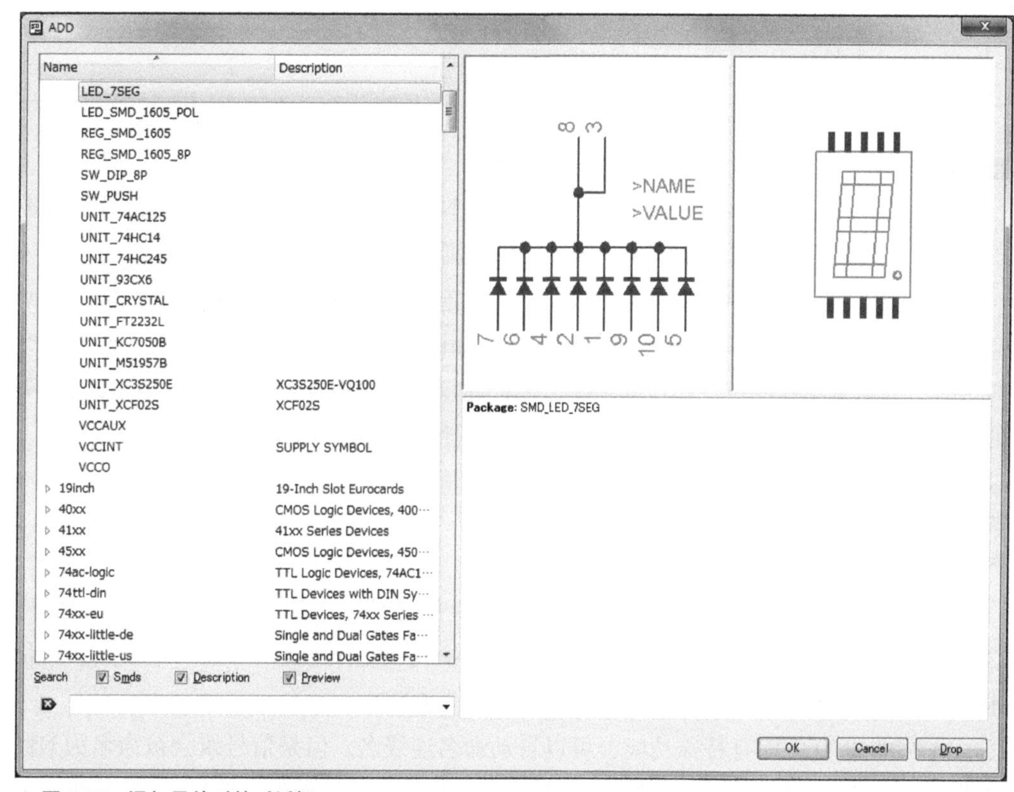

▲ 图 2-30　添加元件时的对话框

为了让电路图更容易读，还可以为这个电路图插入边框或者文字，对布线不产生影响。边框可以通过 Add 命令从元件库中选取插入。

■Display

Display 用于选择画面上显示的层。电路图编辑器内使用的层如表 2-11 所示。

▼ 表 2-11　设计电路图时使用到的层

No	名称	说明
91	Nets	表示电气上相互连接的网络
92	Busses	总线
93	Pins	组件符号的接点（引脚）及其详细信息

（续）

No	名称	说明
94	Symbols	组件符号的形状
95	Names	组件符号的名称
96	Values	组件的值或型号
97	Info	详细信息或指示信息
98	Guide	向电路图上放置组件的指南

■Net

在各个元件之间布线时需要使用 Net。选中 Net 后，通过点击元件引脚部分便可进行连线。连线过程中可以单击鼠标，将连线固定到指定位置。

另外，在连线过程中单击鼠标右键可以设置连线的转角。可供使用的连线转角类型会显示在上方工具条内。连线转角类型的设置如图 2-31 所示。在电路图上，连线偏离栅格时，会发生与其他连线相连的情况，因此建议尽量使用直角转角。最后在连线尽头的元件引脚上双击便可完成连线。或者，按 Esc 键可以在途中取消连线。

▲ 图 2-31　连线转角的设置

我们还可以给连线命名。连接在同名连线上的元件，即使在电路图上没有显示连线，也是会被视为连接在一起。电源、GND 等并不是所有连线都接在一个接点，而是根据电路符号分成多个组，但是连线名都为统一为 GND。

电源和 GND 的库有特殊功能，可以自动命名连线名。但是信号线会被命名为 N$1 之类的统一名称。我们应该按照分组命名并更改连线名称。例如，JTAG 的信号线命名为 JTAG_TCK、JTAG_TMS、JTAG_TDI、JTAG_TDO 之类的名称会比较好理解。

另外，利用 Label 可以方便地在电路图上显示连线名。更改连线名时可以使用 Name 命令。

■Label

Label 是将连线名显示在电路图上的命令。比较适合用在电路图上没有直接布线连接的地方。例如，FPGA 的 I/O 引脚等全部 Net 名都用 Label 来表示。

■Name

Name 是用于命名元件或 Net 的命令。元件名，比如说电阻一般使用如 R1、R2 这样英文字母 + 数字的形式命名。后面的数字可以在电路图完成后使用 ULP（User Language

Program）来统一更改。关于 ULP 的详细内容请参见本节专栏。由于元件名会印刷在电路板上，所以命名时注意不要使用过长名称以至无法全部显示。

■ Group

Group 是对几个元件进行统一操作时使用的命令。点击 Group 前要先点击希望对这组元件进行操作的按钮。例如，希望移动一组元件时，首先点击 Move，然后点击 Group。选中 Group 后，通过在电路图上拖动来选取多个元件。之后的操作和其他功能都一样。

专栏

关于 ULP

在 Eagle 里可以将命令写在外部文件里，将一连串的处理作为一个脚本执行，这便是 ULP。安装 Eagle 时便包含了很多 ULP，使用这些功能可以让工作变得更有效率。在工具栏选中 ULP 后，在弹出的对话框中可以选择执行 ULP。虽然本书在设计 AZPR_EvBoard 时对部分使用到的 ULP 进行了介绍，但此外还有很多非常便利的 ULP。

Eagle 使用方法相关的书籍 / 说明书

在本章中，关于 Eagle 的使用方法，仅节选了设计 AZPR EvBoard 时需要用到的功能进行了说明。在此，我们介绍一下对 Eagle 的使用方法进行了全面说明的书籍，供大家参考。

- **EAGLE によるプリント基板製作の素（後閑哲也著、技術評論社）（中文译名：使用 EAGLE 制作电路板的要素）**

2.4.7 完成的电路图

将所有元件连接后的电路图如图 2-32~ 图 2-34 所示。

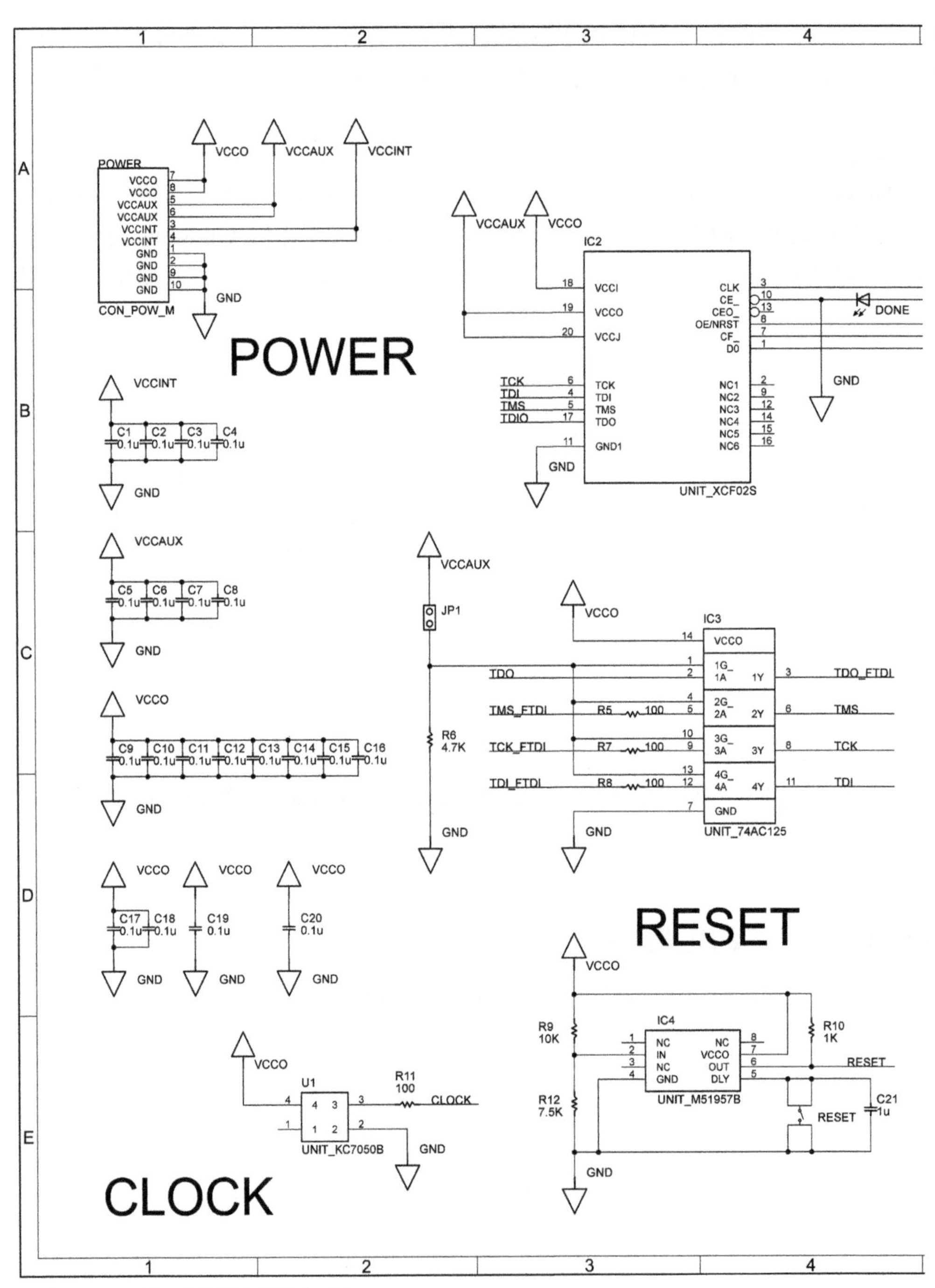

▲ 图 2-33　FPGA 电路板电路图（1/2）

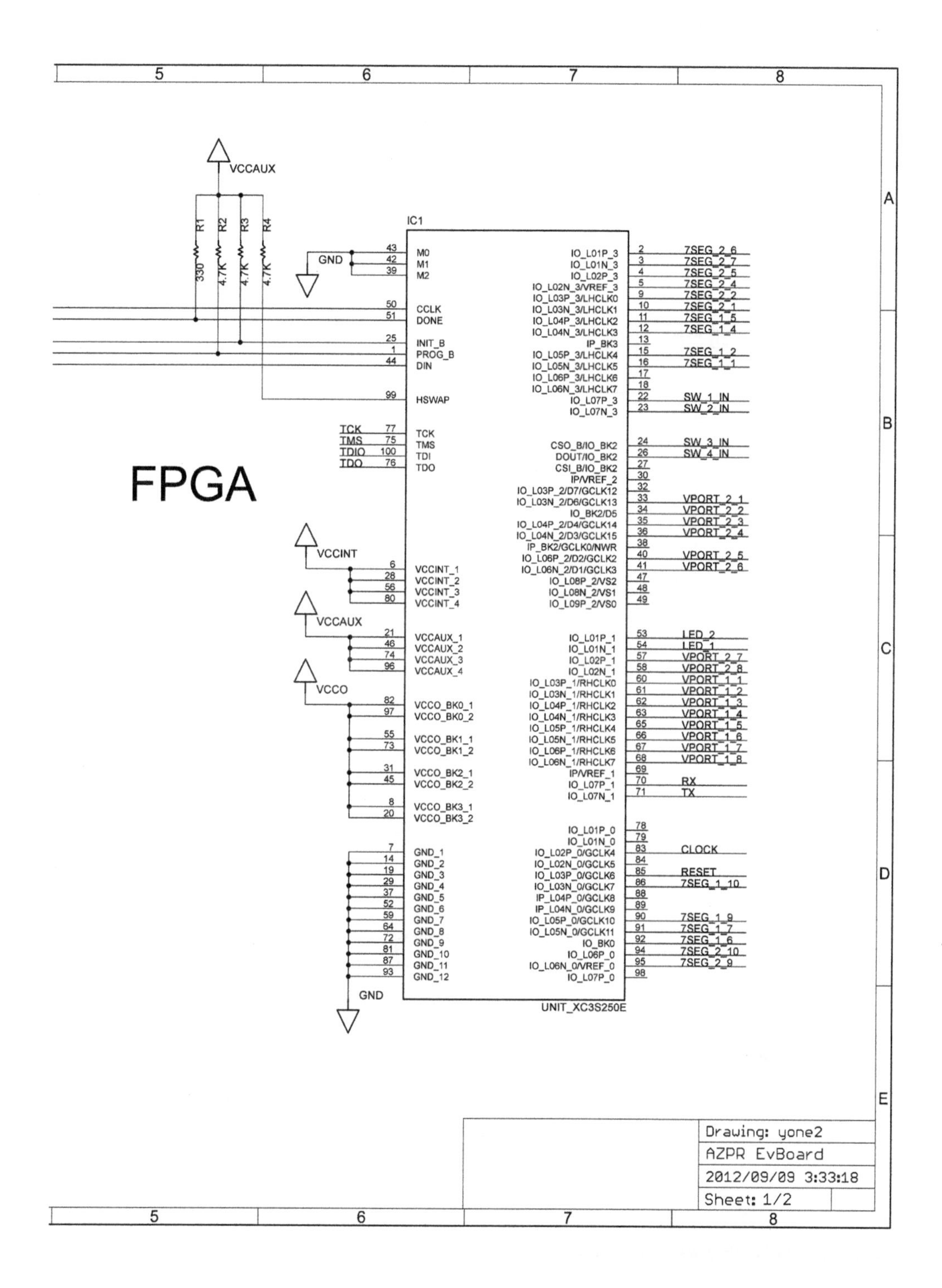
FPGA
VCCAUX
R1 330
R2 4.7K
R3 4.7K
R4 4.7K
GND
IC1
M0
M1
M2
CCLK
DONE
INIT_B
PROG_B
DIN
HSWAP
TCK
TMS
TDIO
TDO
VCCINT
VCCO
GND
UNIT_XC3S250E
7SEG_2_6
7SEG_2_7
7SEG_2_5
7SEG_2_4
7SEG_2_2
7SEG_2_1
7SEG_1_5
7SEG_1_4
7SEG_1_2
7SEG_1_1
SW_1_IN
SW_2_IN
SW_3_IN
SW_4_IN
VPORT_2_1
VPORT_2_2
VPORT_2_3
VPORT_2_4
VPORT_2_5
VPORT_2_6
LED_2
LED_1
VPORT_2_7
VPORT_2_8
VPORT_1_1
VPORT_1_2
VPORT_1_3
VPORT_1_4
VPORT_1_5
VPORT_1_6
VPORT_1_7
VPORT_1_8
RX
TX
CLOCK
RESET
7SEG_1_10
7SEG_1_9
7SEG_1_7
7SEG_1_6
7SEG_2_10
7SEG_2_9
Drawing: yone2
AZPR EvBoard
2012/09/09 3:33:18
Sheet: 1/2

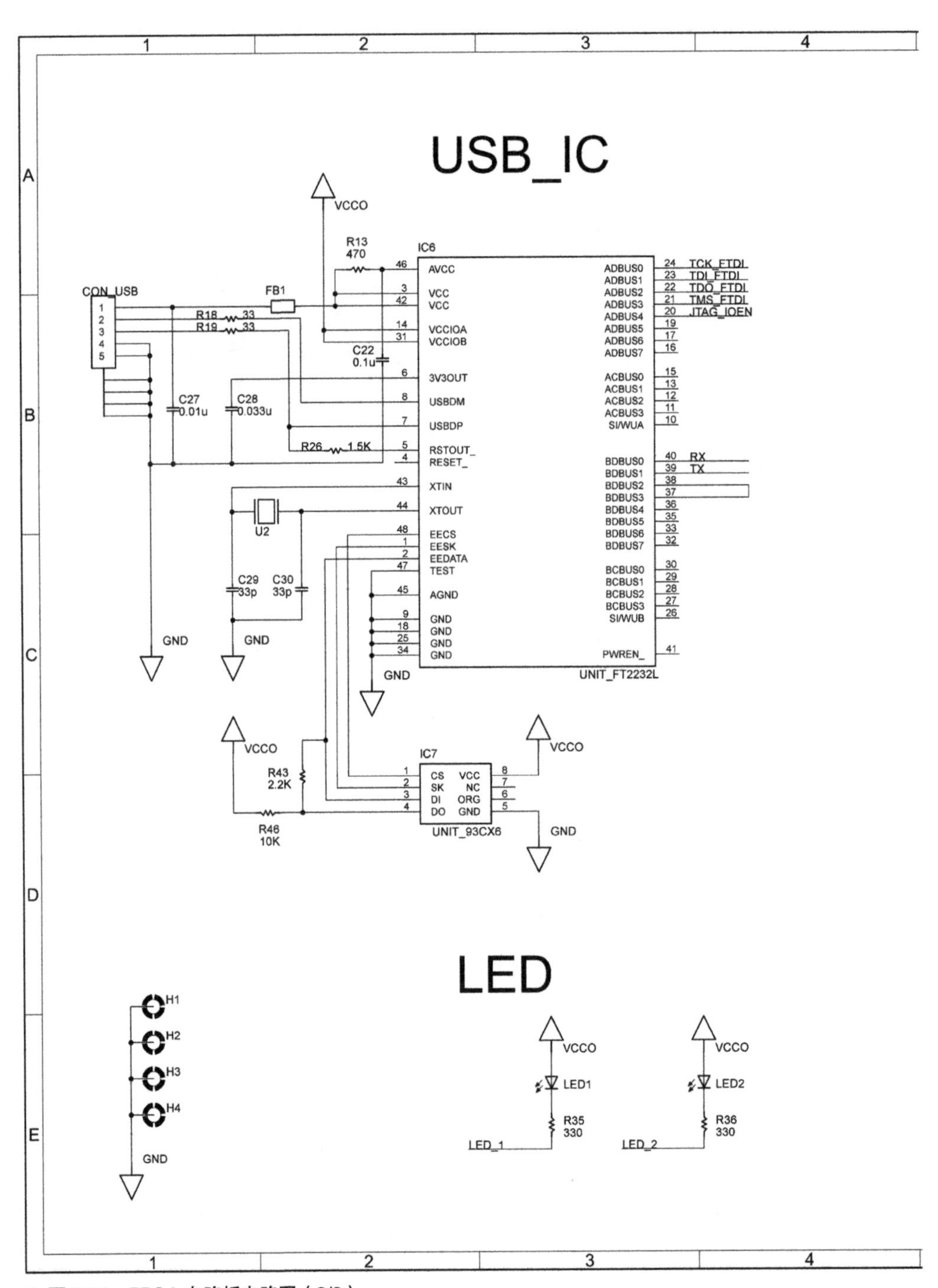

▲ 图 2-34　FPGA 电路板电路图（2/2）

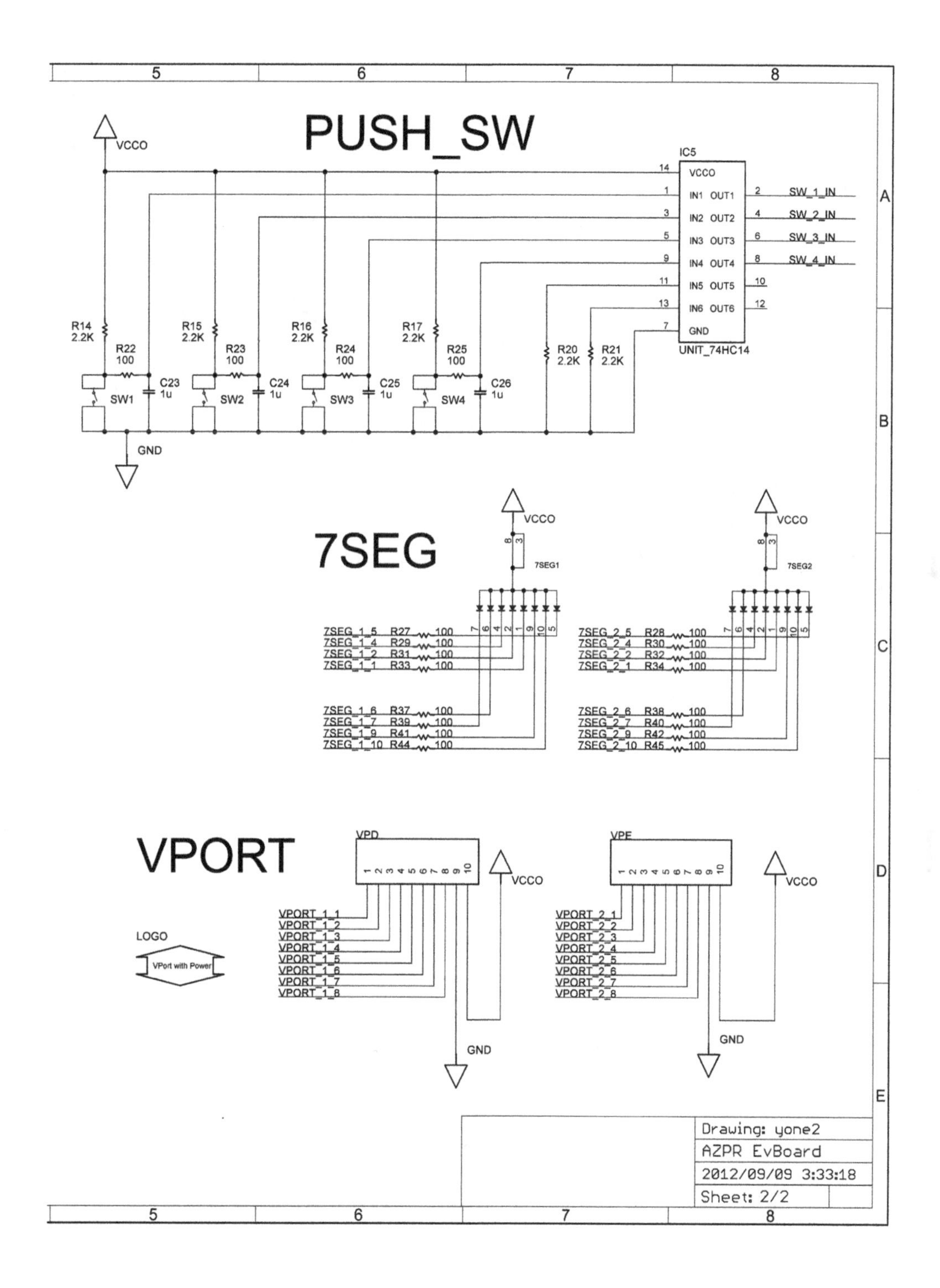

PUSH_SW
VCCO
IC5
VCCO
IN1 OUT1
IN2 OUT2
IN3 OUT3
IN4 OUT4
IN5 OUT5
IN6 OUT6
GND
UNIT_74HC14
SW_1_IN
SW_2_IN
SW_3_IN
SW_4_IN
R14 2.2K
R15 2.2K
R16 2.2K
R17 2.2K
R22 100
R23 100
R24 100
R25 100
C23 1u
C24 1u
C25 1u
C26 1u
SW1
SW2
SW3
SW4
R20 2.2K
R21 2.2K
GND
7SEG
7SEG1
7SEG2
7SEG_1_5 R27 100
7SEG_1_4 R29 100
7SEG_1_2 R31 100
7SEG_1_1 R33 100
7SEG_1_6 R37 100
7SEG_1_7 R39 100
7SEG_1_9 R41 100
7SEG_1_10 R44 100
7SEG_2_5 R28 100
7SEG_2_4 R30 100
7SEG_2_2 R32 100
7SEG_2_1 R34 100
7SEG_2_6 R38 100
7SEG_2_7 R40 100
7SEG_2_9 R42 100
7SEG_2_10 R45 100
VPORT
VPD
VPE
VPORT_1_1
VPORT_1_2
VPORT_1_3
VPORT_1_4
VPORT_1_5
VPORT_1_6
VPORT_1_7
VPORT_1_8
VPORT_2_1
VPORT_2_2
VPORT_2_3
VPORT_2_4
VPORT_2_5
VPORT_2_6
VPORT_2_7
VPORT_2_8
LOGO
VPort with Power
Drawing: yone2
AZPR EvBoard
2012/09/09 3:33:18
Sheet: 2/2

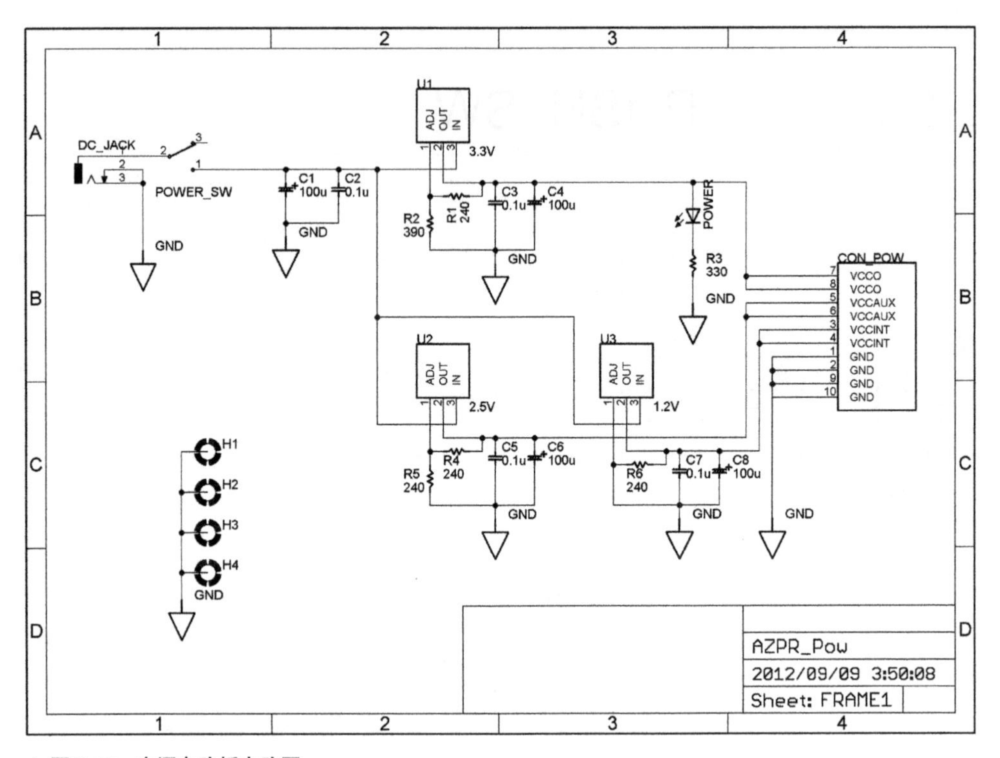

▲ 图 2-32　电源电路板电路图

2.5 布局设计

电路板的布局设计分为两个步骤，分别是元件的布局和元件之间的布线。元件的布局是指在电路板上确定各个元件安放的具体位置。元件之间的布线是指电路板上各个元件间配线的连接。在 Eagle 里，虽然可以使用自动布线工具 Auto，但自动布线难以胜任 AZPR EvBoard 这样布线密度较高的电路板，因此我们来手动布线。

AZPR EvBoard 包含两张电路板——FPGA 板和电源板，我们依次对这两张电路板进行布局。与电路设计章节的流程一样，Eagle 的操作将在 2.5.4 节统一进行说明。

2.5.1 电路板设计约束条件及布线策略

■正面与背面的功能分配

FPGA 板的元件集中安装在正面。信号线也基本上分布在正面。背面基本上仅布置电源线。因为电路板背面力求设计简单，因此 FPGA 板即使使用单层电路板也可完成。另外，FPGA 的电源、GND、信号、配置部分也需要布线。这些信号线布线时会产生交叉，因此将配置电路的一部分信号线安排在电路板背面。

因为电源板上全部使用双列直插式元件，所以选用只用背面的单面电路板。

■信号线的粗细

信号线的粗细、间距（Clearance）都是直接影响感光电路板制作难易度的参数。信号线的粗细由布线密度最大的 FPGA 来决定。

根据赛灵思公司的规格书，FPGA 引脚的粗细为 0.17～0.27mm，引脚中心之间的距离为 0.5mm。因此信号线的粗细大约为 0.5mm 的一半，也就是 0.25mm 左右。由于布线密度较高时，通过蚀刻去除铜膜会比较困难，因此信号线的粗细定为略细一些的 0.2mm 左右。如果委托电路板制作公司 OLIMEX（将在 2.9.5 节介绍）进行生产，信号线的粗细必须为 8mil（0.2032mm）以上。因此，我们将信号线粗细确定为 0.2032mm。电源线需要比信号线粗一些，我们将其定为 0.6mm。

■通孔

我们将通孔分布在 2.54mm（0.1inch）的网格上。这是为了与制作单层电路板时使用的 SUNHAYATO 公司的万用板的通孔一致。另外，为了降低使用感光板制作的难度，通孔上焊盘的直径要尽量大。但是，如果焊盘大到通孔之间无法走线的话，设计难度反而会加大，所以通孔外径定为 1.6mm。

用单面电路板制作 AZPR EvBoard 时不使用通孔，而使用镀锡铜线或者电容引脚等，在两面用焊锡焊接来连接正反面的布线。另外，如果在芯片等元件下方使用镀锡铜线连接，元件就无法安装，所以元件的下方不能安置通孔。关于信号线的粗细以及通孔孔径如图 2-35 所示。

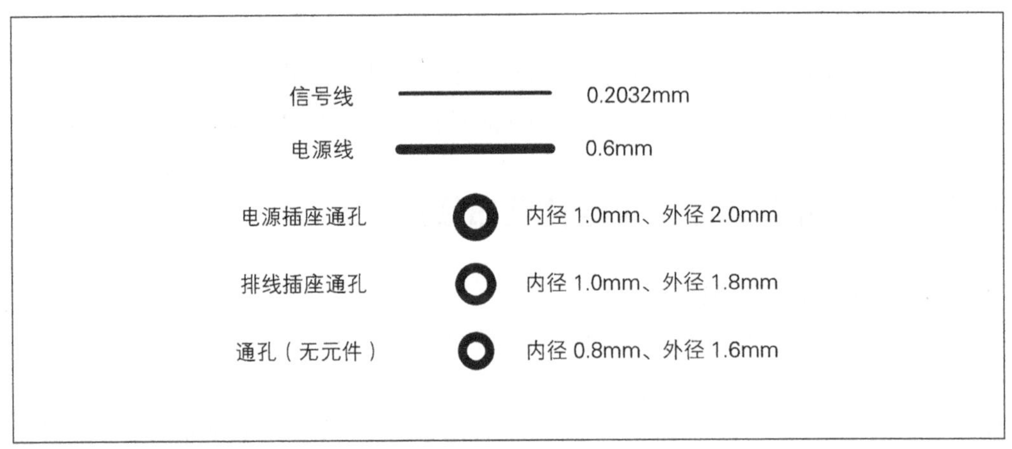

▲ 图 2-35　信号线粗细以及通孔孔径

2.5.2　FPGA 板的布局设计

■FPGA 部分

我们要为 FPGA 连接 1.2V、2.5V、3.3V 电源和 GND，还有来自 I/O 引脚的信号和 JTAG 的配置信号。因为电源布线基本在电路板背面，我们将电源、GND 还有配置部分连接到电路板 FPGA 附近的背面。关于电源部分，我们在 FPGA 周围制作一个电源环，电源都接到电源环上。电源环由内到外分别是 1.2V、2.5V、3.3V，最外侧为 GND。FPGA 的 GND 则先集中到电路板正面的 FPGA 内侧，然后在 FPGA 四角空余的地方引到外围，最后在适当的位置连接到背面。配置部分的 JTAG 信号线则安排在电路板背面的 FPGA 正下方。FPGA 和电源部分的布线如图 2-36 所示。

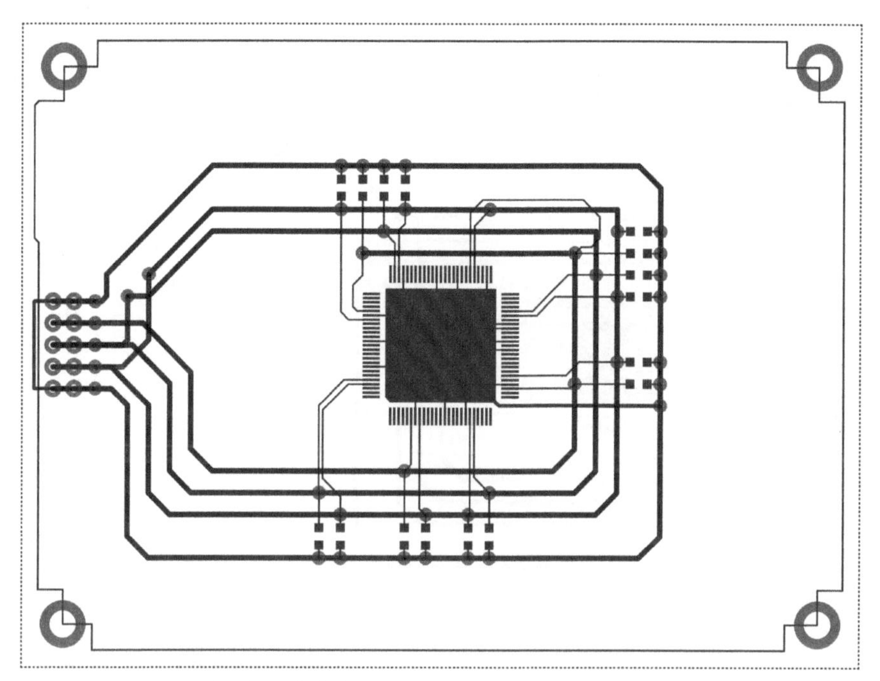

▲ 图 2-36 FPGA 和电源部分的布线

■配置电路、USB 接口芯片的布线

配置电路在电路板的背面布线，注意布线位置不要影响到电源环。电源环的末端在FPGA 的左上方，因此在此处放置配置 ROM，逻辑电压转换芯片和 USB 接口芯片也布置在这附近。USB 接口芯片作串口用时，信号需要直接连接 FPGA，因此布局位置也要在 FPGA 附近。因此，USB 接头放置在电路板的右上方。

另外，JTAG 的各个引脚一般是汇集到一处并接到插排上，AZPR EvBoard 的 JTAG 引脚则是零散分布在各个位置。使用时虽然有诸多不便，但是如果对 TCK、TMS 等引脚进行不必要的分支，会降低 JTAG 信号质量，因此采用了此种设计。我们会在电路板上印刷 JTAG 信号的标记。配置部分布线后的布局如图 2-37 所示。

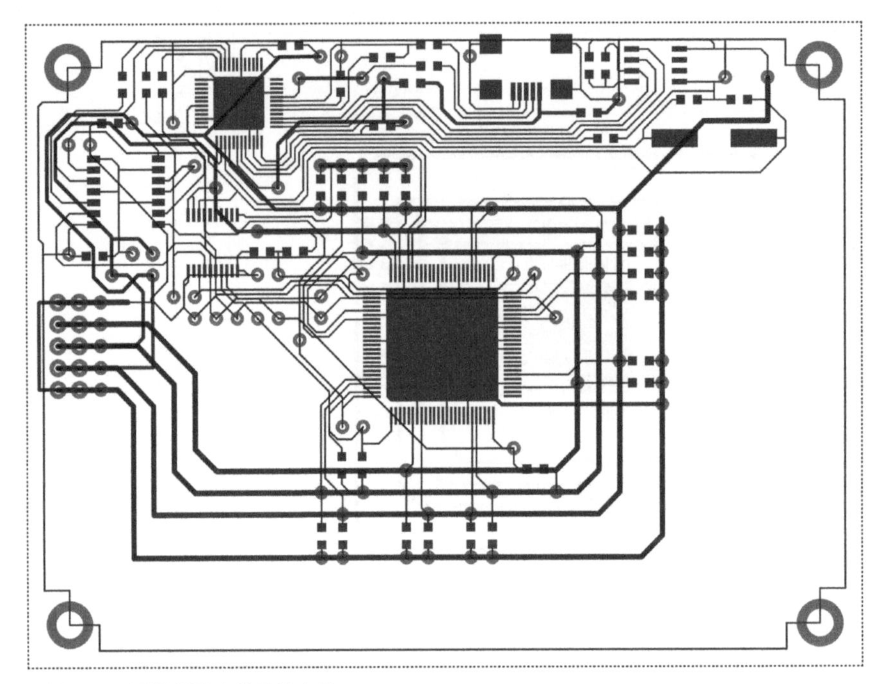

▲ 图 2-37　配置部分布线后的布局

■VPort 接头的布线

由于我们在电路板左侧放置电源插座，因此 VPort 接头放置在电路板的右侧。我们要放置两个 VPort 端口，总共 16 根信号线。由于需要连接的信号比较多，FPGA 右侧的 I/O 引脚不够连接所有信号。所以，我们将 FPGA 上侧引脚接到 VPort 的 1 号插排（VPD），右侧引脚接到 2 号插排（VPE）。

VPort 使用的插排属于双列直插元件，因此要在电路板的背面进行焊接，这样布线也必须都在背面进行。在布线过程中，我们通过通孔将信号线引到电路板背面。使用单面电路板的话，我们可以从背面插入插排，并在正面进行焊接。通孔到插座之间的布线，在正反面都是相同模式。VPort 布线后的布局如图 2-38 所示。

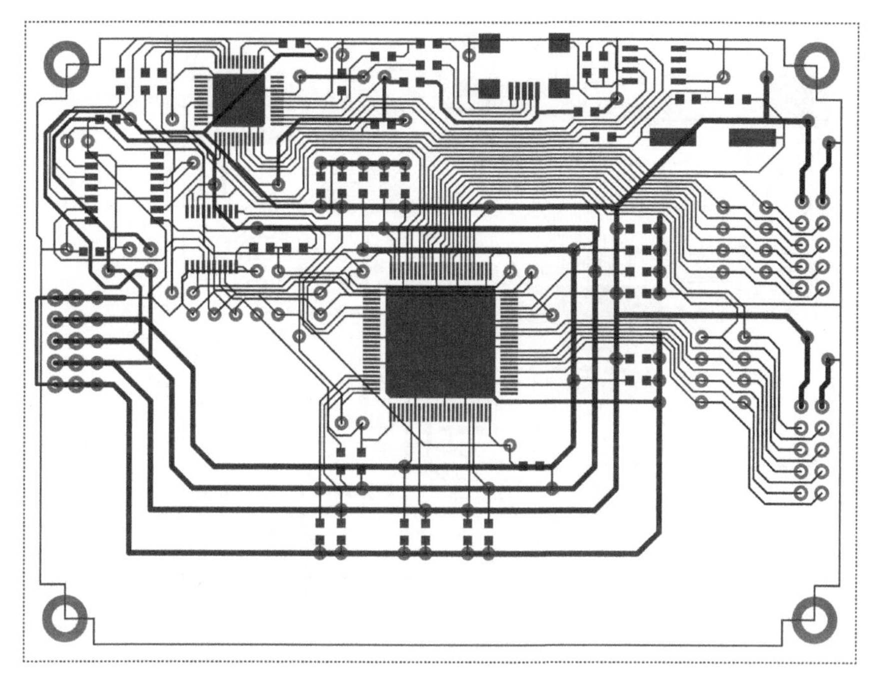

▲ 图 2-38 VPort 布线后的布局

■外围电路的布线

考虑使用上的方便，我们将开关布置在电路板的右下侧，在开关上方布置防抖电路，七段数码管布置在电路板左下侧。接到七段数码管上的电阻如果一线排开，需要占据大量的空间，因此这里使用交错布局方式。晶振、复位电路布置在电路板左侧，复位开关尽量布置在电路板的前方，LED 布置在 VPort（VPD）布线的间隙。开关布线后的布局如图 2-39 所示。

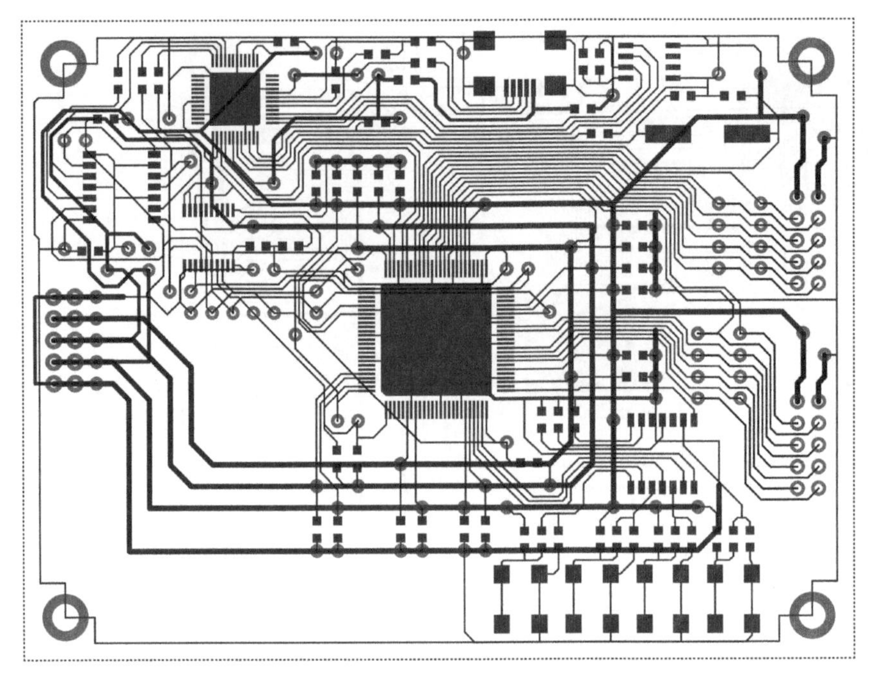

▲ 图 2-39　开关布线后的布局

2.5.3 电源板的布局设计

我们在本节进行电源板的布局设计。我们使用 SUNHAYATO 公司的带孔感光电路板 NZhP93K 制作 AZPR EvBoard 的电源电路板。NZhP93K 基板跟万能板一样有很多开孔，以这些开孔作为网格，布置元件。因为 Eagle 无法改变网格的原点，所以要将电路板轮廓位置相对原点进行偏移。X 轴偏移 2.03mm，Y 轴偏移 2.1mm。另外，在一张 NZhP93K 上可以制作两张电源电路板，制作后可以切开使用。图 2-40 为带孔感光电路板的开孔位置，图 2-41 为该开孔感光电路板的专用模板。

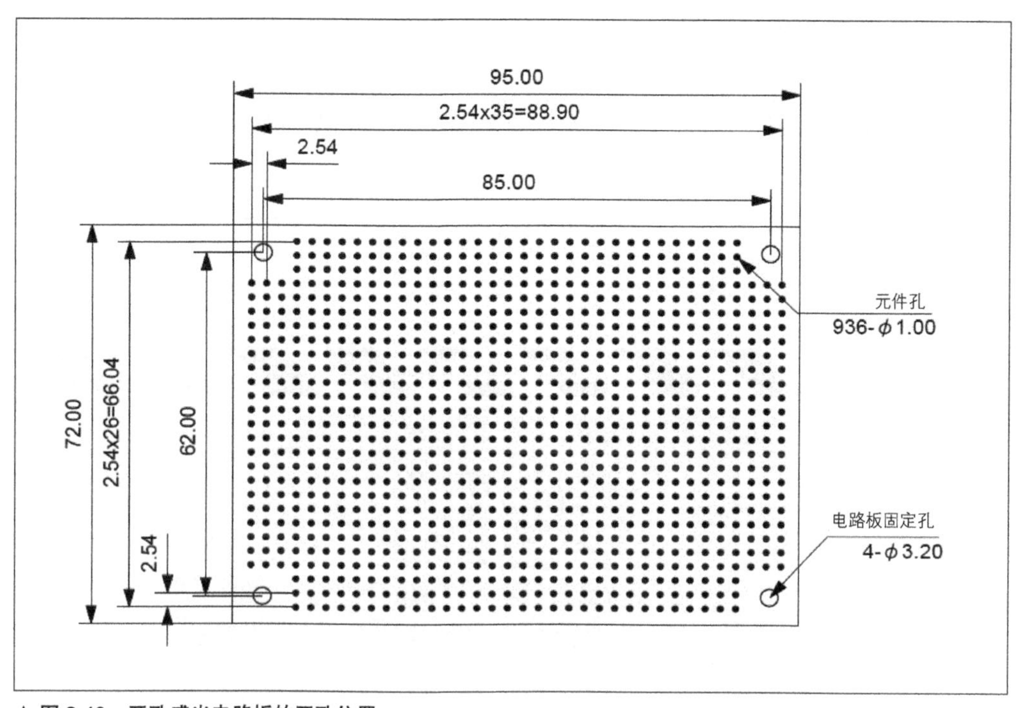

▲ 图 2-40　开孔感光电路板的开孔位置

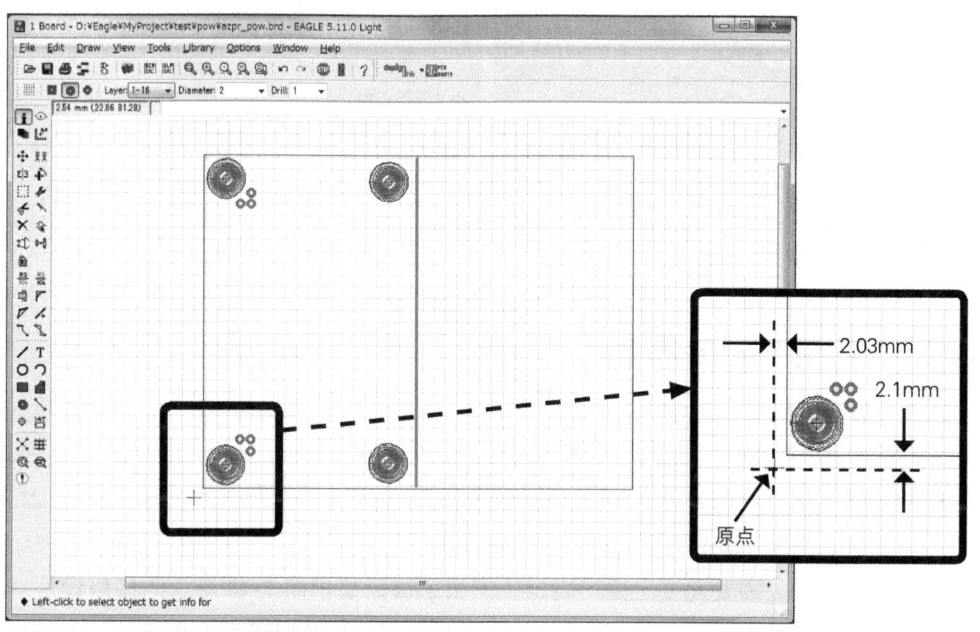

▲ 图 2-41　开孔感光电路板专用模板

我们在电路板背面进行布线。选用 2.0mm 粗的线，通过连接电路板上各个开孔的方式布线。

单面的布线结束后，将布线完整复制一份。此时，电路图和布局图将处于不一致状态。电源电路板的拼版图如图 2-42 所示。

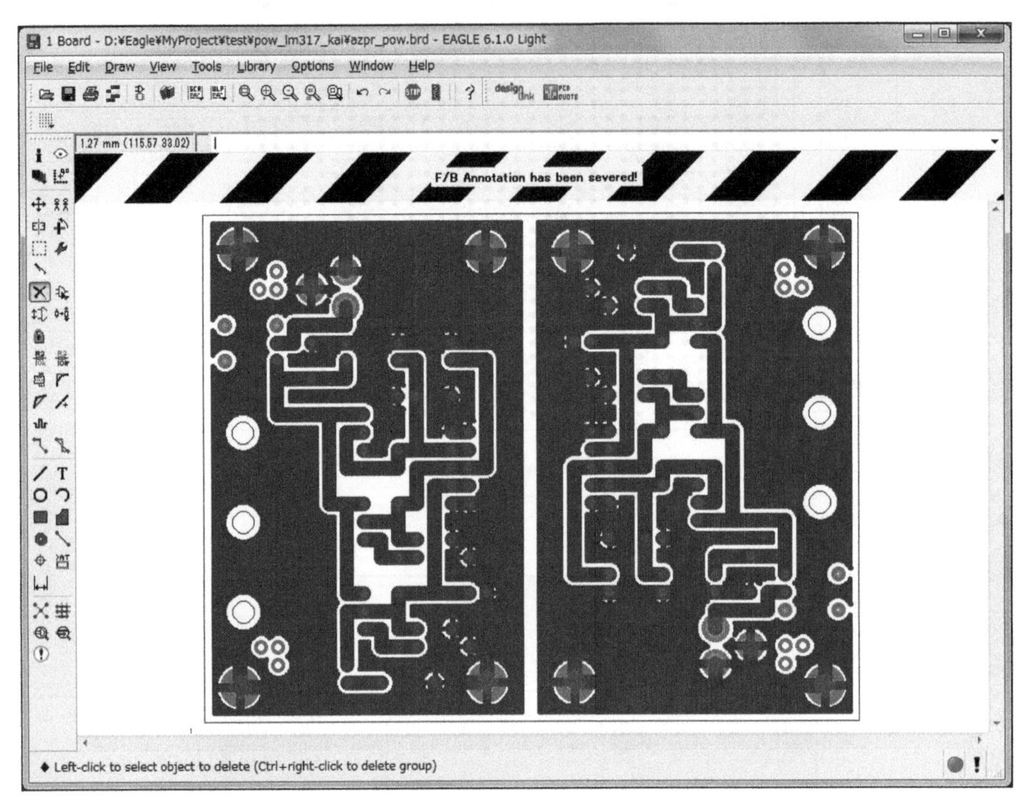

▲ 图 2-42　电源电路板的拼版图

2.5.4 使用 Eagle 布局

点击 Eagle 电路图编辑器工具栏的 按钮，可以启动布局编辑器。布局编辑器启动后画面如图 2-43 所示。其中，左侧列出电路图中的元件，右侧显示电路板的外形。电路板外形默认状态设定为 100mm × 80mm，首先需要改变电路板外形尺寸。点击 Info 按钮后，双击电路板外形的上边，进行设定更改。

为了进行布线，需要先变更栅格设定。点击 grid 后显示图 2-44 所示的栅格设定对话框。将 size 设定为 0.5mm 后点击 OK 按钮。因为 FPGA 引脚间距为 0.5mm，所以栅格间距也设为 0.5mm。

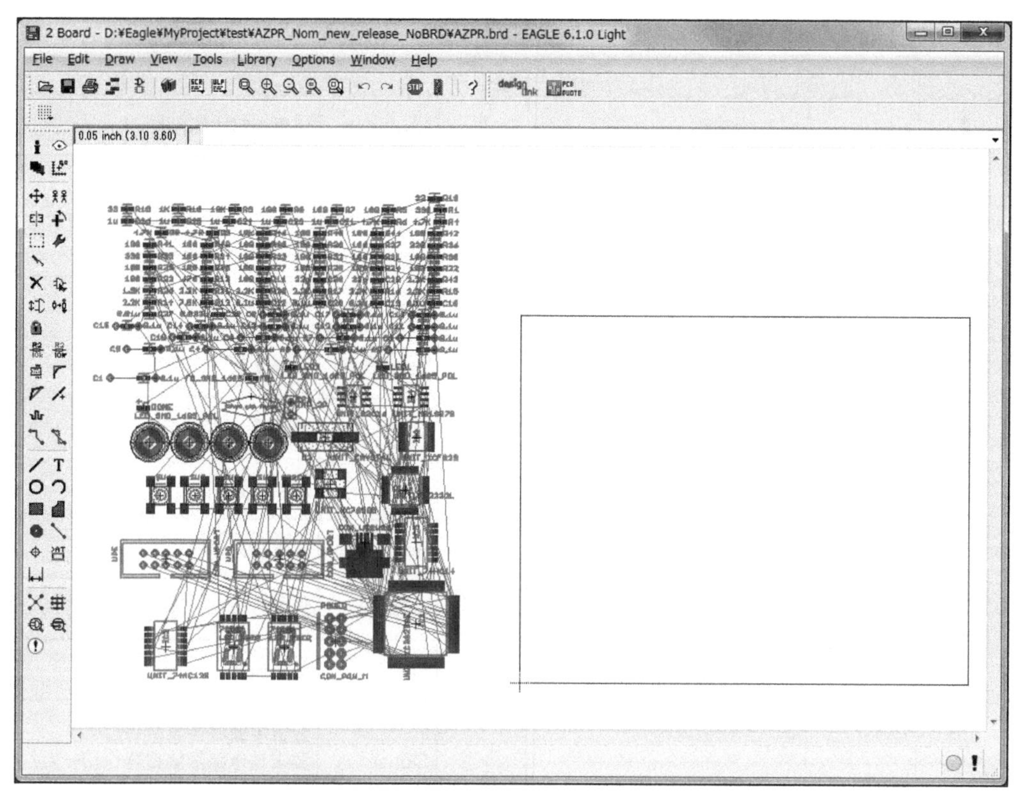

▲ 图 2-43　布局编辑器启动后画面

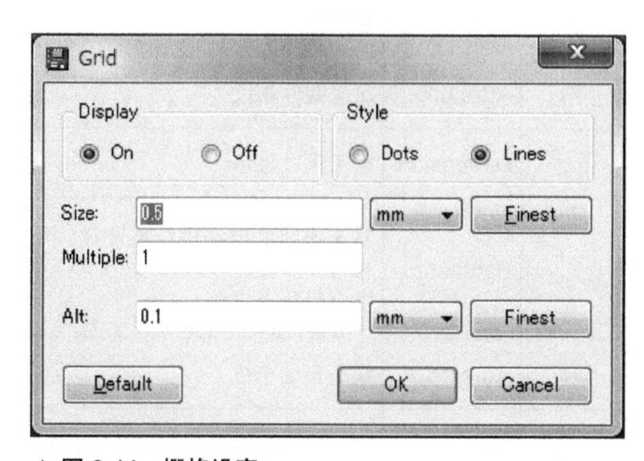

▲ 图 2-44　栅格设定

我们使用工具栏上的按钮操作来布局。工具栏上的按钮一览如表 2-12 所示。

▼ 表 2-12　Eagle 的布局编辑器的工具栏一览表

图标	命令	说明
	Info	显示对象属性
	Show	高亮显示对象
	Display	打开层的显示 / 隐藏设置对话框
	Mark	放置标记，显示相对坐标
	Move	移动对象
	Copy	复制对象
	Mirror	左右反转对象
	Rotate	旋转对象
	Group	定义组
	Change	更改对象属性
	Paste	插入剪贴板内容
	Delete	删除对象
	Add	添加对象
	Pinswap	互换连接在元件等价引脚上的网络
	Replace	将对象替换为库内其他元件
	Lock	锁定元件位置
	Name	定义对象名
	Value	定义对象值
	Smash	将模块的名称 / 值在画面上分离显示、放置在画面中
	Miter	圆滑连线拐角
	Split	分割连线 / 网络
	Optimize	连接同一直线上的电线
	Meander	使用蜿蜒线路代替
	Route	手动布线
	Ripup	将已布线电线重置为未布线状态
	Wire	连线
	Text	放置文本
	Circle	放置圆
	Arc	放置圆弧
	Rect	放置长方形
	Polygon	放置多边形
	Via	放置通孔
	Signal	放置手动布线的信号线 要求与电路图编辑器保持一致性时无效
	Hole	放置通孔
	Attribute	定义组件属性
	Dimension	放置尺寸显示
	Ratsnest	对未布线的电线进行再计算 / 再布线 填充显示多边形
	Auto	执行自动布线
	Erc	执行 ERC(Electrical Rule Check)
	Drc	执行 DRC(Design Rule Check)
	Errors	显示 ERC/DRC 发现的错误

■Display

该按钮用于切换画面上显示的层。布局设计中使用的层一览如表 2-13 所示。布局图上显示的内容会被如实制造出来，这点与电路图的设计不同，应加以注意。

▼ 表 2-13 布局设计中使用的层一览表

No	名称	说明
1	Top	正面信号层
16	Bottom	背面信号层
17	Pads	焊盘（通孔）
18	Vias	通孔
19	Unrouted	未布线电线
20	Dimension	包含电路板外形、安装用圆孔
21	tPlace	正面的丝印
22	bPlace	背面的丝印
23	tOrigins	正面元件原点
24	bOrigins	背面元件原点
25	tNames	正面组件名
26	bNames	背面组件名
27	tValues	正面组件值
28	bValues	背面组件值
29	tStop	正面阻焊膜
30	bStop	背面阻焊膜
37	tTest	正面测试、调整信息
38	bTest	背面测试、调整信息
39	tKeepout	正面禁止放置组件区域
40	bKeepout	背面禁止放置组件区域
41	tRestrict	正面禁止形成铜膜区域
42	bRestrict	背面禁止形成铜膜区域
43	vRestrict	禁止放置通孔区域
44	Drills	导通孔（焊盘和通孔）
45	Holes	非导通的过孔（孔）
46	Milling	CNC 铣削数据
47	Measures	尺寸
48	Document	备注等文本
49	Reference	参考标识
51	tDocu	正面丝印补充说明
52	bDocu	背面丝印补充说明
100	PosGuide	为 AZPR EvBoard 制作的层➡详细说明请参见 2.8.2 节
102	tPlace_et	为 AZPR EvBoard 制作的层➡详细说明请参见 2.8.2 节
116	drillImage	为 AZPR EvBoard 制作的层➡详细说明请参见 2.8.2 节

■ Ratsnest

未布线的连接初期显示为黄色线，这些线称为预拉线。如果所有连线全部显示，画面将会非常混乱。可以先将所有连线设置为隐藏，使用以下命令可以将全部的预拉线设置为隐藏状态。

```
ratsnest ! *
```

下面介绍让特定布线显示出来的方法。在 ratsnest 后输入希望显示的信号名称，可以显示任意预拉线。此时，信号名称中还可以使用通配符（*）。例如输入以下命令可以仅显示电源的预拉线（VCCO、VCCAUX、VCCINT）。

```
ratsnest VCC*
```

仅显示电源预拉线时的状态如图 2-45 所示。在此状态下，我们首先对 FPGA 和旁路电容进行布局布线。

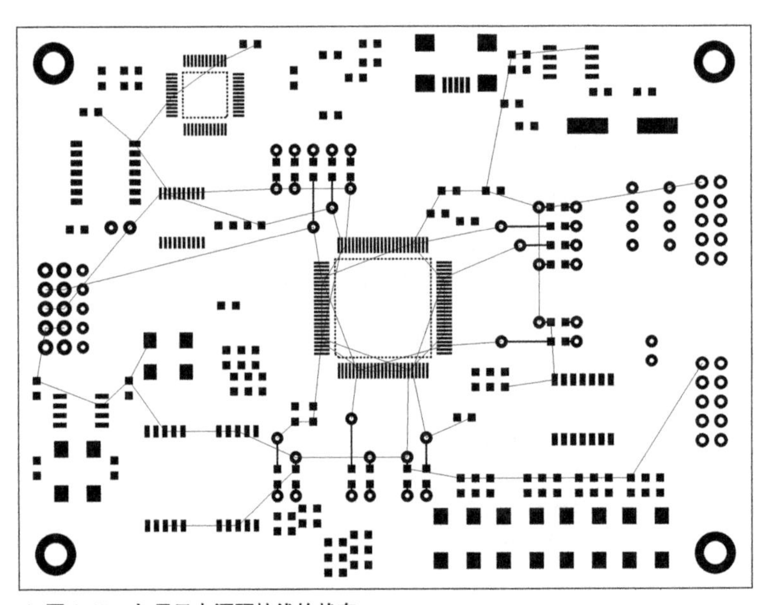

▲ 图 2-45　仅显示电源预拉线的状态

■ Move

移动元件时使用 Move 命令。在选择元件的同时按住 Ctrl 键，可以将元件布置到栅格上。另外在移动过程中点击鼠标滚轮可以将元件布置到背面。

■ Route

元件布局完成后，使用 Route 进行布线。左键点击显示有预拉线的引脚附近，便可以拉出引线。在此状态下通过移动鼠标，点击左键便可以固定引脚与点击地点之间的布线。多次转弯的布线，就是通过连接多个点来形成布线。

Route 一般都是通过点击显示有预拉线的部分进行布线。但是也可以点击 Route 按键的同时按住 Ctrl 键，来为不显示预拉线的部分布线。

■ Polygon

Polygon 是用实心图形填充电路板上未布线部分的命令。先选中电路板上需要使用实心图形进行填充的部分，再使用 Name 命令指定信号名便可完成填充。通过选择 Ratsnest，可以改变实心图形的显示形状。另外如果填充区域内有通孔，为了方便生成通孔还需要制作阻热区。该设定不在 Polygon 中，而是在 DRC 内进行设定。详细说明请参见 2.9.1 节。

2.5.5 完成的布局

所有布线都完成后的样式图如图 2-46~图 2-48 所示。

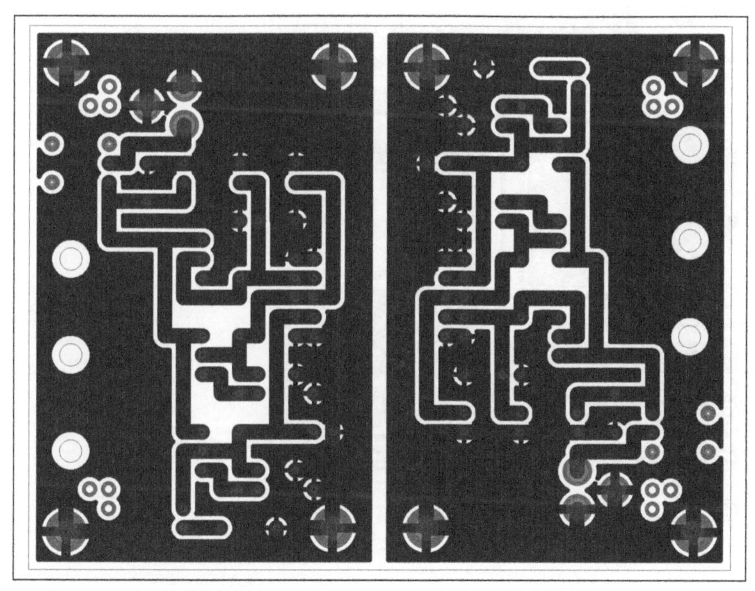

▲ 图 2-46 电源板的布局

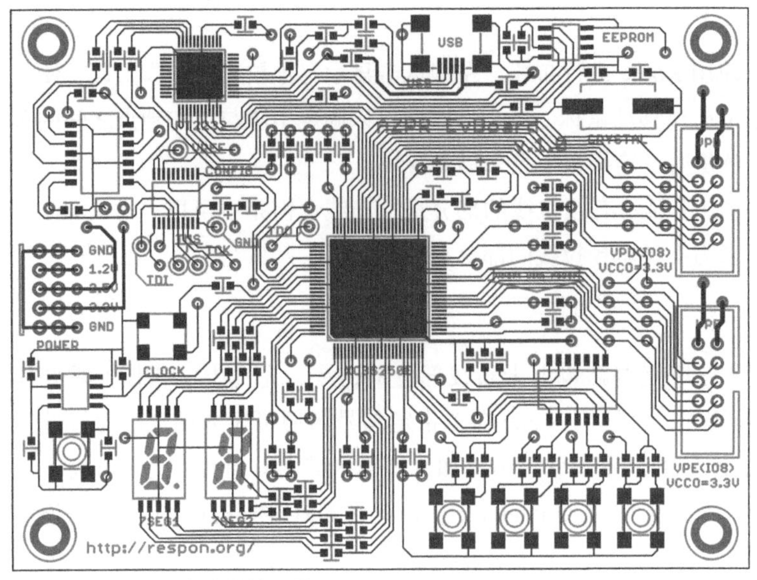

▲ 图 2-47　FPGA 板布局的正面

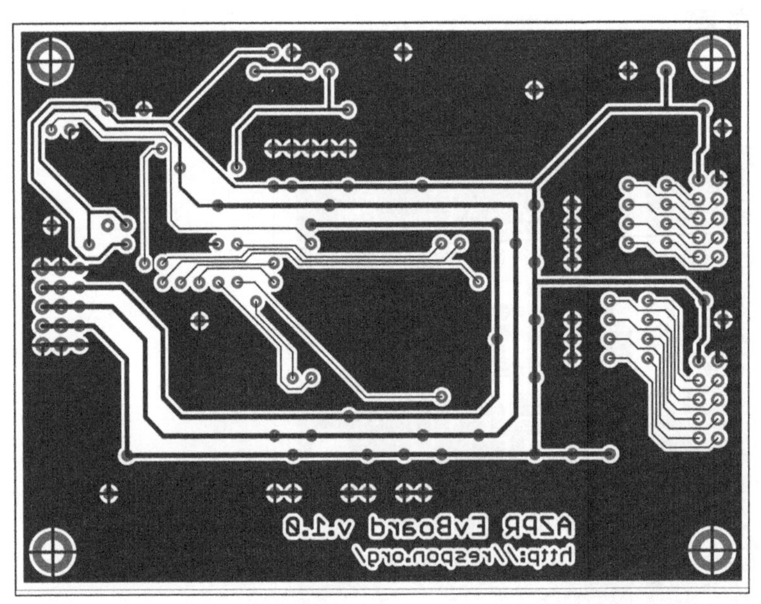

▲ 图 2-48　FPGA 板布局的背面

2.6 制作元件库

本节将对 Eagle 元件库的制作进行说明。电路图和布局图都需要使用元件库。我们需要为电路图制作元件符号，为布局图定义焊盘及其相对应的引脚编号。电源等部分元件，只在元件库中制作电路图。

1 个元件库由 3 部分构成：电路图中使用的电路符号 Symbol（符号）、布局时使用的焊盘 Package（封装）以及定义了 Symbol 与 Package 二者引脚对应关系的 Device（器件）。元件库的构造如图 2-49 所示。

首先需要制作元件库文件。从 Eagle 的控制面板选择 File → New → Library。将会出现一个只有工具栏的空白窗口。

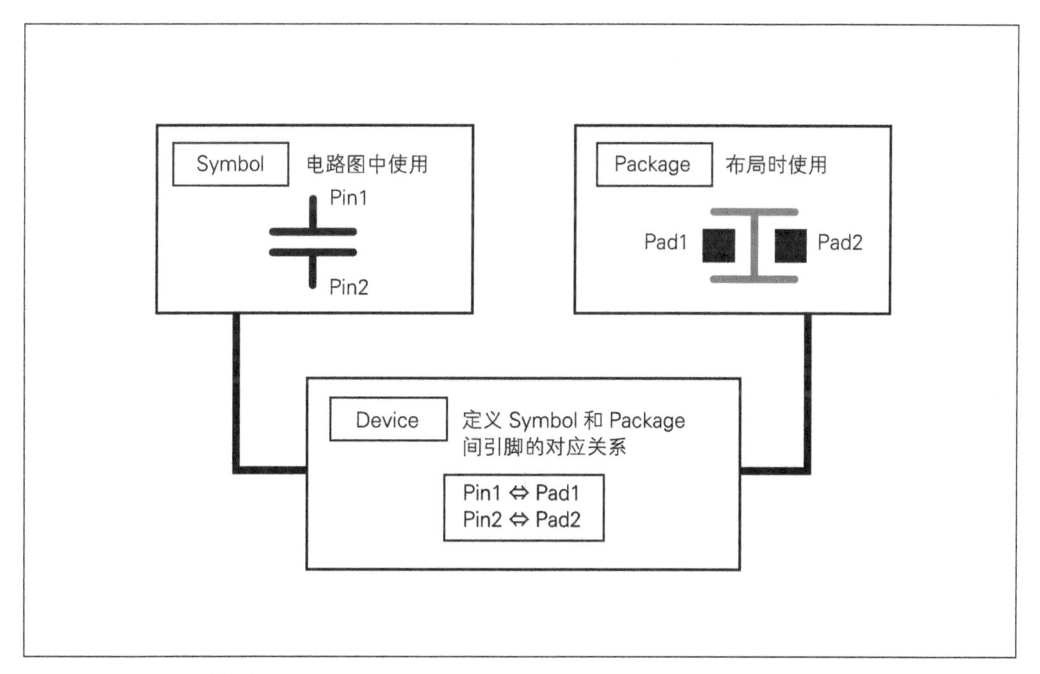

▲ 图 2-49 元件库的构造

2.6.1 制作 Symbol

点击工具栏上的 Symbol 按钮后，将会显示目前已有元件的一览表。初始状态时列表为空。在 New 栏内输入新元件名，点击 OK 按钮后将会切换到制作 Symbol 的窗口。

Symbol 由电路符号以及元件之间相互连接用的引脚构成。电路符号使用 Wire 进行绘制。绘制电阻的折线时，可将栅格调小再进行绘制。IC 等元件则使用方框工具便可。连接引脚使用 Pin 工具。连接 Pin 时，请注意将栅格设置为 0.1 英寸。这样在制作电路图时，不需要再调整栅格大小。

Pin 有一些可以设置的参数。Pin 的电气特性如表 2-14 所示，Pin 的显示类型如表 2-15 所示。

▼ 表 2-14 Symbol 中 Pin 的电气特性

引脚的种类	说明
NC	无连接
In	输入
Out	输出
I/O	输入输出（双向）
OC	集电极开路或者漏极开路
Pwr	电源输入引脚（Vcc、Gnd 等）
Pas	被动元件（电阻、电源等）
Hiz	高阻抗输出
Sup	一般电源引脚（用作电源、Gnd 的 Symbol）

▼ 表 2-15 Symbol 中 Pin 的显示类型

分类	功能	按钮	分类	功能	按钮
方向	0 度		长度	点	
	旋转 90 度			短	
	旋转 180 度			中	
	旋转 270 度			长	
功能	正常		显示	无	
	反转			Pad	
	时钟			Pin	
	反转时钟			Pad 和 Pin	

接着使用 Text 在电路图上标明名称和电阻值。元件的名称和阻值分别以 >NAME、>VALUE 的形式输入。这里以 > 开头的文本将在电路图上替换为输入的 Name、Value。另外请注意输入的层分别有规定。名称和阻值的层分别需要设定为 95 Name 层和 96 Value 层。有些元件并不需要显示值。例如 LED、开关等没有值，所以将 >VALUE 的内

容输入 97 Info，这样在电路图中可以将 97 Info 层单独设置为隐藏。电路元件（Symbol）的制作画面如图 2-50 所示。

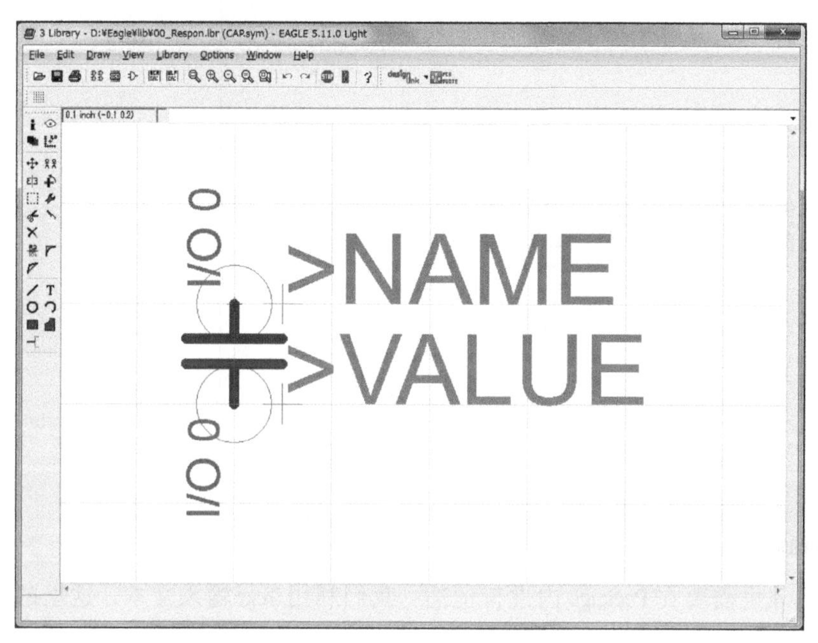

▲ 图 2-50　电路元件（Symbol）的制作画面

2.6.2　制作 Package

点击工具栏上的 Package 按钮，可以在弹出的对话框中选择制作新 Package。我们首先使用 Pad 和 Smd 两个工具，制作焊接元件的焊盘。

焊盘制作完成后，接着制作丝印。丝印用于在电路板上标示元件的位置、编号等，这些信息最终会被印刷在电路板上。我们在 21 tPlace 层利用 Wire 进行绘制。这里请遵守电路板制造公司的线宽设计规则。详细的设计规则将在 2.9.2 节进行说明。 Package 的制作画面如图 2-51 所示。

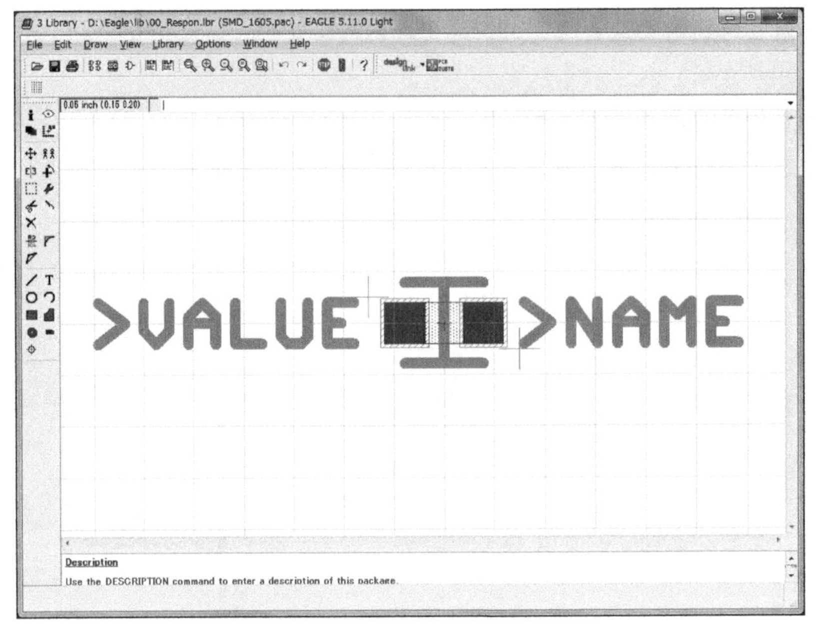

▲ 图 2-51　Package 的制作画面

元件名称、值等也需要在 Package 内进行记述。我们利用 Text 输入文本，这里的 >NAME 和 >VALUE 是会自动替换为元件名称、值的特殊文本。

使用 Text 进行记述时，名称和值分别置于 25 tName 层和 27 tValue 层。这里请注意，文字的粗细设定请遵循电路板制造公司的线宽设计规则。文字粗细由 Size × Ratio 属性决定。例如，Size 设定为 0.05 英寸、Ratio 设定为 20% 时，文字的粗细为 0.01 英寸（=10mil）。

2.6.3　制作 Device

将 Symbol 和 Package 结合后制作成 Device 后便完成了库的制作。

点击工具栏上的 Device 按钮，在弹出的对话框中选择制作新 Device。Device 为元件的 Symbol 和 Package 的结合，所以要在此加载设计好的 Symbol 和 Package。Symbol 通过 Add 加载。Package 则通过单击右下角的 New 按钮进行加载。各个加载完的元件将处于显示状态。在此状态下点击 Connect、对 Symbol 和 Package 之间的 Pin 进行对应。选择 Pin 和 Pad，然后通过点击 Connect 即可完成对应。所有 Pin 和 Pad 的对应关系确认完毕后，点击 OK 按钮。这样右下角的显示状态会从 ❗ 转变为 ✓ 。

点击 Description 可为 Device 添加说明。这里可以使用 HTML 语言。生成的说明文字将会显示在控制面板的右侧。点击 Prefix 按钮后可在元件前端添加前缀。例如，可以将电阻前缀设定为 R、电容前缀设定为 C 等。含有值属性的元件需要选中 Value 的复选框，例如电阻、电容等。Device 画面如图 2-52 所示。

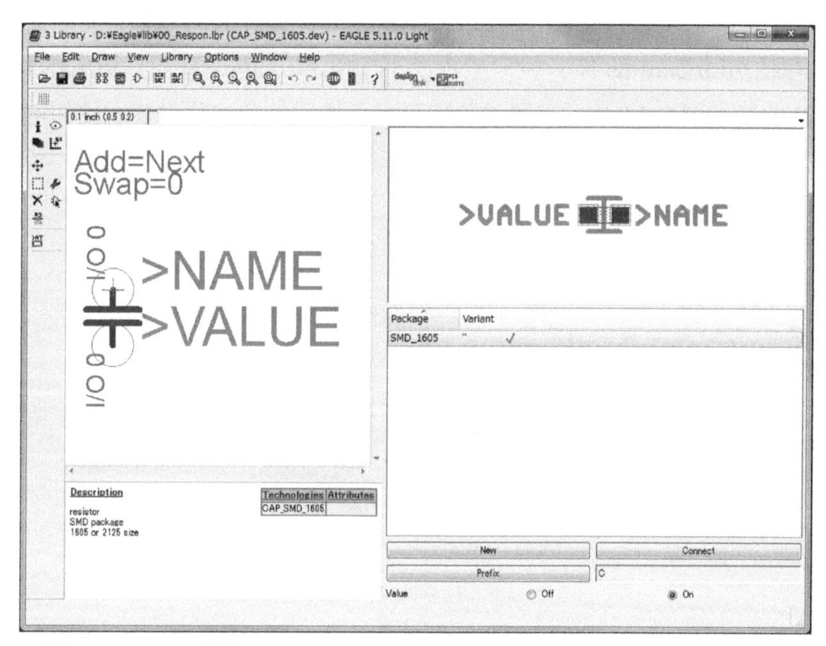

▲ 图 2-52 Device 画面

■贴片电阻、电容的 Package

贴片电阻、贴片电容有 2.0mm × 1.2mm 的 2012 封装和 1.6mm × 0.8mm 的 1608 封装两种。贴片电容的 Package 如图 2-53 所示。

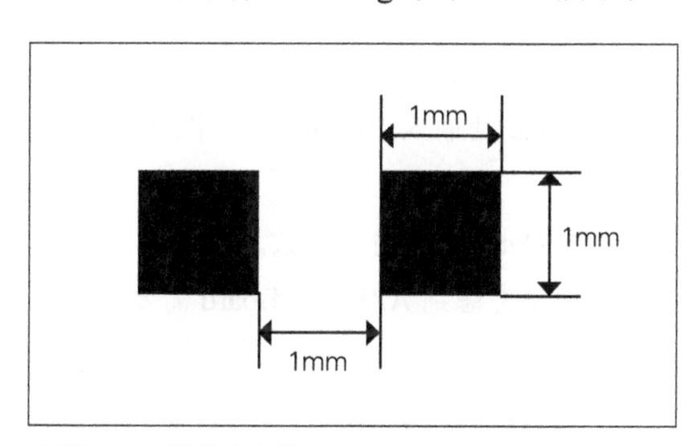

▲ 图 2-53 贴片电容的 Package

■FPGA 的旁路电容的 Package

在 AZPR EvBoard 上旁路电容的库形状比较特殊。为了在使用单面电路板时也可以使用带引线的双列直插电容，我们将其设计为贴片电容与通孔相连接的结构。

旁路电容库需在电源环上直线排列，根据电源电压不同，通孔间的位置也会随之变化。VCCO(3.3V) 使用 0.2mil 的库，VCCAUX(2.5V) 使用 0.3mil 的库，VCCINT（1.2V）使用 0.4mil 的库。图 2-54 是可以同时兼容双列直插元件和贴片封装元件的电容 Package。

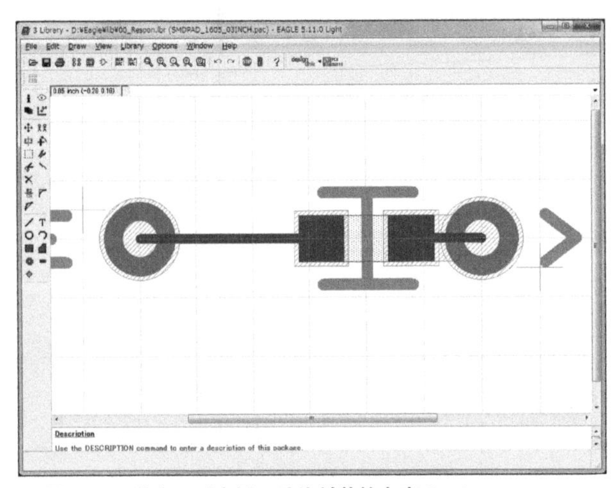

▲ 图 2-54　兼容双列直插、贴片封装的电容 Package

■QFP 元件的 Package

运行一个名为 make-symbol-device-package-bsdl.ulp 的 ULP 后，可以简化 QFP 等多引脚贴片封装的焊盘制作工作。

首先要在 DataSheet 查询引脚的信息。执行 ULP 后会显示图 2-55 所示的对话框。在 Make 标签内的 Symbol 处输入 Symbol 名、Package 处输入 Package 名。图 2-55 为显示 Make 标签的对话框。

接下来制作焊盘。切换到 Package 标签，参照 DataSheet 输入参数。这里的 w 值表示焊盘宽度。自动化量产时 w 一般不会取很宽，但是考虑到 AZPR EvBoard 需要手动组装，我们把这里的值设定为 1.3mm。

全部参数值输入完成后，点选最下方的 Accept parameter。请注意，输入中途点选的话，选中时刻的数值会被当作终值使用。Package 标签的对话框如图 2-56 所示。

▲ 图 2-55　QFP IC 库的制作 (1/3)

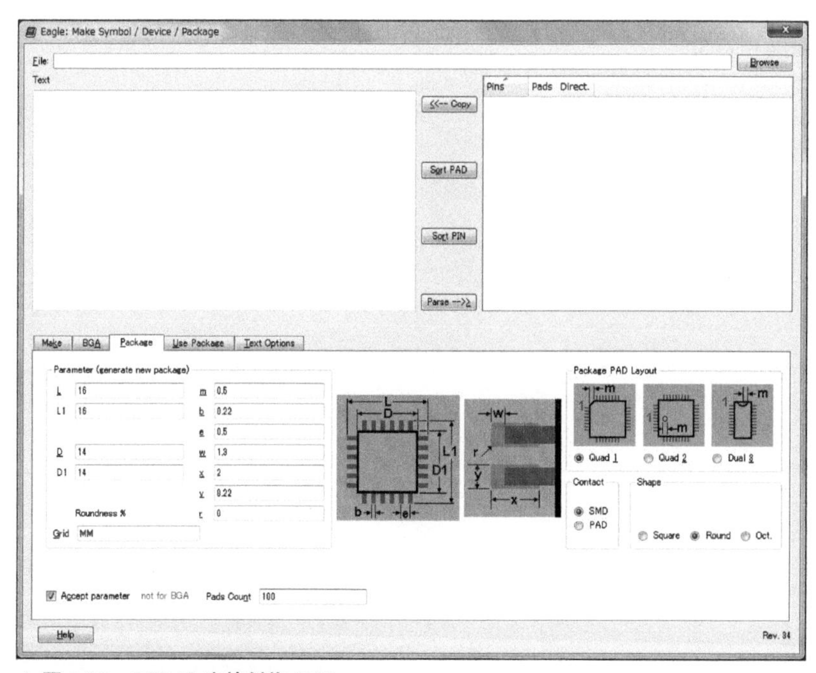

▲ 图 2-56　QFP IC 库的制作 (2/3)

然后返回 Make 标签，点击 OK 即会生成 QFP 的 Package。制作完成的 QFP 封装 Package 如图 2-57 所示。

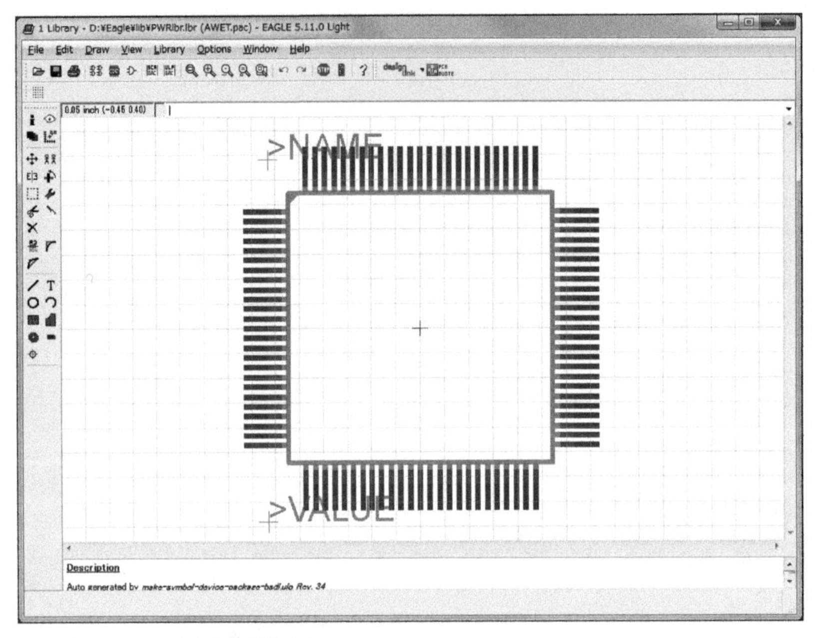

▲ 图 2-57　QFP IC 库的制作 (3/3)

2.7 电路板 3D 模型

本节，我们将为电路板制作一个 3D 展示模型。我们使用可以进行高品质的 3D 制图的免费 3D CAD 软件 SketchUp。通过制作 3D 模型，我们可以对成品电路板有个大致的印象。另外通过直观地观察，我们可以确认元件之间是否互相影响，是否便于焊接等问题。

2.7.1 软件使用说明

我们使用免费的 3D 制图 CAD 软件 SketchUp 来制作电路板 3D 模型。我们将 Eagle 制作的布局图用 Eagle's up 插件进行导出，然后再导入到 SketchUp。作业流程如图 2-58 所示。

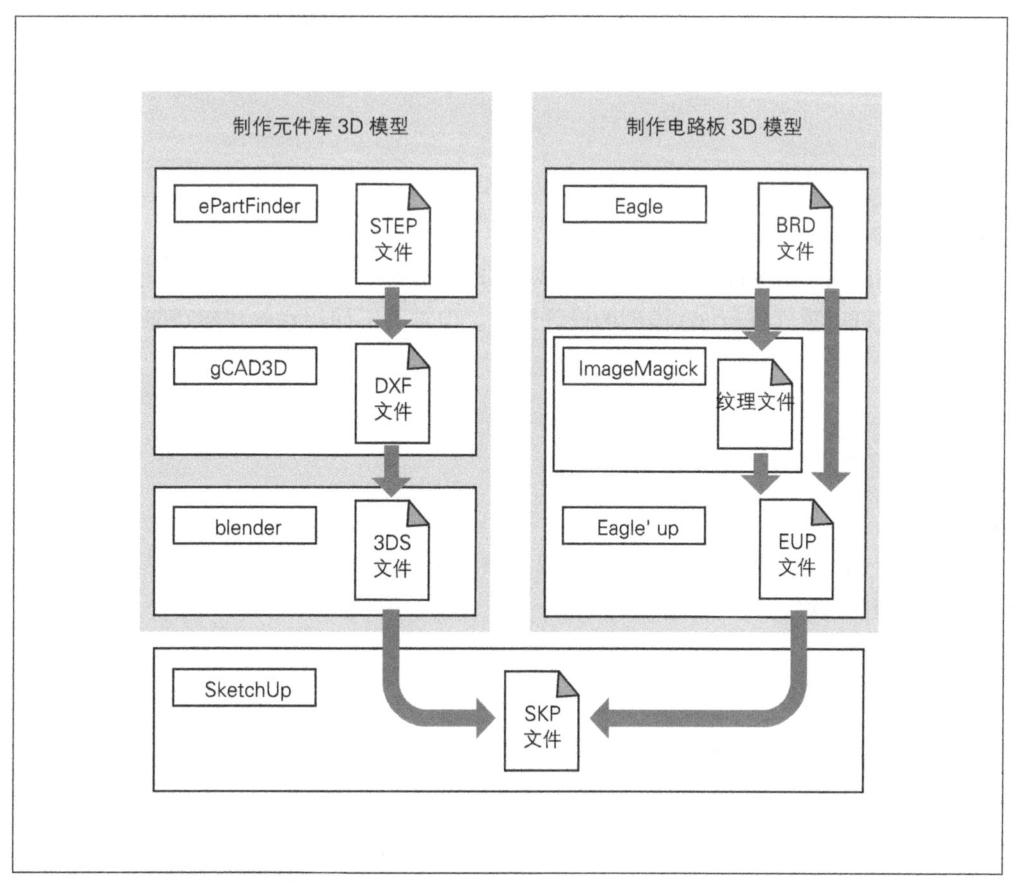

▲ 图 2-58 电路板 3D 模型制作流程

■Eagle's up

Eagle's up 是 Eagle 的 ULP 和 SketchUp 插件的软件包。它包含的 ULP 可以将 Eagle 的布局图转换为 EUP 中间文件，EUP 文件可以导入 SketchUp。Eagle's up 还包含 SketchUp 中导入 EUP 文件所需要的插件。Eagle's up 的网页 URL 如下所示。

Eagle's up

http://eagleup.wordpress.com/

另外，Eagle's up 的网页还介绍了使用 FreeCAD 和 MeshLab 对 3D 元件库进行转换的方法。虽然与本书使用的工具不同，但都可进行文件格式转换，用于制作电路板 3D 模型。

■SketchUp

SketchUp 是一款免费的 3D 建模 CAD 软件。该软件比较擅长直线型设计，常用于制作建筑 3D 模型，也适合工业设计。我们制作的 3D 模型最后可以用 SketchUp 打开查看。SketchUp 网页 URL 如下所示。

SketchUp

http://sketchup.google.com/intl/ja/

■gCAD3D

gCAD3D 用于将 STP 格式文件转换成 DXF 格式文件。虽然该软件本身就是一款 3D 建模工具，可以独立进行 3D 模型的设计制作。但本书不使用它的建模功能。该软件也是免费的。

gCAD3D

http://www.gcad3d.org/

■blender

blender 用于将 DXF 格式文件转换成 3DS 格式文件。与 gCAD3D 一样，它本身也是一款 3D 建模软件。

blender

http://blender.jp/

■ImageMagick

ImageMagick 是用于图像处理的程序。ImageMagick 可以通过 Eagle's Up 的 SketchUp 插件调用使用。ImageMagick 的网页 URL 如下所示。

ImageMagick

http://www.imagemagick.org/

2.7.2 准备 3D 模型库

为了制作电路板的 3D 模型，首先要制作元件的 3D 模型库。为了可以在 SketchUp 中使用，3D 模型库需要转换成 SKP 形式。完成该过程需要使用多个工具。

■获取和转换 STEP 文件

我们可以从图研公司运营的网站 ePartFinder 下载电子元件的 3D 模型。使用 ePartFinder，首先需要进行用户登录。该网站可以通过分类、引脚数、间距等进行检索。从该网站下载的 STP 文件可以通过 gCAD3D、blender 转换后导入 SketchUp 使用。另外，该网站中的模型库特定为面向企业，因此业余使用的元件（如大型插座等）有可能无法找到。ePartFinder 的 URL 如下所示。

ePartFinder

http://www.epartfinder.ne.jp/en/

接下来，我们用实例说明从 ePartFinder 下载 FPGA 模型库的方法。ePartFinder 网页如图 2-59 所示。登录 ePartFinder 后，在 Category/manufacturer（分类和厂商）中，Large category（大类）选 IC ；Small category（小类）选 Not specify（未指定）；Manufacturer（厂商）选 Xilinx ；Number of pins（引脚数）选 100；Pitch（间距）选 0.5。按以上条件检索后，会出现多个候选项，IC 的封装一样的话就可以通用。确认引脚数和间距后下载。解压下载文件，会看到 STP 格式文件。该文件需要转换成 SketchUp 可以使用的形式。

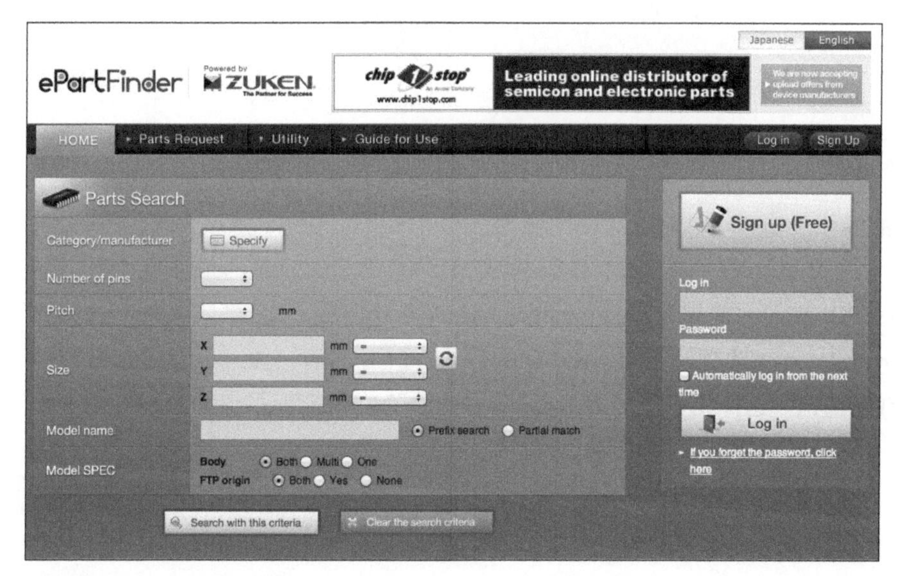

▲ 图 2-59 ePartFinder 网页

■gCAD3D 的操作

首先，用 gCAD3D 将 STP 文件转换成 DXF 格式。点击菜单栏的 File → Open Model，打开 STP 格式文件。打开文件后，点击工具栏的 File → save Model as → DXF，保存为 DXF 形式文件。gCAD3D 操作画面如图 2-60 所示。

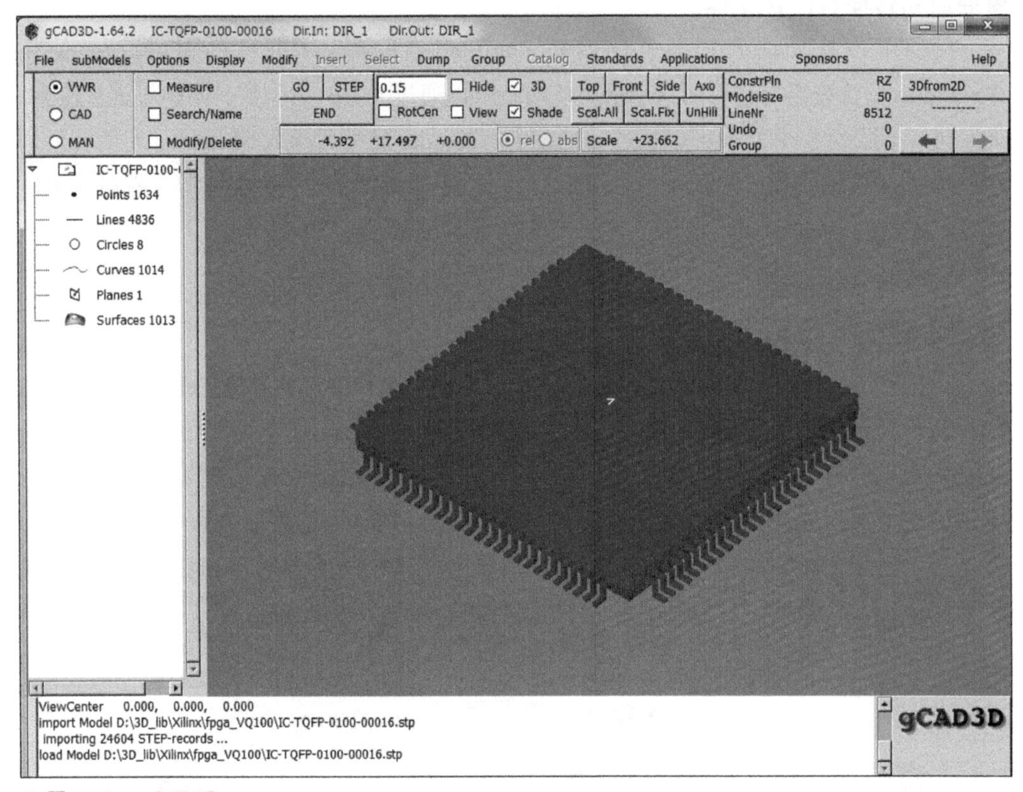

▲图 2-60　gCAD3D

■blender 的操作

接下来，使用 blender 将 DXF 文件转换成 3DS 格式。blender 的最新版本默认状态无法导入 DXF 文件，首先要设定 blender，让其可以加载 DXF 格式文件。选择左上方的 user preference 选项，选中 Add-Ons → Import-Export → Import Autocad DXF Format(.dxf) 复选框。这样便可以导入 DXF 格式文件了。blender 的设定画面如图 2-61 所示。

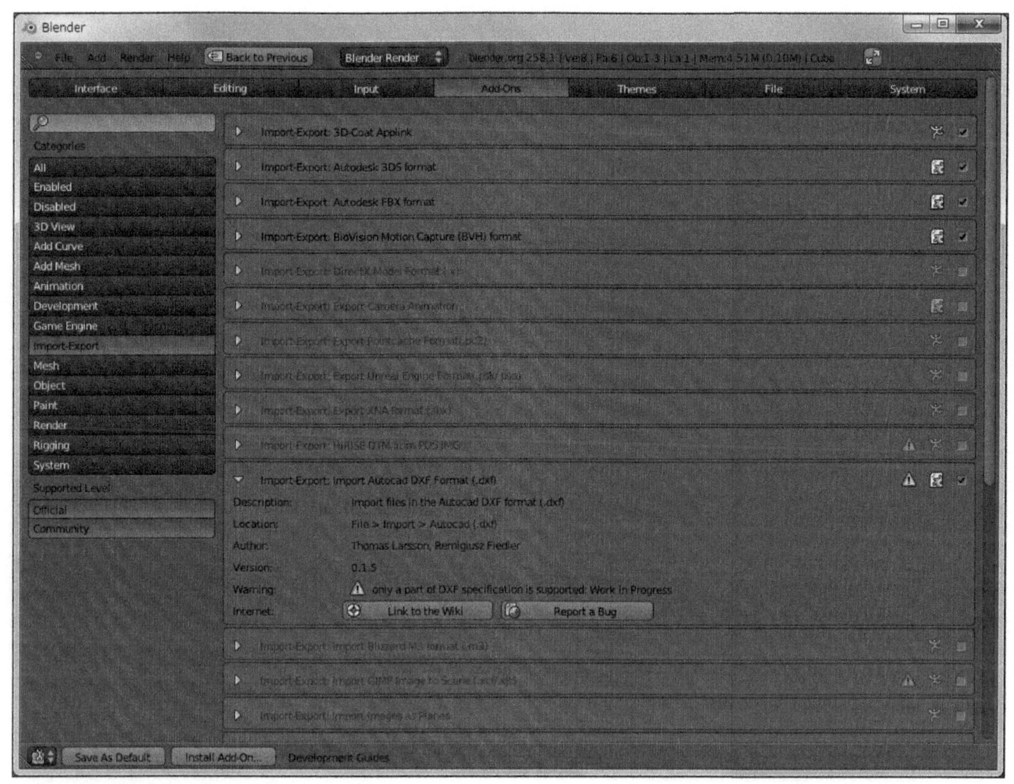

▲ 图 2-61　blender 的设定

点击菜单栏 File → Import → Autocad(.dxf)，打开 DXF 格式文件。打开文件后，点击菜单栏 File → Export → 3D Studio(.3ds) 按钮，保存为 3DS 形式。blender 操作画面如图 2-62 所示。

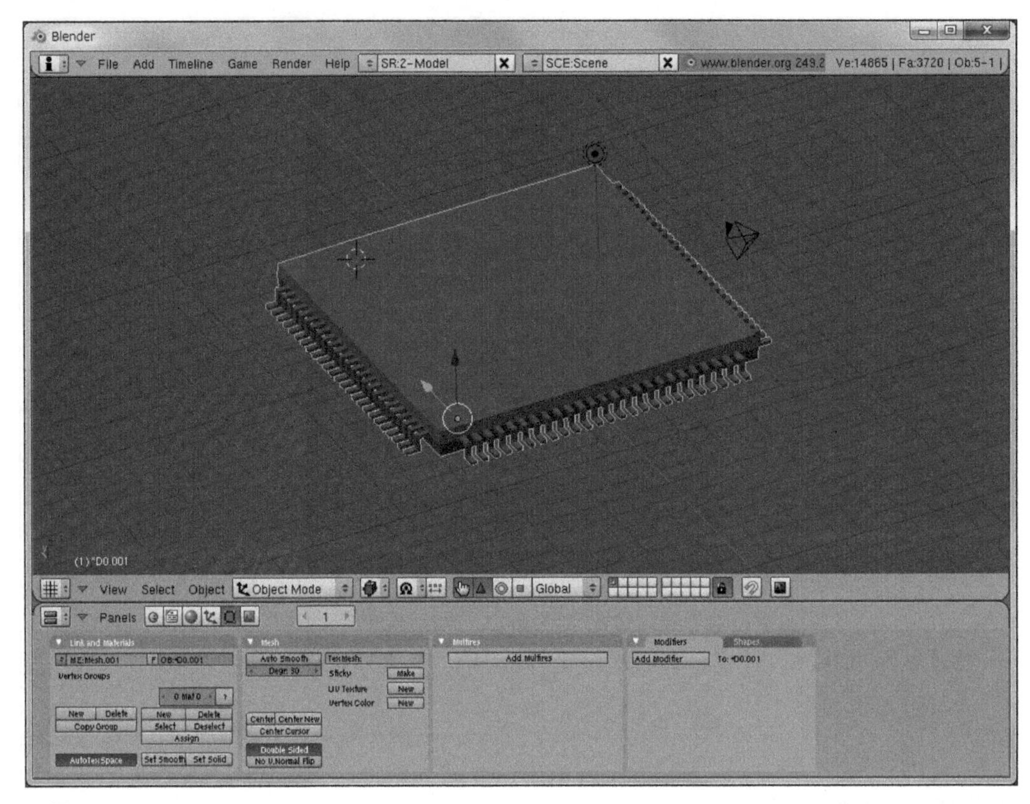

▲ 图 2-62　blender

■SketchUp 的操作

接下来，使用 SketchUp 将 3DS 格式文件转换成 SKP 文件。从工具栏选择 File → Import → *.3ds，打开 3DS 格式文件。SketchUp 的操作画面如图 2-63 所示。

此时，如果不选中合并共面平面选项，四角形将会被全部分割成三角形面。因此，基本上选中此选项时，转换效果较好的可能性较大。无法合并时可以两者都试一试。

另外，导入时有些面可能会出现缺损。出现这种情况时，需要使用长方形工具等自行进行平面的修复。即便如此，也有可能还会有无法很好粘合的面或者生成没有着色的面的情况。实际上，显示电路板整体图时，无法细致地显示每个部位，因此无需太过在意。SketchUp 的导入选项对话框如图 2-64 所示。

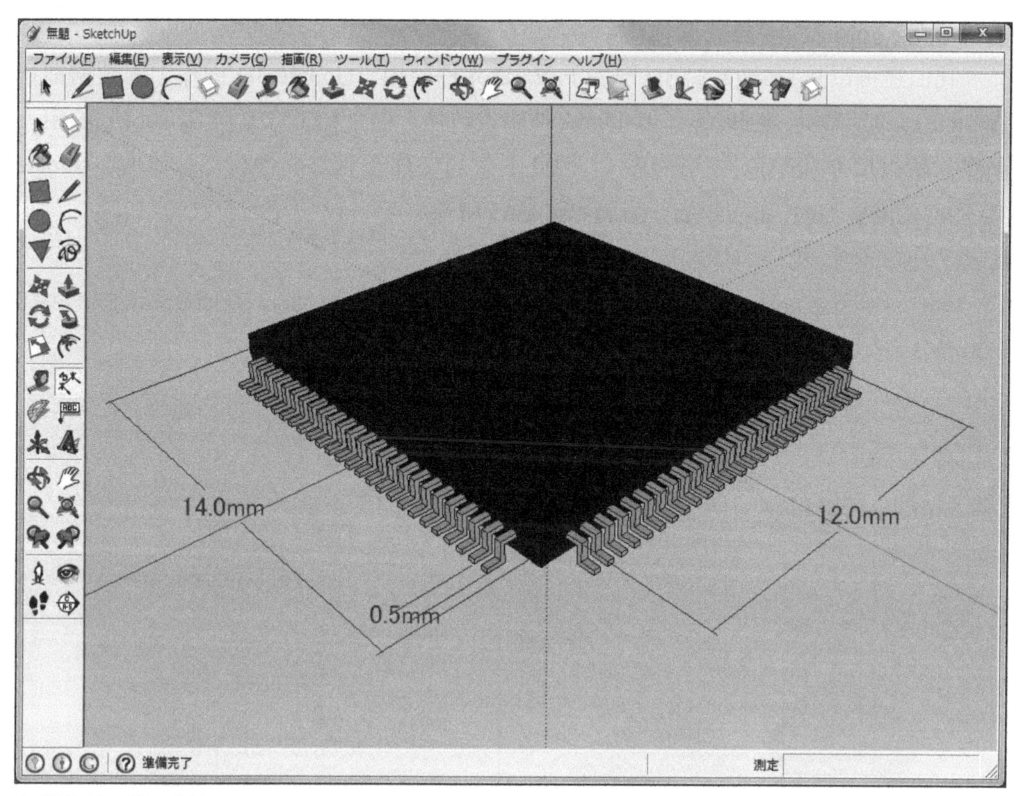

▲ 图 2-63　SketchUp

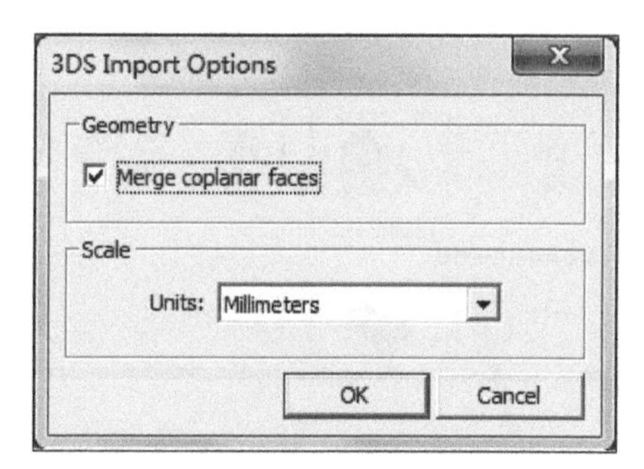

▲ 图 2-64　SketchUp 的 3DS 导入选项

3D 部件导入 SketchUp 后即成为 SketchUp 的库，可以进行尺寸变更、坐标轴调整、着色等。尺寸调整通过选中全体后进行扩大、缩小。关于轴，Eagle 库的原点即为 SketchUp 原点。另外，X 轴（红色轴）的+方向向上。请参照 Eagle 库进行调整。

■通过 Google 3D 图库获取模型

我们还可以从 Google 的 3D 图库下载 3D 元件使用。Google 3D 图库上的数据都是以 SKP 形式发布的，所以不需要进行文件格式转换。但是模型都是由 SketchUp 的用户制作，所以尺寸和配色往往不统一。因此下载的文件有时需要进行部分修改。Google 3D 图库的网页 URL 如下所示，画面如图 2-65 所示。

Google 3D 图库

http://sketchup.google.com/3dwarehouse/details?mid=af4c11890cce3d899c84f296dd29cb67&prevstart=0

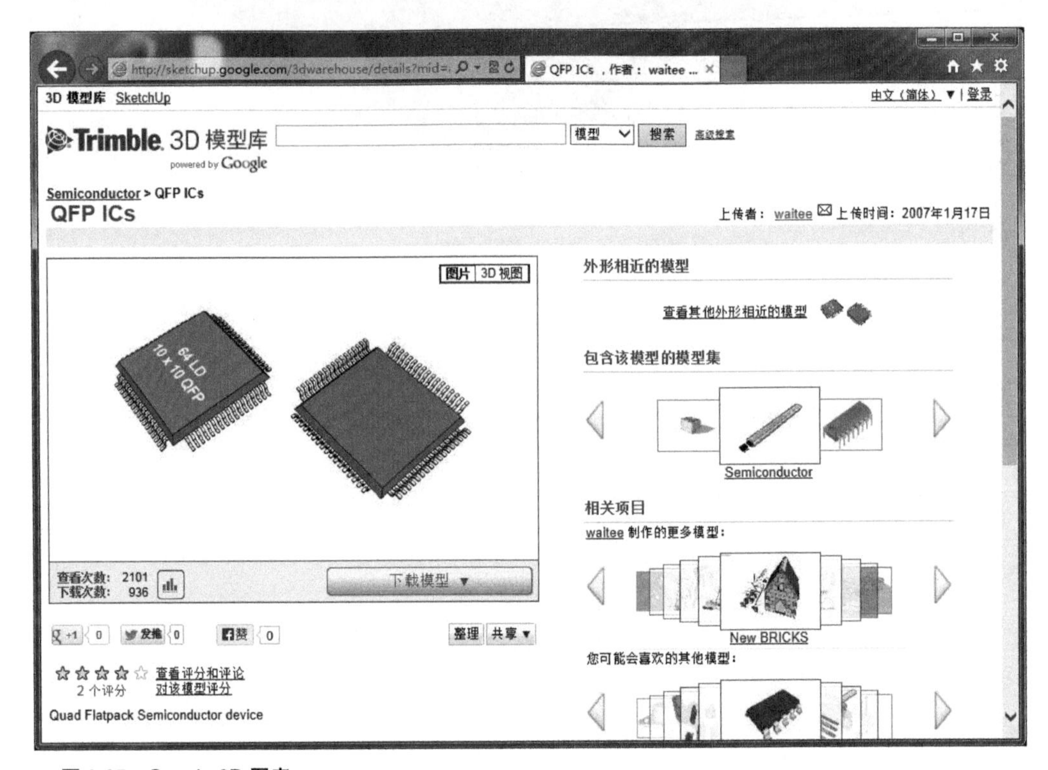

▲ 图 2-65　Google 3D 图库

■使用 SketchUp 自行制作

我们也可以用 SketchUp 自行制作模型库，本书不作详细说明。例如可以制作如图 2-66 所示的按键开关。保存为 SKP 文件后，便可作为 3D 元件模型使用。

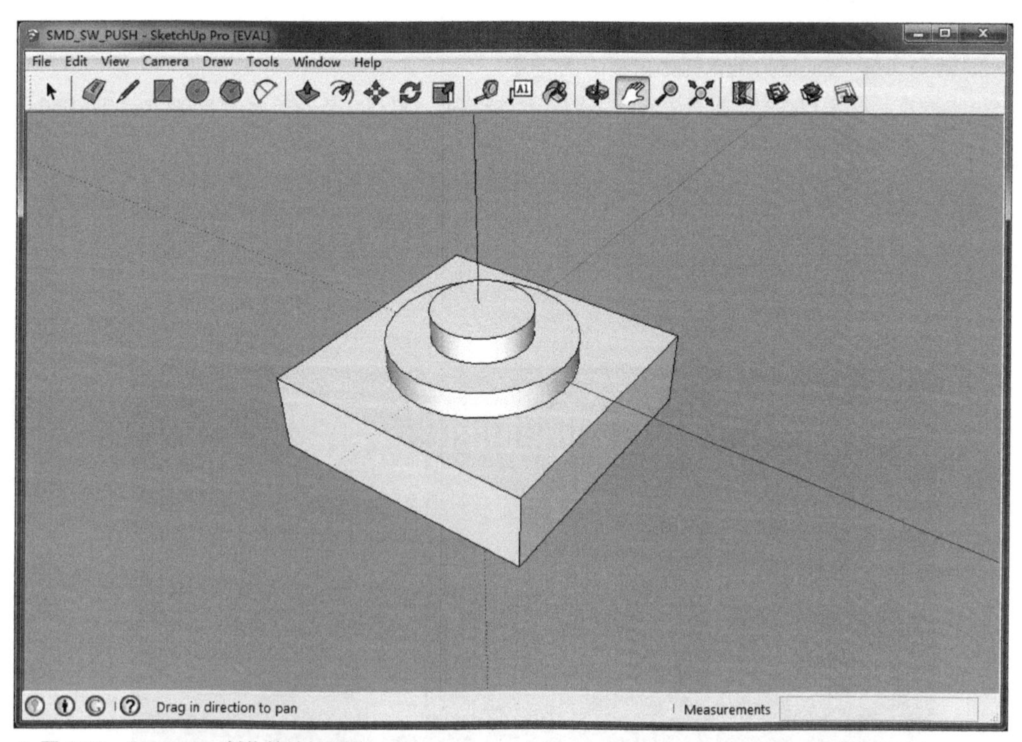

▲ 图 2-66 SketchUp 制作的按键开关

专栏

关于 3D 模型库的管理

制作完成的 3D 模型库要参照 Eagle 的元件库的库名和原点位置、朝向进行布局。如果 Eagle 库的原点、朝向与 3D 库的原点、朝向不同时无法正确布局。Eagle 库的向上方向是 3D 库的 X 轴。Eagle 库的示例如图 2-67 所示。

另外，更改 Eagle 上的封装名时，例如将 sample_old.pac 封装名改为 sample_new.pac 时，需要通过命令窗口执行以下命令。

```
rename sample_old.pac sample_new.pac
```

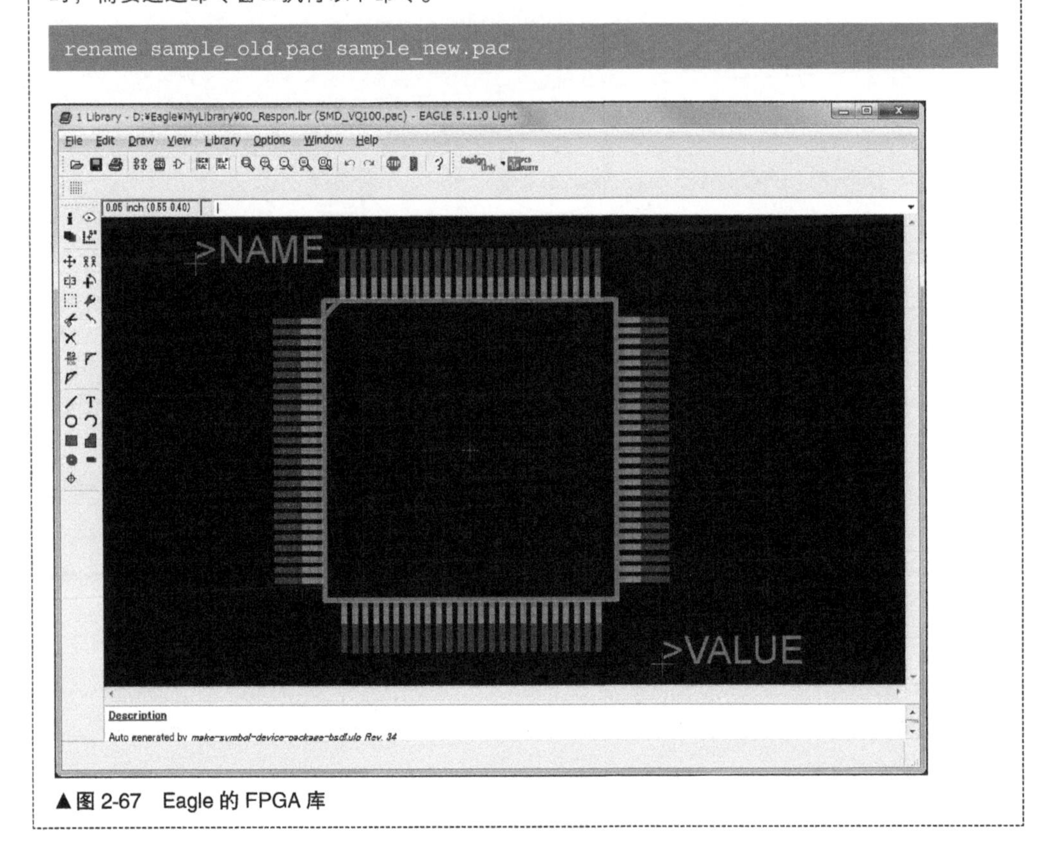

▲图 2-67　Eagle 的 FPGA 库

2.7.3 制作电路板模型

制作电路板 3D 模型时，要将元件的布局信息、外形图等从 Eagle 导出，然后读入 SketchUp 中。我们首先对 Eagle 的操作进行说明。在 Eagle 布局编辑画面打开的状态下，点击工具栏的 SCR，执行 Eagle_up_export.scr。将会在现在打开的工程的文件夹内生成工程名 .eup 和布线图的纹理文件。将布线图的纹理导入到 SketchUp 时，会自动使用 ImageMagick 进行合成。

接着打开 SketchUp。从菜单栏选择执行插件→ Import design from Eagle。会显示一个对话框，在对话框内输入 Eagle 生成的 EUP 文件。点击 OK 后稍等片刻，便会输出 3D 模型。通过对阴影显示、样式等参数的调整，可以实现多种显示效果。完成的 3D 模型如图 2-68 所示。

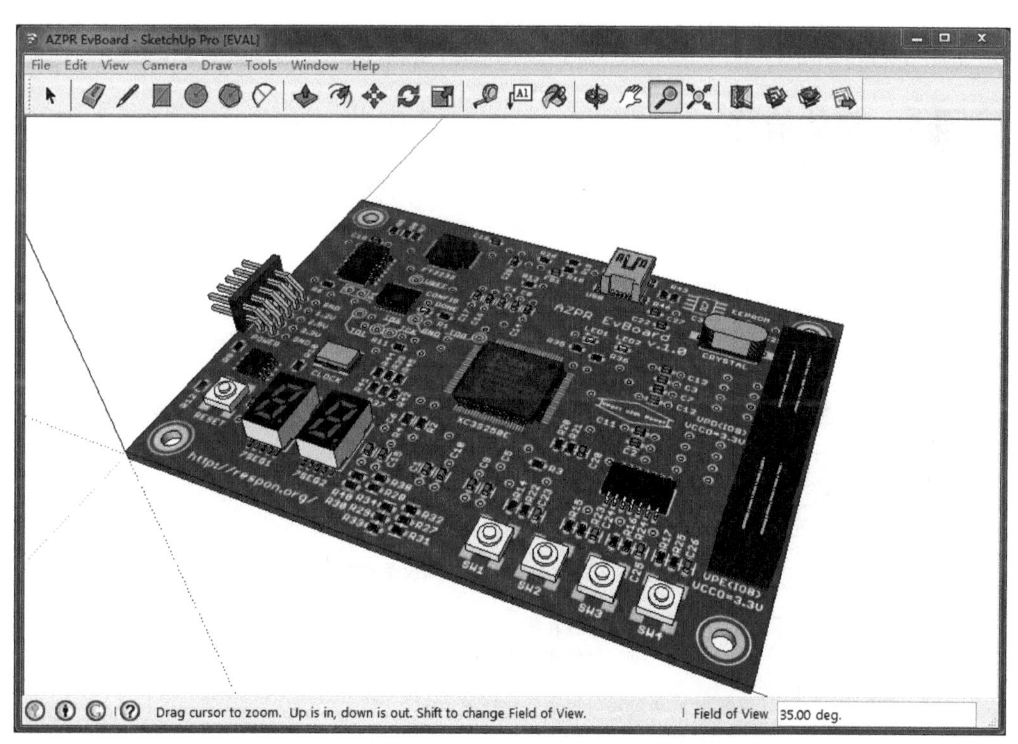

▲ 图 2-68　完成的 3D 模型

2.8　制作感光电路板

本节将介绍如何使用感光板制作电路板。用感光板制作电路板，根据制作难度、预算不同，我们将分别介绍单面电路板和双面电路板的制作方法。

使用感光板制作电路板所需的工具、耗材比较多，步骤也较为复杂。显像、蚀刻时使用的药剂需要进行温度管理和废弃处理，对于初学者来说门槛比较高。为了尽可能降低制作难度，我们设计的 AZPR EvBoard 可以选择使用单面电路板或双面电路板进行制作。我们推荐蚀刻制板的初学者制作单面电路板，推荐有蚀刻经验且可以承担一定工具费用的读者制作双层电路板。无论选择哪种，都可以制作出具有相同功能的电路板。另外，关于蚀刻完成后为了保护感光板上的电路而需要进行的阻焊处理，我们也按照难易程度介绍两种方法。请根据能力、预算选择阅读。

2.8.1　整体流程

图 2-69 为制板的整体流程

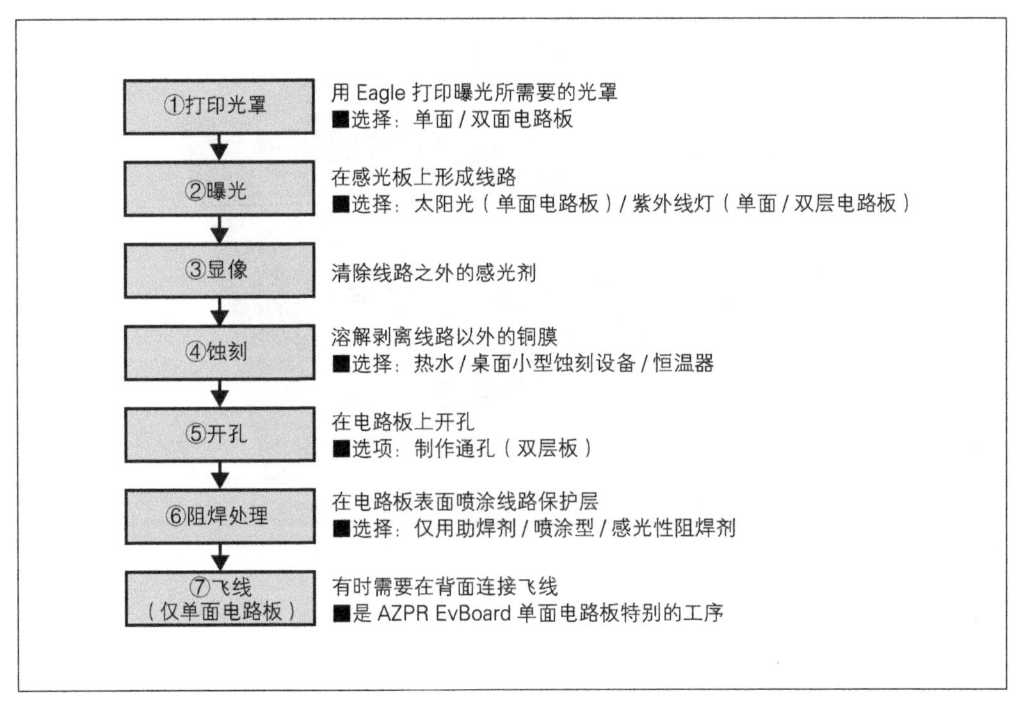

▲ 图 2-69　制作流程

我们的 FPGA 板使用 100mm × 75mm 的感光板。单面板可以使用苯酚纸板 NZ-P10K 或者环氧玻璃板 NZ-G30K。双面电路板则使用环氧玻璃板 NZ-G30KR。电源电路板使用 95mm × 72mm 的苯酚纸板 NXhP93K。照片 2-11 展示的是感光电路板的包装外观。

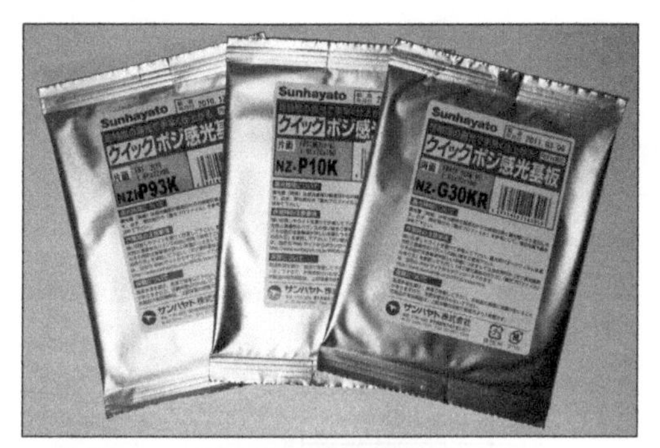

▲ 照片 2-11　感光电路板的包装外观

市面上也有面向感光电路板制作初学者的工具套装。例如，SUNHAYATO 公司制造的 PK-11。选择制作单面板的读者可以使用此工具包。工具包含打印电路板线路的喷墨胶片、带孔感光板、显像剂、简易夹子、蚀刻剂和废液处理剂。制作 AZPR EvBoard 需要 100mm × 75mm 的感光板，而电源电路板需要 95mm × 72mm 的感光板。套装里的夹子要在让印刷有电路线路的喷墨胶片与感光板紧贴在一起时使用。但是 AZPR EvBoard 的线路密度比较高，使用简易夹子多少有些令人不放心，推荐使用其他的压紧装置。PK-11 工具套装的内容如照片 2-12 所示。

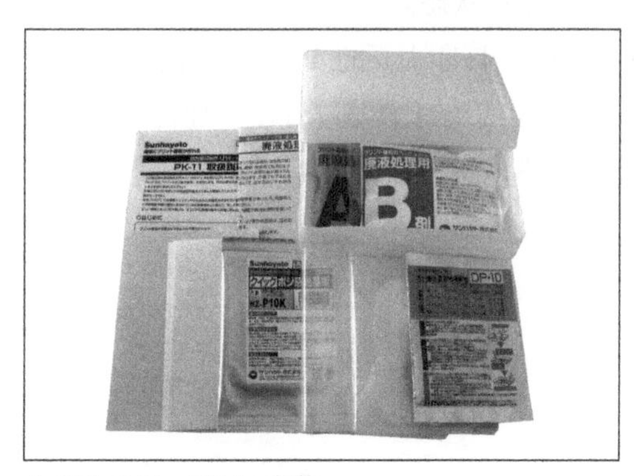

▲ 照片 2-12　PK-11 套装

2.8.2 制作光罩

我们用喷墨打印机将 Eagle 制作的线路印刷到胶片上，即可制成光罩。首先根据需要，在 Eagle 中选择要使用的层，请参照表 2-16。层 No.100 PosGuide 和层 No.102 tPlace_et 是本书特有的层。PosGuide 层用于帮助光罩和感光板之间定位。tPlace_et 是取代丝网印刷，而在铜膜上显示元件信息的层。

▼ 表 2-16　需要打印制作的层

层 No	层名	表面	背面
1	Top	○	
16	Bottom		○
17	Pads	○	○
18	Vias	○	○
100	PosGuide	○	○
102	tPlace_et	不用丝印时 ○	
116	drillImage	○	○

打印前需要生成最终布局的实体图。点击 Eagle 布局画面的 ratsnest 按钮。最终布局实体图如图 2-70 所示。

手动开孔时，需要将电钻中心对准圆孔中心。为了方便操作，我们使用 Eagle 上的一个名为 drill-aid 的 ULP，将所有孔径缩放到指定大小。孔径默认设定为 0.3mm，通常使用这个孔径便可。操作对话框如图 2-71 所示。执行 ULP 后会新追加层 116 centerDrill，显示孔径缩放后的线路样式。打印时需将此层设为显示状态。

点击工具栏 File → Print，将会显示打印对话框。打印对话框如图 2-72 所示。作为打印选项，正面光罩请选择 Mirror、Black。打印背面线路时需要进行左右翻转，所以不需要选择 Mirror。另外，Scale 请设定为 1。设定完毕后进行印刷。

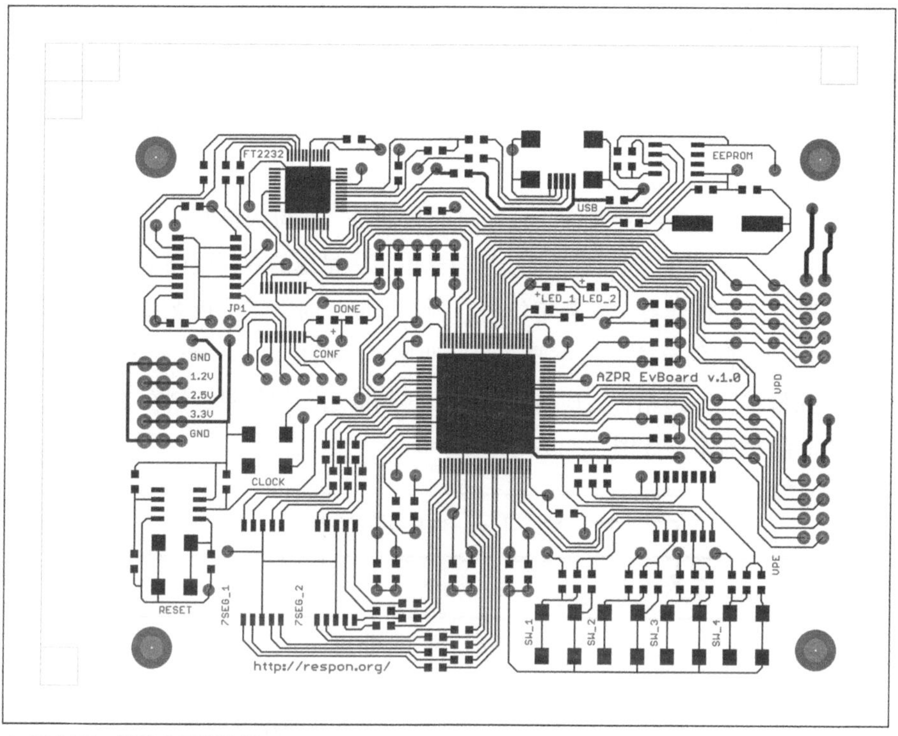

▲ 图 2-70　最终布局实体图

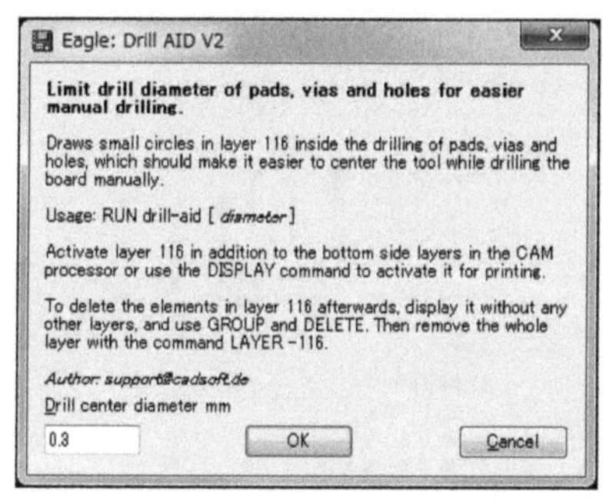

▲ 图 2-71　drill-aid 对话框

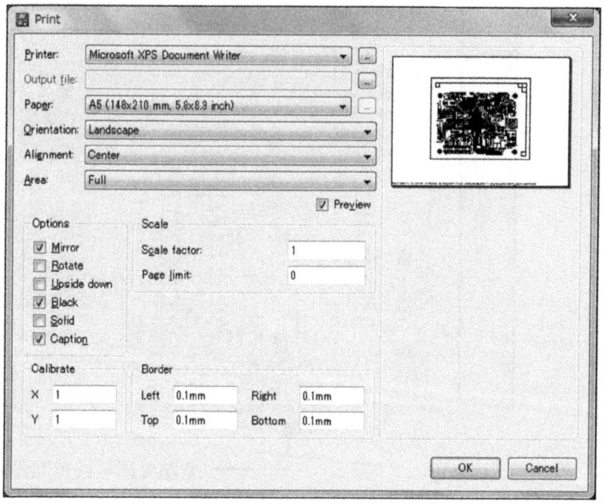

▲ 图 2-72　打印对话框

2.8.3 粘合光罩

本节我们将打印出来的光罩与电路板进行粘合。制作双层电路板时，如果两面的光罩位置错位，通孔的位置也会出现偏移。为了能将两面的光罩正确粘合，我们提前将打印出来的两枚光罩粘合。

我们在打印完的光罩上安装定位板，以给感光板定位。定位板最好使用与电路板厚度相近的 1.5mm 厚、1cm 宽的塑料板。定位板与光罩用尽量薄的双面胶固定。

制作单层板时，在正面光罩上安装定位板。制作双面板时，定位板夹在两枚光罩之间。这时上下两层膜之间的定位非常重要。我们使用与感光板大小一样的透明塑料板，一边确认光罩有无偏移，一边粘合。应将上下光罩之间的通孔偏移量控制在 1mm 以内。制作双面板光罩时的注意事项如图 2-73 所示。

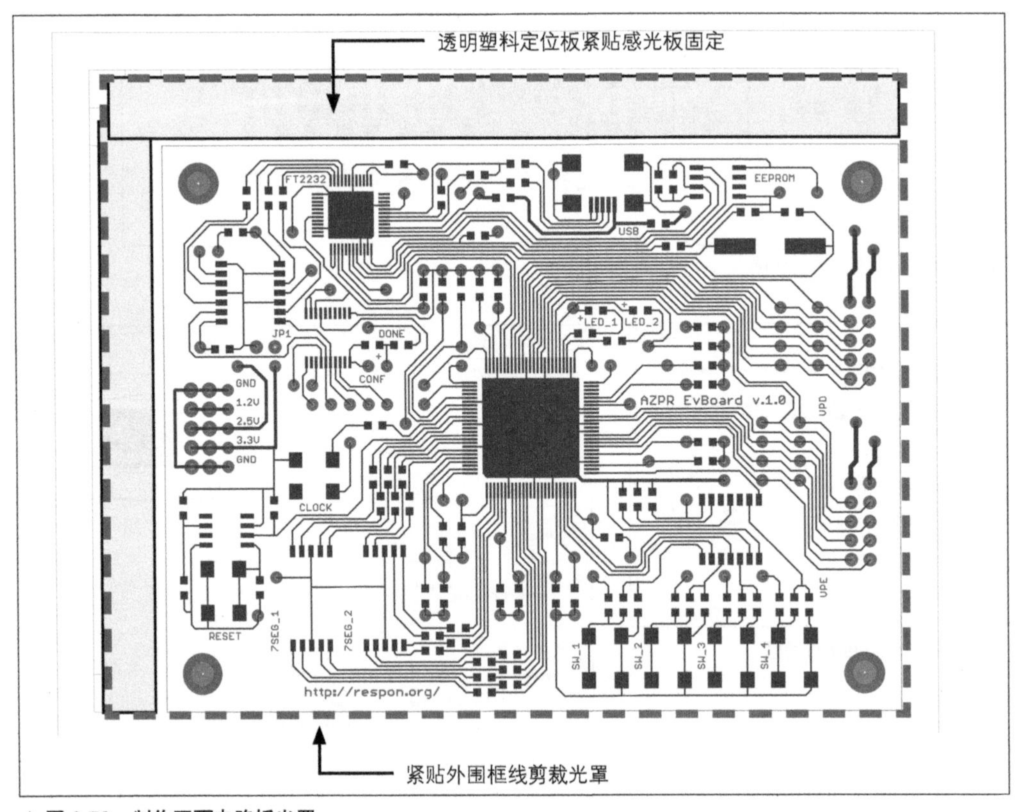

▲ 图 2-73　制作双面电路板光罩

2.8.4 曝光

接下来，我们用紫外线照射贴有光罩的感光板进行曝光。曝光一般使用专用的紫外线灯，但是考虑到成本，下面也会介绍用太阳光进行曝光的方法。但是，太阳光的强度并不稳定，所以制作双层板时，可能会导致照射的紫外线量不一致，出现曝光不均。因此，制作双层板推荐使用紫外线灯进行曝光。

■在阳关下曝光

不同季节的阳光，紫外线含量也不一样，需要先对曝光时间进行预估。可以通过测量紫外线量预估曝光时间，或者直接进行曝光测试。本书使用如图 2-74 所示 SUNHAYATO 产的曝光测试表对曝光时间进行估测。使用测试表代替光罩进行实际曝光测试，可以估测曝光时间。使用测试表时，需要另外再准备感光板。

测试表大小为 30mm × 72mm，可以在 100mm × 75mm 的感光板上进行 3 次测试。为了防止没有粘贴测试表的部分被曝光，我们使用感光板包装袋将剩下区域密封。密封后的曝光测试表如照片 2-13 所示。

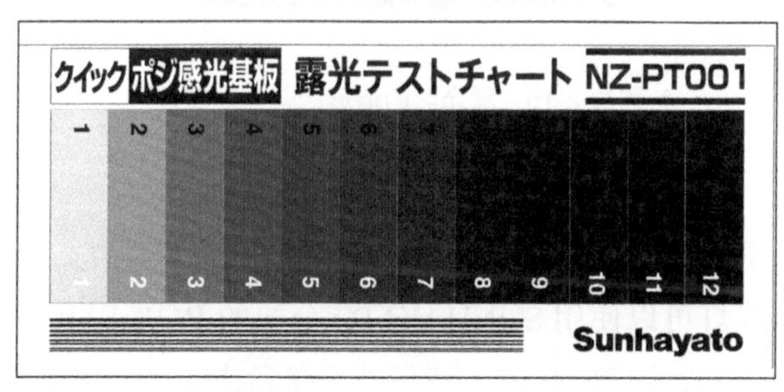

▲ 图 2-74 曝光测试表

▲ 照片 2-13 密封后的曝光测试表

3 次测试时间分别设定为 2 分、4 分、6 分。请尽量在晴天进行测试。3 次测试完毕后，将感光板显像。关于显像请参见 2.8.5 节。显像后的感光板上可以看见白色数字。1～2 无法读取，3 以上可以识别，或者 1～3 无法识别，4 以上可以读取时，表示曝光时间合适。估测过曝光时间后，趁天气情况没有发生变化，我们进行实际的电路板曝光。

曝光时不要使用 PK-11 的附属简易夹子，我们使用 SUNHAYATO 公司的 PK 夹具。PK 夹具的外观如照片 2-14 所示。使用 PK-11 的简易夹子对如本书中电路板这样非常细微的线路进行曝光时，光罩和感光板之间会出现间隙，失败的可能性很高。

首先，在黑暗处将感光板与曝光测试表放置到夹具中。用纸箱之类遮光性较强的盖子盖住夹具，再搬运到太阳光下。待夹具移到稳定的地方后，移开盖子进行曝光。曝光一定时间以后，再盖上盖子，然后进行显像。

使用太阳光进行曝光时的情形如照片 2-15 所示。

▲ 照片 2-14　PK 夹具

▲ 照片 2-15　曝光时的情形

■使用紫外线灯进行曝光

制作双层板时，需要尽量减少正反面曝光量（累积紫外线照射量）的不均匀程度。因此推荐使用紫外线灯而非太阳光。紫外线灯可以使用 SUNHAYATO 公司的 BOX-S1100。BOX-S1100 如照片 2-16 所示。BOX-S1100 没有定时功能，请另外准备秒表。

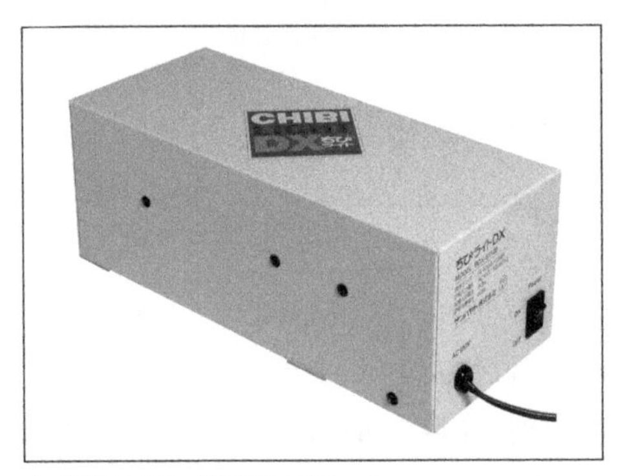

▲ 照片 2-16　BOX-S1100

双层板曝光时，需要在光罩和感光板紧贴状态下进行。这时候需要注意光罩和感光板之间的位置偏移。因此，制作双层板时，推荐使用真空夹具。真空夹具两面都是透明的，设置完毕后，光罩和感光板之间不会出现位置偏移。真空夹具照片如照片 2-17 所示。

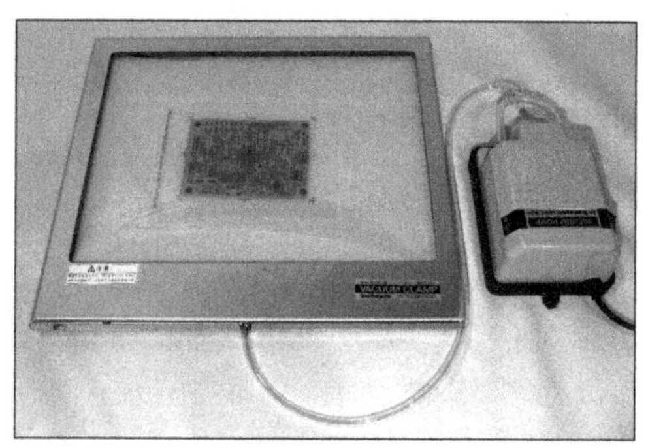

▲ 照片 2-17　真空夹具

关于曝光时间，请参考 SUNHAYATO 公司提供的资料文件。相关资料文件可以在 SUNHAYATO 公司网站下载。URL 如下。制造后的 3 至 5 个月左右，曝光时间变化很大，需要特别注意。BOX-S1100 性能资料如图 2-75 所示。

NZ 系列感光板 曝光资料文件

http://www.sunhayato.co.jp/products/item_data/NZ-expProfile.pdf

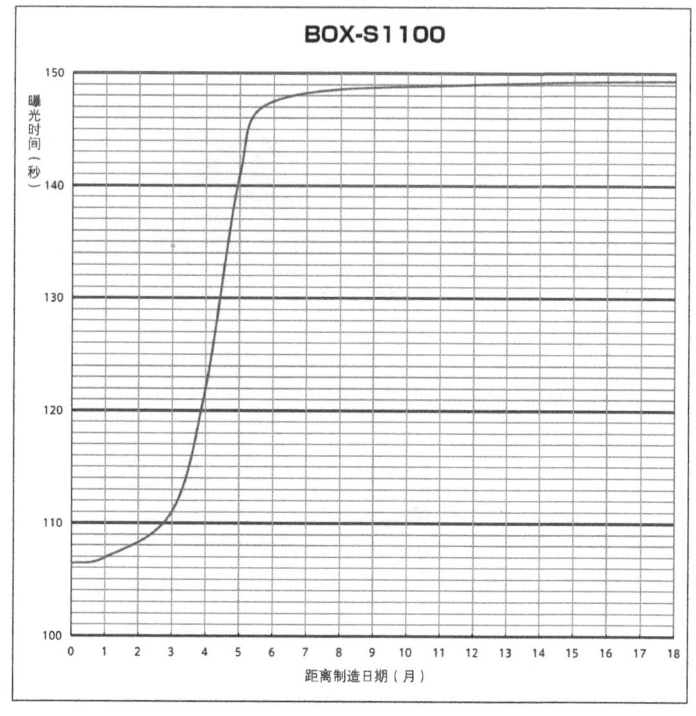

▲ 图 2-75　BOX-S1100 的曝光性能

2.8.5 显像

本节将对曝光电路板的显像进行说明。

显像需要使用显像液。显像液有将粉末状溶解后使用，和液态直接使用两种类型。显像液适宜在 25～30℃的温度下使用。使用粉末状显像液时，要先准备 200cc、35～40℃的热水，溶解显像剂。如果有残渣剩余，有可能会导致显像效果不佳，所以请搅拌均匀。

我们使用带卡扣链的塑料袋作为装显像液的容器，这样将感光板装入后左右晃动时显像液也不会洒落出来，非常方便。另外，显像后需要进行洗净，请准备清水。注意不是流水，而是将水装在容器内。可以使用 PK-11 外箱盖作为洗净用的容器。请准备 100cc 清水装入外箱盖内。

将曝光结束的感光板绿色曝光面朝上装入塑料袋。感光板全部没入显像液后，封住塑料袋口。然后轻轻摇晃、进行显像。显像时间大约为 30 秒～1 分钟。感光剂溶解后显像液变为蓝色，感光板上呈现出电路板线路。电路板线路清晰地显示出来后，显像结束。

用一次性筷子等将感光板从袋子中取出，请注意筷子尖不要碰到电路板上的线路以免造成损伤。使用尖端带橡胶套的钳子会更加保险一些。将取出的感光板用水洗净后，显像工作完毕。制作双层板时，背面的感光剂会较快地显像，所以请将感光板正反两面反复数次进行显像。显像时的照片如照片 2-18 所示，显像后的感光板如照片 2-19 所示。

▲ 照片 2-18　显像时的照片

使用完毕的显像液呈碱性，不能直接倒掉，需要混合市场上销售的醋，中和之后再倒掉。这时，显像液上会浮起一层浮游物，应作为不可燃垃圾处理。中和后的废液可直接排放到排水沟中。

▲ 照片 2-19 显像后的感光板

2.8.6 蚀刻

蚀刻是利用蚀刻液的腐蚀作用腐蚀感光板上的铜膜，最后生成电路线路的过程。我们使用 SUNHAYATO 公司销售的蚀刻液产品。蚀刻液在温度为 40～45℃时腐蚀性最强，温度控制对于蚀刻过程非常重要。下面介绍几种温度控制方法。

■水浴

水浴法是指在水桶等容器内装入 60℃左右的温水，然后再放入腐蚀液的方法。这时腐蚀液可以装入显像时使用的带卡扣链的塑料袋里。另外，在塑料袋内装入温度计可以更好地控制温度。PK-11 附属品中的蚀刻剂也可以使用此方法进行温度控制。粉末状的蚀刻剂无色透明，但是可以腐蚀铜，非常危险。使用时请务必小心。

■使用桌面蚀刻设备

我们可以利用 SUNHAYATO 公司的桌面蚀刻设备。使用该装置易于控制温度，而且使用空气泵进行内部循环，不需要手动晃动电路板。

但是也有一些缺点。第一，为了从桌面蚀刻设备内取出电路板，需要在电路板上开孔。因为要在与电路线路不冲突的地方开一个孔径约为 1.2mm 的孔，所以在电路板完工时会留下一个不必要的孔。为了避免这种情况，可以使用镍鉻合金线包住电路板。但是蚀刻过程中与镍络合金线接触的铜膜的腐蚀会比较厉害，会导致断线，需要注意。另外，使用空气泵进行腐蚀液循环时，蚀刻机内会出现蚀刻不均匀的状况。因此，蚀刻过程中需要经常拿出电路板确认蚀刻状况，有时还要翻转电路板。桌面蚀刻设备如照片 2-20 所示。

■使用恒温器

我们还可以利用 SUNHAYATO 公司的恒温器。将蚀刻液装入容器后在恒温器上加热。使用这种方法，需要使用前端带橡胶套的镊子，以便晃动电路板。该方法要一直晃动电路板，比较费事。但是蚀刻结果比较会均匀。恒温器如照片 2-21 所示。

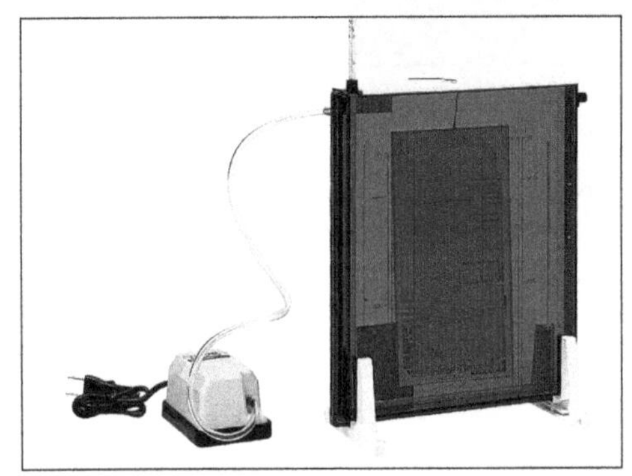

▲ 照片 2-20　桌面蚀刻装置

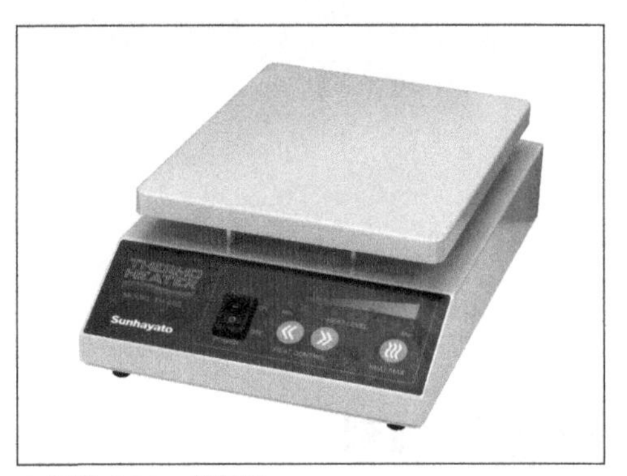

▲ 照片 2-21　恒温器

■蚀刻方法

接下来对蚀刻的方法进行说明。我们先将感光板浸入适当温度的蚀刻液。在感光板完全浸入之后晃动感光板，约 10 分钟左右，表面的铜膜会被溶解掉。待电路线路以外的铜膜全部被溶解之后，蚀刻便完成了。

此时，请确认是否有因蚀刻时间不够而导致电路短路的部分。如果蚀刻时间不足，将感光板浸入蚀刻液再次进行蚀刻。

蚀刻时间过长会导致线路不断变细，最终会断开。如果发生这种情况则蚀刻过程彻底失败，因此该操作要多加注意。

对双面板进行蚀刻时，电路板下侧的蚀刻会进行得比较快，需要一边适时翻转电路板，一边确认蚀刻进度。蚀刻时的情景如照片 2-22 所示。蚀刻后的电路板如照片 2-23 所示。

▲ 照片 2-22　蚀刻情景

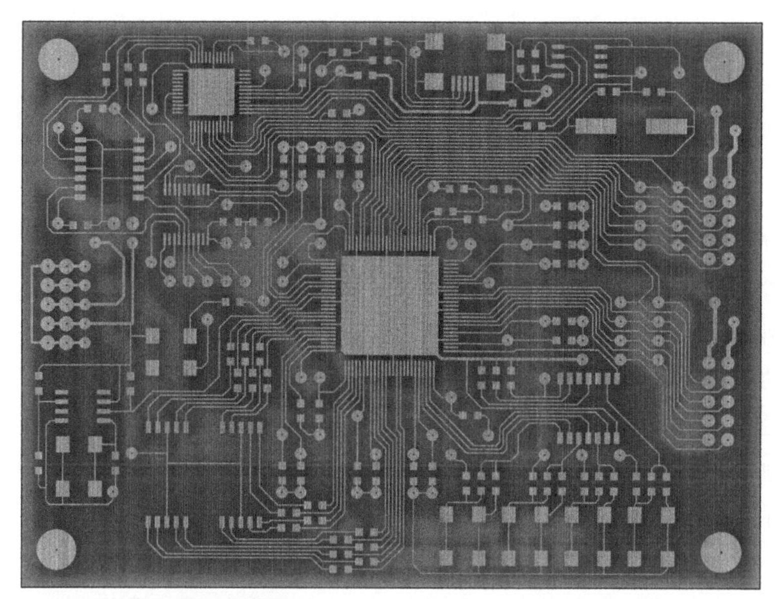

▲ 照片 2-23　蚀刻后的电路板

蚀刻结束，用水进行冲洗后，表面的感光剂便会脱落。使用助焊剂清洗剂清洗的话，费时较短更为便利。或者也可以不覆盖光罩再次进行曝光，曝光后的显像液因为显像而自行脱落。在进行批量生产时，第二种方法成本较低。

■蚀刻液的处理

使用过的蚀刻液含有有毒物质，丢弃前需要先进行处理。下面对处理废液所需要的工具进行说明。蚀刻液附带有处理用 A 剂、B 剂以及塑料袋。另外请准备 DIYer 们用的水泥、旧报纸、手套、口罩以及水桶。关于处理废液的详细步骤请参见蚀刻液附属的说明书。下面对废液处理的大致流程进行简单介绍。

首先，将残留废液全部装进塑料袋，并将塑料袋放入水桶。然后，在水桶内注入与塑料袋一样高的冷却用水。在此状态下加入 A 剂。加入 A 剂后，废液会发热，颜色由茶色变为绿色。冷却 5 分钟后，加入 B 剂。然后也同样进行冷却。冷却 30 分钟后，加入水泥，经过 5～6 小时后，废液变成柔软的混凝土状。这样，废液就被化学处理为无公害的物质，可作为不可燃垃圾处理。

2.8.7 阻焊剂

蚀刻后电路板的铜膜裸露在外，不做任何处理的话会慢慢氧化。为了防止上述现象，可以在整个电路板上涂抹助焊剂或者阻焊剂。涂抹阻焊剂后，线路不会裸露在外，也能防止意外的短路。另外，涂抹了阻焊剂的电路板会呈现印刷电路板特有的绿色，非常美观。

■喷涂型助焊剂

助焊剂有用刷子涂抹和喷涂两种类型，使用喷涂型助焊剂会喷涂得比较均匀，而且使用方便。喷嘴距离电路板大约 15cm。请尽量喷涂均匀。刚喷涂完助焊剂的电路板会比较粘，立刻用手触摸会留下痕迹，请干燥一小时后再碰触。另外双面板不要同时喷涂两面，可以喷涂完一面后再喷涂另一面。喷涂型助焊剂如照片 2-24 所示。

助焊剂有两个用途。一个是保护电路板线路不被氧化，另外一个是安装元件时使焊锡更加容易的附着。蚀刻工序中，我们对整个电路板进行助焊剂喷涂。在实际安装元件时，仅对各个接线端子部分进行喷涂。

▲ 照片 2-24
喷涂型助焊剂

■喷涂型绿色阻焊剂

阻焊剂我们使用 SUNHAYATO 公司生产的喷涂型阻焊剂 Hayacoat Mark2。在这里使用绿色阻焊剂进行喷涂。

喷涂型绿色阻焊剂如照片 2-25 所示。

喷涂了阻焊剂的地方，焊锡将无法附着。所以需要先给元件焊脚部分进行遮罩。遮罩可以使用市面上销售的打印标签、遮罩胶带以及遮罩胶。

需要遮罩的地方是各个元件粘着焊锡处以及与背面相连的焊脚部分。元件粘着焊锡处使用市面销售的打印标签，尺寸用明信片大小的。在 Eagle 中显示 21 tPlace 层和 29 tSTOP 层后打印在标签上。将需要的部分剪切出来，然后粘贴到电路板上。

▲ 照片 2-25
Hayacoat Mark2

贴片电阻、贴片电容、贴片 LED，需要使用 1mm 宽的遮罩胶带进行遮罩。因此选用一开始就已经被切割成 1mm 宽的胶带较为理想。

然后对焊脚进行遮罩。将遮罩胶带切成圆形比较费事，所以我们使用普通制作模型用的遮罩胶。遮罩胶为液体状遮罩剂，具有喷涂后 20～30 分钟便固化的特性。可以使用棉棒涂抹遮罩胶。在完全熟练之前，这步涂抹工序较难掌控，涂抹失误超出范围时请不要慌张，等遮罩胶固化后将其剥离即可。如果在固化前清除则会导致一层薄膜固化胶残留在电路板上而失败。遮罩完毕状态下的电路板如照片 2-26 所示。

使用单面板制作时，有个别焊脚不需要遮罩。其中之一便是 FPGA 的旁路电容。旁路电容使用带引脚的陶瓷电容，因此不需要板上的焊盘。另外，连接 VPort 的通孔也不需要遮罩。单面电路板无需遮罩部位如图 2-76 所示。

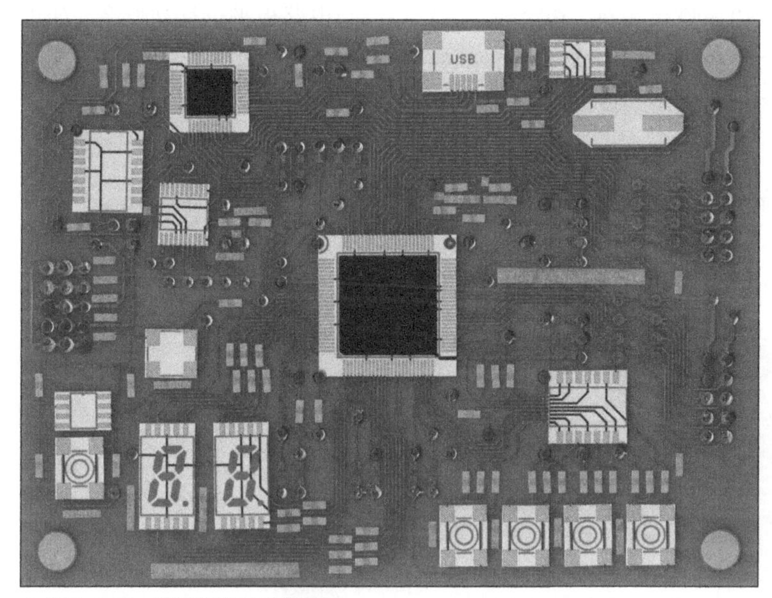

▲ 照片 2-26　遮罩完毕后的电路板

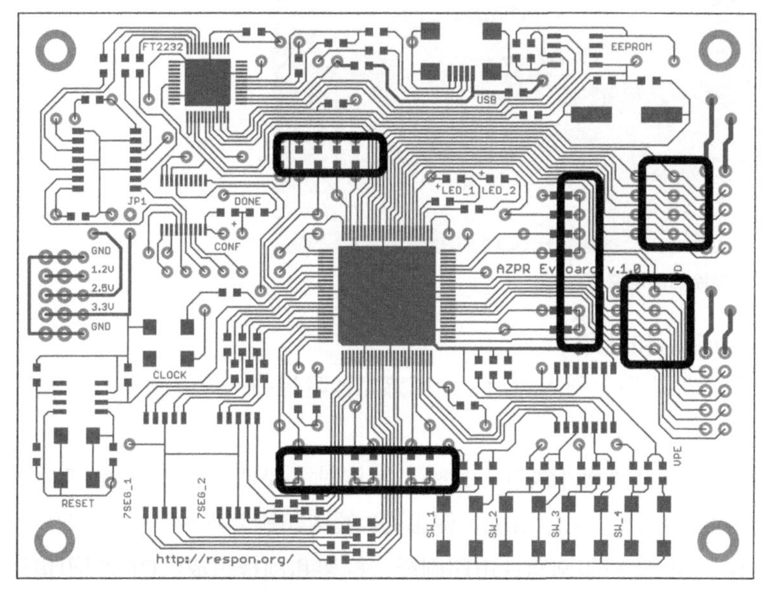

▲ 图 2-76　单面板无需遮罩的部位

遮罩完毕后即可喷涂绿色阻焊剂。请在通风良好的房间或者户外作业，并且周围用旧报纸包围起来，防止阻焊剂四散。喷嘴与电路板保持 15cm 左右的距离。刚开始喷涂时，喷射强度不安定，所以先在离得稍微远一点的位置开始喷涂。为了能用喷嘴进行均匀喷涂，首先沿电路板边缘喷涂一圈。边沿喷涂完毕后，与电路板平行移动喷涂。如果随意移动，喷嘴可能会导致喷涂不均匀。另外不必一次全部喷涂完毕，可以先喷涂薄薄一层，等待干燥。之后重复数次，这样可以降低喷涂不均匀可能性。虽然这样做比较费时，但只要细心操作，完成品将会非常漂亮。

喷涂完绿色阻焊剂，等到完全干燥后将遮罩剥离。标签、遮罩胶等可以用小刀等剥离。

完成后的电路板如照片 2-27 所示。

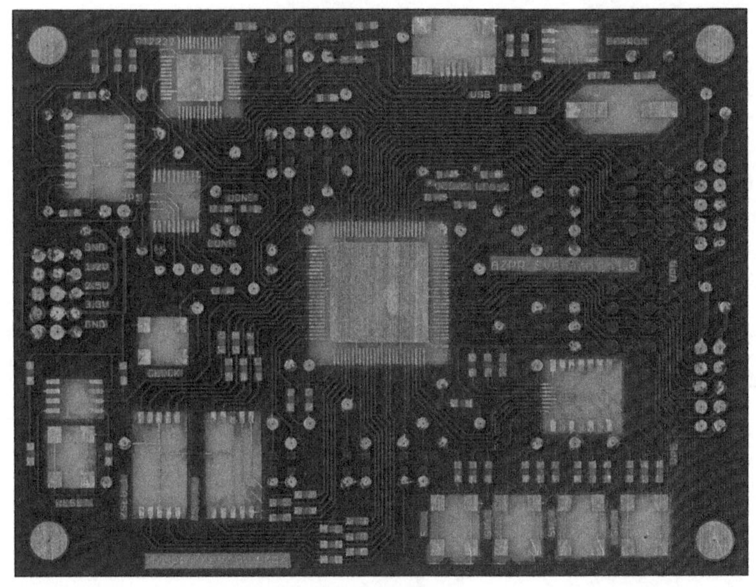

▲ 照片 2-27　用喷涂型阻焊剂喷涂后的电路板

■使用感光性阻焊剂（助焊剂和丝印）

感光性阻焊剂是一种紫外线硬化型阻焊剂。使用感光性阻焊剂，可以制作出非常漂亮的阻焊层。

使用感光性阻焊剂需要使用到紫外线灯。另外，制作时需要使用 SUNHAYATO 公司生产的 QP 丝网印刷套件和桌面丝网印刷机。使用 QP 丝网印刷套件时，阻焊剂和丝印是按照同一个步骤操作。QP 丝网印刷套件由印刷屏、框架和刮板组成。QP 丝网印刷套件如照片 2-28 所示，桌面丝网印刷机如照片 2-29 所示。

制作过程是将希望印刷的线路在印刷屏上成型，贴合在框架上之后，使用刮板进行印油涂抹。

首先要制作印刷屏。按照2.8.4节所述的过程使用打印机打印光罩。阻焊剂光罩的线路是反转线路，不能使用Eagle直接打印。2.9.3节有打印方法的说明，可以参照阅读。

将此光罩与QP印刷屏重叠后用夹具固定，并使用紫外线进行曝光。曝光时间约为30秒。曝光后进行显像。QP印刷屏可以直接使用自来水进行显像。一边用自来水慢慢冲洗，一边使用海绵等搓揉，被紫外线曝光的部分的薄膜会脱落。完成显像后请进行充分干燥。

然后，将印刷屏与框架组合。可以使用双面胶将印刷屏固定在框架上。这时，如果印刷屏弯曲则会发生印刷移位，但是绷得太紧，印刷屏就会发生变形。在不出现弯曲的状态下，不用太用力地进行组合。然后将作为印刷对象的电路板固定到框架下。

▲ 照片 2-28 QP 丝网印刷套件

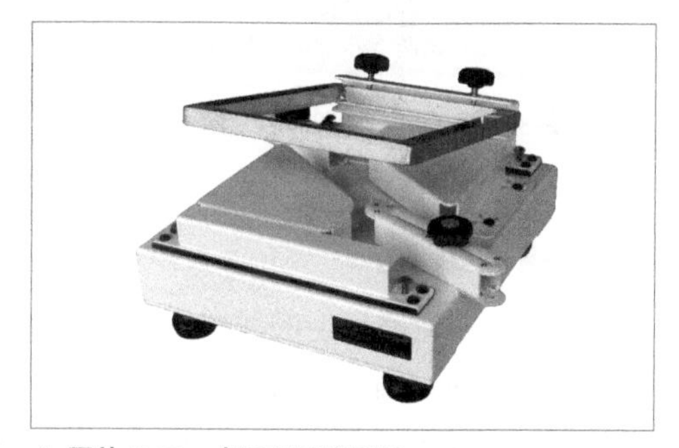

▲ 照片 2-29 桌面丝网印刷机

在印刷机上固定好框架和电路板后，将油墨涂抹到电路板外侧的印刷屏上。准备就绪后，用刮板将油墨涂抹到电路板上。这时候的力度控制非常难，只能通过反复练习来掌握。另外，油墨的涂抹只进行一次。如果用刮板在印刷屏上反复涂抹，油墨有可能会渗透到印刷屏下方，扩大印刷面积。也是基于相同理由，刮板只朝一个方向涂抹。掌握技巧后，一张印刷屏可以印刷20～30张。

印刷时的一个难点是，开始涂抹油墨，刮板刮到电路板边缘时。因为需要向下用力压刮板，但是又需要越过电路板边缘，所以这时无法用力。因此在这里有可能会堆积比较厚的油墨。为了避免这个问题，在将要印刷的电路板周围铺设辅助材料，避免高度差，以保证印刷顺利。印刷过阻焊剂、丝印的电路板如照片2-30所示。

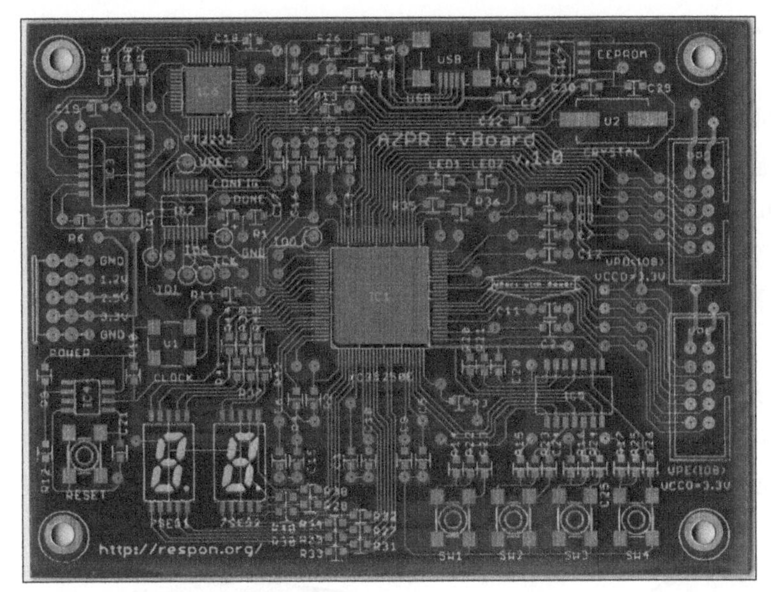

▲ 照片 2-30　阻焊剂、丝印印刷后的电路板

2.8.8 开孔

制作完成电路板上的线路之后，接下来对板子进行开孔。AZPR EvBoard 上用到的孔径有 3 种。首先是固定电路板所用的 3.2mm 孔或者 3.0mm 孔。其次是 VPort、电源接头引脚用的 1.0mm 孔。其他的有正反面连通用的 0.8mm 孔或者 0.6mm 孔。制作双面板时使用孔径为 0.8mm。各个焊盘中心经过蚀刻，应该会形成一个 0.3mm 的沟。详细内容请参见 2.8.2 节。将电钻对准这个沟进行开孔。开孔完成后，清除孔附近的毛刺。

制作双面板时，从一面开始开孔有时反面的焊盘有可能会脱落。先开一个 0.5mm 左右的小孔比较保险。另外，曝光时的电路线路发生偏移的话，开孔后可能会出现一面焊盘缺损的情况。焊盘出现一些欠缺时，只要能导通，对实际功能没有影响。开孔完成后的电路板如照片 2-31 所示。

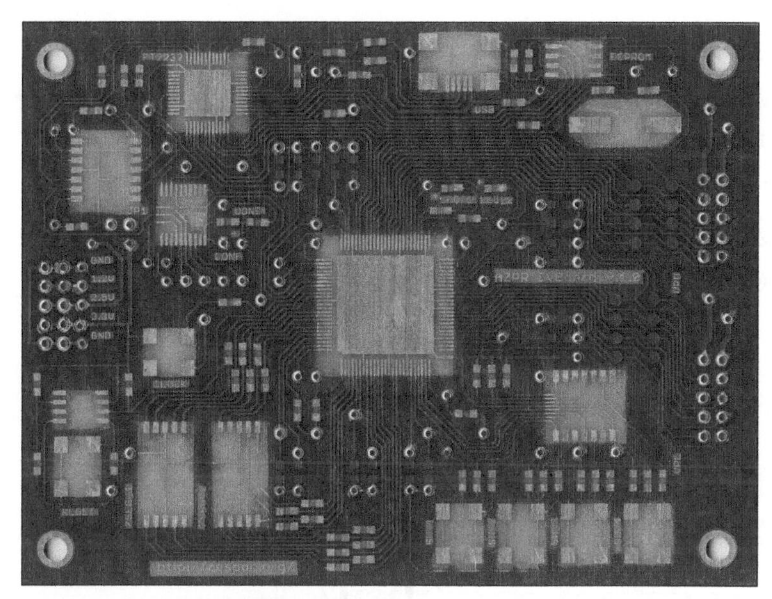

▲ 照片 2-31 开孔后的电路板

■电钻

开孔时使用电钻会容易一些。但是使用没有钻台的电钻会导致中心晃动、焊盘剥离。没有钻台时可以使用一种叫作针钻的工具，手动钻孔。虽然会比较费事，但是可以确保开孔顺利。针钻如照片 2-32 所示。

请注意市场上销售的钻头有时与 2.8.10 节介绍的 BBR-5208 套件的钻头不配套。笔者使用的是照片 2-32 中的 PROXXON 公司制作的 MINI 电钻和钻台。

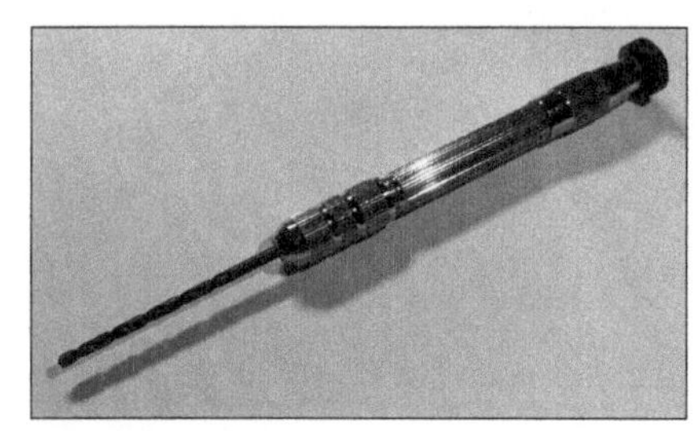

▲ 照片 2-32 针钻

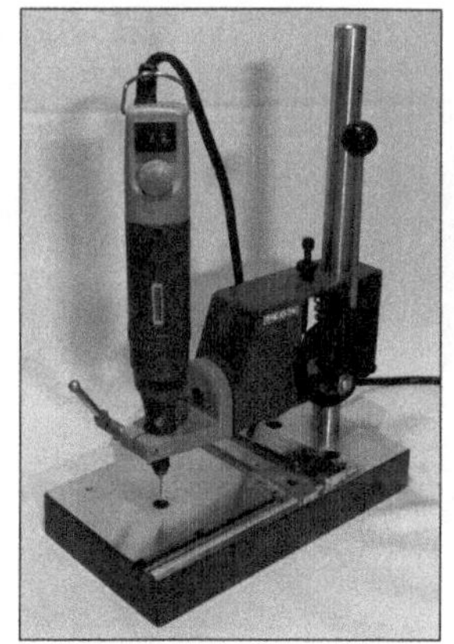

▲ 照片 2-33 PROXXON 公司制钻头和钻台

2.8.9 在背面安装 VPort 接头时的处理

制作单面板时，VPort 接头可以安装在反面。这样一来，图 2-77 所示部分没必要开孔。本书制作的电路板正反面都可以安装 VPort 接头。但是，VPort 接头的引脚顺序有所变化。VPort 连接的是 FPGA，所以电源和 GND 之外的引脚可以通过更改 FPGA 约束文件来改变定义。另外，由于电源和 GND 进行了对调，在反面需要通过跳线将电源和 GND 对换。请参考图 2-77 小心进行连线。VPort 插座的安装例子如照片 2-34 所示。

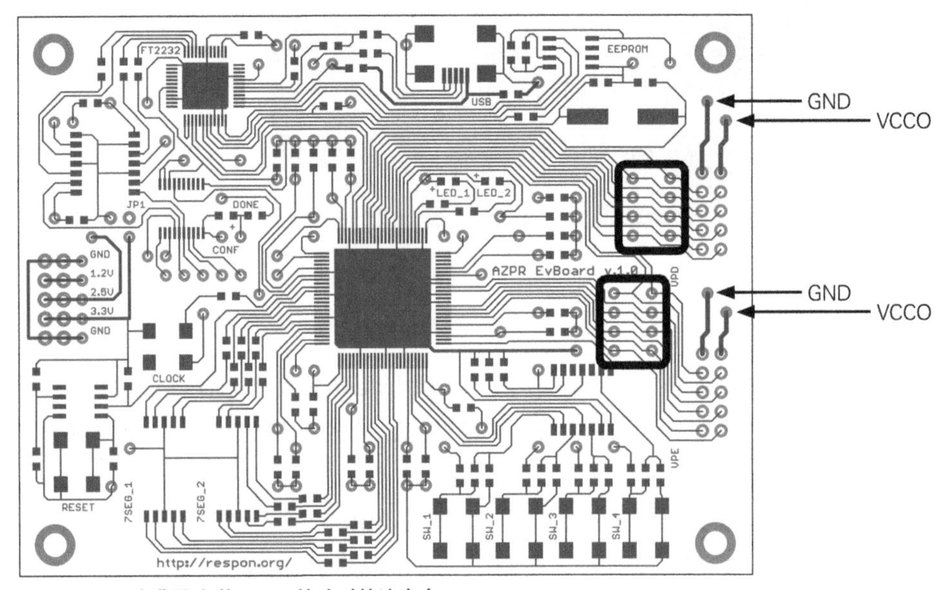

▲ 图 2-77　在背面安装 VPort 接头时的注意点

▲ 照片 2-34　VPort 接头的安装例子

2.8.10 制作通孔

电路板的正反面线路需要通过通孔进行连接。只要能将电路连通，使用切的很短的跳线、电阻引脚线等，从电路板两面进行焊接也可以。接下来，我们就使用SUNHAYATO公司制作的BBR-5208套件的使用方法进行说明。

BBR-5208套件是通过将中空的金属管切割埋进通孔内来简单制作通孔的套件。孔径使用0.8mm的。BBR-5208套件如照片2-35所示，使用方法如图2-78所示。

▲ 照片 2-35　BBR-5208 套件

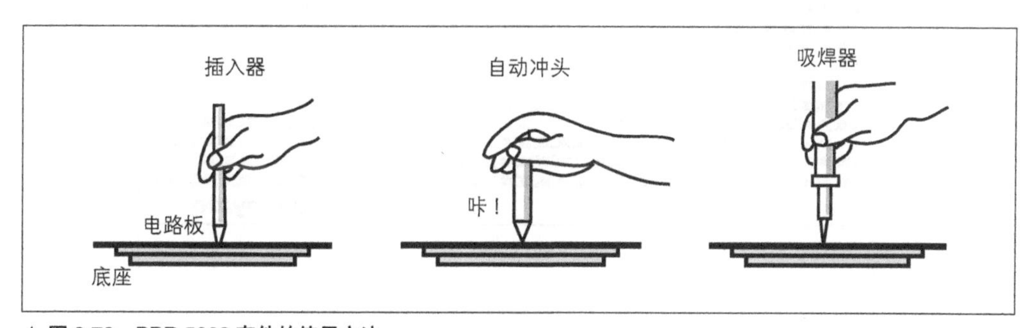

▲ 图 2-78　BBR-5208 套件的使用方法

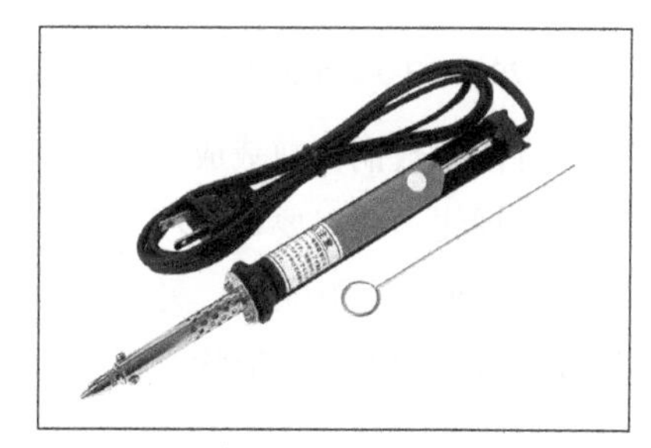

▲ 照片 2-36　HSK-100 吸焊器

电路板开孔时使用套件中附送的钻头。使用钻头开孔后，将电路板放置在底座上，使用自动铅笔式插入器将金属管插入。金属管到达底座一侧后，弯曲插入器折断金属管。插入金属管后，从电路板两面使用自动冲头将金属管冲平，然后从两面进行焊接使其导通。完工前使用吸焊器将多余焊锡吸走。使用SUNHAYATO公司制作的如照片2-36所示的HSK-100，可以一下子将多余焊锡吸走，有助于制作中空的通孔。

这时，如果不能很好地吸除多余焊锡，无法形成中空通孔。如果为了吸取焊锡而用烙铁用力按压电路板，则可能会导致焊盘脱落。通孔不是中空也不影响功能，无需勉强吸除。

2.8.11 飞线

AZPR EvBoard 的背面主要是电源和配置电路的走线，使用单层板时需要将这些信号线通过飞线相连接。AZPR EvBoard 的全部通孔以 2.54mm 间距排列，电源和 GND 呈直线状排列。因此，可以使用 SUNHAYATO 公司制作的预制敷铜板 ICB-062 来大量减少布线。预制敷铜板 ICB-062 的线路如图 2-79 所示。

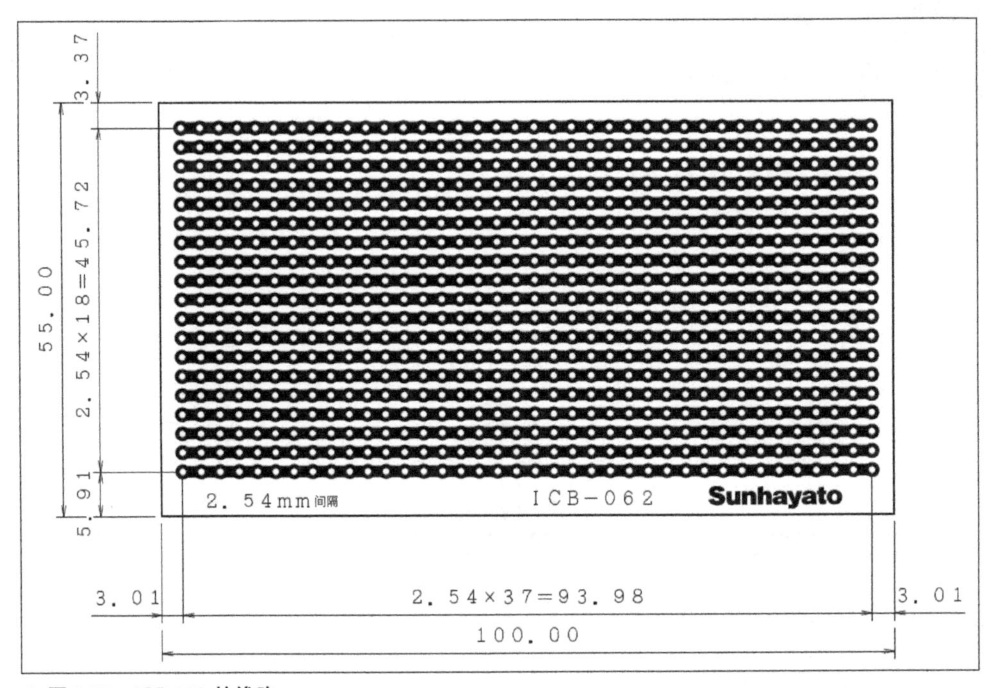

▲ 图 2-79 ICB-062 的线路

将预制敷铜板剪裁成需要的形状，使用胶水粘贴可以制作焊脚。没有焊脚的背面没法附着焊锡，所以要在预制敷铜板上制作焊脚。这次制作的电路板，与正面连接的孔全部为 2.54mm 间距配置。另外电源和 GND 的线路全部是直线状排列，将预制敷铜板剪切成可以互相连接的形状，再粘贴即可。背面布线后的电路板如照片 2-37 所示。

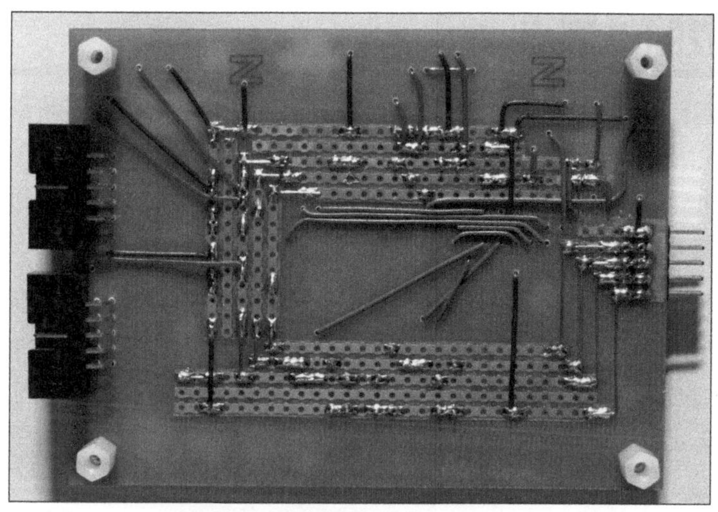

▲ 照片 2-37 预制敷铜板和配置电路布线后的电路板

一部分的电源、GND 使用飞线来布线。配置用线是一对一连接，所以也使用飞线来布线。此处我们使用带绝缘胶皮的导线。VPort 安装在正面时，在背面粘贴预制敷铜板固定 VPort 插座，连接飞线。

我们使用带引脚的陶瓷电容作为 FPGA 的旁路电容。陶瓷电容使用引脚整形器进行整形后插入焊盘。此时，如果电容引脚左右对称弯折，有可能与电路板表面线路短路，因此，引脚左右的长度请配合电路板线路进行调整。电容的连接如照片 2-38 所示。

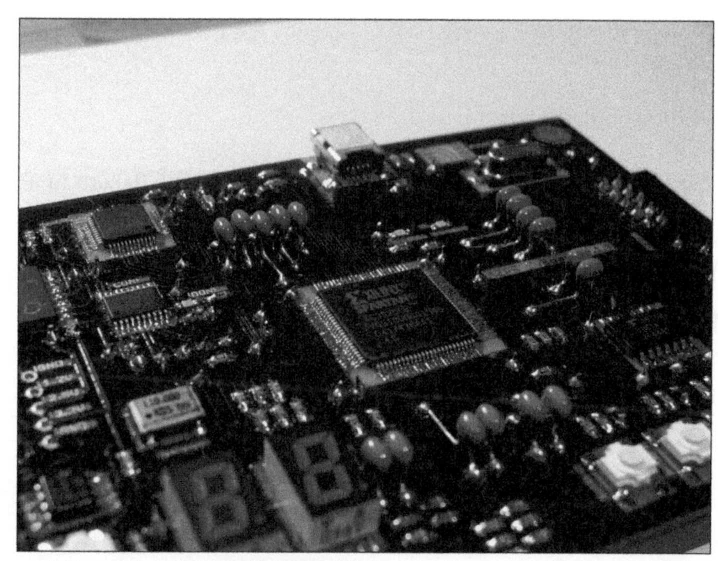

▲ 照片 2-38 单面板旁路电容的焊接

2.9　使用电路板制造服务

电路板的制作也可以委托给电路板制造服务商。本章介绍如何委托电路板制造服务商制作电路板，将对几家电路板制造服务商的委托流程进行说明。

2.9.1　电路板制造服务

电路板制造服务，是指利用电路板 CAD 软件设计的设计文件进行电路板制造的服务。电路板制造服务商会对信号线的粗细、间距、通孔大小等参数设立标准，这个标准称作设计规则。电路板的设计者可以通过“设计规则检查”（DRC）测试电路板是否符合设计规则。另外，文件格式也必须转换为电路板制造服务商指定的格式。通常，递交数据格式以 Gerber 数据为多。

2.9.2　DRC

我们需要检查设计完成的布局是否违反设计规则，该过程称为“设计规则检查”(DRC)。如果布局违反设计规则，电路板制造服务商可能会征收额外费用，甚至拒绝制作。设计规则根据电路板生产公司的不同而不同。本书介绍的 P 板 .com 公司与 OLIMEX 公司均在官方网站上提供针对 Eagle 软件可用的设计规则文件，URL 如下所示。

P 板 .com 公司

http://www.p-ban.com/gerber/eagle.html

OLIMEX 公司

http://www.olimex.com/PCB/resources/8mils.dru

请下载设计规则文件（DRU 文件）并放在 C:\Program Files(x86)\EAGLE-6.0.0\dru 目录下。单击 DRC 按钮 即可执行检查。

首先，从菜单栏选择 File → Load，找到下载完成的设计规则文件。单击 Apply 后，单击 Check 进行 DRC 检测。DRC 对话框如图 2-80 所示。另外，阻热区[①]也在这里设定。单击 Supply 选项卡，勾选 Generate thermals for vias 选项，Gap 设置为 20mil。阻热区的设置对话框如图 2-81 所示。

① 用烙铁焊接时，防止热量扩散，让焊锡更易融化的焊盘结构。——译者注

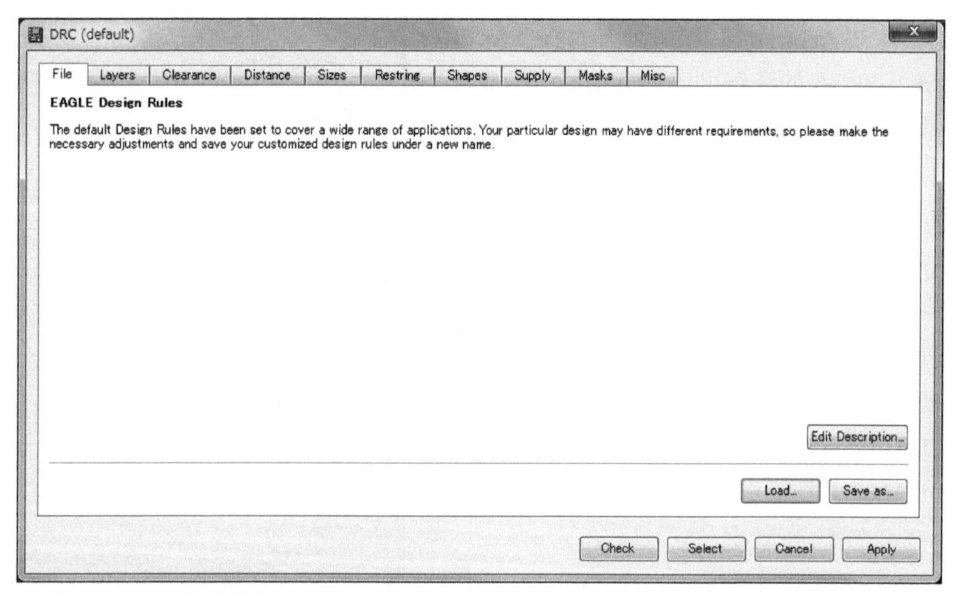

▲ 图 2-80 DRC 的对话框

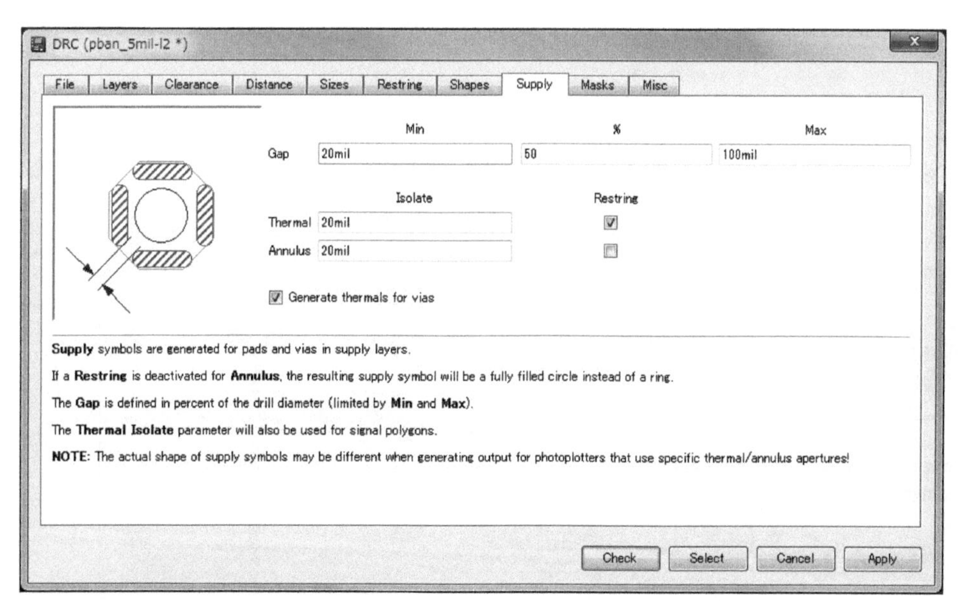

▲ 图 2-81 阻热区的设置

为了兼容贴片元件和插入式元件，AZPR EvBoard 上 FPGA 的旁路电容部分的设计，选用了元件库中焊盘与通孔间用线连接的特殊的元件。由此会产生大量的 Overlap 错误。然而这些错误都是虚假错误，可以无视。选择这些虚假错误再单击 Approve 后就会消失。DRC 错误显示对话框如图 2-82 所示。查看显示出的所有错误需要仔细查看，确认是否真的存在问题。选择对话框中的错误提示后，错误地点就会被圈出并显示在布局图上。DRC 错误地点的显示界面如图 2-83 所示。

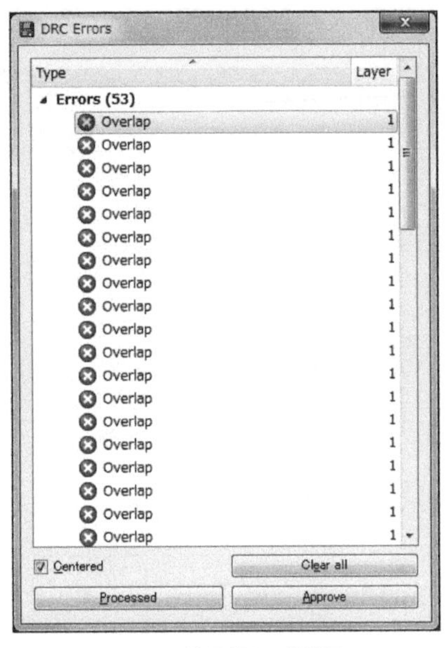

▲ 图 2-82　DRC 错误显示对话框

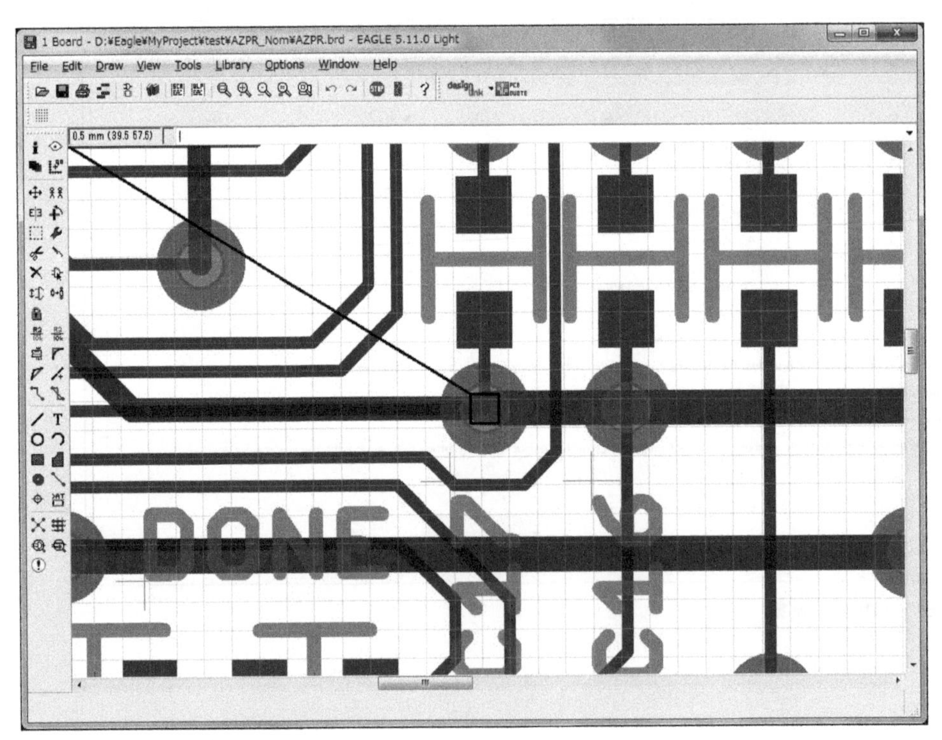

▲ 图 2-83　DRC 错误地点的显示

2.9.3　输出 Gerber 数据

我们向电路板制造服务商提供 Gerber 数据格式的布局文件。Eagle 的控制面板中的 CAM Jobs 功能可以输出 Gerber 数据。Eagle 的控制面板如图 2-84 所示。

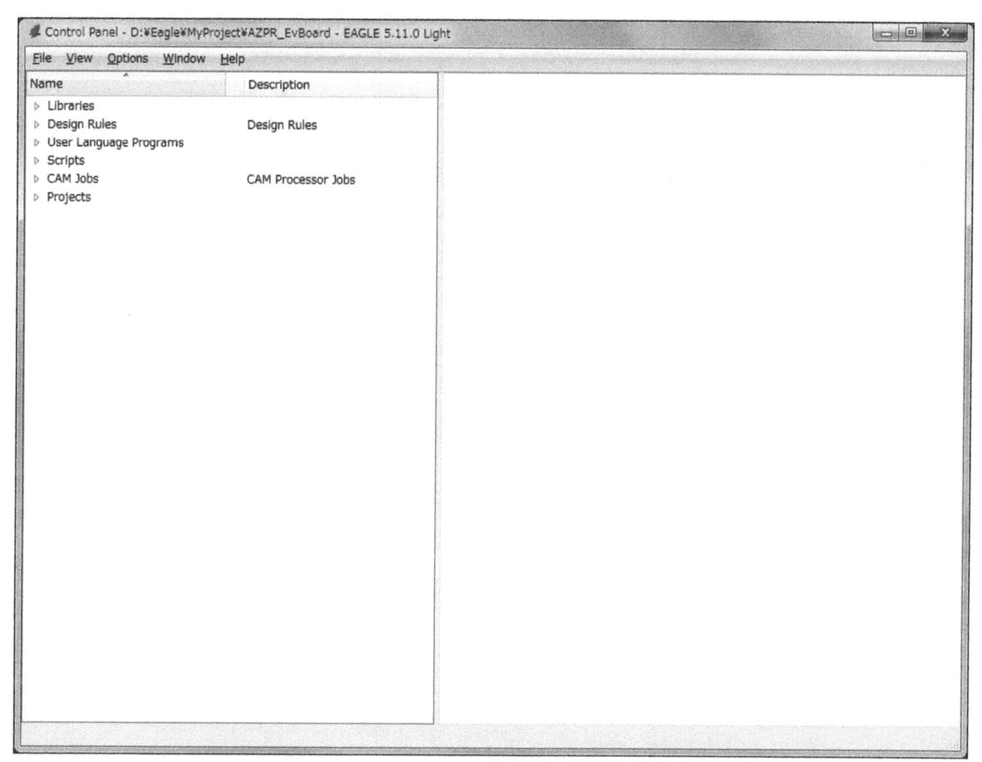

▲ 图 2-84　Eagle 的控制面板

CAM Jobs 选项下包含生成 Gerber 数据的 CAM 设定文件。Gerber 数据也有多个标准。本书将介绍电路板制造服务商所使用的 RS-274X 标准，其中有制作双面电路板用的 gerb274x.cam 和 4 层电路板用的 gerb274x-4layer.cam。AZPR EvBoard 是双面电路板，所以选择 gerb274x.cam。选择后出现图 2-85 所示的对话框。从 CAM 程序执行对话框的菜单栏选择 File → Open → Board，选择 DRD 文件。单击 Process Job 按钮保存 Gerber 数据。输出的 Gerber 数据不止一个文件，而是 1 层电路板对应 1 个文件。Gerber 数据一览如表 2-17 所示。

▼ 表 2-17　Gerber 数据一览

扩展名	内容
CMP	元件安装面数据
GPI	报告文件
PLC	元件安装面层丝印数据
SOL	焊接面层样式数据
STC	元件安装面阻焊数据
STS	焊接面阻焊数据
OUT	外形线数据
DRI	钻孔列表
DRD	钻孔数据

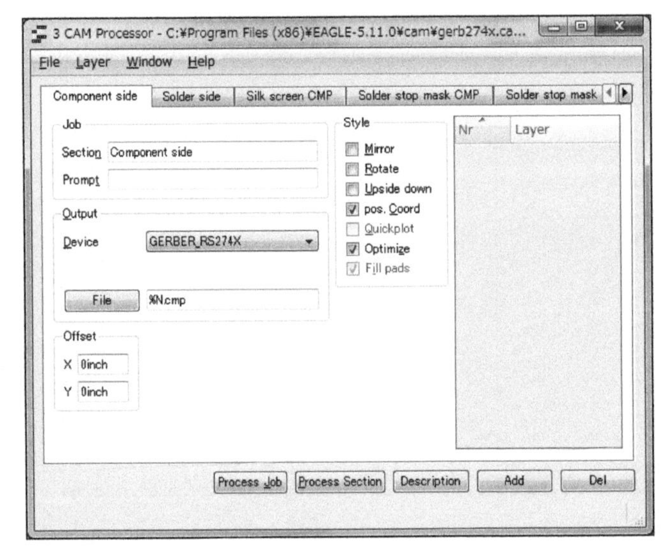

▲ 图 2-85　CAM 程序执行对话框

2.9.4　检查 Gerber 数据

我们需要使用 Gerber 格式数据浏览软件，对输出的 Gerber 数据进行检视。免费的 Gerber 浏览软件有很多种。本书使用的是 pentalogix 公司开发的 ViewMate 软件。ViewMate 可以从下面的官方网站下载。

pentalogix 公司的官方网站

http://www.pentalogix.com/

ViewMate 软件启动后的画面如图 2-86 所示。从菜单栏选择 File → Import → Gerber，选择导入的层（Layer）。首先选择钻孔以外的 Gerber 数据。此处我们导入 CMP、

OUT、PLC、SOL、STC、STS 文件。导入后 Gerber 数据将依次显示在左侧 Layers 栏中的 1～6 层。

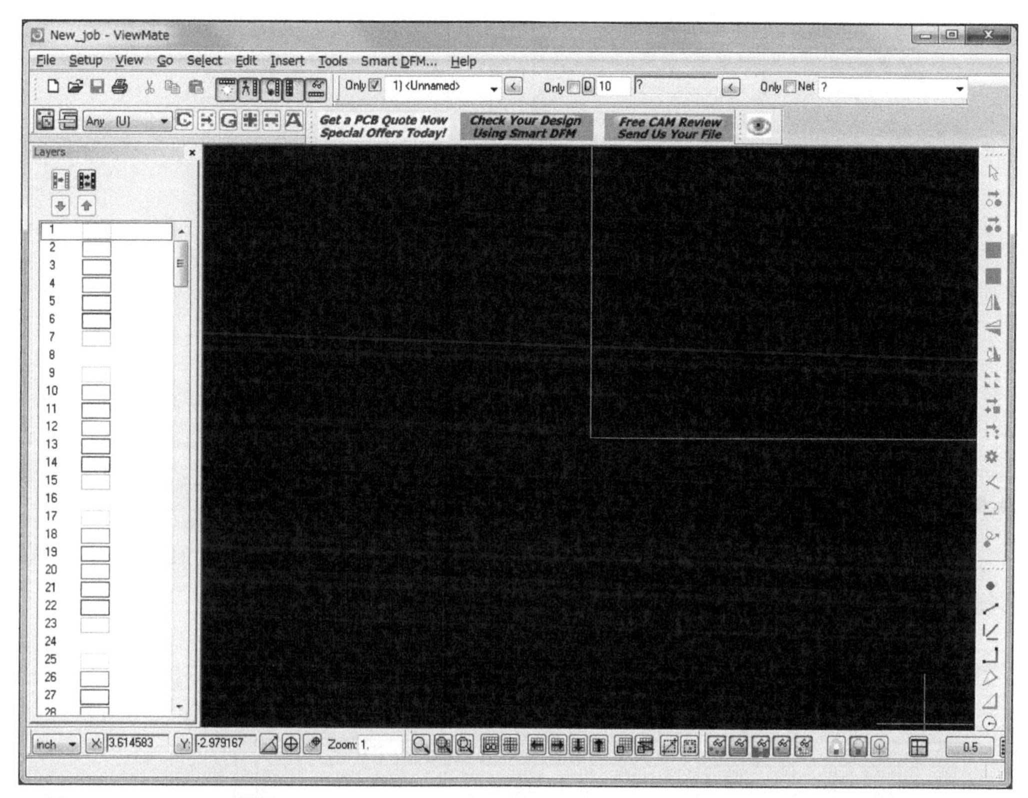

▲ 图 2-86 ViewMate 界面

然后导入钻孔数据。先在 Layers 窗口中选择未使用的层（此处为第 7 层）。然后，从菜单栏选择 File → Import → Drill & Route。弹出的对话框下方单击 Options 按钮，弹出导入钻孔数据设置选项的对话框。对话框如图 2-87 所示。Left of decimal 的值设置为 1，Zeros 单选按钮选择 All digits present 选项。之后选择 DRD 文件进行导入。这样所有的层就都可见了。

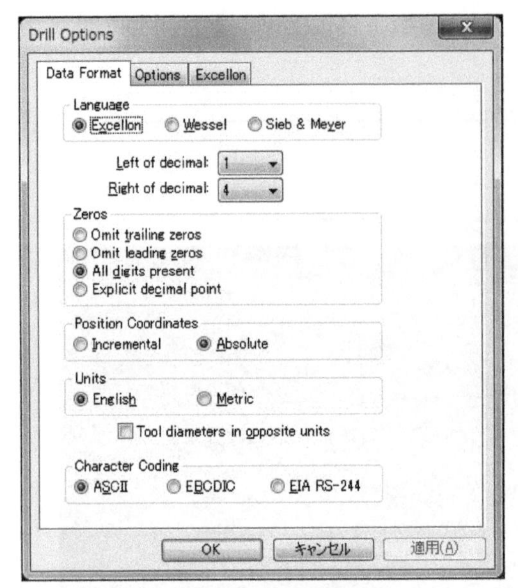

▲ 图 2-87　导入钻孔数据的设置选项

接下来依次单击 Setup → Layers，出现图 **2-88** 所示的层属性窗口。在 SOL 与 STC 层选中 Neg，单击 OK 按钮完成。

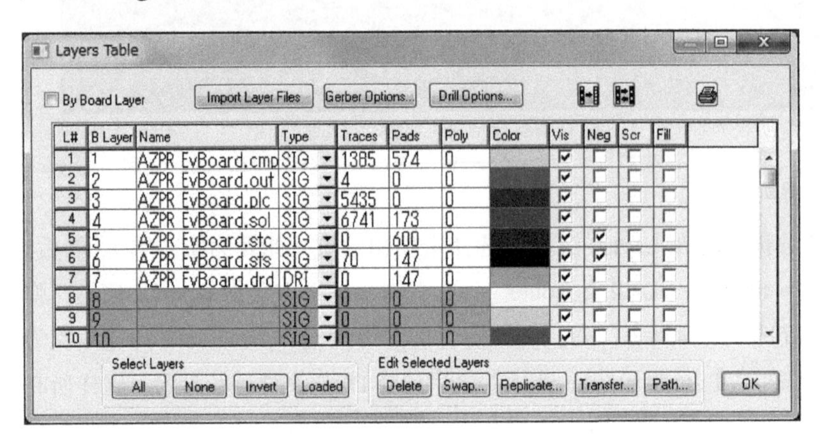

▲ 图 2-88　层属性

至此，Gerber 数据检视完毕。图 **2-89** 为所有的 Gerber 数据显示在 ViewMate 软件中的视图。

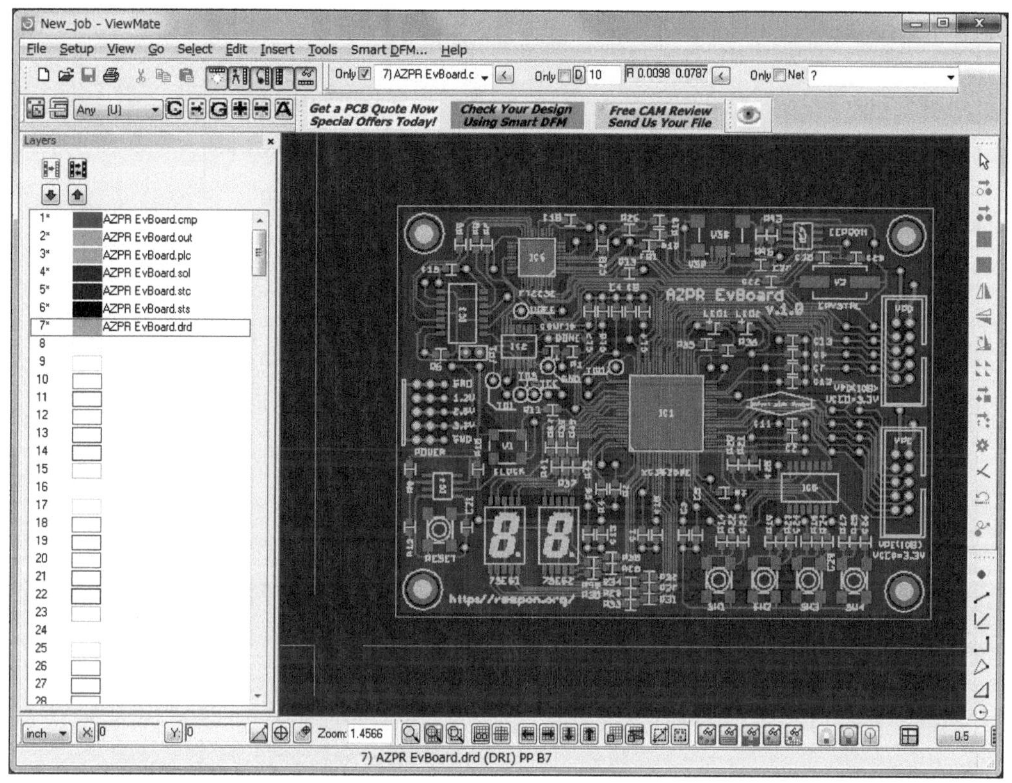

▲ 图 2-89　将 Gerber 数据导入 ViewMate 后的视图

专栏

执行 DFM 检查的方法

ViewMate 软件带有 DFM（Design For Manufacture）检查功能。DFM 是在设计时考虑降低生产难度的设计方法。DFM 与 DRC 从不同角度对设计进行检查。然而，由于 ViewMate 的 DFM 设计规则无法进行详细设置，所以检查结果仅仅作为参考。

单击工具栏的 SmartDFM 后，出现图 2-90 所示的 SmartDFM 对话框。Step1 中选择 Analyze Design and Report Errors 选项，Step2 中选择 China。虽然 SmartDFM 的规则不能改变，但是 China 的规则与 P 板 .com 公司的规则大致一样。但 DFM 中没有与 OLIMEX 公司类似的规则，所以 DFM 的结果只能作为参考。单击 Start 会出现 Select Specs 界面。PCB with Mask 中选择 2Layer，点击 Next 进入 General PCB Info 界面。接下来，按照默认点击 Next 到下一步。

跳转到图 2-91 所示的 Identify Layers 界面。每一栏选择与之对应的层，选择的层会出现在 ViewMate 上。全部的层选择完成后单击 Next。

然后会出现图 2-92 所示的 Set Layer Polarity 界面，Top Solder Mask 与 Bottom Solder Mask 两层的下拉菜单选择 Negative。

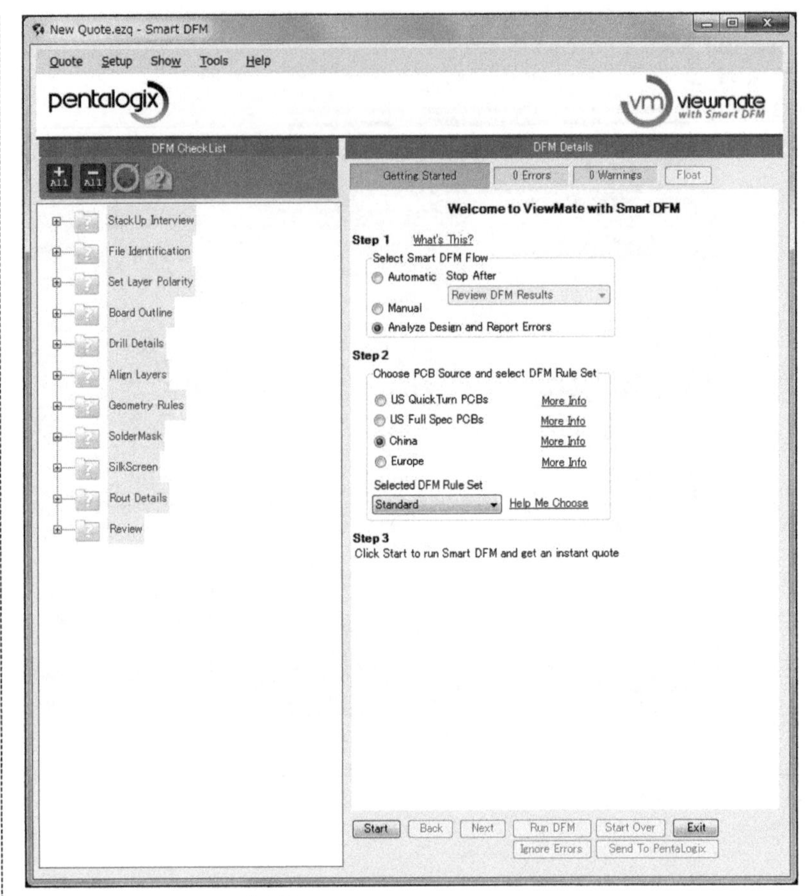

▲图 2-90　SmartDFM 对话框

Board Outline	Set	☑	L2, AZPR.out (SIG) PP
Plated Drills	Set	☑	L7, AZPR.drd (DRI) PP
Top SilkScreen	Set	☑	L3, AZPR.plc (SIG) PP
Top SolderMask	Set	☑	L5, AZPR.stc (SIG) PP
Top Copper	Set	☑	L1, AZPR.cmp (SIG) PP
Bottom Copper	Set	☑	L4, AZPR.sol (SIG) PP
Bottom SolderMask	Set	☑	L6, AZPR.sts (SIG) PP

▲ 图 2-91　层的设定

Top SilkScreen	Positive
Top SolderMask	Negative
Top Copper	Positive
Bottom Copper	Positive
Bottom SolderMask	Negative

▲ 图 2-92　层的翻转设定

Outline Is Unbroken Path 界面按照默认，单击 Next 按钮，然后出现 DFM Rule Analyzer 对话框。在此对话框点击 Start 开始 DFM 检查。DFM 检查结果如图 2-93 所示。

我们发现了 Minimum Character Spacing 的 Warning。点击 Warning 处后，单击 Run Select DFM Rules 后，会出现如图 2-94 所示的 Warning 的详细信息。Warning 内容是电路板丝印间距太小。虽然 DRC 项目中规定了丝线的粗细，但是对间距并无规定，所以我们认为这对于 AZPR EvBoard 的制造没什么影响。

因为不存在其他大的问题，至此DFM检查结束。单击Exit，关闭DFM检查对话框。

接着，从SmartDFM对话框工具栏依次单击Show→DFM Parameters查看DFM参数。DFM参数如图2-95所示。

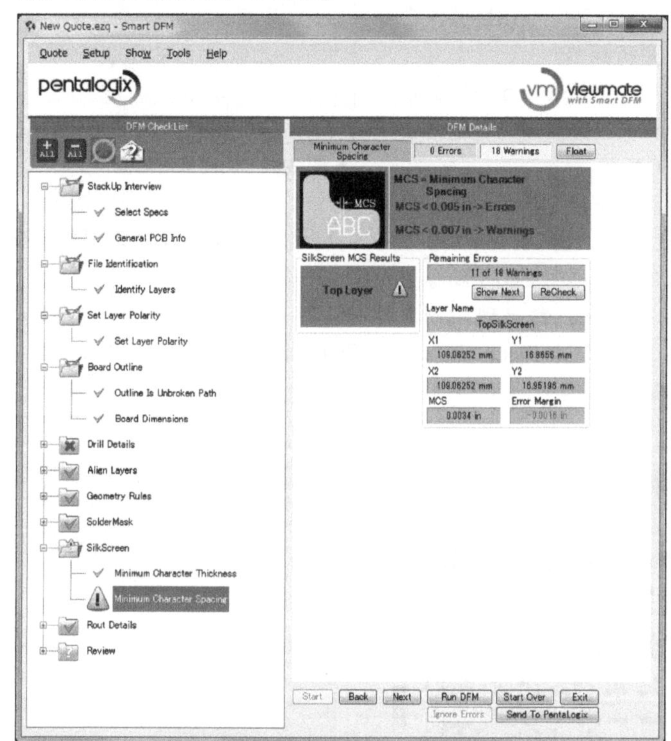

▲图2-93 DFM检查结果

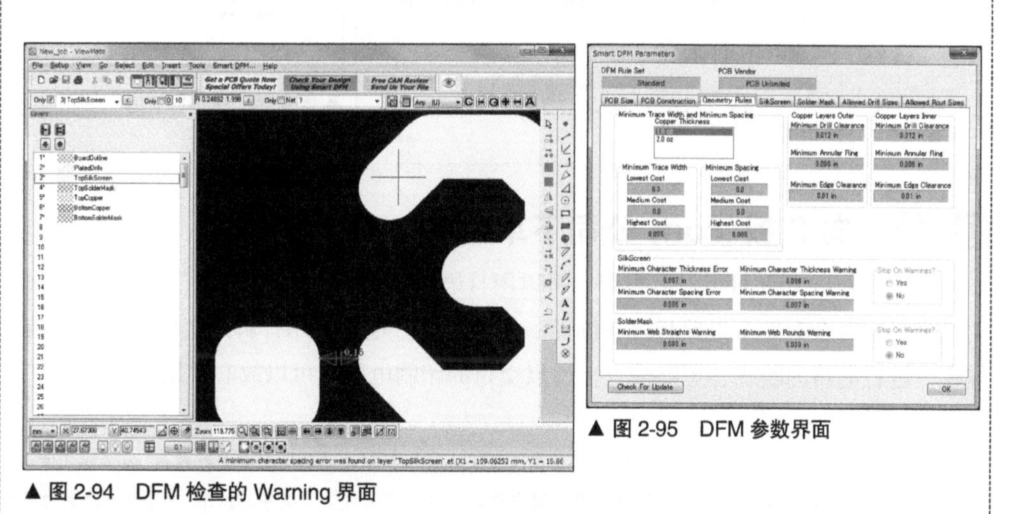

▲图2-94 DFM检查的Warning界面

▲图2-95 DFM参数界面

专栏

阻焊层遮罩的印刷设置

丝印印刷阻焊层时，由于 Eagle 不能实现翻转样式印刷，所以我们使用 ViewMate 进行翻转。

首先制作印刷区域的边框。依次单击 Setup → Frame → Surround All Data，会出现对话框，设置 Margin 的值为 0.1，单击 OK 按钮。对话框如图 2-96 所示。

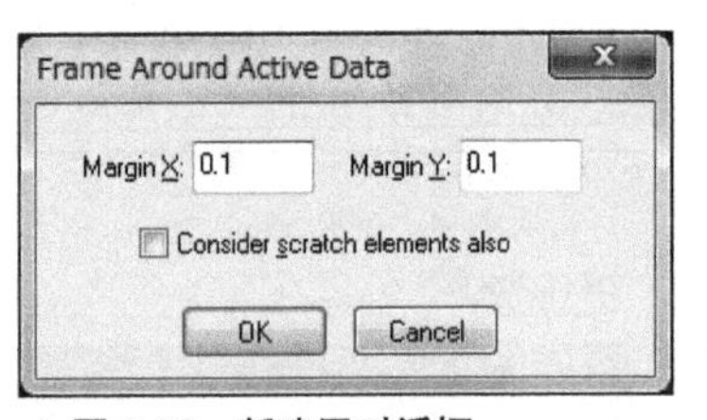

▲ 图 2-96　新建层对话框

然后，将要印刷的层表示出来。在 Layer 窗口中除阻焊层之外的层会被全部隐藏。可以使用双击来切换显示与隐藏状态。右键单击阻焊层选择 Negative，使之翻转。阻焊层的样子如图 2-97 所示。

从工具栏依次单击 File → Print，会出现印刷对话框。印刷对话框如图 2-98 所示。Content 设定为 Screen，Colors 设定为 Black on white，Scale 选择 By factor，并输入 1。以上设置完后，单击 OK 进行翻转印刷。

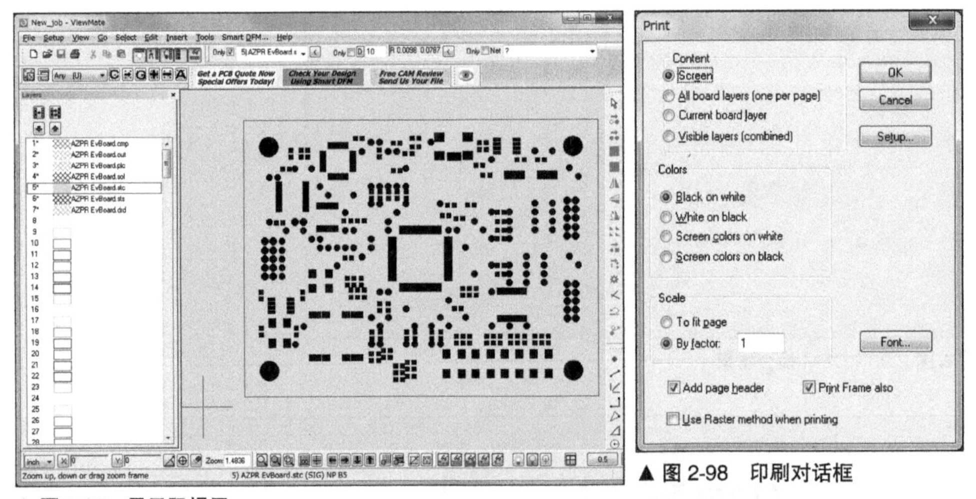

▲ 图 2-97　显示阻焊层

▲ 图 2-98　印刷对话框

2.9.5　向 P 板 .com 公司下单制板

P 板 .com 公司在日本设有窗口，可以用日语交流，所以十分有人气[①]。P 板 .com 公司最终检查时会对整个电路板进行断路、短路测试。他们会用针脚连接电路板上所有的焊盘，进行电路的断线、短路检查，所以交付的印刷电路板可以放心使用。

① P板.com只面向日本国内提供服务。虽然国内读者一般不会去日文网站上定制电路板，但了解了这些步骤之后，在向其他商家委托制造时可作为参考。国内读者可以去淘宝搜索关键字“PCB”，寻找合适的电路板制造商家，通过与客服沟通的方式委托制作电路板。——译者注

■制造标准

P 板 .com 公司的制造标准文件是公开的，委托制造的电路板必须遵守其中的设计规则。并且，根据制造标准制作的供 Eagle 使用的设计规则文件也是公开的，所以通过 DRC 检查后基本上不会出现问题。

设计标准文件

http://www.p-ban.com/information/data/manufacture_standard.pdf

下面就设计标准文件中的重点部分进行说明。

■走线宽度 / 间距

标准为 0.127mm，特制时可以选择 0.1mm。本次设计的样式幅度为 0.2032mm（8mil），所以，即使选用标准设计也有充分的余地。

■开孔直径 / 焊盘直径

标准开孔直径为 0.3mm，焊盘直径为 0.6mm，钻孔直径精度为 0.1mm。

■表面处理

走线材料是铜箔，阻焊层未覆盖的部分会进行焊料整平。焊料整平是指在阻焊层未覆盖的铜箔部分刷涂焊锡，这样在焊接时更容易操作。另外，也可以定制刷涂非电解镀金膜或耐热保护膜等。

■必要数据的准备

向 P 板 .com 公司下单制造电路板时，需要准备的数据有 Gerber 数据和制造需求书。Gerber 数据是 2.9.2 介绍过的全部输出文件。制造需求书是说明 Gerber 数据内容的 TXT 文件。AZPR EvBoard 的设计需求书如图 2-99 所示。将这些文件压缩成一个 ZIP 文件。

```
交付的文件列表

AZPR.cmp（元件层走线数据）
AZPR.gpi（报告文件）
AZPR.plc（元件层丝印数据）
AZPR.sol（焊锡层样式数据）
AZPR.stc（元件层阻焊数据）
AZPR.sts（焊锡层阻焊数据）
AZPR.out（外框线数据）
AZPR.dri（钻孔表）
AZPR.drd（钻孔数据）
```

▲ 图 2-99 设计需求书正文

专栏

拼板数据的准备

增加定制费可以实现多个不同电路板的拼板制造。拼板制造是指将多个不同的电路板集中在一块板子上制造，例如，我们可以将电源板与 FPGA 板合成一块电路板。每块电路板间，通过 V 型切槽分割，稍稍用力就可以将两块电路板分离。

拼板下单时，各电路板的 Gerber 数据要分别放置在不同文件夹里，Filelist.txt 文件也要分别准备多份。而且，除了 Gerber 数据，还需要拼板方式的说明信息。另外，需要画图说明两个电路板的布局方式，即使是简单的图示也无妨，但一定要说清楚电路板的布局朝向。AZPR EvBoard 拼板说明的图示如图 2-100 所示。

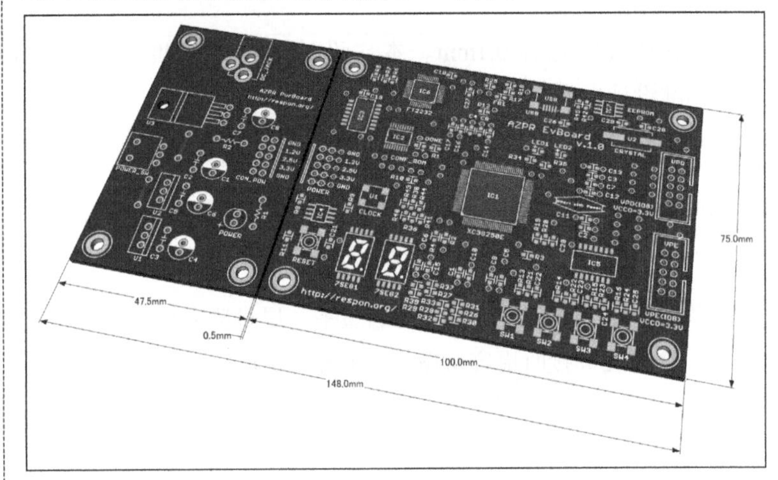

▲图 2-100　拼板信息

■下单流程

向 P 板 .com 公司下单制造电路板时，首先需要进行费用估算，在网站上点击 1-Click 一键估算按钮，然后填写必要的信息。一键估算画面如图 2-101 所示。总体尺寸设置为 100.0mm × 75.0mm，制造 1 块电路板花费 20 000 日元，但制造 20 块总共只需 25 000 日元。虽然我们不需要做太多，但是在一定数量范围内，制造的越多单价越便宜。

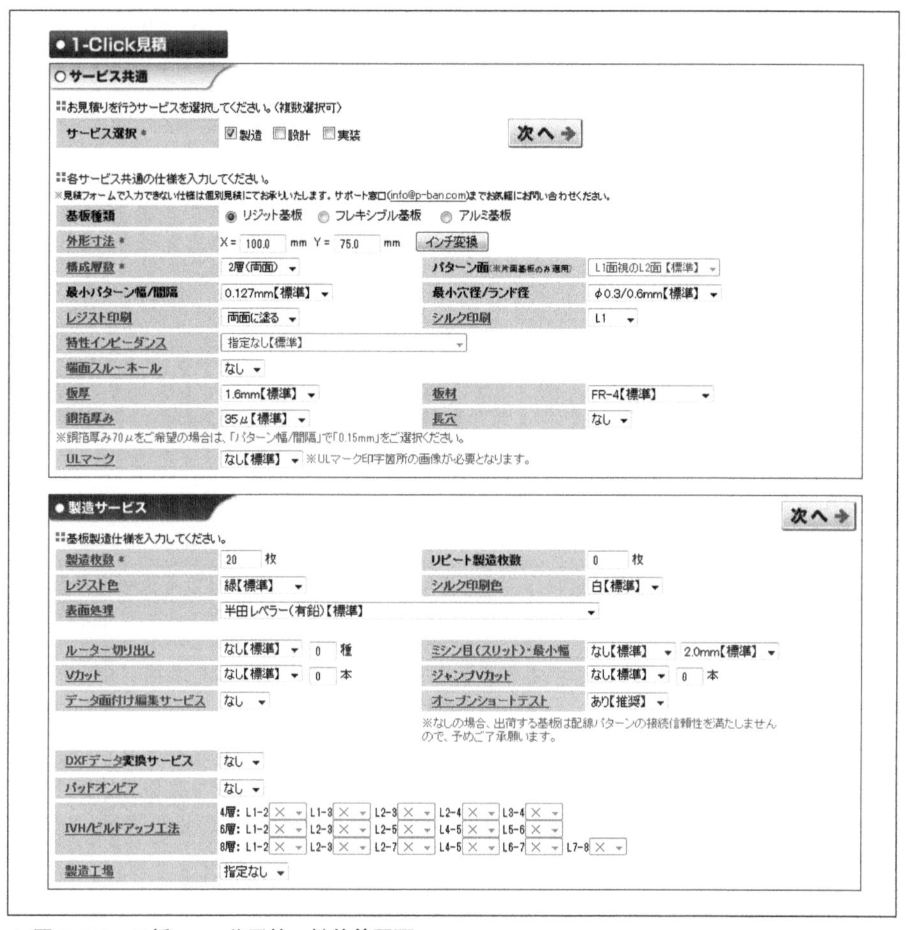

▲ 图 2-101　P 板 .com 公司的一键估算页面

1-Click 見積：一键估算；
サービス共通：通用服务选项；
お見積りを行うサービスを選択してください（複数選択可）：请选择需要进行估算的服务（可多选）；
サービス選択：服务选项；
製造：制造；
設計：设计；
実装：安装；
次へ：下一步；
各サービス共通の仕様を入力してください：请输入各项服务的通用信息；
見積フォームで入力できない仕様は個別見積にてお承りいたします。サポート窓口（info@p-ban.com）までお気軽にお問い合わせください：如果有以下估算表选项之外的需求可以进行定制估算，请到服务窗口（info@p-ban.com）咨询；
基板種類：电路板种类；
リジット基板：硬电路板；
フレキシブル基板：柔性电路板（FPC 电路板）；
アルミ基板：铝基电路板；
外形寸法：外形尺寸；
インチ変換：英寸转换；
構成層数：层数；
パターン面（片面基板のみ適用）：走线面（只适合单面电路板）；
最小パターン幅 / 間隔：最小走线宽度 / 间距；
最小穴径 / ランド径：最小孔径；
レジスト印刷：阻焊层印刷；
両面に塗る：双面涂印；
シルク印刷：丝印；
特性インピーダンス：特殊阻抗；
端面スルーホール：贯通通孔；
板厚：板厚；
板材：板材；
銅箔厚み：铜箔厚度；
長穴：长孔；
銅箔厚み 70 μをご希望の場合は「パターン幅 / 間隔」で「0.15mm」をご選択ください：需要铜箔厚度为 70 μ时，请将走线宽度 / 间距设置为 0.15mm；
UL マーク：UL 认证图标；
UL マーク印字箇所の画像が必要となります：需要 UL 认证图标印刷处的图像；
製造サービス：制造服务；
基板製造仕様を入力ください：请输入电路板制造方式；
製造枚数：制造块数；
リピート製造枚数：重复制造电路板数量；
レジスト色：阻焊层颜色；
シルク印刷色：丝印颜色；
表面処理：表面处理；
半田レベラー（有鉛）：焊料整平（含铅）；
ルーター切り出し：多电路板切割；
ミシン目（スリット）・最小幅：邮票孔・最小宽度；
V カット：V 型切割槽；
ジャンプ V カット：不贯穿整张电路板的 V 型切割槽；
データ面付け編集サービス：拼板数据编辑服务；
オープンショットテスト：断路短路检测；
なしの場合、出荷する基板は配線パターンの接続信頼性を満たしませんので、予めご了承願います：不选的情况下，不能保证出产电路板的走线的连接性，请务必了解；
DXF データ変換サービス：DXF 文件数据转换服务；
パッドオンビア：印刷电路板间接触用导电层的上方焊盘；
IVH/ ビルドアップ工法：IVH/ 加工工艺；
製造工場：制造工厂；

输入整体尺寸等必填信息后，会转入图 2-102 所示的页面。我们在这里输入 AZPR EvBoard。

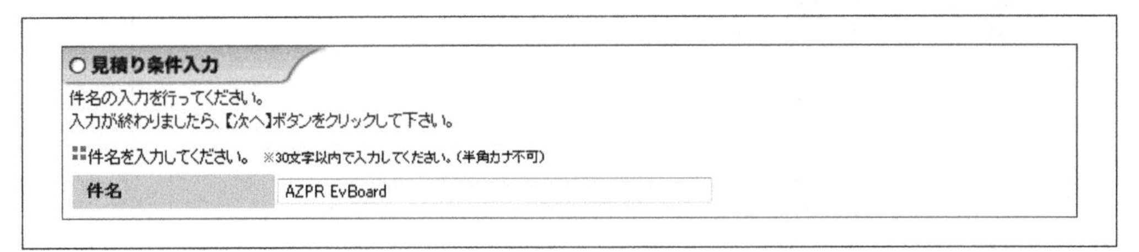

▲ 图 2-102　输入项目名称

見積り条件入力：输入估算条件；
件名の入力を行ってください：请输入项目名称；
入力が終わりましたら、[次へ]ボタンをクリックして下さい：输入后，请单击下一步按钮；
件名を入力してください：请输入项目名；
30 文字以内で入力してください。(半角カナ不可)：输入 30 字以内的文字，不可用半角假名；
件名：项目名称；

估算受理完成后，会出现如图 2-103 所示的界面，检查后进入下一步。

○ 見積り受付完了

下記受付番号でご確認頂いた見積内容を保存しました。

一括受付番号	11082200001	設計受付番号	-
		製造受付番号	201108220001M
		実装受付番号	-

件名	AZPR EvBoard		
2011/08/22 18:00までにご注文いただいた場合の出荷予定日	2011/08/29(月)	お届け予定日	2011/08/30(火)

※「お届け予定日」は、遠隔地や離島では到着が遅れる場合がございます。

見積書の印刷

見積書印刷 → 見積書がPDFで出力されます。

このまま注文

注文手続に進む → このまま注文する場合はクリックしてください。

宛名表記変更

宛名表記の変更 → 宛名表記を変更します。

▲ 图 2-103　估算受理完成页面

見積り受付完了：估算提交完成；
下記受付番号でご確認頂いた見積内容を保存しました：您确认过的如下编号的估算已保存；
一括受付番号：整体受理编号；
設計受付番号：设计受理编号；
製造受付番号：制造受理编号；
実装受付番号：实装受理编号；
件名：项目名称；
までにご注文いただいた場合の出荷予定日：……之前订单交付后预计出厂日；
お届け予定日：预计送达日期；
見積書の印刷：打印估算书；
見積書印刷：打印估算书；
見積書が PDF で出力されます：保存估算书为 PDF 格式；
このまま注文：下单；
注文手続きに進む：进入下单手续；
このまま注文する場合はクリックしてください：不做变更直接下单；
宛名表記変更：变更收件人姓名、地址；
宛名表記の変更：变更收件人姓名、地址；
宛名表記を変更します：变更收件人姓名、地址；

在这一步可以打印估算书。估算书对个人来说没用，我们只保存其 PDF 文件。 接下来会出现如图 2-104 所示的制造资料的注册页面。将制造所需的文件压缩保存到 1 个 ZIP 文件后，通过浏览器上传。

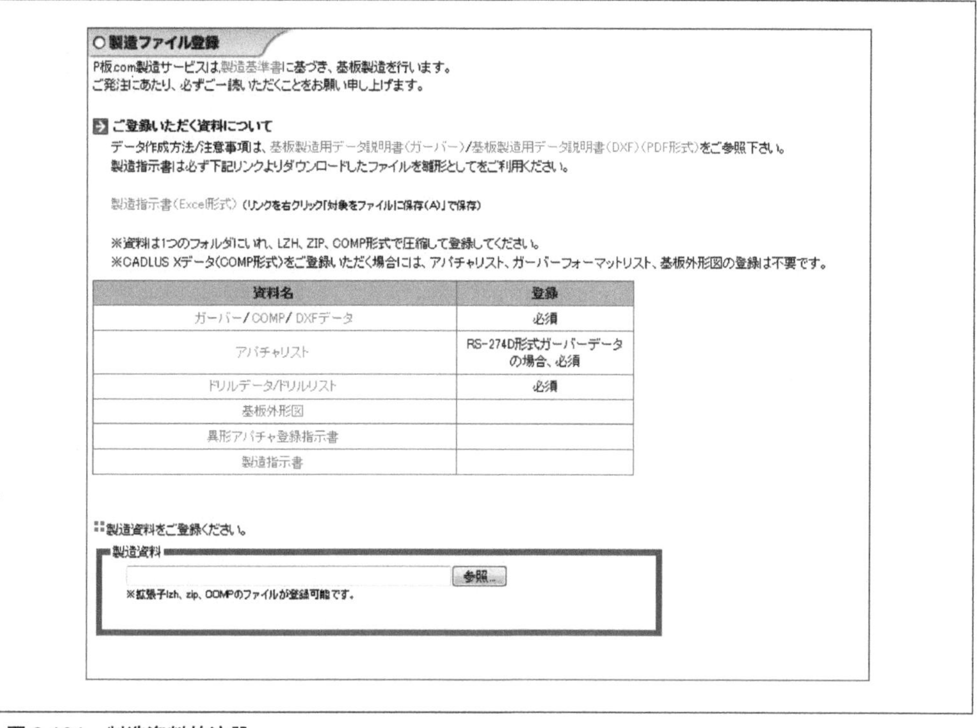

▲ 图 2-104　制造资料的注册

製造ファイル登録：注册制造文件；
P 板 .com 製造サービスは、製造基準書に基づき、基板製造を行います：P 板 .com 公司提供的服务基于制造基准书进行电路板制造；
ご発注にあたり、必ずご一読いただくことをお願い申し上げます：提交委托时，请务必浏览一遍；
ご登録いただく資料について：关于提交的注册资料；
データ作成方法 / 注意事項は、基板製造用データ説明書（がーバー）/ 基板製造用データ説明書（DXF)(PDF 形式）をご参照下さい：关于数据制作方法 / 注意事项请参照电路板制造用数据说明书（Gerber）/ 电路板制造用说明书（DXF）（PDF 格式）；
製造指示書は必ず下記リンクよりダウンロードしたファイルを雛形としてをご利用ください：制造需求书制作时，务必把从下列链接下载的文件作为雏形使用；
製造指示書（Excel 形式）（リンクを右クリック「対象をファイルに保存（A)」で保存)：制造需求书（Excel 格式）[右键点击链接，选择目标另存为（A）保存文件]；
資料は 1 つのフォルダにいれ、LZH、ZIP、COMP 形式で圧縮して登録してください：资料放进一个文件夹，然后压缩成 LZH、ZIP、COMP 其中任意一种格式进行注册；
CADLUS X データ（COMP 形式）をご登録いただく場合には、アパチャリスト、ガーバーフォーマットリスト、基板外形図の登録は不要です：CADLUS X 数据（COMP 格式）注册时，不需要注册露光孔列表、Gerber 格式列表、电路板外观图；
資料名：资料名；
登録：注册；
ガーバー /COMP/DXF データ：Gerber/COMP/DXF 数据；
必須：必须；
アパチャリスト：露光孔列表；
RS-274D 形式ガーバーデータの場合、必須：Gerber 数据为 RS-274D 格式的情况、必须；
ドリルデータ / ドリルリスト：钻孔数据 / 钻孔列表；
必須：必须；
基板外形図：电路板外观图；
異形アパチャ登録指示書：异状露光孔注册需求书；
製造指示書：制造需求书；
製造資料をご登録ください：请注册制造资料；
製造資料：制造资料；
参照 ...：浏览 ...；
拡張子 lzh、zip、COMP のファイルが登録可能です：可以用后缀名为 lzh、zip、COMP 的文件注册。

制造信息注册完成后，会出现图 2-105 所示的订单受理完成的画面。下单完成后，会接到客服发来的 E-mail。

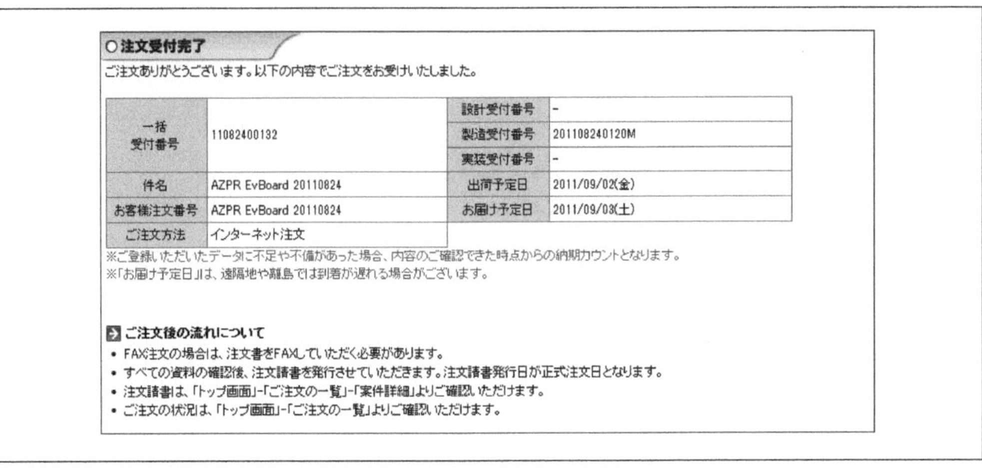

○注文受付完了

ご注文ありがとうございます。以下の内容でご注文をお受けいたしました。

一括受付番号	11082400132	設計受付番号	-
		製造受付番号	201108240120M
		実装受付番号	-
件名	AZPR EvBoard 20110824	出荷予定日	2011/09/02(金)
お客様注文番号	AZPR EvBoard 20110824	お届け予定日	2011/09/03(土)
ご注文方法	インターネット注文		

※ご登録いただいたデータに不足や不備があった場合、内容のご確認できた時点からの納期カウントとなります。
※「お届け予定日」は、遠隔地や離島では到着が遅れる場合がございます。

ご注文後の流れについて

- FAX注文の場合は、注文書をFAXしていただく必要があります。
- すべての資料の確認後、注文請書を発行させていただきます。注文請書発行日が正式注文日となります。
- 注文請書は、「トップ画面」-「ご注文の一覧」-「案件詳細」よりご確認いただけます。
- ご注文の状況は、「トップ画面」-「ご注文の一覧」よりご確認いただけます。

▲ 图 2-105　委托受理完毕

注文受付完了：委托受理完毕；
ご注文ありがとうございます：感谢您的委托；
以下の内容でご注文をお受けいたしました：受理了以下内容的委托；
一括受付番号：总受理编号；
設計受付番号：设计受理编号；
製造受付番号：制造受理编号；
実装受付番号：实装受理编号；
件名：项目名；
出荷予定日：出厂日期；
金：星期五；
お客様注文番号：客户委托编号；
お届け予定日：送达预期日；
土：星期六；
ご注文方法：委托方式；
インターネット注文：网上委托；
ご登録いただいたデータに不足や不備があった場合、内容のご確認できた時点からの納期カウントとなります：注册的数据如果不完整或不满足条件则从完善数据后开始计算交付日期；
「お届け予定日」は、遠隔地や離島では到着が遅れる場合がございます：当顾客地址较远或者为孤岛时，送达日期可能会有所延迟；
ご注文後の流れについて：关于委托后的流程；
FAX 注文の場合は、注文書を FAX していただく必要があります：通过 FAX 委托的情况，需要客户用 FAX 提交委托书；
すべての資料の確認後、注文請書を発行させていただきます；
确认全部资料后，公司将发出委托合同书；
注文請書発行日が正式注文日となります：委托合同书发行日期为正式委托日期；
注文請書は、「トップ画面」－「ご注文の一覧」－「案件詳細」よりご確認いただけます：合同书可以依次点击顶层页面→委托浏览→议案详情后确认；
ご注文の状況は、「トップ画面」－「ご注文の一覧」よりご確認いただけます：委托的状况可以依次点击顶层页面→委托浏览后确认。

■交货日期

估算书中所写的交货日期是从正式委托日开始到出厂日之间的工作日相加而成的。例如，5 个工作日交货，如图 2-106 所示，到送达日实际花费了 1 周时间。

星期三	星期四	星期五	星期六	星期日	星期一	星期二	星期三	星期四
受理委托日	第 1 天	第 2 天			第 3 天	第 4 天	第 5 天（出厂日）	送达日

▲ 图 2-106　交货日期图

■支付

个人支付只有货到付款一种方式。

2.9.6　向 OLIMEX 公司下单制板

OLIMEX 公司是保加利亚的电路板生产公司，和他们进行 E-mail 交流时需要用英文。生产少量电路板时制造单价低是该公司的优势。

■制造标准

OLIMEX 公司的电路板以面板为单位接受定制。可供选择的面板如表 2-18 所示。AZPR EvBoard 电路板规格为 100mm × 75mm，所以选择使用 1 张 DSS 面板可以做出两块。

▼表 2-18　供选择的面板尺寸

	SSS 面板	SSQ 面板	DSS 面板	DSQ 面板
尺寸	160[mm] × 100[mm]	320[mm] × 100[mm]	160[mm] × 100[mm]	320[mm] × 100[mm]
层数	单面	单面	双面	双面
价格	1~4 块 : 24 欧元 5~11 块 : 19 欧元 12~32 块 : 16 欧元	1 块 : 96 欧元 2~3 块 : 76 欧元 4~8 块 : 64 欧元	1~4 块 : 30 欧元 5~11 块 : 24 欧元 12~32 块 : 20 欧元	1 块 : 120 欧元 2~3 块 : 96 欧元 4~8 块 : 80 欧元

DRC 有 10mil 规则和 8mil 规则两种可供选择。由于 AZPR EvBoard 的线宽设计为 8mil，因此选择 8mil 规则。钻孔的钻头直径标准有 0.7、0.9、1.0、1.1、1.3、1.5、2.1、3.3mm 可供选择。使用标准以外的钻头时，附加费为每 1 支 1 欧元。定制钻头调整精度为 0.1mm。AZPR EvBoard 使用的是 0.8mm 和 3.2mm 的钻孔直径，所以需要附加费用。

■必要数据的准备

Eagle 的数据可以直接提交。当用 Eagle 的数据提交时，需要隐藏不用的层。也可以使用 Gerber 数据提交。

另外，还需要 README.txt 文件。README.txt 所记载的事项如图 2-107 所示。5.Shipping option 运输方式可以选择 AIRMAIL、EMS 或 FEDEX。各个配送方式的送达日期与费用不同，请按需选择。

```
1.  Name: <姓名>
2.  Company: Respon.org
3.  Billing address: <住址>
4.  Shipping address: same as Billing address
5.  Shipping option: AIRMAIL
6.  Order: 4 boards on 2 DSS
7.  For all orders from Europe Union: None
8.  Payment option: JCB
9.  De-panelization with smooth or rough borders: smooth(Abrasive disk)
10. Notes:
```

▲图 2-107　README.txt 内容

■下单流程

OLIMEX 公司使用 E-mail 邮件进行下单。添加整套数据至附件，简单的写上几句内容后发送。E-mail 内容的例子如图 2-108 所示。电路板制造相关的需求内容要全部写入 README.txt 文件，无需写在 E-mail 里。

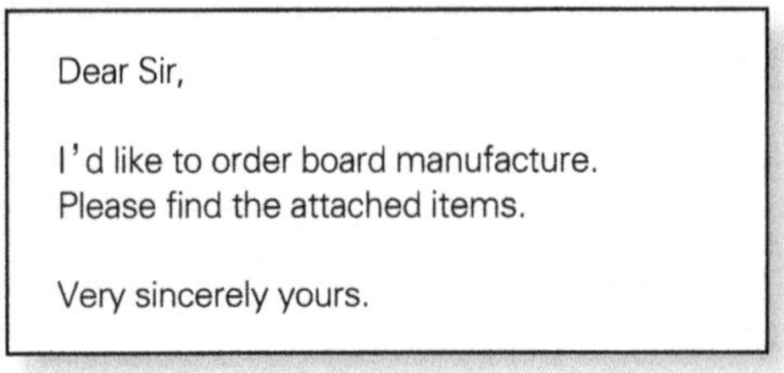

Dear Sir,

I'd like to order board manufacture.
Please find the attached items.

Very sincerely yours.

▲ 图 2-108 下单 E-mail 内容的例子

■交货日期

交货日期为制造天数加配送天数。制造选择 10mil 规则的情况交货日期为 3～5 个工作日，8mil 规则时为 15 个工作日。运输时间方面，航空邮件为 3～5 周，EMS 为 1 周左右，FEDEX 只需 1～3 天。运输方法不同，费用也不同。

■支付

支付使用 PayPal。PayPal 的使用方法，本书不作赘述。

2.10 组装电路板

本节我们在做好的电路板上安装元件。我们首先安装电源板上的元件，然后安装 FPGA 板上的元件。

2.10.1 电源板

我们首先说明电源板上的元件安装。除了开孔感光电路板上元件安装用的开孔之外还有很多孔，请留意。按元件高度从低到高的顺序安装起来比较方便。我们依次安装电阻、陶瓷电容、串联调节器、开关以及连接插座。安装完成的电路板如照片 2-39 所示。

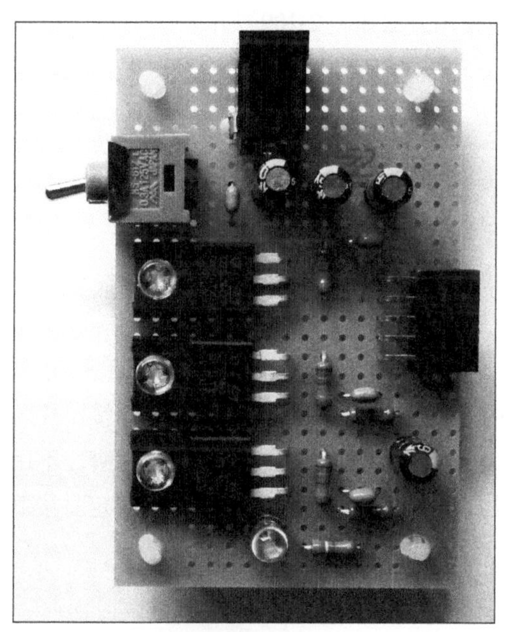

▲ 照片 2-39 电源板制作示例

2.10.2 组装 FPGA 板

FPGA 板上载有大量元件，下面介绍锡焊安装元件的方法。

■贴片 IC

我们先讲解贴片 IC 的安装。贴片 IC 的安装需要熟练，市面上也有帮助新手降低失败率的专用工具套装。下面我们介绍 SUNHAYATO 公司的贴片元件安装工具套装的使用方法。

套装包含慢硬化型胶黏剂和特种膏状焊锡。首先，用慢硬化型胶黏剂把元件固定在电路板上。然后，等待 30 分钟后胶黏剂硬化。硬化后，将特种膏状焊锡涂抹在引脚上。接着用烙铁把焊锡融化。焊锡不小心桥接到其他部位时，用焊锡吸附线将焊锡吸出。

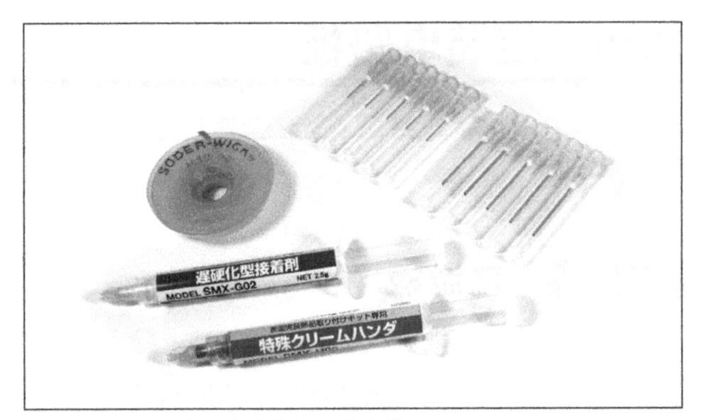

▲ 照片 2-40　贴片元件专用工具套装

处理贴片元件的工具套装见照片 2-40，其使用方法如图 2-109 所示。

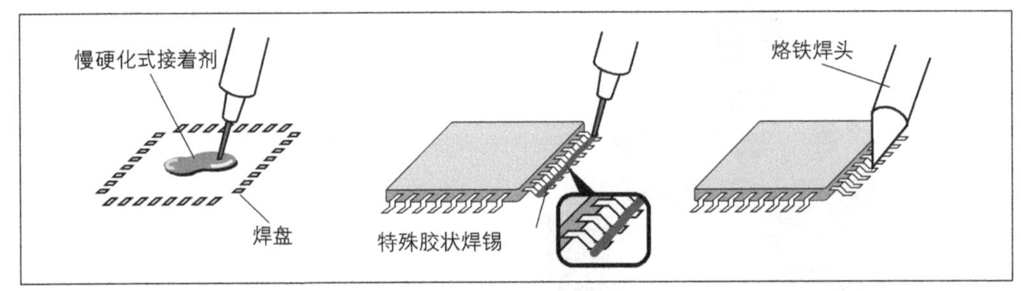

▲ 图 2-109　贴片元件专用工具套装的使用方法

下面介绍不使用工具套装安装贴片元件的方法。我们通常使用线状焊锡焊接贴片元件。锡焊的要点是：首先焊接对角线上的引脚以固定位置，然后再焊接其他引脚。不用太在意临时固定引脚的焊接效果或者短路到其他导线上，这一步的作用先是固定。接下来，临时固定引脚的焊接等其他引脚焊接完成后再处理干净。

■贴片电阻，贴片电容，贴片 LED 的安装

下面说明贴片元件的安装。贴片元件的焊接与 IC 焊接相比要简单。先把焊锡涂抹在焊盘的一侧。用镊子夹住贴片元件，先焊接一端。然后再焊接另一端。如果烙铁头长时间接触，热传导到另一端使焊锡融化会导致元件脱落，所以尽量快速操作。

贴片 LED 有正负极性之分，要加以注意。如图 2-110 所示，贴片 LED 的内侧有凸字标注。凸字的下方为正极，上方为负极。LED 的型号不同，标注也不同，所以使用时请参考 LED 的规格书。

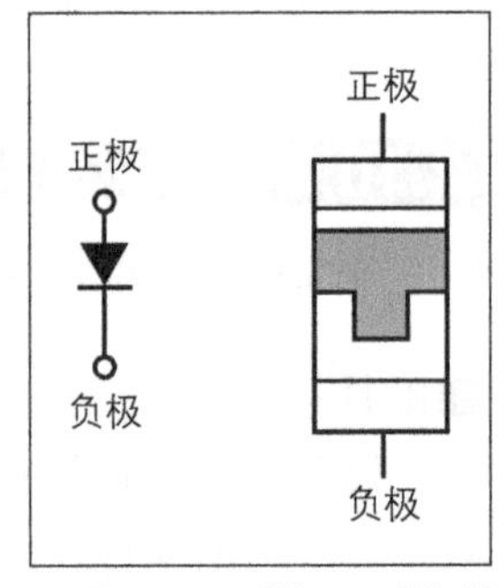

▲ 图 2-110　贴片 LED 的极性

2.11 功能测试

本节，我们对制作完成的 AZPR EvBoard 进行功能测试。首先说明 FPGA 无法识别时的查错方法，然后介绍测试连接用的诊断程序的执行。

2.11.1 识别 FPGA

如果发生无法从配置工具中识别 FPGA 的情况，应该是制作时的错误导致的。下面是几项可能的原因。

■检查电源电压

开启电路板电源前，请用仪表测试各个电源与 GND 之间是否存在短路。接着，先只开启电源板，用仪表测量电压是否正确。最后再接上 FPGA 板，测量电压是否正确。

■检查 FT2232 功能

接通 AZPR EvBoard 电源，将其通过 USB 线与计算机连接后，确认计算机是否能够正确识别 FT2232。无法识别设备时，可能是 USB 芯片的焊锡不良造成的。确认芯片的朝向和焊锡的状态是否正确。另外，还应用仪表测量一下，确认从 USB 输入的 5V 电压是否传输到电路板。

■检查 JTAG 信号的连接

FPGA 无法识别时，可能是 JTAG 信号布线不正确造成的。应检测配置 ROM 和 FPGA 的焊接是否存在问题。

■检查电阻和电容的参数

还要检查电阻和电容的参数。电阻的参数印刷在电阻表面，所以安装之后可以确认。而电容在安装之后无法看到参数，所以安装时请多加注意。

■检查布线的连接

用感光电路板制作时，蚀刻时间过长可能导致走线被切断。而且，相邻走线间也可能存在短路。要用仪表测试走线的两端，检查是否导通。

2.11.2 诊断程序

FPGA 正确识别后，就可以将基于 AZPR SoC 的诊断程序（Diagnostic Program）配置到 AZPR EvBoard 上运行。向 FPGA 写入配置信息的方法请参阅第 3 章。

诊断程序是检测电路板上电路是否正确连接的程序。诊断结果通过 UART 输出，所以至少要保证 FPGA 的配置功能和 UART 输出功能可以正常运行。

诊断程序运行检测时需要将两个 VPort（VPD•VPE）直接相连。请用双排 10 针接头的连接线连接 VPD 和 VPE。

■LED、七段数码管

因为 FPGA 无法得知 LED 和七段数码管是否正确连接，要用肉眼进行检查。检测程序启动后，首先检查 LED1 和 LED2 是否交替闪烁。分别闪烁 5 次后，开始七段数码管的检测。两位的七段数码管依次显示 11. → 22 → 33.……99. → 00。请确认它们是否全部正确显示。

■VPort、UART

接下来测试 VPort 和 UART。终端上会输出以下信息：

```
> AZPR EvBoard Diagnostic Program v.1.0
> Press "n" key:
```

在这个状态下，按下键盘 n 键如果显示如下信息，VPort、UART 测试就完成了

```
> UART test: Pass
> VPort connect...
> VPort test: Pass
```

■开关

测试开关时，依次按下 SW1～4，终端会输出下列信息：

```
> SW test:
> SW1: ON
> SW1: OFF
> SW2: ON
> SW2: OFF
> SW3: ON
> SW3: OFF
> SW4: ON
> SW4: OFF
> SW test: Pass
> -----
> All test finished!
>
> -----
> UART test: Pass
> VPort test: Pass
> SW test: Pass
```

■复位

最后测试复位按钮。请按两次复位按钮。如果终端输出以下信息则通过测试：

```
> AZPR EvBoard Diagnostic Program v.1.0
> AZPR EvBoard Diagnostic Program v.1.0
```

至此使用诊断程序的测试就完成了。全部功能通过测试则说明电路板的制造没有问题。由于诊断程序使用的是 AZPR SoC，所以也同时验证了可以在第 1 章制作的 AZPR SoC 上正确运行第 3 章将要制作的程序。

2.12　本章总结

本章介绍了 FPGA 电路板的设计与制作。前半部分对电路板进行设计，选择必要的元件、设计电路和布局图。后半部分讲解了电路板的制作过程。我们先后介绍了使用感光电路板自制电路板和委托电路板生产服务商制版两种方法。

设计电路板时，如果在布局阶段充分考虑到元件安装的难易，就可以做出设计和制作难度均衡的电路板。

最后，制作完成的 AZPR EvBoard 如照片 2-41 所示。

▲ 照片 2-41　制作完成的 AZPR EvBoard

第3章 编程

本章讲解如何为 AZ Processor 编写程序，并在 AZPR EvBoard 上运行。首先说明 AZPR EvBoard 的开发环境。然后说明 AZ Processor 的程序设计。我们使用示例程序对 AZ Processor 和 AZPR SoC 上搭载功能的使用方法进行说明，并在 AZPR EvBoard 上调试运行。

3.1　序

本章讲解如何为 AZ Processor 编写程序，并在 AZPR EvBoard 上运行。首先说明 AZPR EvBoard 的开发环境，介绍必要的开发工具、各个工具的安装和使用方法。其次说明 AZ Processor 的程序设计。我们使用示例程序介绍 AZ Processor 和 AZPR SoC 上搭载的 I/O 的使用方法，并在 AZPR EvBoard 上调试运行。最终，我们将实现一个厨房定时器。

3.2 节讲解开发环境。在这一节的最后，我们制作控制 AZPR EvBoard 上 LED 的程序并调试运行。3.3~3.7 节讲解 AZ Processor 的程序设计。3.3 节编写 UART 串口通信程序向计算机输出文字。3.4 节制作支持 XMODEM 的程序加载器。3.5 节讲解中断和异常。3.6 节说明七段数码管的控制。最后，3.7 节讲解最终制作的应用程序。

3.2 开发环境

本节对 AZ Processor 的交叉开发环境进行介绍。然后讲解并制作一个控制 AZPR EvBoard 上的 LED 的程序。

计算机上运行的程序，通常程序的开发与程序的执行在同一系统下进行，称为本地开发。反之，在与执行环境不同的环境下进行程序开发，称为交叉开发。AZ Processor 的程序开发为交叉开发。因此，开发流程为在计算机上编写程序，然后将执行文件下载到 AZ Processor 执行。

3.2.1 准备工作

AZ Processor 的程序开发需要准备 AZPR EvBoard、AC 变压器、计算机和 USB 线。

■AZPR EvBoard

第 2 章解说制作的 FPGA 电路板：AZPR EvBoard。

■AC 变压器

AC 变压器为 AZPR EvBoard 供电的 AC 变压器。请使用 2.3.2 节提到的，规格为输出电压为 5V，输出电流为 1A 以上的变压器。

■计算机

开发使用的计算机系统为 Windows 7。由于需要通过 USB 接口与 AZPR EvBoard 连接，所以需要计算机带有 USB 接口。

■USB 线

USB 线用来连接计算机与 AZPR EvBoard。计算机上的 USB 接口一般为 A 接口。另一边 AZPR EvBoard 上的 USB 接口为 mini USB 接口。因此，应该选用一头是 A 接头，另一头是 mini USB 接头的 USB 线。照片 3-1 为 A 接头、照片 3-2 为 mini USB 接头。

▲ 照片 3-1　USB A 接头

▲ 照片 3-2　mini USB 接头

3.2.2 FPGA 开发环境

FPGA 开发环境需要安装 ISE WebPACK 和 UrJTAG 两种工具软件。

ISE WebPACK 是赛灵思公司提供的 FPGA 综合开发环境，含有逻辑综合、布局布线、配置等多种 FPGA 开发的必要功能。逻辑综合是将硬件描述语言编写的程序代码转换为门级电路网表的过程。将这个电路网表的逻辑门和网络映射到 FPGA 的逻辑单元和 I/O 的过程称为布局布线。

UrJTAG 是与设备连接，执行 JTAG 操作的工具。使用支持 USB 的 UrJTAG 软件，可以利用 AZPR EvBoard 搭载的 USB 配置模块向 FPGA 的配置 ROM 进行下载操作。

我们使用这些工具，处理第 1 章制作的电路源程序，然后写入 FPGA。文件转换和所用工具的对应关系如图 3-1 所示。

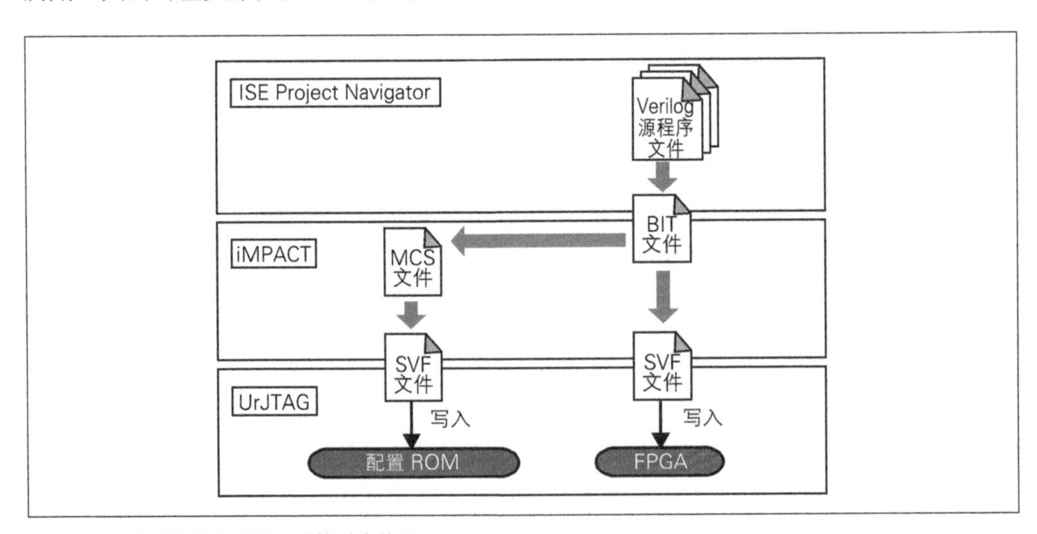

▲ 图 3-1　文件转换和所用工具的对应关系

■ ISE Project Navigator

ISE Project Navigator 是 ISE WebPACK 中包含的工具。使用 ISE Project Navigator，可以将第 1 章使用 Verilog 编写的源程序，编译转换为包含 FPGA 配置信息的 BIT 文件。

■ iMPACT

iMPACT 也是 ISE Project Navigator 中包含的工具。使用 iMPACT 可以将 BIT 文件转换为记述 JTAG 操作的 SVF 格式文件。

大多数 FPGA 使用 SRAM 作为编程配置元件。由于 SRAM 是易失性存储器，一旦断电，配置信息就会消失。为了在关闭电源时也能保存配置信息，FPGA 可以与写有配置信息的非易失性配置 ROM 相连，在电源接通时从配置 ROM 对 FPGA 进行配置。由于将配置信息写入配置 ROM 需要 MCS 格式文件，所以需要使用 iMPACT 生成 MCS 文件。然后和 BIT 文件同样，使用 iMPACT 将 MCS 文件转换为 SVF 文件。

SVF 文件为记述 JTAG 操作的文件格式。将配置信息转换为 SVF 格式文件，然后使用 UrJTAG 下载到设备。

■ UrJTAG

UrJTAG 可以执行 SVF 文件中记述的 JTAG 操作，向 FPGA 或配置 ROM 下载配置信息。

3.2.3 ISE WebPACK

本节对 ISE WebPACK 的安装和使用进行说明。

■ 安装

ISE WebPACK 可以从赛灵思官方网站下载。链接如下：

http://japan.xilinx.com（中文官网：http://china.xilinx.com）

在下载页面，点击下载 ISE Design Suite 的“基于 Windows 的完整安装程序”，如图 3-2 所示。

点击下载后会出现登录画面。在赛灵思官网下载 ISE WebPACK 需要注册账号并登录。注册账号的界面如图 3-3 所示。填写必要的项目并点击 Create Account 按钮注册账号。

账号注册后，注册时填写的邮箱会收到一封注册邮件。点击邮件中的验证 URL，即可使用注册的用户名和密码进行登录。登录后就可以下载 ISE Design Suite 了。对下载的文件解压缩，在解压后的文件中双击 xsetup.exe，启动安装程序。点击 Next 按钮，进入下一步安装。在图 3-4 所示的 Select Products to Install（安装产品选择）界面中，选择 ISE WebPACK。

▲ 图 3-2　ISE Design Suite 下载页面

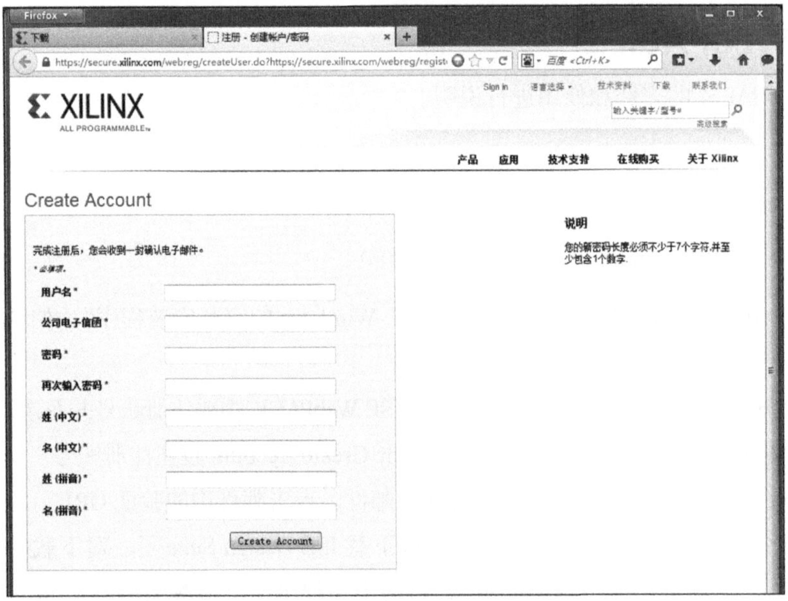

▲ 图 3-3　账号注册页面

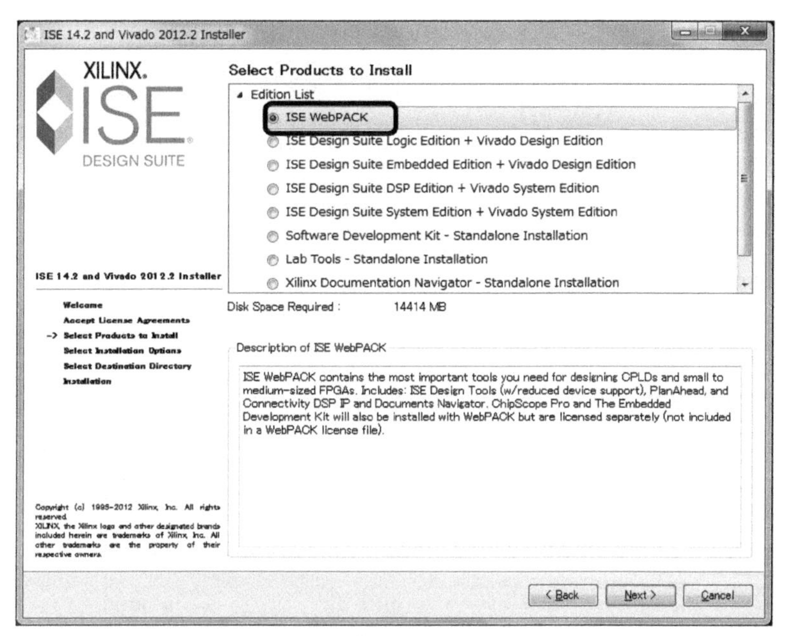

▲ 图 3-4 Select Products to Install 界面

安装过程中会出现图 3-5 所示的 Xilinx License Configuration Manager 对话框。选择 Get Free ISE WebPack License，单击 Next 按钮。

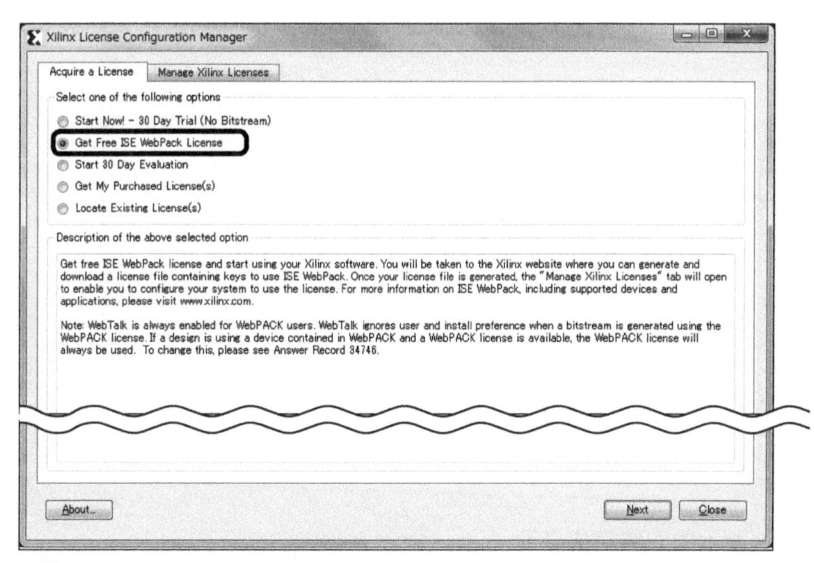

▲ 图 3-5 Xilinx License Configuration Manager(1/2)

然后会出现图 3-6 所示的对话框，单击 Connect Now 按钮。

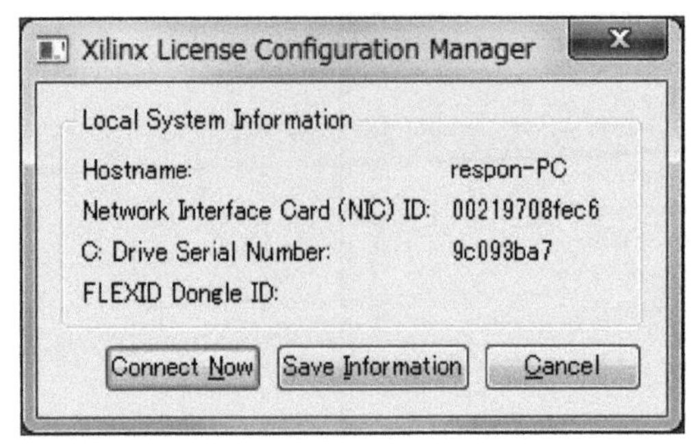

▲ 图 3-6　Xilinx License Configuration Manager(2/2)

然后在浏览器中会显示出赛灵思公司的网站登录界面，填写之前注册的用户名与密码进行登录。登录后在图 3-7 所示的页面中，选择 ISE Design Suite: WebPACK License，单击 Generate Node-Locked License 按钮。

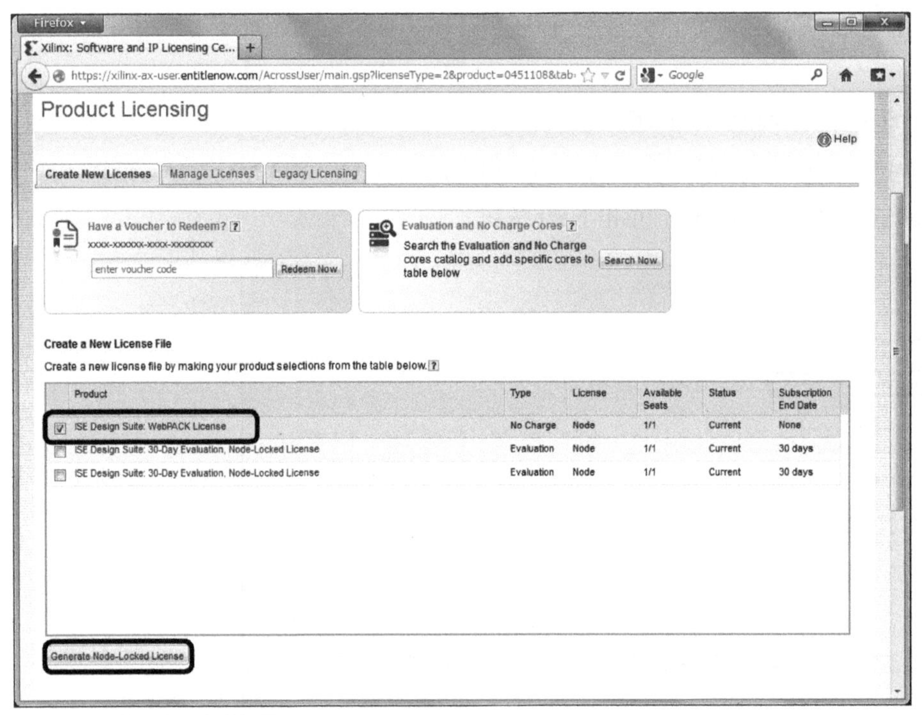

▲ 图 3-7　使用许可申请页面

最后会出现图 3-8 所示的安装完成界面。

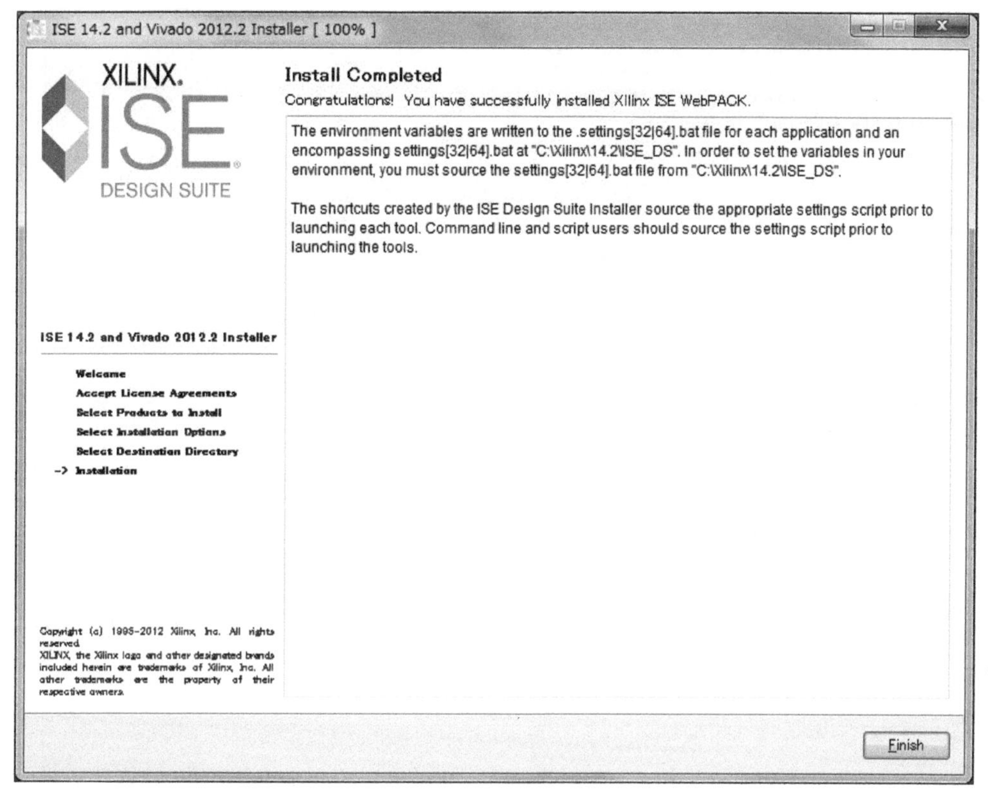

▲ 图 3-8　安装完成

■生成 BIT 文件

BIT 文件是含有 FPGA 配置信息的文件。需要使用 ISE Project Navigator 生成。ISE Project Navigator 是进行源程序管理、逻辑综合、配置配线等过程的工具。接下来，我们对 ISE Project Navigator 的使用方法、BIT 文件的制作方法进行说明。

首先启动 ISE Project Navigator，从菜单栏选择 File → New Project，新建一个工程。ISE 启动时的 ISE Project Navigator 窗口如图 3-9 所示。

然后会出现 New Project Wizard 向导对话框，在 Create New Project 画面中输入新工程的路径和源程序的类型。如图 3-10 所示，在 Top-level source type 中选择 HDL。

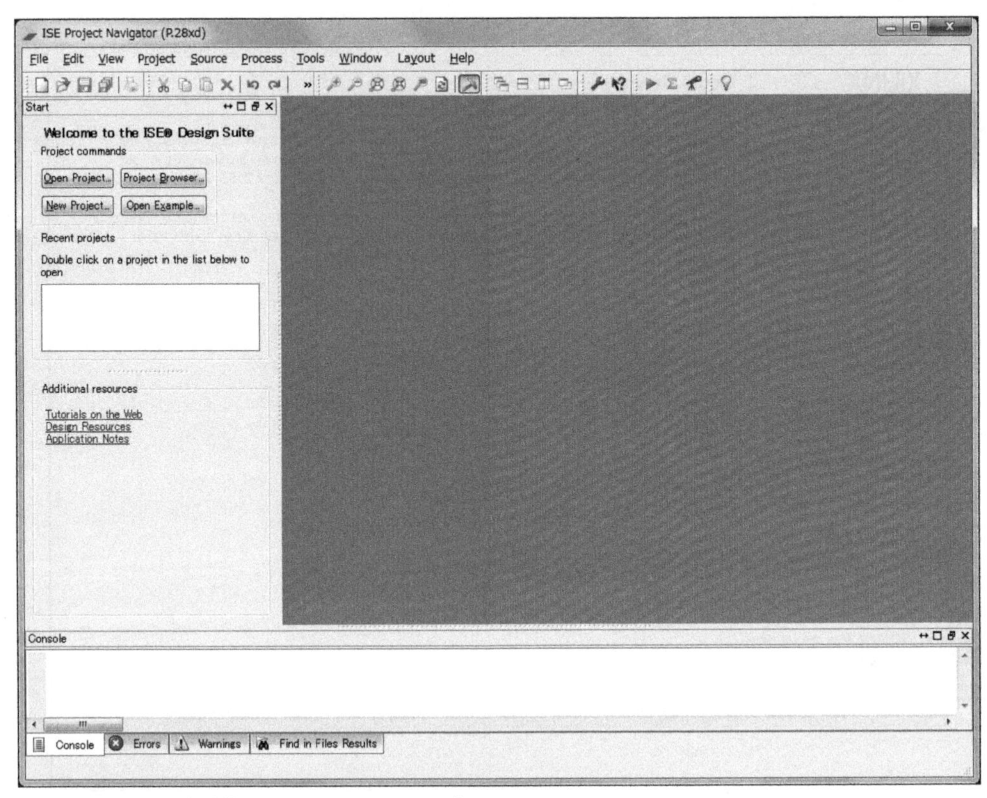

▲ 图 3-9　ISE 启动时的 ISE Project Navigator 窗口

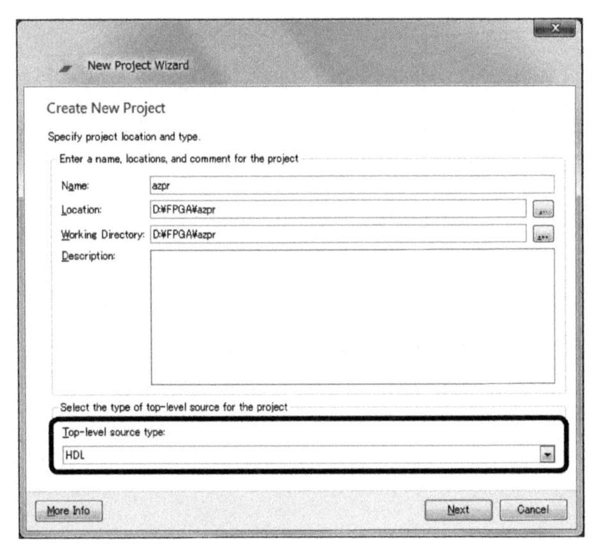

▲ 图 3-10　New Project Wizard(1/2)

在接下来出现的 Project Settings 界面中选择目标设备。AZPR EvBoard 的 FPGA 为 Spartan 3E 的 XC3S250E，封装为 VQ100，Speed 等级为 –4。所以在 Family 的 Value 中填写 Spartan3E、Device 的 Value 中填写“3E 的 XC3S250E”、Speed 的 Value 中填写 –4。输入后的画面如图 3-11 所示。

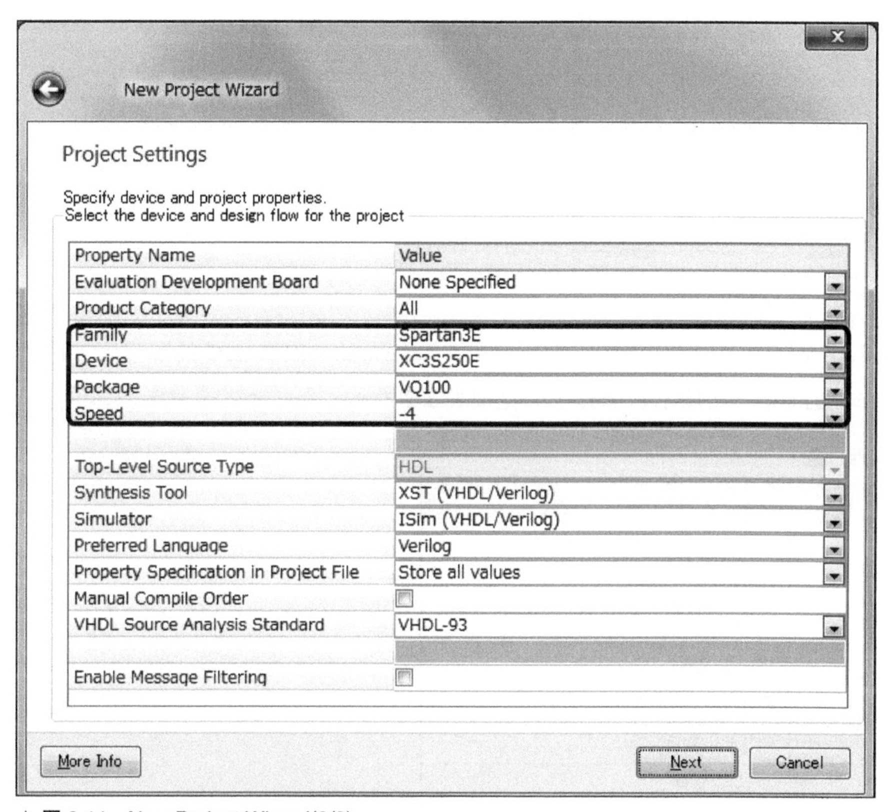

▲ 图 3-11　New Project Wizard(2/2)

单击 Next 按钮继续 New Project Wizard 向导。New Project Wizard 对话框结束后，向新工程中添加源程序文件。如图 3-12 所示，在 xc3s250e-4vq100 处单击右键，选择 Add Copy of Source。

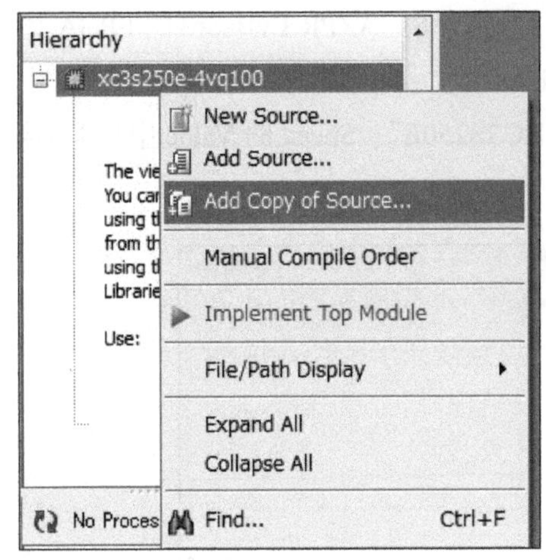

▲ 图 3-12　选择 Add Copy of Source

在 Add Copy of Source 对话框中添加所有第 1 章编写的 AZPR SoC 的源程序。这里指定的头文件一览如表 3-1 所示、源程序一览如表 3-2 所示。

▼ 表 3-1　头文件一览

文件名	说明
nettype.h	设定默认网络类型
global_config.h	全局设定
stddef.h	全局头文件
isa.h	ISA 头文件
cpu.h	CPU 头文件
spm.h	SPM 头文件
bus.h	总线头文件
gpio.h	GPIO 头文件
rom.h	ROM 头文件
timer.h	定时器头文件
uart.h	UART 头文件

▼ 表 3-2 源程序文件一览

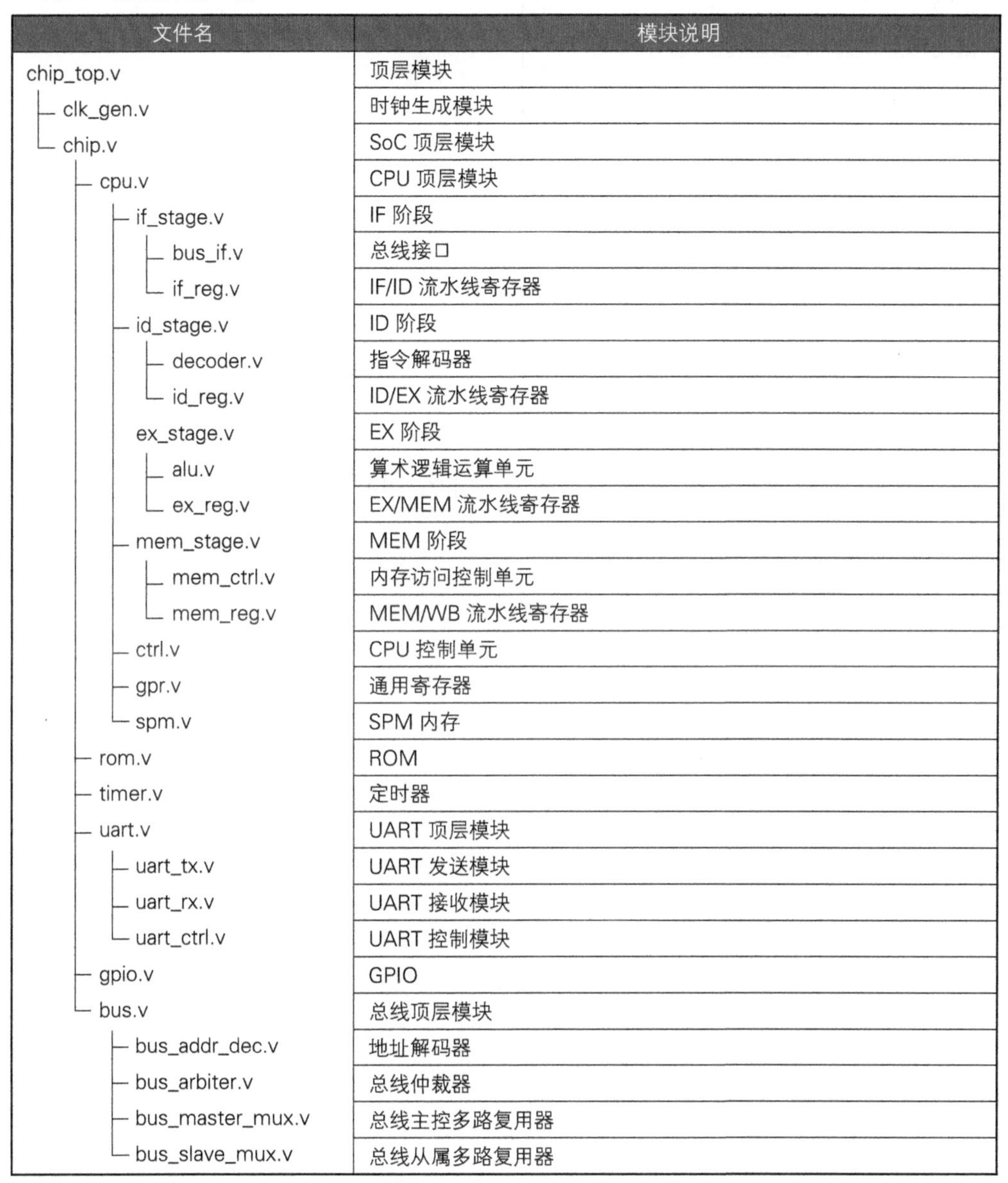

文件名	模块说明
chip_top.v	顶层模块
clk_gen.v	时钟生成模块
chip.v	SoC 顶层模块
cpu.v	CPU 顶层模块
if_stage.v	IF 阶段
bus_if.v	总线接口
if_reg.v	IF/ID 流水线寄存器
id_stage.v	ID 阶段
decoder.v	指令解码器
id_reg.v	ID/EX 流水线寄存器
ex_stage.v	EX 阶段
alu.v	算术逻辑运算单元
ex_reg.v	EX/MEM 流水线寄存器
mem_stage.v	MEM 阶段
mem_ctrl.v	内存访问控制单元
mem_reg.v	MEM/WB 流水线寄存器
ctrl.v	CPU 控制单元
gpr.v	通用寄存器
spm.v	SPM 内存
rom.v	ROM
timer.v	定时器
uart.v	UART 顶层模块
uart_tx.v	UART 发送模块
uart_rx.v	UART 接收模块
uart_ctrl.v	UART 控制模块
gpio.v	GPIO
bus.v	总线顶层模块
bus_addr_dec.v	地址解码器
bus_arbiter.v	总线仲裁器
bus_master_mux.v	总线主控多路复用器
bus_slave_mux.v	总线从属多路复用器

设定的文件会被复制到当前工程的文件夹。出现图 3-13 所示的 Adding Source Files 对话框单击 OK。

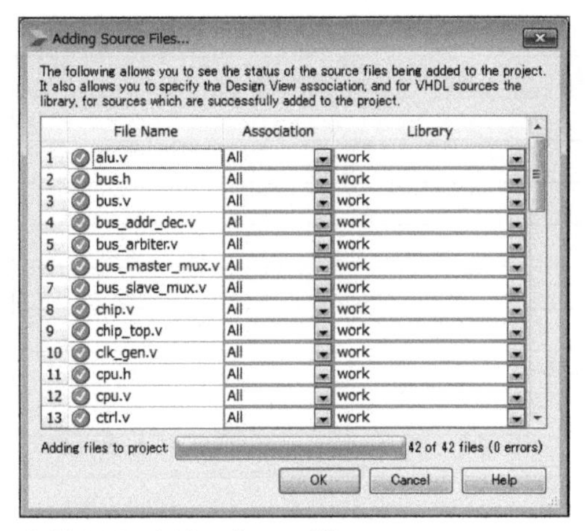

▲ 图 3-13　Adding Source Files

添加源程序后的 ISE Project Navigator 窗口如图 3-14 所示。

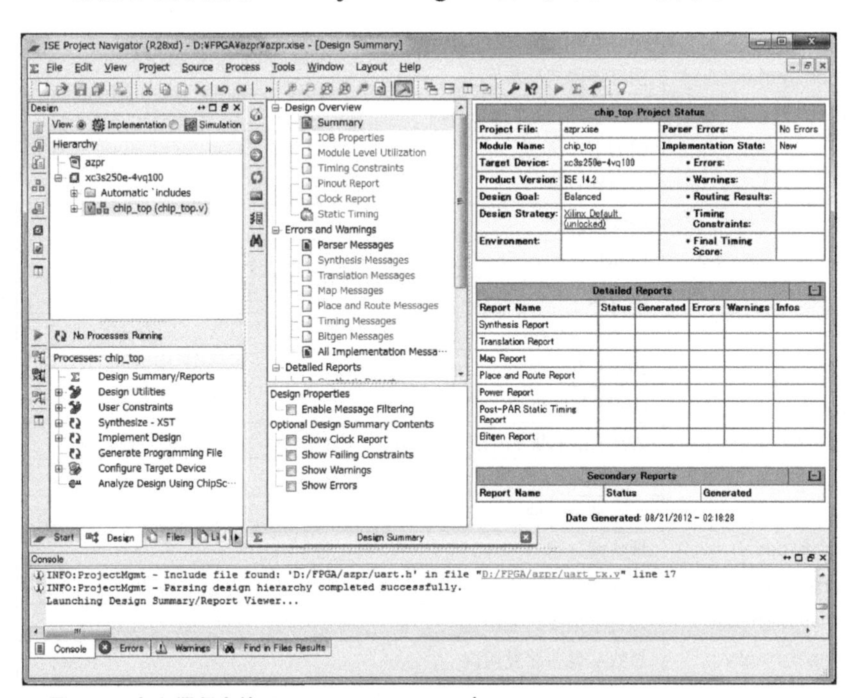

▲ 图 3-14　加入源程序的 ISE Project Navigator 窗口

接下来处理源程序中只有声明的模块。例如图 3-15 方框中的部分，只有声明的模块前的图标为 ? 号。

AZPR SoC 中，x_s3e_dcm、x_s3e_sprom 和 x_s3e_dpram 三个文件的图标为？号。首先制作 x_s3e_dcm。右键单击 chip_top(chip_top.v)，选择 New Source，如图 3-16 所示。

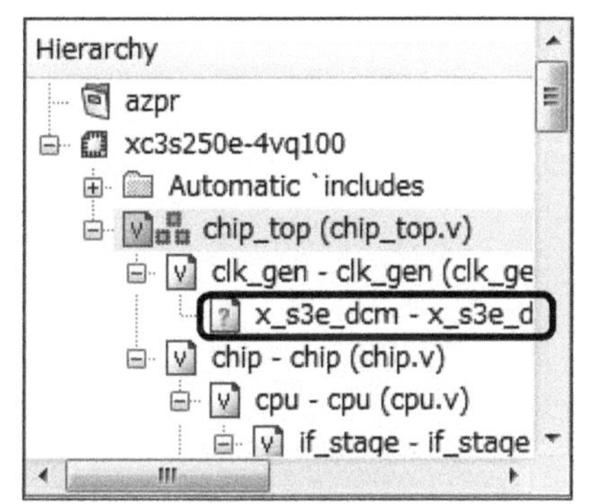

▲ 图 3-15　只含有声明的模块

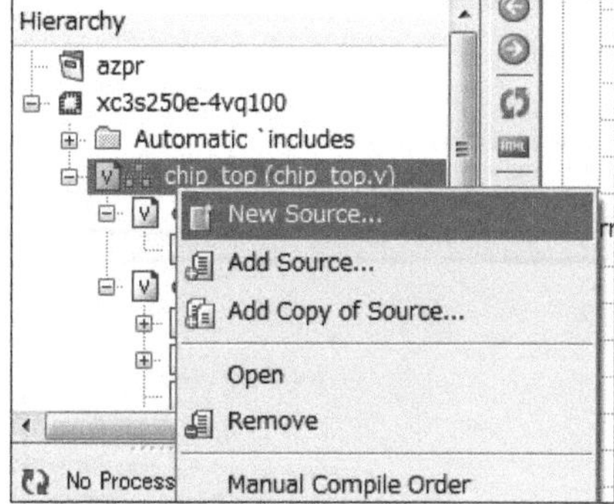

▲图 3-16　选择 New Source

单击 New Source 之后会出现图 3-17 所示的 New Source Wizard 对话框。在 Select Source Wizard 界面左侧选择 IP(CORE Generator & Architecture Wizard)，File name 处填写模块名 x_s3e_dcm。

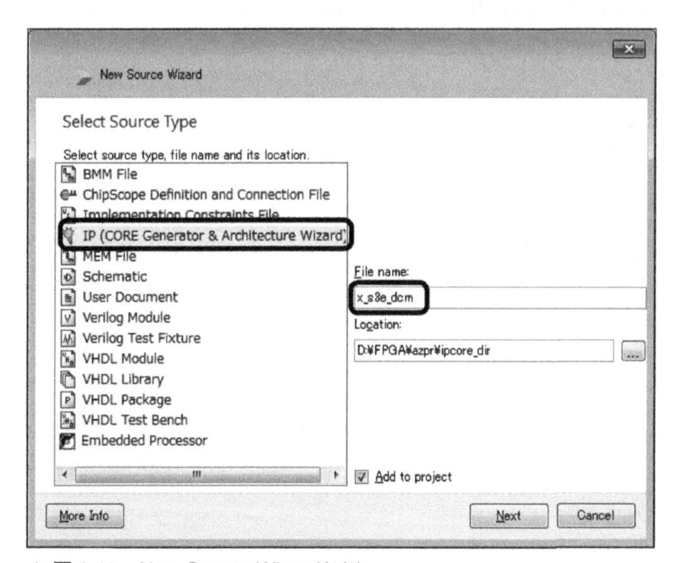

▲ 图 3-17　New Source Wizard(1/2)

单击 Next 进入图 3-18 所示的 Select IP 界面，选择 FPGA Features and Design → Spartan-3E, Spartan-3A → Single DCM_SP。

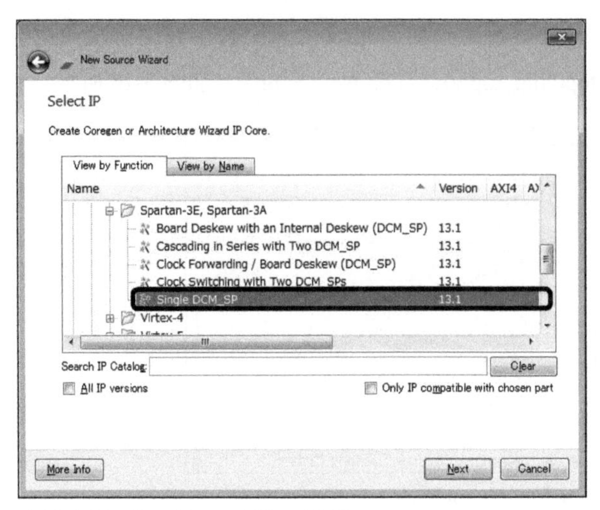

▲ 图 3-18　New Source Wizard(2/2)

单击 Next 进入图 3-19 所示的 Xilinx Clocking Wizard 对话框。AZPR SoC 需要从振荡器输入 10MHz 的时钟和与之相位相差 180 度的翻转时钟。为了生成翻转时钟，在本对话框将 CLK180 选中。在 Input Clock Frequency 中填写 10、并选择 MHz。其他项目保留默认值。

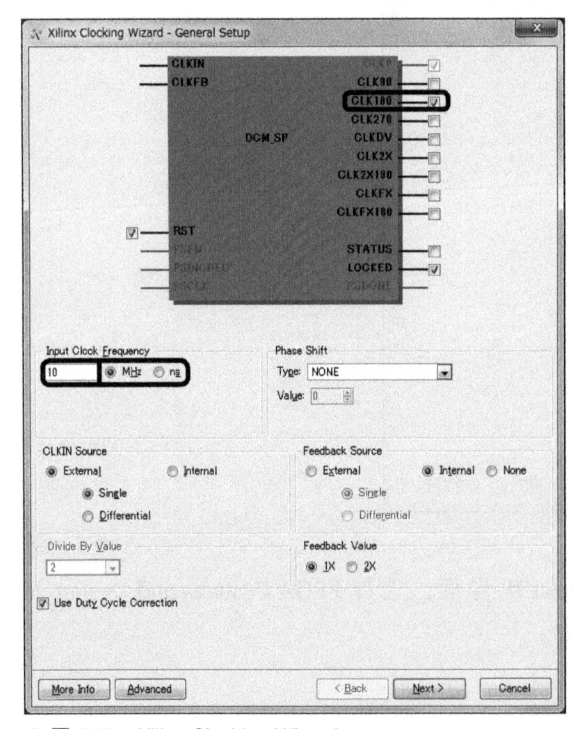

▲ 图 3-19　Xilinx Clocking Wizard

然后制作 x_s3e_sprom。和 x_s3e_dcm 的制作方法一样，在 chip_top 右键单击，选择 New Source。在 Select Source Wizard 界面左侧选择 IP(CORE Generator & Architecture Wizard)，File name 处填写模块名 x_s3e_sprom。Select IP 界面中如图 3-20 所示，选中 All IP versions，然后选择 Memories & Storage Elements → RAMs & ROMs → Block Memory Generator。笔者的环境中如果使用了 Version 7.2 的 Block Memory Generator，会在后面要讲解的 Synthesize 时发生错误。向赛灵思公司咨询后得到的答复是，由于 2012 年 8 月 28 日时间点的版本含有 Bug，如图 3-20 所示，应该选择使用 Version 7.2 之外版本的 Block Memory Generator。

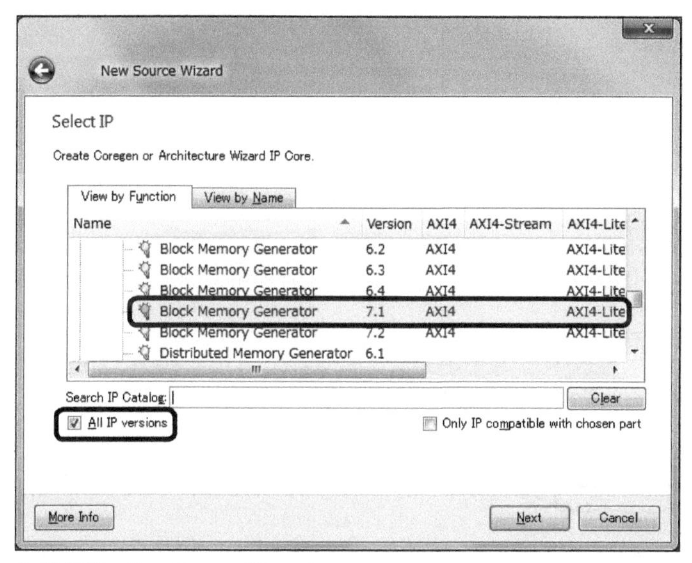

▲ 图 3-20 New Source Wizard

完成 New Source Wizard 对话框后，会启动如图 3-21 所示的 Block Memory Generator 对话框。在这里对 Memory Type 进行设定。x_s3e_sprom 制作时需要选择 Single Port ROM。

单击 Next 进入如图 3-22 所示的界面。在该界面中填写 Memory Size 的 Read Width 和 Read Depth。将 Read Width 设定为 32、Read Depth 设定为 2048。其他项目保留默认值。

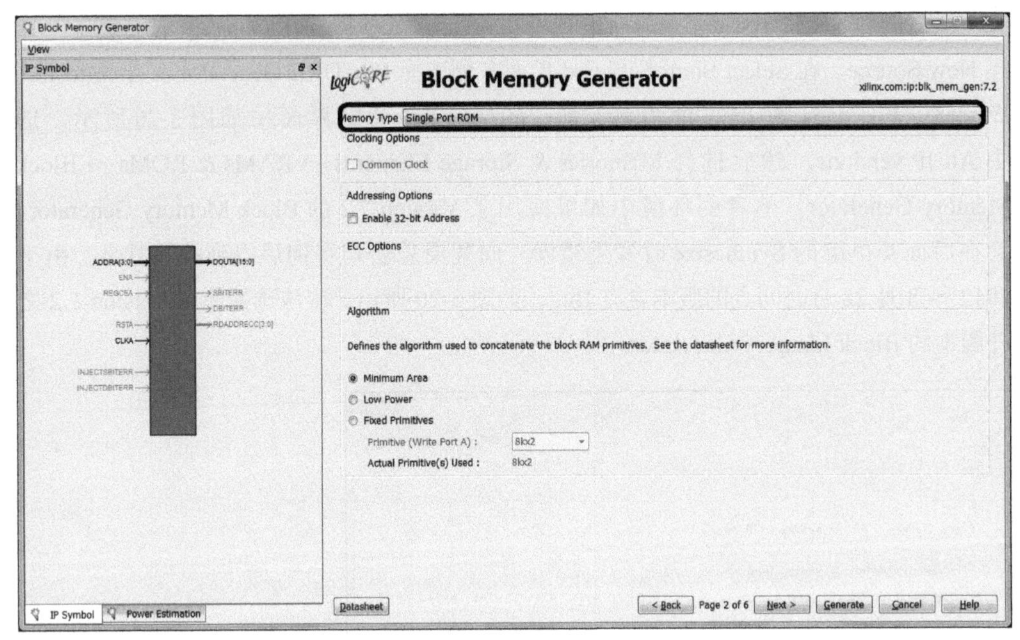

▲ 图 3-21　Block Memory Generator(1/4)

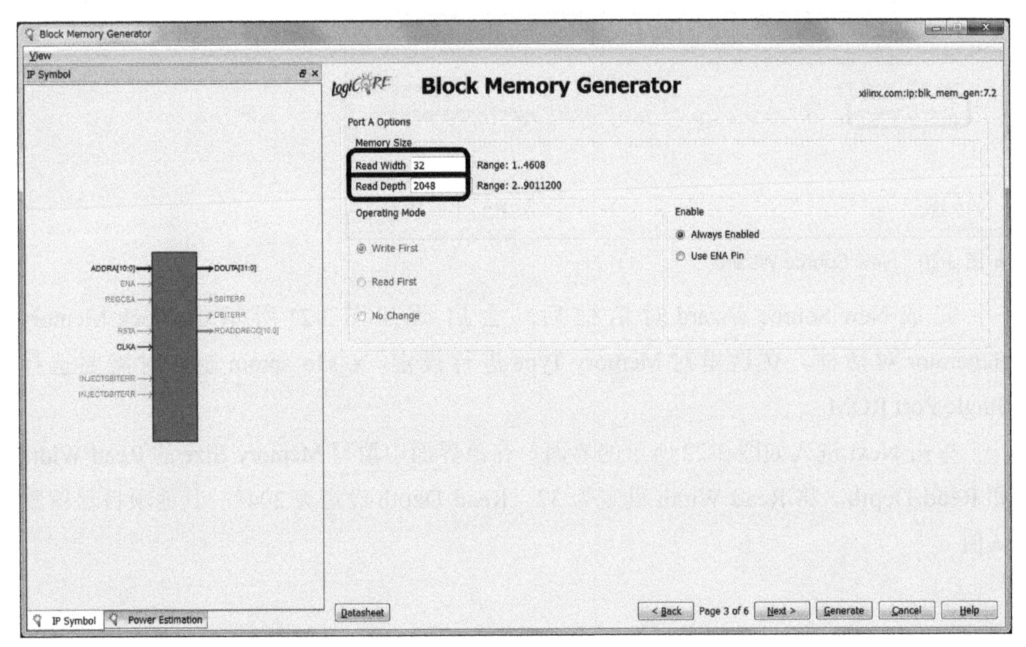

▲ 图 3-22　Block Memory Generator(2/4)

单击 Next 进入如图 3-23 所示的界面。这里选中 Memory Initialization 的 Load Init File、单击 Browse 按钮、然后指定初始化文件。初始化文件需要设定块 RAM 初始值的 COE 文件格式。COE 文件的制作方法将在 3.2.5 节进行说明。指定 COE 文件后，ROM 内容即被设定为初始值。AZPR EvBoard 电源接通或复位时，AZ Processor 从 ROM 读取并执行的程序，就是这里的 COE 文件包含的程序。

Memory Initialization 的设置完成后，最后单击 Generate 按钮完成设置。

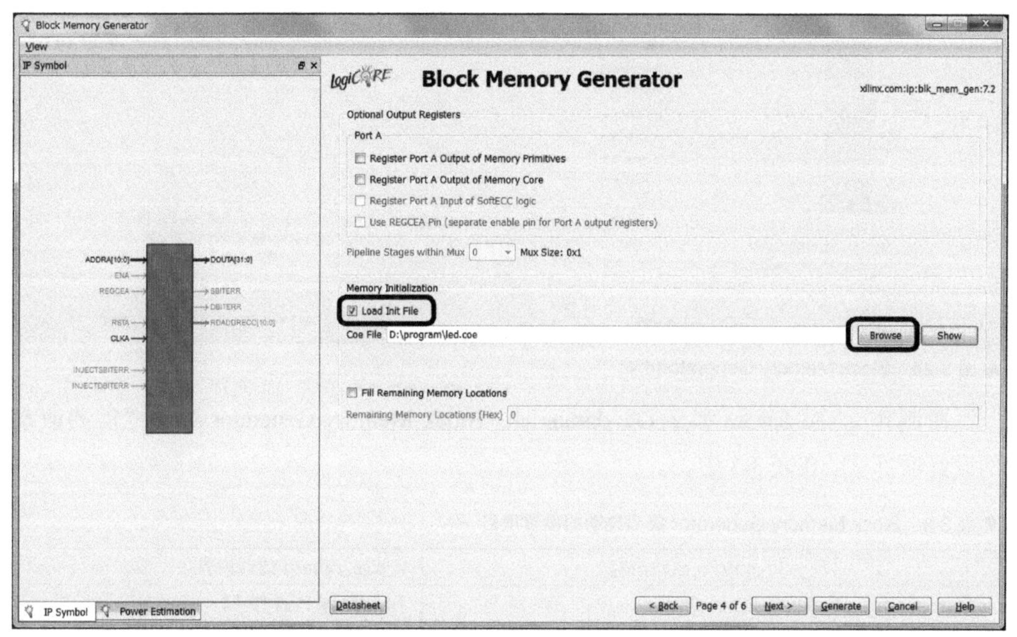

▲ 图 3-23 Block Memory Generator(3/4)

最后制作 x_s3e_dpram。前半部分和 x_s3e_sprom 的制作方法相同。在 chip_top 右键单击，选择 New Source。在 Select Source Wizard 界面左侧选择 IP(CORE Generator & Architecture Wizard)，File name 处填写模块名 x_s3e_dpram。在 Select IP 界面中，选择 Memories & Storage Elements → RAMs & ROMs → Block Memory Generator。这次在 Block Memory Generator 对话框的 Memory Type 选择 True Dual Port RAM。如图 3-24 所示，填写 Memory Size 的 Write Width 和 Write Depth。Write Width 设定为 32、Write Depth 设定为 4096。

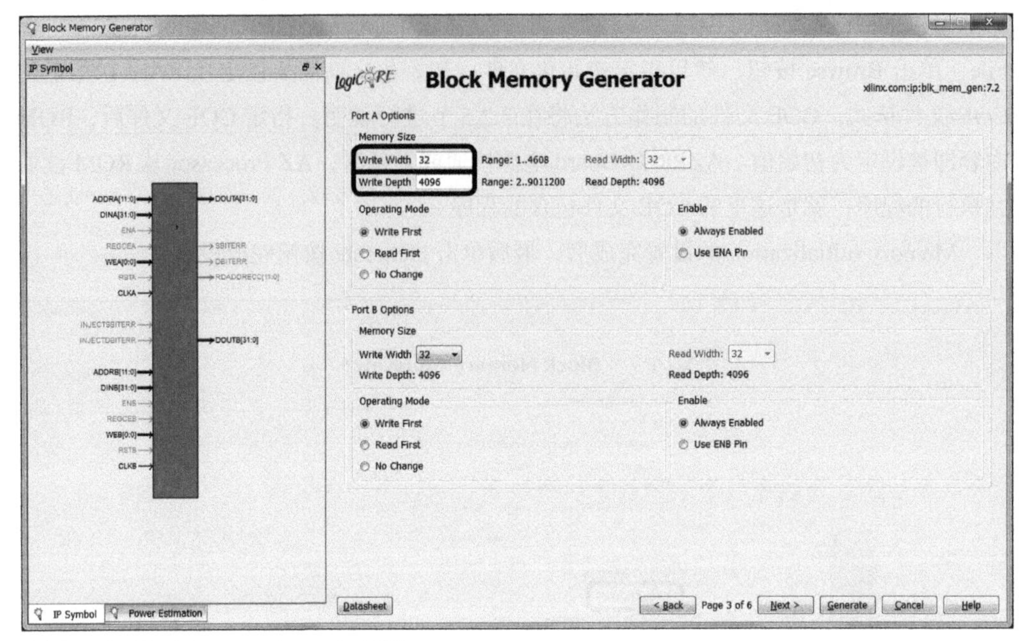

▲ 图 3-24　Block Memory Generator(4/4)

在制作 x_s3e_sprom 和 x_s3e_dpram 时，Block Memory Generator 对话框需要改动的设置项目总结在表 3-3 中。

▼ 表 3-3　Block Memory Generator 需要改动的设置项目

	x_s3e_sprom 改动内容	x_s3e_dpram 改动内容
Memory Type	Single Port ROM	True Dual Port RAM
Read Width	32	
Read Depth	2048	
Write Width		32
Write Depth		4096
Load Init File	在复选框上打钩，设定 COE 文件	

至此，只有声明的模块的制作就完成了。再看一下工程，我们会发现图 3-15 中的？图标都变成了图 3-25 中的样子。

接下来进行逻辑综合。选中 chip_top，双击 ISE Project Navigator 窗口左下方的 Synthesize-XST。Synthesize-XST 的选择画面如图 3-26 所示。

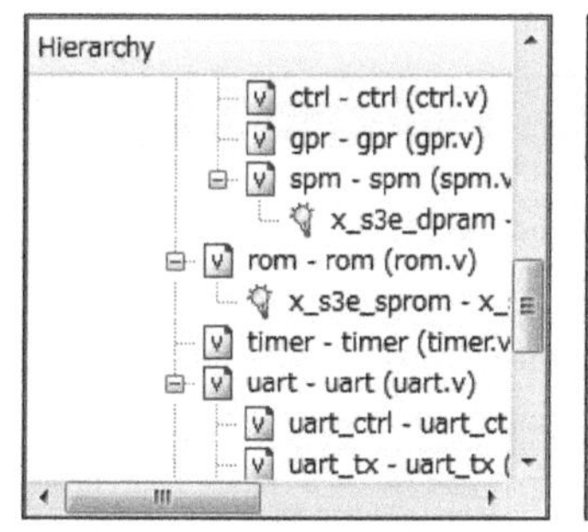

▲图 3-25　模块生成之后

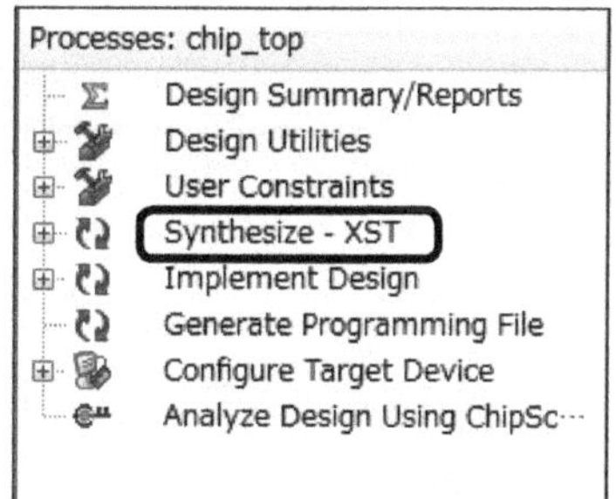

▲图 3-26　选择 Synthesize-XST

逻辑综合完成后进行布局布线。这里还要准备一个文件。布局布线时需要一个用来设定各种约束的文件。约束包括模块输入输出信号线和 FPGA 引脚的对应关系、时序、面积等。记载着这些约束信息的文件称为约束文件。

我们制作的约束文件命名为 AZPR_EvBoard.ucf，用纯文本格式编写。关于约束文件的详细信息，请从赛灵思网站下载约束指南（Constraints Guide，赛灵思文档 UG625）作为参考。

约束指南

http://japan.xilinx.com/support/documentation/dt_ise.htm

约束文件至少要记述两种约束信息。一个是输入时钟的时序约束，另一个是 FPGA 引脚相关约束。输入时钟的时序约束为：

```
NET "clk_ref" TNM_NET = "CLK";
TIMESPEC "TS_CLK" = PERIOD "CLK" 100 ns HIGH 50%;
```

第一行是将 clk_ref 信号指定为时钟信号，并赋予名称 CLK。第二行记述 CLK 的时序信息。此处设置时钟为周期为 100ns，即时钟频率为 10MHz，且高电平 H 占周期的 50%。

FPGA 引脚相关的约束记述方式为：

```
NET clk_ref LOC = P83;
```

这一句意思是将 RTL 顶层模块的 clk_ref 信号线和 FPGA 的 P83 引脚相对应。引脚约束需要参考电路板上的排线决定。AZ Processor 信号线与 AZPR EvBoard 的引脚的映射如表 3-4 所示。

▼ 表 3-4　AZ Processor 信号线与 XC3S250E 引脚的对应

信号线	引脚	信号线	引脚	信号线	引脚
clk_ref	83	gpio_out<4>	16	gpio_io<2>	62
reset_sw	85	gpio_out<5>	90	gpio_io<3>	63
uart_rx	70	gpio_out<6>	86	gpio_io<4>	65
uart_tx	71	gpio_out<7>	11	gpio_io<5>	66
gpio_out<16>	54	gpio_out<8>	3	gpio_io<6>	67
gpio_out<17>	53	gpio_out<9>	2	gpio_io<7>	68
gpio_in<0>	22	gpio_out<10>	5	gpio_io<8>	33
gpio_in<1>	23	gpio_out<11>	9	gpio_io<9>	34
gpio_in<2>	24	gpio_out<12>	10	gpio_io<10>	35
gpio_in<3>	26	gpio_out<13>	95	gpio_io<11>	36
gpio_out<0>	91	gpio_out<14>	94	gpio_io<12>	40
gpio_out<1>	92	gpio_out<15>	4	gpio_io<13>	41
gpio_out<2>	12	gpio_io<0>	60	gpio_io<14>	57
gpio_out<3>	15	gpio_io<1>	61	gpio_io<15>	58

gpio_io 信号还需要追加 PULLDOWN 相关信息。

```
NET "gpio_io<0>"  LOC = "P60"  | PULLDOWN;
```

此处 PULLDOWN 的含义是将 FPGA 的 P60 引脚通过 FPGA 内部电阻连接到 GND。AZPR EvBoard 上的 gpio_io 直接与排线引脚连接。当排线上没有连接外部设备时，FPGA 上相应的引脚也就处于悬空状态。该状态下无法确定输入是 H 还是 L，因此需要通过电阻连接到 GND。

将编写的 AZPR_EvBoard.ucf 添加到工程中后，布局布线的准备就完成了。双击 ISE Project Navigator 窗口左下方的 Implement Design 执行布局布线。选择 Implement Design 的界面如图 3-27 所示。

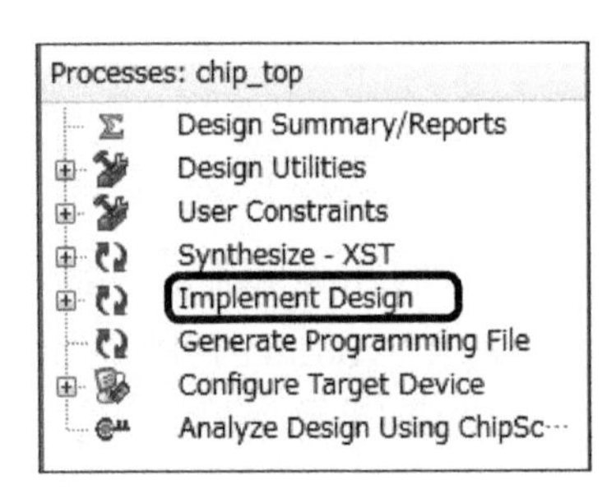

▲ 图 3-27　选择 Implement Design

然后制作 BIT 文件。首先，如图 3-28 所示，在 Generate Programming File 上右键单

击并选择 Process Properties。

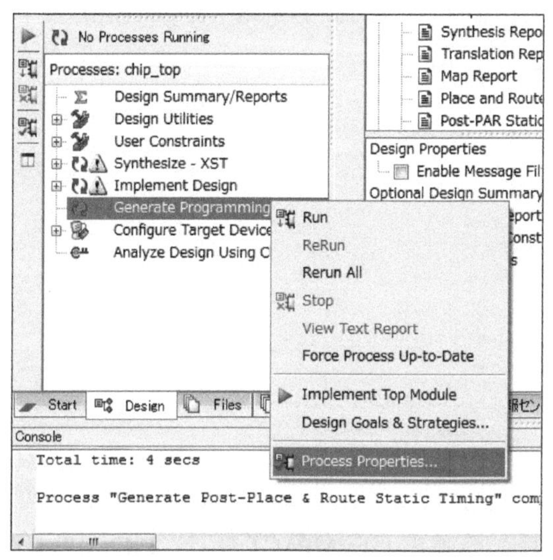

▲ 图 3-28　选择 Process Properties

打开 Process Properties 窗口，选择左侧 Category 中的 Startup Options。在此处设置 FPGA Start-Up Clock。直接对 FPGA 进行配置的话，在 Value 里填写 JTAG Clock。如果向配置 ROM 写入配置信息的话，在 Value 里填写 CCLK。Process Properties 窗口如图 3-29 所示。

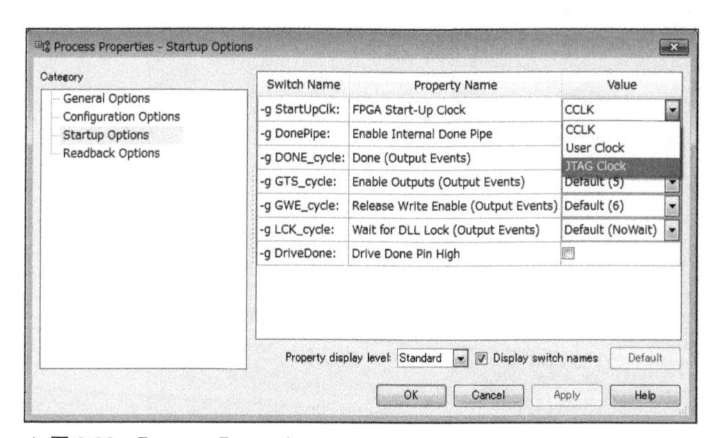

▲ 图 3-29　Process Properties

双击 Generate Programming File 后，会在工程文件夹中生成 BIT 文件。因为顶层模块名为 chip_top，生成的文件名为 chip_top.bit。

■制作 MCS 文件

接下来说明如何从 BIT 文件生成 MCS 文件。首先双击 ISE Project Navigator 窗口左下方的 Generate Target PROM/ACE File，如图 3-30 所示。

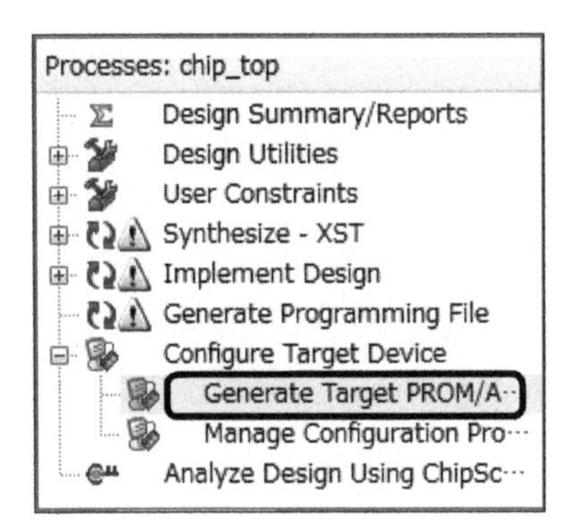

▲ 图 3-30　选择 Generate Target PROM/ACE File

双击 Generate Target PROM/ACE File 后，会弹出 ISE iMPACT 窗口。ISE iMPACT 窗口如图 3-31 所示，双击左上方 iMPACT Flows 列表的 Create PROM File(PROM File Formatter)、启动 PROM File Formatter 对话框。PROM File Formatter 对话框如图 3-32 所示。

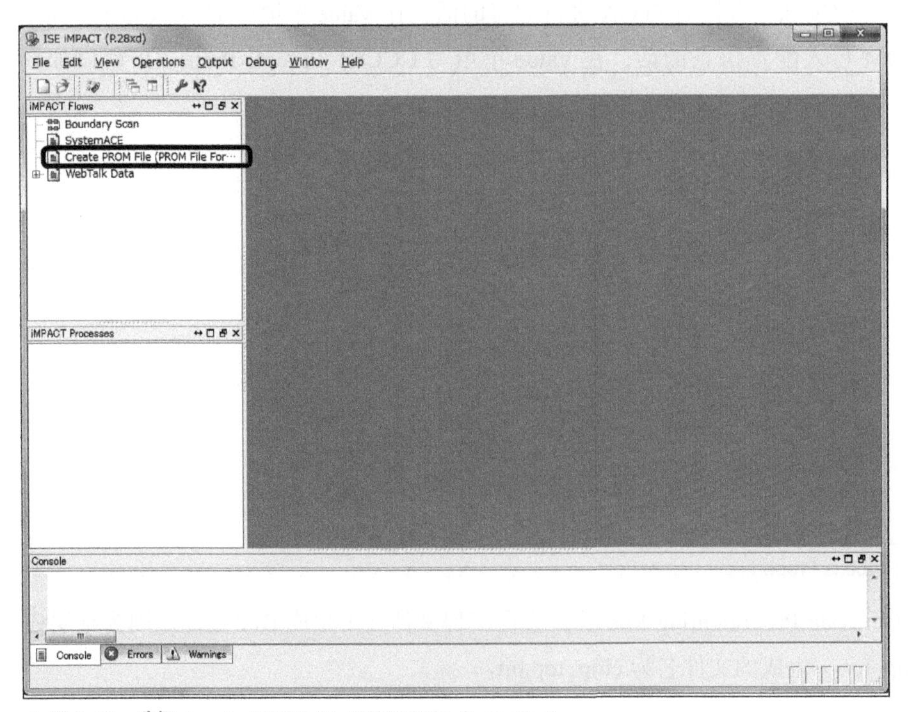

▲ 图 3-31　选择 Create PROM File(PROM File Formatter)

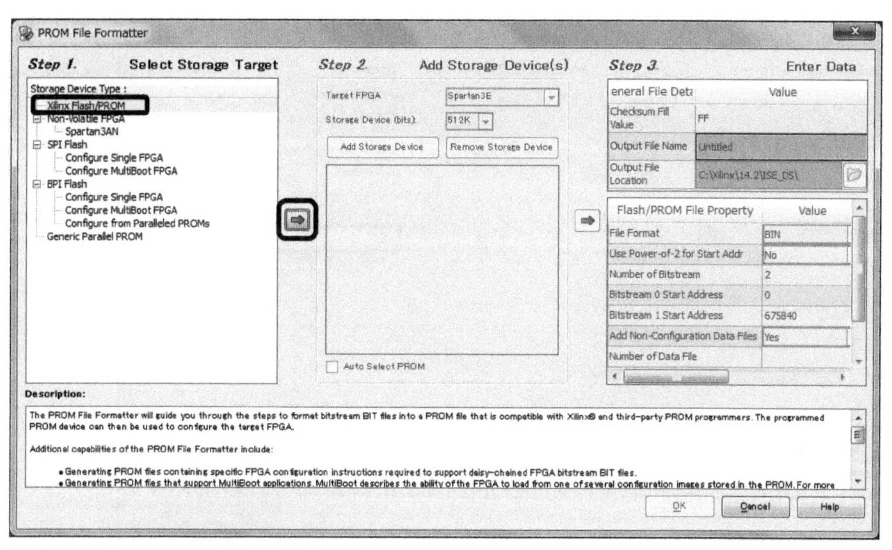

▲ 图 3-32　PROM File Formatter(1/3)

在 PROM File Formatter 对话框中，首先输入 Step 1 的内容。Step 1 中先选中 Xilinx Flash/PROM、然后单击向右的箭头进入 Step 2。图 3-33 为 Step 2 的输入画面。

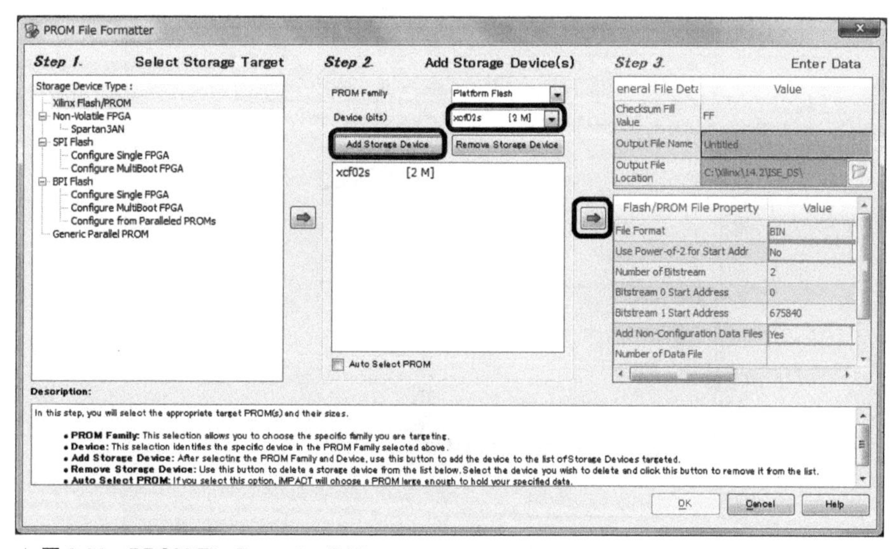

▲ 图 3-33　PROM File Formatter(2/3)

Step 2 的 Device 中，配置 ROM 的类型选择 xcf02s、单击 Add Storage Device 后，再单击向右的箭头进入 Step 3。图 3-34 为 Step 3 的输入画面。

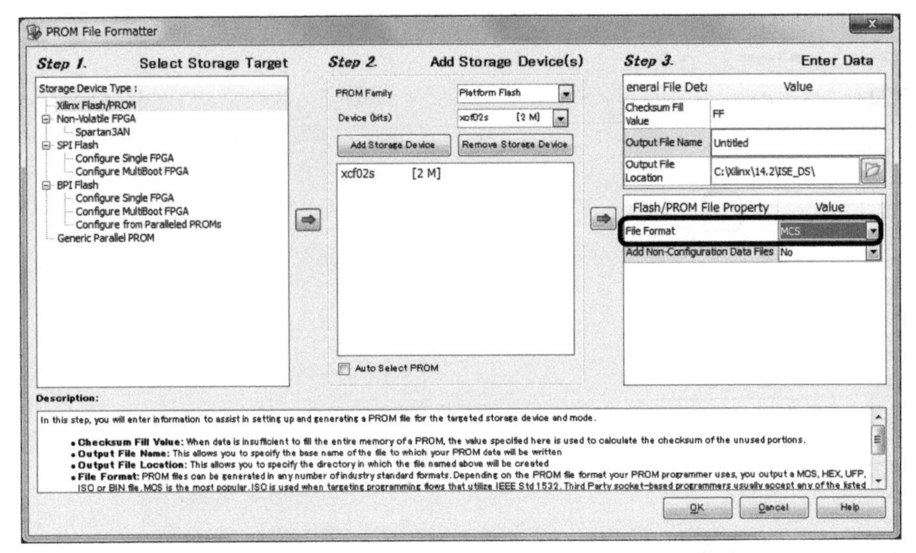

▲ 图 3-34　PROM File Formatter(3/3)

在 File Format 中选择 MCS。单击 OK 后，会出现图 3-35 所示的 Add Device 对话框，单击 Yes 并选择 chip_top.bit。

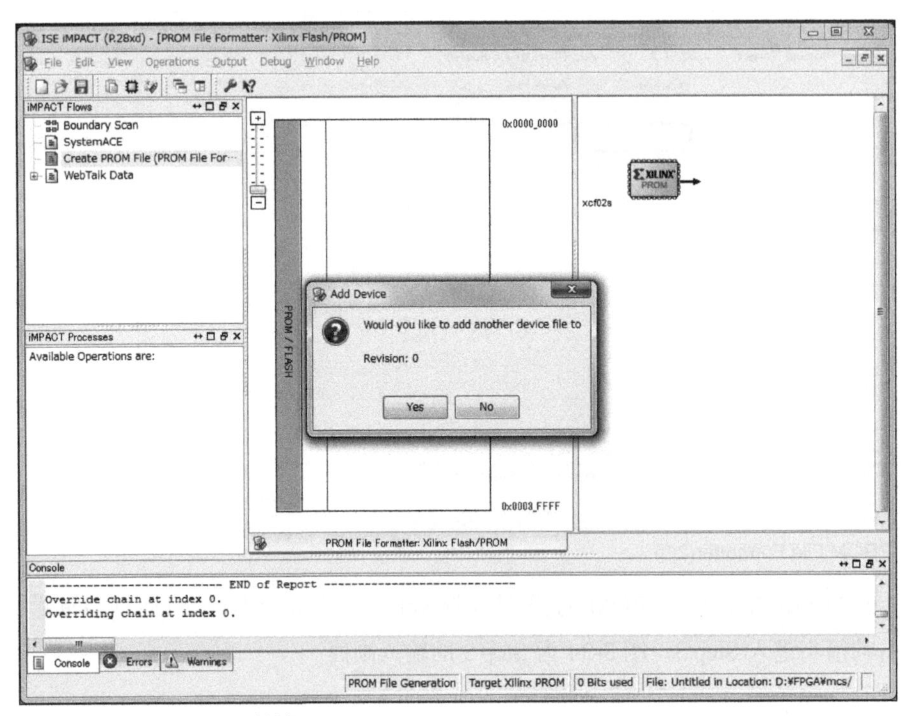

▲ 图 3-35　Add Device 对话框

由于 AZPR EvBoard 上只有一枚 FPGA，因此配置用 BIT 文件也只选一个。选择 chip_top.bit 后单击 Add Device 对话框的 No 按钮。如图 3-36 所示，双击 ISE iMPACT 窗口左下方的 Generate File 后即可生成 MCS 文件。MCS 文件生成完成的界面如图 3-37 所示。

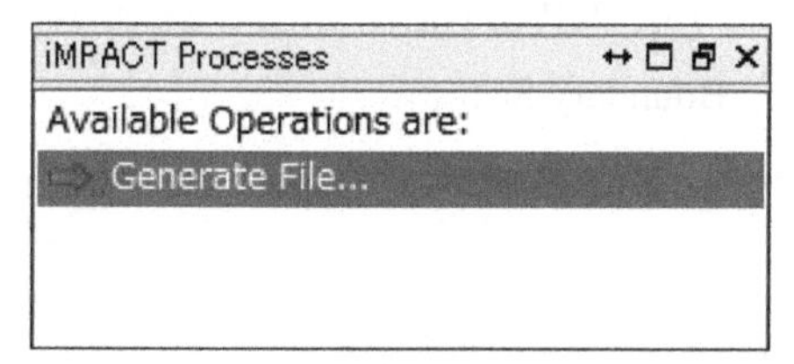

▲ 图 3-36 选择 Generate File

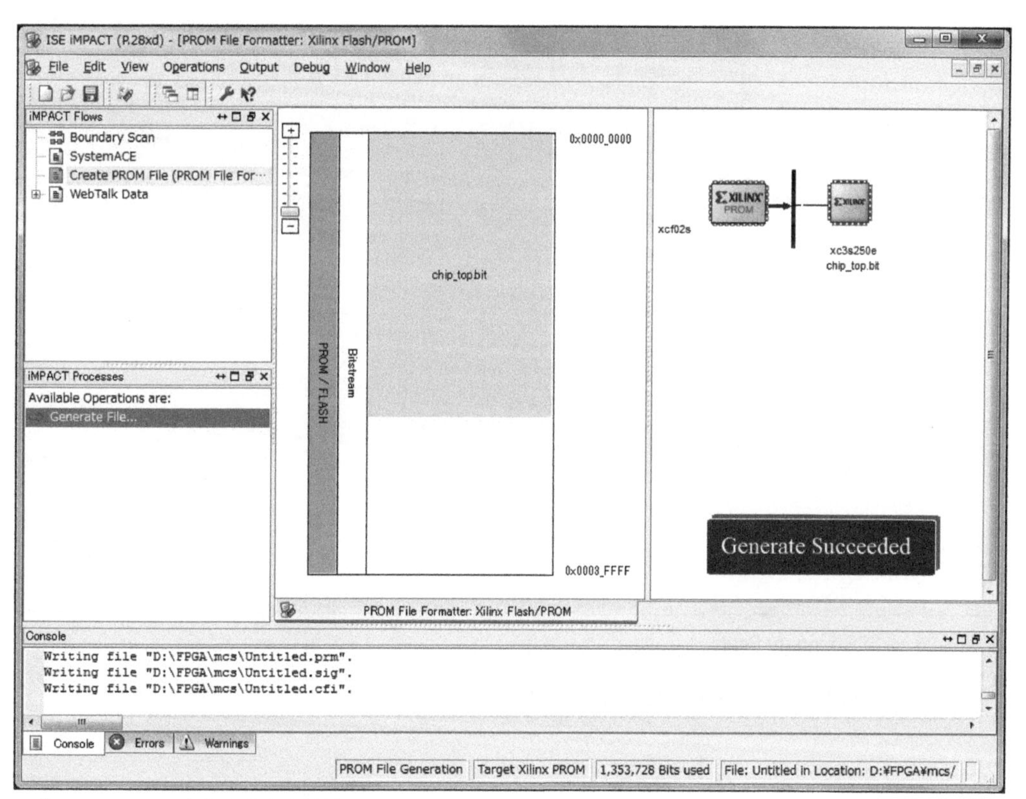

▲ 图 3-37 MCS 文件生成完成的界面

■制作 SVF 文件

SVF 是 Serial Vector Format 的缩写，是描述 JTAG 操作的文件。我们将配置数据输出为 SVF 格式文件，并使用 3.2.4 节会讲到的 UrJTAG 工具下载到设备。UrJTAG 可以读取 SVF 文件，并对设备进行 JTAG 操作。接下来说明 SVF 文件的制作方法。

首先，从 Windows 7 的开始菜单启动 iMPACT。ISE iMPACT 窗口如图 3-38 所示。从 ISE iMPACT 窗口左上方的 iMPACT Flows 中双击 Boundary Scan。

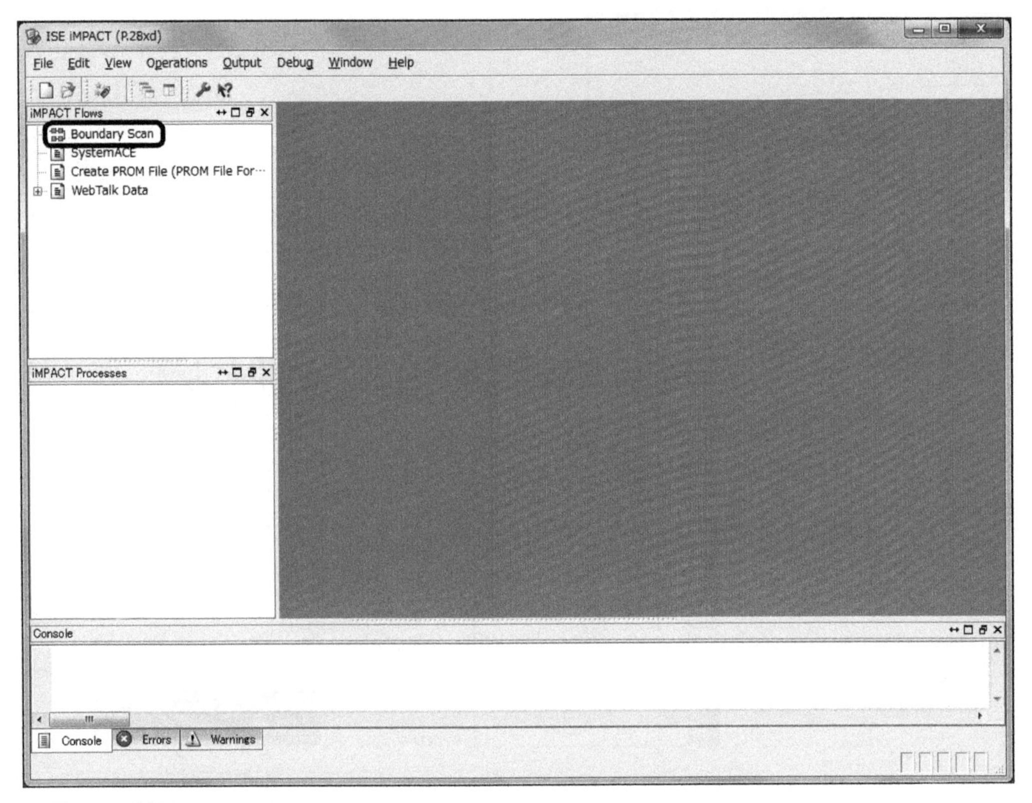

▲ 图 3-38　选择 Boundary Scan

执行 Boundary Scan 后的界面如图 3-39 所示。

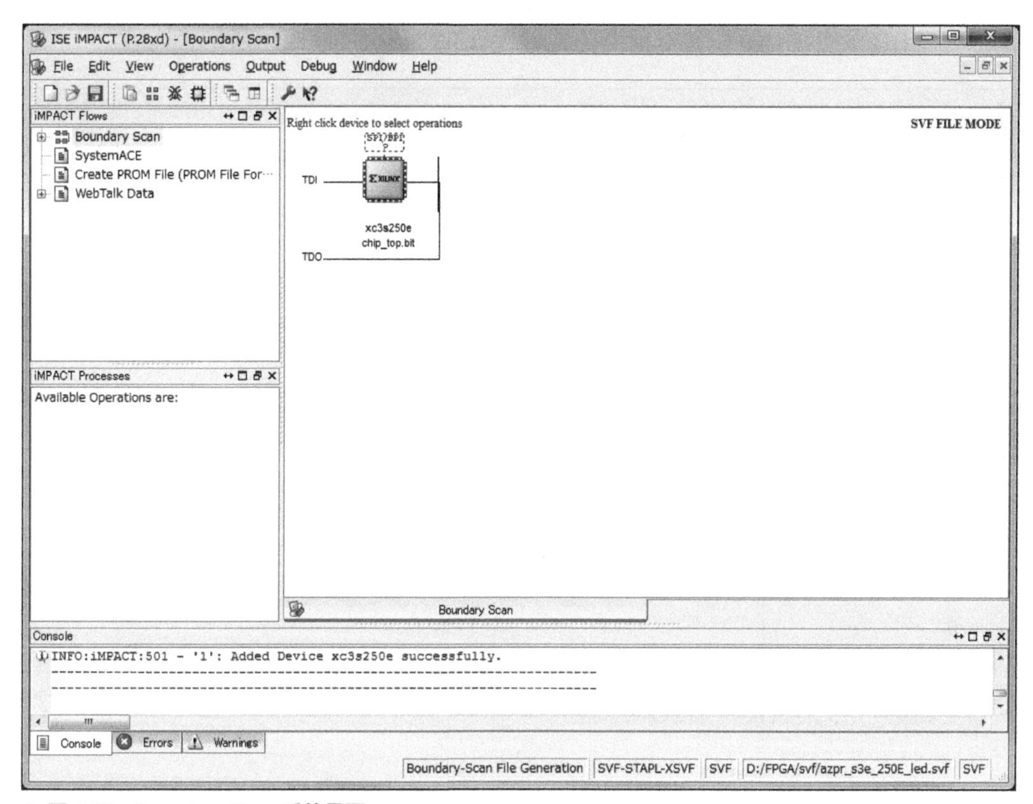

▲ 图 3-39　Boundary Scan 后的界面

在图 3-39 的 Right click device to select operations 处单击右键，如图 3-40，选择 Output File Type → SVF File → Create SVF File，开始生成 SVF 文件。

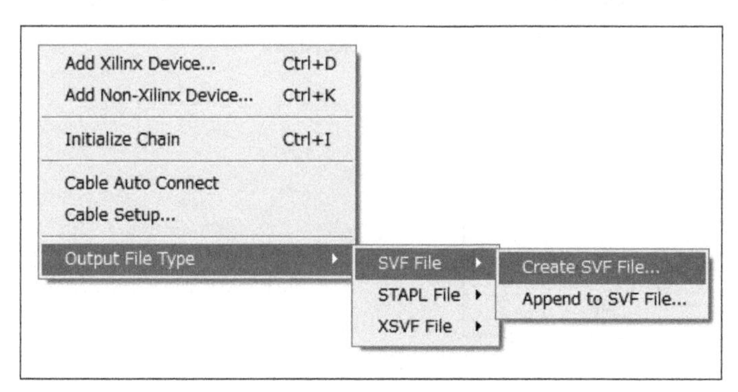

▲ 图 3-40　选择 Create SVF File

然后在 Add Device 对话框选择要写入的文件。选择 BIT 文件和选择 MCS 文件这两种方式的流程不同。

选择 BIT 文件的话，配置对象设备显示为 xc3s250e，如图 3-41 所示。

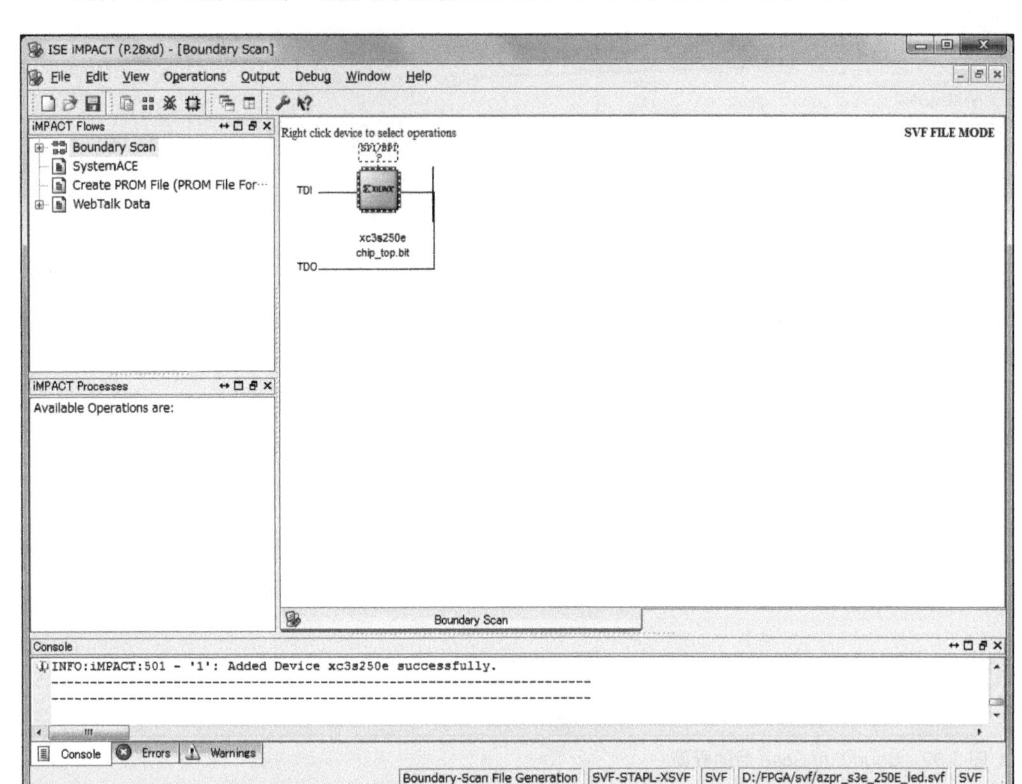

▲ 图 3-41　选择 BIT 文件后的界面

选择 MCS 文件的话，会出现 Select Device Part Name 对话框，如图 3-42 所示。然后选择 xcf02s 作为 PROM。单击 OK 后配置对象设备显示为 xcf02s。

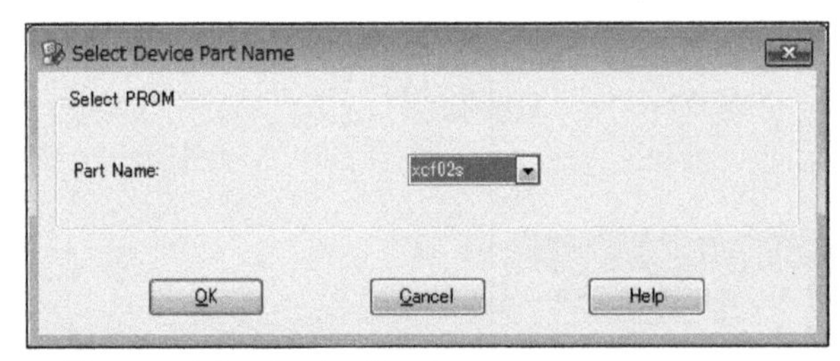

▲ 图 3-42　Select Device Part Name

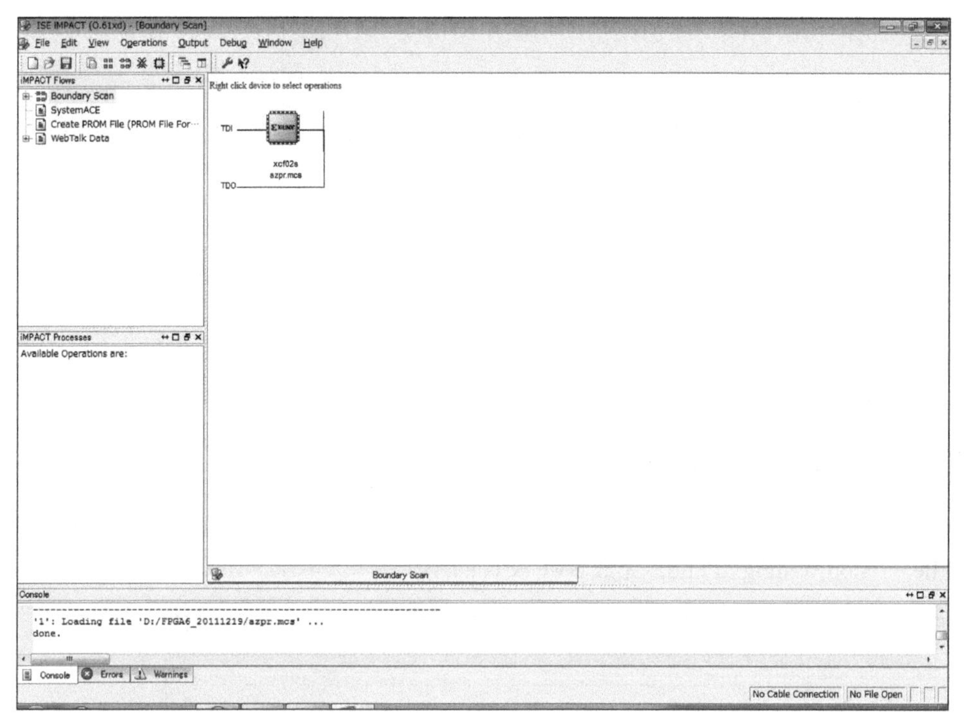

▲ 图 3-43　选择 MCS 文件后的界面

选择将要写入的文件之后，在设备上单击右键，出现如图 3-44 所示的菜单栏，选择 Program。

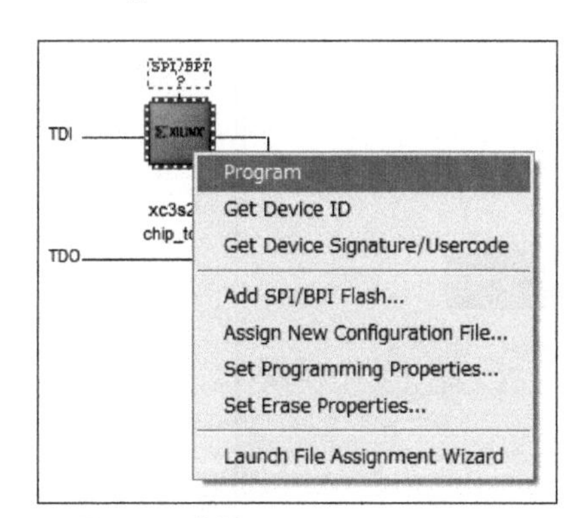

▲ 图 3-44　选择 Program

然后会弹出如图 3-45 所示的 Device Programming Properties 对话窗口，单击 OK。

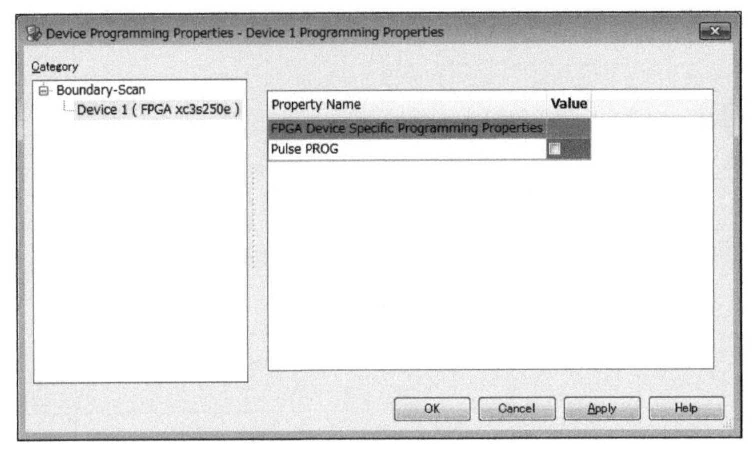

▲ 图 3-45　Device Programming Properties

最后，如图 3-46 所示，确认出现 Program Succeeded 后，从菜单栏选择 Output → SVF File → Stop Writing to File，完成 SVF 文件的制作。

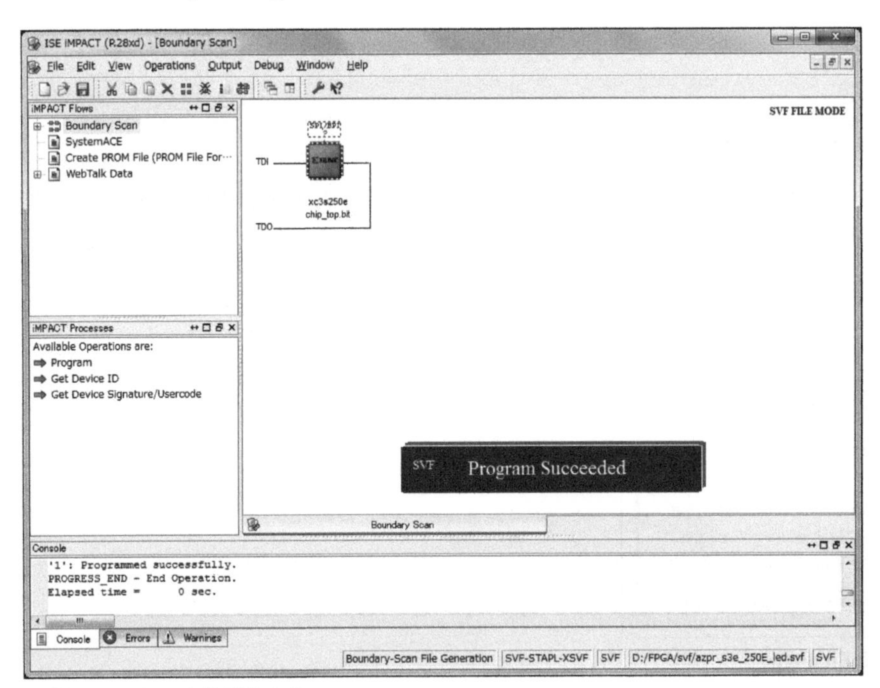

▲ 图 3-46　SVF 文件制作完成

以上为生成 SVF 文件的流程。

3.2.4 UrJTAG

本节讲解 UrJTAG 的安装和使用方法。

■安装

我们需要安装 UrJTAG、FT2232 驱动，以及 libusb-win32。

■UrJTAG

为了对 FPGA 进行配置，我们使用 UrJTAG 读取 SVF 文件并执行其中的 JTAG 操作。UrJTAG 可以从下面的网站链接下载：

UrJTAG

http://urjtag.org/

点击网站上的 Download 下载，如图 3-47 所示。

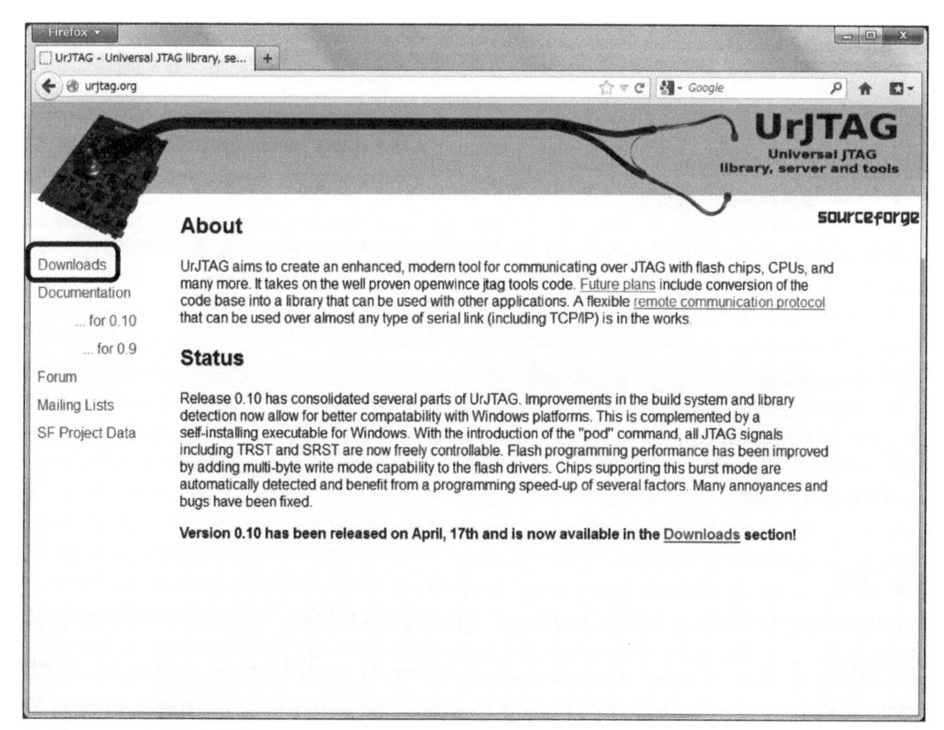

▲ 图 3-47 UrJTAG 网站

然后会跳转到如图 3-48 所示的页面，下载最新版本。

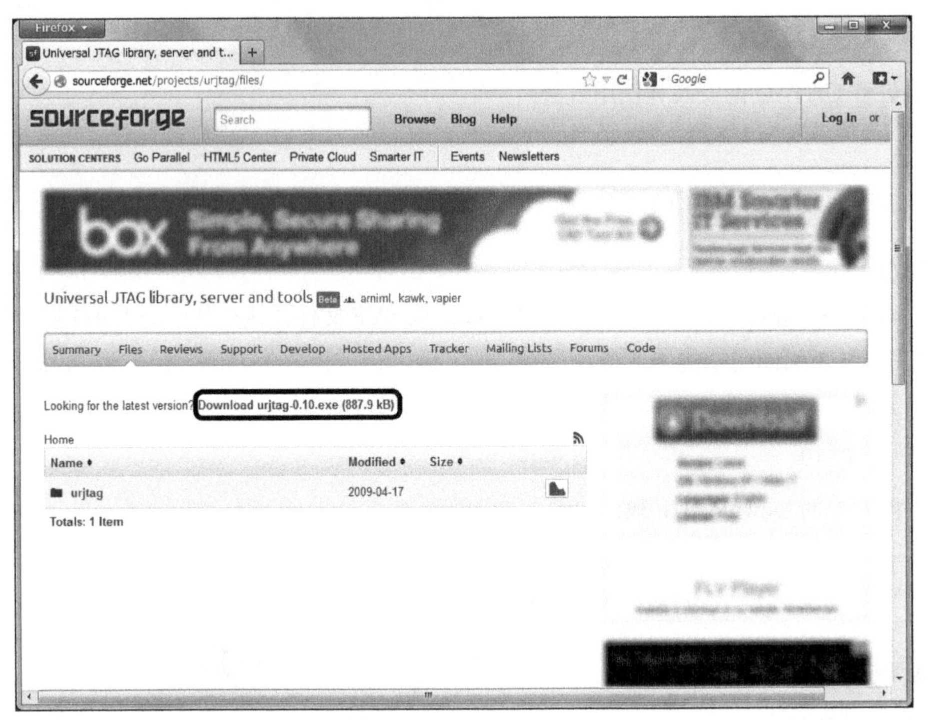

▲ 图 3-48　UrJTAG 安装程序的下载页面

在下载完成的文件上单击右键，选择“以管理员身份运行”。根据安装程序的提示完成安装。

▲ 图 3-49　以管理员身份运行

■ FT2232 驱动

由于 FPGA 的配置要通过 AZPR EvBoard 上的 FT2232 芯片，因此需要安装该芯片的驱动。Windows 7 连接 FT2232 后会自动安装驱动程序。用 USB 将计算机和 AZPR EvBoard 连接并打开电源，驱动程序即自动开始安装。驱动程序安装成功后，计算机就会识别 FT2232 设备。

在设备管理器中可以确认 Windows 7 是否识别 FT2232。右键单击开始菜单中的计算机，选择属性。然后选择“设备管理器”，打开“设备管理器”窗口。然后展开端口（COM 和 LPT）并确认通信端口。由于 FT2232 是双通道 USB 转串口的芯片，正确识别后会出现两个 USB Serial Port。在图 3-50 中显示为 USB Serial Port (COM3) 和 USB Serial Port (COM4)。

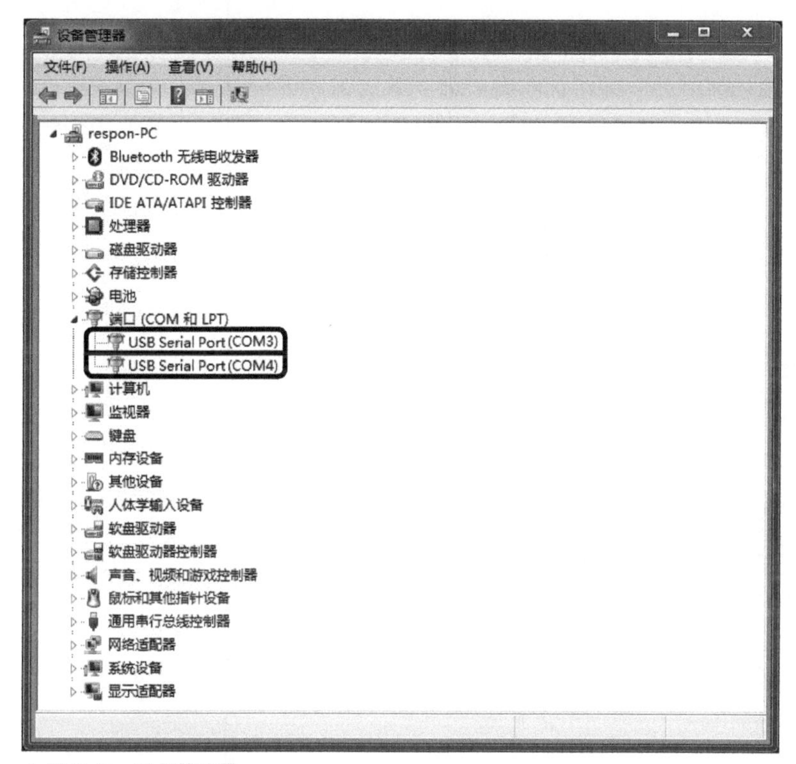

▲ 图 3-50　设备管理器

■ libusb-win32

libusb-win32 是处理 USB 设备的驱动程序。从下面的网页可以下载：

libusb-win32

http://sourceforge.net/apps/trac/libusb-win32/wiki/

用浏览器访问上面的链接，如图 3-51 所示，在 Download 项目中点击 project download site。

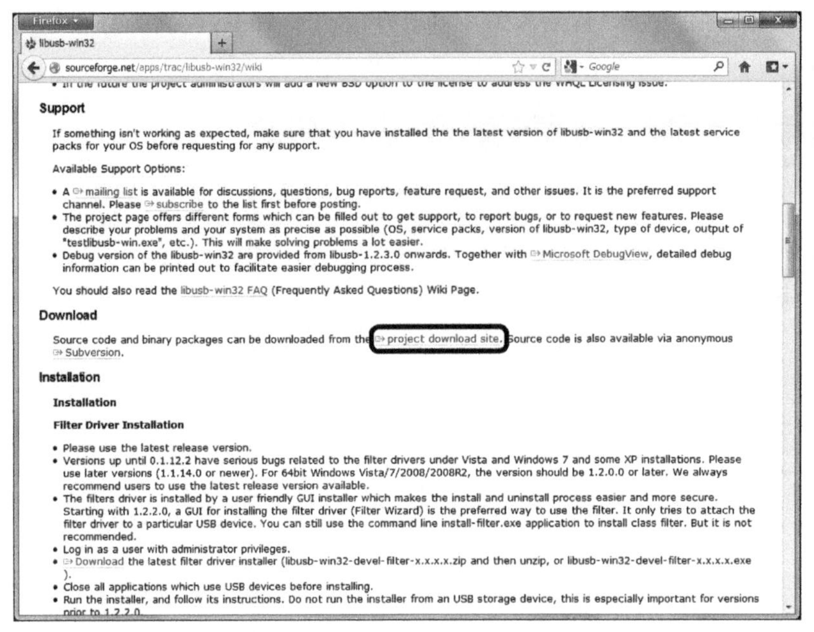

▲ 图 3-51　libusb-win32 网站

然后会打开如图 3-52 所示的页面，可以下载最新版的驱动文件。

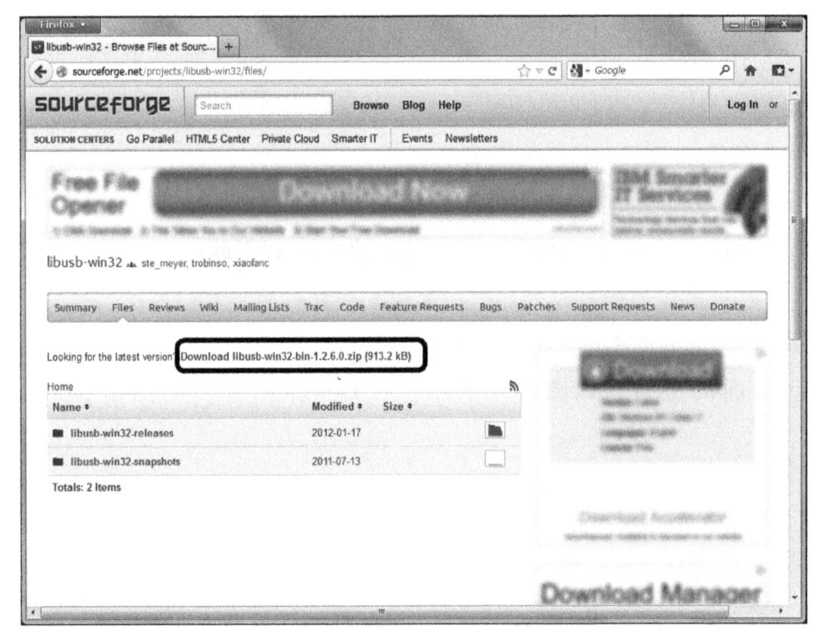

▲ 图 3-52　libusb-win32 的下载页面

保持 AZPR EvBoard 连接到计算机，将下载的文件解压缩并执行 bin 文件夹中的 inf-wizard.exe，打开图 3-53 所示的 libusb-win32 Inf-Wizard 对话框。

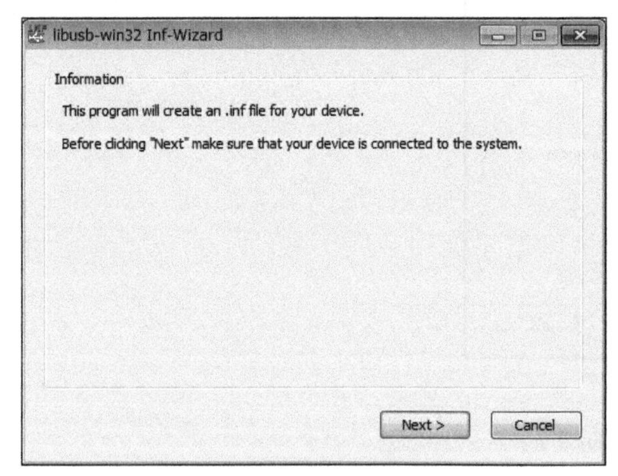

▲ 图 3-53　libusb-win32 Inf-Wizard(1/3)

单击 Next 按钮，出现图 3-54 中的界面。

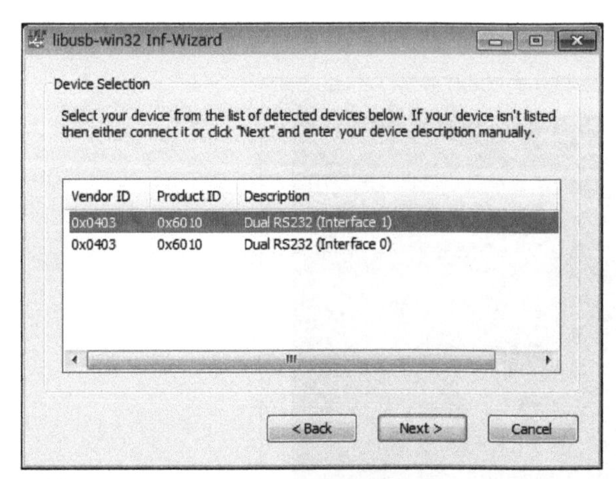

▲ 图 3-54　libusb-win32 Inf-Wizard(2/3)

此处任选一个设备，单击 Next 按钮。图 3-54 的示例选择了 Description 为 Dual RS232(Interface 1) 的设备。继续安装进程，会出现图 3-55 所示的界面。

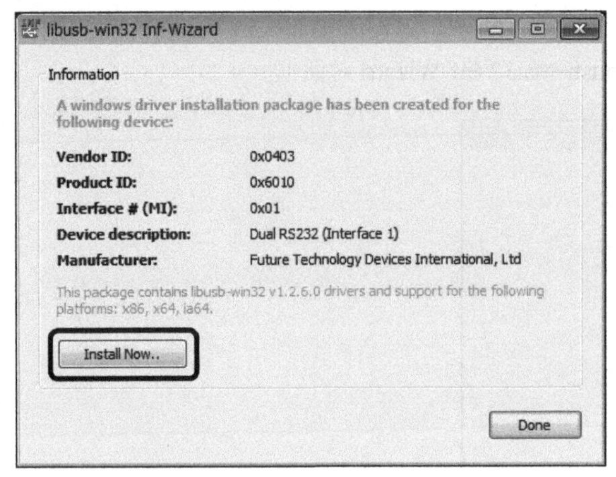

▲ 图 3-55　libusb-win32 Inf-Wizard(3/3)

最后单击 Install Now 按钮安装驱动程序。

■UrJTAG 的启动

从 Windows 7 开始菜单选择执行 JTAG Shell，出现图 3-56 所示的界面。jtag> 提示符后可以输入命令。

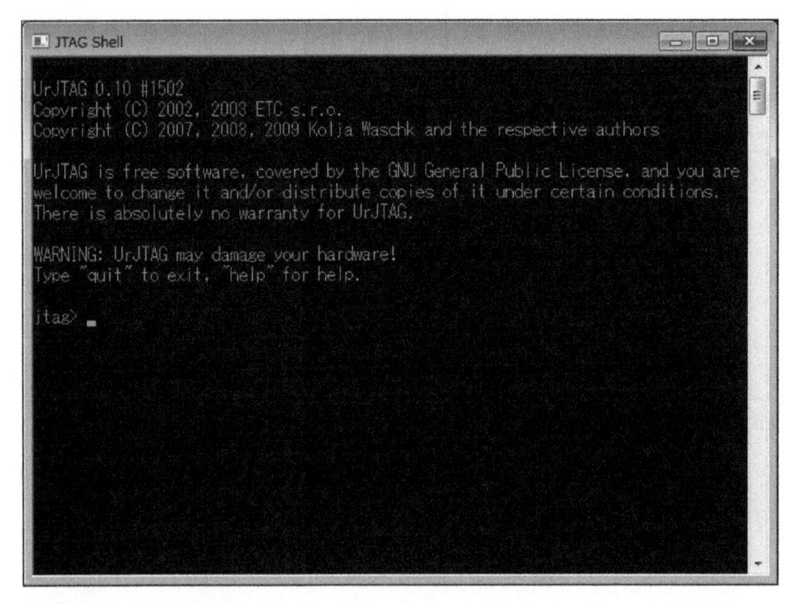

▲ 图 3-56　JTAG Shell

■设置 UrJTAG

为了在 UrJTAG 中使用 AZPR EvBoard 的 xc3s250e 和 xcf02s 设备，需要添加设置文件和部件列表。需要改动的文件可以在本书的支持网站下载，我们在这里对这些改动进行说明。假定 UrJTAG 安装在"C:\Program Files (x86)\UrJTAG\"目录。安装路径不同的读者请换为自己的安装路径。

首先，在"C:\Program Files (x86)\UrJTAG\data\xilinx\"目录下新建名为 xc3s250e 的目录。在该目录中新建两个文本文件，分别命名为 STEPPINGS 和 xc3s250e。请注意两个文件都没有 .txt 扩展名。STEPPINGS 文件中输入以下内容：

```
0000 xc3s250e 0
0001 xc3s250e 1
0010 xc3s250e 2
0011 xc3s250e 3
0100 xc3s250e 4
0101 xc3s250e 5
0110 xc3s250e 6
0111 xc3s250e 7
1000 xc3s250e 8
1001 xc3s250e 9
1010 xc3s250e 10
1011 xc3s250e 11
1100 xc3s250e 12
1101 xc3s250e 13
1110 xc3s250e 14
1111 xc3s250e 15
```

另一个文件的内容的输入需要用到 BSDL 文件。赛灵思公司的网站上有公开的 BSDL 文件，可以按照以下方法下载。

启动浏览器并进入赛灵思网站。点击下载→器件模型。在 BSDL 模型中选择 Spartan 系列 FPGA。页面如图 3-57 所示。

然后在点击 Spartan 系列 FPGA 后出现的页面中选择 Spartan-3E – BSDL Models 的 BSDL Models。页面如图 3-58 所示。

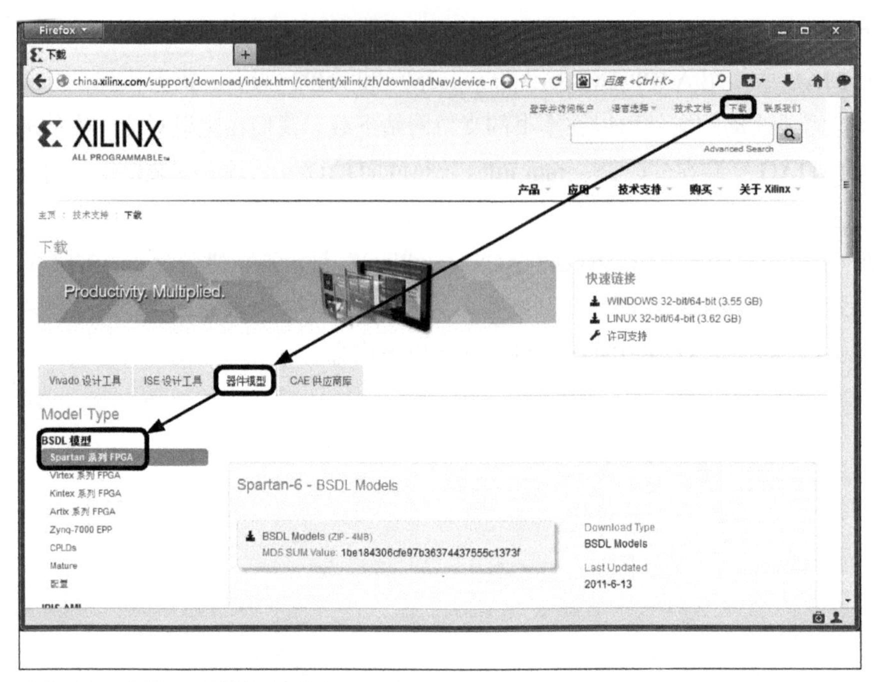

▲ 图 3-57　BSDL 文件的下载 (1/3)

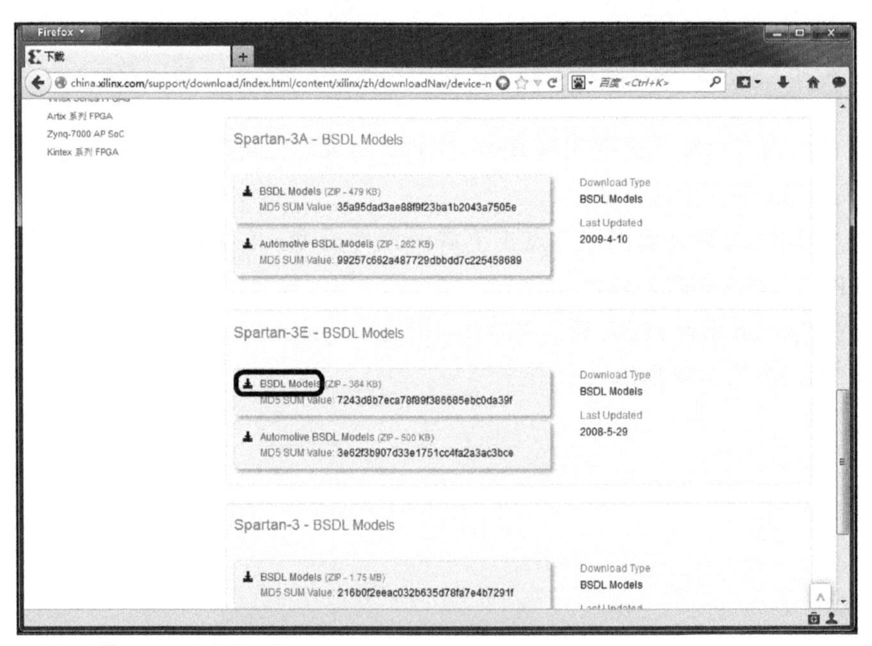

▲ 图 3-58　BSDL 文件的下载 (2/3)

选择 BSDL Models 后，就会开始下载。下载时和下载 ISE WebPACK 时一样需要登录。将下载的文件解压缩，并将解压缩后的 xc3s250e.bsd 复制到“C:\Program Files (x86)\UrJTAG\data\”。

接下来设置 JTAG Shell 的属性。启动 JTAG Shell，在标题栏单击右键并选择属性，如图 3-59 所示。

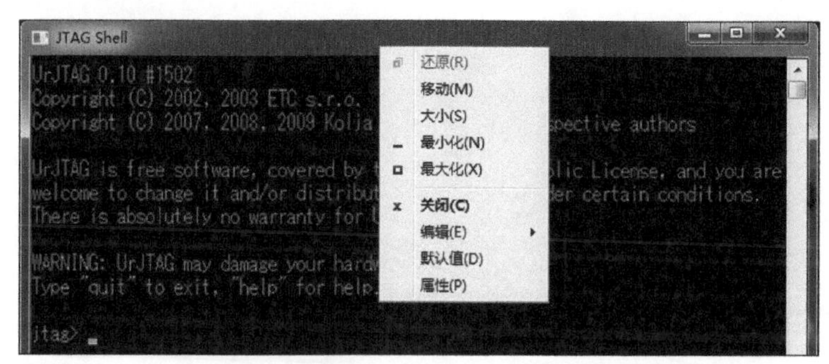

▲ 图 3-59　选择 JTAG Shell 属性

在 JTAG Shell 属性中，选中快速编辑模式，如图 3-60 所示。然后在图 3-61 所示的界面中的“屏幕缓冲区大小”中的“高度”中填写 2000。

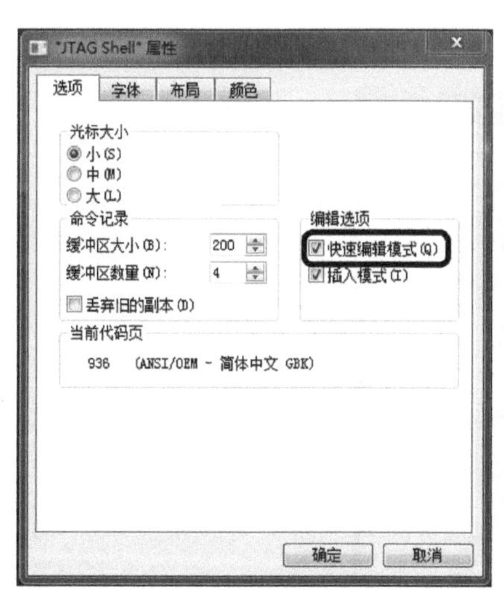

▲ 图 3-60　JTAG Shell 属性（1/2）

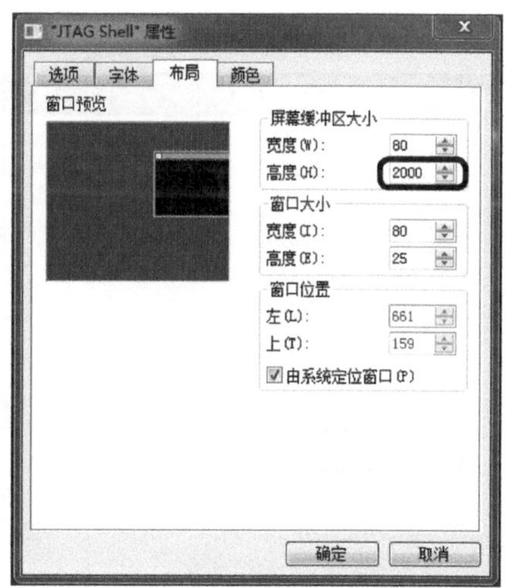

▲图 3-61　JTAG Shell 属性（2/2）

接下来在 JTAG Shell 中执行以下命令：

```
jtag> bsdl dump xc3s250e.bsd
```

然后将执行后显示的结果复制并粘贴到 xc3s250e 文件中。JTAG Shell 窗口中按住鼠标左键选中要复制的内容，然后单击右键即可复制。

xcf02s 的设置文件也和 xc3s250e 一样的方式添加。在“C:\Program Files (x86)\UrJTAG\data\xilinx\”中新建 xcf02s 文件夹。在该文件夹中新建 STEPPINGS 和 xcf02s 两个文本文件。在 STEPPINGS 中输入以下内容：

```
0000 xcf02s 0
0001 xcf02s 1
0010 xcf02s 2
0011 xcf02s 3
0100 xcf02s 4
0101 xcf02s 5
0110 xcf02s 6
0111 xcf02s 7
1000 xcf02s 8
1001 xcf02s 9
1010 xcf02s 10
1011 xcf02s 11
1100 xcf02s 12
1101 xcf02s 13
1110 xcf02s 14
1111 xcf02s 15
```

xcf02s 的 BSDL 文件是从 BSDL 模型中选择配置，点击 Platform Flash BSDL Models 进行下载，如图 3-62 所示。

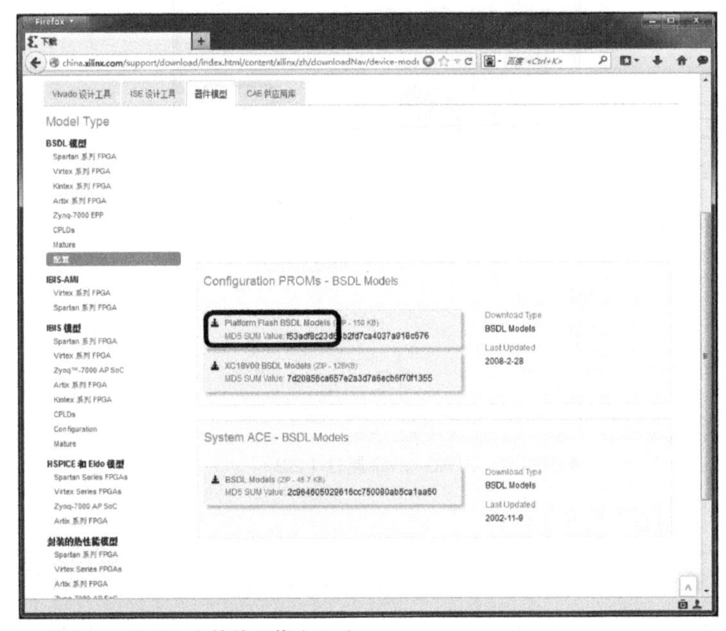

▲图 3-62　BSDL 文件的下载（3/3）

解压缩下载文件，将解压缩后的文件 xcf02s.bsd 复制到“C:\Program Files (x86)\UrJTAG\data\”。然后在 JTAG Shell 执行以下命令，并将执行结果复制到 xcf02s。

```
jtag> bsdl dump xcf02s.bsd
```

最后，在“C:\Program Files (x86)\UrJTAG\data\xilinx\PARTS”文件中追加如下记述，以向部件列表中添加 xc3s250e。

```
0001110000011010        xc3s250e        xc3s250e
```

xcf02s 已经包含在部件列表，不需要另行添加。

■FPGA 配置方法

接下来说明 FPGA 的配置方法。首先用 USB 线将计算机和 AZPR EvBoard 连接，启动 JTAG Shell。在 JTAG Shell 执行以下命令，就会识别 FPGA。

```
jtag> cable jtagkey
jtag> detect
```

detect 命令执行后，会打印出如下信息：

```
IR length: 14
Chain length: 2
Device Id: 00010001110000011010000010010011 (0x0000000011C1A093)
  Manufacturer: Xilinx
  Part(0):         xc3s250e
  Stepping:     1
  Filename:     c:\program files (x86)\urjtag\data/xilinx/xc3s250e/xc3s250e
Device Id: 11110101000001000101000010010011 (0x00000000F5045093)
  Manufacturer: Xilinx
  Part(1):         xcf02s
  Stepping:     15
  Filename:     c:\program files (x86)\urjtag\data/xilinx/xcf02s/xcf02s
```

从输出的信息中我们可以看出，xc3s250e 为 part0、xcf02s 为 part1。

如果使用从 BIT 文件制作的 SVF 文件，则输入以下命令选择 xc3s250e：

```
jtag> part 0
```

如果使用从 MCS 文件制作的 SVF 文件，则输入以下命令选择 xcf02s：

```
jtag> part 1
```

假设之前生成的 SVF 文件路径为“D:\sample.svf”，执行以下命令即可开始 FPGA 的配置。

```
jtag> svf D:\sample.svf
```

如果在命令中追加 progress 选项，可以在配置时显示完成的进度。

```
jtag> svf D:\sample.svf progress
```

专栏

cblsrv-0.1_ft2232

配置 AZPR EvBoard 的 FPGA 还可以使用 fenrir 制作的 “cblsrv–0.1_ft2232”。

cblsrv–0.1_ft2232

http://fenrir.naruoka.org/archives/000644.html

使用该工具可以和赛灵思的配置工具 iMPACT 配合，通过 AZPR EvBoard 搭载的 FT2232 进行配置。使用该方法无需使用 BIT 或 MCS 文件制作 SVF 文件。使用方法请参照上面的 URL。

但是，我们向 fenrir 确认过，cblsrv–0.1_ft2232 只能支持最高到 ISE 11 版本。最新版的 ISE 有可能不能正常工作。并且由于 Windows 7 只能使用 ISE 12 以上版本，只能在装有 Windows XP 系统的计算机使用 ISE 11。

3.2.5 交叉汇编程序

汇编程序是将汇编语言编写的程序翻译为机器语言的系统软件。机器语言的表现形式为二进制序列，用户很难理解和使用。因此我们使用和机器语言指令一一对应的助记符进行编程。

我们先使用汇编语言进行编程，然后用汇编器将其翻译为机器语言。汇编语言和机器语言的对应关系如图 3-63 所示。

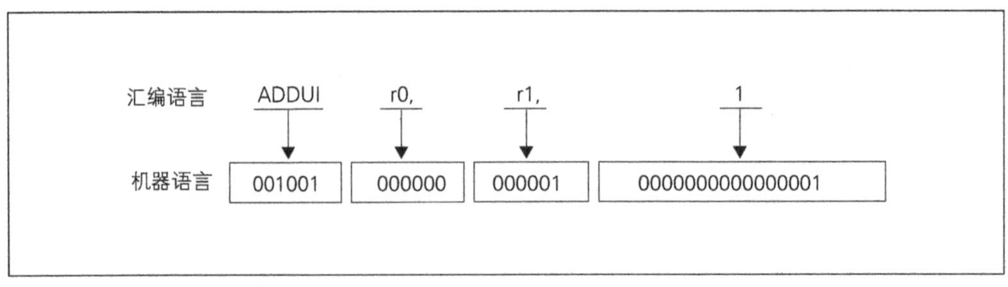

▲ 图 3-63　汇编语言和机器语言

■安装

由于汇编语言和机器语言是一对一的映射关系，因此依赖于 CPU 的架构。我们为 AZ Processor 特有的指令集设计了专门的汇编器，名为 AZPR ASM。该汇编器可以在本书的“读者支持网页”下载（http://gihyo.jp/book/2012/978-4-7741-5338-4/support）。

下载完成后请建立“C:\azpr\azprasm\”目录，并将编译器主程序 azprasm.exe 放入该目录。接下来在 Windows 7 的开始菜单中右键单击计算机，选择属性。然后，单击左侧的高级系统设置，打开系统属性对话框。

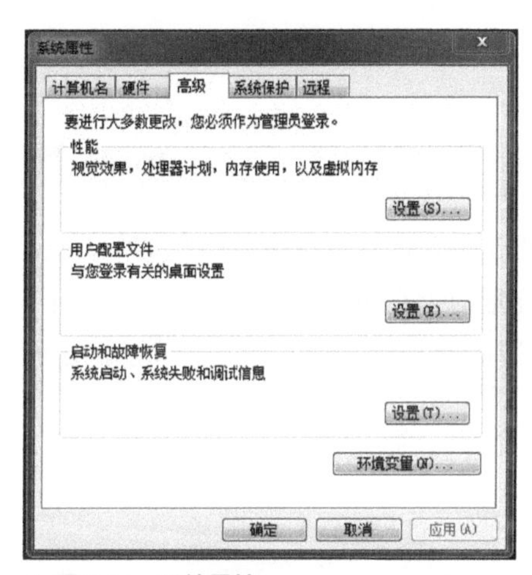

▲ 图 3-64　系统属性

选择系统属性对话框的高级标签，单击环境变量按钮，打开环境变量对话框，如图 3-65 所示。

▲ 图 3-65　环境变量

单击环境变量对话框中用户变量的新建按钮，弹出如图 3-66 所示的新建用户变量对话框。在变量名中填写 Path，在变量值中填写刚才放置 azprasm.exe 的完整路径地址。

▲ 图 3-66　新建用户变量

在本书的示例中，路径填写为：

```
C:\azpr\azprasm
```

如果用户变量中已经包含名为 Path 的变量，则点击编辑按钮，在变量值的最后追加分号 “;”，加上 azprasm.exe 的完整路径。比如，Path 变量值为 C:\hoge 的话，新变量值为：

```
C:\hoge;C:\azpr\azprasm
```

Path 设置结束后就完成了编译器的安装。打开命令行窗口并执行 azprasm 命令，如果显示出如下的 Usage 信息，则表示安装正确。

```
C:\Users\respon>azprasm
Usage: azprasm [ -o outfile ] infile
```

如果显示如下信息，则表示编译器没有正确安装。

```
C:\Users\respon>azprasm
'azprasm' 不是内部或外部命令，也不是可运行的程序
或批处理文件。
```

这种情况请确认 azprasm.exe 的目录、环境变量是否设置正确。

■使用方法

启动命令行，执行 azprasm 命令并指定源代码文件，即可输出转换为机器语言的程序文件。azprasm 命令的参数如表 3-5 所示。

▼ 表 3-5　azprasm 命令参数

参数	说明
–o outfile	outfile 处指定输出二进制文件的名字
–p prgfile	按照 prgfile 指定的文件名生成 PRG 文件
––coe coefile	按照 coefile 指定的文件名生成 COE 文件。请注意参数名前有两个减号

“-o”参数用来指定输出二进制文件的名称。缺省时输出文件名为 outfile。“-p”参数用来指定 PRG 文件名并生成 PRG 文件。在使用第 1 章介绍的 iverilog 工具仿真时，需要初始化内存用的 PRG 文件。详情请参见 1.4.3 节的“载入存储镜像”部分。“-p”参数缺省时不生成 PRG 文件。“--coe”参数用来指定 COE 文件名并生成 COE 文件。COE 文件为设定块 RAM 初始值的文本文件。该文件在 ISE Project Navigator 中的 Block RAM Generator 对话框中使用。详情请参见 3.2.3 节的“生成 BIT 文件”部分。“--coe”参数缺省时，不生成 COE 文件。

下面是在命令行下执行汇编程序的示例。该命令中输入名为 sample.asm 的源程序文件，并将其汇编为 AZPR ASM 机器语言，生成名为 sample.bin 的输出文件。

```
C:\Users\respon>azprasm -o sample.bin sample.asm
```

■程序格式

■助记符

AZPR ASM 助记符一览如表 3-6 所示。各指令的详细介绍请从本书官方网站下载 AZ Processor Specification Sheet 进行查阅。

▼ 表 3-6　助记符一览

种类	指令
逻辑运算指令	ANDR, ANDI, ORR, ORI, XORR, XORI
算术运算指令	ADDSR, ADDSI, ADDUR, ADDUI, SUBSR, SUBUR
移位指令	SHRLR, SHRLI, SHLLR, SHLLI
分支指令	BE, BNE, BSGT, BUGT, JMP, CALL
内存指令	LDW, STW
特殊指令	TRAP
特权指令	RDCR, WRCR, EXRT

■汇编指示

汇编指示是用来指示汇编器操作的记述。AZPR ASM 的汇编指示一览如表 3-7 所示。

▼ 表 3-7　汇编指示一览

汇编指示	功能
LOCATE	改变程序起始地址
EQU	符号设定
high	截取地址的 16 位到 31 位的值转换为 16 位整数
low	截取地址的 0 位到 15 位的值转换为 16 位整数

● LOCATE

LOCATE 用来改变程序的起始地址。例如，在程序中进行如下设置时，程序的起始地址变为 0x20000000。

```
LOCATE 0x20000000
```

图 3-67 说明了改变程序起始地址的示例。

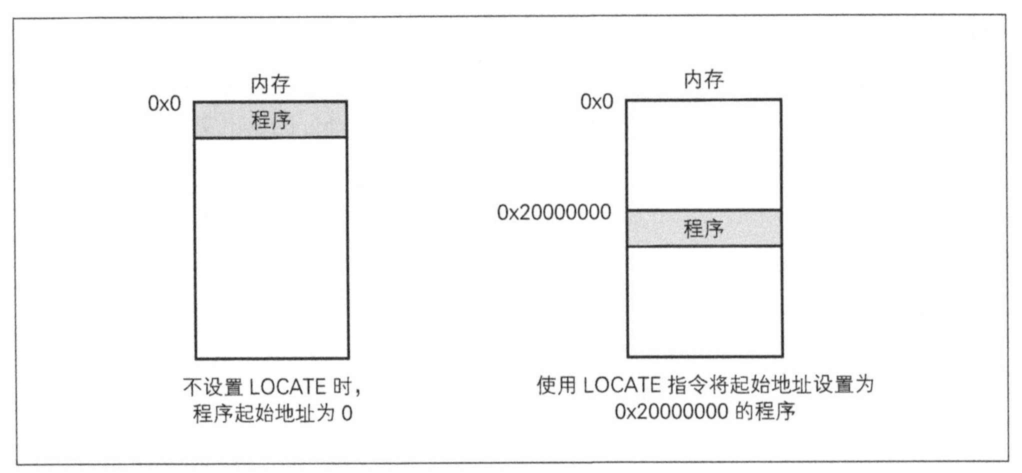

▲ 图 3-67　改变程序起始地址的示例

● EQU

EQU 用来设置符号。符号是用字符串替换程序中的数值。使用符号可以让程序易读，更容易让大家了解指令执行对象的含义。下面是 EQU 记述的示例。

```
SYMBOL EQU 100
```

通过这条语句记述，程序中 SYMBOL 字符串就和数值 100 等价了。下面是使用符号的示例。

```
ADDUI r0,r1,SYMBOL
```

这条指令与下面的指令等效。

```
ADDUI r0,r1,100
```

● high

high 用来截取地址的 16 位到 31 位的值转换为 16 位数值。high 也可以作用于 LABEL。下面是 high 的记述示例。

```
high(LABEL)
```

图 3-68 为使用 high 进行值变换的示例。

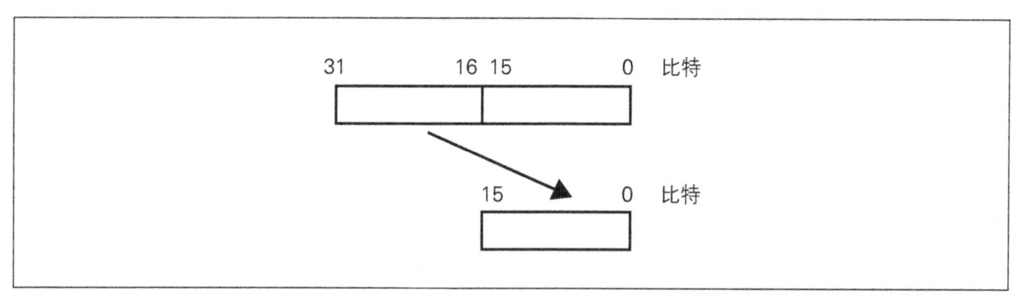

▲ 图 3-68 使用 high 进行值变换

● low

low 用来截取地址的 0 位到 15 位的值转换为 16 位数值。low 也可以作用于 LABEL。下面是 low 的记述示例。

```
low(LABEL)
```

图 3-69 为使用 low 进行值变换的示例。

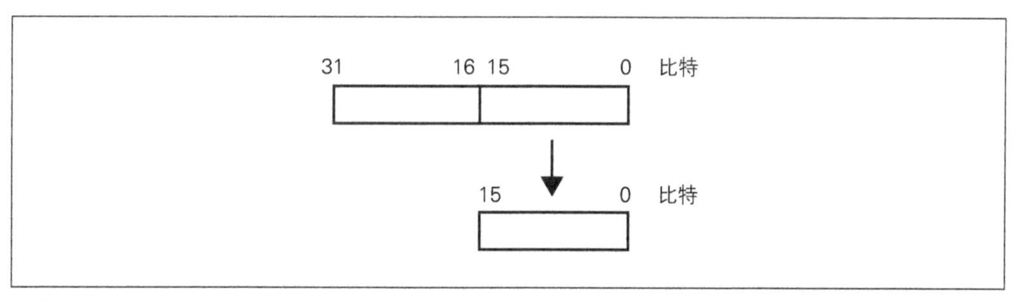

▲ 图 3-69 使用 low 进行值变换

■LABEL 的形式

我们可以为指令所在的地址赋予一个 LABEL（标签）。格式为 LABEL 名后接冒号（：）。下面为 LABEL 的示例。示例中为“XORR r0,r0,r0”指令赋予了一个名为 LABEL 的标签。

```
LABEL:
        XORR    r0,r0,r0
```

LABEL 可以用来直接替换 low、high 的地址参数，或是替换分支语句的分支目的地址。

■指令的形式

指令由助记符和操作数组成。助记符和操作数之间需要隔开一个以上的半角空格或TAB符号。

●助记符

可以用助记符表示的指令一览，请参见表3-6。

●操作数

操作数是作为指令操作对象的数据。LABEL、通用寄存器、CPU控制寄存器以及常数都可以作为操作数使用。

使用LABEL作为操作数时，操作数处填写程序内声明过的LABEL名。LABEL对应的值为16位以上时，要使用high或low汇编指示进行截取。通用寄存器用r0~r31作为操作数记述，形式为r加通用寄存器的编号。CPU控制寄存器用c0~c7作为操作数记述，形式为c加CPU控制寄存器的Register Address。常数分为整数常数和字符常数。整数常数可以使用八进制、十进制和十六进制。数字最左边开头一位如果为0表示该数值为八进制，如果为0x则表示该数值为十六进制。字符常数的值需用单引号（ ' ）包围。表3-8为整数常数的表述方法示例。

▼表3-8 整数常数的表述

进制	例
8	0173
10	123
16	0x7B

下面为指令的记述示例。

```
LABEL:
        XORR     r0,r0,r0
        ADDUI    r0,r1,0x100
        BE       r0,r1,LABEL
```

■注释的形式

注释是与程序执行无关的文字。写在分号（;）之后的文字会被认为是注释。

3.2.6 第一个程序

作为制作的第一个程序，我们一起实现一个控制LED的功能。LED被分配对应到AZ Processor的GPIO Output Port的寄存器。GPIO控制寄存器被映射到内存空间，起始地址为0x80000000。图3-70和表3-9为GPIO Output Port寄存器的详细信息。

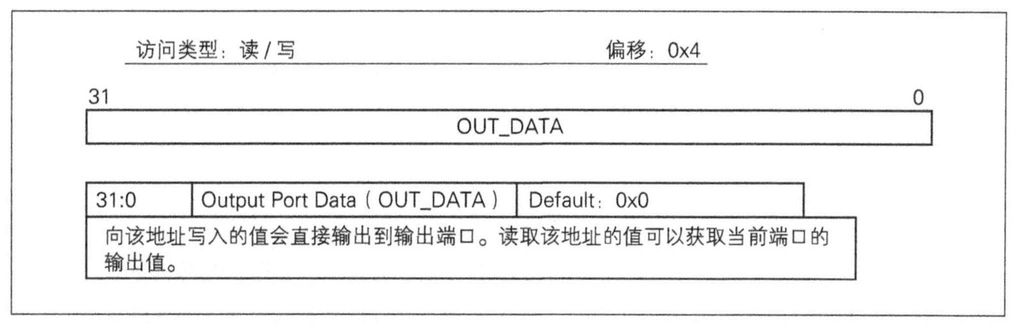

▲ 图 3-70　GPIO Output Port 寄存器的结构

▼ 表 3-9　GPIO Output Port 寄存器详情

位	详情
0 ~ 15	控制七段数码管
16	控制 LED1
17	控制 LED2
18 ~ 31	未分配

由于偏移量为 0x4，GPIO Output Port 寄存器的内存映射地址为 0x80000004。AZPR EvBoard 上 LED1 被分配到 GPIO Output Port 寄存器的第 16 位，LED2 被分配到第 17 位。0 到 15 位则分配给了七段数码管。七段数码管将在 3.6 节中详述，此处不作深入介绍。18 到 31 位为空闲未分配状态。

GPIO Output Port 为负逻辑，因此值为 0 时 LED 点亮，值为 1 时 LED 熄灭。代码 3-1 所示的程序实现了点亮 LED1，熄灭其他 LED 的功能。

▼ 代码 3-1　LED 控制程序（led.asm）

```
 1  ;;; 符号定义
 2  GPIO_BASE_ADDR_H     EQU 0x8000         ;GPIO Base Address High
 3  GPIO_OUT_OFFSET      EQU 0x4            ;GPIO Output Port Register Offset
 4
 5  ;;; 点亮LED
 6      XORR     r0,r0,r0
 7      ORI      r0,r1,GPIO_BASE_ADDR_H   ;将GPIO Base Address高16位存入r1
 8      SHLLI    r1,r1,16                 ;左移16位
 9      ORI      r0,r2,0x2                ;输出数据设为r2高16位的值
10      SHLLI    r2,r2,16                 ;左移16位
11      ORI      r2,r2,0xFFFF             ;输出数据设为r2低16位的值
12      STW      r1,r2,GPIO_OUT_OFFSET    ;输出数据写入GPIO Output Port
13
14  ;;; 无限循环
15  LOOP:
16      BE       r0,r0,LOOP               ;返回LOOP
17      ANDR     r0,r0,r0                 ;NOP
```

■符号定义

程序最开始处为符号的定义。程序中为了方便访问 GPIO Output Port 寄存器，在此处定义了 GPIO 控制寄存器的基地址和 GPIO Output Port 寄存器的偏移量。

■控制 LED

首先将 r0 设为 0，将 r0 作为一直保存 0 值的寄存器使用。后面程序的开头也有同样的记述，请记住这一点。第 7、8 行将 GPIO 控制寄存器的基地址 0x80000000 放入 r1。由于 AZ Processor 的立即数只能为 16 位，需要用图 3-71 所示的方法，先将控制寄存器基地址高 16 位 0x8000 存入 r1，然后使用 SHLLI 指令左移 16 位。

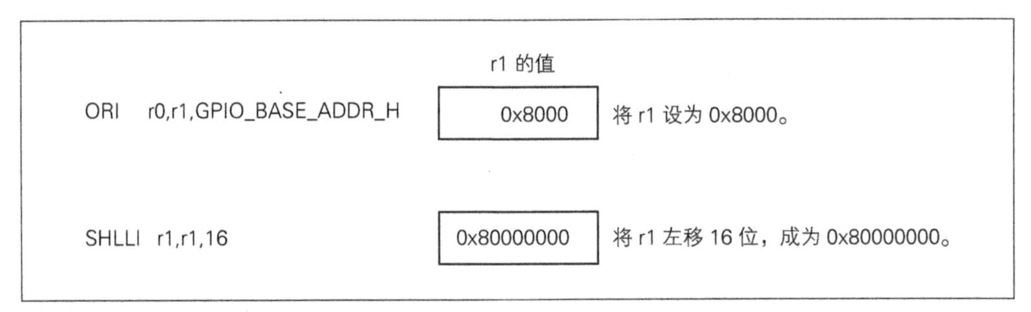

▲ 图 3-71　基地址设置指令和 r1 的值

第 9~11 行把要输出到 GPIO 的数据 0x2FFFF 放入 r2。控制 LED1 的第 16 位为 0，控制 LED2 的第 17 位和七段数码管的 0 到 15 位为 1。第 12 行处使用 STW 指令将 r2 的值写入 GPIO Output Port 寄存器的地址 0x80000004。

■无限循环

GPIO 访问完成后，就不需要执行其他指令了。但 AZ Processor 还会在每个时钟周期读取下一条指令。因此使用 BE 指令反复跳转到 LOOP 标签处形成无限循环。这种结束的方式称为动态结尾（Dynamic End）。AZ Processor 的包含 BE 指令在内的分支执行后皆为延迟空隙。延迟空隙中的指令，不论其之前分支指令是否跳转，都会被执行。本书中分支指令后都会写入一条作为 NOP 的 ANDR r0,r0,r0 指令。

NOP 是 No Operation 的简称，指不执行任何操作的指令。分析下上面 ANDR 指令的含义即可明白，r0 与 r0 逻辑与运算后的值存入 r0，结果 r0 中的值与执行 ANDR 指令前没有任何变化。

下面就在 AZPR EvBoard 上验证一下我们的程序。首先按照刚才的代码编写程序文件。启动文本编辑器，输入代码 3-1 的内容，并保存为文本文件。我们这里给这个记述了控制 LED 程序的文本文件起名为 led.asm。

然后使用编译器编译源程序。启动命令行并进入上面制作的源文件的目录。比如源文件放在“D:\azpr\program\”，则执行以下命令：

```
C:\Users\respon>D:

D:>cd azpr\program

D:\azpr\program>
```

执行编译器编译源程序的命令如下所示：

```
D:\azpr\program>azprasm led.asm -o led.bin --coe led.coe
```

在 led.asm 所在的目录中会生成两个文件，一是可在 AZ Processor 上执行的机器语言文件 led.bin，另一个是在 ISE Project Navigator 的 Block Memory Generator 对话框中用来初始化块 RAM 的 led.coe 文件。AZ Processor 上执行的机器语言文件称为 BIN 文件。由于本次操作流程通过使用 COE 文件初始化块 RAM 来写入程序，因此不使用 led.bin。

接下来制作 BIT 文件。BIT 文件制作流程请参见 3.2.3 节的“生成 BIT 文件”。在生成 x_s3e_sprom 时，导入刚才编译器输出的 led.coe 文件。在 Block Memory Generator 对话框画面中，如图 3-72 所示，勾选 Memory Initialization 的 Load Init File，并单击 Browse 按钮，然后选择 led.coe 文件。

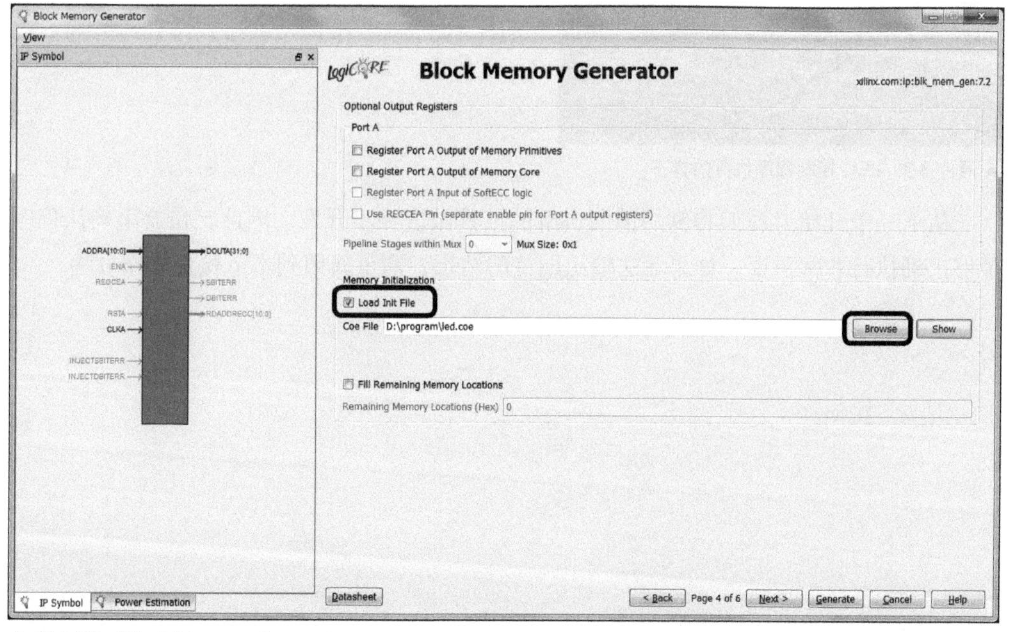

▲ 图 3-72 Block Memory Generator

然后使用 BIT 文件生成 SVF 文件。请依据 3.2.3 节中“制作 SVF 文件”的方法生成 led.svf。在 iMPACT 画面的 Create SVF File 中指定 led.svf，在 Add Device 对话框中选择刚才生成的 led.bit。然后选择 Device 上的 Program 即会生成 SVF 文件 led.svf。

最后，使用 UrJTAG 执行 SVF 文件。首先，插上 AZPR EvBoard 电源，使用 USB 线和计算机相连。计算机识别设备后，启动 UrJTAG，按照 3.2.4 节中“FPGA 配置方法”所提的方法进行配置。

```
jtag> cable jtagkey
jtag> detect
jtag> part 0
jtag> svf led.svf progress
```

经过以上操作，就完成了包含程序 ROM 的 AZ Processor 的配置。如果前面的操作全部正确执行，AZ Processor 就会按照程序执行，结果如照片 3-3 所示，LED1 点亮且其他 LED 熄灭。

▲ 照片 3-3　LED 控制程序执行的样子

从下一节开始，我们将利用前面讲解的工具做进一步开发。因此，在这里确认程序能够正确执行非常重要。如果无法输出期待的结果，请重新回到本节检查操作方法。

3.3 串口通信

本节将讲解 AZPR SoC 上的串行通信编程。我们通过 AZPR SoC 上的 UART 和计算机通信，并在计算机屏幕上输出文字。

RS-232（也称为串口）串行通信标准广泛搭载在计算机主板以及各种外围设备上。但是如今带有串口的主板越来越少，笔记本电脑更是基本上不搭载串口。

AZPR EvBoard 上搭载有 USB 转串行通信 IC，只要用 USB 线和计算机相连即可进行串行通信。因此即使是在没有串口的计算机上，也可以和 AZPR EvBoard 进行串行通信。

3.3.1 安装 Tera Term

计算机上需要使用终端仿真器进行串口输入输出，从串口接收的文字可以在终端上显示出来。这里我们使用 Windows 7 系统上有名的 Tera Term 终端仿真器。Tera Term 可以从以下网站下载。

Tera Term

http://sourceforge.jp/projects/ttssh2/releases/

用浏览器打开该 URL，从页面链接下载最新版安装程序，如图 3-73 所示。文件名含有 exe 的文件为安装程序。

执行下载好的安装程序，按照向导指示即可完成安装。

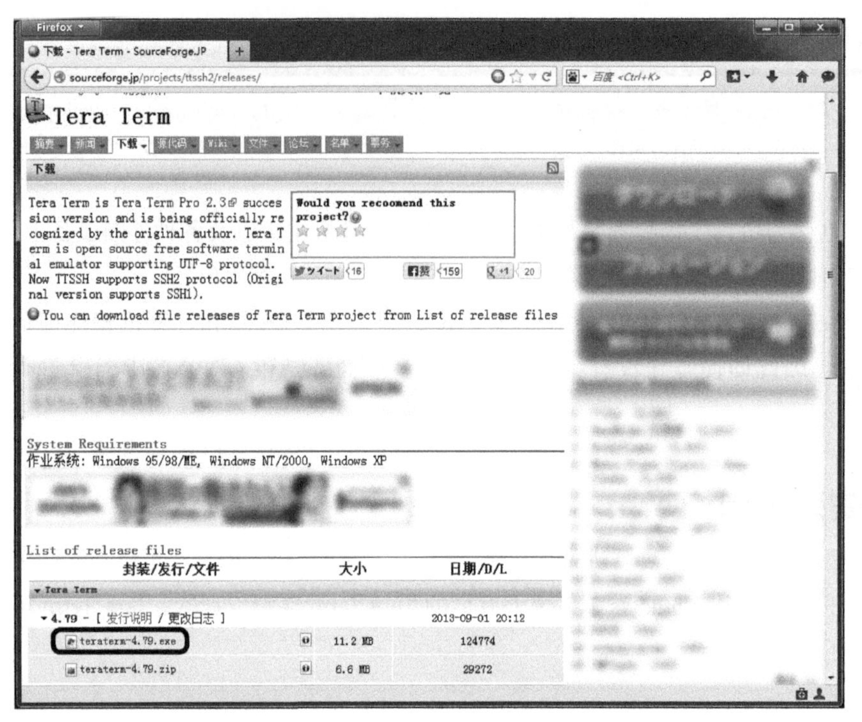

▲ 图 3-73　Tera Term 下载页面

3.3.2 编写程序

本节要编写使用串行通信进行文字数据发送的程序。发送的文本为我们初学编程的惯例“Hello,world.”。首先清空 UART 缓冲区，然后将文本一个字符接一个字符地发送。进行这些操作所使用的 UART 控制寄存器的格式如图 3-74 和图 3-75 所示。

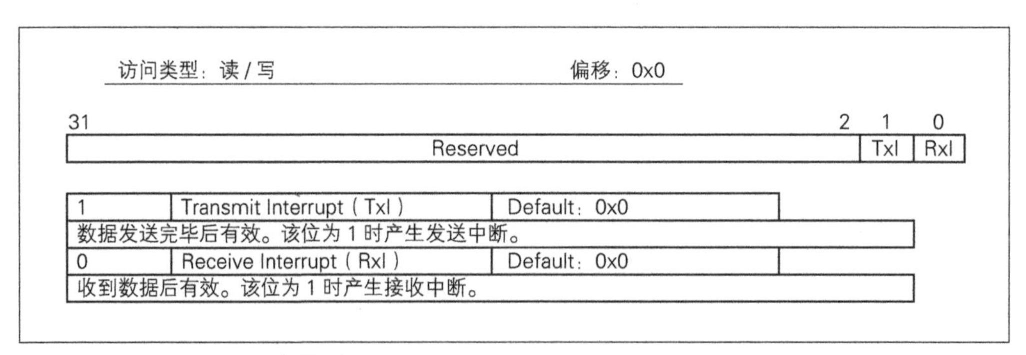

▲ 图 3-74　UART Status 寄存器结构

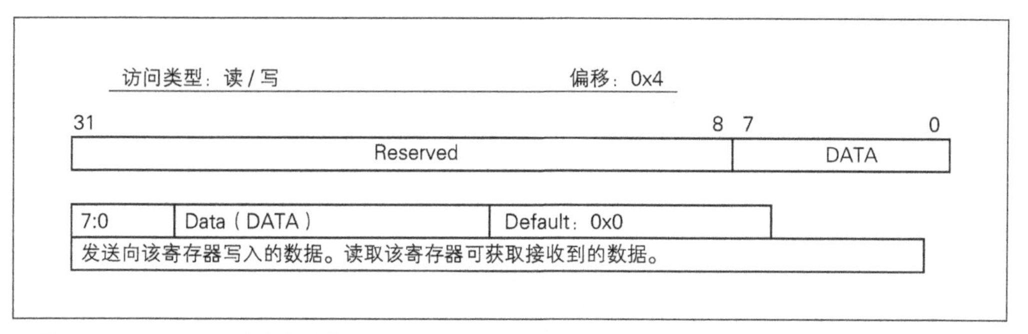

7:0	Data（DATA）	Default：0x0
发送向该寄存器写入的数据。读取该寄存器可获取接收到的数据。		

▲ 图 3-75　UART Data 寄存器结构

■清空缓冲区

由于串行通信基于电子信号，在线缆连接等场合会产生物理干扰信号，UART 的收发器件（缓冲）中会混入多余的数据。为了排除多余的数据，在数据接收前需要对缓冲区进行清空。图 3-76 为清空缓冲区的流程图。

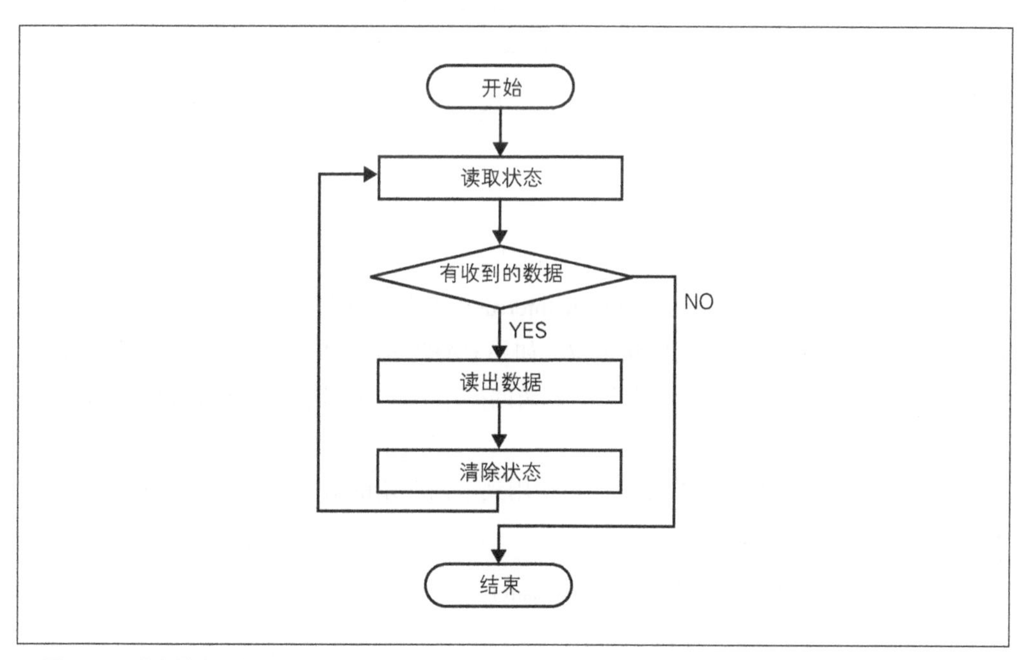

▲ 图 3-76　清空缓冲区流程图

首先从 UART Status 寄存器读取串口状态。UART Status 寄存器的 Receive Interrupt 位指示是否有接收到的数据。如果状态指示有接收到的数据，则从 UART Data Register 将数据取出。然后清除 UART Status Register 的 Receive Interrupt 位。如果状态显示没有接收到的数据，则完成缓冲区清空操作。

■发送数据

发送数据的流程图如图 3-77 所示。

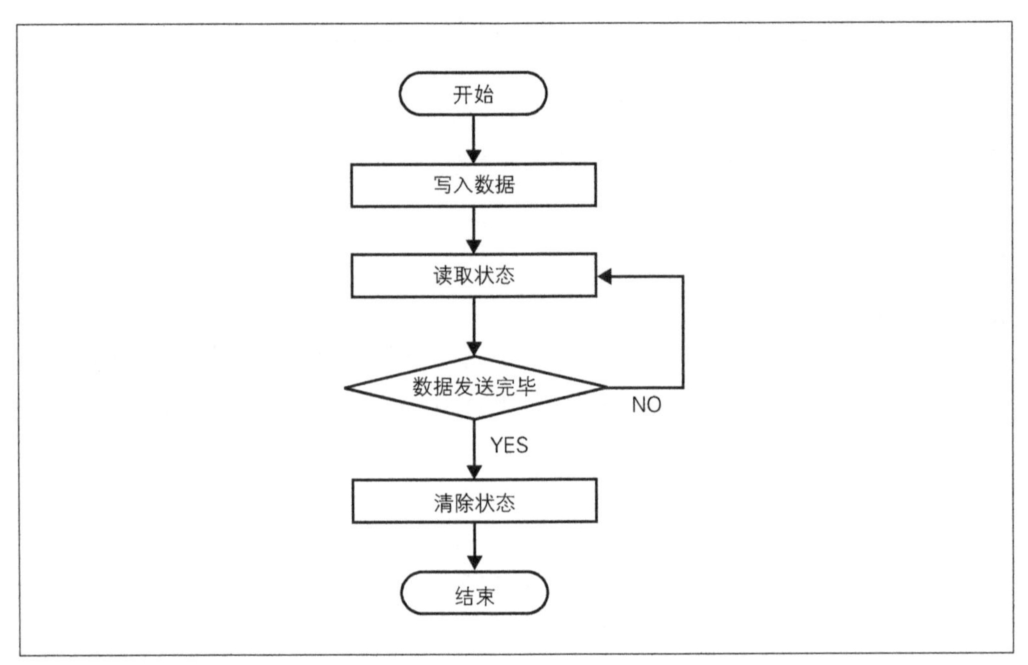

▲ 图 3-77　发送数据流程图

首先向 UART Data Register 写入要发送的数据。然后，从 UART Status Register 读取状态。UART Status Register 的 Transmit Interrupt 位指示数据是否发送完毕。在状态位指示数据发送完毕前一直循环读取状态位。如果 UART Status Register 指示数据发送完毕，则清除 Transmit Interrupt 位，结束数据发送的操作。这种定期查询处理是否完成的方法称为轮询。

串行通信发送文本数据的程序，就要用到上面介绍的清空缓冲区和发送数据操作。实际的源程序如代码 3-2 所示。

▼ 代码 3-2　基于串行通信发送文字的程序（serial.asm）

```
1  ;;; 定义符号
2  UART_BASE_ADDR_H    EQU 0x6000          ;UART Base Address High
3  UART_STATUS_OFFSET  EQU 0x0             ;UART Status Register Offset
4  UART_DATA_OFFSET    EQU 0x4             ;UART Data Register Offset
5  UART_RX_INTR_MASK   EQU 0x1             ;UART Receive Interrupt Mask
6  UART_TX_INTR_MASK   EQU 0x2             ;UART Transmit Interrupt Mask
7
8
9      XORR    r0,r0,r0
```

```
10
11      ORI     r0,r1,high(CLEAR_BUFFER)      ;CLEAR_BUFFER高16位放入r1
12      SHLLI   r1,r1,16
13      ORI     r1,r1,low(CLEAR_BUFFER)       ;CLEAR_BUFFER低16位放入r1
14
15      ORI     r0,r2,high(SEND_CHAR)         ;SEND_CHAR高16位放入r2
16      SHLLI   r2,r2,16
17      ORI     r2,r2,low(SEND_CHAR)          ;SEND_CHAR低16位放入r2
18
19  ;;; 清空UART缓冲区
20      CALL    r1                            ;调用CLEAR_BUFFER
21      ANDR    r0,r0,r0                      ;NOP
22
23  ;;; 显示文字
24
25      ORI     r0,r16,'H'                    ;将r16设置为字符'H'
26      CALL    r2                            ;调用SEND_CHAR
27      ANDR    r0,r0,r0                      ;NOP
28
29      ORI     r0,r16,'e'                    ;将r16设置为字符'e'
30      CALL    r2                            ;调用SEND_CHAR
31      ANDR    r0,r0,r0                      ;NOP
32
33      ORI     r0,r16,'l'                    ;将r16设置为字符'l'
34      CALL    r2                            ;调用SEND_CHAR
35      ANDR    r0,r0,r0                      ;NOP
36
37      ORI     r0,r16,'l'                    ;将r16设置为字符'l'
38      CALL    r2                            ;调用SEND_CHAR
39      ANDR    r0,r0,r0                      ;NOP
40
41      ORI     r0,r16,'o'                    ;将r16设置为字符'o'
42      CALL    r2                            ;调用SEND_CHAR
43      ANDR    r0,r0,r0                      ;NOP
44
45      ORI     r0,r16,','                    ;将r16设置为字符','
46      CALL    r2                            ;调用SEND_CHAR
47      ANDR    r0,r0,r0                      ;NOP
48
49      ORI     r0,r16,'w'                    ;将r16设置为字符'w'
50      CALL    r2                            ;调用SEND_CHAR
51      ANDR    r0,r0,r0                      ;NOP
52
53      ORI     r0,r16,'o'                    ;将r16设置为字符'o'
54      CALL    r2                            ;调用SEND_CHAR
55      ANDR    r0,r0,r0                      ;NOP
56
57      ORI     r0,r16,'r'                    ;将r16设置为字符'r'
58      CALL    r2                            ;调用SEND_CHAR
59      ANDR    r0,r0,r0                      ;NOP
60
61      ORI     r0,r16,'l'                    ;将r16设置为字符'l'
62      CALL    r2                            ;调用SEND_CHAR
63      ANDR    r0,r0,r0                      ;NOP
```

```
64
65      ORI     r0,r16,'d'                    ;将r16设置为字符'd'
66      CALL    r2                            ;调用SEND_CHAR
67      ANDR    r0,r0,r0                      ;NOP
68
69      ORI     r0,r16,'.'                    ;将r16设置为字符'.'
70      CALL    r2                            ;调用SEND_CHAR
71      ANDR    r0,r0,r0                      ;NOP
72
73  ;;; 无限循环
74  LOOP:
75      BE      r0,r0,LOOP                    ;无限循环
76      ANDR    r0,r0,r0                      ;NOP
```

■定义符号

此处定义了 UART 控制寄存器基地址和要访问的寄存器的偏移地址，还有 UART Status 寄存器的 Receive Interrupt 位和 Transmit Interrupt 位的访问 mask（掩码）。

■调用子程序

为了能在程序中调用子程序，将子程序的 LABEL 存入通用寄存器。

CLEAR_BUFFER 的值存在了 r1，SEND_CHAR 的值存在了 r2。

■清空 UART 缓冲区

将 r1 作为操作数，执行 CALL 指令，调用 CLEAR_BUFFER 子程序。CALL 指令的下一条指令为延迟间隙，所以插入 NOP。如果为了优化程序，此处的指令也可以不是 NOP，本书考虑到可读性和讲解的方便，程序没有经过特别优化。

■发送文字数据

把将要发送的文字放入 r16，然后调用 SEND_CHAR 子程序。因为要一个字符一个字符地发送，从 25 到 71 行都是反复设置字符数据、调用发送子程序 SEND_CHAR。

■无限循环

此处为程序结束的处理。与 LED 控制程序相同，为了防止继续读取下面的指令，此处不断返回到 LOOP 标签处，形成无限循环。

■CLEAR_BUFFER 子程序

CLEAR_BUFFER 子程序如代码 3-3 所示。

▼ 代码 3-3 CLEAR_BUFFER 子程序（serial.asm）

```
78  CLEAR_BUFFER:
```

```
 79     ORI     r0,r16,UART_BASE_ADDR_H       ;将UART Base Address高16位放入r16
 80     SHLLI   r16,r16,16
 81
 82  _CHECK_UART_STATUS:
 83     LDW     r16,r17,UART_STATUS_OFFSET    ;获取STATUS
 84
 85     ANDI    r17,r17,UART_RX_INTR_MASK
 86     BE      r0,r17,_CLEAR_BUFFER_RETURN   ;Receive Interrupt bit无效时执行_CLEAR_BUFFER_RETURN
 87     ANDR    r0,r0,r0                      ;NOP
 88
 89  _RECEIVE_DATA:
 90     LDW     r16,r17,UART_DATA_OFFSET      ;读取收到的数据并清空缓冲区
 91
 92     LDW     r16,r17,UART_STATUS_OFFSET    ;获取STATUS
 93     XORI    r17,r17,UART_RX_INTR_MASK
 94     STW     r16,r17,UART_STATUS_OFFSET    ;清除Receive Interrupt bit
 95
 96     BNE     r0,r0,_CHECK_UART_STATUS      ;返回_CHECK_UART_STATUS
 97     ANDR    r0,r0,r0                      ;NOP
 98  _CLEAR_BUFFER_RETURN:
 99     JMP     r31                           ;返回调用地点
100     ANDR    r0,r0,r0                      ;NOP
```

■ CLEAR_BUFFER

第 79~80 行，将 UART 控制寄存器的基地址 0x60000000 存入 r16。第 83 行处将 UART Status 寄存器的值存入 r17。第 85~86 行，判断存放在 r17 的 UART Status 寄存器的 Receive Interrupt 位是否为 1。如果是 0，则跳转到 _CLEAR_BUFFER_RETURN；如果是 1，则在第 90 行处读取 UART Data 寄存器，在第 92~94 行处将 UART Status 寄存器的 Receive Interrupt 位清零。然后，在第 96 行返回 _CHECK_UART_STATUS 标签处。标签 _CLEAR_BUFFER_RETURN 指向第 99 行，用来返回子程序 CLEAR_BUFFER 的调用地点。

■ SEND_CHAR 子程序

SEND_CHAR 子程序如代码 3-4 所示。

▼ 代码 3-4 SEND_CHAR 子程序（serial.asm）

```
103  SEND_CHAR:
104     ORI     r0,r17,UART_BASE_ADDR_H       ;将UART Base Address高16位放入r17
105     SHLLI   r17,r17,16
106     STW     r17,r16,UART_DATA_OFFSET      ;发送r16
107
108  _WAIT_SEND_DONE:
109     LDW     r17,r18,UART_STATUS_OFFSET    ;获取STATUS
110     ANDI    r18,r18,UART_TX_INTR_MASK
111     BE      r0,r18,_WAIT_SEND_DONE
112     ANDR    r0,r0,r0
113
```

```
114     LDW     r17,r18,UART_STATUS_OFFSET
115     XORI    r18,r18,UART_TX_INTR_MASK
116     STW     r17,r18,UART_STATUS_OFFSET  ;清除Transmit Interrupt bit
117
118     JMP     r31                         ;返回调用地点
119     ANDR    r0,r0,r0                    ;NOP
```

■SEND_CHAR

第104和第105行，将UART控制寄存器的基地址0x60000000存入r17。在第106行处将r16的值写入UART Data寄存器。从第108~111行，检查UART Status寄存器的Transmit Interrupt位。如果为0，则返回_WAIT_SEND_DONE；如果为1，则在第114~116行将UART Status寄存器的Transmit Interrupt位清零。然后，在第118行处返回子程序SEND_CHAR调用地点。

专栏

子程序

子程序是将一系列集中的处理模块化，可以被其他程序调用的一段程序。将需要反复执行的处理作为子程序来实现，可以避免多次记述相同的处理，也可提高程序的可读性。即使不是需要重复执行的处理，也可将代码按照含义划分为子程序。

AZ Processor使用CALL指令调用子程序。CALL指令在移动到子程序指令的同时，将CALL指令后第二条指令的地址存入r31。在子程序处理完成后，使用JMP r31指令跳转回子程序调用地点。这样就可以继续执行r31所保存的地址指向的指令。CALL指令有延迟间隙，使用时需要加以注意。图3-78为子程序调用流程。

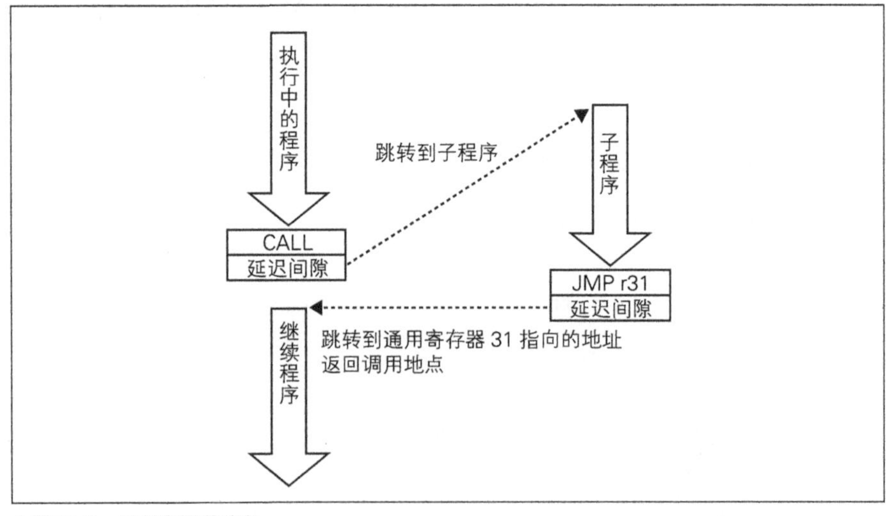

▲图3-78 子程序调用流程

专栏

ASCII 码

ASCII 是由美国国家标准学会制订的文字编码。ASCII 码由 7 位二进制构成，可以表示字母、数字、记号、控制符等 128 个符号。像代码 3-2 的程序中 'H' 这种单引号包裹的字符，汇编器可以将其翻译为整数。在程序中使用字符编码对应的整数也可以表示相同的字符。表 3-10 为 ASCII 编码一览表。

▼表 3-10　ASCII 编码表

十进制	十六进制	字符	十进制	十六进制	字符	十进制	十六进制	字符	十进制	十六进制	字符
0	0x0	NUL	32	0x20	SPACE	64	0x40	@	96	0x60	`
1	0x1	SOH	33	0x21	!	65	0x41	A	97	0x61	a
2	0x2	STX	34	0x22	"	66	0x42	B	98	0x62	b
3	0x3	ETX	35	0x23	#	67	0x43	C	99	0x63	c
4	0x4	EOT	36	0x24	$	68	0x44	D	100	0x64	d
5	0x5	ENQ	37	0x25	%	69	0x45	E	101	0x65	e
6	0x6	ACK	38	0x26	&	70	0x46	F	102	0x66	f
7	0x7	BEL	39	0x27	'	71	0x47	G	103	0x67	g
8	0x8	BS	40	0x28	(	72	0x48	H	104	0x68	h
9	0x9	HT	41	0x29	)	73	0x49	I	105	0x69	i
10	0xA	LF	42	0x2A	*	74	0x4A	J	106	0x6A	j
11	0xB	VT	43	0x2B	+	75	0x4B	K	107	0x6B	k
12	0xC	FF	44	0x2C	,	76	0x4C	L	108	0x6C	l
13	0xD	CR	45	0x2D	-	77	0x4D	M	109	0x6D	m
14	0xE	SO	46	0x2E	.	78	0x4E	N	110	0x6E	n
15	0xF	SI	47	0x2F	/	79	0x4F	O	111	0x6F	o
16	0x10	DLE	48	0x30	0	80	0x50	P	112	0x70	p
17	0x11	DC1	49	0x31	1	81	0x51	Q	113	0x71	q
18	0x12	DC2	50	0x32	2	82	0x52	R	114	0x72	r
19	0x13	DC3	51	0x33	3	83	0x53	S	115	0x73	s
20	0x14	DC4	52	0x34	4	84	0x54	T	116	0x74	t
21	0x15	NAK	53	0x35	5	85	0x55	U	117	0x75	u
22	0x16	SYN	54	0x36	6	86	0x56	V	118	0x76	v
23	0x17	ETB	55	0x37	7	87	0x57	W	119	0x77	w
24	0x18	CAN	56	0x38	8	88	0x58	X	120	0x78	x
25	0x19	EM	57	0x39	9	89	0x59	Y	121	0x79	y
26	0x1A	SUB	58	0x3A	:	90	0x5A	Z	122	0x7A	z
27	0x1B	ESC	59	0x3B	;	91	0x5B	[	123	0x7B	{
28	0x1C	FS	60	0x3C	<	92	0x5C	\	124	0x7C	|
29	0x1D	GS	61	0x3D	=	93	0x5D	]	125	0x7D	}
30	0x1E	RS	62	0x3E	>	94	0x5E	^	126	0x7E	~
31	0x1F	US	63	0x3F	?	95	0x5F	_	127	0x7F	DEL

3.3.3 执行程序

本节对程序进行测试。首先，按照与 3.2.6 节同样的流程编写源代码文件，直到生成 SVF 文件。然后接入 AZPR EvBoard 电源，使用 USB 线与计算机相连。计算机识别出设备后，启动 Tera Term。

Tera Term 打开后，打开 New connection 对话框。需要在此进行串口的选择。USB 串口转换设备 FT2232 会生成两个 COM 端口号不同的 USB Serial Port。端口号数字较小的 COM 口作为 FPGA 配置用端口，所以我们在这里选择端口号数字较大的 COM 口，然后单击 OK 按钮。图 3-79 为 New connection 的对话框。

在菜单栏选择 Setup → Serial port，进行串口的设定。这里根据 AZPR SoC 的 UART 规格进行设置。图 3-80 为串口设置对话框。

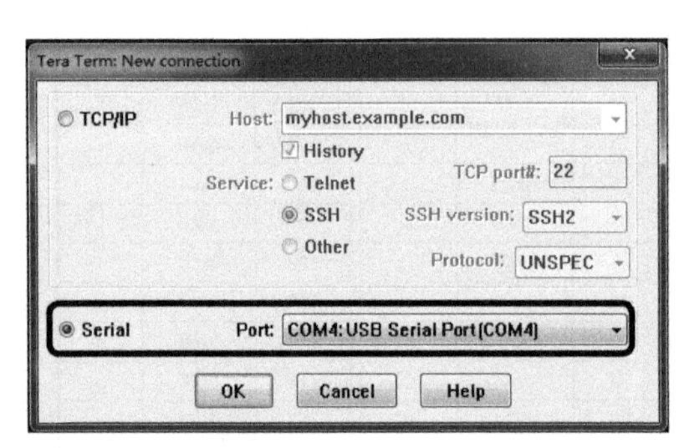

▲ 图 3-79　新建连接

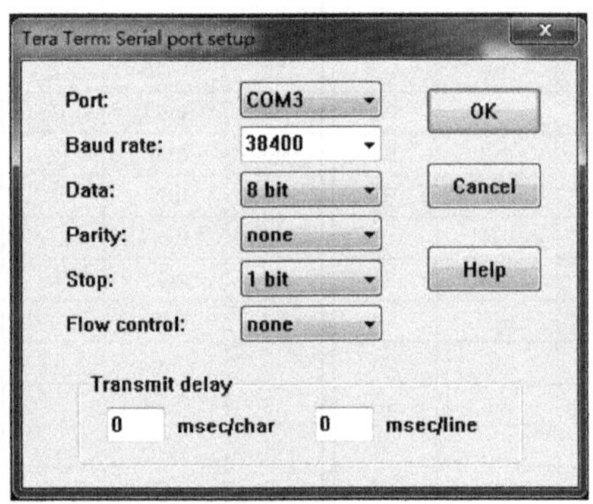

▲图 3-80　串口设置对话框

使用 UrJTAG 进行配置并按下重启按钮后，Tera Term 界面中就会输出“Hello,world.”字符串，如图 3-81 所示。

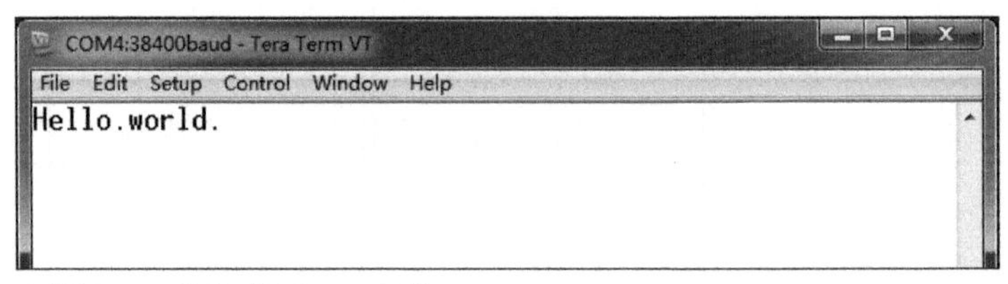

▲ 图 3-81　输出“Hello,world.”

3.4 程序加载器

本节讲解程序加载器的制作。

按照之前我们执行程序的流程，每次新建或修改程序都必须经过逻辑综合、布局布线，最后配置下载到 FPGA 中去。本节将制作一个程序加载器，可以将程序加载到 AZPR Processor RAM 中的 Scratch Pad Memory 中执行。程序加载器存放在 ROM 中，当新建或修改程序时，只需通过程序加载器加载到处理器即可，这样缩短了程序加载时间，可以高效地进行程序开发。

本节将要介绍的程序加载器，可以接收从计算机串口发来的数据，并写入 Scratch Pad Memory。在全部数据加载完成后，从 Scratch Pad Memory 最初的地址开始执行程序。

为了使数据正确地传输，需要有通信约定（协议）。考虑到实现的难易以及 Tera Term 的支持，我们选择使用 XMODEM 传输协议。本节首先对 XMODEM 的协议进行说明，然后介绍要在 AZPR Processor 执行的程序加载器以及被加载的程序。最后，说明加载程序的流程。

3.4.1 XMODEM 协议

XMODEM 协议也分几种，我们这里仅介绍最基本的 XMODEM-SUM 协议。下面我们提到 XMODEM 时，指的就是 XMODEM-SUM 协议。XMODEM 以数据块为单位发送数据，使用控制代码进行通信控制。通信控制时使用的控制代码如表 3-11 所示。

▼ 表 3-11 XMODEM 的控制代码

简称	含义	十六进制	发送者
SOH	Start Of Heading	0x01	发送端
EOT	End Of Transmission	0x04	发送端
CAN	CANcel	0x18	双方
ACK	ACKnowledge	0x06	接收端
NAK	Negative AcKnowledge	0x15	接收端

SOH 放在要发送数据块的头部。ACK 为接收端用来通知发送数据块已正确接收。NAK 为通知发送端接收到的数据块有错误，发送端收到 NAK 后会再次发送上一个送出的数据块。EOT 表示文件传输结束。收到 EOT 的接收端，向发送端返回一个 ACK 即

结束传输。因为某种原因文件传输无法继续的情况下，发送或接收端可以向对方发送 CAN。收到 CAN 代码的一方，无需返回 ACK 即可认为传输失败。图 3-82 为发送数据块的结构。

SOH （1 字节）	BN （1 字节）	BNC （1 字节）	DATA （128 字节）	CS （1 字节）

▲ 图 3-82　发送数据块的结构

数据块以 SOH 开始。BN 为数据块序号，从 0x01 开始。BN 计数达到 0xFF 后重新从 0x00 开始。BNC 为数据块序号的反码。DATA 区域放入 128 字节数据。如果数据不足 128 字节则用 0x1A 填充到 128 字节。CS 为 1 字节的校验和，为数据块所有数据相加后的低八位。

下面，参照图 3-83 对数据传输的顺序进行说明。

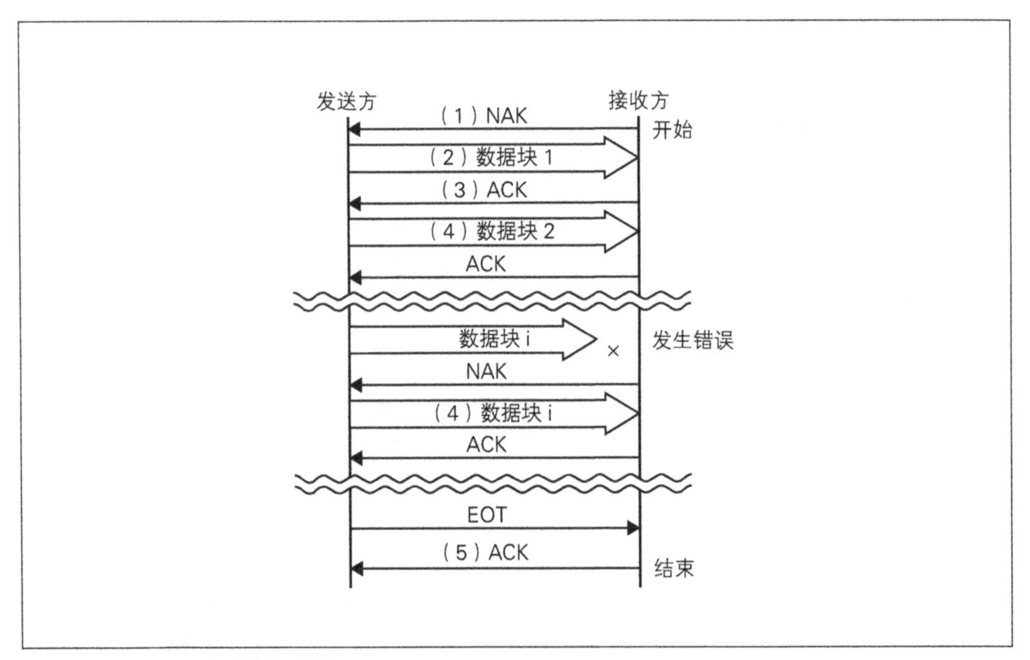

▲ 图 3-83　XMODEM 的数据交换

（1）接收端发送 NAK。

（2）发送端收到 NAK，然后开始发给送第一个数据块。

（3）接收端先确认最先到达的 1 字节数据为 SOH，然后进行错误检测。错误检测先确认 BN 和 BNC 互为反码后，再确认校验和。如果所有数据正确无误则返回 ACK，否则返回 NAK。

（4）发送端接收到 ACK 后，紧接着发送下一个数据块。如果收到的是 NAK，则再次发送前一个数据块。如果所有数据发送完毕，发送端发送 EOT 代码。

（5）接收端收到 EOT 后，返回 ACK。发送端确认 ACK 后结束文件发送。

3.4.2 编写程序

程序加载器要实现 XMODEM 协议的接收端以接收数据，然后将数据写入 Scratch Pad Memory。在所有数据都写入完成后，从 Scratch Pad Memory 的起始地址开始执行指令。图 3-84 为程序加载器的流程图。

程序加载器先清空缓冲区，然后等待按钮事件。一旦按钮被按下，则发送 NAK，然后等待接收数据头信息。如果数据头为 SOH，则开始接收 BN、BNC 和 DATA。DATA 每次接收一个字节，然后 4 字节一组写入 Scratch Pad Memory。重复该过程直到收完 128 字节数据。

DATA 接收完毕后收取 CS。随后进行两种错误校验。第一种将 BN 与 BNE 相加后与 0xFF 比较。如果不等于 0xFF 则视为出错，向发送端回应 NAK。如果 BN 与 BNE 校验无误，则进行第二个校验和检查。由接收到的数据算出的校验和，与发送端算好并存入 CS 的校验和相比较。如果一致则数据正确，不一致则数据错误。校验和验证错误时也回应 NAK。数据无误则回应 ACK，然后将写入 DATA 的 Scratch Pad Memory 区域切换到下一个区域。

然后接收下一个头信息。如果收到的是 SOH，再次接收 BN、BNC 和 DATA。如果收到的是 EOT，则回应 ACK，最后将指令的执行转移到 Scratch Pad Memory。

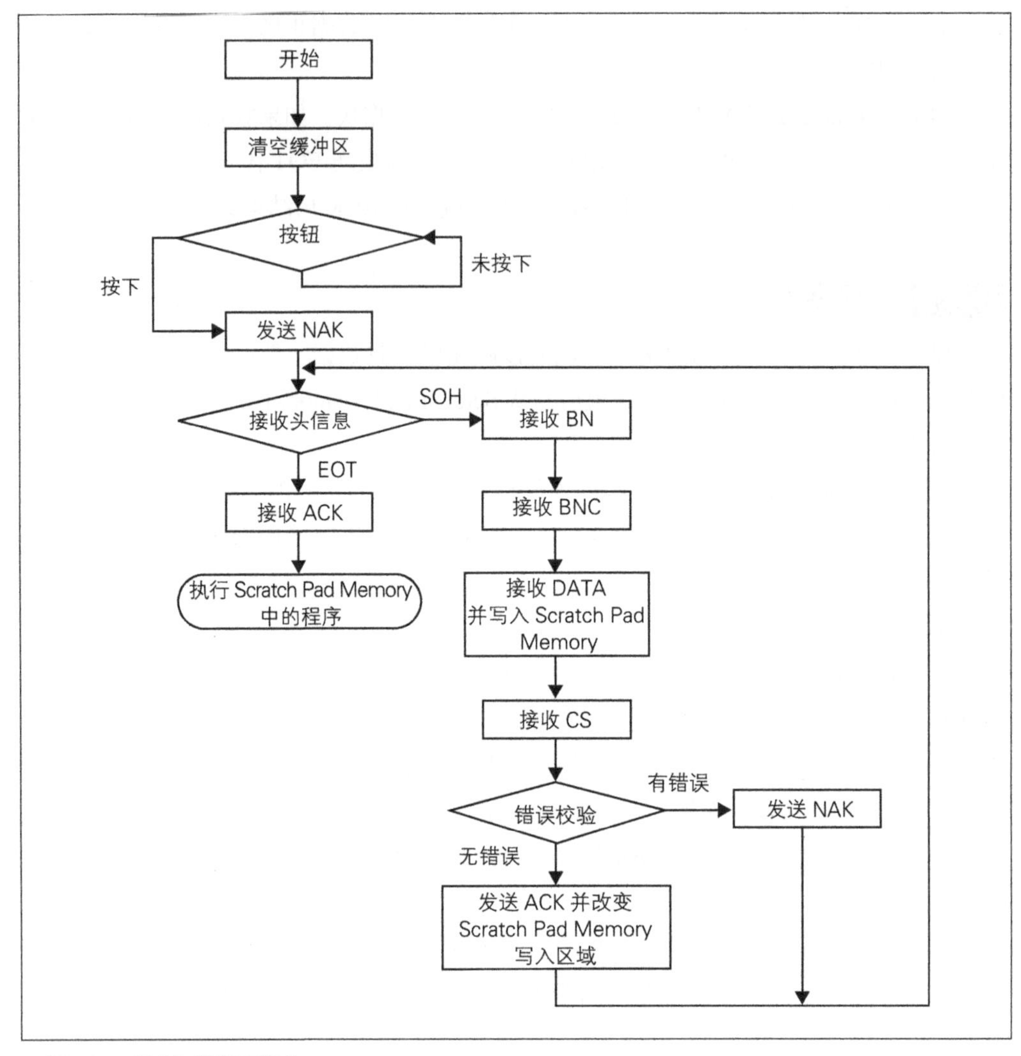

▲ 图 3-84 程序加载器流程图

■程序加载器程序代码

程序加载器的源程序如代码 3-5 所示。

▼ 代码 3-5 程序加载器（loader.asm）

```
1  ;;; 定义符号
2  UART_BASE_ADDR_H     EQU     0x6000       ;UART Base Address High
3  UART_STATUS_OFFSET   EQU     0x0          ;UART Status Register Offset
4  UART_DATA_OFFSET     EQU     0x4          ;UART Data Register Offset
5  UART_RX_INTR_MASK    EQU     0x1          ;UART Receive Interrupt
6  UART_TX_INTR_MASK    EQU     0x2          ;UART Transmit Interrupt
```

```
 7
 8 GPIO_BASE_ADDR_H    EQU     0x8000        ;GPIO Base Address High
 9 GPIO_IN_OFFSET      EQU     0x0           ;GPIO Input Port Register Offset
10 GPIO_OUT_OFFSET     EQU     0x4           ;GPIO Output Port Register Offset
11
12 SPM_BASE_ADDR_H     EQU     0x2000        ;SPM Base Address High
13
14 XMODEM_SOH          EQU     0x1           ;Start Of Heading
15 XMODEM_EOT          EQU     0x4           ;End Of Transmission
16 XMODEM_ACK          EQU     0x6           ;ACKnowledge
17 XMODEM_NAK          EQU     0x15          ;Negative AcKnowledge
18 XMODEM_DATA_SIZE    EQU     128
19
20
21     XORR    r0,r0,r0
22
23     ORI     r0,r1,high(CLEAR_BUFFER)      ;标签CLEAR_BUFFER的高16位存入r1
24     SHLLI   r1,r1,16
25     ORI     r1,r1,low(CLEAR_BUFFER)       ;标签CLEAR_BUFFER的低16位存入r1
26
27     ORI     r0,r2,high(SEND_BYTE)         ;标签SEND_BYTE的高16位存入r2
28     SHLLI   r2,r2,16
29     ORI     r2,r2,low(SEND_BYTE)          ;标签SEND_BYTE的低16位存入r2
30
31     ORI     r0,r3,high(RECV_BYTE)         ;标签RECV_BYTE的高16位存入r3
32     SHLLI   r3,r3,16
33     ORI     r3,r3,low(RECV_BYTE)          ;标签RECV_BYTE的低16位存入r3
34
35     ORI     r0,r4,high(WAIT_PUSH_SW)      ;标签WAIT_PUSH_SW的高16位存入r4
36     SHLLI   r4,r4,16
37     ORI     r4,r4,low(WAIT_PUSH_SW)       ;标签WAIT_PUSH_SW的低16位存入r4
38
39 ;;; 清空UART缓冲区
40     CALL    r1                            ;调用CLEAR_BUFFER
41     ANDR    r0,r0,r0                      ;NOP
42
43     ORI     r0,r20,GPIO_BASE_ADDR_H       ;将GPIO Base Address高16位存入r20
44     SHLLI   r20,r20,16                    ;左移16位
45     ORI     r0,r21,0x3                    ;输出数据的高16位存入r21
46     SHLLI   r21,r21,16                    ;左移16位
47     ORI     r21,r21,0xFFFF                ;输出数据的低16位存入r21
48     STW     r20,r21,GPIO_OUT_OFFSET       ;将输出的数据写入GPIO Output Port
49
50 ;; Wait Push Switch
51     CALL    r4
52     ANDR    r0, r0, r0
53
54 ;; NAK送信
55     ORI     r0,r16,XMODEM_NAK             ;将r16设为NAK
56     CALL    r2                            ;调用SEND_BYTE
57     ANDR    r0,r0,r0                      ;NOP
58
59     XORR    r5,r5,r5
```

```
 60  ;; 接收数据块的头信息
 61  ;; 等待接收
 62  RECV_HEADER:
 63      CALL     r3                            ;调用RECV_BYTE
 64      ANDR     r0,r0,r0                      ;NOP
 65
 66  ;; 接收数据
 67      ORI      r0,r6,XMODEM_SOH              ;将r6设为SOH
 68      BE       r16,r6,RECV_SOH
 69      ANDR     r0,r0,r0                      ;NOP
 70
 71  ;; EOT
 72  ;; 发送ACK
 73      ORI      r0,r16,XMODEM_ACK             ;将r16设为ACK
 74      CALL     r2                            ;调用SEND_BYTE
 75      ANDR     r0,r0,r0                      ;NOP
 76
 77  ;; jump to spm
 78      ORI      r0,r6,SPM_BASE_ADDR_H         ;将SPM Base Address高16位存入r6
 79      SHLLI    r6,r6,16
 80
 81      JMP      r6                            ;执行SPM中的程序
 82      ANDR     r0,r0,r0                      ;NOP
 83
 84  ;; SOH
 85  RECV_SOH:
 86  ;; 接收BN
 87      CALL     r3                            ;调用RECV_BYTE
 88      ANDR     r0,r0,r0                      ;NOP
 89      ORR      r0,r16,r7                     ;将r7设为收到的BN
 90
 91  ;; 接收BNC
 92      CALL     r3                            ;调用RECV_BYTE
 93      ANDR     r0,r0,r0                      ;NOP
 94      ORR      r0,r16,r8                     ;将r8设为收到的BNC
 95
 96      ORI      r0,r9,XMODEM_DATA_SIZE
 97      XORR     r10,r10,r10                   ;清除r10
 98      XORR     r11,r11,r11                   ;清除r11
 99
100  ;; 接收一个数据块
101  ; byte0
102  READ_BYTE0:
103      CALL     r3                            ;调用RECV_BYTE
104      ANDR     r0,r0,r0                      ;NOP
105      ADDUR    r11,r16,r11
106      SHLLI    r16,r16,24                    ;左移24位
107      ORR      r0,r16,r12
108
109  ; byte1
110      CALL     r3                            ;调用RECV_BYTE
111      ANDR     r0,r0,r0                      ;NOP
112      ADDUR    r11,r16,r11
```

```
113       SHLLI    r16,r16,16                    ;左移16位
114       ORR      r12,r16,r12
115
116   ; byte2
117       CALL     r3                            ;调用RECV_BYTE
118       ORR      r0,r0,r0                      ;NOP
119       ADDUR    r11,r16,r11
120       SHLLI    r16,r16,8                     ;左移8位
121       ORR      r12,r16,r12
122
123   ; byte3
124       CALL     r3                            ;调用RECV_BYTE
125       ORR      r0,r0,r0                      ;NOP
126       ADDUR    r11,r16,r11
127       ORR      r12,r16,r12
128
129   ; write memory
130       ORI      r0,r13,SPM_BASE_ADDR_H        ;将SPM Base Address高16为存入r13
131       SHLLI    r13,r13,16
132
133       SHLLI    r5,r14,7
134       ADDUR    r14,r10,r14
135       ADDUR    r14,r13,r13
136       STW      r13,r12,0
137
138       ADDUI    r10,r10,4
139       BNE      r10,r9,READ_BYTE0
140       ANDR     r0,r0,r0                      ;NOP
141
142   ;; 接收CS
143       CALL     r3                            ;调用RECV_BYTE
144       ANDR     r0,r0,r0                      ;NOP
145       ORR      r0,r16,r12
146
147   ;; Error Check
148       ADDUR    r7,r8,r7
149       ORI      r0,r13,0xFF                   ;将r13设为0xFF
150       BNE      r7,r13,SEND_NAK               ;如果BN+BNC不等于0xFF则发送NAK
151       ANDR     r0,r0,r0                      ;NOP
152
153       ANDI     r11,r11,0xFF                  ;将r11设为0xFF
154       BNE      r12,r11,SEND_NAK              ;判断check sum是否正确
155       ANDR     r0,r0,r0                      ;NOP
156
157   ;;   发送ACK
158   SEND_ACK:
159       ORI      r0,r16,XMODEM_ACK             ;将r16设为ACK
160       CALL     r2                            ;调用SEND_BYTE
161       ANDR     r0,r0,r0                      ;NOP
162       ADDUI    r5,r5,1
163       BNE      r0,r0,RETURN_RECV_HEADER
164       ANDR     r0,r0,r0                      ;NOP
165
```

```
166  ;; 发送NAK
167  SEND_NAK:
168      ORI     r0,r16,XMODEM_NAK                   ;将r16设为NAK
169      CALL    r2                                  ;调用SEND_BYTE
170      ANDR    r0,r0,r0                            ;NOP
171
172  ;; 返回RECV_HEADER
173  RETURN_RECV_HEADER:
174      BE      r0,r0,RECV_HEADER
175      ANDR    r0,r0,r0                            ;NOP
176
```

■定义符号

此处定义程序中用到的 UART、GPIO 控制寄存器的基地址和各个寄存器的偏移量，XMODEM 协议使用的控制代码，Scratch Pad Memory 的基地址，以及数据的大小。

■设定子程序调用

CLEAR_BUFFER 的值存入 r1，SEND_BYTE 的值存入 r2，RECV_BYTE 的值存入 r3，r4 存放标签 WAIT_PUSH_SW 的值。

■清空 UART 缓冲区

和串行通信的程序一样，这里也需要调用 CLEAR_BUFFER 清空 UART 缓冲区，然后再进行数据读取。CLEAR_BUFFER 子程序前面已经介绍过，请参见 3.3.2 节。

■控制 LED

第 43~48 行进行 LED 的控制。这和 3.2.6 节介绍过的 LED 控制部分基本相同，此处将 GPIO Output Port 寄存器和 LED 有关的位全部设为 1，将全部 LED 熄灭。由于本程序主要功能是使用 UART 进行数据交换，数据传输前无法判断程序是否在执行。因为 AZPR EvBoard 的 LED 默认状态全部为点亮，所以加入这部分 LED 控制程序就可以通过 AZPR EvBoard 上的 LED 确认程序是否已经执行。

■等待按钮输入

这部分调用 WAIT_PUSH_SW 子程序，等到按钮被按下的事件。WAIT_PUSH_SW 子程序的内容稍后说明。

■发送 NAK

将 NAK 存入 r16，然后调用 SEND_BYTE 子程序将其发送出去。

■**接收头信息**

此处调用 RECV_BYTE 子程序，接收 1 字节数据。随后确认收到的数据是否为 SOH，如果是 SOH 则跳转到标签 RECV_SOH 处，开始接收 BN。如果不是 SOH，则认为是 EOT，并向发送端返回 ACK。RECV_BYTE 子程序的内容稍后说明。

■**发送 ACK**

与发送 NAK 过程相同，先将作为发送数据的 ACK 存入 r16，使用 CALL 指令调用 SEND_BYTE 子程序进行发送。至此使用 XMODEM 协议传输数据的过程就结束了。第 78 和第 79 行处，将 Scratch Pad Memory 的基地址 0x20000000 存入 r6，在第 81 行使用 JMP 指令跳转执行 Scratch Pad Memory 中的指令。这样就可以执行向 Scratch Pad Memory 中写入的程序了。

■**接收 BN**

调用 RECV_BYTE 子程序，接收 1 字节数据。接收到的数据存入 r7。

■**接收 BNC**

调用 RECV_BYTE 子程序，接收 1 字节数据。接收到的数据存入 r8。

■**接收 DATA 并写入 Scratch Pad Memory**

一个块的数据大小为 128，第 96 行将该值存入 r9。r10 用来对收取到的 DATA 的个数进行计数，r11 则在校验和中使用。r10 和 r11 分别在第 98 行和第 99 行处进行清零。

DATA 区域分为 byte0、byte1、byte2、byte3，调用 RECV_BYTE 子程序每次接收一个字节。接收到的数据存在 r12 中。将 byte0 左移 24 位，byte1 左移 16 位，byte2 左移 8 位后，r12 的值就成为图 3-85 的样子，由 4 字节的接收数据组合而成。

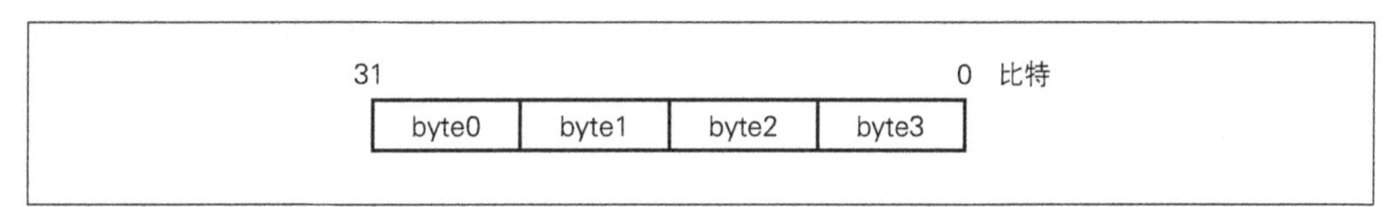

▲ 图 3-85 4 字节的数据

第 105、112、119、126 行处将接收到的数据相加并存入 r11，计算校验和。

第 130~135 行，计算写入 4 字节的数据的地址。第 130 行和第 131 行，将 Scratch Pad Memory 基地址 0x20000000 存入 r13。第 133 行，将存有收到的数据块数量的 r5 左移 7 位（相当于乘以 128 倍），结果存入 r14。第 134 行和第 135 行，将 r10、r13 和 r14

相加，结果存入 r13。也就是说，r13 的值是这样计算而来：

```
r13+r5×128+r10

    r5  ：收到的数据块的数量
    r10 ：1 个数据块中收到的 DATA 区域的大小
    r13 ：Scratch Pad Memory 基地址
```

第 136 行，将 r16 的值写入以上计算而来的 r13 所表示的地址中。第 138 行和第 139 行，将计数器加 4，判断收到的数据是否达到 128 字节。如果不到，则跳转到 READ_BYTE0，继续接收 DATA。如果到了 128 字节，则开始接收 CS。

■接收 CS

调用 RECV_BYTE 子程序，接收 1 字节数据。接收到的数据存入 r12。

■错误校验

第 148 行和第 149 行，将存有 BN 值的 r7 和存有 BNC 值的 r8 相加，检查结果是否为 0xFF。如果不是 0xFF，则跳转到 SEND_NAK，发送 NAK。如果结果为 0xFF，则在第 135~154 行检查存放校验和的 r11 的值是否为 0xFF。如果不是 0xFF，则跳转到 SEND_NAK，发送 NAK。如果结果为 0xFF，则发送 ACK。

■发送 ACK

将作为发送数据的 ACK 存入 r16，使用 CALL 指令调用 SEND_BYTE 子程序来发送 ACK。随后在第 162 行处，给存储收到的数据块数的 r5 加 1。然后，在第 163 行跳转到标签 RETURN_RECV_HEADER。

■发送 NAK

将作为发送数据的 NAK 存入 r16，使用 CALL 指令调用 SEND_BYTE 子程序来发送 NAK。

■返回接收头信息

返回标签 RECV_HEADER 处，再次开始接收头信息。

■RECV_BYTE 子程序

RECV_BYTE 子程序如代码 3-6 所示。该子程序将 UART 接收到的数据存入 r16 中。

▼ 代码 3-6 RECV_BYTE 子程序(loader.asm)

```
220  RECV_BYTE:
221      ORI     r0,r17,UART_BASE_ADDR_H    ;将UART Base Address高16位存入r17
222      SHLLI   r17,r17,16
223
224      LDW     r17,r18,UART_STATUS_OFFSET  ;获取STATUS
225      ANDI    r18,r18,UART_RX_INTR_MASK
226      BE      r0,r18,RECV_BYTE            ;如果Receive Interrupt bit为0则
                                              执行RECV_BYTE
227      ANDR    r0,r0,r0                    ;NOP
228
229      LDW     r17,r16,UART_DATA_OFFSET    ;读取接收到的数据
230
231      LDW     r17,r18,UART_STATUS_OFFSET  ;获取STATUS
232      XORI    r18,r18,UART_RX_INTR_MASK
233      STW     r17,r18,UART_STATUS_OFFSET  ;清除Receive Interrupt bit
234
235      JMP     r31                         ;返回子程序调用地点
236      ANDR    r0,r0,r0                    ;NOP
```

■RECV_BYTE

第 224 行将 UART Status 寄存器放入 r18,第 225 行和第 226 行判断 Receive Interrupt 位是否为 0。如果为 0,则返回 RECV_BYTE,再次读取 UART Status 寄存器。如果为 1,则 UART Data 寄存器中接收到的数据放入 r16。第 231~233 行,清除 Receive Interrupt 寄存器并结束子程序。

■WAIT_PUSH_SW 子程序

WAIT_PUSH_SW 子程序如代码 3-7 所示。该子程序判断 SW1 到 SW4,只要有一个被按下,则返回子程序调用地点。

▼ 代码 3-7 WAIT_PUSH_SW 子程序(loader.asm)

```
238  WAIT_PUSH_SW:
239      ORI     r0,r16,GPIO_BASE_ADDR_H
240      SHLLI   r16,r16,16
241  _WAIT_PUSH_SW_ON:
242      LDW     r16,r17,GPIO_IN_OFFSET
243      BE      r0,r17,_WAIT_PUSH_SW_ON
244      ANDR    r0,r0,r0                    ;NOP
245  _WAIT_PUSH_SW_OFF:
246      LDW     r16,r17,GPIO_IN_OFFSET
247      BNE     r0,r17,_WAIT_PUSH_SW_OFF
248      ANDR    r0,r0,r0                    ;NOP
249  _WAIT_PUSH_SW_RETURN:
250      JMP     r31
251      ANDR    r0,r0,r0                    ;NOP
```

■ WAIT_PUSH_SW

第 241~243 行，判断 GPIO Input Port 寄存器中的值是否被设置，在检测到有按钮状态为 ON 前不断循环返回 _WAIT_PUSH_SW_ON 处。然后再判断按钮是否恢复到 OFF 状态。第 245~247 行，再次确认 GPIO Input Port 寄存器，检测到有按钮状态为 OFF 前不断循环返回 _WAIT_PUSH_SW_OFF 处。

3.4.3 编写加载测试程序

下面对加载程序的测试程序进行说明。被加载程序为一个简单的例子，如代码 3-8 所示。

▼ 代码 3-8　被加载程序示例（prog.asm）

```
 1  ;;; 设置起始地址
 2      LOCATE   0x20000000
 3
 4  ;;; 定义符号
 5  GPIO_BASE_ADDR_H    EQU 0x8000          ;GPIO Base Address High
 6  GPIO_OUT_OFFSET     EQU 0x4             ;GPIO Output Port Register Offset
 7
 8  ;;; 点亮LED
 9      XORR     r0,r0,r0
10      ORI      r0,r1,GPIO_BASE_ADDR_H     ;将GPIO Base Address高16为存入r1
11      SHLLI    r1,r1,16                   ;左移16位
12      ORI      r0,r2,0x2                  ;将输出数据的高16位存入r2
13      SHLLI    r2,r2,16                   ;左移16位
14      ORI      r2,r2,0xFFFF               ;将输出数据的低16位存入r2
15      STW      r1,r2,GPIO_OUT_OFFSET      ;将输出的数据写入GPIO Output Port
16
17  ;;; 无限循环
18  LOOP:
19      BE       r0,r0,LOOP                 ;返回标签LOOP处
20      ANDR     r0,r0,r0                   ;NOP
```

该程序与代码 3-1 的亮灯程序基本相同，都是将 LED 点亮的程序。与代码 3-1 不同之处在于第 2 行的 LOCATE 标记。

通过 LOCATE 可以指定程序起始的地址。因为代码 3-8 的程序要放入 Scratch Pad Memory 中，代码的起始地址应为 AZ Processor 的 Scratch Pad Memory 的基地址 0x20000000。

3.4.4 执行程序

本节对我们的程序加载器进行测试。首先，编辑制作程序加载器文件“loader.asm”，使用汇编器将其转换为二进制文件。然后，和 3.2.6 节的方法相同，用二进制文件制作 BIT 文件。

接下来我们要一直使用程序加载器，为了让 AZPR EvBoard 上电后自动配置 FPGA，推荐大家使用配置 ROM。写入配置 ROM 所需要的 MCS 文件的制作方法请参照 3.2.3 节的“制作 MCS 文件”。之后制作 SVF 文件。从 MCS 文件到 SVF 文件的制作方法请参照 3.2.3 节的“制作 SVF 文件”。

使用 UrJTAG 执行 SVF 文件，对配置 ROM 进行烧写操作。接上 AZPR EvBoard 电源，并用 USB 线连接到计算机。计算机识别出设备后，启动 UrJTAG，执行以下命令。以上流程生成的 SVF 文件名为 loader.svf。

```
jtag> cable jtagkey
jtag> detect
jtag> part 1
jtag> svf loader.svf progress
```

接下来，编辑制作加载的应用程序 prog.asm，并用汇编器转换为二进制文件 prog.bin。然后，启动 Tera Term。和 3.3.3 节介绍的一样，在 New connection 对话框中选择串口。这里选择的串口也是两个名为 USB Serial Port 的 COM 端口中数字大的那个。

Tera Term 窗口打开后，在菜单栏选择 File → Transfer → XMODEM → Send。选择菜单栏的画面如图 3-86 所示。

然后会弹出图 3-87 所示的选择文件对话框，查找并选中被加载程序 prog.bin。注意此时要选中对话框下方的 Checksum 选项。

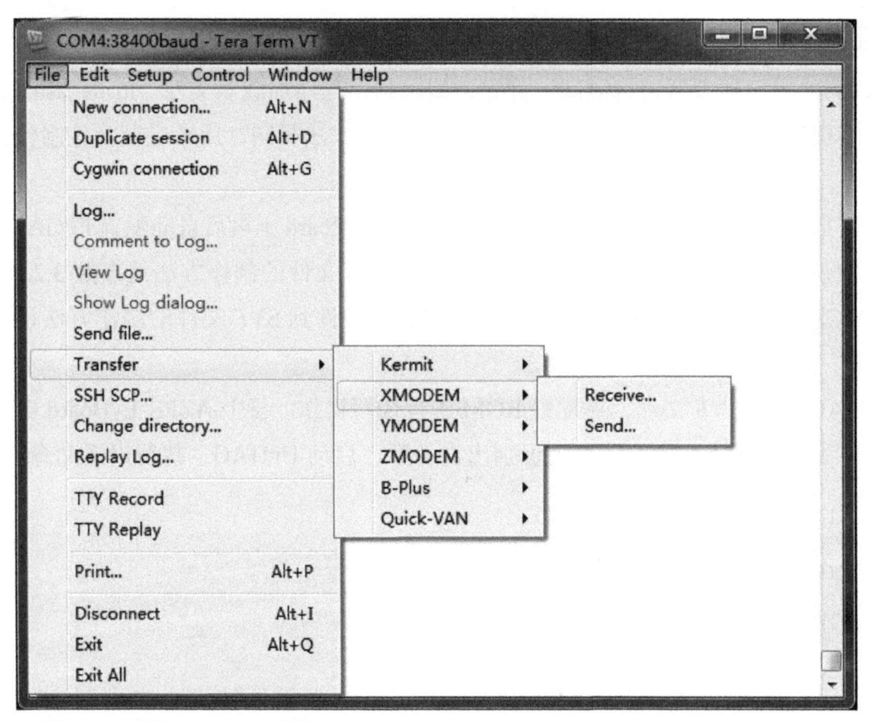

▲ 图 3-86　选择 XMODEM 传输

▲ 图 3-87　选择发送文件对话框

选择好准备加载的程序后，Tera Term 进入传输等待状态，并弹出图 3-88 所示的窗口。

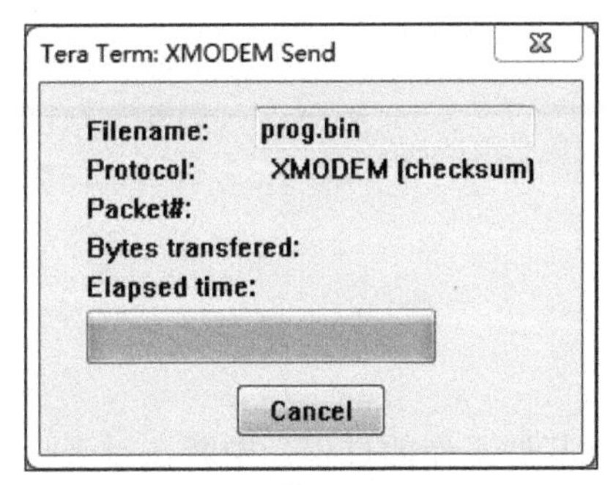

▲ 图 3-88　传输等待状态窗口

至此，准备工作就全部结束了。按下 AZPR EvBoard 上的复位按钮，让程序加载器重新执行。然后随便按下 AZPR EvBoard 上 SW1 到 SW4 任意一个按钮，Tera Term 就会开始传输所指定的文件。传送过程中会出现传输进度栏，全部传输完成后窗口自动关闭。被加载程序如果顺利执行，会点亮 LED1。

想要更换被加载程序时，只需将新程序汇编为二进制文件，再次使用 Tera Term 发送即可。这样，我们就完成了使用程序加载器加载程序的测试。

使用程序加载器进行编程也是后面各节的默认流程。

3.5　中断与异常

AZ Processor 支持中断和异常的处理。本节将详细介绍中断和异常的使用，并编写程序进行实践。

3.5.1　什么是中断

中断是指让 CPU 暂时停止当前操作，转而执行其他工作的过程。中断在对来自 I/O 的通知事件，以及与当前执行的操作异步发生的事件的处理时使用。当有中断发生时，CPU 会暂时中断正在进行的处理，转而执行相应的中断处理程序。

下面以定时器中断为例具体说明。定时器每过一定时间触发一次中断，因此可以用来定期执行相同的任务。定时器也可以通过设置只触发一次中断，而非每过一定时间循环触发。

初始化定时器时，要进行中断和定时器的设置。

■中断设置

中断设置包括中断向量设置、中断 Mask 设置和中断状态设置。

设置中断向量时使用 CPU 控制寄存器的 Exception Vector 寄存器。该寄存器用来存放中断处理程序的地址。当中断发生时跳转到该地址。图 3-89 为 Exception Vector 寄存器的结构。

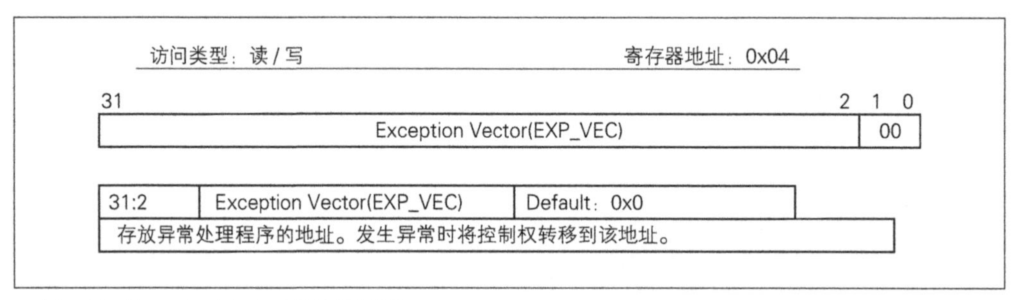

▲ 图 3-89　Exception Vector 寄存器的结构

中断 Mask 是指因为某种原因而禁止中断发生。中断 Mask 使用 CPU 控制寄存器的 Interrupt Mask 寄存器来设置。该寄存器的每个位对应控制一个外部中断，比如定时器为第 0 位。IRQ 编号和中断类型对应关系请参照 1.10.1 节中断请求信号的对照表。

▲ 图 3-90 Interrupt Mask 寄存器结构

中断状态的设置是在 CPU 控制寄存器的 Status 寄存器进行。Interrupt Enable 为 1 时外部中断有效。图 3-91 为 Status 寄存器的结构。

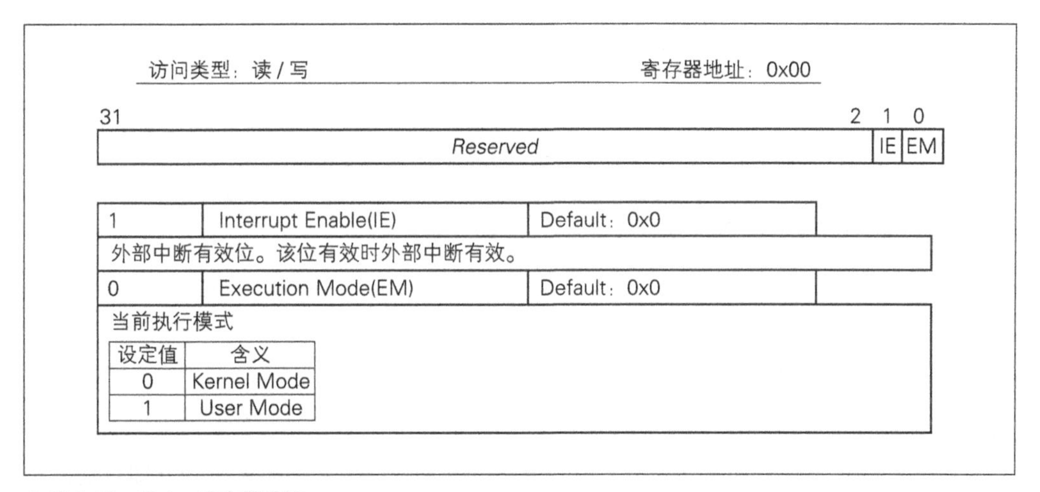

▲ 图 3-91 Status 寄存器结构

■定时器设置

定时器的设置主要是设置定时时间和定时模式。定时时间使用 Timer Expiration 寄存器来设置。该寄存器用来设定从计时开始到中断产生的时间间隔。AZ Processor 的定时器在每个 CPU 周期计数一次。例如要设置 1 秒，由于 CPU 时钟频率为 10MHz，定时数值应设为 10 000 000，16 进制表示为 0x989680。图 3-92 为 Timer Exception 寄存器结构。

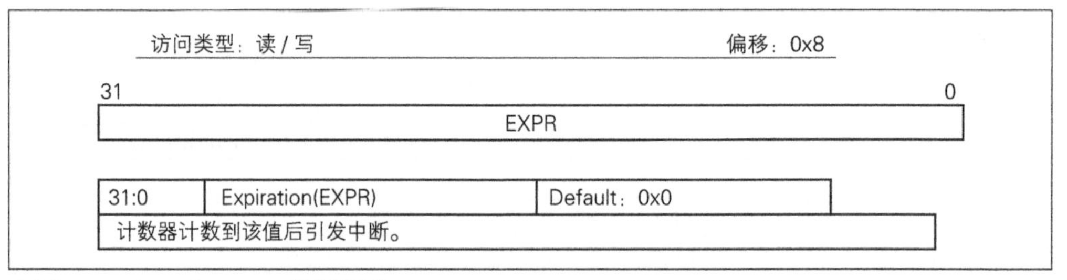

▲ 图 3-92　Timer Exception 寄存器结构

定时模式使用 Timer Control 寄存器来设置。Timer Control 寄存器中有 Periodic 位和 Start 位。Periodic 位设置为 1 时可以让定时器周期性地计时，设置为 0 时定时器只计时一次。Start 位为 1 时计时开始。图 3-93 为 Timer Control 寄存器的结构。

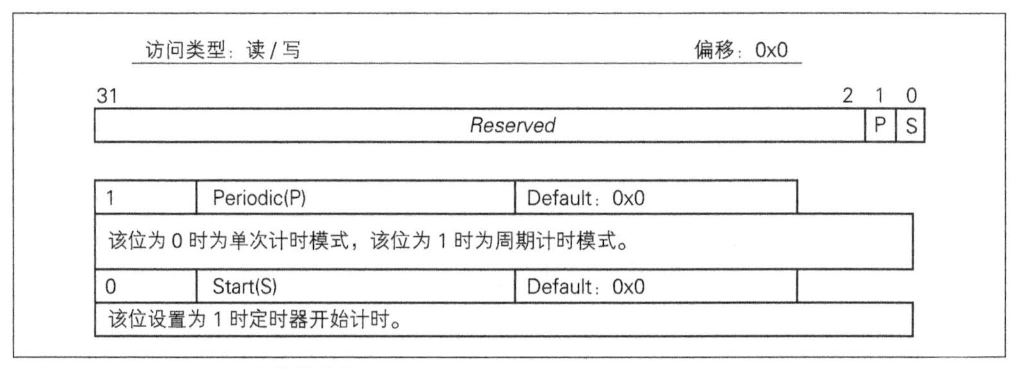

▲ 图 3-93　Timer Control 寄存器结构

■ 中断处理程序

中断处理程序对中断状态进行清除。将 Timer Interrupt 寄存器设置为 0 即可清除中断状态。图 3-94 为 Timer Interrupt 寄存器的结构。

▲ 图 3-94　Timer Interrupt 寄存器结构

虽然使用 EXRT 指令可以从中断处理程序返回，但 AZ Processor 中断程序需要对在延迟间隙发生的中断进行特别处理。在延迟间隙发生中断时，存放异常发生时指令地址的程序计数器会指向正在执行的延迟间隙指令的地址，用 EXRT 指令从中断处理程序返回时，分支指令的状态早被废弃，实际只能返回到延迟间隙开始执行。

因此，需要确认 Exception Code 寄存器的 Delay Slot Flag 位来判断中断是否是在延迟间隙产生的。如果该位有效，将 Exception Program Counter 寄存器指向的指令地址减 1（4 字节）再执行 EXRT 指令。图 3-95 展示了从中断处理程序返回的过程。图 3-96 为 Exception Code 寄存器的格式。

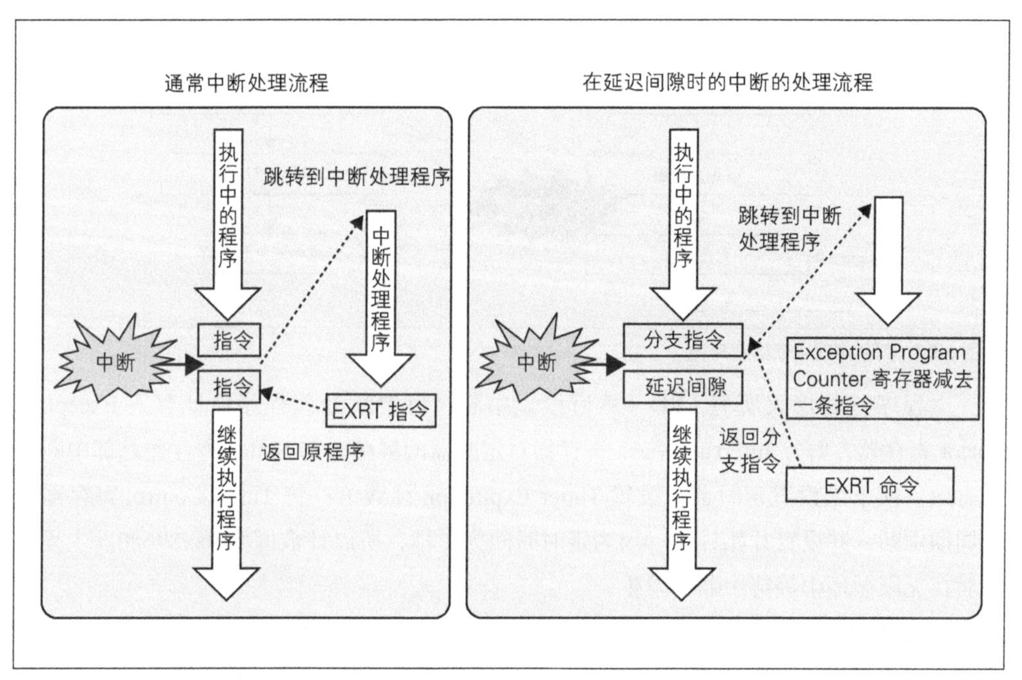

▲ 图 3-95　从中断处理程序返回

访问类型：读 / 写　　寄存器地址：0x05

31 … 4	3	2 … 0
Reserved	D	CODE

3	Delay Slot Flag(D)	Default：0x0
延迟间隙时如果发生异常，则该位被设为有效。		
2:0	Exception Code(CODE)	Default：0x0
发生异常时存放异常代码。		

▲ 图 3-96　Exception Code 寄存器格式

3.5.2 编写程序

本节编写一个运用定时器的示例程序。该程序使用定时器反复对 LED1 进行点亮和熄灭，时间间隔为 1 秒。图 3-97 为判断定时中断的程序流程图。

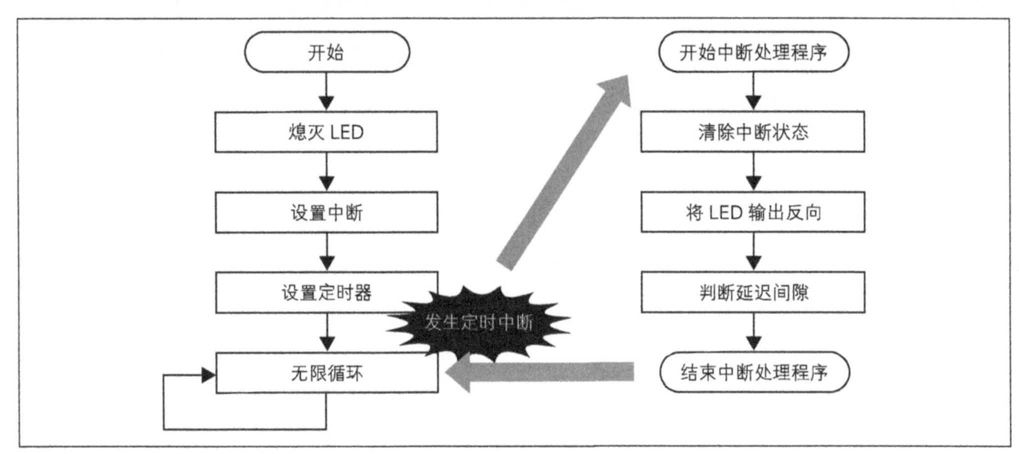

▲ 图 3-97　判断定时中断的程序流

主程序首先熄灭所有 LED。然后设置中断：将中断处理程序地址存入 Exception Vector 寄存器，解除 Interrupt Mask 寄存器对定时器的屏蔽，将 Status 寄存器外部中断设为有效。接下来设置定时器：设置 Timer Expiration 计数值，将 Timer Control 寄存器设为周期中断，并设置开始计时。因为定时时间为 1 秒，所以计数值为 0x989680。主程序最后在无限循环中等待中断的发生。

中断处理程序首先清除中断状态，将 Timer Interrupt 寄存器清零。然后将 LED1 输出状态反向并存入 GPIO Output Port 寄存器。将输出的数据反向，可以让 LED1 在亮灯和灭灯状态间切换。然后，读取 Exception Code 的 Delay Slot Flag 位，判断中断是否是在延迟间隙时发生的，并设置 Exception Program Counter。最后，调用 EXRT 指令结束中断处理程序。

■定时器测试程序

源程序如代码 3-9 所示。下面对源程序进行说明。

▼ 代码 3-9 定时器测试程序（timer.asm）

```
1  ;;; 设置起始地址
2      LOCATE  0x20000000
3
4  ;;; 定义符号
5  TIMER_BASE_ADDR_H             EQU 0x4000   ;Timer Base Address High
```

```
 6  TIMER_CTRL_OFFSET          EQU 0x0     ;Timer Control Register Offset
 7  TIMER_INTR_OFFSET          EQU 0x4     ;Timer Interrupt Register Offset
 8  TIMER_EXPIRE_OFFSET        EQU 0x8     ;Timer Expiration Register Offset
 9  GPIO_BASE_ADDR_H           EQU 0x8000  ;GPIO Base Address High
10  GPIO_OUT_OFFSET            EQU 0x4     ;GPIO Data Register Offset
11
12
13      XORR    r0,r0,r0                    ;清除r0
14
15      ORI     r0,r1,high(SET_GPIO_OUT)    ;将SET_GPIO_OUT高16位存入r1
16      SHLLI   r1,r1,16
17      ORI     r1,r1,low(SET_GPIO_OUT)     ;将SET_GPIO_OUT低16位存入r1
18
19      ORI     r0,r2,high(GET_GPIO_OUT)    ;将GET_GPIO_OUT高16位存入r2
20      SHLLI   r2,r2,16
21      ORI     r2,r2,low(GET_GPIO_OUT)     ;将GET_GPIO_OUT低16位存入r2
22
23  ;;; 熄灭LED
24      ORI     r0,r16,0x3
25      SHLLI   r16,r16,16
26      ORI     r16,r16,0xFFFF
27      CALL    r1
28      ANDR    r0,r0,r0
29
30  ;;; 设置异常向量
31      ORI     r0,r3,high(EXCEPT_HANDLER)
32      SHLLI   r3,r3,16
33      ORI     r3,r3,low(EXCEPT_HANDLER)
34      WRCR    r3,c4
35
36  ;;; 中断初始化
37      ;; Mask
38      ORI     r0,r3,0xFE                  ;将Interrupt Mask设置值存入r3
39      WRCR    r3,c6
40
41      ;; Status
42      ORI     r0,r3,0x2                   ;将Status设置值存入r3(IE:1, EM:0)
43      WRCR    r3,c0
44
45  ;;; 定时器初始化
46      ;; Expiration Register
47      ORI     r0,r3,TIMER_BASE_ADDR_H     ;将Timer Base Address高16位存入r3
48      SHLLI   r3,r3,16
49      ORI     r0,r4,0x98                  ;计时数值
50      SHLLI   r4,r4,16
51      ORI     r4,r4,0x9680                ;计时数值
52      STW     r3,r4,TIMER_EXPIRE_OFFSET   ;设置计时数值
53      ;; Control Register
54      ORI     r0,r4,0x3                   ;Periodic:1, Start:1
55      STW     r3,r4,TIMER_CTRL_OFFSET     ;设置Timer Control Register
56
57  ;; 无限等待
58  LOOP:
```

```
59      BE      r0,r0,LOOP                      ;无限循环
60      ANDR    r0,r0,r0                        ;NOP
```

■ **设置起始地址**

因为要使用 3.4 节介绍过的程序加载器执行程序，程序起始地址要设置为 Scratch Pad Memory 的基地址 0x20000000。

■ **定义符号**

此处定义程序中要使用的定时器、GPIO 控制寄存器的基地址以及各个寄存器的偏移量。

■ **设置子程序调用**

将 SET_GPIO_OUT 的值存入 r1，将 GET_GPIO_OUT 的值存入 r2。

■ **熄灭 LED**

将 GPIO Output Port 寄存器和 LED 关联的位设置为 1，熄灭所有 LED。

■ **设置中断**

从第 31~34 行，将标签 EXCEPT_HANDLER 的值使用 WRCR 指令写入 Exception Vector 寄存器 c4。第 38 行和第 39 行，将 Interrupt Mask 寄存器设为 0xFE。只将控制定时器中断的第 0 位设置为 0，剩下的第 1 到第 7 位全部设置为 1。第 42 行和第 43 行，将 Status 寄存器的 Interrupt Enable 位设置为 1。Execution Mode 位为表示默认 Kernel Mode 的 0。

■ **设置定时器**

第 47~52 行，将 Timer Expiration 寄存器的计时数值设为 0x989680。第 54 行和第 55 行，将 Timer Control 的 Periodic 位和 Start 位设置为 1。

■ **无限循环**

为了不继续读取下面的指令，此处跳转回标签 LOOP 处形成无限循环。

■ **SET_GPIO_OUT 子程序**

代码 3-10 为 SET_GPIO_OUT 子程序。

▼ 代码 3-10　SET_GPIO_OUT 子程序（timer.asm）

```
63  SET_GPIO_OUT:
64      ORI     r0,r17,GPIO_BASE_ADDR_H
```

```
65      SHLLI   r17,r17,16
66      STW     r17,r16,GPIO_OUT_OFFSET
67  _SET_GPIO_OUT_RETURN:
68      JMP     r31
69      ANDR    r0,r0,r0                        ;NOP
```

■ SET_GPIO_OUT

将 r16 的值写入 GPIO Output Port 寄存器。然后返回 SET_GPIO_OUT 子程序的调用地点。

■ GET_GPIO_OUT 子程序

代码 3-11 为 GET_GPIO_OUT 子程序。

▼ 代码 3-11 GET_GPIO_OUT 子程序（timer.asm）

```
71  GET_GPIO_OUT:
72      ORI     r0,r17,GPIO_BASE_ADDR_H
73      SHLLI   r17,r17,16
74      LDW     r17,r16,GPIO_OUT_OFFSET
75  _GET_GPIO_OUT_RETURN:
76      JMP     r31
77      ANDR    r0,r0,r0                        ;NOP
```

■ GET_GPIO_OUT

将 GPIO Output Port 寄存器的值写入 r16。然后返回 GET_GPIO_OUT 子程序的调用地点。

■ 中断处理程序

代码 3-12 为中断处理程序源代码。

▼ 代码 3-12 中断处理程序（timer.asm）

```
80  ;; 中断处理程序
81  EXCEPT_HANDLER:
82      ;; 清除中断状态
83      ORI     r0,r24,TIMER_BASE_ADDR_H    ;将Timer Base Address高16位存入r24
84      SHLLI   r24,r24,16
85      STW     r24,r0,TIMER_INTR_OFFSET    ;清除Interrupt
86
87      ;;  将LED输出数据反向
88      CALL    r2
89      ANDR    r0,r0,r0
90      ORI     r0,r24,1
91      SHLLI   r24,r24,16
92      XORR    r16,r24,r16
93      CALL    r1
```

```
 94      ANDR    r0,r0,r0
 95
 96      ;; 判断延迟间隙
 97      RDCR    c5,r24
 98      ANDI    r24,r24,0x8
 99      BE      r0,r24,GOTO_EXRT
100      ANDR    r0,r0,r0                        ;NOP
101      RDCR    c3,r24
102      ADDUI   r24,r24,-4
103      WRCR    r24,c3
104  GOTO_EXRT:
105      ;; 返回中断发生的地址
106      EXRT
107      ANDR    r0,r0,r0                        ;NOP
```

■清除中断状态

从第 83~85 行将 Timer Interrupt 寄存器清零。

■将 LED 输出数据反向

从第 88~93 行，反转 LED1 的输出数据并存入 GPIO Output Port 寄存器。第 88 行，调用 GET_GPIO_OUT 子程序，将 GPIO Output Port 寄存器的值放入 r16。从第 90~92 行，将 r16 的第 16 位反转。第 93 行，调用 SET_GPIO_OUT 子程序，将 r16 的值存入 GPIO Output Port 寄存器。

■判断延迟间隙

第 97 行，将 Exception Vector 寄存器的值存入 r24。第 98、99 行，判断 Delay Slot Flag 是否为 1。如果是 0，则跳转到 GOTO_EXRT 标签处；如果是 1，则在第 101 到 103 行，将 Exception Program Counter 寄存器的值取出并减 4，然后写回。然后在第 106 行执行 EXRT 指令结束中断处理。

作为中断处理的基本流程，先要备份中断处理程序中使用到的通用寄存器，处理结束后要将这些通用寄存器的值恢复。恢复后执行从中断处理程序返回的专用指令（AZ Processor 中为 EXRT 指令）结束。本书的中断处理程序只用到 r24 到 r30，并保证避免和其他子程序产生冲突，因此没有对通用寄存器进行备份。

3.5.3 执行程序

我们使用 3.4 节介绍的程序加载器，将代码 3-9 所示的程序加载并执行。首先输入程序代码，使用汇编器转换为二进制文件。然后按照 3.4.4 节的顺序传输程序。传输完成后，如果 LED1 重复点亮一秒钟，然后熄灭一秒钟，则表示程序动作正常。

3.5.4 什么是异常

异常是指 CPU 处理的结果发生了未能预期的事件。比如执行无法解码的指令、产生溢出、违反权限等情况。

异常发生时，CPU 会暂时中断正在进行的处理，转而调用被称为异常处理程序的子程序。异常处理完成后通常会返回中断处，如果发生了致命的错误，则会强制结束引发异常的程序。

3.5.5 编写程序

本节制作异常功能的测试程序。该程序会引发算术溢出异常。流程图如图 3-98 所示。

主程序中先设定异常向量，清除 UART 缓冲区，执行算术溢出，然后点亮 LED1。异常处理程序中，先读取异常代码，通过串口输出异常代码，然后点亮 LED2。

作为异常向量的设定，要将异常处理程序的地址存入 CPU 控制寄存器的 Exception Vector 寄存器中。清除 UART 缓冲区是为了在异常处理程序中通过串口输出异常代码。

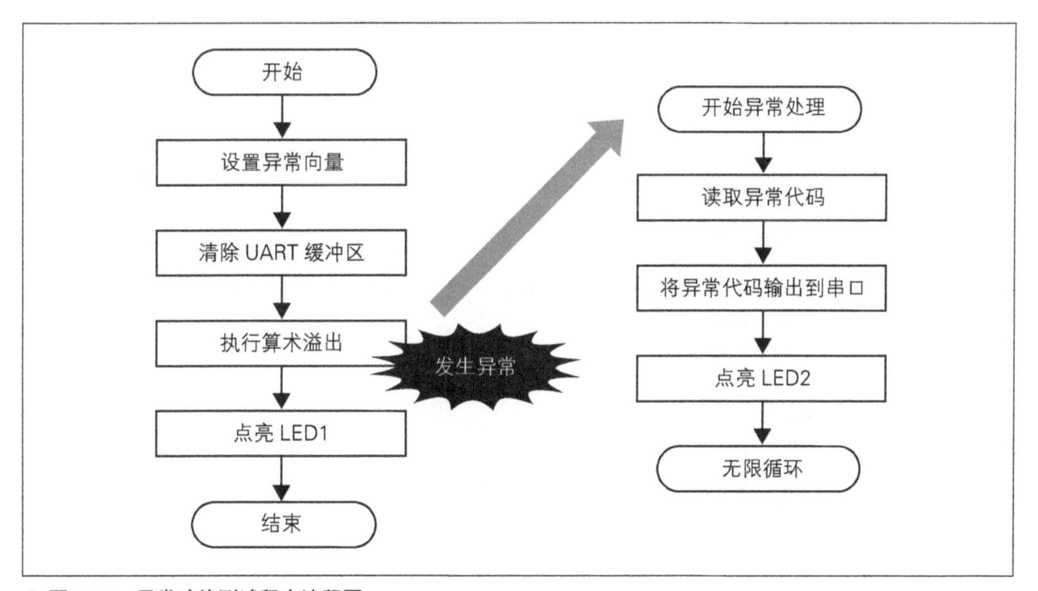

▲ 图 3-98　异常功能测试程序流程图

执行算术溢出后为点亮 LED1 指令。如果 LED1 点亮，则说明执行算术溢出后没能正确引发异常。这样就可以直观地检测执行结果。

异常处理程序会读取异常代码。通过读取 CPU 控制寄存器的 Exception Code 寄存器的 Exception Code 位，可以获得异常代码。然后通过将异常代码输出到串口，我们就可以判断异常的发生原因。最后点亮 LED2，进入无限循环。如果异常处理程序正确处理异常，LED2 会被点亮。

■异常功能测试程序

源程序如代码 3-13 所示。下面对源程序进行解释。

▼ 代码 3-13　异常功能测试程序（exception.asm）

```
 1  ;;; 设置起始地址
 2      LOCATE  0x20000000
 3
 4  ;;; 定义符号
 5  UART_BASE_ADDR_H        EQU 0x6000      ;UART Base Address High
 6  UART_STATUS_OFFSET      EQU 0x0         ;UART Status Register Offset
 7  UART_DATA_OFFSET        EQU 0x4         ;UART Data Register Offset
 8  UART_RX_INTR_MASK       EQU 0x1         ;UART Receive Interrupt Mask
 9  UART_TX_INTR_MASK       EQU 0x2         ;UART Transmit Interrupt Mask
10  GPIO_BASE_ADDR_H        EQU 0x8000      ;GPIO Base Address High
11  GPIO_OUT_OFFSET         EQU 0x4         ;GPIO Data Register Offset
12
13
14      XORR    r0,r0,r0                    ;将r0清零
15
16      ORI     r0,r1,high(CLEAR_BUFFER)    ;将r1设置为CLEAR_BUFFER的高16位
17      SHLLI   r1,r1,16
18      ORI     r1,r1,low(CLEAR_BUFFER)     ;将r1设置为CLEAR_BUFFER的低16位
19
20      ORI     r0,r2,high(SEND_CHAR)       ;将r2设置为SEND_CHAR的高16位
21      SHLLI   r2,r2,16
22      ORI     r2,r2,low(SEND_CHAR)        ;将r2设置为SEND_CHAR的低16位
23
24      ORI     r0,r3,high(SET_GPIO_OUT)    ;将r3设置为SET_GPIO_OUT的高16位
25      SHLLI   r3,r3,16
26      ORI     r3,r3,low(SET_GPIO_OUT)     ;将r3设置为SET_GPIO_OUT的低16位
27
28
29  ;;; 设置异常向量
30      ORI     r0,r4,high(EXCEPT_HANDLER)
31      SHLLI   r4,r4,16
32      ORI     r4,r4,low(EXCEPT_HANDLER)
33      WRCR    r4,c4
34
35  ;;; 清除UART缓冲区
36      CALL    r1                          ;调用CLEAR_BUFFER
37      ANDR    r0,r0,r0                    ;NOP
38
39  ;;; 引发算术溢出
40      ORI     r0,r4,0x7FFF
41      SHLLI   r4,r4,16
```

```
42      ORI     r4,r4,0xFFFF
43      ADDSI   r4,r4,1
44
45  ;;; 点亮LED
46      ORI     r0,r16,0x2
47      SHLLI   r16,r16,16
48      ORI     r16,r16,0xFFFF                  ;将输出数据存到r16
49      CALL    r3
50      ANDR    r0,r0,r0                        ;NOP
51
52  ;; 无限循环
53  LOOP:
54      BE      r0,r0,LOOP                      ;无限循环
55      ANDR    r0,r0,r0                        ;NOP
```

■设置起始地址

由于使用 3.4 节介绍的程序加载器执行程序，起始地址设置为 Scratch Pad Memory 的基地址 0x20000000。

■定义符号

此处定义程序中使用的 UART 和 GPIO 的控制寄存器的基地址和各寄存器的偏移地址。

■设置子程序

r1 存储标签 CLEAR_BUFFER 的值、r2 存储标签 SEND_CHAR 的值、r3 存储标签 SET_GPIO_OUT 的值。

■设置异常向量

将标签 EXCEPT_HANDLER 的值存入 Exception Vector 寄存器。

■清空 UART 缓冲区

调用 CLEAR_BUFFER 子程序，在 UART 缓冲区被清空前，一直进行数据读取。CLEAR_BUFFER 子程序的详情请参见 3.2.2 节。

■引发算术溢出

从第 40~43 行，先向 r4 存储 0x7FFFFFFF，然后使用 ADDSI 指令将 r4 的值加 1，作为 32 位有符号整数，运算后的值变为 –2147483648，成为了负数。在 AZ Processor 中，该操作得到了预期之外的结果，因此在 ADDSI 指令执行时会发生溢出异常。

■点亮 LED1

为了点亮 LED1，将 r16 设置为 0x2FFFF，然后调用 SET_GPIO_OUT 子程序。SET_

GPIO_OUT 子程序的详情请参见 3.5.2 节。由于程序因为算术溢出而会转到异常处理程序，实际上点亮 LED1 的指令不会得到执行。

■无限循环

为了不执行后面的指令，此处跳回 LOOP 标签处形成无限循环。

■异常处理程序

异常处理程序的源程序如代码 3-14 所示。

▼ 代码 3-14　异常处理程序（exception.asm）

```
110  ;;; 异常处理程序
111  ;; 将异常代码输出到串口
112  EXCEPT_HANDLER:
113      RDCR    c5,r24
114      ANDI    r24,r24,0x7
115
116      ADDUI   r24,r24,48
117
118      ORR     r0,r24,r16
119      CALL    r2                          ;调用SEND_CHAR子程序
120      ANDR    r0,r0,r0                    ;NOP
121
122  ;;; 点亮LED
123      ORI     r0,r16,0x1
124      SHLLI   r16,r16,16
125      ORI     r16,r16,0xFFFF              ;将输出数据存入r16
126      CALL    r3
127      ANDR    r0,r0,r0                    ;NOP
128
129  ;;; 无限循环
130  EXCEPT_LOOP:
131      BE      r0,r0,EXCEPT_LOOP           ;无限循环
132      ANDR    r0,r0,r0                    ;NOP
```

■读取异常代码

第 113、114 行处，将 Exception Code 寄存器的 Exception Code 位存入 r24。

■将异常代码输出到串口

第 116 行，因为要将读取的异常代码转换为等值的 ASCII 码，对其加 48。3.3.2 节介绍过 ASCII 码。第 118、119 行，将转换到 ASCII 码的值存入 r16，然后调用 SEND_CHAR 子程序。SEND_CHAR 子程序的详情请参见 3.3.2 节。

■点亮 LED2

为了只点亮 LED2，将 r16 设置为 0x1FFFF，然后调用 SET_GPIO_OUT 子程序。

■无限循环

为了不再读取后面的指令，此处跳回 EXCEPT_LOOP 标签处形成无限循环。

3.5.6 执行程序

与 3.5.3 节相同，我们使用 3.4 节介绍过的程序加载器执行异常功能的测试程序。首先输入程序代码，并用汇编器转换为二进制文件。然后，使用 3.4.4 节的方法传输程序。程序传输完成后，如果 LED2 灯被点亮，则表示算术溢出异常功能执行正确。

3.6　七段数码管

本节介绍并制作使用七段数码管显示数字的程序。

3.6.1　什么是七段数码管

七段数码管是一种将 7 个棒状 LED 摆放成 8 字型的显示装置，用来表示数字。将各个 LED 接到 GPIO，就可以控制任意 LED 的亮灭。要显示数字，需要使用程序进行控制。本节就来介绍一下使用七段数码管显示数字的程序。

3.6.2　七段数码管的控制

七段数码管的各个段被分配映射到 GPIO Output Port 寄存器的相应位。七段数码管的排列图如图 3-99 所示，分为 a、b、c、d、e、f、g、D.P。

GPIO Output Port 寄存器中的位和七段数码管的段之间的对应关系如表 3-12 所示。

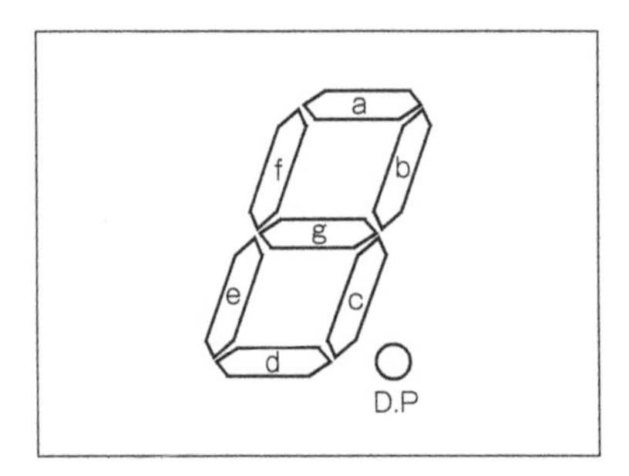

▲ 图 3-99　七段数码管的排列

▼ 表 3-12　GPIO Output Port 寄存器中的位和七段数码管的段之间的对应表

位	位置	段
0	7SEG1	a
1	7SEG1	b
2	7SEG1	c
3	7SEG1	d
4	7SEG1	e
5	7SEG1	f
6	7SEG1	g
7	7SEG1	D.P
8	7SEG2	a
9	7SEG2	b
10	7SEG2	c
11	7SEG2	d
12	7SEG2	e
13	7SEG2	f
14	7SEG2	g
15	7SEG2	D.P

通过设置 GPIO Output Port 寄存器，即可控制七段数码管的亮灭。由于 GPIO Output Port 寄存器为负逻辑，值为 0 时为点亮 LED，值为 1 时为熄灭 LED。通过点亮特定的 LED 组合，即可在七段数码管表示数字。表示值和各段设定值对应关系如表 3-13 所示。

▼ 表 3-13 表示值和各段设定值对应表

表示值	二进制	十六进制
0	11000000	0xC0
1	11111001	0xF9
2	10100100	0xA4
3	10110000	0xB0
4	10011001	0x99
5	10010010	0x92
6	10000010	0x82
7	11111000	0xF8
8	10000000	0x80
9	10010000	0x90

代码 3-15 列出的是在七段数码管上显示数字“10”的程序。

▼ 代码 3-15 七段数码管显示程序（7seg_10.asm）

```
 1  ;;; 设置起始地址
 2      LOCATE  0x20000000
 3
 4  ;;; 定义符号
 5  GPIO_BASE_ADDR_H    EQU 0x8000              ;GPIO Base Address High
 6  GPIO_OUT_OFFSET     EQU 0x4                 ;GPIO Data Register Offset
 7
 8  GPIO_DATA_7SEG1_1   EQU 0x00F9
 9  GPIO_DATA_7SEG2_0   EQU 0xC000
10
11  ;;; 点亮七段数码管
12      XORR    r0,r0,r0
13      ORI     r0,r1,GPIO_BASE_ADDR_H          ;将r1设置为GPIO Base Address高16位
14      SHLLI   r1,r1,16
15
16      ORI     r0,r2,GPIO_DATA_7SEG1_1
17      ORI     r2,r2,GPIO_DATA_7SEG2_0
18
19      STW     r1,r2,GPIO_OUT_OFFSET
20
21  ;; 无限循环
22  LOOP:
23      BE      r0,r0,LOOP                      ;无限循环
24      ANDR    r0,r0,r0                        ;NOP
```

该程序使用加载器进行加载，因此 LOCATE 设置为 0x20000000。定义符号处定义了控制七段数码管用的 GPIO 控制寄存器的基地址和偏移地址，以及七段数码管显示用的值。主程序中将 7SEG1 上的数字“1”的 0x00F9 和 7SEG2 上的数字“0”的 0xC000 进行逻辑或，结果存入 r2，再将 r2 的值写入 GPIO Output Port 寄存器。

执行加载器，查看代码 3-15 所列程序的执行结果。程序执行后，如照片 3-4 所示，7SEG1 和 7SEG2 分别显示 1 和 0。

▲ 照片 3-4　七段数码管显示程序的执行效果

3.6.3　七段数码管计数器概要

接下来，我们运用数码管的显示功能，制作一个每次按下按键计数加一的七段数码管计数器。程序流程概要如图 3-100 所示。

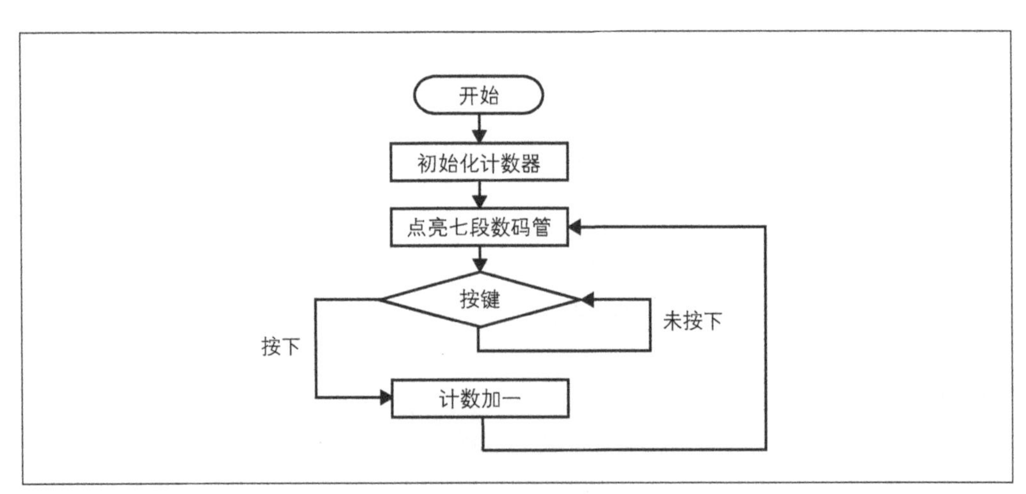

▲ 图 3-100　七段数码管计数器流程图

程序开始时计数器初始化清零，之后在七段数码管显示计数器的值，然后等待按键被按下。按键被按下则计数器计数加一，接下来再次处理七段数码管的显示，显示计数器的值，并再次等待按键按下的事件。

3.6.4 编写程序

■七段数码管计数器

源程序如代码 3-16 所示。

▼ 代码 3-16 七段数码管计数器（7seg_counter.asm）

```
 1  ;;; 设置起始地址
 2      LOCATE  0x20000000
 3
 4  ;;; 定义符号
 5  GPIO_BASE_ADDR_H    EQU 0x8000          ;GPIO Base Address High
 6  GPIO_IN_OFFSET      EQU 0x0             ;GPIO Input Port Register Offset
 7  GPIO_OUT_OFFSET     EQU 0x4             ;GPIO Output Port Register Offset
 8
 9  7SEG_DATA_0         EQU 0xC0
10  7SEG_DATA_1         EQU 0xF9
11  7SEG_DATA_2         EQU 0xA4
12  7SEG_DATA_3         EQU 0xB0
13  7SEG_DATA_4         EQU 0x99
14  7SEG_DATA_5         EQU 0x92
15  7SEG_DATA_6         EQU 0x82
16  7SEG_DATA_7         EQU 0xF8
17  7SEG_DATA_8         EQU 0x80
18  7SEG_DATA_9         EQU 0x90
19
20
21      XORR    r0,r0,r0
22
23  ;;; 设置子程序调用地址
24      ORI     r0,r1,high(CONV_NUM_TO_7SEG_DATA)     ;将r1设为CONV_NUM_TO_7SEG_
                                                        DATA高16位
25      SHLLI   r1,r1,16
26      ORI     r1,r1,low(CONV_NUM_TO_7SEG_DATA)      ;将r1设为CONV_NUM_TO_7SEG_
                                                        DATA低16位
27
28      ORI     r0,r2,high(SET_GPIO_OUT)              ;将r2设为SET_GPIO_OUT高16位
29      SHLLI   r2,r2,16
30      ORI     r2,r2,low(SET_GPIO_OUT)               ;将r2设为SET_GPIO_OUT低16位
31
32      ORI     r0,r3,high(WAIT_PUSH_SW)              ;将r3设为WAIT_PUSH_SW高16位
33      SHLLI   r3,r3,16
34      ORI     r3,r3,low(WAIT_PUSH_SW)               ;将r3设为WAIT_PUSH_SW低16位
35
36  ;;; 初始化计数器的值
37  _COUNTER_RESET:
38      ORI     r0,r4,0
39
40  _7SEG_COUNTER_LOOP:
41  ;;; 点亮七段数码管
42      ORR     r0,r4,r16                     ;将计数器的值存入参数
```

```
43      CALL     r1                          ;调用CONV_NUM_TO_7SEG_DATA
44      ANDR     r0,r0,r0                    ;NOP
45
46      ORR      r0,r17,r16                  ;将输出数据存入参数
47      CALL     r2                          ;调用SET_GPIO_OUT
48      ANDR     r0,r0,r0                    ;NOP
49
50      CALL     r3                          ;调用WAIT_PUSH_SW
51      ANDR     r0,r0,r0                    ;NOP
52
53  _COUNT_UP:
54      ADDUI    r4,r4,1
55      ORI      r0,r5,100
56      BE       r5,r4,_COUNTER_RESET
57      ANDR     r0,r0,r0                    ;NOP
58      BE       r0,r0,_7SEG_COUNTER_LOOP
59      ANDR     r0,r0,r0                    ;NOP
```

■设置起始地址

我们使用 3.4 节介绍的程序加载器执行程序，起始地址设置为 Scratch Pad Memory 的基地址 0x20000000。

■定义符号

此处定义程序中用到的 GPIO 的控制寄存器基地址和偏移量，以及七段数码管显示数字相对应的 GPIO Output Port 寄存器的设定值。还定义了 GPIO Input Port 寄存器中与各按键相对应的位。

■设置子程序调用

r1 存储标签 CONV_NUM_TO_7SEG_DATA 的值，r2 存储标签 SET_GPIO_OUT 的值，r3 存储标签 WAIT_PUSH_SW 的值。

■初始化计数器

将作为计数器使用的 r4 清零。

■点亮七段数码管

第 42、43 行，将 r4 存入 r16，再调用 CONV_NUM_TO_7SEG_DATA 子程序。第 46、47 行，将保存 CONV_NUM_TO_7SEG_DATA 子程序执行结果的 r17 的值拷贝到 r16，然后调用 SET_GPIO_OUT。这样一来，r4 的值就可以显示在七段数码管上了。

■判断按键

调用 WAIT_PUSH_SW 子程序，等候按键被按下。

■增长计数

在第 54 行处，将作为计数器使用的 r4 的值加一。

由于 AZPR EvBoard 上仅有两个七段数码管，最高只能显示两位数字。因此第 55 行处判断 r4 是否数到 100。如果 r4 的值满 100，则跳转到标签 _COUNTER_RESET。如果 r4 的值小于 100，则跳转到 _7SEG_COUNTER_LOOP。

■CONV_NUM_TO_7SEG_DATA 子程序

CONV_NUM_TO_7SEG_DATA 子程序的如代码 3-17 所示。该子程序可以将存储在 r16 的 0 到 99 的整数显示在七段数码管上。该子程序改变 GPIO Output Port 寄存器相应的 0 到 15 位的值，并存放到 r17。

▼ 代码 3-17 CONV_NUM_TO_7SEG_DATA 子程序（7seg_counter.asm）

```
62  CONV_NUM_TO_7SEG_DATA:
63      ;; 从低位抽出数字
64      ORR     r0,r16,r18                  ;将r16复制到r18
65      XORR    r17,r17,r17                 ;将Return Value清零
66      XORR    r19,r19,r19                 ;0:1位(7SEG2),1:2位(7SEG1)
67      XORR    r20,r20,r20                 ;第2位的值
68      ;; 计算十位的数值
69      ORI     r0,r21,10                   ;将10存入r21
70  _SUB10:
71      BUGT    r18,r21,_CHECK_0            ;如果r18<r21(r18<10)则跳转到_CHECK_0
72      ANDR    r0,r0,r0                    ;NOP
73      ADDUI   r18,r18,-10
74      ADDUI   r20,r20,1
75      BE      r0,r0,_SUB10                ;如果r21<r18则跳转到_SUB10
76      ANDR    r0,r0,r0                    ;NOP
77
78  _CHECK_0:
79      ORI     r0,r21,0
80      BNE     r18,r21,_CHECK_1
81      ANDR    r0,r0,r0                    ;NOP
82      ORI     r0,r22,7SEG_DATA_0
83      BNE     r0,r19,_SET_RETURN_VALUE
84       ANDR    r0,r0,r0                   ;NOP
85       SHLLI   r22,r22,8                  ;为7SEG2左移8位
86       BE      r0,r0,_SET_RETURN_VALUE
87       ANDR    r0,r0,r0                   ;NOP
88
89   _CHECK_1:
90       ORI     r0,r21,1
91       BNE     r18,r21,_CHECK_2
92       ANDR    r0,r0,r0                   ;NOP
93       ORI     r0,r22,7SEG_DATA_1
94       BNE     r0,r19,_SET_RETURN_VALUE
95       ANDR    r0,r0,r0                   ;NOP
96       SHLLI   r22,r22,8                  ;为7SEG2左移8位
```

```
 97      BE       r0,r0,_SET_RETURN_VALUE
 98      ANDR     r0,r0,r0                         ;NOP
 99
100   _CHECK_2:
101      ORI      r0,r21,2
102      BNE      r18,r21,_CHECK_3
103      ANDR     r0,r0,r0                         ;NOP
104      ORI      r0,r22,7SEG_DATA_2
105      BNE      r0,r19,_SET_RETURN_VALUE
106      ANDR     r0,r0,r0                         ;NOP
107      SHLLI    r22,r22,8                        ;为7SEG2左移8位
108      BE       r0,r0,_SET_RETURN_VALUE
109      ANDR     r0,r0,r0                         ;NOP
110
111   _CHECK_3:
112      ORI      r0,r21,3
113      BNE      r18,r21,_CHECK_4
114      ANDR     r0,r0,r0                         ;NOP
115      ORI      r0,r22,7SEG_DATA_3
116      BNE      r0,r19,_SET_RETURN_VALUE
117      ANDR     r0,r0,r0                         ;NOP
118      SHLLI    r22,r22,8                        ;为7SEG2左移8位
119      BE       r0,r0,_SET_RETURN_VALUE
120      ANDR     r0,r0,r0                         ;NOP
121
122   _CHECK_4:
123      ORI      r0,r21,4
124      BNE      r18,r21,_CHECK_5
125      ANDR     r0,r0,r0                         ;NOP
126      ORI      r0,r22,7SEG_DATA_4
127      BNE      r0,r19,_SET_RETURN_VALUE
128      ANDR     r0,r0,r0                         ;NOP
129      SHLLI    r22,r22,8                        ;为7SEG2左移8位
130      BE       r0,r0,_SET_RETURN_VALUE
131      ANDR     r0,r0,r0                         ;NOP
132
133   _CHECK_5:
134      ORI      r0,r21,5
135      BNE      r18,r21,_CHECK_6
136      ANDR     r0,r0,r0                         ;NOP
137      ORI      r0,r22,7SEG_DATA_5
138      BNE      r0,r19,_SET_RETURN_VALUE
139      ANDR     r0,r0,r0                         ;NOP
140      SHLLI    r22,r22,8                        ;为7SEG2左移8位
141      BE       r0,r0,_SET_RETURN_VALUE
142      ANDR     r0,r0,r0                         ;NOP
143
144   _CHECK_6:
145      ORI      r0,r21,6
146      BNE      r18,r21,_CHECK_7
147      ANDR     r0,r0,r0                         ;NOP
148      ORI      r0,r22,7SEG_DATA_6
149      BNE      r0,r19,_SET_RETURN_VALUE
```

```
150      ANDR     r0,r0,r0                   ;NOP
151      SHLLI    r22,r22,8                  ;为7SEG2左移8位
152      BE       r0,r0,_SET_RETURN_VALUE
153      ANDR     r0,r0,r0                   ;NOP
154
155  _CHECK_7:
156      ORI      r0,r21,7
157      BNE      r18,r21,_CHECK_8
158      ANDR     r0,r0,r0                   ;NOP
159      ORI      r0,r22,7SEG_DATA_7
160      BNE      r0,r19,_SET_RETURN_VALUE
161      ANDR     r0,r0,r0                   ;NOP
162      SHLLI    r22,r22,8                  ;为7SEG2左移8位
163      BE       r0,r0,_SET_RETURN_VALUE
164      ANDR     r0,r0,r0                   ;NOP
165
166  _CHECK_8:
167      ORI      r0,r21,8
168      BNE      r18,r21,_CHECK_9
169      ANDR     r0,r0,r0                   ;NOP
170      ORI      r0,r22,7SEG_DATA_8
171      BNE      r0,r19,_SET_RETURN_VALUE
172      ANDR     r0,r0,r0                   ;NOP
173      SHLLI    r22,r22,8                  ;为7SEG2左移8位
174      BE       r0,r0,_SET_RETURN_VALUE
175      ANDR     r0,r0,r0                   ;NOP
176
177  _CHECK_9:
178      ORI      r0,r22,7SEG_DATA_9
179      BNE      r0,r19,_SET_RETURN_VALUE
180      ANDR     r0,r0,r0                   ;NOP
181      SHLLI    r22,r22,8                  ;为7SEG2左移8位
182
183  _SET_RETURN_VALUE:
184      ORR      r17,r22,r17
185      BNE      r0,r19,_CONV_NUM_TO_7SEG_DATA_RETURN
186      ANDR     r0,r0,r0                   ;NOP
187  _NEXT_DIGIT:
188      ORR      r0,r20,r18
189      ORI      r19,r19,1                  ;0:第1位(7SEG2),1:第2位(7SEG1)
190      BE       r0,r0,_CHECK_0
191      ANDR     r0,r0,r0                   ;NOP
192  _CONV_NUM_TO_7SEG_DATA_RETURN:
193      JMP      r31
194      ANDR     r0,r0,r0                   ;NOP
```

■初期设置

第 64~67 行处，初始化该子程序中用到的通用寄存器。第 61 行，将 r16 的值复制到 r18。第 65 行，将用来存放该子程序运算结果的 r17 清零。第 66 行，将用来存放该子程序所处理数字位数的 r19 清零。r19 的值为 0，表示子程序处理第 1 位（个位）数。

值为 1，则表示处理第 2 位（十位）数。第 67 行，对存放第 2 位数值的 r20 进行清零。

■位数检查

第 69~71 行，对 r18 的值是否小于 10。如果小于 10 则跳转到 _CHECK_0，计算 GPIO Output Port 寄存器的设置值。如果大于等于十，在第 73~75 行，循环将 r18 减 10，直到 r18 的值小于 10。将减 10 运算的次数存入 r20，因此 r20 即为十位数的值。

■GPIO Output Port 寄存器的设置值

跳转到第 78 行 _CHECK_0 后，第 79、80 行先判断 r18 的值是否为 0。如果不是 0，接下来跳转到 _CHECK_1 标签处判断是否为 1。如果 r18 的值为 0，则在第 82 行处将标签 7SEG_DATA_0 的值存入 r22。第 83~86 行，判断存放位数的 r19 的值是否为 0，如果为 1 则跳转到 _SET_RETURN_VALUE。如果不为 0，则将 r22 值左移 8 位，然后跳转到 _SET_RETURN_VALUE。

第 89~181 行，为标签 _CHECK_1 到标签 _CHECK_9，分别对应数字 1 到 9 的处理。处理方式与 _CHECK_0 相同，计算 GPIO Output Port 寄存器的设置值。

第 184 行，将存放子程序执行结果的 r17 和存放上面处理结果的 r22 进行逻辑与运算，结果存入 r17。然后在第 185 行，检查存放子程序正在处理第几位的 r19，如果不为 0，则跳转到 _CONV_NUM_TO_7SEG_DATA_RETURN。如果为 0，则进入处理第 2 位的程序。

■十位数字处理

第 188 行，将存放十位数字的 r20 的值复制到 r18。第 189 行，将表示子程序正在处理第几位的寄存器 r19 设为 1，并在第 190 行处跳转到 _CHECK_0。

■返回子程序调用处

跳转到 _CONV_NUM_TO_7SEG_DATA_RETURN 后，在 193 行处返回到调用该子程序的地方。

3.6.5 执行程序

使用 3.4 节介绍过的程序加载器执行七段数码管计数器程序。首先输入程序代码，并用汇编器转换为二进制文件。然后，使用 3.4.4 节的方法传输程序。程序传输完成后，七段数码管会显示“00”。每按一下按键，数字就会加 1。当数字数到“99”，再按一下按键数字就会返回“00”。

3.7 制作一个实用程序

本节将运用前面讲到的内容，制作一个实用的厨房定时器。

3.7.1 功能概要

我们要使用 AZ Processor 的 I/O 和 AZPR EvBoard 上的外围电路，制作一个厨房定时器。定时时间可以在 1 秒到 99 分 59 秒之间调整。因为要做定时器，但 AZPR EvBoard 上又没有蜂鸣器，所以定时时间到达后闪烁 LED 进行通知。

厨房定时器有三个模式：设置时间的“时间设定模式”、计时的“倒数模式”以及计时时间到进行通知的“通知模式”。通过切换这三种模式即可实现厨房定时器。

■时间设定模式

在“时间设定模式”下，可以通过按键设定时间。

时间会显示在七段数码管上。LED1 亮起的时候表示设置分钟，LED2 亮起表示设置秒钟。

按键 1 可以对分、秒的设置进行选择。调整定时时间时七段数码管可以显示设定值。每次按下按键 1，可以切换 LED1 和 LED2 的亮灭。按键 2 给选定的值加 1，同时七段数码管的显示值也随之变化。按键 3 给选定的值减 1，同样，七段数码管的显示值也随之变化。按下按键 4，厨房定时器就会开始计时。

■倒数模式

“倒数模式”下，厨房定时器计时剩余时间会以分为单位显示在七段数码管上。同时，为了表明计时正在进行，七段数码管上的 D.P 会闪烁。

■通知模式

“通知模式”下，LED1 和 LED2 交替闪烁，代表计时时间到。

■时间设定模式流程图

流程图如图 3-101 所示。

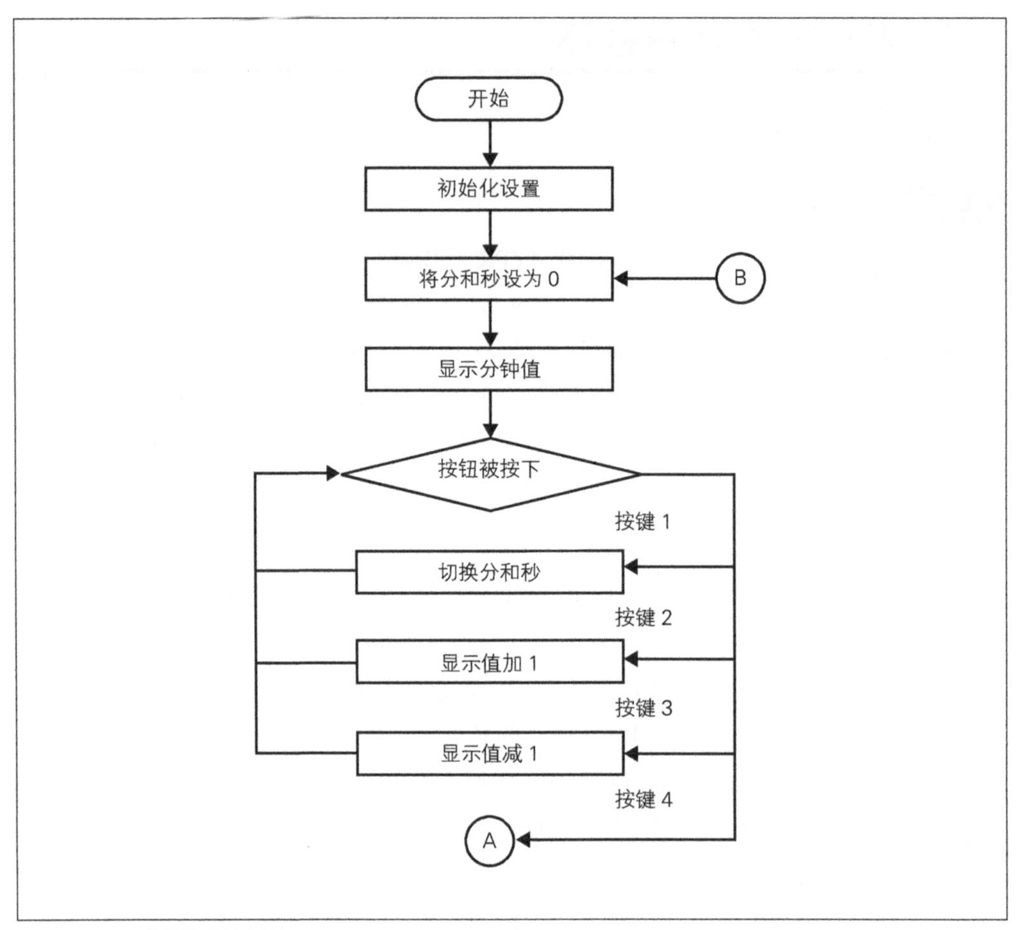

▲ 图 3-101　实用程序流程图 (1/2)

初始化设置是将各种控制寄存器、I/O 寄存器的值初始化。

然后将分和秒的值都设为 0，并在七段数码管显示分值。然后等待按键事件。

按下按键 1 时，切换显示分和秒的值。然后再次等待按键事件。按下按键 2 时，显示值加 1。然后再次等待按键事件。按下按键 3 时，显示值减 1。然后再次等待按键事件。按下按键 4 时，转移到图 3-102 的 A。

■倒数模式和通知模式流程图

流程图如图 3-102 所示。

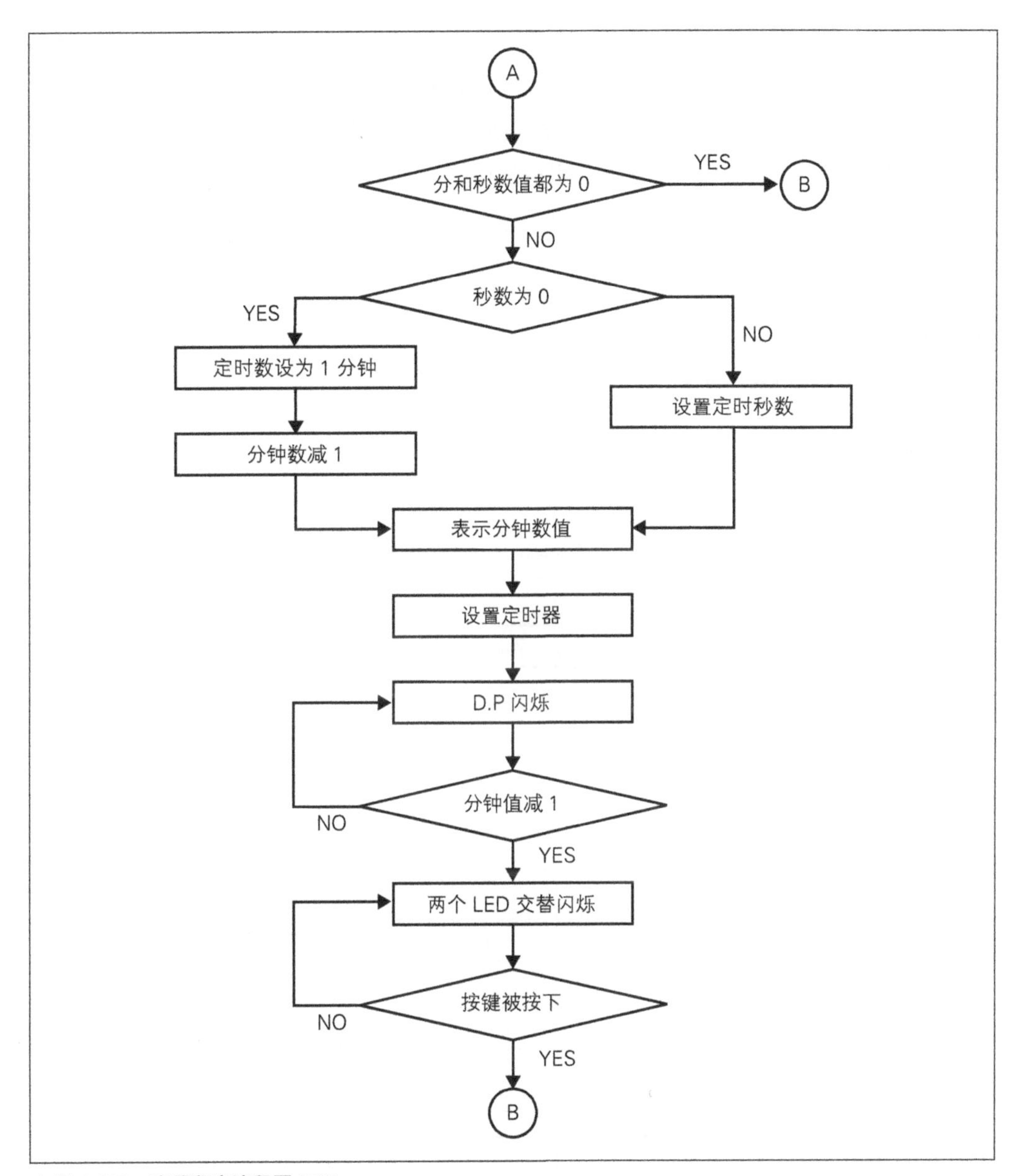

▲ 图 3-102　实用程序流程图 (2/2)

按下按键 4，首先判断分和秒的值是否为 0。如果为 0，返回时间设定模式。如果不为 0，则下面判断秒数是否为 0。如果秒数不是 0，则将定时值设为秒数值，然后在七段数码管上显示分钟数值。如果秒数为 0，则将定时值设为 1 分钟，然后将分钟数值减 1。然后，将剩下的分钟数显示在七段数码管上。

接下来进行定时器的设置。计时开始后，七段数码管的 D.P 不断闪烁，并进入处理循环直到分和秒数值减到 0。循环处理时发生定时中断，并进入下述中断处理程序。

该厨房定时器，在中断处理程序中将分钟数递减。在厨房定时器时间到 0 时再发生中断，分钟值会从 0 变为 –1。这样，当分钟值变为负数则认为计时完毕。分钟值变为负数后，LED1 和 LED2 交替闪烁，直到有按键被按下。此时按下按键后会返回时间设定模式。

■ 中断处理程序流程

中断发生时的流程图如图 3-103 所示。

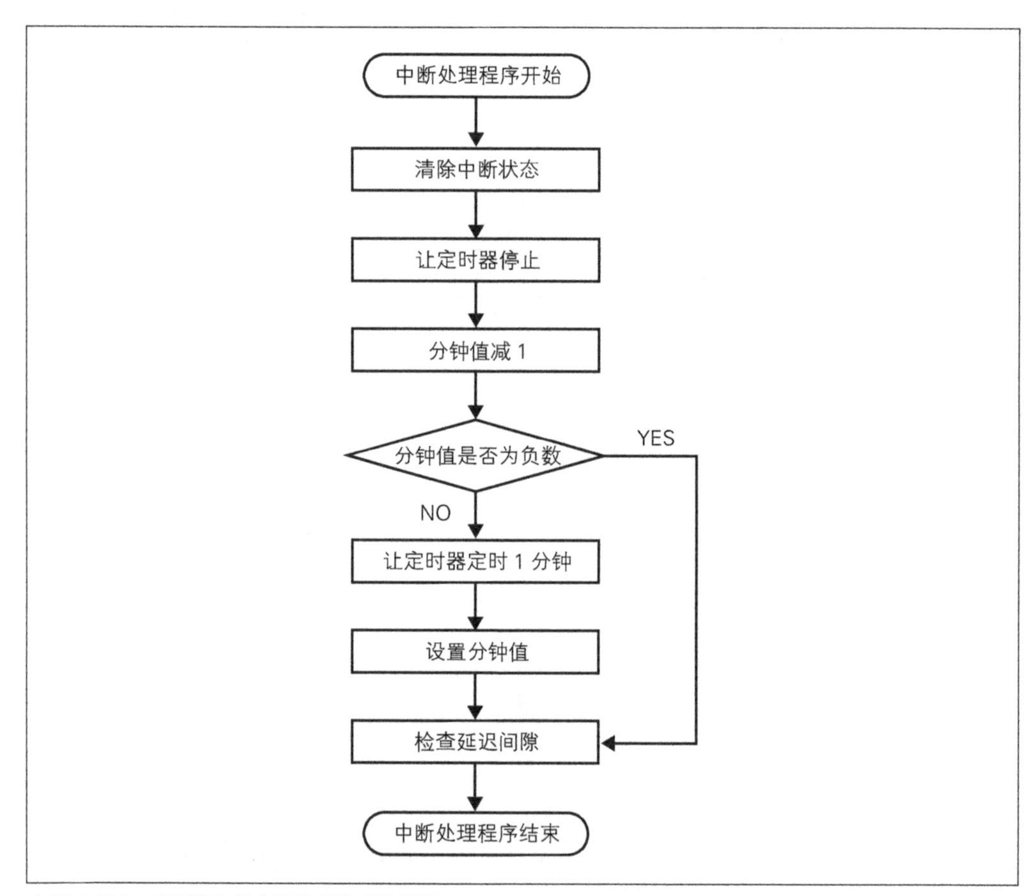

▲ 图 3-103　实用程序的中断处理程序流程图

中断处理程序开始后，首先清空 Timer Interrupt 寄存器以清除中断状态。然后，将 Timer Control 寄存器的 Start 位设为 0，让定时器停止。然后，将分钟数值减 1。这里如果分钟数成为负数，先检查是否有延迟间隙发生，然后结束中断处理程序。如果分钟数值不为负数，设置定时器定时一分钟，并在七段数码管显示分钟数值。最后，检查是否有延迟间隙发生，结束中断处理程序。

3.7.2 制作程序

■实用程序

实用程序的源程序如代码 3-18 所示。

▼ 代码 3-18 实用程序 (kitchen_timer.asm)

```
 1  ;;; 定义起始地址
 2      LOCATE  0x20000000
 3
 4  ;;; 定义符号
 5  TIMER_BASE_ADDR_H    EQU 0x4000          ;Timer Base Address High
 6  TIMER_CTRL_OFFSET    EQU 0x0             ;Timer Control Register Offset
 7  TIMER_INTR_OFFSET    EQU 0x4             ;Timer Interrupt Register Offset
 8  TIMER_EXPIRE_OFFSET  EQU 0x8             ;Timer Expiration Register Offset
 9  GPIO_BASE_ADDR_H     EQU 0x8000          ;GPIO Base Address High
10  GPIO_IN_OFFSET       EQU 0x0             ;GPIO Input Port Register Offset
11  GPIO_OUT_OFFSET      EQU 0x4             ;GPIO Data Register Offset
12
13  7SEG_DATA_0          EQU 0xC0
14  7SEG_DATA_1          EQU 0xF9
15  7SEG_DATA_2          EQU 0xA4
16  7SEG_DATA_3          EQU 0xB0
17  7SEG_DATA_4          EQU 0x99
18  7SEG_DATA_5          EQU 0x92
19  7SEG_DATA_6          EQU 0x82
20  7SEG_DATA_7          EQU 0xF8
21  7SEG_DATA_8          EQU 0x80
22  7SEG_DATA_9          EQU 0x90
23
24  PUSH_SW_DATA_1       EQU 0x1
25  PUSH_SW_DATA_2       EQU 0x2
26  PUSH_SW_DATA_3       EQU 0x4
27  PUSH_SW_DATA_4       EQU 0x8
28
29
30      XORR    r0,r0,r0
31
32  ;;; 将子程序调用地址存入寄存器
33      ORI     r0,r1,high(CONV_NUM_TO_7SEG_DATA)   ;将CONV_NUM_TO_7SEG_DATA标签的高16位
                                                      存入r1
34      SHLLI   r1,r1,16
35      ORI     r1,r1,low(CONV_NUM_TO_7SEG_DATA)    ;将CONV_NUM_TO_7SEG_DATA标签的低16位
                                                      存入r1
36
```

```
37      ORI     r0,r2,high(SET_GPIO_OUT)              ;将SET_GPIO_OUT标签的高16位存入r2
38      SHLLI   r2,r2,16
39      ORI     r2,r2,low(SET_GPIO_OUT)               ;将SET_GPIO_OUT标签的低16位存入r2
40
41      ORI     r0,r3,high(DETECT_PUSH_SW_NUM)        ;将DETECT_PUSH_SW_NUM标签的高16位存入r3
42      SHLLI   r3,r3,16
43      ORI     r3,r3,low(DETECT_PUSH_SW_NUM)         ;将DETECT_PUSH_SW_NUM标签的低16位存入r3
44
45      ORI     r0,r4,high(GET_GPIO_OUT)              ;将GET_GPIO_OUT标签的高16位存入r4
46      SHLLI   r4,r4,16
47      ORI     r4,r4,low(GET_GPIO_OUT)               ;将GET_GPIO_OUT标签的低16位存入r4
48
49  ;;; 设置异常向量
50      ORI     r0,r7,high(EXCEPT_HANDLER)
51      SHLLI   r7,r7,16
52      ORI     r7,r7,low(EXCEPT_HANDLER)
53      WRCR    r7,c4
54
55  ;;; 初始化中断
56      ;; Mask
57      ORI     r0,r7,0xFE                        ;将设置Interrupt Mask的设置值放入r7
58      WRCR    r7,c6
59      ;; Status
60      ORI     r0,r7,0x2                         ; 将Status设置值放入r7
                                                  (IE:1, EM:0)
61      WRCR    r7,c0
62
63  _RESET_TIMER:
64      ;; 将分和秒设为0
65      ORI     r0,r5,0                           ;将r5（分）清零
66      ORI     r0,r6,0                           ;将r6（秒）清零
67      ;; 显示分钟数（点亮七段数码管）
68      ORR     r0,r5,r16                         ;将显示的值存入r16
69      CALL    r1                                ;调用CONV_NUM_TO_7SEG_DATA
70      ANDR    r0,r0,r0                          ;NOP
71      ORI     r0,r7,2                           ;LED1
72      SHLLI   r7,r7,16
73      ORR     r7,r17,r16
74      CALL    r2
75      ANDR    r0,r0,r0                          ;NOP
76      XORR    r13,r13,r13                       ;将分或秒清零（0:分，1:秒）
77
78  ;;; 检查按键
79  _TIMER_SETTING_LOOP:
80      CALL    r3
81      ANDR    r0,r0,r0
82      ORR     r0,r16,r7
83      ORI     r0,r8,PUSH_SW_DATA_1
84      BE      r7,r8,_HANDLE_PUSH_SW_1
85      ANDR    r0,r0,r0                          ;NOP
86      ORI     r0,r8,PUSH_SW_DATA_2
87      BE      r7,r8,_HANDLE_PUSH_SW_2
88      ANDR    r0,r0,r0                          ;NOP
```

```
 89      ORI     r0,r8,PUSH_SW_DATA_3
 90      BE      r7,r8,_HANDLE_PUSH_SW_3
 91      ANDR    r0,r0,r0                          ;NOP
 92      ORI     r0,r8,PUSH_SW_DATA_4
 93      BE      r7,r8,_HANDLE_PUSH_SW_4
 94      ANDR    r0,r0,r0                          ;NOP
 95
 96  ;;; 按键1
 97  ;;; 切换分、秒的显示
 98  _HANDLE_PUSH_SW_1:
 99      BNE     r0,r13,_SECOND_TO_MINUTE          ;分或秒（0:分，1:秒）
100      ANDR    r0,r0,r0                          ;NOP
101
102  _MINUTE_TO_SECOND:
103      ORR     r0,r6,r16                         ;设置秒数
104      CALL    r1                                ;调用CONV_NUM_TO_7SEG_DATA
105      ANDR    r0,r0,r0                          ;NOP
106      ORI     r0,r7,1                           ;LED2
107      SHLLI   r7,r7,16
108      ORR     r7,r17,r16
109      CALL    r2
110      ANDR    r0,r0,r0                          ;NOP
111      XORI    r13,r13,1                         ;分或秒的切换
112      BE      r0,r0,_TIMER_SETTING_LOOP
113      ANDR    r0,r0,r0                          ;NOP
114
115  _SECOND_TO_MINUTE:
116      ORR     r0,r5,r16                         ;设置分钟数
117      CALL    r1                                ;调用CONV_NUM_TO_7SEG_DATA
118      ANDR    r0,r0,r0                          ;NOP
119      ORI     r0,r7,2                           ;LED1
120      SHLLI   r7,r7,16
121      ORR     r7,r17,r16
122      CALL    r2
123      ANDR    r0,r0,r0                          ;NOP
124      XORI    r13,r13,1                         ;分或秒的切换
125      BE      r0,r0,_TIMER_SETTING_LOOP
126      ANDR    r0,r0,r0                          ;NOP
127
128  ;;; 按键2
129  ;;; 将显示数值加1
130  _HANDLE_PUSH_SW_2:
131      BNE     r0,r13,_INC_SECOND                ;分或秒（0:分，1:秒）
132      ANDR    r0,r0,r0                          ;NOP
133
134  _INC_MINUTE:
135      ADDUI   r5,r5,1                           ;增加1分钟
136      ORI     r0,r7,100                         ;分钟数到达100后清零
137      BNE     r7,r5,_DISPLAY_MINUTE_1
138      ANDR    r0,r0,r0
139      ORI     r0,r5,0
140
141  _DISPLAY_MINUTE_1:
```

```
142     ORR     r0,r5,r16                        ;设置分钟数
143     CALL    r1                               ;调用CONV_NUM_TO_7SEG_DATA
144     ANDR    r0,r0,r0                         ;NOP
145     ORI     r0,r7,2                          ;LED1
146     SHLLI   r7,r7,16
147     ORR     r7,r17,r16
148     CALL    r2
149     ANDR    r0,r0,r0                         ;NOP
150     BE      r0,r0,_TIMER_SETTING_LOOP
151     ANDR    r0,r0,r0                         ;NOP
152
153  _INC_SECOND:
154     ADDUI   r6,r6,1                          ;增加1秒钟
155     ORI     r0,r7,60                         ;秒数到达60后清零
156     BNE     r7,r6,_DISPLAY_SECOND_1
157     ANDR    r0,r0,r0
158     ORI     r0,r6,0
159
160  _DISPLAY_SECOND_1:
161     ORR     r0,r6,r16                        ;设置秒数
162     CALL    r1                               ;调用CONV_NUM_TO_7SEG_DATA
163     ANDR    r0,r0,r0                         ;NOP
164     ORI     r0,r7,1                          ;LED2
165     SHLLI   r7,r7,16
166     ORR     r7,r17,r16
167     CALL    r2
168     ANDR    r0,r0,r0                         ;NOP
169     BE      r0,r0,_TIMER_SETTING_LOOP
170     ANDR    r0,r0,r0                         ;NOP
171
172  ;;; 按键3
173  ;;; 将显示数值减1
174  _HANDLE_PUSH_SW_3:
175     BNE     r0,r13,_DEC_SECOND               ;分或秒（0:分，1:秒）
176     ANDR    r0,r0,r0                         ;NOP
177
178  _DEC_MINUTE:
179     ADDUI   r5,r5,-1                         ;减少一分钟
180     ADDUI   r0,r7,-1
181     BNE     r5,r7,_DISPLAY_MINUTE_2
182     ANDR    r0,r0,r0
183     ORI     r0,r5,99
184
185  _DISPLAY_MINUTE_2:
186     ORR     r0,r5,r16                        ;设置分钟数
187     CALL    r1                               ;调用CONV_NUM_TO_7SEG_DATA
188     ANDR    r0,r0,r0                         ;NOP
189     ORI     r0,r7,2                          ;LED1
190     SHLLI   r7,r7,16
191     ORR     r7,r17,r16
192     CALL    r2
193     ANDR    r0,r0,r0                         ;NOP
194     BE      r0,r0,_TIMER_SETTING_LOOP
```

```
195     ANDR    r0,r0,r0                        ;NOP
196
197 _DEC_SECOND:
198     ADDUI   r6,r6,-1                        ;减少一秒钟
199     ADDUI   r0,r7,-1
200     BNE     r6,r7,_DISPLAY_SECOND_2
201     ANDR    r0,r0,r0
202     ORI     r0,r6,59
203
204 _DISPLAY_SECOND_2:
205     ORR     r0,r6,r16                       ;设置分钟数
206     CALL    r1                              ;调用CONV_NUM_TO_7SEG_DATA
207     ANDR    r0,r0,r0                        ;NOP
208     ORI     r0,r7,1                         ;LED2
209     SHLLI   r7,r7,16
210     ORR     r7,r17,r16
211     CALL    r2
212     ANDR    r0,r0,r0                        ;NOP
213     BE      r0,r0,_TIMER_SETTING_LOOP
214     ANDR    r0,r0,r0                        ;NOP
215
216 ;;; 按键4
217 ;;; 开始计时
218 _HANDLE_PUSH_SW_4:
219     ;; 分、秒值都为0后返回_RESET_TIMER
220     ADDUR   r5,r6,r12
221     BE      r0,r12,_RESET_TIMER
222     ANDR    r0,r0,r0
223     ;; 将秒数变换为定时数值
224     ORI     r0,r9,0                         ;定时数值
225     ORR     r0,r6,r11                       ;复制秒数
226     ORI     r0,r7,0x98
227     SHLLI   r7,r7,16
228     ORI     r7,r7,0x9680
229     ORI     r0,r8,0x23C3
230     SHLLI   r8,r8,16
231     ORI     r8,r8,0x4600
232     BE      r0,r11,_ONE_MINUTE
233     ANDR    r0,r0,r0
234
235 _SECONDS:
236     ADDUR   r9,r7,r9
237     ADDUI   r11,r11,-1                      ;秒数减1
238     BE      r0,r11,_SET_TIMER
239     ANDR    r0,r0,r0
240     BE      r0,r0,_SECONDS
241     ANDR    r0,r0,r0
242
243     ;; 将定时器设定1分钟
244 _ONE_MINUTE:
245     ADDUR   r9,r8,r9
```

```
246     ADDUI    r5,r5,-1                          ;分钟数减1
247
248 _SET_TIMER:
249 ;;; 显示分钟数
250     ORR      r0,r5,r16
251     CALL     r1                                ;调用
252     ANDR     r0,r0,r0                          ;NOP
253     ORI      r0,r7,3
254     SHLLI    r7,r7,16
255     ORR      r7,r17,r16
256     CALL     r2
257     ANDR     r0,r0,r0                          ;NOP
258
259     ;; 设置定时器
260     ;; Expiration Register
261     ORI      r0,r7,TIMER_BASE_ADDR_H           ;将Timer Base Address高16位存入r7
262     SHLLI    r7,r7,16
263     STW      r7,r9,TIMER_EXPIRE_OFFSET         ;设定计满数值
264
265     ;; Control Register
266     ;; 启动定时器
267     ORI      r0,r8,0x1                         ;Periodic:0, Start:1
268     STW      r7,r8,TIMER_CTRL_OFFSET           ;设置Timer Control Register
269
270 ;;; 闪烁小数点“."
271     ORI      r0,r7,0x10
272     SHLLI    r7,r7,16
273     ORI      r7,r7,0x0000
274 _TIMER_LOOP:
275     ADDUI    r7,r7,-1
276
277     ADDUI    r0,r8,-1
278     BE       r8,r5,_SET_LED
279     ANDR     r0,r0,r0
280
281     BNE      r0,r7,_TIMER_LOOP
282     ANDR     r0,r0,r0
283
284     ;读取七段数码管的值
285     CALL     r4
286     ANDR     r0,r0,r0
287
288     XORI     r16,r16,0x8000
289
290     CALL     r2
291     ANDR     r0,r0,r0                          ;NOP
292
293     ORI      r0,r7,0x10
294     SHLLI    r7,r7,16
295     ORI      r7,r7,0x0000
296     BE       r0,r0,_TIMER_LOOP
297     ANDR     r0,r0,r0
298
```

```
299  ;;; 两个LED交替闪烁
300  _SET_LED:
301      ORI     r0,r7,TIMER_BASE_ADDR_H         ;将Timer Base Address高16位存入r7
302      SHLLI   r7,r7,16
303      STW     r7,r0,TIMER_CTRL_OFFSET         ;设置Timer Control Register
304
305      ORI     r0,r7,1
306      SHLLI   r7,r7,16
307
308  _SET_LED2:
309      ORI     r0,r10,0xFFFF
310
311      ;读取七段数码管的值
312      CALL    r4
313      ANDR    r0,r0,r0
314
315      XORR    r16,r7,r16
316
317      CALL    r2
318      ANDR    r0,r0,r0                        ;NOP
319
320  ;;; 按键被按下
321
322      ;按键1为第16位
323      ORI     r0,r7,GPIO_BASE_ADDR_H          ;将GPIO Base Address高16位存入r7
324      SHLLI   r7,r7,16
325  _DETECT_PUSH_BUTTON_2:
326      LDW     r7,r8,GPIO_IN_OFFSET            ;获取GPIO Input Port Register的值
327      BNE     r0,r8,_GOTO_TIMER_SETTING_LOOP
328
329      ANDR    r0,r0,r0                        ;NOP
330
331      ADDUI   r10,r10,-1
332
333      BNE     r0,r10,_DETECT_PUSH_BUTTON_2
334      ANDR    r0,r0,r0
335
336      ORI     r0,r7,3
337      SHLLI   r7,r7,16
338
339      BE      r0,r0,_SET_LED2
340      ANDR    r0,r0,r0
341
342  _GOTO_TIMER_SETTING_LOOP:
343      LDW     r7,r8,GPIO_IN_OFFSET            ;获取GPIO Input Port Register的值
344      BNE     r0,r8,_GOTO_TIMER_SETTING_LOOP
345      ANDR    r0,r0,r0
346      BE      r0,r0,_RESET_TIMER
347      ANDR    r0,r0,r0
```

■ **设置起始地址**

我们使用 3.4 节介绍的程序加载器执行程序，起始地址设置为 Scratch Pad Memory 的基地址 0x20000000。

■ **定义符号**

此处为程序中常用的地址、常数定义符号，包括定时器、GPIO 控制寄存器基地址及各寄存器偏移量、以及七段数码管数值对应的 GPIO Output Port 寄存器设置值。

■ **设置子程序调用**

将标签 CONV_NUM_TO_7SEG_DATA 的值存入 r1，标签 SET_GPIO_OUT 的值存入 r2，标签 DETECT_PUSH_SW_NUM 的值存入 r3，标签 GET_GPIO_OUT 的值存入 r4。

■ **初始化设置**

初始化中要对中断进行设置。第 50~53 行，将标签 EXCEPT_HANDLER 的值存入 Exception Vector 寄存器。第 57、58 行，将 Interrupt Mask 寄存器设置为 0xFE，以解除定时器的中断屏蔽。第 60、61 行，将 Status 寄存器的 Interrupt Enable 位设为 1。因为保持在 Kernel Mode，Execution Mode 位为 0。

■ **将分、秒值设为 0**

此处将厨房定时器存储分值的 r5 和存储秒值的 r6 清零。

■ **显示分钟值**

第 68、69 行，将 r5 的值存入 r16，调用 CONV_NUM_TO_7SEG_DATA 子程序。第 71、72 行，将 0x20000 存入 r7 以点亮 LED1。第 73、74 行，将 r7 与存放 CONV_NUM_TO_7SEG_DATA 子程序的执行结果的 r17 进行逻辑或之后存入 r16，然后调用 SET_GPIO_OUT。这样，LED1 就会被点亮，并在七段数码管上显示 r5 的值。

■ **检查按键**

第 80 行，调用 DETECT_PUSH_SW_NUM 子程序。第 82~93 行，判断作为 DETECT_PUSH_SW_NUM 子程序返回结果的 r16 的值为标签 PUSH_SW_DATA_1 到标签 PUSH_SW_DATA_4 的哪一个，然后跳转到相应的按键处理程序标签处。

■ **切换分、秒的显示**

可以根据 r13 的值来判断正在设置分钟还是秒钟的值。如果 r13 为 0，表示正在进行分钟设定，如果 r13 不为 0，表示正在秒钟的设置。第 99 行，判断 r13 是否为 0，如果为 0 则跳转到 _MINUTE_TO_SECOND 进行处理；如果不为 0，则跳转到 _SECOND_

TO_MINUTE。

标签 _MINUTE_TO_SECOND 中，第 103、104 行，将 r6 的值复制到 r16，然后调用 CONV_NUM_TO_7SEG_DATA 子程序。第 106~109 行，将 r7 设置为 0x10000 以点亮 LED2，并与存放 CONV_NUM_TO_7SEG_DATA 子程序的执行结果的 r17 进行逻辑或的结果存入 r16。然后调用 SET_GPIO_OUT。如此，就可以点亮 LED2，并在七段数码管上显示秒钟数值。第 111 行，将 r13 与 1 进行逻辑异或后存入 r13，以此将第 0 位的值翻转。这样，就可以将 r13 值切换为设定分钟的状态。第 112 行，返回标签 _TIMER_SETTING_LOOP 处。

标签 _SECOND_TO_MINUTE 中，进行点亮 LED1、显示分钟值等操作，然后从秒钟设定切换到分钟设定。最后返回标签 _TIMER_SETTING_LOOP 处。

■ **显示值加 1**

第 131 行处，根据 r13 的值进行分支。如果 r13 为 0，则执行标签 _INC_MINUTE 处的程序。如果 r13 不为 0，则执行标签 _INC_SECOND 处的处理。

标签 _INC_MINUTE 中，第 115 行处将 r5 加 1，第 116、117 行处检查 r5 是否到达 100。如果 r5 的值到达 100，则在 139 行处将 r5 的值清零。如果 r5 的值小于 100，则跳转到标签 _DISPLAY_MINUTE_1 处。标签 _DISPLAY_MINUTE_1 处的程序和 _SECOND_TO_MINUTE 中的操作类似，点亮 LED1、显示分钟值，然后返回标签 _TIMER_SETTING_LOOP 处。

■ **显示值减 1**

与显示值加 1 相似，第 175 行依据 r13 的值进行分支。如果 r13 的值为 0，则执行标签 _DEC_MINUTE 处的操作，将分钟值减 1。如果 r13 的值不为 0，则执行标签 _DEC_SECOND 处的操作，将秒钟值减 1。此处的操作与前面的显示值加 1 的操作类似，不再赘述。

■ **检查分、秒值**

第 220、221 行，将 r5 与 r6 的加和存入 r12。如果 r12 为 0，则跳转到标签 _RESET_TIMER 处。如果 r12 的值不为 0，则检查秒钟的数值。

■ **检查秒钟数值**

第 225 行处将 r6 的值复制到 r11，在第 232 行判断 r11 的值是否为 0。如果 r11 为 0，则执行标签 _ONE_MINUTE 处的操作；如果 r11 的值不为 0，则将定时数值设置为秒钟数值。

■将秒钟数设为定时数值

第 226~228 行，将代表定时 1 秒的数值 0x989680 存入 r7。第 235~240 行，将 r7 的值累加到计时器定时使用的 r9，该操作重复 r11（r11 的值为定时秒数）次后，r9 即为设置定时器定时指定秒数的计数数值。

■将定时数值设为 1 分钟

第 229~231 行，将代表定时 1 分钟的数值 0x23C34600 存入 r8。第 245 行，将 r8 复制到定时数值设置用的 r9，r9 中的值即为设置定时器定时 1 分钟的计数数值。

■分钟数减 1

第 246 行，将存储分钟数值的 r5 的值减 1。

■显示分钟数

第 250、251 行，将 r5 的值放入 r16，然后调用 CONV_NUM_TO_7SEG_DATA 子程序。第 253、254 行，将 r7 设为 0x30000 以关闭 LED1 和 LED2，第 254、255 行，将存放 CONV_NUM_TO_7SEG_DATA 子程序执行结果的 r17 的值复制到 r16，然后调用 SET_GPIO_OUT。

■设置定时器

第 261~263 行，用存放定时数值的 r9 的值设置 Timer Expiration 寄存器。第 267、268 行，将 Timer Control 寄存器的 Periodic 位设置为 0，最后将 Start 位设置为 1。

■控制 D.P 闪烁和分钟、秒钟检查

第 271~273 行，为了控制 D.P 闪烁的时间间隔的循环，将 r7 设为 0x100000。

标签 _TIMER_LOOP 处的处理，首先在第 275 行处将 r7 减 1。第 277、278 行，判断 r5 中的分钟数值是否为负数。如果为负数，则跳转到 _SET_LED 标签；如果不为负数，则接着检查 r7 的值。如果 r7 的值不为 0，则返回标签 _TIMER_LOOP 处；如果 r7 的值为 0，在第 285~290 行，翻转 LED 的 D.P 输出并写入 GPIO Output Port 寄存器。首先，调用 GET_GPIO_OUT 子程序，将 GPIO Output Port 寄存器的值存入 r16，反转控制 LED2 的 D.P 的第 15 位，然后调用 SET_GPIO_OUT 子程序。在 _TIMER_LOOP 的最后，第 293~296 行，再次向 r7 写入 0x100000，返回 _TIMER_LOOP 标签处。

■控制两个 LED 交替闪烁和按键检查

LED 闪烁之前，第 301~303 行，向 Timer Control 寄存器写入 0 来停止定时器。第 305、306 行，为了让 LED1 和 LED2 交替闪烁，一个 LED 中写入 Mask 值 0x10000。第

309 行，将 LED 闪烁时间间隔循环数 0xFFFF 写入 F10。

第 312~317 行，使用 r7 将 GPIO Output Port 控制的值为 1 的 LED 反转，再写回 GPIO Output Port。这样就可以关闭 LED1 并点亮 LED2。

第 323~326 行，将 GPIO Input Port 寄存器的值存入 r7 并判断是否为 0。如果不为 0，则表明有按键按下，跳转到 _GOTO_TIMER_SETTING_LOOP 标签；如果为 0，则 r10 的值减 1，如果 r10 的值不为 0，则跳转到 _DETECT_PUSH_BUTTON_2；如果 r10 为 0，则将 0x30000 写入 r7 来反转 LED1 和 LED2 的值。然后，跳转到标签 _SET_LED2。

■返回时间设定模式

第 343、344 行，检查 GPIO Input Port 寄存器的值，如果不为 0，则返回标签 _GOTO_TIMER_SETTING_LOOP 处。此处检查按钮是否回到 OFF 状态。然后，在第 346 行返回标签 _RESET_TIMER 处。

■DETECT_PUSH_SW_NUM 子程序

DETECT_PUSH_SW_NUM 子程序如代码 3-19 所示。

▼ 代码 3-19 DETECT_PUSH_SW_NUM(kitchen_timer.asm)

```
504  DETECT_PUSH_SW_NUM:
505      ORI      r0,r17,GPIO_BASE_ADDR_H
506      SHLLI    r17,r17,16
507  _WAIT_PUSH_SW_ON:
508      LDW      r17,r18,GPIO_IN_OFFSET
509      BE       r0,r18,_WAIT_PUSH_SW_ON
510      ANDR     r0,r0,r0                          ;NOP
511  _WAIT_PUSH_SW_OFF:
512      LDW      r17,r19,GPIO_IN_OFFSET
513      BNE      r0,r19,_WAIT_PUSH_SW_OFF
514      ANDR     r0,r0,r0                          ;NOP
515  _CHECK_PUSH_SW_1:
516      ANDI     r18,r19,PUSH_SW_DATA_1
517      BNE      r0,r19,_SET_RETURN_VALUE_PUSH_SW
518      ANDR     r0,r0,r0                          ;NOP
519  _CHECK_PUSH_SW_2:
520      ANDI     r18,r19,PUSH_SW_DATA_2
521      BNE      r0,r19,_SET_RETURN_VALUE_PUSH_SW
522      ANDR     r0,r0,r0                          ;NOP
523  _CHECK_PUSH_SW_3:
524      ANDI     r18,r19,PUSH_SW_DATA_3
525      BNE      r0,r19,_SET_RETURN_VALUE_PUSH_SW
526      ANDR     r0,r0,r0                          ;NOP
527  _CHECK_PUSH_SW_4:
528      ANDI     r18,r19,PUSH_SW_DATA_4
529      BNE      r0,r19,_SET_RETURN_VALUE_PUSH_SW
530      ANDR     r0,r0,r0                          ;NOP
```

```
531  _SET_RETURN_VALUE_PUSH_SW:
532      ORR      r0,r19,r16
533  _DETECT_PUSH_SW_NUM_RETURN:
534      JMP      r31
535      ANDR     r0,r0,r0                          ;NOP
```

■ 检测按键 ON

第 505~509 行，将 GPIO Input Port 寄存器的值存入 r18 并判断是否为 0。如果为 0，则返回标签 _WAIT_PUSH_SW_ON 处。如果不为 0，则继续等待按钮 OFF 事件。

■ 检测按键 OFF

第 512、513 行，将 GPIO Input Port 寄存器的值存入 r19 并判断是否为 0。如果为 0，则判断被按下按键的序号。如果不为 0，则返回 WAIT_PUSH_SW_OFF 处。

■ 检查状态为 ON 的按键序号

第 516、517 行，将存储 GPIO Input Port 寄存器值的 r18 与标签 PUSH_SW_DATA_1 进行逻辑与，然后判断结果是否为 0。如果为 0，则执行标签 _CHECK_PUSH_SW_2 处的指令。如果不为 0，则跳转到 _SET_RETURN_VALUE_PUSH_SW 处。

第 519~529 行，标签 _CHECK_PUSH_SW_2 到 _CHECK_PUSH_SW_4 的处理与 _CHECK_PUSH_SW_1 相同，将 GPIO Input Port 寄存器的值与标签 PUSH_SW_DATA_2 到标签 PUSH_SW_DATA_4 中相应的标签逻辑与，判断是否相应的按钮被按下。

■ 返回调用地点

第 532 行，将存储被按下按钮信息的 r19 的值存入 r16。第 534 行，返回调用该子程序的地点。

■ 中断处理程序

中断处理程序如代码 3-20 所示。

▼ 代码 3-20　中断处理程序 (kitchen_timer.asm)

```
537  ;;; 中断处理程序
538  EXCEPT_HANDLER:
539      ;; 清除中断状态位
540      ORI      r0,r24,TIMER_BASE_ADDR_H       ;r24设置为Timer Base Address高16位
541      SHLLI    r24,r24,16
542      STW      r24,r0,TIMER_INTR_OFFSET       ;清除Interrupt标志
543      STW      r24,r0,TIMER_CTRL_OFFSET       ;定制定时器
544
545      ;; 分钟值减1
546      ADDUI    r5,r5,-1
```

```
547     ADDUI   r0,r25,-1
548     BE      r5,r25,_END_OF_INTR_HANDLER
549     ANDR    r0,r0,r0
550
551     ;; 将定时器设置为1分钟
552     ORI     r0,r25,0x23C3
553     SHLLI   r25,r25,16
554     ADDUI   r25,r25,0x4600
555     STW     r24,r25,TIMER_EXPIRE_OFFSET     ;设置定时数值
556     ORI     r0,r8,0x3                       ;Periodic:1, Start:1
557     STW     r24,r8,TIMER_CTRL_OFFSET        ;设置Timer Control Register
558
559     ;; 显示分钟数
560     ORR     r0,r5,r16
561     CALL    r1                              ;调用CONV_NUM_TO_7SEG_DATA
562     ANDR    r0,r0,r0                        ;NOP
563     ORI     r0,r24,3
564     SHLLI   r24,r24,16
565     ORR     r24,r17,r16
566     CALL    r2
567     ANDR    r0,r0,r0                        ;NOP
568
569   _END_OF_INTR_HANDLER:
570     ;; 检查延迟间隙
571     RDCR    c5,r24
572     ANDI    r24,r24,0x8
573     BE      r0,r24,_GOTO_EXRT
574     ANDR    r0,r0,r0                        ;NOP
575     RDCR    c3,r24
576     ADDUI   r24,r24,-4
577     WRCR    r24,c3
578
579   _GOTO_EXRT:
580     ;; 返回中断发生处地址
581     EXRT
582     ANDR    r0,r0,r0                        ;NOP
```

■清除中断状态位

第 540~542 行，将 Timer Interrupt 寄存器清零。

■停止定时器

第 543 行，将 Timer Control 寄存器的 Start 位设置为 0。

■分钟值减 1

第 546 行，将分钟值寄存器 r5 的值减 1。

■检查分钟值

第 547、548 行，判断分钟值是否为负数。如果为负数，则跳转到 _END_OF_

EXCEPT_HANDLER。如果不为负数，将定时器设置为 1 分钟。

■ 将定时器设置为 1 分钟

第 552~555 行，将 Timer Expiration 寄存器设置为 0x23C34600，即定时 1 分钟。第 556、557 行，将 Timer Control 寄存器的 Periodic 位和 Start 位设置为 1。

■ 显示分钟值

第 560、561 行，将 r16 设置为 r5 的值，然后调用 CONV_NUM_TO_7SEG_DATA 子程序。第 563 行到第 566 行，为了关闭 LED1 和 LED2，将 r24 的第 16、17 位设置为 1，将保存 CONV_NUM_TO_7SEG_DATA 子程序执行结果的 r17 与 r24 逻辑或，结果存入 r16，然后调用 SET_GPIO_OUT。

■ 检查延迟间隙

第 571 行，将 Exception Vector 寄存器值存入 r24。第 572、573 行，检查 Delay Slot Flag 是否为 1。如果为 0，则跳转到标签 _GOTO_EXRT；如果为 1，则在第 575~577 行，将 Exception Program Counter 寄存器值减 4，然后写回。最后，在第 581 行执行 EXRT 指令结束中断处理程序。

3.7.3 执行程序

我们使用 3.4 节介绍过的程序加载器来执行厨房定时器。首先，编写录入程序代码，使用汇编器转换为二进制文件。然后，按照 3.4.4 节的方法传输程序。

传输完成后，厨房定时器进入“时间设定模式”。按下按键 1，LED1 和 LED2 会交替点亮。按下按键 2，会增加七段数码管的显示值。按下按键 3，会减小显示值。按键 1 可以用来设定定时的分、秒数值。按下按键 4，会进入“倒数模式”。“倒数模式”时，七段数码管以分为单位显示剩余时间。定时器计时时，七段数码管的 D.P 会闪烁。剩余时间为 0 时，进入“通知模式”，LED1 和 LED2 交替闪烁。此时按下任意按钮，都会返回“时间设置模式”。

3.8 结语

本章介绍了如何在 AZ Processor 上编程。

首先，我们在介绍 AZ Processor 开发环境时，介绍了 ISE WebPACK、UrJTAG 以及编译器的安装和使用。然后，我们讲解了 LED、串口通信、XMODEM、中断、异常、七段数码管的示例程序。最后，我们实现了一个实用程序——厨房定时器。该程序用到了 AZPR EvBoard 上的各种外围电路。

谢辞

本书的出版得到了很多人的帮助。在本书的最后，我们向大家表示由衷的感谢。

非常感谢《CPU 自制入门》一书的编辑林也寸夫先生。正是因为他的管理、意见和雷厉风行，本书才最终得以面世。同时还要深深感谢总编辑加藤博先生。

关于第 1 章，感谢爽快地给予我们出版授权的 IcarusVerilog 的作者 Stephen Williams，以及 GTKWave 的作者 Tony Bybell。

关于第 2 章，感谢给我们建议并借给我们器材的 SUNHAYATO 株式会社、在 Eagle 方面给我们建议的 Circuit Board Service 株式会社、在电路板制造方面给我们建议的 P 板 .com，以及为我们提供 3D 原件库的图研株式会社 epartFinder 运营事务局。

关于第 3 章，感谢在我们咨询工具问题时，给我们快速答复的赛灵思技术支持中心以及迅速授权我们使用其软件的 cblsrv-0.1_ft2232 的作者 fenrir。

以下各位对本书的内容给予了非常有益的意见和指导，在此表示深深的感谢。

东芝株式会社，东芝半导体 & 存储子公司　武田 瑛
东芝株式会社，东芝半导体 & 存储子公司　真垣 郁男
松下株式会社　西川 由理
某信息服务株式会社　藤井 启

另外，忠心感谢家人们的理解与支持。

最后，对本书所有读者表示由衷的感谢。

后记

我们在本书中制作了一个原创的计算机系统。第 1 章对 AZPR SoC 的设计和制作进行了介绍。主要包括名为 AZ Processor 的 CPU 以及 I/O、内存、总线等模块。第 2 章介绍了实际应用 AZPR SoC 所需要的电路板的设计、制造过程。第 3 章讲解了如何为 AZPR SoC 编写程序并上机调试。

撰写本书的缘起是我们的电子爱好小组的活动。我们三人同为 RESPON 小组（http://respon.org/）成员，致力于独自设计、制作 CPU，并将整个过程以同人志的形式发布。本书的前身为我们在 RESPON 小组发布的同人志《CPU 自制入门》。2007 年 8 月以后，一直在 Comic Market 发布，后来技术评论社的林先生有意将其集结成书，才有了本书的出版。

为了适合出版，CPU、电路板和软件全都进行了重新设计。为了赢得更多的读者，我们降低了必备背景知识的门槛，内容也都进行了重新编写。在有限的篇幅内，网罗、讲解全部 CPU 设计与制作、电路板设计与制作以及编程等如此广泛的内容，叙述上难免有些跳跃。因此，本书将执笔的重点设置为“动手制作”。作为为数不多的讲解计算机设计、制作的书籍，如果能为读者的技能提高助一臂之力，我们将深感荣幸。

2012 年 9 月　作者全体

版 权 声 明

（图灵公司感谢李典对本书的审读。）